大气复合污染成因与应对机制 1

朱 彤
贺克斌
张朝林
主 编

大气污染
来源识别与测量技术原理

Principle of Air Pollution Source Identification and Measurement Technology

北京大学出版社
PEKING UNIVERSITY PRESS

图书在版编目(CIP)数据

大气污染来源识别与测量技术原理 / 朱彤，贺克斌，张朝林主编. —北京：北京大学出版社，2021.4

（大气复合污染成因与应对机制）

ISBN 978-7-301-32101-0

Ⅰ. ①大…　Ⅱ. ①朱…②贺…③张…　Ⅲ. ①空气污染－污染源管理－研究－中国　Ⅳ. ①X51

中国版本图书馆 CIP 数据核字（2021）第 053348 号

书　　名	大气污染来源识别与测量技术原理 DAQI WURAN LAIYUAN SHIBIE YU CELIANG JISHU YUANLI
著作责任者	朱　彤　贺克斌　张朝林　主编
责任编辑	王树通　赵旻枫
标准书号	ISBN 978-7-301-32101-0
出版发行	北京大学出版社
地　　址	北京市海淀区成府路 205 号　100871
网　　址	http://www.pup.cn　　新浪微博：@ 北京大学出版社
电子信箱	zpup@ pup.cn
电　　话	邮购部 010-62752015　发行部 010-62750672　编辑部 010-62764976
印 刷 者	北京中科印刷有限公司
经 销 者	新华书店
	787 毫米 × 1092 毫米　16 开本　22.25 印张　插页 3　530 千字
	2021 年 4 月第 1 版　2021 年 4 月第 1 次印刷
定　　价	125. 00 元（精装）

“大气复合污染成因与应对机制”

编 委 会

朱彤，北京大学环境科学与工程学院教授、院长，国务院参事，美国地球物理联合会理事，世界气象组织“环境污染与大气化学”科学指导委员会委员。2019 年当选美国地球物理联合会会士。长期致力于大气化学及环境健康交叉学科研究，发表学术论文 300 余篇，入选科睿唯安交叉学科“全球高被引科学家”、爱思唯尔环境领域“中国高被引学者”。

王会军，南京信息工程大学教授、学术委员会主任，中国气象学会理事长，世界气候研究计划联合科学委员会委员。2013 年当选中国科学院院士。长期从事气候动力学与气候预测等研究，发表学术论文 300 余篇。

贺克斌，清华大学环境学院教授，中国工程院院士，国家生态环境保护专家委员会副主任，教育部科学技术委员会环境与土木工程学部主任。长期致力于大气复合污染来源与多污染物协同控制方面研究。入选 2014—2020 年爱思唯尔“中国高被引学者”、2018—2020 年科睿唯安“全球高被引科学家”。

贺泓，中国科学院生态环境研究中心副主任、区域大气环境研究卓越创新中心首席科学家。2017 年当选中国工程院院士。主要研究方向为环境催化与非均相大气化学过程，取得柴油车排放污染控制、室内空气净化和大气灰霾成因及控制方面系列成果。

张小曳，中国气象科学研究院研究员、博士生导师，中国工程院院士。2004 年前在中国科学院地球环境研究所工作，之后在中国气象科学研究院工作，历任中国科学院地球环境研究所所长助理、副所长，中国气象科学研究院副院长，中国气象局大气成分中心主任、碳中和中心主任。

黄建平，国家杰出青年基金获得者，教育部“长江学者”特聘教授，兰州大学西部生态安全省部共建协同创新中心主任。长期扎根西北，专注于半干旱气候变化的机理和预测研究，带领团队将野外观测与理论研究相结合，取得了一系列基础性强、影响力高的原创性成果，先后荣获国家自然科学二等奖（排名第一）、首届全国创新争先奖和 8 项省部级奖励。

曹军骥，中国科学院大气物理研究所所长、中国科学院特聘研究员。长期从事大气气溶胶与大气环境研究，揭示我国气溶胶基本特征、地球化学行为与气候环境效应，深入查明我国 PM2.5 污染来源、分布与成因特征，开拓同位素化学在大气环境中的应用等。

张朝林，博士，研究员，主要从事气象学和科学基金管理研究。先后入选北京市科技新星计划和国家级百千万人才工程。曾获省部级科技奖 5 次（3 项排名第一），以及涂长望青年气象科技奖等多项学术奖励。被授予全国优秀青年气象科技工作者、北京市优秀青年知识分子、首都劳动奖章和有突出贡献中青年专家等多项荣誉。

序

2010 年以来，我国京津冀、长三角、珠三角等多个区域频繁发生大范围、持续多日的严重大气污染。如何预防大气污染带来的健康危害、改善空气质量，成为整个社会关注的有关国计民生的主题。

中国社会经济快速发展中面临的大气污染问题，是发达国家近百年来经历的大气污染问题在时间、地区和规模上的集中体现，形成了一种复合型的大气污染，其规模和复杂程度在国际上罕见。已有研究表明，大气复合污染来自工业、交通、取暖等多种污染源排放的气态和颗粒态一次污染物，以及经过一系列复杂的物理、化学和生物过程形成的二次细颗粒物和臭氧等二次污染物。这些污染物在不利天气和气象过程的影响下，会在短时间内形成高浓度的污染，并在大范围的区域间相互输送，对人体健康和生态环境产生严重危害。

在大气复合污染的成因、健康影响与应对机制方面，尚缺少系统的基础科学研究，基础理论支撑不够。同时，大气污染的根本治理，也涉及能源政策、产业结构、城市规划等。因此，亟须布局和加强系统的、多学科交叉的科学研究，揭示其复杂的成因，厘清其复杂的灰霾物质来源，发展先进的技术，制定和实施合理有效的应对措施和预防政策。

为此，国家自然科学基金委员会以“中国大气灰霾的形成机理、危害与控制和治理对策”为主题于 2014 年 1 月 18—19 日在北京召开了第 107 期双清论坛。本次论坛由北京大学协办，并邀请唐孝炎、丁仲礼、郝吉明、徐祥德四位院士担任论坛主席。来自国内 30 多所高校、科研院所和管理部门的 70 余名专家学者，以及国家自然科学基金委员会地球科学部、数学物理科学部、化学科学部、生命科学部、工程与材料科学部、信息科学部、管理科学部、医学科学部和政策局的负责人出席了本次讨论会。

在本次双清论坛基础上，国家自然科学基金委员会于 2014 年年底批准了“中国大气复合污染的成因、健康影响与应对机制”联合重大研究计划的立项，其中“中国大气复合污染的成因与应对机制的基础研究”重大研究计划的主管科学部为地球科学部。

自 2015 年发布第一次资助指南以来，“中国大气复合污染的成因与应对机制的基础研究”重大研究计划取得了丰硕的成果，为我国大气污染防治攻坚战提供了重要的科学支撑，在 2019 年的中期考核中取得了“优”的成绩。截至 2020 年，该重大研究计划有 20 个培育项目、22 个重点支持项目完成了结题验收。本套丛书汇总了这些项目的主要研究成果，是我国在大气复合污染成因与应对机制的基础研究方面的最新进展总结，也为继续开展这方面研究的人员提供了很好的参考。

刘丛强

中国科学院院士

国家自然科学基金委员会原副主任

天津大学地球系统科学学院院长、教授

前　言

自 2014 年 1 月国家自然科学基金委员会召开第 107 期双清论坛"中国大气灰霾的形成机理、危害与控制和治理对策"以来，已经过去 7 年多了。在这 7 年中，我国政府大力实施了《大气污染防治行动计划》(2013—2017)、《打赢蓝天保卫战三年行动计划》(2018—2020)，主要城市空气质量取得了根本性好转。

在此期间，国家自然科学基金委员会在第 107 期双清论坛基础上启动实施了"中国大气复合污染的成因与应对机制的基础研究"重大研究计划(以下简称"重大研究计划")。本重大研究计划不仅在大气复合污染成因与控制技术原理的重大前沿科学问题上取得了系列创新成果，大大地提升了我国大气复合污染基础研究的原始创新能力和国际学术影响，更为大气污染治理这一国家重大战略需求提供了坚实的科学支撑。

本重大研究计划旨在围绕大气复合污染形成的物理、化学过程及控制技术原理的重大科学问题，揭示形成大气复合污染的关键化学过程和关键大气物理过程，阐明大气复合污染的成因，建立大气复合污染成因的理论体系，发展大气复合污染探测、来源解析、决策系统分析的新原理与新方法，提出控制我国大气复合污染的创新性思路。

为保障本重大研究计划的顺利实施，组建了指导专家组与管理工作组。指导专家组负责重大研究计划的科学规划、顶层设计和学术指导；管理工作组负责重大研究计划的组织及项目管理工作，在实施过程中对管理工作进行指导。本重大研究计划指导专家组成员包括：朱彤(组长)、王会军、贺克斌、贺泓、张小曳、黄建平、曹军骥。

针对我国大气污染治理的紧迫性以及相关领域已有的研究基础，重大研究计划主要资助重点支持项目，同时支持少量培育项目和集成项目。在 2016—2019 年资助了 72 个项目，包括 46 项重点支持项目、21 项培育项目、3 项集成项目、2 项战略研究项目。为提高公众对大气污染科学研究的认知水平，特以培育项目形式资助科普项目 1 项。

重大研究计划实施以来，凝聚了来自我国 30 多个高校与科研院所的大气复合污染最具优势的研究力量，在大气污染来源、大气化学过程、大气物理过程方向形成了目标相对统一的项目集群，促进了大气、环境、物理、化学、生命、工程材料、管理、健康等学科的深度交叉与融合，培养出一大批优秀的中青年创新人才和团队，成为我国打赢蓝天保卫战的重要力量。通过重大研究计划的资助，我国大气复合污染基础研究的原始创新能力得到了极大的提升，在准确定量多种大气污染的排放、大气二次污染形成的关键化学机制、大气物理过程与大气复合污染预测方面取得了一系列重要的原创性成果，在 *Science*、*PNAS*、*Nature Geoscience*、*Nature Climate Change*、*ACP*、*JGR* 等一流期刊上发表 SCI 论文 800 余篇，在国际学术界产生显著影响。更重要的是，本计划获得的研究成果及时、迅速地为我国打赢蓝天保卫战提供了坚实的科学支撑，计划执行过程中已有多项政策建议得到中央和有关部委采纳。如 2019 年在 PNAS 发表我国分区域精确制定氨减排的论文，据此提出政策建议，获得国家领导人的批示，由相关部门贯彻执行。

2019年11月21日重大研究计划通过了国家自然科学基金委员会的中期评估，获得了“优”的成绩，并于2020年启动资助3项计划层面的集成项目。

“大气复合污染成因与应对机制”丛书以重大项目完成结题验收的22个重点支持项目、20个培育项目为基础，汇总了重大研究计划的最新研究成果。全套丛书共4册、44章，均由刚结题或即将结题的项目负责人撰写，他们是活跃在国际前沿的优秀学者，每个章节报道了他们承担的项目在该领域取得的最新研究进展，具有很高的学术水平和参考价值。

本套丛书包括以下4册：

第1册，《大气污染来源识别与测量技术原理》：共13章，报道大气污染来源识别与测量技术原理的最新研究成果，主要包括目前研究较少但很重要的各种污染源排放清单，如挥发性有机物、船舶多污染物、生物质燃烧等排放清单，以及大气颗粒物的物理化学参数的新测量技术原理。

第2册，《多尺度大气物理过程与大气污染》：共9章，报道多尺度大气物理过程与大气污染相互作用的最新研究成果，主要包括气溶胶等空气污染与边界层相互作用、静稳型重污染过程的大气边界层机理、气候变化对大气复合污染的影响机制、气溶胶与天气气候相互作用对冬季强霾污染影响等。

第3、4册，《大气复合污染的关键化学过程》（上、下）：共22章，报道大气复合污染的关键化学过程的最新研究成果，主要包括大气氧化性的定量表征与化学机理开发、新粒子生成和增长机制及其环境影响、大气复合污染形成过程中的多相反应机制、液相氧化二次有机气溶胶生成机制等。

本丛书编委会由重大研究计划指导专家组成员和部分管理工作组成员构成，包括朱彤、王会军、贺克斌、贺泓、张小曳、黄建平、曹军骥、张朝林。在编制过程中，汪君霞博士协助编委会和北京大学出版社与每个章节的作者做了大量的协调工作，在此表示感谢。

朱彤

北京大学环境科学与工程学院教授

目　　录

第1章 海盐气溶胶对沿海地区大气复合污染影响的数值模拟研究

樊琦[1]，刘一鸣[1]，陈训来[2]，王明洁[2]，周声圳[1]，黄敏娟[1]，张舒婷[1]，
赖安琪[1]，陈晓阳[1]，沈傲[1]

[1]中山大学，[2]深圳市气象台/深圳南方强天气研究重点实验室

海盐气溶胶对沿海地区的大气环境具有一定的影响。本章针对空气质量模式 CMAQ 中现行的海盐排放计算公式进行了改进，增加海盐细颗粒物释放比例，并利用分粒径钠颗粒物浓度对改进前后的模拟结果进行验证。在模式中添加 NO_2/NO_3 与氯颗粒物的非均相化学反应，利用改进的模式对 2015 年 1 月、4 月、7 月、10 月进行模拟及验证，同时开展有无海盐排放的数值模拟试验，结果表明：① 一方面，海盐排放可使中国东部沿海地区日最大 8 h 臭氧月平均浓度最高增加 6.5 ppbv(按体积计算十亿分之一)；另一方面，海盐排放增加了海洋和沿海地区颗粒物浓度，从而降低 NO_2 光解反应速率，导致东海、南海和华南地区臭氧浓度减小。② 海盐气溶胶中的氯亏损机制可使硫酸盐和硝酸盐浓度增加，同时促进 NH_3 转化为铵盐。海盐中硫酸盐的直接排放也是大气中硫酸盐浓度增加的原因，沿海地区硫酸盐月平均浓度可增加 1～3 $\mu g/m^3$(10%～50%)，硝酸盐月平均浓度最大增加 7.7 $\mu g/m^3$(约 20%)，铵盐月平均浓度最大增加 2.7 $\mu g/m^3$(约 10%～20%)，其中 1 月影响最明显。③ 沿海地区颗粒物浓度上升增加了气溶胶表面积，有更多的乙二醛/丙酮醛被吸附到气溶胶表面，促进 SOA(二次有机气溶胶)的生成，沿海地区最大增加 1.7 $\mu g/m^3$。

1.1 研究背景

我国大气复合污染成因复杂，是环境科学领域的国际前沿问题。多种污染源排放的气态和颗粒态一次污染物，以及经一系列的物理、化学过程形成的二次细颗粒物和臭氧等二次污染物与天气、气候系统相互作用和影响，形成高浓度的污染，并在大范围的区域间相互输送与反应。细颗粒物造成的霾过程所带来的环境和健康效益已是近年来科学家们研究的重点和热点，与此同时，臭氧在夏季作为首要污染物的情况也越来越显著。据全国各城市空气质量统计显示：近年来所有超标天数中以臭氧为首要污染物的天数最多，超过了以 PM2.5 为首要污染物的天数。无论是臭氧或是 PM2.5 污染，都是目前我国大气环境所面临的巨大挑战。而近年来沿海地区经济发展迅速，面临重大发展机遇的同时，随之而来的就是沿海地

区特有的大气复合污染问题，尤其是华南沿海地区，光化学反应活跃，大气氧化性强。沿海地区特有的海盐气溶胶粒子对大气氧化性、二次气溶胶粒子的形成都有一定的影响，这无疑使得沿海地区的大气复合污染问题具有其特殊性和复杂性。揭示海盐气溶胶粒子对沿海地区大气复合污染形成机理的影响，定量化海盐气溶胶粒子的贡献是具有挑战性的科学问题。

1.1.1 海盐排放在沿海地区不容忽视

海盐是大气中主要的自然源气溶胶之一[1]，并且也是对流层中巨大的气溶胶来源[2]。据估计，海盐气溶胶的全球通量值大概在每年 1000～100 00Tg[3-4]。IPCC 报告估计每年由于风应力作用于海洋表面，大约有 3300Tg 的海盐气溶胶进入了海洋大气边界层[5]。海水按其质量有 3.5%是海盐，其中 85%是 NaCl。海盐气溶胶中主要元素组分是 Cl、Na、Mg、Ca、K、S 和 Br，由于其来源海水飞沫，所以与海水的主要成分一致，且其浓度比（如 Cl/Na、Mg/Na、Cl/Mg 等）亦与海水中的相应比值接近。

在我国海域、海岛和近海岸开展的观测试验数据也说明海盐气溶胶的重要性。监测结果表明，沿海观测的气溶胶比内陆站观测的气溶胶氯阴离子或钠阳离子的质量浓度要大得多[6]。吴兑等在国内最早开展大气气溶胶质量谱和水溶性成分谱的研究，在西沙群岛开展 Cl^- 观测发现[7]：盐核浓度与季风、潮汐活动关系密切，有明显日变化，且海岛与内陆差别很大，台风活动与气象场对海盐气溶胶向大陆的输送是内陆出现盐核暴的有效机制。何珍珍等[8]、沈志来等[9]对巨盐核观测分析均指出，我国东部和近海巨盐核浓度与大气热动力条件（风向、风速、温度、大气层结稳定度等）有关，也与地理条件、台风、潮汐等有关。2008 年刘倩等[10]利用热力学平衡模式 ISORROPIA 及与之耦合的气相化学模式探讨了海盐气溶胶对 3 种酸碱气体及 3 种无机盐的影响，得出的结论为：由于沿海地区受海盐气溶胶影响较大，当海盐浓度较高时，沿海地区大气中硝酸盐浓度增高、铵盐气溶胶浓度将受到抑制，此外沿海大气气溶胶氯亏损是大气中气态无机氯的来源之一，有可能对沿海地区的大气环境造成不可忽视的影响。上述研究均表明海盐气溶胶对近海大气环境的影响不容忽视。

1.1.2 海盐氯颗粒物通过增强大气氧化性，对臭氧造成影响

2000 年王珉等[11]研究指出海洋气溶胶对沿海陆地环境的影响是不可忽视的。一直以来，工业区及城市群对空气质量的影响都获得了大量的关注[12-14]，人们却很少注意海洋过程，特别是海盐气溶胶粒子的作用。这主要是因为人们普遍认为海洋空气代表比较清洁的大气，对沿海空气质量的改善有正的贡献。但近年来科学家们发现海盐（氯化钠）在富含 NO_x 的海岸地带经过一系列化学反应会导致大气中氯的爆发性增多[15]。氯原子是大气中重要的氧化剂，它们常形成于海域，通过实验和模拟均证明，对流层氯原子在 VOCs 的氧化过程和臭氧形成中有重要作用。氯原子活性相当大，与许多有机、无机物反应，相对小浓度的氯原子可与 OH、O_3 和 NO_3 竞争，决定大气中各物种的命运。

Oum 等[16]的研究也指出在有 NO_x 存在时，海盐中的 Cl^- 可能会造成臭氧的生成和沿海边界层中有机物的减少。夜间 N_2O_5 在液相海盐粒子中发生非均向化学反应生成 $ClNO_2$，$ClNO_2$ 在夜间不断积聚直到日出后光分解产生氯原子。这个反应循环是副热带海洋边界层

中夜间出现 $ClNO_2$ 高浓度的重要原因[17]。氯原子会破坏臭氧，但是也可能在 NO_x 和 VOCs 充足的情况下加速臭氧的生成[16]，一系列的反应方程如下：

$$N_2O_5 \longrightarrow NO_2^+ + NO_3^- \text{（通过与海盐气溶胶粒子的液相反应）}$$

$$NO_2^+ + Cl^- \longrightarrow ClNO_2$$

$$ClNO_2 + h\nu \longrightarrow Cl + NO_2$$

$$Cl + RH \longrightarrow HCl + R$$

$$R + O_2 \longrightarrow RO_2$$

$$RO_2 + NO \longrightarrow RO + NO_2$$

$$RO + O_2 \longrightarrow HO_2 + \text{carbonyl}$$

$$HO_2 + NO \longrightarrow NO_2 + OH$$

$$NO_2 + h\nu \longrightarrow NO + O$$

$$O + O_2 \longrightarrow O_3$$

上述的反应方程可以增加臭氧浓度，尤其是在早晨，当局部地区具有较高的 $ClNO_2$ 浓度时，日出后会快速分解，导致 Cl^- 和有机物质反应最终造成臭氧浓度的较大变化。Chang 和 Allen[18] 在美国得克萨斯州东南部地区做的研究表明这样的循环反应可能造成局部地区的臭氧浓度在早上出现每小时 70 ppb($1\ \text{ppb}=10^{-9}$)的增加率。Simon 等[19] 利用 CAMx 模式研究了美国休斯敦地区 $ClNO_2$ 对臭氧生成的影响，结果表明 $ClNO_2$ 会造成氯原子 20%～40%的增加，从而在一定程度上促进臭氧的生成。Sarwar 和 Bhave[20] 利用 CMAQ 模式探讨了海盐排放对美国东部地区臭氧的影响，结果表明由于海盐的排放及其带来的氯化学过程促进了 VOCs 的氧化过程，从而增加臭氧的产生，造成休斯敦地区和纽约-新泽西地区 1 h 最大臭氧浓度可分别增加 12 ppb 和 6 ppb，每日最大 8 h 臭氧平均浓度可分别增加 8 ppb 和 4 ppb。

1.1.3　海盐通过氯耗损过程对二次无机物的影响

海盐气溶胶粒子的另一个影响是会带来氯耗损过程[21-23]：一氧化氮污染气体可以在大气中被氧化，形成二氧化氮，在水中分解产生硝酸，如果这时大气中存在氯化钠等海盐巨粒子，就会形成硝酸钠细粒子，同时产生氯化氢，因此造成氯损耗的同时，硝酸转变成为硝酸钠。

$$2NO + O_2 \longrightarrow 2NO_2$$

$$2NO_2 + H_2O \longrightarrow HNO_2 + HNO_3$$

$$HNO_3 + NaCl \longrightarrow NaNO_3 + HCl\uparrow$$

如果在非均相反应环境中，海盐巨粒子可以直接在形成硝酸钠细粒子的同时，产生氯化氢，该反应直接减少了空气中 NO_2 的含量。

$$NO_2 + NaCl + H_2O \longrightarrow NaNO_3 + HCl\uparrow$$

SO_2 气体可以在大气中被氧化逐步形成 SO_3 与 SO_4[24-26]，在云雾滴参与的液相过程中形成 H_2SO_4，如果这时大气中存在 NaCl 等海盐巨粒子，就会形成 Na_2SO_4 细粒子，同时产生 HCl，造成氯损耗。

$$SO_2 + O + M \longrightarrow SO_3 + M$$
$$SO_2 + O_3 \longrightarrow SO_3 + O_2$$
$$SO_2 + h\nu \longrightarrow SO_2^*$$
$$SO_2^* + M \longrightarrow SO_2 + M$$
$$SO_2^* + O_2 \longrightarrow SO_4$$
$$SO_4 + SO_2 \longrightarrow SO_3 + O_3$$
$$SO_3 + H_2O \longrightarrow H_2SO_4$$
$$H_2SO_4 + 2NaCl \longrightarrow Na_2SO_4 + 2HCl\uparrow$$

近年来研究已表明海盐气溶胶粒子除了本身作为粗颗粒物排放外，还会因为氯化学反应过程从而增加沿海地区颗粒物的浓度[27-28]、改变颗粒物的化学组分例如硝酸盐[29-30]。Athanasopoulou 等[31]利用 2 km 高分辨率的 CAMx 模式探讨了希腊地区海盐气溶胶排放对颗粒物的影响，结果表明当模式中考虑了由于海洋及海岸带产生的海盐气溶胶粒子时，会造成 PM10 接近 25%的增加。Im[32]利用 WRF-CMAQ 模式探讨了海盐排放对地中海东部沿海地区气溶胶化学组分及其沉降的影响，结果表明沿海地区的海盐排放会显著地影响颗粒物的浓度及其组分，由于海盐排放的增加会造成 PM10 质量浓度增加 10%～20%，HNO_3 的浓度减少 40%，总的硝酸根离子浓度会增加很多。Zhuang 等[33]利用 MOUDI 对中国香港沿海地区的气溶胶组分开展的观测结果表明：海盐气溶胶造成的氯耗损过程对硝酸根和硫酸根有显著的影响，当中国香港地区受偏东风气流影响并且相对湿度较高时，观测表明钠离子为主要的阳离子，而由海盐粗颗粒物造成的氯耗损可达 74%～88%，其中硝酸盐占了氯耗损的 65%，而当香港受偏北风控制时钙离子为主要的阳离子，氯耗损机制低于 50%，大部分的硝酸根与来自土壤里面的钙离子相结合。另外作者还研究了在一次重污染过程中，硫酸根与海盐颗粒物的排放同样有很大的关系，硫酸根占氯耗损过程的 11%～29%。

空气质量模式系统 CMAQ 采用的化学机制 cb4-ae3-aq 没有考虑海盐气溶胶粒子的影响，在最新的模式中该化学机制已升级为 cb05cl-ae6-aq 化学机制，其中最大的改进就是增加了海盐气溶胶的排放源以及氯化学反应。在 cb05cl-ae6-aq 化学反应机制中除了常规的 156 个化学反应外，增加了 21 个与氯有关的化学反应方程[20]，以充分考虑氯对大气环境问题的影响。Mueller 等[34]在最近的研究中也指出，新版本的 CMAQ 模式系统为定量估计自然源排放对空气质量的影响提供了一个很好的工具。CMAQ 从 4.5 版本开始增加了很多与氯相关的反应，例如 Cl 与 O_3 反应生成 ClO，再与 HO_2 反应生成 HOCl，HOCl 再进一步光解生成 Cl 和 OH，可见在氯含量充足的沿海地区，氯对光化学反应会产生很大的影响，另外，氢氯酸对液相化学和降水的 pH 值同样会有很大的影响[35]。本课题组在国家自然科学基金项目“华南沿海与内陆地区酸雨形成机制的对比研究”的支持下，对我国华南沿海地区海盐气溶胶排放对颗粒物的影响也进行了相关的研究[36]。利用 4 km 高分辨率的 WRF-CMAQ 模式对 2006 年 7 月开展了有无海盐气溶胶排放的控制试验和敏感性试验的对比研究，结果表明华南地区在夏季风影响下，偏南风为沿海地区带来了大量的海盐气溶胶粒子，这些海盐气溶胶的排放及其氯化学反应过程会造成 17.6%硫酸根、26.6%硝酸根和 38.2% PM10 的增加，而在内陆地区这些成分的增加量不足 1%，干、湿沉降通量在沿海地区的增加也相对较大。对于硝酸根的形成，气粒转换造成的影响比硫酸根要明显，二次反应过程更为活跃。

1.1.4　海盐对二次有机气溶胶形成的影响

SOA 是由有机化学物经过氧化过程形成的半挥发性物质，它是大气中颗粒物中的主要组成成分。很多的研究致力于探索 SOA 的特性、SOA 形成的动力机制以及 SOA 模型的发展，但是关于 SOA 形成机理方面的研究还十分薄弱[37-38]，SOA 的质量普遍被低估，主要是由于低估了大气有机化合物反应生成 SOA 的气溶胶化学反应途径。

最近有很多的研究指出了气溶胶化学在 SOA 形成和增长方面的重要性。Jang 等[39]发现由非均相酸根离子反应生成的高分子量低聚物的增加会导致 SOA 的增加。Blando 和 Turpin[40]的研究指出云中的液相化学反应对 SOA 的形成也有重要的作用，气体有机物和水滴分子反应生成低溶解度的成分，在水滴分子蒸发后这些在吸湿性气溶胶中的成分会形成 SOA。Ervens 等[41]和 Lim 等[42]发现在云中可溶性的有机异戊二烯(isoprene)与 OH 反应生成的羧酸等物质会形成相当量的 SOA。Altieri 等[43]的研究指出丙酮酸的液相化学反应过程会导致低聚物的生成。液相化学反应对 SOA 形成的影响目前还有很多未知之处。Beardsley 等[44]指出：沿海地区的大气中富含海盐气溶胶粒子，海盐作为沿海大气环境中液相化学反应的中间媒介物质，海盐对沿海地区 SOA 形成的影响有待深入研究。他们的研究结果表明海盐会显著增加 SOA 中芳香烃碳氢化合物的生成，这可能是由于气溶胶中水分子含量的不同会影响到液相化学反应过程。另外，SOA 包裹在无机气溶胶粒子表面会影响无机盐粒子的吸湿性从而影响 SOA 的生成，相对湿度和温度的日变化会影响大气气溶胶中的水分及 SOA 的溶解度，这对 SOA 的形成也有重要的影响。叶兴南和陈建民[45]在《大气二次细颗粒物形成机理的前沿研究》中提到多相酸催化对形成二次颗粒物的促进作用有待深入研究，另外提到 Czoschke 等[46]考察了酸性对异戊二烯等 7 种体系形成二次细颗粒物的影响，结果显示酸催化作用普遍存在。He 等[47]在珠三角开展了有机硫酸酯的观测试验，研究结果表明，原本认为实际大气无法进行的酯化反应，在珠三角强粒子酸性条件下，对于有机硫酸酯生成有重要贡献，受区域内氮氧化物大量排放的影响，异戊二烯环氧二醇中间体的形成受到抑制，导致异戊二烯有机硫酸酯浓度极低。异戊二烯降解为过氧烷基自由基后，在低氮氧化物浓度条件下会降解为异戊二烯环氧二醇中间体，而在高氮氧化物浓度条件下会降解为 MPAN。环氧二醇中间体和 MPAN 会在酸催化作用下生成二次有机气溶胶。Pye 等[48]在研究中提到：IEPOX 和 MAE 会与酸根粒子发生多项反应，实验室的结果亦表明异戊二烯反应生成 SOA 的量与氢离子浓度[49-50]、环境场中的硫酸根浓度[51]密切相关。

综上，海盐气溶胶粒子对沿海地区的大气环境有着重要的影响，对臭氧、颗粒物的质量浓度及组分、SOA 的形成过程都会产生一定的影响。而在我国沿海地区，尤其是在光化学反应活跃的华南沿海地区有多大的影响呢？目前对这方面的研究非常少。本章研究由中山大学和深圳气象台联合开展，侧重空气质量模式的模拟计算，结合外场观测试验数据，同时完善空气质量数值模式中的氯化学反应过程，定量研究海盐气溶胶粒子对沿海地区大气氧化性、气粒转换等过程的影响。沿海地区特有的大气复合污染研究是我国沿海地区社会经济发展的重大战略需求，治理大气复合污染的创新思想来源对大气物理、化学过程的深入认识，揭示大气复合污染的成因、发展应对机制需要科学的攻关。

1.2 研究目标与研究内容

1.2.1 研究目标

(1) 定量化海盐排放对沿海地区臭氧浓度的贡献。

(2) 定量化海盐排放对沿海地区二次气溶胶浓度的贡献。

1.2.2 研究内容

为分析海盐气溶胶粒子对沿海地区大气复合污染的影响及定量化海盐气溶胶粒子的贡献，项目研究内容分为下面5个部分。具体研究内容如下：

1. 海盐排放源文件的制作

在空气质量模式中排放源是非常重要的部分。本章研究是探讨海盐排放对大气复合污染的影响，因此模式中可以适用的海盐排放文件的制作是所有研究内容的第一步。

2. 外场观测试验及数据的收集、整理与分析

模式的模拟结果需要观测资料的验证。在整理收集常规的气象观测、大气污染物浓度观测资料的同时，在沿海地区开展一定的加强观测试验，分析不同季节(月份)气象场以及污染物浓度场的特征及差异，得到内陆城市、沿海污染大气、沿海清洁大气中气溶胶基本的特征差异，从而探讨海盐气溶胶粒子对不同城市、不同季节大气复合污染的不同影响。

3. 海盐排放对臭氧影响的数值模拟研究

选择不同季节(月份)，采用区域空气质量模式CMAQ开展数值模拟试验，将模式模拟的结果与实际观测资料进行对比验证；在CMAQ模式中设计有无海盐气溶胶排放的敏感性试验，对比分析沿海以及内陆不同地区的影响差异，探讨不同天气系统影响下，海盐排放对内陆城市、沿海工业发达城市、沿海空气质量优良城市臭氧浓度的影响，并定量化海盐排放的贡献量；因臭氧的前体物为 NO_x 和VOCs，并且与光化学反应密切关联，选择沿海地区夏季的典型臭氧污染过程，在模式中通过不同的敏感性试验来进一步探讨海盐气溶胶粒子对臭氧影响的机理。

4. 氯耗损过程对大气二次无机气溶胶的影响

选择不同气象条件(包括冬季风、夏季风)下的颗粒物污染过程以及清洁过程，通过CMAQ模式系统数值模拟试验和观测数据分析探讨海盐气溶胶粒子与华南工业区排放的 SO_2、NO_x 和VOCs之间的化学反应过程，及其对二次无机气溶胶(SIA)组分(如硫酸盐、硝酸盐、铵盐等)与干、湿沉降量的影响，分析海盐气溶胶的氯耗损过程对大气SIA的影响，定量化海盐气溶胶排放对SIA粒子的贡献。该研究内容同样针对沿海及内陆不同地区分别进行探讨，以揭示氯耗损过程对内陆、沿海地区影响的差异，同时也揭示氯耗损过程对沿海工业发达城市与沿海空气质量优良城市影响的差异。

5. 海盐排放对大气二次有机气溶胶的影响

通过CMAQ模式系统进一步研究海盐气溶胶粒子对大气环境酸性条件(硫酸根、硝酸根等)、大气氧化性(臭氧和NO_3等)的影响，从而对生物源排放的有机物质(例如异戊二烯等)反应生成SOA的影响，揭示海盐气溶胶粒子对沿海地区SOA形成机理的贡献。

1.3　研究方案

针对研究内容中提出的5点主要内容设计如图1.1的研究方案路线，同时将各个研究内容中的方案逐一说明如下。

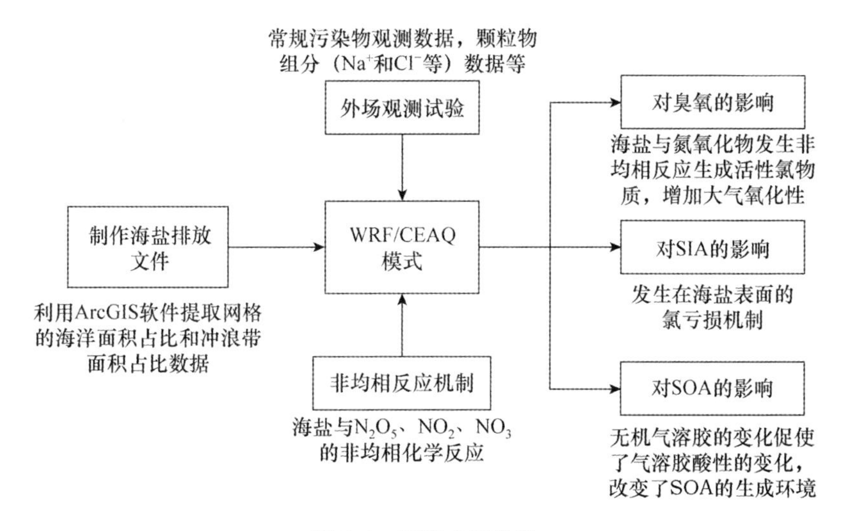

图1.1　研究方案路线

1.3.1　“海盐排放源文件的制作”的研究方案

本章采用的区域空气质量模式为美国国家环境保护局和美国北卡罗来纳大学开发研制的CMAQ模式系统，该模式系统已在世界各地得到了广泛的应用。CMAQ模式中对海盐排放量进行在线计算。海盐有两种排放来源：广阔海洋面(open-ocean)以及沿海冲浪带(surf-zone)。为了计算海盐排放量，需要定量广阔海洋面和沿海冲浪带的面积。这些数据利用海岸线数据以及地理信息处理软件来获取。在进行数据处理时，把从海岸线向海洋延伸25 m的带状范围定义为沿海冲浪带，而把海岸线以外除去沿海冲浪带的范围定为广阔海洋面，利用ArcGIS软件计算出模式每一个网格点上广阔海洋面和沿海冲浪带面积占网格总面积的百分比(取值范围0～1)，最后制作成netcdf数据格式的海盐文件，为CMAQ海盐排放量计算提供输入。

1.3.2 “外场观测试验及数据的收集、整理与分析”的研究方案

本章的加强观测试验选择华南沿海地区的城市进行，同时获取与外场观测期间同步的气象观测资料。选择2015年为典型年份，除在1月、4月、7月、10月四个典型代表月份收集气象场和大气污染物浓度数据外，同时整理相关的卫星遥感数据来进行模式的验证工作。针对海盐气溶胶排放的验证，通过深圳气象局收集整理钠离子和氯离子的浓度数据，分析这两种离子的分布特征，根据观测数据对模式的海盐排放公式进行修正。

1.3.3 “海盐排放对臭氧影响的数值模拟研究”的研究方案

在开始海盐排放的定量影响工作之前，对模式系统中已有的非均相化学反应过程进行完善，主要涉及海盐与氮氧化物之间的化学反应过程。

收集整理近年的臭氧观测资料进行统计分析，得出臭氧的年变化、月变化、日变化等基本特征；选择不同季节(月份)，采用美国国家环境保护局和美国北卡罗来纳大学基于“一个大气，多种污染物”设计理念开发的区域空气质量模式CMAQ进行数值模拟研究。该模式综合考虑了光化学氧化剂、颗粒物、酸沉降等污染问题和许多影响化学物种变化的物理化学过程，如水平输送、垂直输送、水平扩散、垂直扩散、物种间的化学转化过程、光化学反应、排放源、云和液相化学过程、气溶胶形成过程和干、湿沉降等。本章中CMAQ模式将采用多重嵌套网格，气象场由中尺度气象模式WRF来计算得出。CMAQ模式采用考虑了氯化学反应的saprc07tic-ae6i-aq机制，并改进模式中氮氧化物和氯颗粒物的非均相化学反应。排放源方面考虑了电厂、工业、交通、居民和农业的人为排放清单，另外海盐排放量由CMAQ模式在线计算，生物源排放量由MEGAN模式基于WRF模式的气象输出结果来计算。WRF-CMAQ模式的模拟结果，包括各气象要素场、污染物浓度场与观测结果进行对比，完成模式的验证工作。

在CMAQ模式中设计有无海盐气溶胶排放的控制试验和敏感性试验，对比分析控制试验和敏感性试验的结果，得出不同季节(月份)海盐气溶胶排放对内陆和沿海不同城市臭氧浓度的影响，并定量化海盐排放的具体贡献量。

1.3.4 “氯耗损过程对大气二次无机气溶胶的影响”的研究方案

挑选典型月份以及典型天气过程，针对颗粒物污染过程以及气溶胶浓度及组分，利用CMAQ模式开展有无海盐气溶胶排放的控制试验和敏感性数值试验，将模拟的结果与观测资料进行对比，完成模式的验证工作后，分析海盐气溶胶粒子对内陆及沿海不同城市的二次无机气溶胶组分(包括硫酸盐、硝酸盐、铵盐等)质量浓度及其干、湿沉降量的影响，定量化海盐气溶胶粒子的贡献量。采用CMAQ模式中“过程分析”的IPR方法来诊断分析加入海盐气溶胶粒子排放后模式中“气溶胶化学反应过程”项对各二次无机气溶胶组分的贡献量；采用CMAQ模式中“过程分析”的IRR方法来诊断海盐气溶胶粒子与SO_2、NO_x和VOCs等不同化学反应过程对各二次无机气溶胶组分的贡献量。

1.3.5 "海盐排放对大气二次有机气溶胶的影响"的研究方案

在第 4 步研究工作的基础上，进一步利用控制试验和敏感性数值试验的结果，分析海盐气溶胶粒子对大气环境酸性条件(硫酸根、硝酸根等)的影响，同时分析其对芳香烃、异戊二烯、乙二醛、丙酮醛等有机物质反应生成 SOA 的影响，揭示海盐气溶胶粒子对沿海地区 SOA 形成机理的贡献。

1.4 主要进展与成果

1.4.1 海盐排放的时空分布特征

海盐排放区域分为两种：广阔海洋面和沿海冲浪带。沿海冲浪带定义为海岸线向海洋延伸 25m 的带状范围，而海岸线以外除去沿海冲浪带的范围定义为广阔海洋面；海盐排放量计算需要得到广阔海洋面和沿海冲浪带的网格面积占比，取值 0～1，可用 ArcGIS 软件得到。

在对海盐排放计算的基础上，进一步对 CMAQ 模式中的海盐排放量计算公式进行改进。海盐排放量由 CMAQ 模式进行计算，计算公式如下所示：

$$\begin{aligned}\frac{dF_N}{dr_{80}} &= W \times 3.5755 \times 10^5 \times r_{80}^{-A} \times (1 + 0.057 \times r_{80}^{3.45}) \times 10^{1.607 \times e^{-B^2}} \\ &= 1.373 \times U_{10}^{3.45} \times r_{80}^{-A} \times (1 + 0.057 \times r_{80}^{3.45}) \times 10^{1.607 \times e^{-B^2}}\end{aligned} \tag{1.1}$$

$$A = 4.7 \times (1 + \Theta \times r_{80})^{-0.017 \times r_{80}^{-1.41}} \tag{1.2}$$

$$B = \frac{0.433 - \lg r_{80}}{0.433} \tag{1.3}$$

$$W = 3.84 \times 10^{-6} \times U_{10}^{3.41} \tag{1.4}$$

其中，r_{80} 是相对湿度为 80%时颗粒物半径(μm)；Θ 是控制亚微米粒径分布形状的可调参数。

在 CMAQ 模式 5.1 版本中，Θ 取值为 8。调整海盐气溶胶在细粒径段的分布，把 Θ 值从 8 修改为 5。利用分粒径的钠离子浓度对海盐排放量进行验证，站点位置位于广州和珠海。在观测时段内站点受东北气流和局地的海陆风影响，海盐输送的影响不可忽视。利用 WRF-CMAQ 模式进行模拟，海盐排放量计算公式改进前后的模拟结果分别用 Θ_8 和 Θ_5 来表示。图 1.2 所示为钠离子浓度的验证结果，我们把钠离子模拟和观测的结果分为了 3 个粒径段：PM1(小于 1 μm)、PM2.5(小于 2.5 μm)和 PM(全粒径)。可以看到，在全粒径段(PM)中 Θ_8 和 Θ_5 两个试验的结果几乎没有差别，均能模拟到 PM 中钠离子的浓度。在细颗粒物段(PM1 和 PM2.5)两个试验对钠离子的浓度均有所低估，粒径越小低估越明显，这可能是由于海盐粒径分布函数本身存在的偏差。在这种低估的情况下，Θ_5 的模拟值要比 Θ_8 的模拟值偏高一些，更接近实际观测值，粒径越小和离海洋越近，两者的差别越大。通过对比我们可以得到，当 Θ 值为 5 时模式模拟的海盐排放更加接近于实际观测。

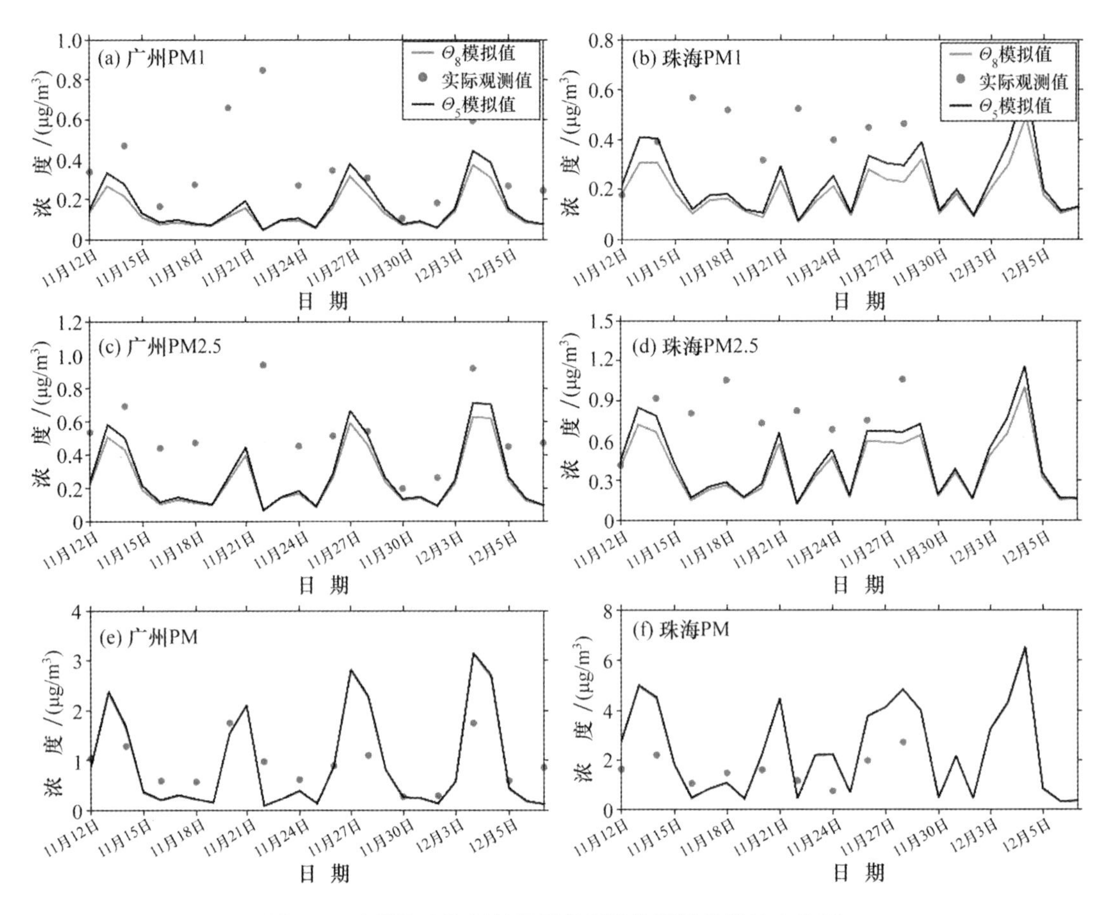

图 1.2 广州和珠海两站不同粒径段钠离子模拟浓度验证

利用数值模式计算得到中国沿海地区海盐排放量的空间分布(图略),1 月、7 月和 10 月海盐排放量较高,4 月排放量相对较少。风速大的地方海盐排放量也大,风速是影响海盐排放量的主要因子。在东海和南海交界处,海盐排放量相对较高,尤其是台湾海峡,受到两岸地形的影响,此处风速较大,从而造成高排放。渤海地区海盐排放量常年较低。在菲律宾东侧的西太平洋海域,海盐排放量也相对较高,这是由于台风多在这个海域生成、风速较大造成的。印度洋 7 月海盐排放量最高,其他月份排放量较低。

中山大学于 2016 年 7 月在南海及其周边地区开展了气溶胶采样。此次采样单颗粒气溶胶样品使用孔径为 0.5 mm 或 1 mm 的单孔颗粒采样器采集。0.5 mm 或者 1 mm 孔径的单级采样器,以流量 1 L/min 的流速把大气中气溶胶颗粒收集到镀碳的铜网上。单颗粒气溶胶样品收集则需要约 15～30 min。为了检验膜上是否采集到颗粒物,当采样结束时,可以用低倍显微镜查看样品的情况。当颗粒物的密度为 2 g/cm³ 时,采样器的收集动力学直径大于 0.5 μm 的颗粒效率为 100%。样品采集后,放置于一个密封的塑料盒中,带回实验室存放在恒温恒湿(25℃,20%±3%)的玻璃干燥器皿中等待分析。单颗粒气溶胶的形貌特征、粒径大小和混合状态主要是通过透射电镜(SEM,Quanta 400/INCA/HKL,FEI)获得,通过其配备的 X 射线能谱仪(EDS)半定量地获得原子量大于 C 元素的其他元素含量。研究表明，海盐气溶胶是南海大气颗粒物的主要成分之一。如图 1.3 所示，海盐气溶胶有较高的 Cl 峰，以及 Na 峰。谱图中，其他的元素成分如 S 等元素含量少，几乎识别不出，说明这是一个新鲜的海盐颗粒物，没有经历显著的大气化学反应。由电镜识别出的粒径可以看出，海盐具有较粗的粒径。

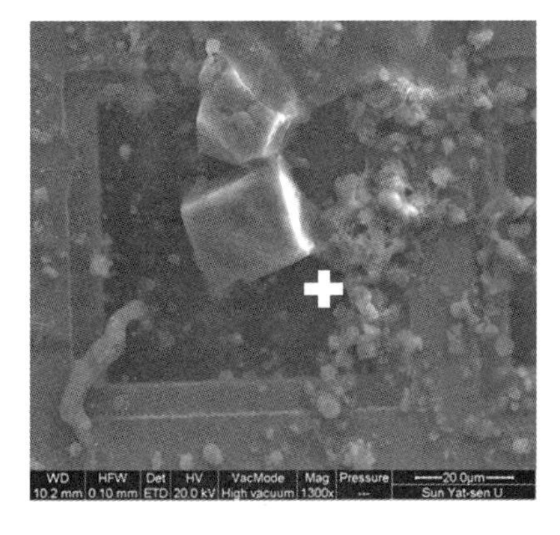

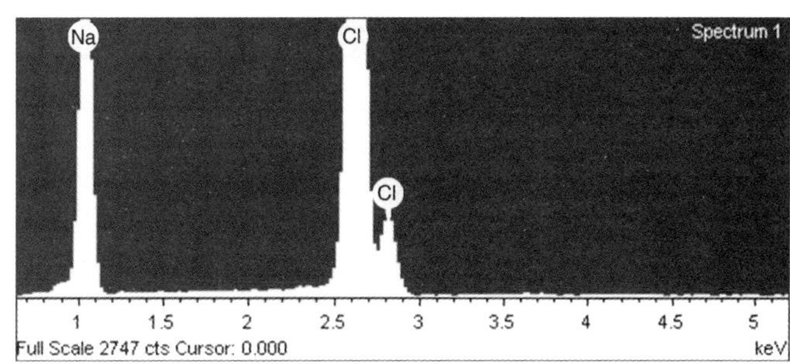

图 1.3　海盐气溶胶的 Na 峰和 Cl 峰

1.4.2　模式中 NO_2/NO_3 与氯盐非均相化学反应的完善

CMAQ 模式中没有考虑 NO_2/NO_3 与氯颗粒物的非均相化学反应。关于这方面的反应国内外观测方面的研究较少，添加到模型中的研究就更少。有研究结果表明 NO_3 会与在 NaCl 稀溶液和干 NaCl 颗粒物上发生反应，可能导致夜间氯原子的生成，而 NO_2 与氯颗粒物可发生非均相反应生成硝酸盐和 ClNO，在海洋和沿海地区 ClNO 是氯原子的潜在来源之一。因此，本章将这两条方程(R4 和 R5)添加到 CMAQ 模式中(表 1-1)，用于探讨氯排放对中国东部大气环境的影响。

表 1-1　CMAQ 模式中氮氧化物的非均相化学反应方程与本章新增加的反应方程

反应序号	CMAQ 模式原来的反应方程
R1	$N_2O_5(g)+H_2O(cd)+Y^{①}Cl^-(cd) \longrightarrow Y[HNO_3(g)+ClNO_2(g)]+2(1-Y)HNO_3(g)$
R2	$NO_3(g)+H_2O(cd) \longrightarrow HNO_3(g)+$其他产物
R3	$2NO_2(g)+H_2O(cd) \longrightarrow HONO(g)+HNO_3(g)$
反应序号	本章新增加的反应方程
R4	$2NO_2(g)+Cl^-(cd) \longrightarrow NO_3^-(cd)+ClNO(g)$[2]
R5	$NO_3(g)+Cl^-(cd) \longrightarrow NO_3^-(cd)+Cl(g)$[15]

注：① Y 表示 $ClNO_2$ 的产率。

在实验室观测中，摄取系数变化范围可达到数个量级之内，它的取值取决于多种影响因子，包括颗粒物表面属性、颗粒物组分比例、温度、相对湿度以及实验室条件。对于特定的气体污染物和颗粒物，摄取系数与相对湿度(RH)有很高的相关性并随着相对湿度的增加快速增长,因此在模型中通常把摄取系数取为相对湿度的函数。本章参考前人关于摄取系数参数化方法的研究成果,结合实验室的观测结果取摄取系数的最大值和最小值(表1-2),摄取系数的取值为相对湿度的分段函数,如下式:

$$\gamma_i=\begin{cases}\gamma_{low}, RH\in[0,50\%]\\ \gamma_{low}+\dfrac{(\gamma_{high}-\gamma_{low})}{(1-0.5)}\times(RH-0.5), RH\in(50\%,100\%]\end{cases} \tag{1.5}$$

表 1-2　新增加的非均向化学反应中 NO_2 和 NO_3 的摄取系数

反应方程	摄取系数 γ_{low}	摄取系数 γ_{high}
R4	4.4×10^{-5}	2×10^{-4}
R5	0.1	0.23

1.4.3　海盐气溶胶对臭氧及二次气溶胶的影响

海盐气溶胶中有55.4%是氯颗粒物,氯颗粒物在大气中反应比较活跃,在沿海地区夜间可与 N_2O_5 发生非均相反应,生成 $ClNO_2$ 和硝酸盐,$ClNO_2$ 可发生光解反应,释放出氯原子和 NO_2。另外,海盐中的氯颗粒物可与大陆污染气团中的硫酸和硝酸气体反应生成硫酸盐和硝酸盐,并释放出 HCl 气体,这就是氯亏损机制。HCl 与 OH 发生的反应也会释放出氯原子。在早晨,$ClNO_2$ 的光解是氯原子的主要来源,而中午,HCl 的氧化反应则占主导作用。氯原子在大气中比较活泼,虽然它的浓度远比 OH 自由基低,但是它与大部分 VOCs 的反应速率要比 OH 自由基要高。

氯原子可氧化大气中的 VOCs 生成有机过氧化物,可替代臭氧把 NO 转化为 NO_2,从而增加臭氧浓度。然而当 VOCs 浓度较低时,氯原子会与臭氧发生反应生成 ClO,从而降低臭氧浓度。从空间分布来看,模式中加入了海盐排放以后臭氧浓度有增有减。1月在中国东部以及周边的海域臭氧浓度均有所增加,最高可增加6.5 ppbv,而在越南臭氧浓度有所减小;4月臭氧浓度增加的区域位于渤海和黄海以及周边沿海地区,最大增加3.5 ppbv,而在华南、南海和东海海域,臭氧浓度有所减小,最大减小2.2 ppbv;7月臭氧浓度增加的区域变小,只有在渤海和黄海局部区域有所增加,最大增加3.3 ppbv,而在中国东部沿海地区以及海洋上,臭氧浓度均减小,最大减小1.8 ppbv;10月的臭氧增加的区域重新扩大,在华北平原以及渤海和黄海周边沿海地区臭氧浓度有最大3.6 ppbv的增加,在南海、东海以及华南沿海地区臭氧有所减小,最大减小2.7 ppbv。臭氧浓度增加的区域和减少的区域随着季节发生南北的移动。从1 h臭氧浓度最大增量的空间分布来看,海盐排放可使中国东部大部分地区的臭氧浓度有超过1 ppbv的增长,其中1月、4月、7月和10月臭氧浓度最大分别增加54.6、57.1、59.7和52.8 ppbv,臭氧浓度增加的区域主要位于黄海和渤海及沿海区域。由此可以看到,海盐气溶胶排放对臭氧浓度的影响不容忽视。海盐排放加入以后1月上海、广州和重庆的日最大8 h臭氧月平均浓度分别增加1.4(7.4%)、2.2(3.8%)和0.2 ppbv(0.8%),

其余月份各个城市的臭氧浓度变化有增有减(图 1.4)。4 个月份日最大 8 h 臭氧浓度增加和减小的区域与臭氧净产率增加和减小的区域一致。一方面,海盐排放增加了氯原子和 OH 对 VOCs 的降解作用,促进臭氧的生成;另一方面,海盐排放增加了海洋和沿海地区颗粒物浓度,降低 NO_2 光解速率,抑制臭氧的生成。臭氧浓度在不同地区的增加和减小是由于这两方面原因综合影响造成的。

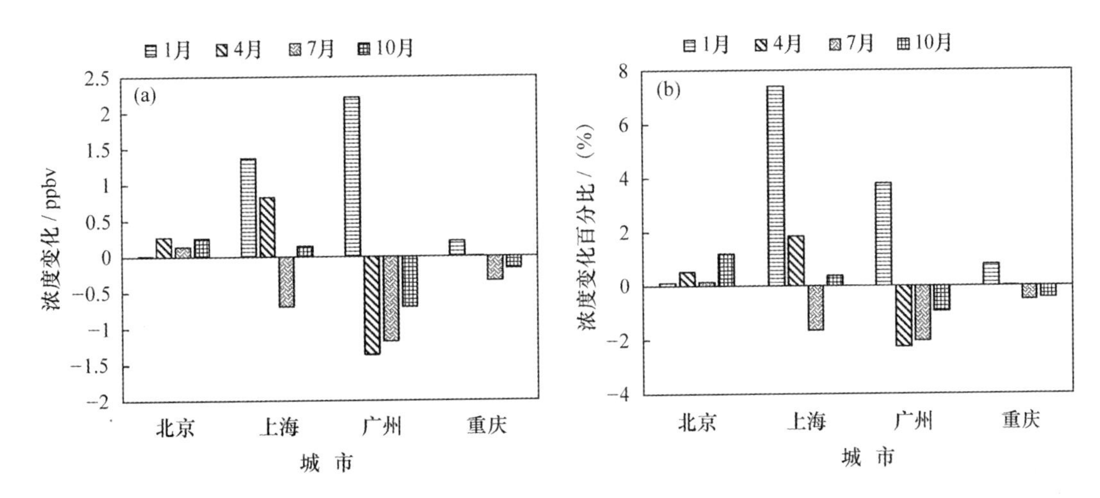

图 1.4　2015 年 1 月、4 月、7 月和 10 月海盐排放对北京、上海、广州和重庆日最大 8 h 臭氧月平均浓度的影响:(a) 浓度变化;(b) 浓度变化百分比

海盐气溶胶中有约 8%的硫酸盐。当模式中不考虑海盐排放时,海洋上硫酸盐浓度较低。对比有无海盐排放的试验模拟结果,当模式中考虑海盐排放后,海洋和中国东部沿海地区的硫酸盐浓度有显著的增加,其中 1 月、4 月、7 月和 10 月硫酸盐浓度分别最大增加 3.9、3.0、3.6 和 3.5 $\mu g/m^3$,在中国东部沿海地区有超过 1 $\mu g/m^3$ 的增长。1 月、4 月、10 月浓度增量的空间分布较为一致,而 7 月浓度增量高值区北移到了渤海和黄海及周边沿海地区。从贡献百分比来看,海洋上有超过 50%的硫酸盐来源于海盐排放,贡献最大值为 72.5%,海盐排放对中国东部沿海地区的贡献约为 10%。从典型城市来看(图 1.5),海盐排放加入以后北京、上海、广州和重庆的硫酸盐月平均浓度均有所增加,其中广州 1 月、4 月、7 月和 10 月硫酸盐月平均浓度分别增加 3.0(34.3%)、1.4(26.8%)、0.7(23.9%)和 2.6 $\mu g/m^3$(27.3%),上海各月份硫酸盐月平均浓度分别增加 2.0(12.2%)、1.7(14.1%)、1.0(8.9%)和 2.1 $\mu g/m^3$(14.0%)。北京的硫酸盐月平均浓度也有所增加,但比上海和广州的影响要小,影响最大的 7 月硫酸盐月平均浓度只增加了 0.8 $\mu g/m^3$(6.2%),内陆城市重庆受海盐排放的影响最小。硫酸盐浓度的增加不仅是由于海盐气溶胶中有硫酸盐组分,而且海盐中的氯颗粒物也会与大陆污染气团中的硫酸气体发生反应生成硫酸盐,两者共同的作用使中国东部地区的硫酸盐浓度增加。

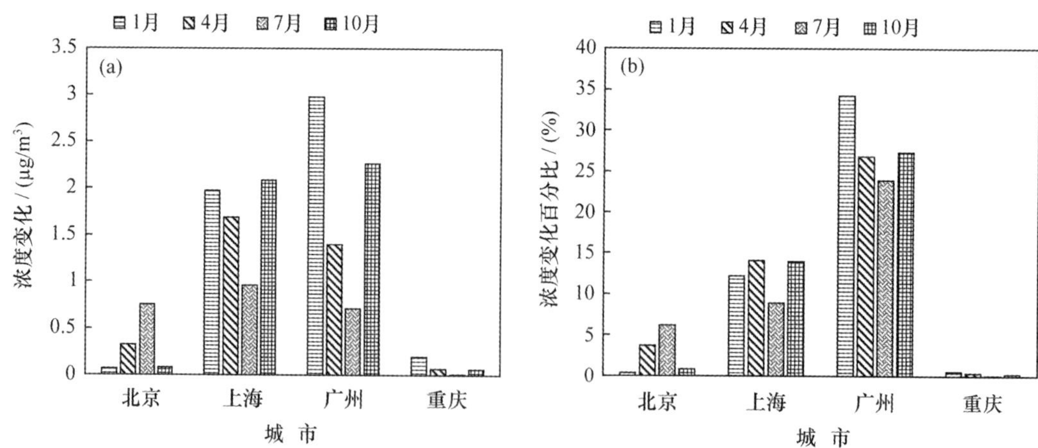

图 1.5　2015 年 1 月、4 月、7 月和 10 月海盐排放对北京、上海、广州和重庆硫酸盐月平均浓度的影响：(a) 浓度变化；(b) 浓度变化百分比

对比有无海盐排放的试验模拟结果，当模式中考虑了海盐排放后，1 月、4 月硝酸盐浓度有明显的增加，其中 1 月对海盐排放最为敏感，中国东部周边海域以及沿海地区硝酸盐浓度有 1 $\mu g/m^3$ 以上的增加，最高可增加 7.7 $\mu g/m^3$，而 4 月在中国东部周边海域硝酸盐浓度也有 1 $\mu g/m^3$ 的增加，在渤海及周边沿海地区增加较为明显，最大可增加 4.8 $\mu g/m^3$。7 月和 10 月海盐排放增加以后硝酸盐浓度有增有减，在海洋及沿海地区增加(最高分别增加 2.4 和 3.3 $\mu g/m^3$)，在内陆地区减小(最高分别减小 3.0 和 3.5 $\mu g/m^3$)。从贡献百分比来看，除了个别地区海盐排放的贡献为负以外，在中国东部沿海及周边海域海盐排放的贡献超过 10%，在远离海岸的海洋上，海盐排放对硝酸盐的贡献接近 100%。受海盐排放的影响，广州各月份硝酸盐月平均浓度分别增加 4.3(27.1%)、1.1(24.2%)、1.0(71.9%)和 2.9 $\mu g/m^3$(51.0%)，可以看到广州硝酸盐受海盐的影响很大(图 1.6)。海盐排放加入以后，上海 1 月和 4 月硝酸盐月平均浓度分别增加 5.1(15.1%)和 0.8 $\mu g/m^3$(5.0%)，7 月和 10 月硝酸盐浓度反而减小。北京 1 月和 4 月硝酸盐月平均浓度也增加了约 0.5 $\mu g/m^3$(约 3%)，7 月受海盐排放影响很小，10 月硝酸盐浓度反而下降。位于内陆的重庆受海盐排放的影响，硝酸盐各月月平均浓度影响较小或者有所减小。

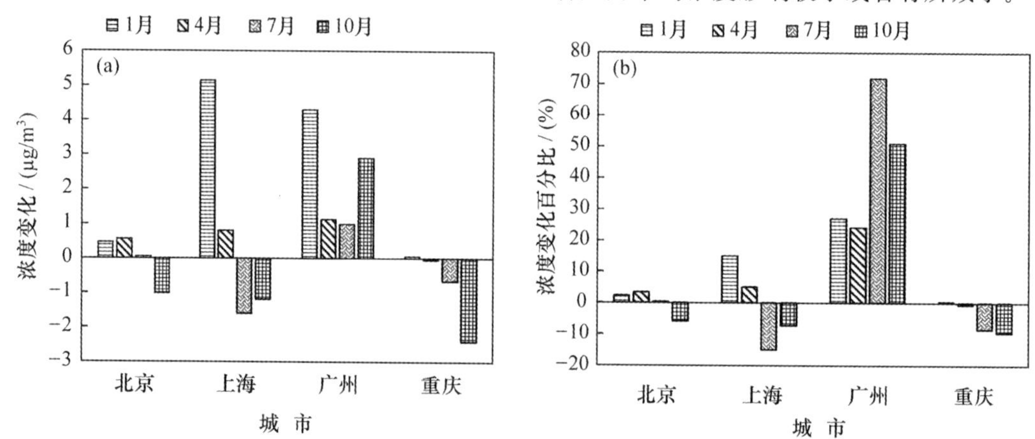

图 1.6　2015 年 1 月、4 月、7 月和 10 月海盐排放对北京、上海、广州和重庆硝酸盐月平均浓度的影响：(a) 浓度变化；(b) 浓度变化百分比

当模式不考虑海盐排放时，铵盐浓度的空间分布并没有太明显的差别，而通过两个试验的对比可以看到，海盐排放加入以后，铵盐浓度的变化与硝酸盐相似：1月铵盐浓度在中国东部沿海地区和周边海域都有增加，最高增加2.7 μg/m³；4月铵盐浓度增加高值区位于黄海和渤海及周边沿海地区，最高增加1.5 μg/m³；7月铵盐浓度在东北和华北局部地区有最高0.7 μg/m³的增加，渤海和黄海以及内陆地区局地有最高1.1 μg/m³的减小；10月在东北以及中国东部周边海域铵盐浓度有最高1 μg/m³的增加，而在内陆铵盐浓度却有最大1 μg/m³的减小。从贡献百分比来看，1月海盐排放对铵盐的贡献在中国东部周边海域和沿海地区超过20%，4月在西太平洋和东北平原有超过10%～20%的贡献，7月贡献有增有减，10月在中国周边海域有超过10%的贡献。受海盐排放的影响，北京、上海、广州和重庆铵盐月平均浓度的变化特征与硝酸盐的变化特征一致(图1.7)，广州各个月份铵盐月平均浓度分别增加1.5(22.5%)、0.2(6.8%)、0.1(13.3%)和0.5 μg/m³(15.9%)，上海1月和4月铵盐月平均浓度分别增加1.6(11.0%)和0.3 μg/m³(3.9%)。北京和重庆受海盐排放的影响较小。

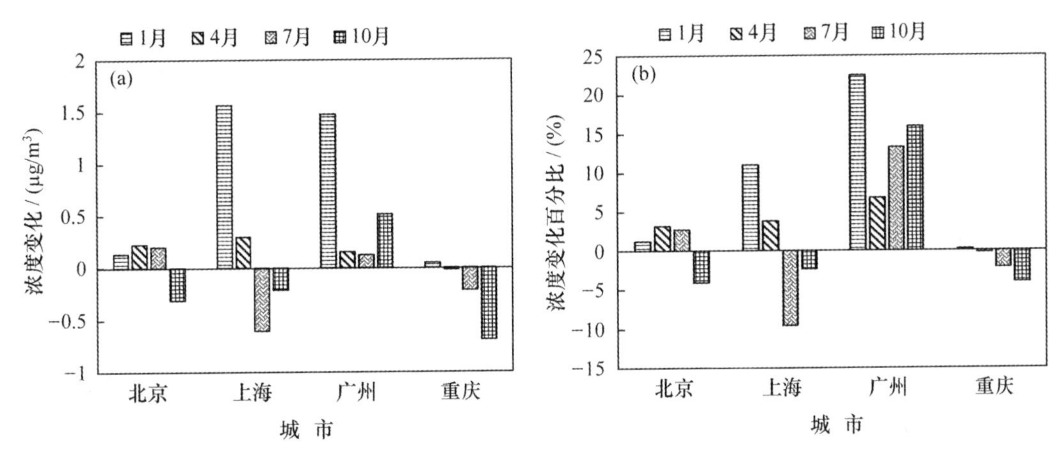

图1.7　2015年1月、4月、7月和10月海盐排放对北京、上海、广州和重庆铵盐月平均浓度的影响：(a) 浓度变化；(b) 浓度变化百分比

在模式中加入海盐排放以后，中国东部沿海地区乙二醛/丙酮醛SOA浓度有明显的增加，由于它是SOA的主要组成部分，导致东部沿海地区SOA总量也有明显的增加。1月、4月、7月和10月SOA总量月平均浓度分别最大增加1.7、1.0、0.4和1.1 μg/m³。从贡献百分比来看，海盐排放可使各月份SOA月平均浓度分别最大增加53.5%、46.8%、33.2%和44.6%，在沿海地区贡献均超过10%。从典型城市的结果来看(图1.8)，受海盐排放影响程度从大到小分别是广州、上海、北京和重庆，海盐排放对广州、上海和北京SOA月平均浓度的贡献约为25%、15%和5%。从月份影响来看，1月>10月>4月>7月。

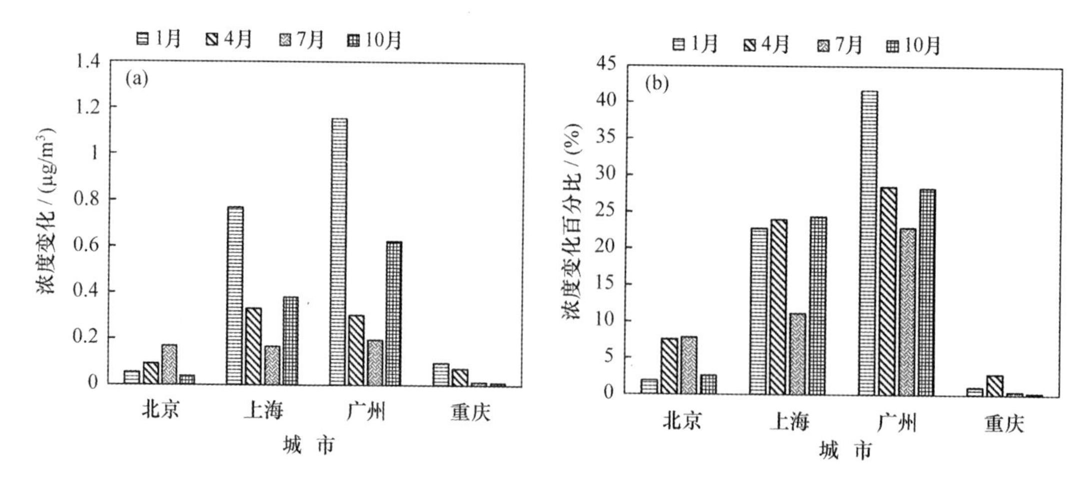

图 1.8 2015 年 1 月、4 月、7 月和 10 月海盐排放对北京、上海、广州和重庆 SOA 月平均浓度的影响：(a) 浓度变化；(b) 浓度变化百分比

图 1.9 为海盐排放对沿海二次污染物浓度的影响机制。总结而言，Cl^- 是海盐中的主要成分，化学性质活泼，可在沿海地区与 N_2O_5/NO_2 发生非均相化学反应增加 $ClNO_2/ClNO$ 浓度，它们在白天的光解反应可增加氯原子浓度。另外，海盐中 Cl^- 颗粒物与 NO_3 的非均相反应也是夜间氯原子的重要来源。海盐排放加入以后，一方面氯原子和 OH 自由基对 VOCs 的降解氧化作用增加，可促进臭氧的生成；另一方面，颗粒物浓度的增加削弱了到达地面的太阳辐射，降低了 NO_2 的光解反应速率，可抑制臭氧的生成。研究结果表明，海盐排放可使中国东部沿海地区日最大 8 h 臭氧月平均浓度最大增加 6.5 ppbv，局部地区 1 h 臭氧浓度增加 50 ppbv 以上，1 月份的影响最明显。在华南沿海、南海以及东海，海盐排放加入了以后臭氧浓度有所下降。臭氧浓度增加和减少的区域随着月份的不同也发生变化。

海盐气溶胶中的氯亏损机制可使硫酸盐和硝酸盐浓度增加，同时 NH_3 也能转化为铵盐。硫酸盐的增加除了因为化学转化以外，还有海盐直接排放的原因。另外，粒径较大的海盐颗粒物与大陆气团混合以后，可增加颗粒物的干沉降量，从而导致内陆局部地区硝酸盐和铵盐浓度下降。研究结果表明，海盐排放可使沿海地区硫酸盐月平均浓度增加 1～3 $\mu g/m^3$（10%～50%），各个月份增加的幅度变化不大。海盐排放可使沿海地区硝酸盐月平均浓度最大增加 7.7 $\mu g/m^3$（约 20%），铵盐月平均浓度最大增加 2.7 $\mu g/m^3$（约 10%～20%），1 月份影响最明显。

海盐排放可增强氯原子和 OH 自由基对 VOCs 的降解作用，在沿海地区不同种类的 SOA 浓度均有明显的上升，尤其是乙二醛/丙酮醛 SOA。乙二醛/丙酮醛 SOA 浓度的增加一方面是由于异戊二烯和芳香烃等 VOCs 降解增加，另一方面是海盐排放增加了沿海地区气溶胶表面积，有更多的乙二醛/丙酮醛吸附到气溶胶表面生成 SOA。研究结果表明，在沿海地区有 10%～60%的乙二醛/丙酮醛 SOA 以及 10%～20%受酸催化影响的异戊二烯环氧产物 SOA 与海盐排放有关。海盐排放可使沿海地区的 SOA 浓度最大增加 1.7 $\mu g/m^3$，1 月影响最明显，7 月影响最小。

在中国东部沿海地区，海盐排放可使 PM10 浓度上升 5～20 $\mu g/m^3$（约 10%～50%），最大上升 32.2 $\mu g/m^3$，其中既有一次排放的贡献，也有二次化学生成的贡献。

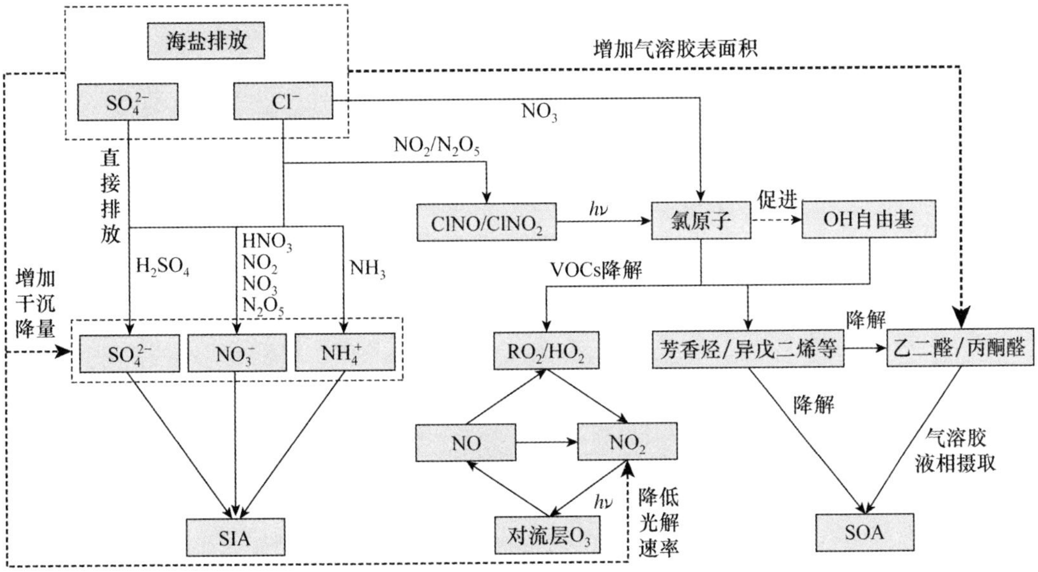

图 1.9　海盐排放对对流层臭氧、SIA 和 SOA 的影响机制

1.5　本项目资助发表论文

[1] LIU Y M，FAN Q，CHEN X Y，et al. Modeling the impact of chlorine emissions from coal combustion and prescribed waste incineration on tropospheric ozone formation in China. Atmospheric Chemistry and Physics，2018，18：2709-2724.

[2] LIU Y M，HONG Y Y，FAN Q，et al. Source-receptor relationships for PM2.5 during typical pollution episodes in the Pearl River Delta city cluster，China. Science of the Total Environment，2017，15(596-597)：194-206.

[3] CHEN X Y，LIU Y M，LAI A Q，et al. Factors dominating 3-dimensional ozone distribution during high tropospheric ozone period. Environmental Pollution，2018，232：55-64.

[4] LAI A Q，LIU Y M，CHEN X Y，et al. Impact of land-use change on atmospheric environment using refined land surface properties in the Pearl River Delta，China. Advances in Meteorology，2016：1-15.

[5] 赖安琪，陈晓阳，刘一鸣，等. 珠江三角洲高浓度 PM2.5 和 O_3 复合污染过程的数值模拟. 中国环境科学，2017，37(11)：4022-4031.

[6] 周密，常鸣，赖安琪，等. 未来土地利用类型对珠江三角洲气象场的影响. 中国环境科学，2017，27(8)：2896-2904.

[7] 耿一超，田春艳，陈晓阳，等. 珠江三角洲秋季臭氧干沉降特征的数值模拟. 中国环境科

学，2019，39(4)：1-11.

[8] 沈傲，田春艳，刘一鸣，等. 海陆风环流中海盐气溶胶对大气影响的模拟. 中国环境科学，2019，39(4)：1427-1435.

[9] 申冲，沈傲，田春艳，等. 城市形态参数对边界层气象条件影响的模拟. 中国环境科学，2019，39(1)：72-82.

参考文献

[1] ROTH B，OKADA K. On the modification of sea-salt particles in the coastal atmosphere. Atmospheric Environment，1998，32(9)：1555-1569.

[2] WEIS D D，EWING G E. The reaction of nitrogen dioxide with sea salt aerosol. The Journal of Physical Chemistry A，1999，103(25)：4865-4873.

[3] JAENICKE R. Tropospheric Aerosols in Aerosol-Cloud-Climate Interactions. Hobbs P V，Ed. San Diego：Academic Press，1993.

[4] GONG S L，BARRIE L A，LAZARE M. Canadian Aerosol Module (CAM)：A size-segregated simulation of atmospheric aerosol processes for climate and air quality models 2. Global sea-salt aerosol and its budgets. Journal of Geophysical Research：Atmospheres，2002，107(D24)：4779.

[5] IPCC. Climate Change：The Scientific Basis. Eds. Cambridge：Cambridge University Press，2001.

[6] 吴兑. 南海北部大气气溶胶水溶性成分谱分布特征. 大气科学，1995，19(5)：615-622.

[7] 吴兑，游积平，关越坚. 西沙群岛大气中海盐粒子的分布特征. 热带气象学报，1999，12(2)：122-129.

[8] 何珍珍，黄美元，陈炎涓，等. 我国东部(30°N)从海岛到陆地巨盐核观测. 大气科学，1985，9(3)：251-259.

[9] 沈志来，黄美元，吴玉霞. 西太平洋热带海域海盐粒子的观测和结果. 大气科学，1989，13(1)：87-91.

[10] 刘倩，王体健，李树，等. 海盐气溶胶影响酸碱气体及无机盐气溶胶的敏感性试验. 气候与环境研究，2008，13(05)：598-607.

[11] 王珉，胡敏. 陆地与海洋气溶胶的相互输送及其对彼此环境的影响. 海洋环境科学，2000，19(2)：69-73.

[12] 吴兑，毕雪岩，邓雪娇，等. 珠江三角洲大气灰霾导致能见度下降问题研究. 气象学报，2006，64(4)：510-518.

[13] 吴兑，毕雪岩，邓雪娇，等. 珠江三角洲气溶胶云造成的严重灰霾天气. 自然灾害学报，2006，15(6)：77-83.

[14] 范绍佳，王安宇，樊琦，等. 珠江三角洲大气边界层概念模弄的建立及其应用. 热带气象学报，2005，21(3)：286-292.

[15] GERSHENZON M Y，ILIN S，FEDOTOV N G，et al. The mechanism of reactive NO_3 uptake on dry NaX (X= Cl，Br). Journal of Atmospheric Chemistry，1999，34(1)：119-135.

[16] OUM K W，LAKIN M J，DE HAAN D O，et al. Formation of molecular chlorine from the photolysis of ozone and aqueous sea-salt particles. Science，1998，279(5347)：74-76.

[17] OSTHOFF H D，ROBERTS J M，RAVISHANKARA A R，et al. High levels of nitryl chloride in the polluted subtropical marine boundary layer. Nature Geoscience，2008，1(5)：324-328.

[18] CHANG S Y，ALLEN D T. Atmospheric chlorine chemistry in Southeast Texas：Impacts on ozone

formation and control. Environmental Science & Technology，2006，40(1)：251-262.

[19] SIMON H，KIMURA Y，McGaughey G，et al. Modeling the impact of $ClNO_2$ on ozone formation in the Houston area. Journal of Geophysical Research：Atmospheres，2009，114：DOOF03.

[20] SARWAR G，BHAVE P B. Modeling the effect of Chlorine emissions on ozone levels over the eastern United States. Journal of Applied Meteorology and Climatology，2007，46(7)：1009-1019.

[21] SAVOIE D L，PROSPERO J M. Particle size distribution of nitrate and sulfate in the marine atmosphere. Geophysical Research Letters，1982，9：1207-1210.

[22] HARRISON R M，PIO C A. Size-differentiated composition of inorganic atmospheric aerosols of both marine and polluted continental origin. Atmospheric Environment，1983，17：1733-1783.

[23] PAKKANEN T A. Study of formation of coarse particle nitrate aerosol. Atmospheric Environment，1996，30：2475-2482.

[24] CHAMEIDES W L，STELSON A W. Aqueous-phase chemical processes in deliquescent sea-salt aerosols：A mechanism that couples the atmospheric cycles of S and sea salt. Journal of Geophysical Research：Atmospheres，1992，97(D18)：20565-20580.

[25] SIEVERING H，BOATMAN J，GALLOWAY J，et al. Heterogeneous sulfur conversion in sea-salt aerosol particles：The role of aerosol water content and size distribution. Atmospheric Environment，1991，25(8)：1479-1487.

[26] SIEVERING H，GORMAN E，LEY T，et al. Ozone oxidation of sulfur in sea-salt aerosol particles during the Azores Marine Aerosol and Gas Exchange experiment. Journal of Geophysical Research：Atmospheres，1995，100(D11)：23075-23081.

[27] MATTHIAS V，AULINGER A，QUANTE M. Adapting CMAQ to investigate air pollution in North Sea coastal regions. Environmental modelling & software，2008，23(3)：356-368.

[28] TSYRO S，AAS W，SOARES J，et al. Modelling of sea salt concentrations over Europe：key uncertainties and comparison with observations. Atmospheric Chemistry and Physics，2011，11(20)：10367-10388.

[29] PRYOR S C，BARTHELMIE R J，SCHOOF J T，et al. Modeling the impact of sea-spray on particle concentrations in a coastal city. Science of the Total Environment，2007，391：132-142.

[30] TEN BRINK H M. Reactive uptake of HNO_3 and H_2SO_4 in sea-salt (NaCl) particles. Journal of Aerosol Science，1998，29：57-64.

[31] ATHANASOPOULOU E，TOMBROU M，PANDIS S N，et al. The role of sea salt emissions and heterogeneous chemistry in the air quality of polluted coastal areas. Atmospheric Chemistry and Physics，2008，8：5755-5769.

[32] IM U. Impact of sea-salt emissions on the model performance and aerosol chemical composition and deposition in the East Mediterranean coastal regions. Atmospheric Environment，2013，75：329-340.

[33] ZHUANG H，CHAN C K，FANG M，et al. Formation of nitrate and non-sea-salt sulfate on coarse particles. Atmospheric Environment，1999，33：4223-4233.

[34] MUELLER S F，MAO Q，MALLARD J W. Modeling natural emissions in the Community Multiscale Air Quality (CMAQ) model—Part2：Modifications for simulating natural emissions. Atmospheric Chemistry and Physics，2011，11：293-320.

[35] SMITH S N，MUELLER S F. Modeling natural emissions in the Community Multiscale Air Quality (CMAQ) model—Ⅰ：building an emissions data base. Atmospheric Chemistry and Physics，2010，10：

4931-4952.

[36] LIU Y M, ZHANG S T, FAN Q, et al. Accessing the impact of sea-salt emissions on aerosol chemical formation and deposition over Pearl River Delta, China. Aerosol and Air Quality Research, 2015, 15: 2232-2245.

[37] VOLKAMER R, JIMENEZ J L, SAN MARTINI F, et al. Secondary organic aerosol formation from anthropogenic air pollution: Rapid and higher than expected. Geophysical Research Letters, 2006, 33(17): L17811.

[38] DE GOUW J A, MIDDLEBROOK A M, WARNEKE C, et al. Budget of organic carbon in a polluted atmosphere: Results from the New England Air Quality Study in 2002. Journal of Geophysical Research: Atmospheres, 2005, 110(D16): D16305.

[39] JANG M, CZOSCHKE N M, LEE S, et al. Heterogeneous atmospheric aerosol production by acid-catalyzed particle-phase reactions. Science, 2002, 298(5594): 814-817.

[40] BLANDO J D, TURPIN B J. Secondary organic aerosol formation in cloud and fog droplets: A literature evaluation of plausibility. Atmospheric Environment, 2000, 34(10): 1623-1632.

[41] ERVENS B, FEINGOLD G, FROST G J, et al. A modeling study of aqueous production of dicarboxylic acids: 1. Chemical pathways and speciated organic mass production. Journal of Geophysical Research: Atmospheres, 2004, 109(D15): D15205.

[42] LIM H J, CARLTON A G, TURPIN B J. Isoprene forms secondary organic aerosol through cloud processing: Model simulations. Environmental Science & Technology, 2005, 39(12): 4441-4446.

[43] ALTIERI K E, CARLTON A G, LIM H J, et al. Evidence for oligomer formation in clouds: Reactions of isoprene oxidation products. Environmental Science & Technology, 2006, 40(16): 4956-4960.

[44] BEARDSLEY R, JANG M, ORI B, et al. Role of sea salt aerosols in the formation of aromatic secondary organic aerosol: Yields and hygroscopic properties. Environmental Chemistry, 2013, 10(3): 167-177.

[45] 叶兴南，陈建民. 大气二次细颗粒物形成机理的前沿研究. 化学进展，2009, 21(2/3): 288-296.

[46] CZOSCHKE N M, JANG M, KAMENS R M. Effect of acidic seed on biogenic secondary organic aerosol growth. Atmospheric Environment, 2003, 37(30): 4287-4299.

[47] HE Q F, DING X, WANG X M, et al. Organosulfates from pinene and isoprene over the Pearl River Delta, South China: Seasonal variation and implication in formation mechanisms. Environmental Science & Technology, 2014, 48: 9236-9245.

[48] PYE H O T, PINDER R W, PILETIC I R, et al. Epoxide pathways improve model predictions of isoprene markers and reveal key role of acidity in aerosol formation. Environmental science & technology, 2013, 47(19): 11056-11064.

[49] EDDINGSAAS N C, VANDER VELDE D G, WENNBERG P O. Kinetics and products of the acid-catalyzed ring-opening of atmospherically relevant butyl epoxy alcohols. The Journal of Physical Chemistry A, 2010, 114(31): 8106-8113.

[50] SURRATT J D, LEWANDOWSKI M, OFFENBERG J H, et al. Effect of acidity on secondary organic aerosol formation from isoprene. Environmental Science & Technology, 2007, 41(15): 5363-5369.

[51] LIN Y H, KNIPPING E M, EDGERTON E S, et al. Investigating the influences of SO_2 and NH_3 levels on isoprene-derived secondary organic aerosol formation using conditional sampling approaches. Atmospheric Chemistry and Physics, 2013, 13(16): 8457-8470.

第2章 京津冀地区人为源挥发性有机物源清单建立与校验

谢绍东，李晶

北京大学

挥发性有机物(VOCs)对大气二次有机气溶胶(SOA)和臭氧的生成起重要作用，准确可靠的人为源VOCs源清单是研究该地区大气复合污染应对机制的基础和关键。本章建立了基于我国宏观统计数据和基于工序的VOCs排放核算的排放源分类与排放清单编制方法体系以及典型行业VOCs排放现场采样和测试方法，获得了重点行业VOCs排放因子和源成分谱，丰富完善了我国现有人为源VOCs排放因子库，建立了110种源、135种组分的典型人为源VOCs排放源成分谱库。构建了基于观测数据的受体模型来源解析、排放比值和卫星反演综合校验体系，首次使用一整年四个季度的VOCs环境浓度在线观测数据，综合校验北京市城区VOCs排放清单，降低了VOCs源清单的不确定性。给出了1980—2016年京津冀地区人为源VOCs排放源清单和2013年中国人为源VOCs分组分排放清单，得到了京津冀地区臭氧生成潜势及其空间分布，发现间/对二甲苯、乙烯、丙烯、甲醛和甲苯是京津冀及周边地区臭氧生成的关键物种，小客车、橡胶制品制造、居民秸秆燃烧、炼焦和化学原料制造是臭氧生成的关键源。研究结果已应用于京津冀及其周边地区“2+26”城市VOCs排放现状调查，将为京津冀地区大气复合污染应对机制、大气重污染成因与治理攻关研究提供较为准确的基础数据和技术支撑。

2.1 研究背景

2.1.1 研究意义

随着我国经济的快速增长和城市化进程的不断加速，我国大气环境呈现出显著的区域性和复合性污染的特征，以煤为主的能源结构造成的煤烟型污染和由多种污染源排放引起的臭氧和细颗粒物(PM2.5)二次污染共存和相互耦合，并在大范围的区域间相互输送与反应，引发了一系列的大气污染现象。虽然我国从2014年开始实施严格的《大气污染防治行动计划》(简称大气“国十条”)，空气质量有所改善，但城市地区大气污染依然十分严重，以高浓度PM2.5为特征的雾霾污染和高浓度臭氧为特征的光化学烟雾污染尚未得到有效遏制。

2010国务院发布的《关于推进大气污染联防联控工作改善区域空气质量的指导意见》，明确提出我国大气污染防控的重点包括了颗粒物和VOCs。VOCs是大气中气态的有机物，其组分十分复杂，包括成千上万种不同的物质。大气中VOCs相当于大气氧化过程的燃料，是大气氧化性增强的关键因素。

更为重要的是，VOCs转化及其对二次气溶胶生成的贡献是认识大气PM2.5浓度、化学组成和变化规律的核心科学问题。VOCs转化生成的SOA在细颗粒有机物质量浓度中占大约20%～50%。虽然对于SOA的前体物还没有确切的结论，但普遍认为高碳的VOCs对气溶胶的生成作用较大，甲苯等芳香烃类化合物是生成二次气溶胶的主要物种。值得注意的是，大气中重污染的发生往往伴随着空气中PM2.5中有机组分的大幅度增加。

因此，VOCs是我国城市群大气中PM2.5和臭氧形成的关键前体物，有效控制VOCs已成为现阶段我国大气环境治理领域中的热点问题，大气"国十条"明确规定对挥发性有机污染物进行控制，国家在"十三五"期间拟将VOCs列为约束性指标加以控制。

臭氧污染是近年来治理大气污染面临的另一挑战，重视PM2.5的同时也必须重视臭氧。在人口密集的京津冀、长三角、珠三角区域，特别是北上广等一线城市，臭氧已成为5—10月的首要污染物，污染加重的趋势不容乐观。大量研究表明，一方面，我国大部分地区近地面臭氧的生成主要受大气中的VOCs的控制，大气中的VOCs浓度高低和反应活性强弱都对臭氧生成和浓度水平有重要影响[1-3]；另一方面，我国大气颗粒物中有机物所占比例较高[4]，VOCs的排放直接形成PM2.5中高含量的一次有机物，同时VOCs对SOA的生成具有重要贡献[5]。由此可见，大气中的VOCs是生成近地面臭氧和PM2.5的重要前体物，在二次污染的形成过程中起着十分重要的作用，是大气复合生成的关键化学物质。

因此，准确描述大气中VOCs的排放特征，对于研究VOCs在我国大气复合污染生成的作用、识别大气复合污染的来源和生成机制、描述大气氧化性的强弱具有重要的科学意义。

2.1.2 研究现状

1. 人为源VOCs源清单国内外研究现状

源清单法是目前国内外研究VOCs排放特征的主要途径。源清单法是指按照经济部门、排放特征、技术特征等对VOCs的排放源进行分类，再结合特定方法对VOCs排放量进行估算的方法。其中，特定方法包括：监测计算法、污染源调查法、质量守恒计算法、排放因子法等。一套清单的建立可以基于以上一种或几种特定方法的组合。

其中，排放因子法建立VOCs源清单是目前普遍使用的方法，因为该方法从更加详细的排放源类型、位置、排放特征出发，为空气质量管理和模拟提供更加详细准确的排放信息，并且适合于国家和区域尺度范围的研究。该方法具体是指将VOCs排放源按照经济部门、技术特征等划分为若干个基本排放单元，并为每个单元获取活动水平信息和包含了控制减排效应的排放因子信息，以计算出污染物的排放量。

VOCs的排放源可分为人为源和天然源两类。从区域或城市尺度上看，人为排放源占据VOCs排放的主导地位[6]，对人类的影响也更为直接。由于人为源VOCs的排放源种类多、排放成分复杂，它的源清单编制一直是国际大气化学研究领域备受关注的问题。一些发达国家对本土源清单编制工作已经做到程序化和规范。例如，美国国家环境保护局制订了源清单改进计划，在此框架下统筹源清单的编制工作，并且专门成立排放因子和源清单小组编制1970年至今空间分辨率为县级的VOCs源清单并更新。欧洲多个国家通过政府合作使用统一的方法研究各自国家的源清单，建立CORINAIR源清单并逐年更新。此外，英国建立国家源清单(U.K. AEA)，澳大利亚政府建立了国家污染物源清单(NPI)。这些清单被广泛应用于空气质量模拟和政策分析，为大气污染研究和区域空气质量管理提供依据。

对我国人为源VOCs排放量的估算，始于国外研究：Piccot等[7]采用人口系数修正美国的VOCs排放因子，根据经验方法首次对中国人为源VOCs排放量进行了估算，得到1980年我国人为源VOCs排放量；荷兰EDGARv2.0全球大气研究排放数据库中采用相同的方法估算出1990年我国人为源VOCs排放量；Tonooka等[8]采用美国大气污染排放因子手册(AP42)第五版、欧盟CORINAIR源清单以及日本固定燃烧源排放因子估算出1994—1995年我国人为源VOCs排放量。

以上研究均从国家层面粗略估算中国人为源VOCs的排放量，此后中国省级排放量的估算日益开展，Klimont等[9]选取部分我国统计数据结合国外统计数据，并基于国外排放因子首次建立中国省级水平的人为源VOCs源清单，估算出1990年、1995年我国省级人为源VOCs排放量，在此基础上其将先行经济指数、人口、生活方式改变以及管理控制技术水平提升作为参考因素推算出2000年、2010年、2020年VOCs排放量，并且根据人口密度图由省级排放清单制作出1°×1°空间网格分布图。Streets[10]为ACE-Asia和TRACE-P计划建立了覆盖中国范围的VOCs源清单，在Klimont等估算出的2000年VOCs排放量基础上，首次将VOCs排放的季节变化考虑在内，通过假定家庭炉灶的使用取决于月均温度，将年排放量分配至每月排放，此外，该研究根据美国源成分谱数据库、CORINAIR源清单，将所得VOCs的排放清单物种化。在亚洲第一个包含了历史、现状和未来排放的排放清单REAS的编制过程中，Ohara等[11]引用Klimont等和Streets关于中国1995年和2000年VOCs排放量估算结果，推算出1980—2003年的中国人为源VOCs排放清单，应用路网信息、农村人口和总人口三种分配方式获得0.5°×0.5°空间网格分布图。以上三份省级层面的VOCs源清单本质为Klimont等估算数据结果，该清单由于活动水平数据采用了较多国外统计数据估算我国情况，并且排放因子亦采用国外数据，因此结果存在较大不确定性，另外，该清单还存在遗漏排放源的问题。

此后，国内学者也相继开展了中国人为源VOCs源清单研究工作，刘金凤等[12]搜集整理大量省级基础数据，使用发达国家排放因子估算了中国2000年75种人为源的VOCs排放量，并根据GDP、人口等指标将省级排放量分配到县；Wei等[13]采用本土实测的生物质燃烧源排放因子和源谱估算了中国2000年人为源VOCs排放量并将其物种化，采用收入作为指标将省级排放清单制作为36 km×36 km的网格排放清单；Zhang等[14]采用与Street相同的方法，加入了电站和工业源排放的季节变化，得到2006年中国省级VOCs排放量季节分布。近年来，为了了解地区排放情况，满足地区空气质量控制和管理的需要，针对城市和区域人为源VOCs排放特征的研究和排放清单的编制工作日益开展，较多集中于经济发达地区。

2003年香港环保署与广东省联合开展"珠江三角洲地区大气污染物源清单"的编制工作,得到珠三角地区VOCs排放量[17]。此后,Zheng等[18-19]人建立了高时空分辨率珠三角地区大气污染物排放清单(每月,3 km×3 km),得到2006年珠三角VOCs排放量,并在该清单的基础上,利用当地各类源的源谱,将所估算的排放量物种化。长江三角洲地区的大气污染物排放特征也被很多学者所关注。Huang等[20]人基于污染源普查资料及国家重点源环境统计资料估算得到2007年长三角VOCs排放量。Fu等[21]估算了2010年长三角VOCs排放量为382.2万吨,37%来自溶剂使用,34%来自工艺过程,芳香烃、烷烃是主要的VOCs物种,不同城市的排放特征不同。此外,部分研究关注我国华北地区的污染物排放清单建立。Zhao等[22]的研究表明,2003年华北地区VOCs排放量为1.77 Tg,交通源贡献最大,其次为溶剂挥发源,但不同城市和地区排放源的贡献不同。

谢绍东等[15-16]从2003年至今,基于国内外已有研究,根据我国国民经济行业分类标准和参考发达国家人为源挥发性有机物排放源分类,建立了我国典型人为源挥发性有机物排放源清单编制方法体系,包括源分类和估算方法以及排放系数和活动水平数据库的构建,创建了包含150多种子源的人为源VOCs排放分类体系,并且对不同排放源引入不同替代变量制作出县级排放清单,对其空间分辨率精度进行提升,首次建立了1978—2012年我国人为源VOCs高分辨率的排放清单源清单,获得了我国人为源VOCs排放历史变化趋势和空间分布特征。基于多年的研究,笔者编制出《大气挥发性有机物源排放清单编制技术指南(试行)》,已由生态环境部作为环保技术标准在全国发布试用。

2. 人为源VOCs源清单不确定性来源

以上人为源VOCs源清单为研究我国VOCs的排放特征做出了积极探索,但缺乏对清单的质量和不确定性的系统性分析,不确定性高。综合以上研究结果,目前我国人为源VOCs源清单研究不确定性来源主要有以下五方面:

(1) 排放源的分类存在遗漏。VOCs来源复杂、多且散,清单编制过程中不可能将所有源囊括在内,只能根据已有研究筛选最主要且最具有代表性的排放过程来计算VOCs的排放量,但难免会由于认识上的不足将某些重要源遗漏。

(2) 排放因子准确性不足。不同国家或地区同一类源可能因不同生产工艺和废气处理措施等而具有不同的排放因子。目前我国尚无较完整的本土化排放因子和源成分谱数据库,清单编制过程中多采用发达国家排放因子,将导致清单存在很高的不确定性。即使部分源的本土实测排放因子数据用于排放清单的估算,但是将研究结果推广到全国不同地区使用时会引入较大的误差[23]。且清单采用的本土实测数据可能与清单编制年份不同,若不考虑因排放标准、控制措施、生产工艺等的改变导致的排放因子在时间上的差异,则会导致排放量的高估或低估[24]。

(3) 活动水平数据存在一定误差。目前大部分活动水平数据均取自统计年鉴,来自活动水平数据方面的不确定性主要有两个方面:一方面是统计数据自身的误差和应用误差;另一方面是部分统计数据无法直接获取,通过外推法得到该部门的活动水平,造成误差。另外,通过统计年鉴只能获得省级或市级活动水平,空间分辨率较低。

(4) 空间分配的方法不尽完善。目前，我国网格化的排放清单均为省级或县级排放量，根据替代变量，如电站及工业点源、道路网络分布、人口、GDP(国内生产总值)等，加权分配至各网格，因其难以全面反映各类源排放的分布，在分配过程中势必会引入误差。

(5) VOCs 排放量物种化本土化程度低。源谱的不确定性是估算 VOCs 物种排放的主要的误差来源。若采用不同的源谱数据，所估算的部分 VOCs 物种的排放量差异可达 1～3 个数量级[25]。目前，我国清单中用于 VOCs 排放量物种分配的源谱数据更多地来源美国的源谱数据库，而同一类源的 VOCs 排放特征我国与美国可能存在巨大差异。

3. VOCs 源清单的校验方法

目前用于源清单的校验方法主要有以下几种：

(1) 空气质量模型法。该方法基于源清单通过物理化学传输模型模拟的化合物浓度，与其实测环境浓度相比较验证源清单的准确性。例如，Kim 等[26]以美国国家环境保护局公布的 2005 年国家源清单作为排放源输入数据，用 WRF-CHEM 模拟 VOCs 活性物种的环境浓度，与航测数据进行比较，评估 VOCs 物种的排放量，该研究发现，休斯顿地区的 VOCs 模拟浓度比观测值低 50%～90%，可能是由于清单中该地区来自工业源的活性 VOCs 排放量的低估造成；更新该地区石化点源的活性 VOCs 排放量，模拟效果将提高。Carmichael 等[27]用 CFORS/STEM-2K1 模式，利用实测数据对 TRACE-P 排放清单进行评估，发现东亚地区烷烃和炔烃吻合较好，而对其他物种存在较高不确定性，这与清单本身的不确定性以及 VOCs 物种化时用到的源谱的准确性有关。Tang 等[28]利用 INTEX-B 清单，经 NAQPMS 多尺度空气质量模式，模拟北京地区臭氧浓度，发现原始清单存在一定高估，利用北京及周边地区工厂点源分布对此类源的排放数据进行了更新，考虑到奥运会期间采取的控制措施，将部分工业点源删除，此外还对机动车排放数据进行了更新，更新后的清单可以较好地模拟北京地区臭氧浓度。

(2) 排放比法。该方法选取弱活性物种作为参考物种，比较环境空气中实际测量的和源清单中的化合物与该参考物种比值。“排放比”法已在 VOCs 源清单的校验中广泛使用。Wang 等[29]利用 2009—2012 年北京 28 个站点的 VOCs 物种观测数据，通过与 CO 的排放比估算了 VOCs 的排放强度，评估和验证 TRACE-P、INTEX-B 排放清单对北京地区的估算结果。也有部分研究采用其他比值对排放进行估算，如丙烷/苯，二者的化学消耗速率接近，可避免轨迹运动过程中化学消耗的差异、混合效应等的影响。

(3) 受体模型法。该方法通过对污染源和受体点大气实测 VOCs 化学组分进行回归分析，估算各排放源对大气中污染物的相对贡献。受体模型法用到的输入数据是实际测量到的 VOCs 浓度和化学组成，不依赖活动水平和气象条件，是检验和校正排放清单中 VOCs 来源构成的重要手段。目前常用的受体模式有化学质量平衡模型(CMB)和正矩阵因子分析(PMF)。

其他方法，如卫星反演、直接的排放通量测量、趋势分析等，也被应用到排放清单的评估中。为提高排放清单的准确性，在排放清单编制过程中，可将以上所述方法相结合，不断对清单进行验证和校正，以更加准确地描述化合物的实际排放。

2.2 研究目标与研究内容

2.2.1 研究目标

基于京津冀地区建立典型人为源 VOCs 高时空分辨率源清单编制方法和验证方法，建立 1980—2017 年京津冀地区高质量、高时空分辨率 VOCs 源清单并对其进行验证，分析该地区 VOCs 历史变化趋势和时空格局，识别典型排放源和重点排放区域，为京津冀地区大气复合污染应对机制研究提供基础数据与技术支撑。

2.2.2 研究内容

1. 构建京津冀地区人为源 VOCs 源清单编制方法

根据我国国民经济行业分类标准，将我国人为源 VOCs 排放源分为生物质燃烧源、固定化石燃料燃烧源、工艺过程源、溶剂使用源和移动源五类四级共 152 个子源的人为源 VOCs 排放分类体系，在此基础上针对京津冀地区 VOCs 排放实际情况，细化各子源，构建出点源、面源相结合的适合城市与区域的人为源 VOCs 源排放分类体系，给出较为详尽清晰的排放源分类方法体系。逐一分析各排放源 VOCs 排放因子和活动水平，建立城市与区域点面结合的完整的人为源 VOCs 排放清单编制方法。

2. 建立京津冀地区人为源 VOCs 排放因子数据库和活动水平数据库

建立一套适合于人为源 VOCs 排放现场采样方法和排放因子测试系统，在京津冀地区选择典型 VOCs 排放源开展本土化排放因子和源成分谱的现场测量研究。结合实测结果、文献调研和模式计算，研究各类源历史排放因子的规律，建立其数学函数模拟模型，得到京津冀地区 1980—2017 年排放因子数据库和源成分谱数据库。分析整理京津冀地区县、市一级相关统计数据、污染源普查数据，在典型城市开展“自下而上”的重点企业现场调查，获取高空间分辨率的活动水平信息，进而建立与排放因子相匹配的 1980—2017 年京津冀地区人为源 VOCs 活动水平数据库。

3. 建立 1980—2017 年京津冀地区高时空分辨率人为源 VOCs 源清单

根据研究得到的排放因子和活动水平数据估算京津冀地区县级人为源 VOCs 排放量；根据源成分谱数据库对排放量进行物种划分；根据点源经纬度、道路网络分布、人口、GDP、卫星火点、气象条件等参数对排放量进行时间和空间分配，建立 1980—2017 年京津冀地区高时空分辨率人为源 VOCs 排放清单。引入不确定性分析及关键影响源识别技术。

4. 京津冀地区人为源 VOCs 源清单校验

首先，本章基于环境空气中 VOCs 受体浓度并结合源解析技术校验 VOCs 源清单的方法。拟在京津冀代表性地区设立地面观测站点，实时在线测量环境空气中 VOCs 浓度及其化学组分的浓度，应用受体模型对外场测量数据进行来源解析，以验证 VOCs 排放清单的来源构成。其次，本章应用空气质量模型验证 VOCs 及其化学组分的排放量与空间分布的方法。拟基于建立的京津冀地区 VOCs 排放清单，应用空气质量模型模拟环境空气中受体浓度分布，在应用观测的获得环境空气中 VOCs 验证获得结果，以校验得到较为准确的京津冀地区 VOCs 排放清单。

2.3　研究方案

2.3.1　构建京津冀地区的人为源 VOCs 排放清单编制方法

根据本章研究已建立的全国人为源 VOCs 排放清单编制方法，将 VOCs 排放源分为生物质燃烧源、固定化石燃料燃烧源、工艺过程源、溶剂使用源和移动源五大类。根据京津冀地区统计数据和污染源普查数据，进一步细化 VOCs 排放源的二、三、四级源分类，使得 VOCs 点源排放信息更加清楚，构建出点源、面源相结合的适合城市与区域的人为源 VOCs 源排放分类体系。逐一分析各排放源 VOCs 排放因子和活动水平，建立城市与区域点面结合的完整的人为源 VOCs 排放清单编制方法，使得“自上而下”和“自下而上”估算的方法能够有效结合且相互验证数据构成与来源。

2.3.2　建立京津冀地区人为源 VOCs 排放因子数据库和活动水平数据库

基于已建立的全国人为源 VOCs 源清单，识别京津冀地区 VOCs 重点排放源和关键不确定性因子，对 VOCs 重点排放源和不确定性较高的排放源进行排放因子和源成分谱现场测试。具体方案如下：

(1) 如图 2.1 所示，基于源头追踪法，应用物料衡算的方法估算企业 VOCs 排放量，弄清各企业 VOCs 排放环节。首先，对已有的 VOCs 排放相关信息，如企业生产、设备运行等数据进行全面搜集，在对数据整合分析后进行数据之间的关联，分析 VOCs 污染现状和排放特征。识别和评估产生 VOCs 的物质原料、储运、工艺过程、设备、操作等因素对排放量的贡献。

VOCs 产生于以下四个环节：VOCs 生产、储存和运输、以 VOCs 为原料的工艺过程以及含 VOCs 产品的使用和排放。其中，VOCs 生产环节主要涉及生产 VOCs 的行业；储存和运输主要指仓储、物流环节；以 VOCs 为原料的工艺过程为采用 VOCs 为原料进行生产；含 VOCs 产品的使用和排放是指 VOCs 产品的直接使用引起的 VOCs 排放过程。VOCs 污染排放贯穿在 VOCs 生产、储存和运输、以 VOCs 为原料的工艺过程和含 VOCs 产品的使用和排放这四个环节当中，通过对 VOCs 全过程进行追溯分析，可以清晰地得到 VOCs 在行业、区域及城市的排放状况分布图。对于某个区域，VOCs 在该区域内的生产量，结合外地输入本地、本地输出外地的量，可知区域内实际消耗量；再通过储运过程，可知流入某个行业 VOCs 的量；进入某个行业的 VOCs，通过区分作为原料生产其他非 VOCs 产品的量和作为溶剂、清洗剂及助剂等其他用途的量，可估算 VOCs 的可能排放量；结合 VOCs 利用率、回收率和控制水平，则可进一步测算 VOCs 的实际排放量。综合各个过程中 VOCs 的损耗、挥发、泄漏和使用排放，可进行 VOCs 的行业排放量估算和区域排放总量估算。VOCs 源头追溯宏观上体现了区域和行业 VOCs 的物料衡算。

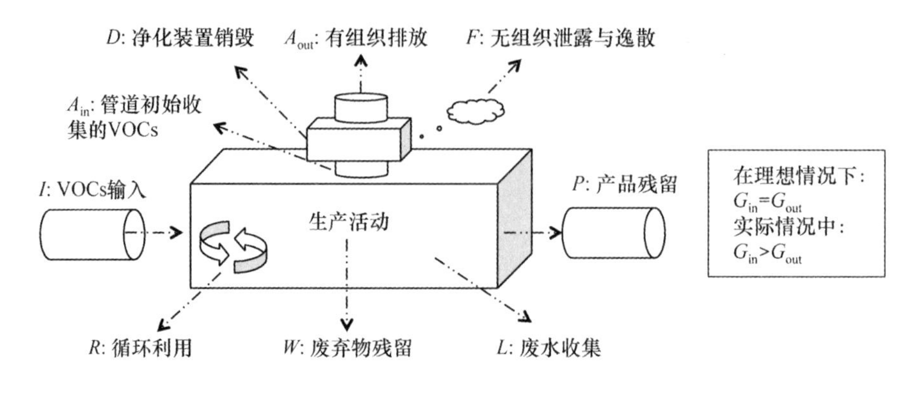

根据物料平衡:
总输入量（gross input, G_{in}） $=I+R$
总产出量（gross output, G_{out}） $=P+F_1+F_2+A_{in}+R+W+L$
总VOCs空气排放量（G_{VOCs}） $=F+A_{out}=F_1+F_2+A_{out}$

图 2.1 企业 VOCs 源头追踪示意

（2）应用实测的方法测量企业各个环节 VOCs 排放状况，估算其排放系数，建立一套适合于人为源 VOCs 排放现场采样方法和排放因子测试系统，在京津冀地区选择典型 VOCs 排放源开展本土化排放因子和源成分谱的现场测量研究。

选择北京市、天津市、石家庄市、保定市等京津冀地区的典型城市，调查和现场采样或测试化工、炼油、溶剂、涂料、加油站、燃料气站、餐饮、燃煤、燃气、燃油、机动车等人为源 VOCs 排放状况并估算其排放系数，分析各类源 VOCs 浓度特征，研究其排放特征。

工艺过程源测试方案分为有组织排放和无组织排放两部分：对于有组织排放源，采用不锈钢采样罐收集有组织排放排气口烟气样品，通过烟尘采样器和烟气分析仪分别获得烟气流量和温度，收集尾气处理装置处理效率信息和企业产品生产速率，通过有机物分析系统，包括低温冷阱预浓缩和气相色谱质谱联用技术（GCMS-FID），分析样品 VOCs 浓度和组分，计算得到有组织排放因子和源成分谱。对于无组织排放源，若研究对象是密闭车间，分别采集车间进气口和出气口 VOCs 样品及风速温度，采用 EMB 模型（experimental mass balance model）利用车间内 VOCs 的质量平衡原理对无组织排放因子进行计算；若研究对象是非密闭车间，通过调查该排放源工艺流程，找到无组织排放节点，通过 EPA Method21 袋式采样法采集 VOCs 样品和流量，计算无组织排放因子。以上采样均在正常生产状况下进行。

（3）对溶剂使用类行业，除应用上述工艺过程源测试方案进行排放因子测试外，另应用源头追踪，通过物料衡算估算 VOCs 排放因子，将两种方法结果进行比较。

(4) 对加油站进行 VOCs 排放测量，分别选取油气回收改造前和改造后的加油站，对卸油环节、加油环节和末端处理设备进行现场和模拟实验，进而估算加油站 VOCs 排放因子。

除现场测试外，本研究还通过文献调研，对已公开发表的该地区 VOCs 排放因子和源成分谱数据进行收集，如生物质燃烧源等；通过 COPERT Ⅳ模型估算移动源中机动车源的 VOCs 排放因子。实测结果、文献调研和模型计算相结合构建京津冀地区 VOCs 排放因子数据库和源成分谱数据库，应用历史变化函数计算得到动态排放因子数据库，并通过 GIS 技术构建相应的环境信息系统平台。

调查京津冀地区各地级市统计数据和污染源普查信息、行业信息获得与排放因子相匹配的县级活动水平信息。在典型城市，如北京、天津、石家庄等地开展“自下而上”的重点企业现场调查，与地方环保系统合作采取问卷调查方式收集重点企业的生产排放情况、经纬度等，获取高空间分辨率的活动水平信息，进而建立 1980—2017 年京津冀地区人为源 VOCs 活动水平数据库。

2.3.3 建立 1980—2017 年京津冀地区高时空分辨率人为源 VOCs 源清单

根据 2.3.2 节构建的本地化排放因子数据库、源成分谱数据库和活动水平数据库建立分物种县级排放清单，并对其进行时空划分：对固定化石燃料燃烧源、移动源等温度相关源，利用气象参数进行时间划分获得分月排放量；对移动源，利用道路网路进行空间划分；对生物质燃烧源，利用 MODIS 卫星火点产品结合土地覆盖类型地图进行时间和空间划分；对重点工艺过程源和溶剂使用源，利用调研的经纬度和分月活动水平信息进行时空划分；对于其他排放源，将排放量进行均匀时空划分，利用 GIS 和 MapInfo 技术给出 3 km×3 km 网格排放量。初步建立 1980—2017 年空间分辨率为 3 km×3 km、时间分辨率为月的京津冀地区人为源 VOCs 物种化排放源清单。

2.3.4 京津冀地区人为源 VOCs 源清单校验

1. 基于环境空气中 VOCs 受体浓度并结合源解析技术校验 VOCs 源清单的方法研究

在京津冀地区选取合适观测站点，利用 GCMS-FID，采用美国 EPA TO-14、TO-15 方法，对环境中 100 多种 VOCs 浓度进行连续一年的在线测量。通过严格的质量控制和质量保证措施，包括质谱调谐、标定、日校准等，确保 VOCs 浓度数据的准确可靠。应用在线测量获得的分化学物种的 VOCs 浓度数据，通过直接线性拟合法计算 VOCs 排放比，通过排放比验证排放源清单中 VOCs 的排放量和化学组成，分析造成二者差异的原因，同时应用 PMF 正矩阵因子模型解析出各种源的浓度贡献，以验证清单的源贡献大小。

2. 应用空气质量模型验证 VOCs 及其化学组分的排放量与空间分布的方法研究

将 2.2.2 研究内容 3 建立的 VOCs 源清单输入 CMAQ 空气质量模型，模拟 VOCs 浓度与实测浓度进行初步比较并进行敏感性分析，应用观测的获得环境空气中 VOCs 验证获得结果，对建立的源清单进行评估。

本章拟应用“矮马空气质量预报”系统[①]，基于本次建立的京津冀地区VOCs排放清单，模拟京津冀地区环境空气质量，给出该地区环境空气中VOCs的空间分布，计算每类排放源对大气中VOCs浓度的平均贡献，给出京津冀地区VOCs源贡献的空间分布。再结合PMF模型来源解析结果，与源清单中的来源结构进行比较，以校验获得的京津冀地区VOCs排放清单。

基于PMF计算出的各类源对具体VOCs物种的贡献，探讨导致目标VOCs物种的排放量在清单中具有较大不确定性的主要原因。

本章采用的技术路线如图2.2所示：

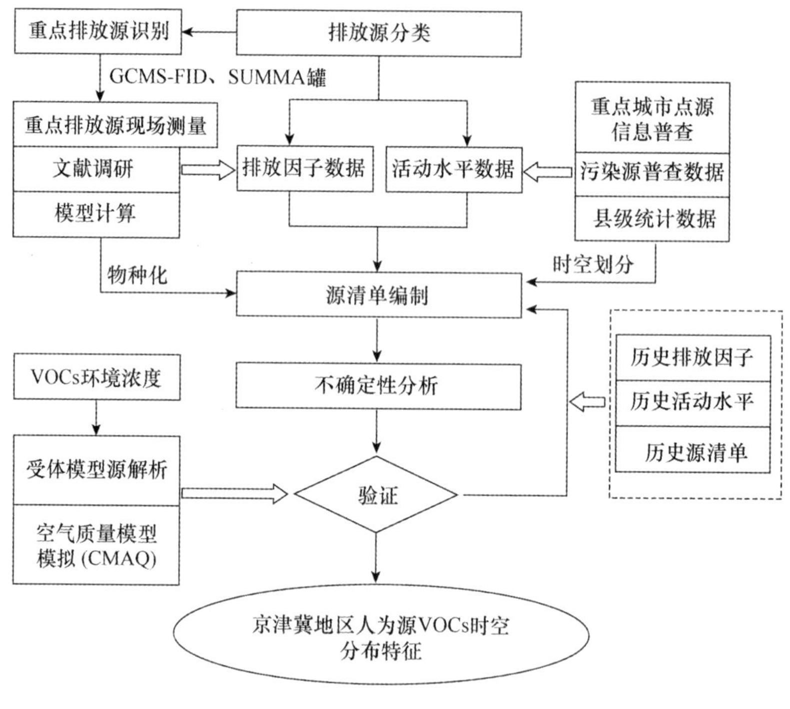

图2.2 技术路线

2.4 主要进展与成果

2.4.1 建立了基于我国宏观统计数据和基于工序的VOCs排放核算的排放源清单编制方法体系

建立了基于我国宏观统计数据和基于工序的VOCs排放核算的排放源清单编制方法体

① http://www.aimayubao.com/，检索日期2020年12月16日。

系,包括人为源分类和估算方法以及排放因子和活动水平数据库的构建。针对 VOCs 排放企业可能出现的 12 类 VOCs 排放环节给出了实测法、公式法和系数法不同优先顺序的全环节 VOCs 排放量核算方法,建立了更为精细化的基于工序的 VOCs 排放清单编制方法,包括各工序 VOCs 排放估算所需参数调查表。使得“自上而下”和“自下而上”估算的方法能够有效结合且相互验证数据构成与来源。该方法体系可应用于我国污染源普查和地方源清单的建立。

根据我国国民经济行业分类标准和参考发达国家人为源 VOCs 排放源分类,将我国人为源挥发性有机物排放源分为生物质燃烧源、固定化石燃料燃烧源、工艺过程源、溶剂使用源和移动源五类四级共 152 个子源的人为源 VOCs 排放分类体系,同时引入不确定性分析及关键影响源识别技术,构成排放量计算优化系统。基于模型模拟、文献调研和现场测量的方法,确定了我国各子源当前及历史排放因子,建立具有时间动态的排放因子数据库。

各类 VOCs 排放企业可以概括为石油化工 12 类 VOCs 排放环节,即工艺有组织排放、工艺无组织排放、设备泄露、采样过程泄露、储罐排放、装卸过程排放、污水处理排放、固定化石燃料燃烧排放、火炬排放、冷却塔排放、开停工排放和故障排放,针对这些排放环节给出了包括实测法、公式法和系数法不同优先顺序的全环节 VOCs 排放量核算方法,从而建立更为可靠的基于工序的 VOCs 排放清单。为了源清单的调查,编制出基于工序的 VOCs 排放估算所需要参数调查表。

2.4.2 建立了 110 种源和 135 种化学组分的 VOCs 排放源成分谱库

测量了重点行业 VOCs 排放因子和源成分谱,丰富完善了我国现有人为源 VOCs 排放因子库和建立了 110 种源、135 种组分的典型人为源 VOCs 排放源成分谱库。这些数据是空气质量模拟与预报和我国大气二次污染物成因与来源研究的关键数据,将支撑重污染和臭氧污染控制关键物种和关键源控制的识别。

应用实测的方法测量企业各个环节 VOCs 排放状况,估算其排放系数,建立一套适合于人为源 VOCs 排放现场采样方法和排放因子测试系统,在京津冀地区选择典型 VOCs 排放源开展本土化排放因子和源成分谱的现场测量研究。

采用 USEPA TO15 方法,即利 Summa 罐采样—冷阱聚焦进样—GCMS/FID 分离检测方法,对企业排放废气进行采集和定量分析,基于单个企业 VOCs 排放量全环节测算重点行业的企业 VOCs 排放量,获得本土化排放因子和源成分谱。选择了重点 VOCs 排放源进行 VOCs 排放特征测量,对 6 家石化类企业、3 类表面涂装企业和 1 家焦化企业进行了排放因子和源成分谱测量,对 19 家石化类企业发放调查表估算全环节排放量。此外还对典型 VOCs 控制工程的性能进行了测试。表 2-1 比较了本章实测的部分源排放因子与 AP42/EEA 报告排放因子。

表 2-1　本章实际测算的排放因子与 AP42/EEA 报告排放因子比较

排放源	测算排放因子	AP42/EEA 排放因子
MDI 制造	0.7 g/kg MDI	—
油品储存	0.015 g/kg 吞吐量	0.045 g/kg 吞吐量
基础化学原料制造	0.40 g/kg 基础化学原料	0.6 g/kg 乙烯
苯酚丙酮制造	0.33 g/kg 苯酚或丙酮	0.79 g/kg 丙酮
精细化工产品制造	0.30 g/kg 精细化工产品	—
炼油	1.783 g/kg 原油	1.78 g/kg 原油
污水处理	0.03 g/kg 污水	0.005 kg/m^3 污水
PVC 树脂制造	6.73 g/kg PVC 树脂	0.77 g/kg PVC 树脂
MDI 制造	1.73 g/kg MDI	—
ABS 树脂制造	6.43 g/kg ABS 树脂	1.27 g/kg ABS 树脂
双酚 A 制造	0.08 g/kg 双酚 A	0.32 g/kg 双酚 A
乳胶制造	2.21 g/kg 乳胶	—
聚碳酸粒子制造	0.34 g/kg 聚碳酸粒子	—
37%HCHO 制造	0.01 g/kg 37%HCHO	0.07 g/kg 37%HCHO
MMA 制造	3.74 g/kg MMA	7.27 g/kg MMA
汽车色漆	1.51 g/kg 汽车色漆	15 g/kg 油漆
杀虫剂原药制造	2.34 g/kg 杀虫剂原药	300 g/kg 化学原料药
废物焚烧	0.20 g/kg 废物	0.7 g/kg 废物
乳胶制造	3.74g/kg 乳胶	—

图 2.3 给出了直燃式焚烧炉（TO）、无焰热氧化焚烧炉（FTO）、蓄热式热氧化焚烧炉（RTO）、活性炭纤维和活性炭等 VOCs 治理技术的去除效果，由图 2.3 可见，燃烧炉处理效率要高于活性炭处理效率，活性炭处理装置对芳香烃、卤代烃吸附效果较好，对烷烃、烯烃处理效果较差。

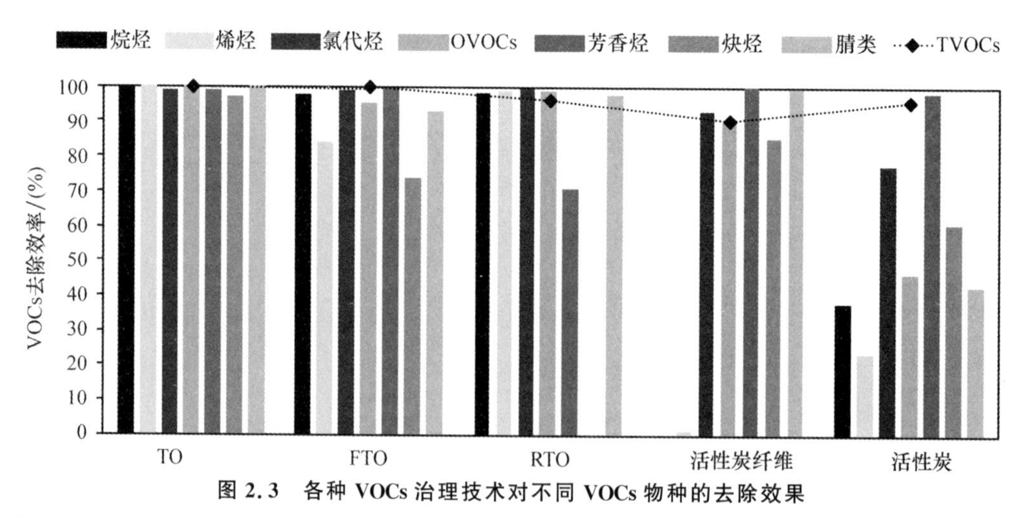

图 2.3　各种 VOCs 治理技术对不同 VOCs 物种的去除效果

表 2-2 给出部分溶剂使用行业 VOCs 排放因子。由表 2-2 可见，溶剂使用类企业中，漆包线生产企业 VOCs 控制后排放因子为 7.28 g/kg 聚酯漆包线，家电涂层企业 VOCs 控制后排放因子为 2.39 g/台洗衣机，饮料罐制造企业 VOCs 控制后排放因子为 0.76 g/只饮料罐。漆包线生产和饮料罐涂层的实测排放因子与 AP42 参考排放因子较为接近，家电涂层的测试排放因子要远低于 AP42 参考排放因子。我国近年来不断提高喷涂行业排放标准，鼓励使用含有机物较少的水性溶剂以降低喷涂过程中 VOCs 排放量，而 AP42 的排放因子是基于美国 1995 年的生产工艺给出的，这可能是造成家电涂层行业排放因子差异较大的原因。

图 2.4 给出了表面涂装源的成分谱，可见，溶剂使用类企业排放的废气中浓度最高的组分为芳香烃，部分工艺环节烷烃、OVOCs 浓度较高。漆包线生产所有排放节点芳香烃浓度比例均高于 80%；家电涂层的电泳工艺排气口 VOCs 浓度芳香烃所占比例均超过 80%，而烘干工艺中 OVOCs、烷烃、烯烃等比例要高于电泳工艺；饮料罐涂层的制罐车间主要排放的为芳香烃，占到 80%以上，喷涂车间 OVOCs、烷烃和烯烃比例要高于制罐车间。

表 2-2　部分溶剂使用行业 VOCs 排放因子

源	控制前排放因子	控制后排放因子	AP42 排放因子	单　位
漆包线生产	11.16	7.28	17	g/kg 产品
家电涂层	5.09	2.39	200	g/件 产品
饮料罐涂层	1.03	0.76	0.97	g/件 产品

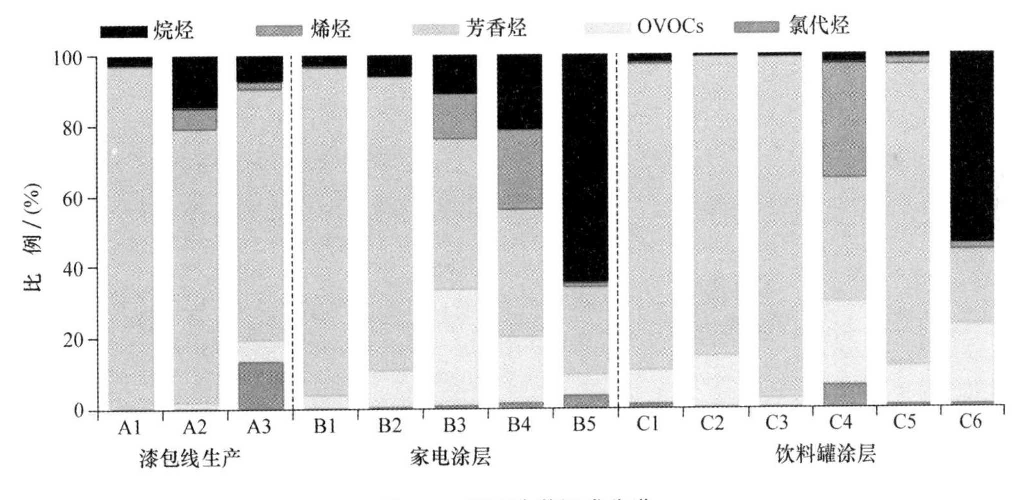

图 2.4　表面涂装源成分谱

目前研究对炼焦生产无组织大气污染物排放测试较多，但少有文献报道对控制措施完善的焦化厂各工序烟囱的实测，各工序 VOCs 采样分析则更少。大部分实测也没有写明焦化厂规模、主要工艺及大气污染控制措施，降低了文献的可比性。我国是炼焦大国，虽然焦炭常规大气污染物排放量占总量不高，但由于炼焦生产较为集中，其排放物质又包含大量有毒有害物质，已引起各方研究的重视。本项目测试的焦化厂从规模和环境防治措施上讲，都属于较为先进的炼焦工艺，是目前产业政策中鼓励发展的工艺，大气污染物排放量相对于其他规模焦化厂都较低，对其大气污染物排放特征展开研究，更具现实意义。

图 2.5 给出了测量获得的某焦化企业各采样点化学成分谱，图 2.6 为有组织排放的 VOCs 排放量。由图 2.6 可见，推焦系统是最重要的有组织排放源，焦油储罐是最重要的无组织排放，其排放因子为 1.55g/kg 焦炭，是减排重点；该企业 VOCs 排放因子为 1.75 g/kg 焦炭，低于 AP42 的 2.96g/kg 焦炭——表明焦炉管控有效。

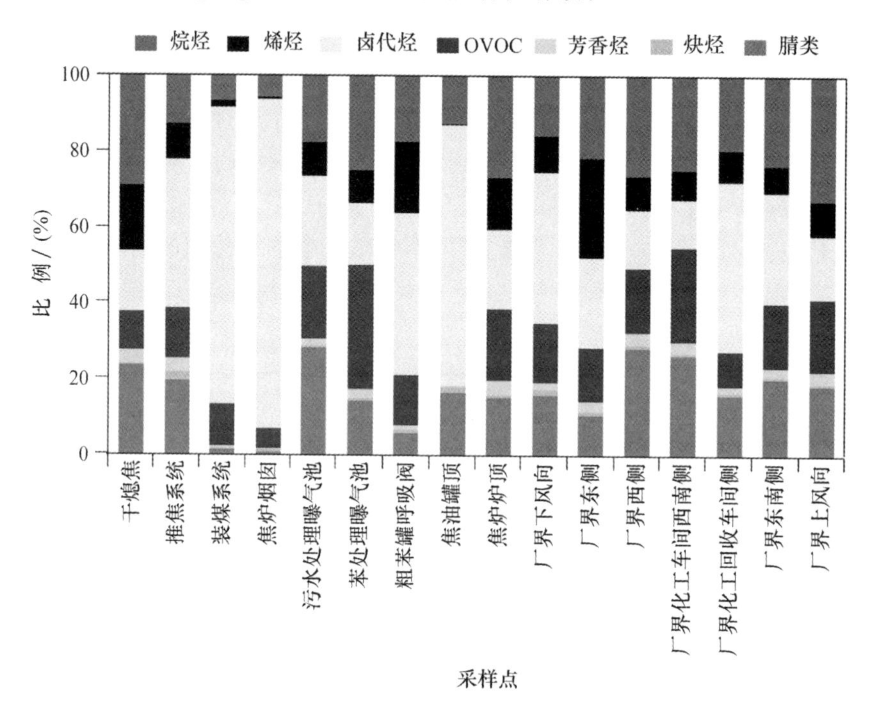

图 2.5　某焦化企业各采样点 VOCs 成分组成

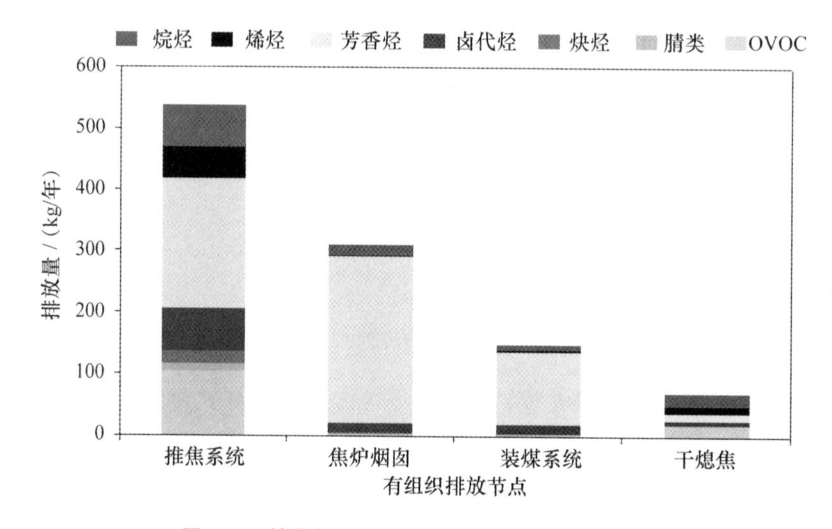

图 2.6　某焦化企业有组织排气口 VOCs 排放量

2.4.3　建立了 1980—2018 年京津冀地区人为源 VOCs 排放源清单和臭氧与 SOA 生成潜势空间分布

建立了 1980—2018 年京津冀地区人为源 VOCs 排放源清单和 2013 年京津冀地区 VOCs 分组分的排放源清单，给出了京津冀地区基于 VOCs 排放源清单的臭氧生成潜势和 SOA 生成潜势，识别出京津冀地区 VOCs 控制的关键物种及其关键源。

根据本项目构建的排放因子数据库和源成分谱数据库，建立了京津冀地区 VOCs 排放清单和 2013 年 VOCs 分物种排放清单，空间分辨率为 3 km×3 km。

2014 年京津冀人为源 VOCs 排放总量为 386.62 万吨，占全国 VOCs 排放量的 10%左右，其中北京市、天津市及河北省各排放 50.39 万吨、82.86 万吨和 253.37 万吨，从空间分布来看河北省北部地区 VOCs 污染排放源强度较小，东南部排放强度较高，北京市西南部、天津市东南部和石家庄市东部是京津冀地区 VOCs 排放强度的高值地区。空间分布图详见文献[30]。

图 2.7 和图 2.8 分别给出了 2014 年京津冀地区人为源 VOCs 排放源贡献和各省、直辖市人为源 VOCs 排放量贡献率。

由图 2.7 可见，一级子源中，工艺过程源排放量为 122.79 万吨，占排放总量的 31.5%，其次为移动源，排放量为 100.52 万吨，占排放总量的 26.0%；固定化石燃料燃烧源 VOCs 排放量为 92.40 万吨，占排放总量 23.9%；溶剂使用源 VOCs 排放量为 57.22 万吨，占排放总量的 14.8%；生物质燃烧源排放量为 14.69 万吨，占排放总量的 3.8%。

由图 2.8 可见，北京市 VOCs 排放量最高的源为移动源，而天津市和河北省 VOCs 排放量最高的源为工艺过程源。北京市溶剂使用源贡献率要高于天津市和河北省，而河北省生物质燃烧源贡献率要高于北京市和天津市。

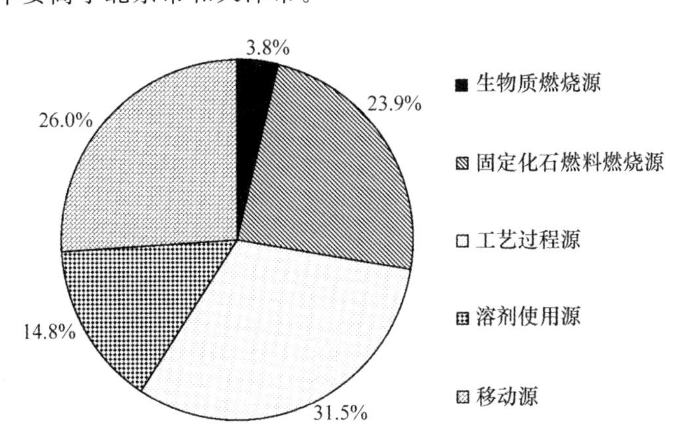

图 2.7　2014 年京津冀地区人为源 VOCs 排放源贡献

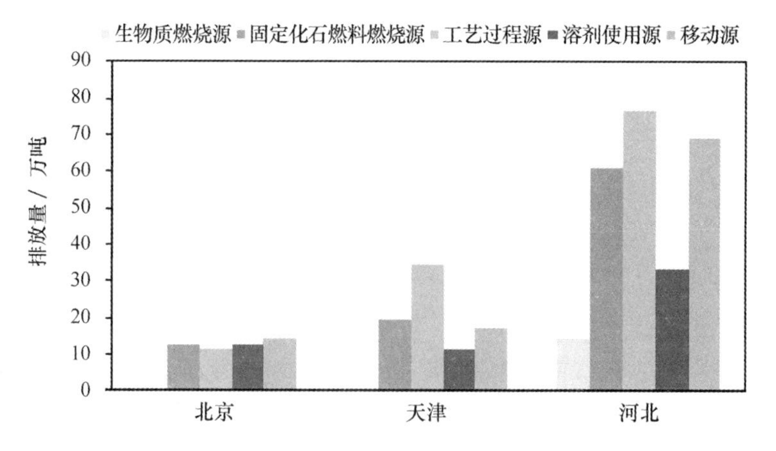

图 2.8　2014 年京津冀各省份人为源 VOCs 排放量贡献

2014 年京津冀地区 VOCs 排放化学组成见图 2.9，从图 2.9 中可看出，芳香烃、烷烃、烯烃和 OVOCs 排放量分别占人为源 VOCs 排放总量的 33.2%、31.9%、15.4%和 13.1%，芳香烃和烷烃是京津冀地区人为源 VOCs 排放的主要化合物组，年排放量分别为 128.36 万吨和 123.33 万吨。炔烃、卤代烃、其他 VOCs 和腈类排放量较小，排放量分别占人为源 VOCs 排放总量的 3.2%、1.7%、1.4%和 0.1%。分物种排放量由高到低列于表 2-3。

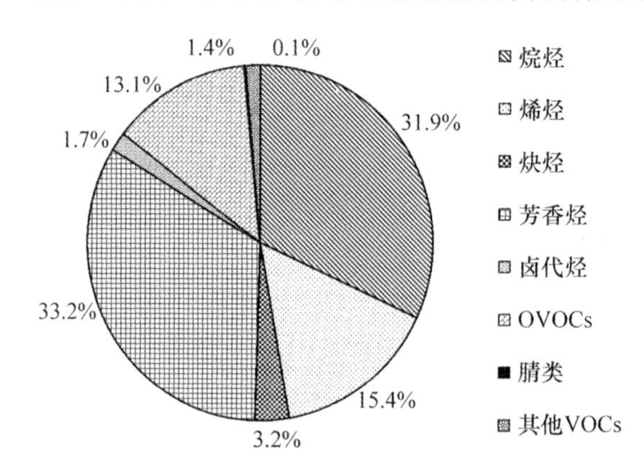

图 2.9　2014 年京津冀地区 VOCs 排放化学组成

表 2-3　2014 年京津冀地区排放量前四十 VOCs 物种排放量

物　种	排放量/万吨	物　种	排放量/万吨
乙烯	27.18	正己烷	13.72
苯	26.69	丙烯	12.74
甲苯	25.57	乙炔	12.00
间/对二甲苯	22.33	乙醇	9.46
乙烷	21.88	丙烷	9.43
乙苯	14.95	邻二甲苯	9.21

续表

物　种	排放量/万吨	物　种	排放量/万吨
异戊烷	9.07	异丁烷	3.95
苯乙烯	8.20	正庚烷	3.86
正戊烷	6.58	3-甲基己烷	3.68
1,2,4-三甲基苯	6.46	正十二烷	3.34
正丁烷	6.11	3-甲基戊烷	3.31
甲醛	5.97	正癸烷	3.27
乙酸乙酯	5.71	2,4-二甲基戊烷	3.11
甲醇	5.06	2-甲基己烷	2.89
丙酮	4.99	正壬烷	2.76
2-甲基戊烷	4.91	间乙基甲苯	2.65
乙醛	4.90	环己烷	2.36
其他烯烃	4.63	1,2,3-三甲基苯	2.32
其他 VOCs	4.48	甲基环己烷	2.30
1-丁烯	4.10	正辛烷	2.16

京津冀地区排放量前十的物种包括乙烯、苯、甲苯、间/对二甲苯、乙烷、乙苯、正己烷、丙烯、乙炔和乙醇，其排放量及来源构成见图 2.10。乙烯、苯、乙烷、丙烯和乙炔主要来自固定化石燃料燃烧源的排放，甲苯和正己烷主要来自工艺过程源的排放，间/对二甲苯、乙苯和乙醇主要来自溶剂使用源的排放。

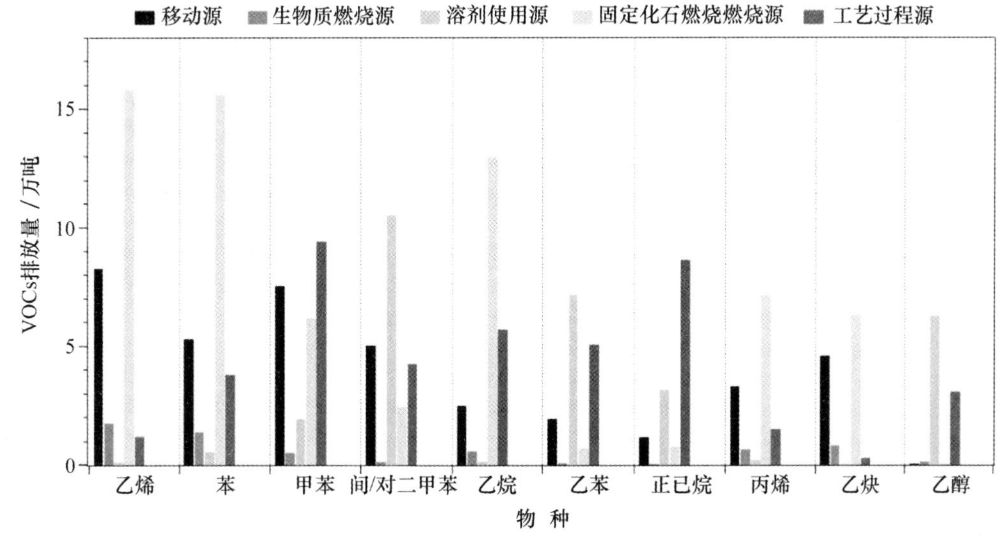

图 2.10　2014 年京津冀地区排放量前十 VOCs 物种及其来源

基于建立的京津冀及其周边地区的 VOCs 分组分排放清单，采用参数化方法，利用不同 VOCs 物种的最大增量反应活性和二次有机气溶胶产率，通过物种排放量与对应最大增量反应活性和二次有机气溶胶产率相乘的方法估算得到了人为源 VOCs 排放的 O_3 和 SOA 生成潜势，由此提出京津冀及周边地区人为源 VOCs 重点控制源和优先控制物种名录。

京津冀地区 OFP 和 SOAP 的空间分布详见文献[31-32]。臭氧潜势高值区主要分布在北京市主城区及南部的门头沟区和房山区，天津市主城区、环城区（包括西青区、北辰区、东丽区和津南区）以及其东南沿海的滨海新区，河北省的石家庄市、邯郸市市区、保定市东北部，山东的济南市、淄博市、济宁市、青岛市东部沿海地区以及烟台市北部沿海地区；SOA 生成潜势的高值区主要分布在北京市主城区及其南部的门头沟区、房山区以及大兴区西部，天津市主城区、环城区（包括西青区、北辰区、东丽区和津南区）以及其东南沿海的滨海新区，河北省的石家庄市、廊坊市、保定市东部和南部、邯郸市市区，山东省的济南市、淄博市、潍坊市、青岛市、烟台市、威海市、济宁市以及临沂市中部地区。

基于 OFP 和 SOAP 空间分布得到表 2-4 所示京津冀地区的人为源 VOCs 关键控制物种与关键控制源。由表 2-4 可见，基于 OFP 的人为源 VOCs 关键控制物种是间/对二甲苯、乙烯、丙烯、甲醛、甲苯，对应的关键控制源分别是小客车、橡胶品制造、居民秸秆燃烧、炼焦、化学原料制造；基于 SOAP 的人为源 VOCs 关键控制物种是甲苯、正十二烷、间/对二甲苯、苯、甲醛，对应的关键控制源分别是小客车、炼焦、橡胶品制造、沥青铺路、涂装。

表 2-4　京津冀地区人为源 VOCs 关键控制物种与关键控制源

OFP		SOAP	
关键控制物种	关键控制源	关键控制物种	关键控制源
间/对二甲苯	小客车	甲苯	小客车
乙烯	橡胶品制造	正十二烷	炼焦
丙烯	居民秸秆燃烧	间/对二甲苯	橡胶品制造
甲醛	炼焦	苯	沥青铺路
甲苯	化学原料制造	甲醛	涂装

2.4.4　构建了基于 VOCs 观测数据的受体模型来源解析、排放比值法和卫星反演综合校验体系

构建基于观测数据的受体模型来源解析、排放比值和卫星反演综合校验体系，首次使用一整年四个季度的 VOCs 环境浓度在线观测数据，对北京市城区 VOCs 排放清单进行综合校验，降低了 VOCs 源清单的不确定性。校验发现基于活动水平数据计算的燃烧源 VOCs 排放量偏低，冬季偏低现象尤为明显。

为获得观测数据，应用低温冷阱预浓缩技术和气相色谱质谱联用在北京城区站点开展了为期一年的 VOCs 环境浓度在线观测，在京津冀地区城区点（北京）、乡村点（曲周）和区域传输点（固城）开展了夏季区域在线观测。如图 2.11 所示，北京市城区站点全年 VOCs 平均浓度为 47.10 ppbv，1 月平均浓度最高，约为 56.73 ppbv；4 月和 7 月平均浓度较低，分别为 39.56 ppbv 和 40.16 ppbv，10 月平均浓度为 48.64 ppbv。1 月浓度最高的 VOCs 化合物组是烷烃（39.5%）和烯烃（22.6%），其他月份浓度最高的 VOCs 化合物

组是烷烃和 OVOCs。京津冀地区夏季城区点、区域传输站点的 56 种 NMHCs 总浓度比较接近，分别为 23.30 ppbv 和 24.12 ppbv，乡村点的 NMHCs 总浓度则远低于城区点和区域传输点，为 15.45 ppbv；城区点的羰基化合物浓度约为区域传输点两倍。

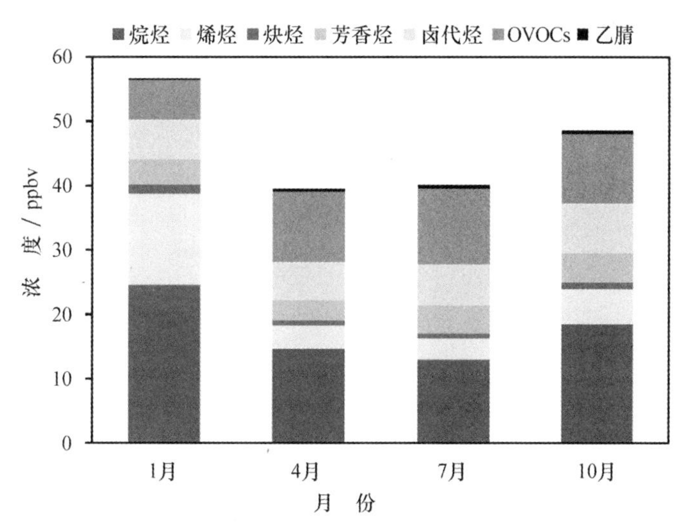

图 2.11　城区点 2015 年 1 月、4 月、7 月和 10 月 VOCs 化合物组浓度

图 2.12 给出了基于排放清单的源贡献与基于环境空气中 VOCs 浓度的源解析比较，由图 2.12 可见，本清单对移动源、溶剂使用源和工艺过程源的估算结果较为准确，但是通过统计数据和调查数据计算得到的燃料燃烧源严重低估了冬季燃料燃烧源的排放。

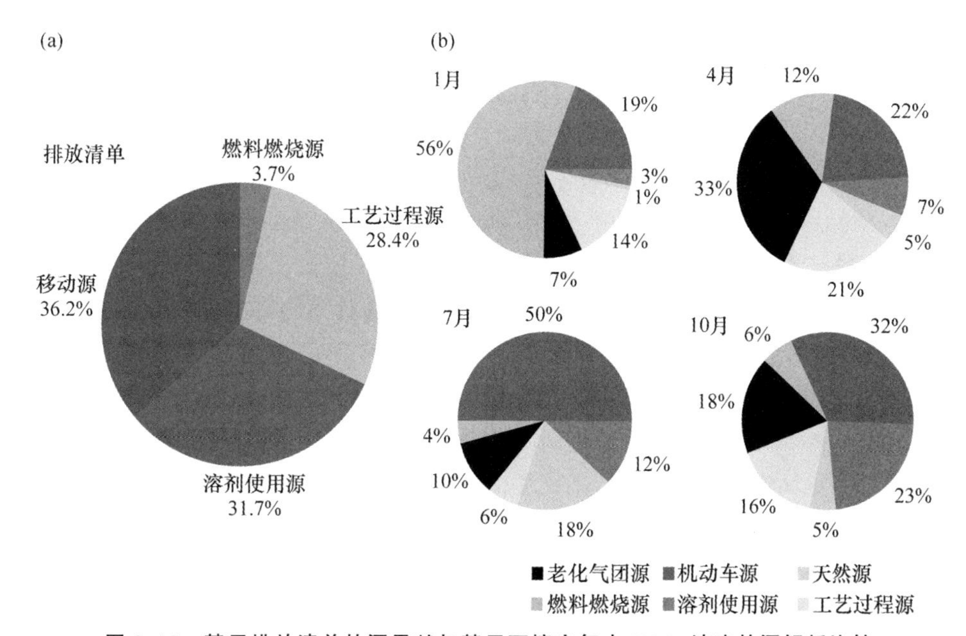

图 2.12　基于排放清单的源贡献与基于环境空气中 VOCs 浓度的源解析比较

图 2.13 比较了基于排放比法和基于排放清单法计算的城区点网格 VOC 物种排放量。从相对差别来看，排放清单中大部分 NMHCs 物种年排放量与排放比法计算年排放量较一

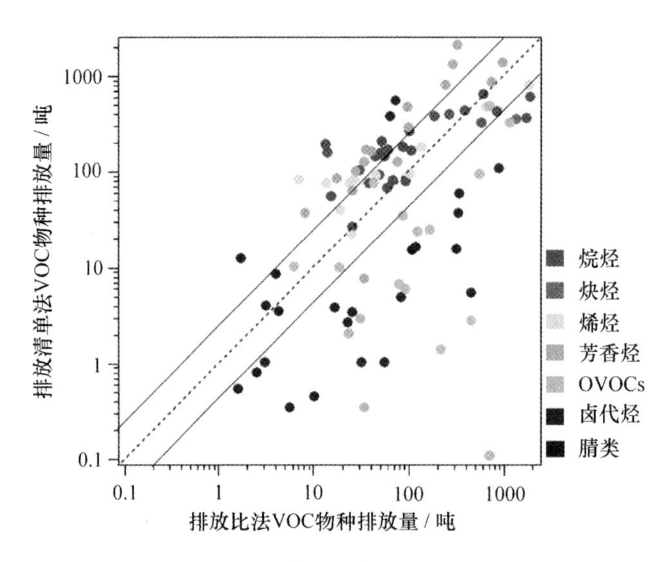

图 2.13　排放清单法与排放比法计算城区点网格各 VOC 物种年排放量结果比较

致，相对偏差在±100%以内，但排放清单中大部分 OVOCs 和卤代烃明显低于排放比法计算结果。此外，清单中部分芳香烃显著高于排放比法计算结果。图 2.14 更直观地展示了各物种两种方法的排放量计算结果的绝对差。烷烃中，乙烷和丙烷通过排放清单法计算得到的排放量要显著低于排放比法计算排放量，其他烷烃两种方法计算排放量结果较为接近。烯烃中，乙烯通过排放清单法计算得到的排放量要显著低于排放比法计算排放量。两种计算方法计算的其他烯烃的排放量较为接近。通过排放清单法计算的乙炔排放量要显著低于排放比法计算排放量。芳香烃中，甲苯、间/对二甲苯、邻二甲苯、1,2,4-三甲基苯基于排放清单法计算的排放量要显著高于排放比法计算排放量，其他芳香烃两种方法计算排放量结果接近。乙腈通过两种方法计算的排放量较为接近。OVOCs 中，丙酮、2-丁酮、乙酸甲酯、甲基丙烯酸甲酯、乙酸乙酯和醋酸丁酯基于排放清单法计算的排放量要显著低于排放比法计算排放量。卤代烃中，氯甲烷、二氯甲烷、氯仿、1,2-二氯乙烷和 1,2-二氯丙烷基于排放清单法计算排放量显著低于排放比法计算结果，三氯乙烯和四氯乙烯基于排放清单法计算排放量高于排放比法计算排放量，其他卤代烃物种两种方法计算的排放量较为接近。

卫星反演清单京津冀地区 2014 年 VOCs 排放量为 436.85 万吨。本研究建立的排放清单年排放量为 303.62 万吨，两种方法排放计算 VOCs 排放量偏差为 30%，在合理误差范围内。本研究排放清单和卫星反演排放清单空间分布详见文献[30]。本研究建立排放清单各网格 VOC 排放量与卫星反演排放清单网格排放量相关性显著（$p<0.01$），相关系数为 0.754。两种排放清单 VOCs 排放量高值和低值区的分布也较一致，排放高值区主要集中在北京市和天津市城区，排放低值区主要集中在京津冀的北部地区，包括张家口市和承德市[32]。

卫星反演清单的优势是可以较好地反应 VOCs 排放量的空间分布特征，本清单和卫星反演清单网格排放量相关性较高，说明本清单排放量空间分配方法可行，清单所包含的空间排放信息可信度高。

总结受体模型法、排放比法和卫星反演法清单校验结果，本项目建立的排放清单对移动

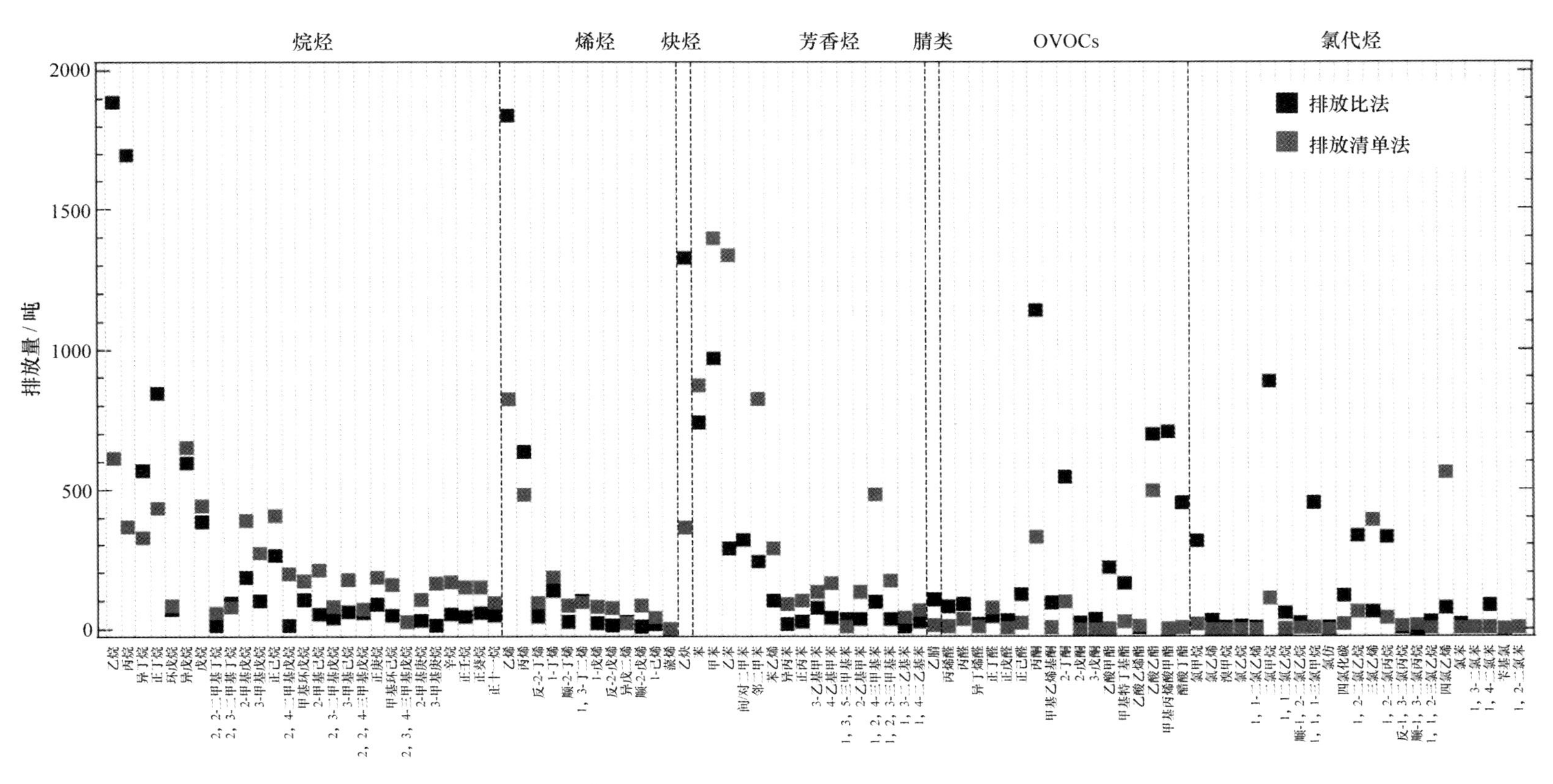

图2.14　排放清单法与排放比法计算北大网格各VOC物种年排放量结果绝对差比较

源、溶剂使用源和工艺过程源的估算结果较为合理，对大部分 NMHCs 物种排放量估算结果较准确，排放量空间分配方法可行，空间排放特征可信度高。但本清单对冬季化石燃料燃烧源排放量估算结果存在低估。

2.5 本项目资助发表论文

[1] WU R R, XIE S D. Spatial distribution of ozone formation in China derived from emissions of speciated volatile organic compounds. Environmental Science & Technology, 2017, 51(5): 2574-2583.

[2] LI J, HAO Y F, SIMAYI M, et al. Verification of anthropogenic VOC emission inventory through ambient measurements and satellite retrievals. Atmospheric Chemistry and Physics, 2019, 19(9): 5905-5921.

[3] LI Y Q, LI J, XIE S D. Bibliometric analysis: Global research trends in biogenic volatile organic compounds during 1991—2014. Environmental Earth Sciences, 2017, 76(1): 0-11.

[4] LI J, BO Y, XIE S D. Estimating emissions from crop residue open burning in China based on statistics and MODIS fire products. Journal of Environmental Sciences, 2016, 44: 158-170.

[5] LI J, WU R R, LI Y Q, et al. Effects of rigorous emission controls on reducing ambient volatile organic compounds in Beijing, China. Science of the Total Environment, 2016,557-558: 531-541.

[6] LI J, LI Y Q, BO Y, et al. High-resolution historical emission inventories of crop residue burning in fields in China for the period 1990—2013, Atmospheric Environment. 2016, 138(8): 152-161.

[7] WU R R, LI J, HAO Y F, et al. Evolution process and sources of ambient volatile organic compounds during a severe haze event in Beijing, China. Science of the Total Environment, 2016, 560: 62-72.

[8] HAO Y F, XIE S D. Optimal redistribution of an urban air quality monitoring network using atmospheric dispersion model and genetic algorithm. Atmospheric Environment, 2018, 177: 222-233.

[9] HAO Y F, MENG X P, YU X P, et al. Characteristics of trace elements in PM2.5 and PM10 of Chifeng, Northeast China: Insights into spatiotemporal variations and sources, Atmospheric Research, 2018, 213(11): 550-561.

[10] WU R R, XIE S D. Spatial distribution of secondary organic aerosol formation potential in China derived from speciated anthropogenic volatile organic compound emissions. Environmental Science & Technology, 2018, 52(15): 8146-8156.

[11] LI J, ZHAI C Z, YU J Y, et al. Spatiotemporal variations of ambient volatile organic compounds and their sources in Chongqing, a mountainous megacity in China. Science of the Total Environment, 2018, 627: 1442-1452.

[12] DENG Y Y, LI J, LI Y Q, et al. Characteristics of volatile organic compounds, NO_2, and effects on ozone formation at a site with high ozone level in Chengdu. Journal of Environmental Sciences, 2019, 75: 334-345.

[13] LI J, ZHOU Y, SIMAYI M, et al. Spatial-temporal variations and reduction potentials of volatile organic compound emissions from the coking industry in China. Journal of Cleaner Production,2019,214: 224-235.

参考文献

[1] SHAO M, LU S H, LIU Y, et al. Volatile organic compounds measured in summer in Beijing and their role in ground-level ozone formation. Journal of Geophysical Research: Atmospheres, 2009, 114: DOOG06.

[2] TANG G, WANG Y, LI X, et al. Spatial-temporal variations in surface ozone in Northern China as observed during 2009—2010 and possible implications for future air quality control strategies. Atmospheric Chemistry and Physics, 2012, 12: 2757-2776.

[3] XUE L K, WANG T, GAO J, et al. Ground-level ozone in four Chinese cities: Precursors, regional transport and heterogeneous processes. Atmospheric Chemistry and Physics 2014, 14: 13175-13188.

[4] HUANG R J, ZHANG Y, BOZZETTI C, et al. High secondary aerosol contribution to particulate pollution during haze events in China. Nature. 2014, 514(7521): 218-222.

[5] VOLKAMER R, JIMENEZ J L, SAN MARTINI F, et al. Secondary organic aerosol formation from anthropogenic air pollution: Rapid and higher than expected. Geophysical Research Letters, 2006, 33(17): L17811.

[6] 唐孝炎，张远航，邵敏. 大气环境化学(第二版). 北京:北京高等教育出版社，2006.

[7] PICCOT S D, WATSON J J, JONES J W. A global inventory of volatile organic-compound emissions from anthropogenic sources. Journal of Geophysical Research: Atmospheres 1992, 97: 9897-9912.

[8] TONOOKA Y, KANNARI A, HIGASHINO H, et al. NMVOCs and CO emission inventory in East Asia. Water Air Soil Poll, 2001, 130: 199-204.

[9] KLIMONT Z, STREETS D G, GUPTA S, et al. Anthropogenic emissions of non-methane volatile organic compounds in China. Atmospheric Environment, 2002, 36: 1309-1322.

[10] STREETS D G, YARBER K F, WOO J H, et al. Biomass burning in Asia: Annual and seasonal estimates and atmospheric emissions. Global Biogeochemical Cycles. 2003, 17(4).

[11] OHARA T, AKIMOTO H, KUROKAWA J, et al. An Asian emission inventory of anthropogenic emission sources for the period 1980—2020. Atmospheric Chemistry and Physics, 2007, 7: 4419-4444.

[12] 刘金凤,赵静，李湉湉,等. 我国人为源挥发性有机物排放清单的建立. 中国环境科学,2008(6).

[13] WEI W, WANG S X, CHATANI S, et al. Emission and speciation of non-methane volatile organic compounds from anthropogenic sources in China. Atmospheric Environment, 2008, 42: 4976-4988.

[14] ZHANG Q, STREETS D G, CARMICHAEL G R, et al. Asian emissions in 2006 for the NASA INTEX-B mission. Atmospheric Chemistry and Physics, 2009, 9: 5131-5153.

[15] BO Y, CAI H, XIE S D. Spatial and temporal variation of historical anthropogenic NMVOCs emission inventories in China. Atmospheric Chemistry and Physics, 2008, 8: 7297-7316.

[16] WU R, BO Y, LI J, et al. Method to establish the emission inventory of anthropogenic volatile organic compounds in China and its application in the period 2008—2012. Atmospheric Environment, 2016, 127: 244-254.

[17] Hong Kong-Guangdong Joint Working Group on Sustainable Development and Environmental Protection. Pearl River Delta Regional Air Quality Management Plan Mid-term Review Report, 2008.

[18] ZHENG J Y, ZHANG L J, CHE W W, et al. A highly resolved temporal and spatial air pollutant emission inventory for the Pearl River Delta region, China and its uncertainty assessment. Atmospheric Environment, 2009, 43: 5112-5122.

[19] ZHENG J Y, SHAO M, CHE W W, et al. Speciated VOC emission inventory and spatial patterns of ozone formation potential in the Pearl River Delta, China. Environmental Science & Technology, 2009, 43: 8580-8586.

[20] HUANG C, CHEN C H, LI L, et al. Emission inventory of anthropogenic air pollutants and VOC species in the Yangtze River Delta region, China. Atmospheric Chemistry and Physics, 2011, 11: 4105-4120.

[21] FU X, WANG S X, ZHAO B, et al. Emission inventory of primary pollutants and chemical speciation in 2010 for the Yangtze River Delta region, China. Atmospheric Environment, 2013, 70: 39-50.

[22] ZHAO B, WANG P, MA J Z, et al. A high-resolution emission inventory of primary pollutants for the Huabei region, China. Atmospheric Chemistry and Physics, 2012, 12: 481-501.

[23] CAI C J, GENG F H, TIE X X, et al. Characteristics and source apportionment of VOCs measured in Shanghai, China. Atmospheric Environment, 2010, 44: 5005-5014.

[24] YUAN B, SHAO M, LU S H, et al. Source profiles of volatile organic compounds associated with solvent use in Beijing, China. Atmospheric Environment, 2010, 44: 1919-1926.

[25] LI M, ZHANG Q, STREETS D G, et al. Mapping Asian anthropogenic emissions of non-methane volatile organic compounds to multiple chemical mechanisms. Atmospheric Chemistry and Physics, 2014, 14: 5617-5638.

[26] KIM S W, MCKEEN S A, FROST G J, et al. Evaluations of NO_x and highly reactive VOC emission inventories in Texas and their implications for ozone plume simulations during the Texas Air Quality Study 2006. Atmospheric Chemistry and Physics, 2011, 11: 11361-11386.

[27] CARMICHAEL G R, TANG Y, KURATA G, et al. Regional-scale chemical transport modeling in support of the analysis of observations obtained during the TRACE-P experiment. Journal of Geophysical Reserch: Atmospheres, 2003, 108: 8823.

[28] TANG X, ZHU J, WANG Z F, et al. Improvement of ozone forecast over Beijing based on ensemble Kalman filter with simultaneous adjustment of initial conditions and emissions. Atmospheric Chemistry and Physics, 2011, 11: 12901-12916.

[29] WANG M, SHAO M, CHEN W, et al. A temporally and spatially resolved validation of emission inventories by measurements of ambient volatile organic compounds in Beijing, China. Atmospheric

Chemistry and Physics，2014，14：5871-5891.

[30] LI J，HAO Y，SIMAYI M，et al. Verification of anthropogenic VOC emission inventory through ambient measurements and satellite retrievals. Atmospheric Chemistry and Physics，2019，19：5905-5921.

[31] WU R，XIE S，Spatial distribution of ozone formation in China derived from emissions of speciated volatile organic compounds. Environmental Science & Technology，2017，51：2574-2583.

[32] WU R，XIE S，Spatial distribution of secondary organic aerosol formation potential in China derived from speciated anthropogenic volatile organic compound emissions. Environmental Science & Technology，2018，52：8146-8156.

第3章 燃煤源微细颗粒物的生成特性及排放因子研究

谭厚章

西安交通大学

燃煤源微细颗粒物是大气污染物的重要来源之一，随着燃烧技术与污染物脱除技术的进步，需深入研究燃煤源颗粒物的产排特性，更新颗粒物排放因子数据库。本章针对燃煤源微细颗粒物，重点研究了以下内容：民用燃料的颗粒物生成特性；工业锅炉、电站锅炉、水泥炉窑的颗粒物产排特性和超低排放技术路线下烟气处理系统对颗粒物的脱除特性；研发了一种基于相变凝聚技术的湿式相变凝聚器(WPTA)，对细颗粒物、硫酸盐、重金属、水蒸气有良好的协同脱除效果，成功应用于某660 MW燃煤电厂。主要成果如下：

(1) 烟煤排放的颗粒物主要为不完全燃烧产生的有机气溶胶，洁净型煤和兰炭排放的颗粒物主要为易挥发无机盐气化凝结形成的无机气溶胶。

(2) 超低排放技术路线下，循环流化床锅炉布袋除尘器对PM10、PM2.5的脱除效率为98.12%～99.56%；链条炉布袋除尘器对PM10、PM2.5的脱除效率为90.0%～93.6%。湿法脱硫和湿式静电除尘器对PM2.5的联合脱除效率为50%～60%。

(3) 超低排放燃煤电厂SCR使PM1增加35%；静电除尘器对PM1、PM2.5、PM10的脱除效率均大于98%；湿法脱硫使PM1质量增加59%；湿式静电除尘器对PM1、PM2.5、PM10的脱除效率均大于45%。

(4) 超低排放水泥炉窑最终排放的PM10、PM2.5为14.4～16.1 mg/m^3，6.1～8.5 mg/m^3；窑头、窑尾袋除尘对PM1、PM2.5、PM10脱除效率分别为95.3%～96.1%、99.7%～99.9%。

(5) 研发的WPTA可实现：颗粒物超低排放5 mg/m^3，联合脱除颗粒物、重金属；脱除可溶性硫酸盐；回收烟气含水与气化潜热。

3.1 研究背景

我国社会和经济的高速发展带来巨大的能源消费，以化石能源为主的能源消费是我国大气环境颗粒物污染的重要成因[1-3]。目前煤炭占我国一次能源消费的70%左右，并且在很长时间内，这种格局不会发生明显改变。煤炭燃烧是我国大气颗粒物排放的重要来源，燃煤源不仅直接排放一次颗粒物，其排放到大气中的SO_2和NO_x经化学反应还会形成二次颗粒物。研究表明，2003 年美国 PM2.5 水平下降到最低，与燃煤电厂 SO_2、NO_x 排放量的减少同步[4]。煤中含有多种痕量元素，这些痕量元素在煤燃烧过程中会部分或全部挥发成气态，通过一系列物理、化学变化富集在颗粒物表面[5]，同时燃煤排放的 PAHs（多环芳烃）也大部分富集在颗粒相表面[6-7]。我国煤炭主要是由燃煤电厂、工业燃煤锅炉和民用燃煤炉具消耗的。因此，针对电厂、工业锅炉和民用炉具燃煤颗粒物生成机理、排放特征及其成分谱的研究，是建立燃煤源颗粒物、痕量元素、多环芳烃排放清单的重要基础。

排放清单的建立基于排放因子和排放强度，其中排放强度一般是通过统计资料获得。排放因子的获得一般是通过实验方法进行直接测定，而在某些情况下，没有合适的测定数值时，也可以通过数学计算间接得到[8]。能源消耗数据和排放因子的缺失都会造成排放估算的较大偏差，相较于能源消耗数据缺失引起的排放估算的不确定性，排放因子的影响更大更直接。总的来说，对于所有的污染源，相较于技术水平或能源消耗数据，排放因子都是影响排放估算准确性的重要因素[9]。建立精确的燃煤源排放清单，对相关环保政策的制定及针对性解决方案的有效实施具有重要意义，这就需要更准确的燃煤源排放因子数据。对电厂、工业锅炉和民用炉具燃煤颗粒物排放因子的研究，在国内外均已受到广泛的关注。

对于民用燃煤炉，我国农村居民在日常生活中使用大量以煤、薪柴为主的固体燃料做饭和取暖。与工业活动相比，居民燃料使用过程的燃烧条件差，无有效的排放控制措施。同样质量的燃料在家用炉具中燃烧导致的污染物排放量较工业活动一般要高若干数量级[10]。因此，尽管居民生活燃料消耗量远远低于工业活动，但其对我国大气环境颗粒物污染的贡献不可忽略。Venkataraman 等[11]和 Oanh 等[12]系统测定了一些亚洲地区发展中国家室内固体燃料燃烧时排放的一氧化碳、挥发性组分、颗粒物和有机碳等污染物的排放因子，并研究了燃料性质，如挥发性组分和湿度等对排放因子的影响。近年来，有关民用燃煤排放对环境影响的研究在国内逐渐展开。Shen 等[13]以中国某农村为样本，对燃用煤、薪柴的家用炉颗粒物、EC、OC 等的排放因子进行了现场测量。Chen 等[7,14]和 Zhi 等[15]人较为深入地分析了不同成熟度的煤燃烧 EC 和 OC 等的排放因子。黄卫等[16]对不同成熟度的民用蜂窝煤燃烧排放 PM 的化学组成、粒径分布等进行研究，建立民用燃煤排放 PM 的成分谱。

以往对于民用燃煤炉污染物排放的实验室及现场测量研究，偏重于燃煤排放中对人体健康和危害较大的一类或几类成分，这些研究成果为了解民用燃煤的健康和气候效应奠定了一定基础，但未从燃烧科学角度（如燃烧温度、炉膛压力、配风方式等）对民用燃煤炉颗粒物的生成机理和排放特性进行深入研究，并且在包含多环芳烃、重金属等在内的颗粒物成分谱方面的研究还相对有限。

电厂及工业锅炉的煤炭消耗量远远高于民用燃煤量，其颗粒物排放特征在世界各国均受到广泛重视。Goodarzi[17]测量了加拿大 3 个电厂煤粉炉机组排放的总颗粒物浓度和 PM10＋、PM10、PM2.5 的浓度，结果显示在最终排放颗粒物中，粒径 10 μm 以上的占 29%～44%。Bhanarkar 等[18]对印度 5 个电厂煤粉炉机组静电除尘器入口和出口烟气中的颗粒物浓度进行测量，并通过化学组分分析计算了痕量元素的富集系数。Yi 等[19]对某燃用无烟煤的 220 MW 煤粉炉机组布袋除尘器的入口和出口的颗粒物及其富集的痕量元素进行了采样分析，计算了 PM10+、PM10、PM2.5 以及痕量元素在除尘前后的排放因子。此外，王圣、朱法华等[20-22]选取多个电厂对颗粒物、温室气体和汞的排放特性进行了研究。上述研究针对烟囱入口及静电除尘器的入口和出口烟气，对燃煤源微细颗粒物排放清单的建立有重要意义，但不具有足够的代表性。实际燃煤电厂的炉型、脱硝方式、除尘方式和脱硫方式等存在明显区别，而且脱硝和脱硫过程中均会发生颗粒物的转化与脱除，综合考虑各因素的影响进行计算才能得到更准确、具有普适性的排放因子。Zhao 等[23]选取了 8 个燃煤电站的 10 台发电机组进行颗粒物及气态污染物排放的现场测量，样本的选取考虑了锅炉类型（包括煤粉炉、循环流化床锅炉和层燃炉）、燃烧方式、煤种（包含烟煤、褐煤和无烟煤）和烟气净化措施（主要包括 SCR、静电除尘器、湿法脱硫、洗涤塔等）的作用，最终得到相应炉型、燃烧方式、煤种和烟气净化措施的燃煤源颗粒物、SO_2 和 NO_x 的排放因子。该研究从系统的角度考虑燃煤颗粒物的排放因子，对充分了解燃煤颗粒物排放有重要意义。

但是，以上研究都是通过对排放烟气进行测量，得到燃煤颗粒物的排放因子，没有从颗粒物产生的源头出发，即没有从燃烧科学角度探索燃烧过程中不同燃烧方式、煤种、炉膛温度、配风等条件下燃煤颗粒物的生成机理，并得到炉膛所产生颗粒物的数量及分布。

当前关于燃煤颗粒物生成机理的研究主要集中在易挥发性无机盐的气化、难挥发组分的还原气化以及痕量元素的气化等方面。研究表明，燃烧条件（包括热转化方式、温度、气氛等）与燃用煤种是影响微细颗粒物生成的关键性因素。Zhang 和 Yoshiie 等[24-25]利用实验室沉降炉分别开展了 1200°C 下相同煤种热解、气化与燃烧方式影响微细颗粒物生成的实验。Zhang 等[24]发现煤热解过程是形成微细颗粒物的关键步骤，与煤燃烧方式产生大致等量的微细颗粒物；Yoshiie 等[25]认为煤气化过程中较低的碳转化率与炭黑、有机组分的挥发冷凝成核，是造成其在 0.5 μm 处超细模态颗粒物的特征峰明显高于相同条件下燃烧方式产生的直接原因。Fix 等[26]在一台 15 MW 燃烧炉中研究了三种不同燃烧温度对伊利诺伊州 6# 烟煤生成微细颗粒物的影响，结果表明微细颗粒物的生成量主要取决于燃烧峰值温度，温度相差 100℃时 PM0.2 的生成量则呈现数量级的差异。Neville 等[27]利用一台层流沉降炉研究蒙大拿州褐煤燃烧生成亚微米颗粒的特点，发现当颗粒温度由 1527℃上升到 2527℃时，生成金属氧化物蒸气量由总灰量的 0.1%增加至 20%。除此之外，煤粉燃烧过程中颗粒周围不同气氛也会导致颗粒温度的变化，进而在一定程度上影响微细颗粒物的生成。高、低阶煤种燃烧生成亚微米级颗粒的组分存在较大差异，前者主要由 SiO_2 构成，后者主要由 FeO、CaO 和 MgO 组成。Quann 和 Sarofim[28]通过研究 8 种不同煤种的灰成分气化行为，发现次烟煤和褐煤燃烧产生微细颗粒物主要来自于 MgO 或 Na_2O 的气化挥发，而对于烟煤则主要为 SiO_2 和 Fe_2O_3。Lind[29]在一台 80 MW 循环流化床尾部实际测量了烟气中微细颗粒物的排放浓度值，发现其值明显受入炉煤质变化的影响。由此可见，虽然燃煤过程中微细颗粒物的生成受诸多不确定性因素影响，但依据现有研究成果总结，温度、气氛与煤种是影响微细颗粒物生成的三个主要因素。

由于煤中痕量元素的多样性、元素蒸发温度的差异性以及不同燃烧条件的影响，煤燃烧过程中痕量元素的气化行为呈现复杂多变性，它们气化后易于均相或异相成核冷凝，大部分富集于微细颗粒物表面，少部分则直接以微细颗粒物的形式存在于烟气中。Yan 等[30]模拟计算了高、低灰分煤种中 16 种痕量元素的挥发特性，并根据它们在烟气中的存在形式分为三类。Xu 等[31]根据痕量元素在燃烧过程中的相似挥发特性与富集行为，将其分为完全挥发无富集、完全富集、等量富集与残留三组类别进行研究。Wang 和 Tomita[32]结合实验与热力学手段分析研究了煤燃烧、热解过程中痕量元素的挥发特性，结果表明 Zn、As、Pb 元素的挥发性更大，且碳热还原反应可明显提高 Zn 和 Pb 元素蒸气的释放。

目前，国内外学者对煤中 Na、K 元素的研究主要集中于赋存形态、释放机理和灰熔融等问题，但涉及煤焦炭内部的气化反应机理研究还较少。Lee 等[33]在实验室对三种煤进行燃烧行为实验，发现 NaCl 是以分子形式气化，而 Srinivasachar 等[34]和 Manzoori 等[35]则认为煤中 NaCl 是以 Na 和 Cl 原子形式气化释放的，这与 Quyn 等[36]研究得到的释放机理一致，但未进一步阐述 Na 释放的气化反应机理。Marskell[37]认为煤中 Cl 元素可能促使碱金属硅酸盐发生气化。Senior 等[38]利用 Quann 与 Sarofim[39]建立的模型体系进行了煤燃烧生成超细颗粒物的数学计算，该模型同时考虑了 Na_2O 与 CO 的还原气化反应，且煤中 K_2O 的气化则是基于 Heble 等[40]建立的 Na、K 氧化物释放量的关联式。

普遍认为，在煤焦特殊的燃烧环境内存在 Si、Al、Ca、Mg 等元素氧化物的气化反应。Osann 最早于 1903 年提出了 SiO_2 会以低价氧化物蒸气 SiO 的形式气化的假设。Nagelberg 等[41]通过热动力学计算发现在高温与还原剂存在的条件下，煤中 S 元素会与 SiO_2 发生反应生成 SiS，影响氧化硅的气化过程。但 Schick 等[42]却认为在高温条件下 SiO_2 均会发生气化反应，不同的环境气氛只会造成气化反应的路径与蒸气产物发生变化。Quann 等[28]发现 Al 的蒸发率很低，仅有 0.04%～0.17%，远远低于 Si 元素的挥发量。Ca 和 Mg 元素在低阶煤中主要以有机形式存在，燃烧分解产生的 CaO 和 MgO 在焦炭颗粒内部也会被还原为气态形式，与 SiO_2 不同的是，它们能够直接被还原为金属原子态。煤中 Fe 元素一般以黄铁矿或磁黄铁矿的形式存在，Fe 蒸气的挥发受限于多步反应，蒸发行为更为复杂。

在火电厂普遍推广超低排放技术、民用炉具采用高效环保技术的大背景下，本章重点研究了燃煤源微细颗粒物的生成特性、污染物处理设备对微细颗粒物的脱除特性，对更新燃煤源颗粒物排放清单的关键参数具有重要参考价值；同时，本章研发了一款污染物高效脱除技术——湿式相变凝聚多污染物联合脱除技术及设备，成功应用于国内某 660 MW 燃煤机组。

3.2　研究目标与研究内容

本章拟采用理论分析、实验研究及现场测量校核相结合的方式，得到在煤种、燃烧方式、燃烧条件、除尘方式、脱硫脱硝方式等因素影响下，燃煤源颗粒物的定量生成特性及排放特性规律，获取燃煤源颗粒物的成分谱，为建立燃煤源颗粒物精细化排放清单以及来源解析提供数据支撑；同时，开发新型多污染物协同脱除技术，提高工业源污染物脱除效率，降低燃煤源气溶胶毒性。主要研究内容如下：

1. 典型地区燃煤锅炉(含民用燃煤炉)的类型、数量、除尘和脱硫脱硝方式以及燃煤种类的调研统计

采取现场调研和查阅统计年鉴、行业统计资料相结合的方式,对典型地区的电力及工业用煤粉炉、循环流化床锅炉和层燃炉的数量、除尘和脱硫脱硝方式以及具有地区特点的常用煤种进行统计,为后续实验室实验工况和现场实验方案的制订提供依据,同时为燃煤排放清单的估算提供参考数据。

2. 燃煤源颗粒物的生成特性

煤粉燃烧过程中生成的微细颗粒物主要来自易挥发性无机盐的气化、难挥发组分的还原气化两个方面。本章重点关注工业和民用燃煤过程中微细颗粒物的生成特性与机理,采取实验室研究的方法获得燃料、燃烧条件对燃煤颗粒物生成特性的影响。对于工业燃煤源,通过搭建一维携带流反应装置,研究反应温度、反应气氛、煤种等因素对细颗粒物生成特性的影响;对于民用燃煤源,通过搭建民用炉具燃烧实验系统,研究不同燃料(烟煤、洁净型煤、兰炭)在使用过程中的微细颗粒物排放特性。

3. 燃煤源颗粒物的生成特性及其在烟气净化过程中的转化和脱除特性

进行现场测试验证燃煤源颗粒物生成及排放特性,对于确定燃煤源实际对大气污染的贡献具有直接且十分重要的作用。综合考虑燃用煤种、脱硝装置、除尘方式、脱硫方式及机组容量,选取大型火电厂及工业生产等所用的具有代表性的煤粉炉、循环流化床锅炉、层燃炉、水泥炉窑,采用可精确控制稀释比的两级稀释冷却系统及13级低压撞击器(DLPI),研究燃煤颗粒物在污染物处理系统中的转化和脱除特性。

4. 研发湿式相变凝聚多污染物联合脱除技术及设备

有效脱除工业燃煤源污染物可以从源头减少一次污染物和大气污染物的前驱体,对改善我国大气环境有重要意义。本章拟开发一套WPTA,可实现颗粒物、硫酸盐、重金属、烟气含水等协同脱除,并实现工业应用。

3.3 研究方案

本章采用理论分析、实验研究和现场测量校核相结合的方法来开展研究工作。理论分析一方面从燃烧科学的角度分析煤种、燃烧方式、燃烧条件等对不同粒径的燃煤源颗粒物生成特性的影响及其作用机理;另一方面从化学和物理过程入手,分析常用除尘方式和脱硫脱硝方式对颗粒物转化及脱除特性的影响机制。

实验研究方面,分别建立煤粉燃烧实验台、民用燃煤炉的模拟实验台,通过对调研确定的各煤种在不同燃烧条件下生成的颗粒物进行分级采样分析,对不同燃烧方式在相应条件下的颗粒物生成机理进行分析和验证。

现场测量方面,选取具有代表性的煤粉炉、循环流化床锅炉、层燃炉、水泥炉窑,由于实际锅炉运行条件远比实验模拟条件复杂，我们将综合考虑机组容量、煤种、实际脱硫脱硝方式、干式电除尘和湿式电除尘等，在锅炉出口及沿程对各烟气净化装置入口和出口烟气中的颗粒物分别进行分级采样，通过计算，一方面得到燃煤锅炉出口颗粒物的生成特性，另一方面得出各烟气净化设备对颗粒物的分级脱除效率。通过对不同测点颗粒物样品形貌和成分分析，验证和完善烟气净化装置对颗粒物排放特性的影响机理，并获取燃煤源颗粒物的成分谱。

综合实验室数据、现场测试数据和理论分析的结果，更新燃煤源颗粒物排放因子计算模型中的参数；在实验室内开发湿式相变凝聚多污染物联合脱除技术及设备，并应用于工业现场。

3.4　主要进展与成果

本章围绕燃煤源微细颗粒物的生成特性与脱除特性，主要开展了以下方面的研究：

① 民用燃煤炉排放因子测试；② 超低排放燃煤工业锅炉、水泥炉窑颗粒物的脱除效率、排放因子测试；③ 超低排放燃煤电厂颗粒物脱除效率、排放因子测试；④ 燃煤锅炉可溶性盐排放测试；⑤ 开发了新型的湿式相变凝聚多污染物的系统并得到应用。下面就以上方面的研究成果进行详细介绍。

3.4.1　民用燃煤炉排放因子[43]

1. 炉具及燃料选择

选用京津冀地区普遍推广的“喜创牌”炊事采暖炉，其额定供热量为 7 kW，供热面积为 60 m^2。实验煤样选用市面上普遍出售的三种典型燃料：西安远郊市场上售卖的兰炭块（也叫钢炭）、京津冀农村地区出售的块状烟煤（即散煤）和正在大力推广使用的洁净型煤。煤质分析结果如表 3-1 所示。

表 3-1　典型燃料的煤质信息

燃　料	工业分析/(%)				元素分析/(%)				热值/(MJ/kg)
	M_{ad}	A_{ad}	V_{ad}	FC_{ad}	$S_{t,d}$	C_d	H_d	N_d	$Q_{net,ar}$
烟煤	1.75	4.78	29.65	63.82	2.21	70.8	4.5	0.7	25.16
兰炭	0.48	2.69	5.85	90.98	0.23	84.56	1.56	0.85	23.82
洁净型煤	1.94	16.27	10.87	70.93	0.32	70.16	3.39	1.45	25.68

2. 烟道采样系统

民用燃煤炉出口管道烟气中污染物浓度和温度较高，直接对其全部取样分析较为困难，而针对民用固体燃料燃烧排放污染物的测试方法尚无中国标准和国际标准。目前，国际上普遍采用的是美国国家环境保护局标准方法 Method 5G 和 Method 5H 中推荐使用的烟尘罩法和烟道采样法。

烟尘罩法可保证稀释管路内气体流量稳定，实现等速取样，且可将部分未进入烟囱而从炉具其他部分泄露出的烟气全部采集，使结果更加准确。但该系统结构复杂、稀释比例过大而导致取样周期较长，且需扣除环境空气中附加颗粒物的影响。

烟道采样法烟气稀释比可由稀释器灵活调整。但由于烟囱内气流速度和温度分布变化较快，无法实现等速取样，同时燃烧源排放热烟气中的气态物质难以迅速冷却并转化为颗粒态，因此测量结果将存在一定的偏差。

综合上述内容，在比较分析两种采样方法的优劣后，本章设计搭建了如图 3.1 所示的烟道采样系统。该系统的主要组成包括炉具、烟囱、等速取样枪、稀释通道、取样装置和保温装置等。

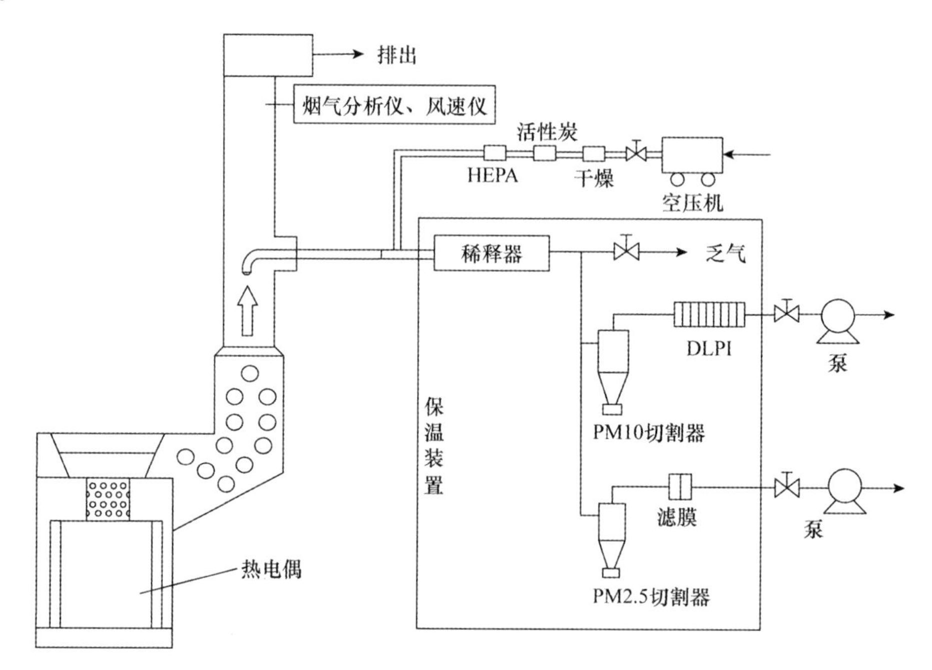

图 3.1　烟道采样系统

3. 燃料的实际燃烧应用

在实际民用炉使用过程中，炉内燃烧状态与热重实验并不完全一致，燃料着火的难易程度、燃烧持续时间和能否燃尽成为使用者评价燃料品质好坏的标准。因此，本节通过炉内试烧，借助着火时间、燃烧时间和残炭率等参数来表征三种典型燃料在民用炉中的实际燃烧过程。

(1) 着火时间

实验中，首先在炉膛里填满一定质量的树枝、纸板、木柴等易燃生物质燃料，起到提高炉膛温度、为点火提供热量的作用。之后将 1 kg 燃料投入炉膛中，并从此刻开始计时，记录燃料的着火时间和燃烧时间。在投煤后，每隔 1 min 迅速打开炉盖观察炉内燃料的燃烧状态来确定出现明火的时间。当炉膛内有明显的肉眼可见火焰，即意味着燃料被点燃。

(2) 燃烧时间

将从投入新煤到炉火自燃熄灭的时间间隔定义为燃烧的持续时间，实验所记录的结果如表 3-2 所示：烟煤的燃烧持续 162 min，洁净型煤的燃烧持续 297 min，兰炭的燃烧持续 280 min。烟煤的燃烧时间明显短于洁净型煤和兰炭。主要是因为烟煤的挥发分在燃烧初期大量析出、迅速着火释放热量并促进了剧烈燃烧，表现出不耐烧特性。洁净型煤和兰炭则因固定碳含量较高，且灰分阻挡了氧气的快速扩散，抑制了剧烈燃烧过程。

(3) 残炭率

在每种燃料试烧工况结束之后，对炉膛内的灰渣进行取样检测，并依据国标中的要求进行残炭率测定。实验在马弗炉中进行，通过灰样在灼烧前后的质量差值计算未燃尽率，取三次平行实验的均值作为最终结果。从表 3-2 可以看出，烟煤的残炭率为 5.65%，洁净型煤的残炭率为 14.56%，兰炭的残炭率为 11.26%。

表 3-2　燃料的着火时间、燃烧时间和残炭率

燃　料	着火时间/min	燃烧时间/min	残炭率/(%)
烟煤	12	162	5.65
洁净型煤	26	297	14.56
兰炭	38	280	11.26

4. 污染物排放特性

(1) 气态污染物的排放特性

本章中各类污染物的排放因子由碳平衡法计算得到。该方法假设燃料中的碳主要以气态的 CO_2、CO、总碳氢(THC)和颗粒态的形式存在，并基于物质守恒定律建立等量关系式。

$$m_f - m_a = m_{C\text{-}CO_2} + m_{C\text{-}CO} + m_{C\text{-}THC} + m_{C\text{-}PM} \tag{3.1}$$

式中，m_f 和 m_a 分别为燃料和灰分中碳的质量；$m_{C\text{-}CO_2}$、$m_{C\text{-}CO}$、$m_{C\text{-}THC}$、$m_{C\text{-}PM}$ 分别为烟气中 CO_2、CO、总碳氢和颗粒物中碳的质量。

定义不完全燃烧系数 K 为：

$$K = \frac{m_{C\text{-}CO} + m_{C\text{-}THC} + m_{C\text{-}PM}}{m_{C\text{-}CO_2}} \tag{3.2}$$

得出燃料燃烧排放气态污染物的平均浓度及相应排放因子的计算结果如表 3-3 和表3-4 所示。

表 3-3　CO、CO_2 和 NO_x 的平均浓度

燃　料	CO/(mg/m^3)	CO_2/(%)	NO_x/(mg/m^3)
烟煤	3010.68	0.92	58.59
洁净型煤	2360.95	1.51	40.45
兰炭	1638.24	0.52	33.54

表 3-4　CO、CO_2 和 NO_x 的排放因子

燃　料	EF(CO)/(g/kg)	EF(CO_2)/(g/kg)	EF(NO_x)/(g/kg)
烟煤	164.99	833.86	3.07
洁净型煤	124.99	1129.25	2.14
兰炭	151.32	952.39	3.50

烟煤燃烧时 CO 的平均浓度和排放因子最高，这与烟煤的燃烧速度过快、焦炭表面氧气供应不足导致燃烧不完全度较高有关。热力型 NO_x 主要在 1500℃以上产生，而快速型 NO_x 的生成条件更苛刻，因此，民用燃料燃烧产生的大部分 NO_x 来源于燃料中的氮经由一系列氧化还原反应产生的燃料型 NO_x。

(2) 颗粒物的排放特性

① PM2.5 和 PM10 排放因子。

三种燃料燃烧产生的颗粒物排放因子存在非常明显的差异，其中烟煤产生 PM2.5 和 PM10 的排放因子分别是洁净型煤和兰炭的 14～50 倍。在民用燃料燃烧的过程中，由于燃烧温度较低、氧气供应不足和挥发分燃烧时间较短等原因，导致燃烧产生的大部分焦油没有经过充分的氧化反应便随烟气排入大气中，并构成颗粒物的主要部分。在一般情况下，挥发分高的煤由于挥发分释放非常剧烈，导致存在大量未反应完全的焦油物质，因此其在燃烧时会产生更多的颗粒物。通过显微镜对膜片的观察，发现烟煤燃烧所产生的颗粒物大多由挥发分未完全燃烧所产生的液滴状煤焦油颗粒组成，而在挥发分含量较少的洁净型煤和兰炭所产生的颗粒物中，焦油颗粒只占一小部分，大多数是焦炭未完全燃烧所产生的碳黑颗粒物(呈球状或团聚状)。

表 3-5 所示是实验所得三种燃料的排放因子与固定燃烧源排放估算的清单标准和其他文献中所得的排放因子数据对比结果。本章实验所得的排放因子与其他参考数据的偏差在合理范围之内。但我国环境保护部门给出的一次源排放清单参考数据中只对型煤设定了笼统的清单标准，而并未对兰炭和当今环保部门大力推广的洁净型煤进行更明确的划分。因此，对于兰炭和洁净型煤排放因子的测算工作，将是今后排放清单制定工作需要细化的重点。

表 3-5　本章所得排放因子与清单标准和文献数据的对比　　单位：g/kg

燃　料	颗粒物	清单标准	实　测	文献数据[44-46]
烟煤	PM2.5	原煤(7.35)	5.04	7.87±6.32
	PM10	原煤(9.52)	5.06	9.01±7.24
洁净型煤	PM2.5	型煤(2.97)	0.29	0.40±0.23
	PM10	型煤(3.71)	0.35	0.52±0.18
兰炭	PM2.5	无	0.09	0.49±0.18
	PM10	无	0.10	0.59±0.31

② PM10 粒径分布。

由 DLPI 测得的三种典型燃料燃烧产生和排放 PM10 的质量浓度粒径分布曲线如图 3.2

所示。烟煤燃烧产生 PM10 的粒径分布曲线呈单峰状，PM1 占 PM10 总质量的 98%。洁净型煤和兰炭燃烧产生 PM10 的粒径分布曲线呈双峰状，PM1 的质量占 PM10 总质量的 78%；兰炭 PM1 的质量占 PM10 总质量的 93%。三种典型燃料燃烧产生的 PM10 中亚微米级颗粒占绝大多数。成型民用燃料燃烧过程中，由于煤中黏土和添加剂的黏结作用、燃烧温度不高、块状结构不易破碎以及燃烧气流速度较弱等因素，使聚合的熔融矿物和大颗粒破碎产生的粗颗粒很难进入烟气中，最终导致燃煤烟尘的成分主要以由无机矿物的气化凝聚产生的无机颗粒物、挥发分未完全燃烧产生的细小的煤焦油气溶胶和其经裂解-聚合作用产生的碳黑颗粒为主。民用燃料燃烧排放的以亚微米级颗粒为主的烟尘污染物，在室内通风状况较差、燃煤烟气无法对外排空时会对人体造成更严重的危害。

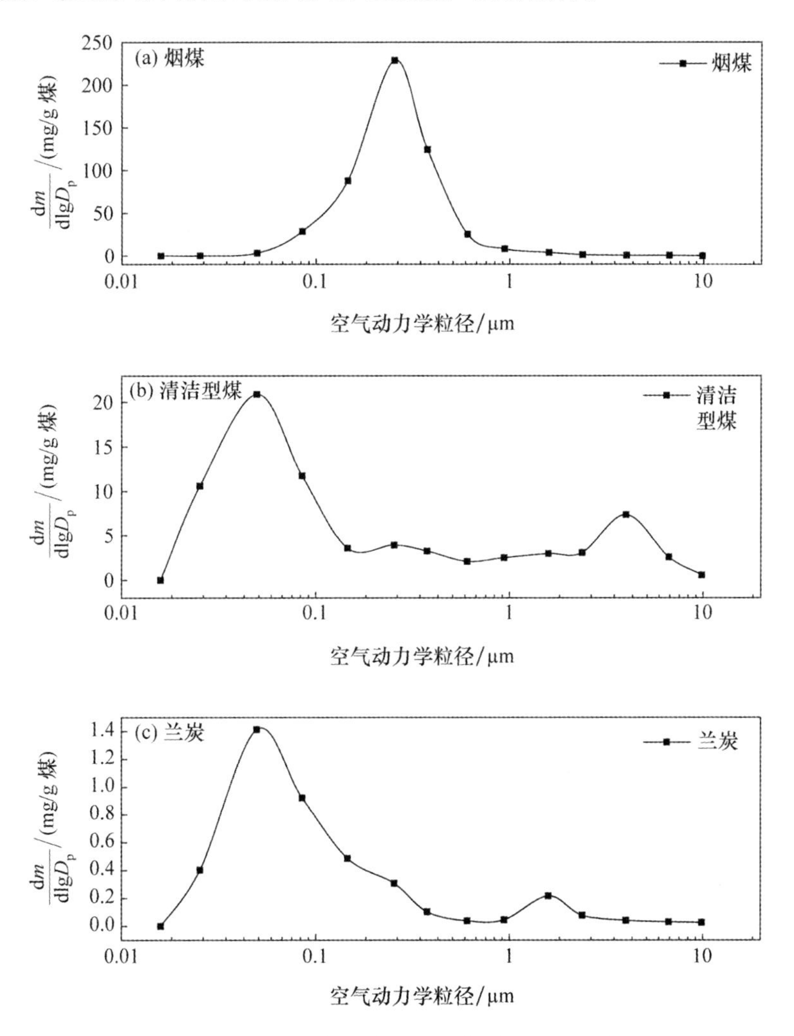

图 3.2 三种燃料产生 PM10 的粒径分布曲线

(3) 元素碳和有机碳排放特性

含碳气溶胶是大气颗粒物的重要组成部分，分为元素碳(EC)和有机碳(OC)两大类。烟煤燃烧产生烟气中的颗粒物质明显多于洁净型煤和兰炭。表 3-6 所示是碳分析仪检测到的三种典型燃料的EC、OC排放因子和OC/EC比率。挥发分含量低的洁净型煤和兰炭产生的EC、OC排放因子较低,高挥发分烟煤具有较高的EC、OC排放因子。烟煤产生PM2.5中OC比例达到72.23%,且三种燃料的OC/EC值均远大于1。民用燃料燃烧产生的碳气溶胶中,OC的占比大于EC,且主要来源于煤中挥发分未完全燃烧产生的煤焦油。

表3-6 EC、OC的排放因子及OC/EC比值

燃 料	EF(EC)/(μg/kg)	EF(OC)/(μg/kg)	PM2.5中EC比例/(%)	PM2.5中OC比例/(%)	OC/EC
烟煤	157.2	3640.4	3.12	72.23	23.15
洁净型煤	1.2	12.6	0.42	4.35	10.36
兰炭	0.3	2.9	0.35	3.25	9.29

(4) 水溶性离子的排放特性

三种燃料产生PM2.5中水溶性离子的质量浓度和各离子的质量占比如图3.3所示。

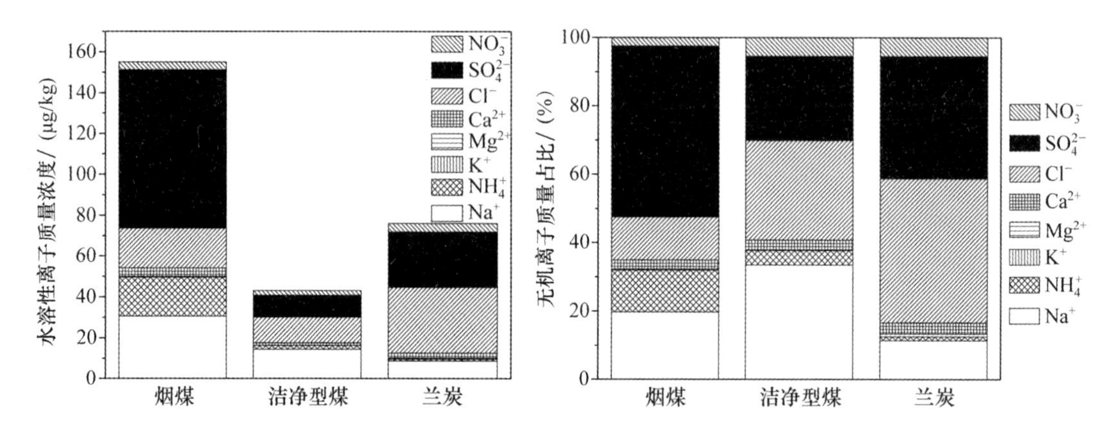

图3.3 三种典型燃料PM2.5中水溶性离子的质量浓度和质量占比

Na^+、Cl^-、SO_4^{2-}是民用燃料燃烧产生PM2.5中最主要的无机水溶性离子,质量占比为82.4%~89.3%。碱金属元素Na和K在煤中主要是以水溶态的形式存在,且当煤燃烧时容易气化挥发并在温度降低时冷凝析出成为亚微米颗粒。SO_4^{2-}、NO_3^-和NH_4^+主要通过一系列化学反应从气态前体SO_2、NO_x和NH_3转化而来,具有较强的消光作用。采用下式来计算阴离子和阳离子的电荷平衡:

$$阳离子当量=\frac{Na^+}{23}+\frac{NH_4^+}{18}+\frac{K^+}{39}+\frac{Mg^{2+}}{12}+\frac{Ca^{2+}}{20} \tag{3.3}$$

$$阴离子当量=\frac{SO_4^{2-}}{48}+\frac{NO_3^-}{62}+\frac{Cl^-}{35.5}+\frac{F^-}{19} \tag{3.4}$$

三种燃料阴离子当量/阳离子当量的数值分别是1.30、1.18、1.28,表明其产生PM2.5中阴离子电荷摩尔数略高于阳离子电荷摩尔数,说明PM2.5是弱酸性的。而这可能与SO_2、NO_x等气态前体物转化为水溶性离子后存在游离态H^+有关。因此,在冬季采暖季节由民用燃煤产生的大量酸性颗粒物成为北方城市细颗粒物酸度的主要污染源。

3.4.2 超低排放工业炉窑颗粒物排放特性

1. 超低排放燃煤工业锅炉颗粒物排放特性[47]

(1) 供热站测试条件与工况

选择了两台超低排放改造的循环流化床锅炉和链条炉。锅炉的基本信息见表 3-7,燃料特性见表 3-8。测点位置的选择遵循《固定源废气监测技术规范》(HJ/T 397—2007)和《固定污染源排气中颗粒物测定与气态污染物采样方法》(GB/T 16157—1996)。

表 3-7 锅炉的基本信息

锅炉序号	锅炉类型	锅炉容量/(t/h)	锅炉负荷/(t/h)	脱硝方式	除尘方式	脱硫方式
锅炉 1	循环流化床锅炉	150	85	SNCR	布袋+湿电	石灰石/石膏法
锅炉 2	链条炉	100	90	SCR+SNCR	布袋+湿电	氧化镁法

表 3-8 燃料特性(收到基) 单位: %

锅炉序号	水 分	挥发分	固定碳	灰 分	硫 分
锅炉 1	8.9	27.2	35.9	28.0	0.28
锅炉 2	6.3	26.2	55.1	12.4	0.44

(2) 烟气处理设备的颗粒物的脱除效果

锅炉 1 炉膛出口微细颗粒物的浓度均大于锅炉 2(图 3.4)。这与锅炉燃烧方式不同有关,锅炉 1 炉内燃烧和气体流动更加剧烈,增加了颗粒之间、颗粒与壁面之间碰撞,导致大颗粒更容易破碎成微细颗粒物,同时颗粒物与气流之间的相对运动十分强烈,导致大量的微细颗粒物被烟气带出炉膛;锅炉 2 采用层燃燃烧方式,炉内燃烧及气体流动的剧烈程度不如锅炉 1,导致锅炉 2 炉膛出口微细颗粒物浓度低。锅炉 2 炉膛出口烟气中 PM2.5、PM1 占 PM10 的比例要高于锅炉 1,锅炉 2 产生的颗粒物的粒径较小。

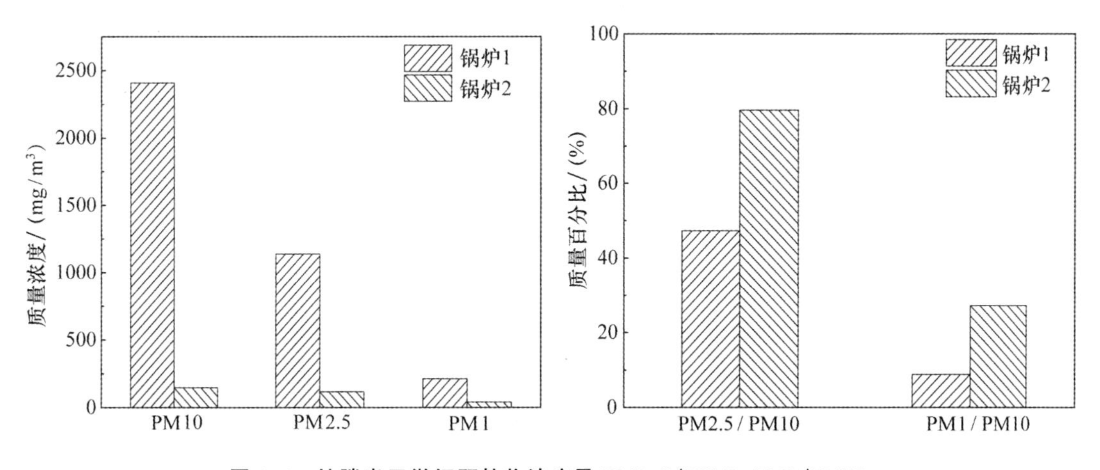

图 3.4 炉膛出口微细颗粒物浓度及 PM2.5/PM10、PM1/PM10

锅炉 1 的布袋除尘器对 PM10、PM2.5、PM1 的脱除效率为 98.12%～99.56%(图 3.5)。锅炉 2 的布袋除尘器对 PM10、PM2.5、PM1 的脱除效率只能达到 90.0%～93.6%。设计布袋除尘器时,通常根据环保标准确定除尘器出口颗粒物浓度,不同炉型燃煤工业锅炉布袋除尘器出口颗粒物浓度的设计值相差不大,循环流化床锅炉产生的微细颗粒物浓度远大于层燃炉,导致链条炉的布袋除尘器的除尘效率小于循环流化床锅炉。

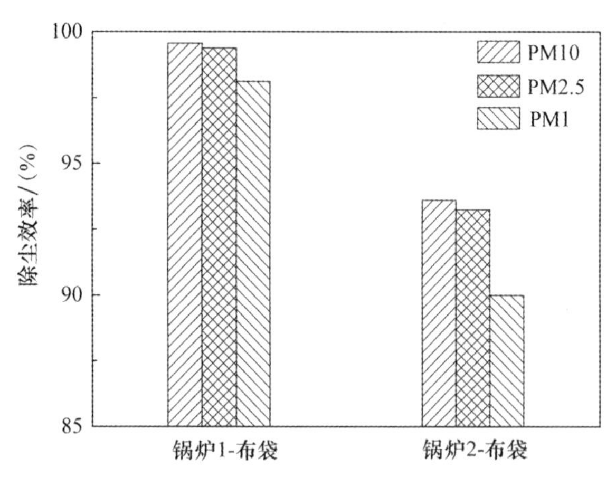

图 3.5　除尘器对微细颗粒物的脱除效率

湿法烟气脱硫装置能有效减少 SO_2,还能影响微细颗粒物的浓度。如表 3-9 所示,锅炉 1 脱硫塔对微细颗粒物的脱除效率为 17.5%～31.4%,颗粒物粒径越大,脱硫塔的脱除效果越明显。粒径较小的颗粒物一方面很难被脱硫浆液的淋洗作用以及除雾器的拦截作用脱除,另一方面粒径较小的脱硫浆液会在气流的冲刷作用下被携带出来。锅炉 1 脱硫塔出口微细颗粒物浓度未出现逆增长,这与所使用的 4 层喷淋层+2 级屋脊式除雾器技术有关。锅炉 1 的湿式电除尘对 3 种不同粒径范围的微细颗粒物的脱除效率范围为 36.4%～42.9%。锅炉 2 脱硫塔和湿式电除尘对微细颗粒物的联合脱除效率范围为 56.3%～62.8%;锅炉 1 脱硫塔和湿式电除尘对微细颗粒物的联合脱除效率范围为 47.5%～60.8%。脱硫塔和湿式电除尘对微细颗粒物的脱除效果较为明显。

表 3-9　脱硫塔和湿式电除尘对微细颗粒物的脱除效率　　单位:%

颗粒物	锅炉 1			锅炉 2
	脱硫塔	湿式电除尘	脱硫塔+湿式电除尘	脱硫塔+湿式电除尘
PM10	31.4	42.9	60.8	62.8
PM2.5	21.1	37.5	50.7	60.8
PM1	17.5	36.4	47.5	56.3

图 3.6 所示为 PM2.5 中水溶性离子组成。SO_4^{2-} 是两台燃煤锅炉产生的 PM2.5 中含量最为丰富的离子,其占水溶性离子的质量分数分别为 58.5%和 54.1%。SO_4^{2-} 和 Na^+ 是锅炉 1 和锅炉 2 最终排放湿电出口的 PM2.5 中最丰富的水溶性离子。与炉膛出口相比,最终排放湿电出口的 SO_4^{2-} 的质量分数有所下降,锅炉 1 下降更加明显。

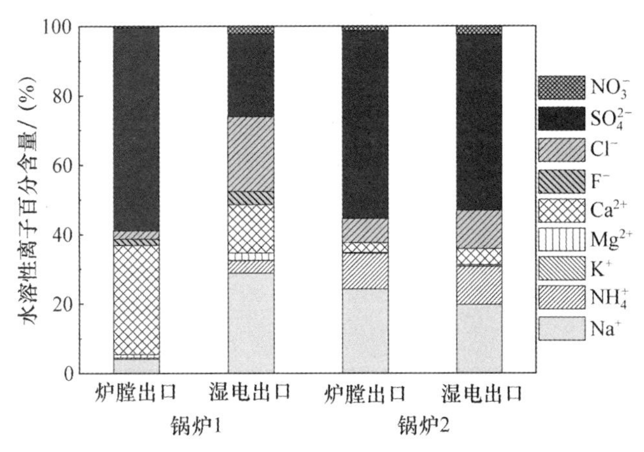

图 3.6　PM2.5 中水溶性离子组成

表 3-10 所示为控制前后两台锅炉微细颗粒物的排放因子。可以看出，控制前排放因子差别比较大，控制后差别很小；经过烟气净化设备，三种粒径范围的颗粒物排放因子明显降低。

表 3-10　测试锅炉控制前和控制后 PM10、PM2.5 和 PM1 的排放因子　　单位：kg/t

锅炉序号	控制前			控制后		
	PM10	PM2.5	PM1	PM10	PM2.5	PM1
锅炉 1	19.264	9.112	1.704	0.033	0.028	0.017
锅炉 2	1.168	0.934	0.320	0.028	0.025	0.014

2. 超低排放水泥炉窑颗粒物排放特性[48-49]

超低排放水泥炉窑的布置形式及颗粒物采样点如图 3.7 所示。

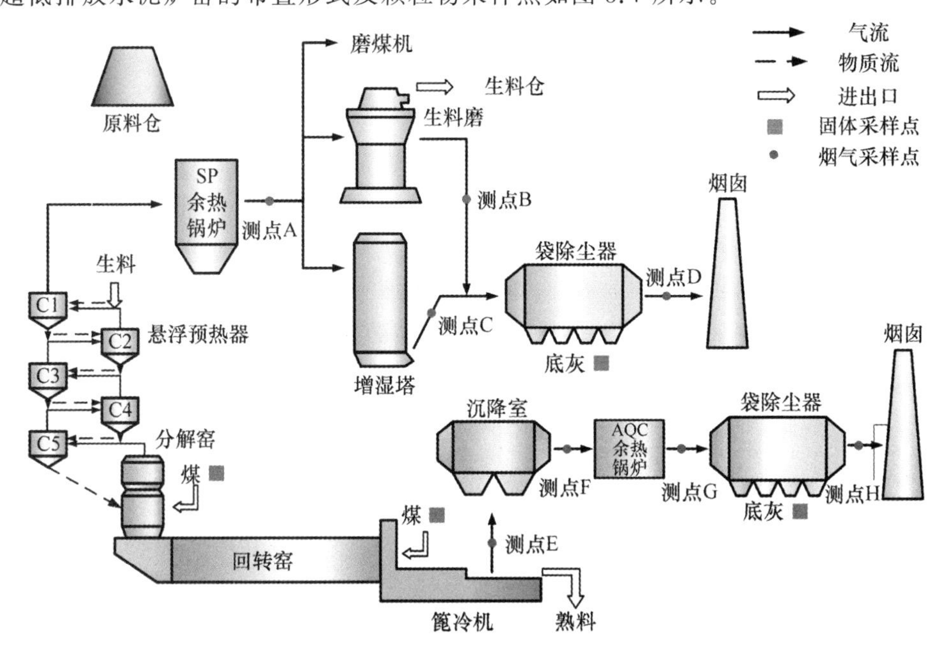

图 3.7　水泥炉窑布置及颗粒物取样点示意

（1）窑尾颗粒物特性

图 3.8 为生料磨进出口及布袋除尘器进出口颗粒物的粒径分布。窑尾 SP 余热锅炉出口粒径分布呈双峰分布，峰值分别位于 0.1～0.4 μm 和 1.0～3.0 μm 之间；经过生料磨后，烟气中微细颗粒物的含量增加。生料磨进出口的 PM2.5 浓度分别为 3177.26 mg/m³ 和 3740.97 mg/m³，增加比例为 17%。窑尾颗粒物排放呈三模态分布，其中细模态位于 0.2～0.4 μm，中间模态位于 0.5～1.0 μm，粗模态位于 5.0～10.0 μm。窑尾颗粒物排放浓度为 10.51 mg/m³，且布袋除尘器在 0.1～0.6 μm 范围内存在穿透窗口。

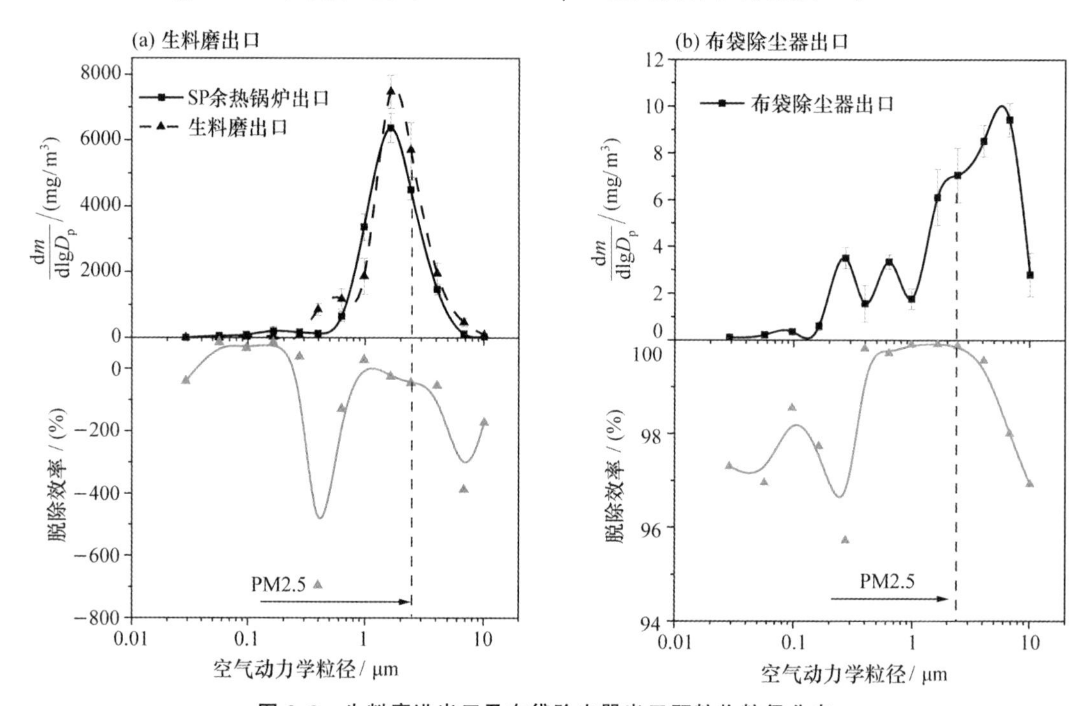

图 3.8　生料磨进出口及布袋除尘器出口颗粒物粒径分布

（2）窑尾颗粒物特性

图 3.9 为增湿塔进出口及布袋除尘器出口颗粒物的粒径分布。增湿塔喷淋增湿可有效促进窑尾烟气颗粒物凝聚长大。经过增湿塔后，PM2.5 占 PM10 的百分比由 89.40% 下降至 70.93%。窑尾颗粒物排放呈三模态分布，其中细模态位于 0.2～0.5 μm，中间模态位于 1.0～2.5 μm，粗模态位于 5.0～10.0 μm 之间。窑尾颗粒物排放浓度为 8.76 mg/m³，且布袋除尘器在 0.1～0.6 μm 范围内存在穿透窗口。

（3）窑头颗粒物特性

图 3.10 为窑头沉降室进出口及布袋除尘器进出口颗粒物的粒径分布。窑头沉降室进口颗粒呈双峰分布，峰值分别位于 0.2～0.4 μm 及 2.5～5 μm 之间；沉降室对 PM10 脱除效率为 47.54%，对 PM2.5 脱除效率为 39.72%；窑头布袋除尘器对 PM10 脱除效率为 95.30%，对 PM2.5 脱除效率为 95.55%。窑头颗粒物细模态位于 0.06～0.2 μm，中间模态位于 0.2～0.6 μm，粗模态位于 3.0～6.0 μm 之间。窑头颗粒物排放浓度为 10.51 mg/m³，且布袋除尘器在 0.2～2 μm 范围内存在穿透窗口。

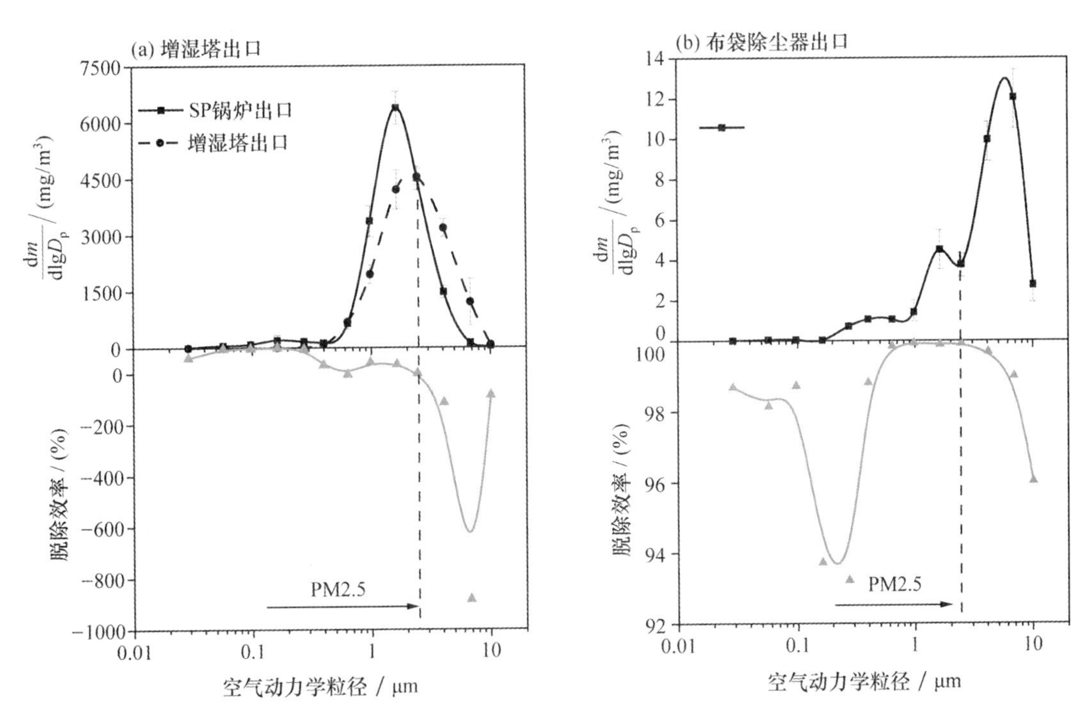

图 3.9　增湿塔进出口及布袋除尘器出口颗粒物的粒径分布(增湿塔开,生料磨关)

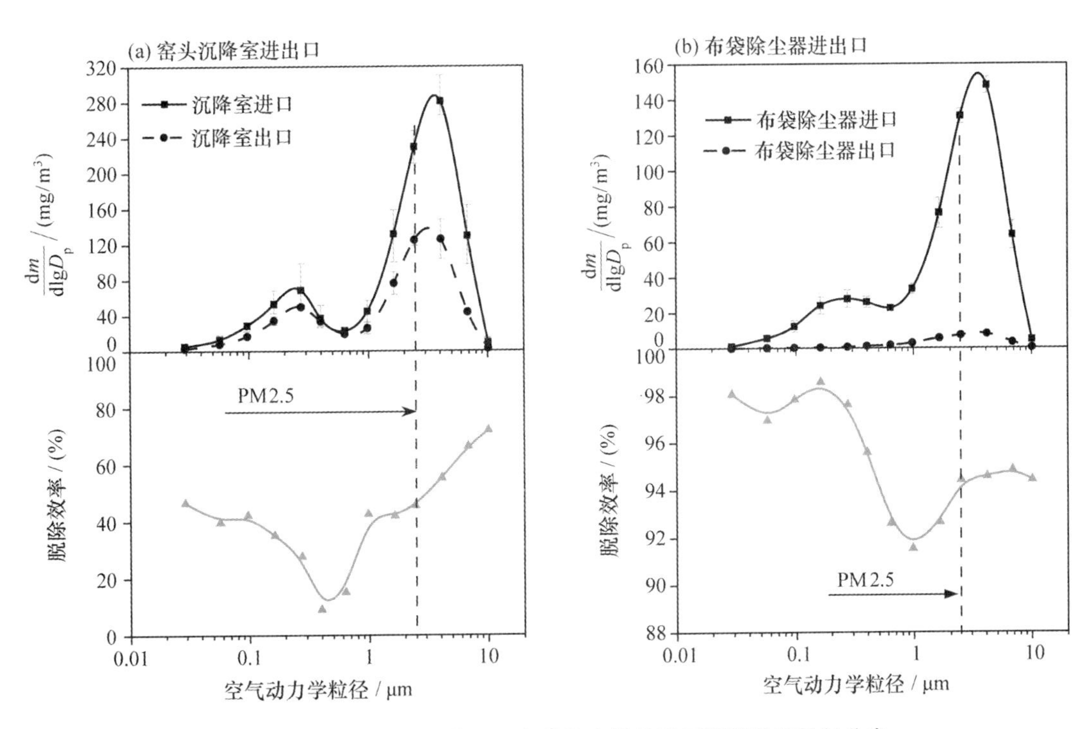

图 3.10　窑头沉降室进出口及布袋除尘器进出口颗粒物的粒径分布

3.4.3 超低排放燃煤电厂颗粒物排放特性[50]

1. 燃煤机组测试条件与工况

选取京津冀地区某机组容量 2×660 MW 电厂，该电厂通过全负荷脱销改造（将原来SCR 前部省煤器的 27%部分移到 SCR 后，保证进入 SCR 催化剂的烟气温度，可以实现40%～100%负荷下工作）；加装低低温省煤器（深度降低烟温，加热汽轮机凝结水）；电除尘三相电源改造；脱硫系统提效改造（在脱硫塔入口烟道和第一层喷淋层之间增设一层喷淋层，将原有两层平板式除雾器改为两层屋脊式＋一层管式除雾器）；加装湿式电除尘器等措施，实现了超低排放的目标。实验在 SCR、LLTe、ESP、WFGD、WESP 进口对烟气中的PM10 进行取样分析，实验测点如图 3.11 所示。

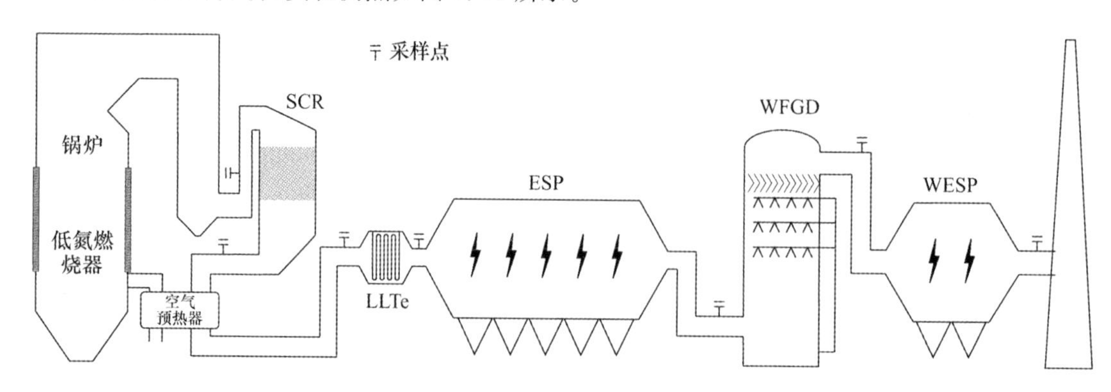

图 3.11 颗粒物采样点位置

实验期间机组负荷稳定在 80%附近，结合分布式控制系统（DCS）数据和崂应 3012H（崂应，青岛）获得各设备进出口、各采样点的烟气参数，该超低排放电厂的入炉煤是两种煤的混煤，以#1、#2 表示，测试期间混煤质量平均为 4∶1，总耗煤量 195 t/h。#1、#2 煤的工业分析数据如表 3-11 所示。

表 3-11 煤质工业分析

工业分析/(%)	#1	#2
水分$_{ad}$	6.18	3.12
灰分$_{ad}$	8.66	18.98
挥发分$_{ad}$	29.30	28.84
固定碳$^{*}_{ad}$	55.86	49.06

注：ad.空气干燥基。* 差减法。

参照《火电厂烟气中细颗粒物（PM2.5）测试技术规范重量法》（DL/T1520—2016）取样。实验装置如图 3.12 所示。同时本实验在脱硫塔入口、出口和湿式电除尘出口参考 EPA-Method 5 和 EPA Method 0010，采用直径为 47 mm 的石英膜（MK 360，Munktell）收集颗粒物用于分析固态颗粒中的水溶性组分，取样管路全程保温 130℃，以免水汽和酸雾冷凝。

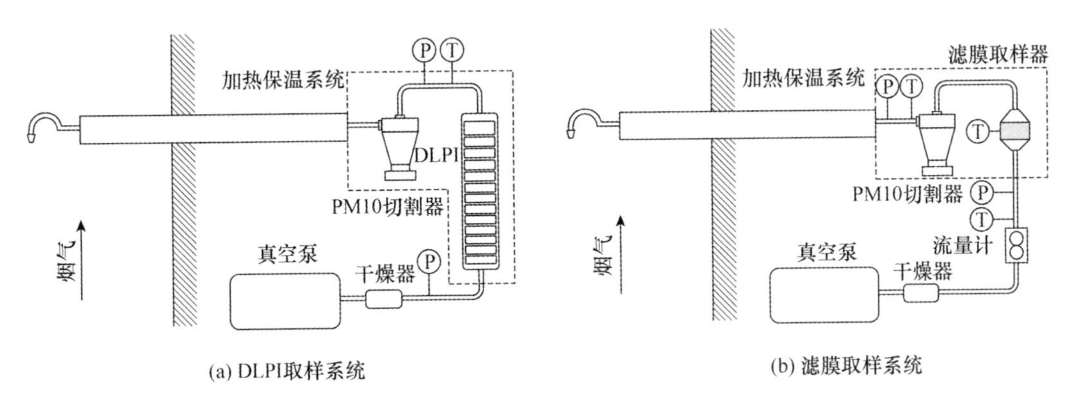

图 3.12　颗粒物取样系统

2. 烟气处理系统对颗粒物的影响

(1) 选择性催化脱硝(SCR)

图 3.13 为 SCR 进出口 PM10 的粒径分布、质量浓度和脱除效率,SCR 对颗粒物的影响。烟气中 PM10 以超微米颗粒物为主,经过 SCR 后,PM1 的质量浓度增加了 52.11%。这部分增加的颗粒物主要来自烟气中气态物质的转化。

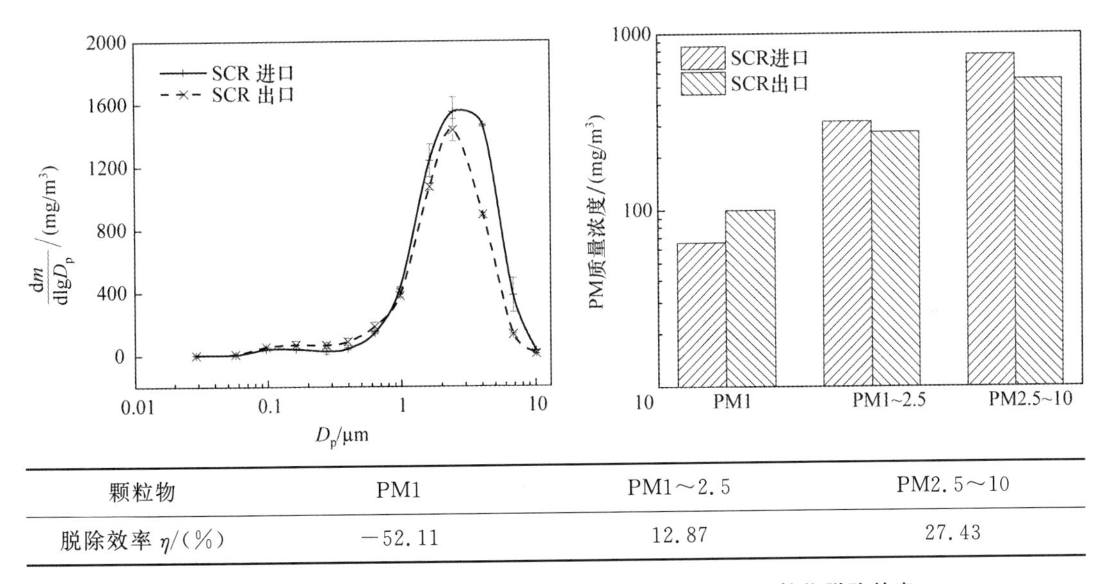

颗粒物	PM1	PM1～2.5	PM2.5～10
脱除效率 η/(%)	−52.11	12.87	27.43

图 3.13　SCR 进出口 PM10 质量粒径分布、质量浓度和颗粒物脱除效率

(2) 低低温省煤器(LLTe)

低低温省煤器安装在空气预热器与 ESP 之间,能够进一步降低烟气温度至酸露点以下(90℃附近),促进烟气中 SO_3 冷凝,有利于提高 ESP 的除尘效率。图 3.14 是 LLTe 对颗粒物质量浓度的影响,LLTe 能够增加 14.46%的 PM1～2.5、减少 13.03%的 PM2.5～10。

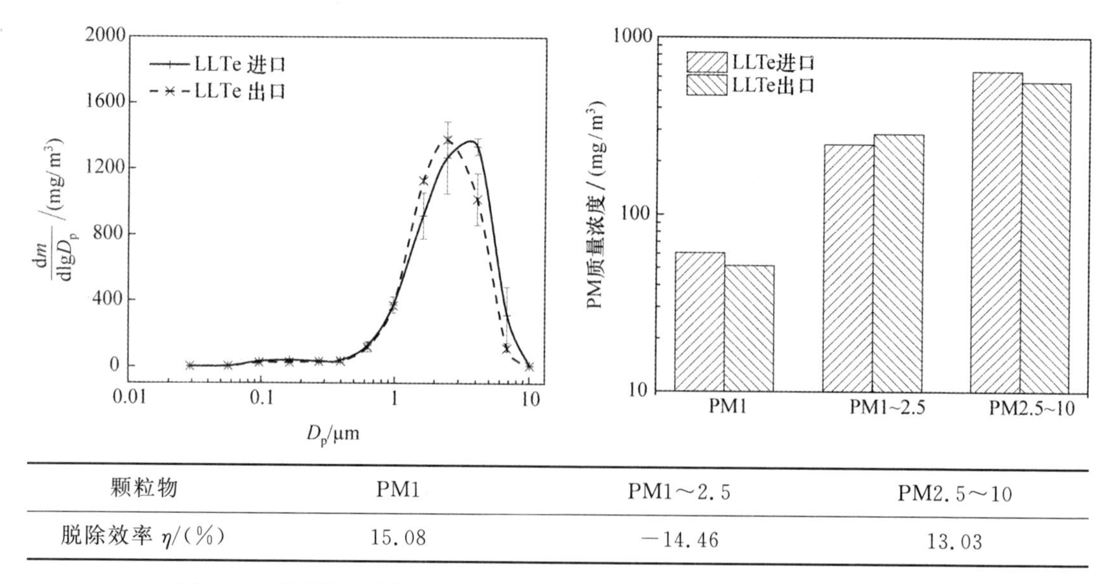

颗粒物	PM1	PM1～2.5	PM2.5～10
脱除效率 η/(%)	15.08	－14.46	13.03

图 3.14 低低温省煤器进出口 PM10 粒径分布、质量浓度和颗粒物脱除效率

（3）静电除尘器(ESP)

图 3.15 为 ESP 进出口 PM10 粒径分布、质量浓度与颗粒物脱除效率，电除尘对颗粒物的脱除效率总体上与颗粒物的粒径呈反比，对 PM2.5～10、PM1～2.5、PM1 的脱除效率分别为 98.7%、98.79%、98.12%。超低排放技术路线改造中，对静电除尘器进行了三相电源的改造、加装经过低低温省煤器，这些措施能够提高原有除尘器对颗粒物的去除效率。

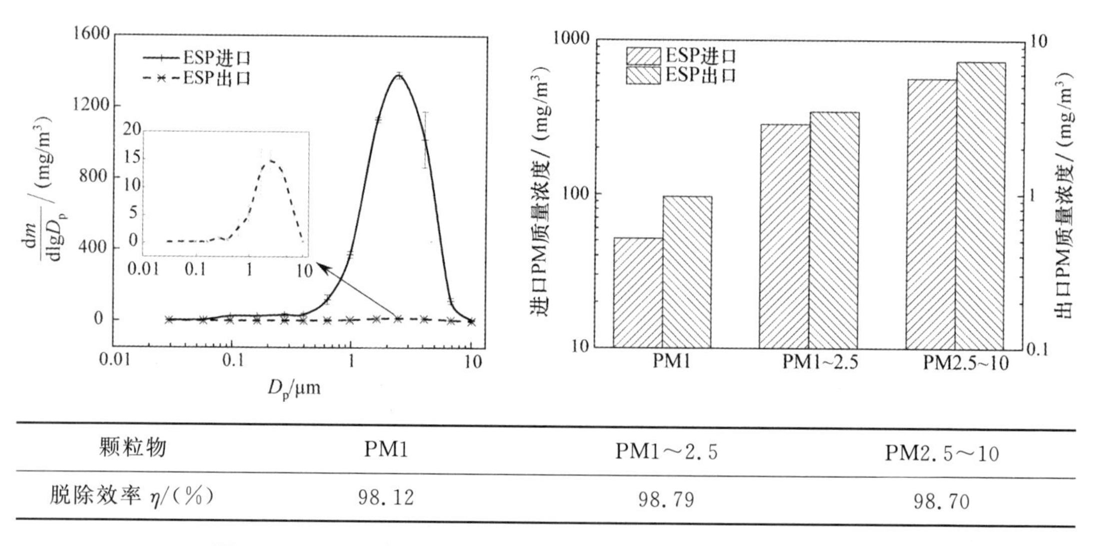

颗粒物	PM1	PM1～2.5	PM2.5～10
脱除效率 η/(%)	98.12	98.79	98.70

图 3.15 ESP 进出口 PM10 粒径分布、质量浓度和颗粒物脱除效率

（4）高效湿法脱硫塔(WFGD)

测试期间脱硫塔出口烟温 49℃，绝对湿度由入口的 7.5%增加到出口的 12.0%，WFGD 明显增加了 PM1，对 PM2.5、PM10 有脱除作用(图 3.16)。脱硫塔除了具有脱除 SO_2 的作用，还具有一定的除尘效果，除尘性能与脱硫塔的结构设计、运行工况、入口烟气条件（如烟温、飞灰浓度等）有关。

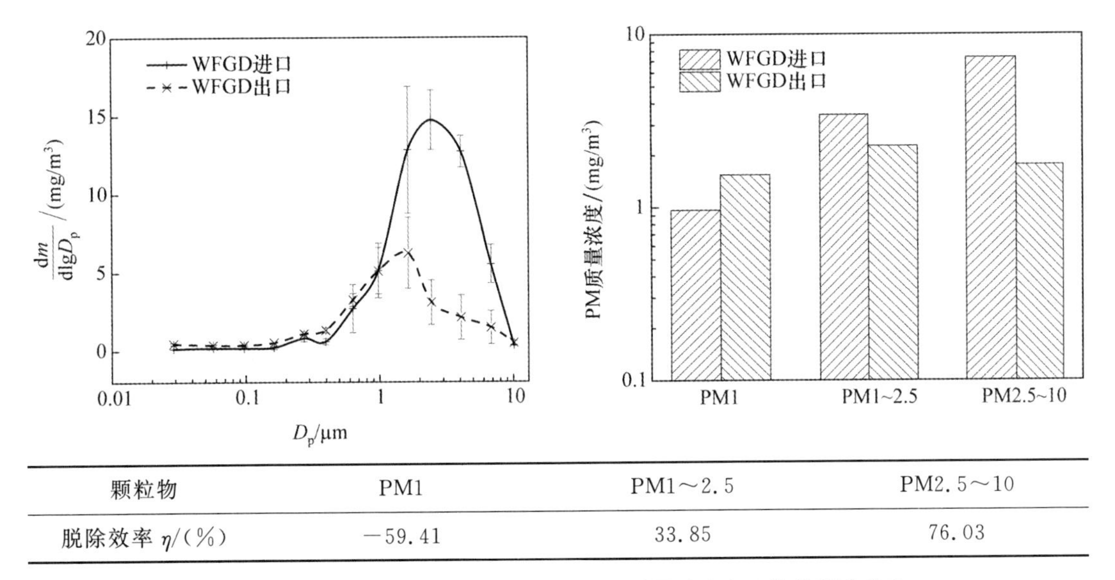

颗粒物	PM1	PM1～2.5	PM2.5～10
脱除效率 η/(%)	−59.41	33.85	76.03

图 3.16　WFGD 进出口 PM10 粒径分布、质量浓度和颗粒物脱除效率

脱硫塔对 Na^{+}、Ca^{2+}、F^{-}、NO_3^{-} 有明显的脱除效果（图 3.17），Mg^{2+}、Cl^{-}、SO_4^{2-} 浓度有不同程度的增加。脱硫循环浆液中 Mg^{2+}、Cl^{-}、SO_4^{2-} 浓度最高。脱硫塔出口 PM10 中的水溶性 Ca^{2+} 并没有明显增加，相反还有一定程度的下降。原有两层平板式除雾器改为两层屋脊式加一层管式除雾器，同时对脱硫塔内流场进行优化，可以大大提高除雾器对石膏颗粒等细小颗粒物的脱除效果。

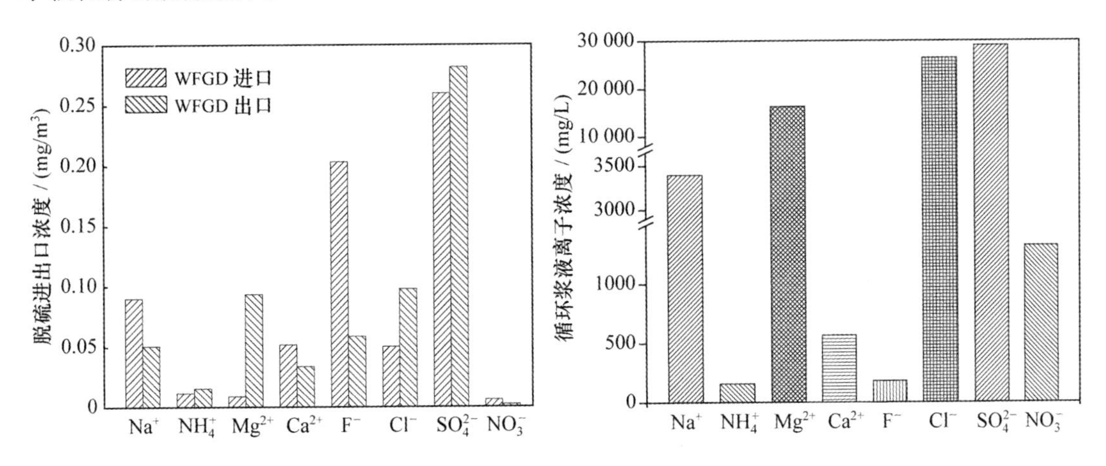

图 3.17　脱硫塔进出口 PM10 中水溶性离子浓度、脱硫浆液离子成分

(5) 湿式静电除尘器(WESP)

湿式电除尘对不同粒径范围内的颗粒物均有较好的脱除效果（图 3.18），PM1、PM1～2.5、PM2.5～10 的脱除效率分别达到了 55.77%、82.88%、45.01%。80%负荷下，该电厂烟囱入口最终排放的 PM10 浓度为 2.04±1.01 mg/m^3(DLPI)、1.13±0.92 mg/m^3(滤膜),低于近零排放要求的 5 mg/m^3。

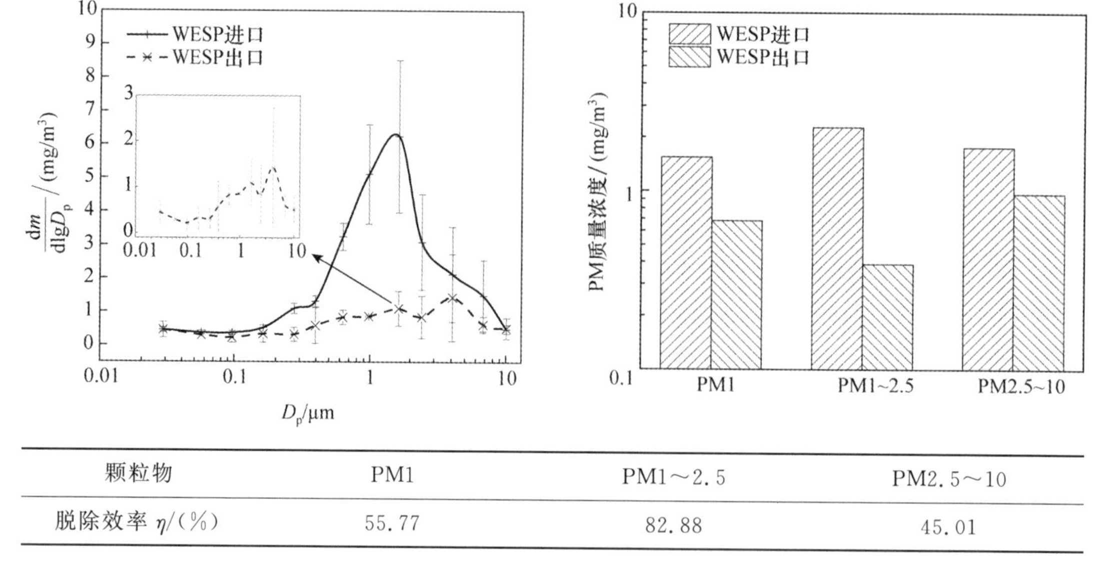

颗粒物	PM1	PM1～2.5	PM2.5～10
脱除效率 η/(%)	55.77	82.88	45.01

图 3.18 WESP 进出口 PM10 粒径分布、质量浓度和颗粒物脱除效率

3.4.4 湿式相变凝聚除尘、除可溶性盐及多污染物联合脱除技术开发与应用

1. 燃煤锅炉水溶性离子排放特性[51]

针对西安市雾霾频发的情况,在集中供热期利用冷凝法收集了西安城区 4 台燃煤锅炉排放的湿烟气中的凝结液,分析了烟气中水溶性离子的排放特征。实验发现,4 台锅炉所排放的烟气中水溶性离子的浓度范围为 7.0～20.4 mg/m^3,平均占总凝结颗粒物质量的 71%,不溶性颗粒物只占 29%。水溶性离子中主要含有 SO_4^{2-}、NH_4^+、Cl^- 以及 Ca^{2+},其中 SO_4^{2-} 是水溶性离子中最丰富的成分,质量百分比范围为 54.60%～88.43%,NH_4^+ 主要来源于脱硝 SNCR 和 SCR 的过度氨逃逸。根据现场测试结果和西安城区燃煤锅炉的燃煤量推算:当静风天气持续 48 h,以 300 m、500 m 的空间高度为基准,计算得出燃煤锅炉排放的水溶性离子对西安城区大气中 PM2.5 浓度的贡献量分别为 22.7 μg/m^3、13.6 μg/m^3。表 3-12 为 4 台燃煤工业锅炉的水溶性离子与颗粒物的排放因子。

表 3-12 燃煤工业锅炉水溶性离子、颗粒物排放因子　　单位:kg/t

项　目	锅炉 1	锅炉 2	锅炉 3	锅炉 4
水溶性离子排放因子	0.167	0.063	0.057	0.097
总颗粒物排放因子	0.195	0.115	0.083	0.127

2. 湿式相变凝聚技术[52-56]

(1) 湿式相变凝聚原理

湿式相变凝聚器内部排列数量众多的柔性冷凝管排，它不同于传统的湿式除尘，不需进行水雾喷淋或冲洗。该装置的颗粒凝聚脱除原理如图 3.19 所示，当烟气携带灰颗粒进入凝聚器后，大粒径颗粒由于自身惯性和柔性管排与液滴拦截作用而被壁面水膜黏附脱除，同时柔性管内冷却工质迫使饱和烟气中的水蒸气发生相变，或者直接冷凝为微小雾滴，增加了局部区域内的雾滴浓度，进而增加了颗粒间的碰撞概率，促使微细颗粒物长大与脱除；或者以微细颗粒物为冷凝核发生表面凝结而润湿颗粒，提高了微细颗粒间的黏附。在惯性撞击、拦截、布朗扩散、热泳和扩散泳等作用下，促使微细颗粒相互碰撞接触而不断长大，凝聚后的颗粒物部分随气流冲击在冷凝管上被脱除，部分经凝聚器出口进入湿式静电除尘被脱除。

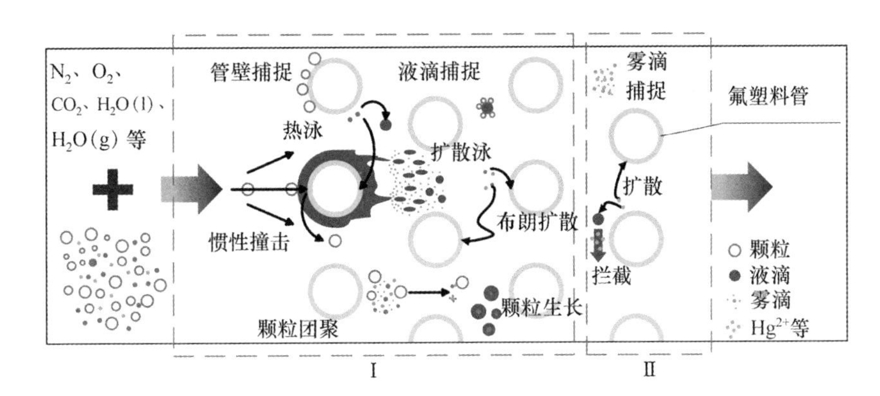

图 3.19　相变凝聚器污染物脱除原理

(2) WPTA 研发

从 2009 年开始，本团队进行了湿式相变凝聚技术的实验测试与探索，历时长达 6 年。采用在烟气中布置低温换热管束的方法，实现烟气中水蒸气的过饱和相变凝结，过程中产生的微小雾滴可在管壁表面撞击黏附，细颗粒物在热泳力作用下向管壁移动，凝结雾滴可形成较大液膜流下，细颗粒物被壁面液膜或凝结雾滴捕获，从而实现微细粉尘及其他污染物的协同高效脱除。WPTA 主要研发时段及研发内容如下(图 3.20)。

① 2010—2011 年，搭建了小型实验装置，实验烟气量为 1728 m^3/h，实验装置如图 3.20(a)所示。

② 2012—2013 年，在内蒙古某电厂 600 MW 机组上进行了中试实验，烟气量为 50 000 m^3/h，且经过 1 年(包括冬天极冷天气下)的安全性检验，2013 年年底，通过了中国电机工程学会的技术成果的鉴定。中试实验装置如图 3.20(b)所示。

③ 2014 年，在国电常州发电有限公司 660 MW 机组上设计安装了 1 套全烟气量的湿式相变凝聚装置[见图 3.20(c)和(d)]，并在 2014 年年底投入应用。湿式相变凝聚器单元完全由改性氟塑料加工制造。

(a) 实验室规模实验装置

(b) 中型实验装置

(c) 工程示范

(d) 湿式相变凝聚器单元

图 3.20　WPTA 实验装置照片

(3) WPTA 微细颗粒物脱除理论分析

WPTA 主要应用于复杂高湿烟气中,其设计主要来自"相变凝聚+热泳力效应"与"雨室洗涤+荷电"两关键思路。所谓相变凝聚原理是烟气冷却至饱和蒸气温度以下,由于水蒸气分压力大于该温度下饱和压力,大量水蒸气凝结成水雾,极大强化了气溶胶凝聚碰撞概率,有效提高细颗粒物间的团聚长大。同时,错列布置的凝聚器柔性管束可高效脱除凝聚颗粒。此外,WPTA 也可回收烟气中大量凝结水和气化潜热。烟气中凝结雾滴与颗粒物的撞击效率与颗粒粒径存在密切关系,采用无量纲半经验公式评价不同尺度雾滴与颗粒物的碰撞效率,更好理解凝结雾滴对细颗粒物的脱除特性,碰撞效率表达式为:

$$E(d,D)=\left\{\frac{4}{ReSc}\left[1+0.4Re^{1/2}Sc^{1/3}+0.16Re^{1/2}Sc^{1/2}\right]\right\}_{\text{布朗扩散}}+\left\{4\frac{d}{D}\left[\frac{\mu_{\mathrm{a}}}{\mu_{\mathrm{w}}}+(1+2Re^{1/2})\frac{d}{D}\right]\right\}_{\text{拦截}}+\left\{\left(\frac{\rho_{\mathrm{w}}}{\rho_{\mathrm{p}}}\right)^{1/2}\left(\frac{St-S^{*}}{St-S^{*}+2/3}\right)^{3/2}\right\}_{\text{惯性碰撞}} \tag{3.5}$$

将雾滴直径为 0.5 mm 和 1.5 mm 代入上式,碰撞效率的计算结果分别由图 3.21 的虚线与实线所示。对于凝结雾滴与颗粒碰撞效率,颗粒粒径越小,布朗扩散作用的影响越占主导;颗粒粒径越大,惯性碰撞所起作用越大。但对颗粒尺度在 0.01~1 μm 范围,布朗扩散与惯性碰撞机制对凝结雾滴与颗粒的碰撞效率贡献量均较小，且雾滴拦截效应也无显著作用，因此该范围内颗粒物较难脱除。同时，该粒径尺度颗粒也是目前国内各脱除设备颗粒逃逸的范围，亦是未来研究亚微米颗粒物高效脱除的重点。

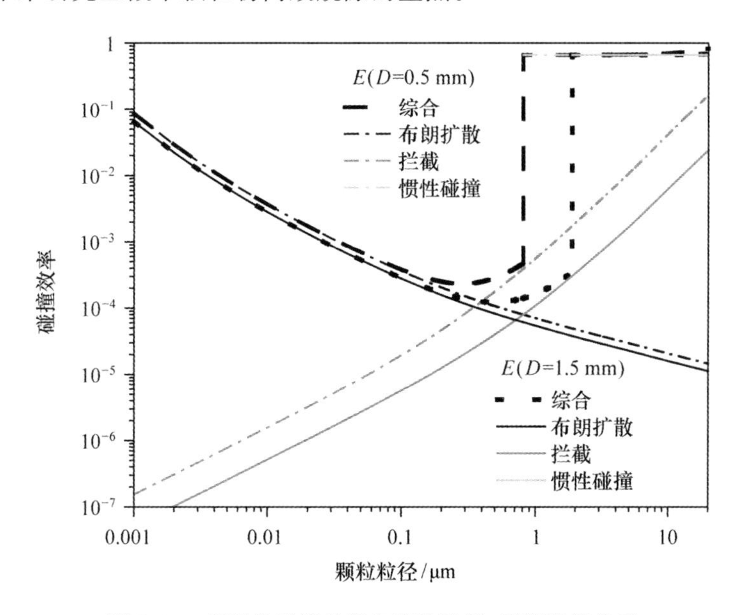

图 3.21　颗粒物碰撞效率与颗粒粒径、雾滴粒径关系

颗粒受到的热泳力源于烟气与壁面的温度梯度，其对亚微米级细颗粒的扩散影响显著。烟气流经 WPTA 时由于管壁温度低于烟气温度，该温度梯度产生的热泳力迫使亚微米级细颗粒向管壁边界层内扩散，热泳力 F_T 计算公式如下：

$$F_T = \frac{1.15Kn\left[1-\exp\left(-\frac{a}{Kn}\right)\right]\sqrt{\frac{4}{3\pi}\phi\pi_1 Kn}\,\frac{k_B}{d_m^2}D_p^2}{4\sqrt{2}a\left(1+\frac{\pi_1}{2}Kn\right)}\nabla T \tag{3.6}$$

式中，Kn 为克努森数；R_g 为空气的气体常数，287 J/(kg・K)；k_B 为玻尔兹曼常数，1.38×10^{-23}；D_m 为氮气与二氧化碳混合气体粒子的平均直径，0.161 nm；D_p 为颗粒粒径，单位 m；∇T 为温度梯度。此外，式中 a、ϕ、π_1 的计算如下：

$$\phi = 0.25(9\gamma-5)\frac{c_v}{R_g} \tag{3.7}$$

$$a = 0.22\left(\frac{\frac{\pi}{6}\phi}{1+\frac{\pi_1}{2}Kn}\right) \tag{3.8}$$

$$\pi_1 = 0.18\frac{\frac{36}{\pi}}{(2-S_n+S_t)\frac{4}{\pi}+S_n} \tag{3.9}$$

式中，γ 为气体比热容，计算中取 1.4；c_v 为定容比热容，J/(kg・K)；S_n 与 S_t 分别为垂直方向与切向方向动量调节系数,计算中均取1.0。图3.22为无量纲热泳力与颗粒粒径的关系。热泳扩散对粒径在0.01～1 μm范围的颗粒作用显著,在此粒径范围内的颗粒热泳扩散速度较高。无量纲热泳力在粒径0.15 μm处存在1个峰值,其变化存在先增加后减小的趋势,热泳力对粒径大于3 μm的颗粒作用较小。因此,亚微米颗粒物脱除应重视热泳扩散的贡献。

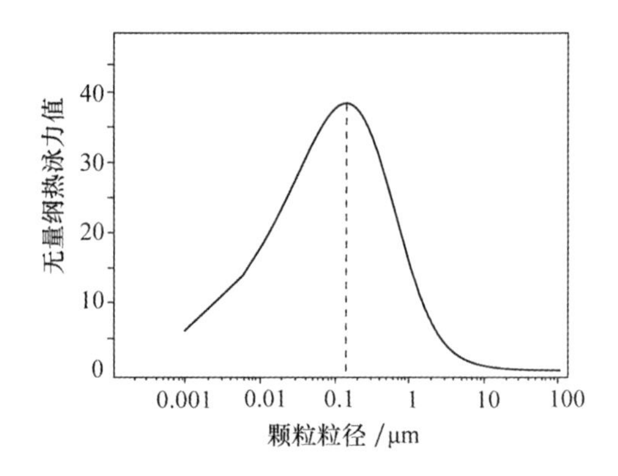

图3.22 热泳力与颗粒粒径的关系

(4) WPTA多污染物脱除效果分析-两级WPTA中型实验

WPTA中型实验在内蒙古某电厂开展,该电厂脱硫采用湿法石灰石-石膏脱硫工艺。实验中从脱硫塔出口引出约50 000 m^3/h烟气进入两级WPTA实验系统,其每一级纵向管排较多,阻力约为240 Pa(管间流速为3.6 m/s),经引风机抽取后返回主烟道。分别在一级WPTA进口、出口(即二级WPTA进口)以及二级WPTA出口在线收集烟气中灰颗粒样品,分别命名为样品1、样品2和样品3。采用Mastersizer 2000型粒度分析仪对收集样品颗粒粒度进行分析,测试前采用水作为样品分散剂,测试过程中采用手动控制的湿法进样器,灰样悬浮液循环经过样品池,同时借用超声波加强样品分散。中型实验不同采样位置灰颗粒的粒度分析结果如图3.23所示。

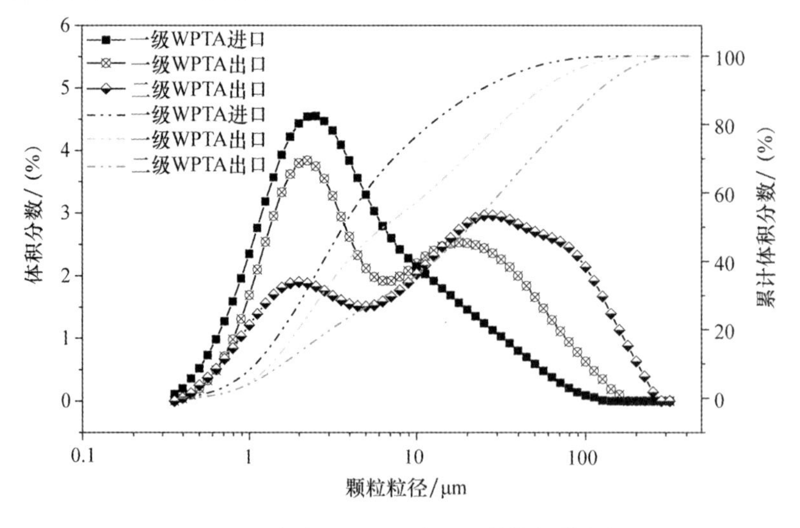

图3.23 实验WPTA进出口颗粒粒径的变化

烟气经过一级 WPTA 后，粒径在 2 μm 左右颗粒体积分数峰值明显降低，粒径大于 10 μm 颗粒区域出现新的峰值，且二级 WPTA 出口曲线峰值对应的颗粒尺度有所增加。这主要是由于烟气经一级 WPTA 强制烟气冷却后，烟气中水蒸气大量成核、凝结，雾滴迫使部分微细颗粒物发生团聚，被柔性管束润湿管壁高效脱除，从而导致出口烟气中灰颗粒粒径体积分数发生变化。经过二级 WPTA 后，粒径在 2 μm 左右颗粒体积分数峰值显著降低，粒径大于 10 μm 颗粒体积分数呈不同程度增加，说明 WPTA 对细颗粒团聚与脱除效果明显。

表 3-13 为 3 种颗粒累积体积分数对应的颗粒粒径，$D_{0.1}$、$D_{0.5}$ 和 $D_{0.9}$ 分别代表累积体积分数为 10%、50% 和 90% 所对应的颗粒粒径。由表 3-13 可知，经过一级 WPTA 后（即一级 WPTA 出口），3 种颗粒累积百分比对应的颗粒粒径显著增加，尤其是 $D_{0.5}$ 和 $D_{0.9}$ 分别由进口 3.5 μm 和 21.3 μm 增加至 18.8 μm 和 101.5 μm。由此表明，WPTA 可有效提高微细颗粒物的脱除与团聚，具有优良的除尘效果。经过二级 WPTA 后，3 种颗粒累积体积分数对应的颗粒粒径显著降低，主要源于柔性管排对细颗粒进行了二次凝聚与脱除，烟气中亚微米级颗粒浓度进一步减少。

表 3-13　不同颗粒累积体积百分比对应的颗粒粒径　　单位：μm

项　目	样品 1	样品 2	样品 3
$D_{0.1}$	1.119	1.617	1.383
$D_{0.5}$	3.542	18.822	6.091
$D_{0.9}$	21.358	101.482	47.057

注：样品 1 为一级 WPTA 进口，样品 2 为一级 WPTA 出口，样品 3 为二级 WPTA 出口。

（5）WPTA 660MW 机组工程实验

① WPTA 协同 WESP 的除尘效果。

将所开发的 WPTA 安装于某 660 MW 湿式静电除尘器进口之前，主要用于提高微细颗粒物的高效团聚与脱除，以保证 WESP 出口颗粒物浓度排放长期稳定低于 5 mg/m^3。该 WPTA 装置进口烟气流速 2～3 m/s，纵向管排较少，系统阻力约 30 Pa。实验中颗粒物质量浓度测试采用芬兰 Dekati 公司生产的低压撞击器。最后根据取样参数（时间、流量等），计算得到不同机组负荷（600 MW 与 500 MW）下 WPTA 开启与关闭状态时 WESP 出口颗粒物质量浓度分布。WPTA 冷却源采用 4 台与之配套的闭式循环冷却塔，每台冷却塔配 2 台 7.5 kW 风机。机组在 600 MW 与 500 MW 负荷运行时，WPTA 开启与关闭状态下 WESP 出口颗粒粒径质量浓度分布如图 3.24 所示，与 WPTA 关闭状态工况对比，机组负荷 600 MW、WPTA 开启后，颗粒粒径为 0.03、0.05、0.6、0.47、8.28、22 μm 时对应的烟气出口颗粒质量浓度呈不同程度降低，特别是粒径为 0.05 μm 和 0.1 μm 对应的烟气颗粒质量浓度分别降低达 57.5% 和 70.2%；机组负荷 500 MW、WPTA 开启后，颗粒粒径分别在 0.03、1.9 和 3.1 μm 时的质量浓度呈显著降低，降幅分别达 80%、35.5% 和 53.6%。WPTA 对颗粒物分级脱除效率的影响如表 3-14 所示。600 MW 工况 WPTA 运行状态下，WESP 出口烟气中总悬浮颗粒物（TSP）、PM2.5、PM1 脱除效率分别为 92.32%、87.69%、83.61%，分别比 WPTA 未运行时提高约 4%、5%、19%。500 MW 时，PM1.0 脱除效率基本接近，PM2.5、TSP 脱除效率增加约 3%。

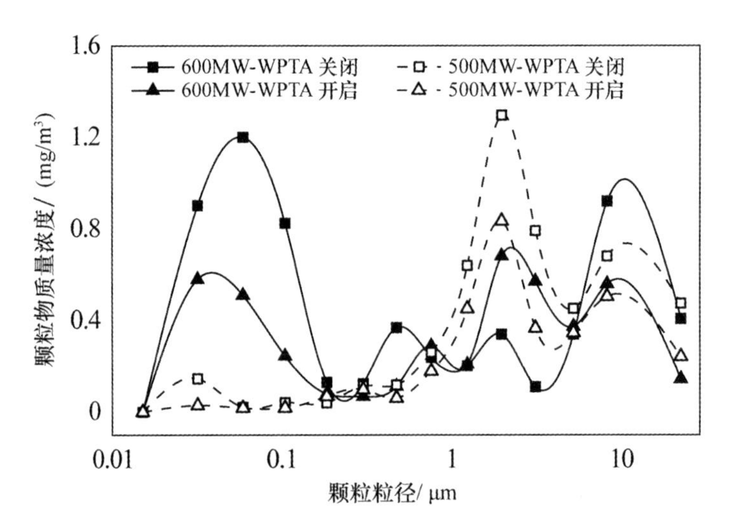

图 3.24 不同发电负荷下 WPTA 运行状态对 WESP 出口颗粒物粒径分布的影响

表 3-14 600 MW 及 500 MW 负荷下 WPTA 对颗粒物分级脱除效率的影响

负　荷/MW	颗粒物分级脱除效率/(%)					
	WPTA 开启			WPTA 关闭		
	PM1	PM2.5	TSP	PM1	PM2.5	TSP
600	83.61	87.69	92.32	68.66	82.75	88.30
500	91.31	94.18	95.14	92.83	91.62	91.97

结果表明，WPTA 对脱除微细颗粒物，尤其对脱除 PM2.5、PM1 有显著效果，其联合 WESP 可以较大幅度提高对烟气中微细粉尘的脱除效率。

② WPTA 对重金属与痕量元素的脱除能力。

为了考察在 WPTA 开启与关闭状态下单位时间内该装置从烟气中脱除各痕量元素的总质量，分别从废水箱取相同体积的凝结水样进行测试，根据不同工况下废水箱中单位时间凝结水量计算得到单位时间各元素脱除总量。图 3.25 为 WPTA 开启、关闭时单位时间各

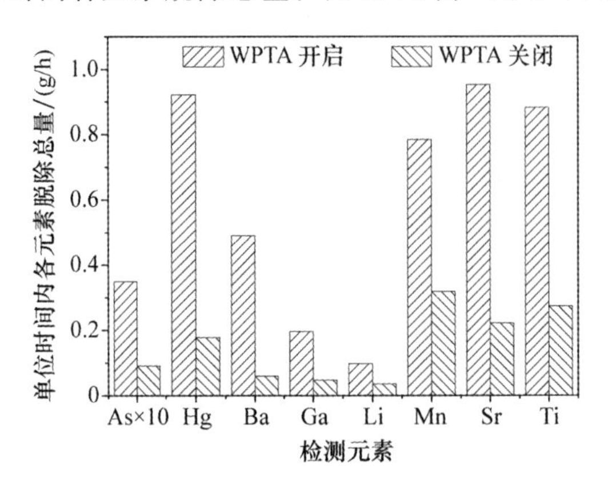

图 3.25 WPTA 开关状态下各痕量元素的脱除总量

痕量元素的脱除总量。与 WPTA 关闭时相比,WPTA 运行时所有检测元素的脱除总量均较高,尤其是 Hg、Ba、Mn、Sr、Ti 元素脱除总量显著增加。这主要是因为 WPTA 运行时,烟气冷却过程中水蒸气易凝结为微小雾滴,其具有较高的比表面积,因而可有效增加微细粉尘的撞击概率,造成更多微细颗粒被雾滴或管壁捕集,从而协同脱除灰颗粒表面黏附的重金属或痕量元素。Hg 与 Ti 元素属于完全挥发性元素,在煤粉颗粒燃烧过程中,它们会以蒸气的形式挥发,在烟气沿程温度降低过程中形成气溶胶颗粒,冷凝黏附于硅铝盐颗粒表面,在 WPTA 区域被水雾或柔性管壁脱除而进入凝结水中。

在此将参数 m 定义于评价 WPTA 开启对所检测元素的脱除能力,其表达式为:

$$m = \frac{n_o - n_c}{n_c} \tag{3.10}$$

式中,n_o 为 WPTA 开启状态下单位时间凝结水样中元素质量;n_c 为 WPTA 关停状态下单位时间凝结水样中元素质量。

WPTA 对各元素脱除能力增加的倍数如图 3.26 所示。WPTA 开启状态可明显提高各重金属及痕量元素的脱除能力,WPTA 对各元素脱除能力从大到小依次为 Ba、Hg、As、Sr、Ga、Ti、Li、Mn;其中,对燃煤电厂重点关注的 Hg 与 As 元素脱除能力分别比关闭 WPTA 增加 4.18 倍和 2.82 倍。该结果也充分说明 WPTA 协同 WESP 配置,可充分保证未来燃煤电厂对有毒有害痕量元素排放限值的要求。此外,当 WPTA 运行时,烟气凝结水回收水箱中水位高度的增加速率约为 0.84~0.98 m/h,烟气每下降 1℃,可实现烟气凝结水回收 10 t/h 以上。这充分表明 WPTA 具有优良的多污染物脱除以及烟气凝结水回收能力,所收集凝结水可经化学处理后根据水质进行二次利用。

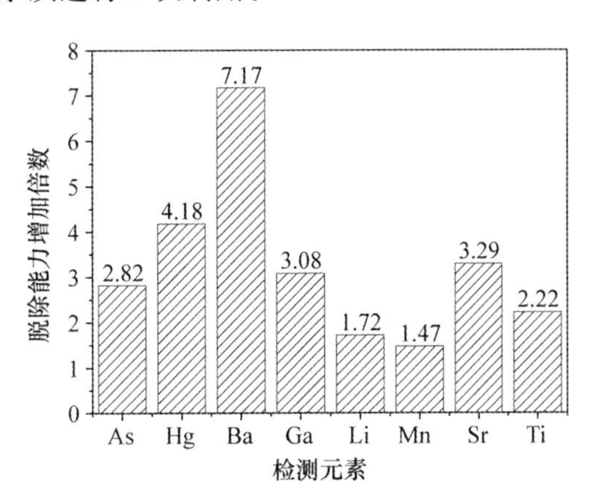

图 3.26　湿式相变凝聚器对检测元素的脱除能力(与 WPTA 未开启时比较)

③ WPTA 运行稳定性。

无论从近一年的中型实验还是从 600 MW 机组全烟气示范工程来看,WPTA 运行时都未发生因管束表面沾污而降低性能现象。这主要是由于水蒸气发生相变凝结会在管束表面形成一定厚度的液膜,它能够提高壁面颗粒捕集能力,且该层液膜达到一定厚度则会沿重力方向脱落,液膜脱落位置又会形成新的水膜,水膜是酸性液体,起到酸洗功能;又因管束材料为改性氟塑料,其本身具有良好的抗腐和抗沾污性能。2013 年,在西安市 2 台 35 t/h、1 台

65 t/h 工业炉脱硫塔后加装了 WPTA，运行 3 年来也未发现因管束表面沾污而降低性能现象。

3.5 本项目资助发表论文

[1] TANH, WANG Y, CAO R, et al. Development of wet phase transition agglomerator for multi-pollutant synergistic removal. Applied Thermal Engineering, 2017, 130(5): 1208-1214.

[2] CAO R, TAN H, XIONG Y, et al. Improving the removal of particles and trace elements from coal-fired power plants by combining a wet phase transition agglomerator with wet electrostatic precipitator. Journal of Cleaner Production, 2017, 161(10): 1459-1465.

[3] RUAN R, TAN H, WANG X, et al. Characteristics of fine particulate matter formation during combustion of lignite riched in AAEM (alkali and alkaline earth metals) and sulfur. Fuel, 2017, 211: 206-213.

[4] WANG Y, TAN H. Condensation of KCl(g) under varied temperature gradient. Fuel, 2019, 237: 1141-1150.

[5] RUAN R, XIAO J, DU Y, et al. The effect of interaction between sodium and oxides of silicon and aluminum on the formation of fine particulates during synthetic char combustion. Energy & Fuels, 2018, 32(6): 6756-6762.

[6] DENG S, TAN H, WANG X, et al. Investigation on the fast co-pyrolysis of sewage sludge with biomass and the combustion reactivity of residual char. Bioresource Technology, 2017, 239: 302-310.

[7] WANG Y, TAN H, WANG X, et al. The condensation and thermodynamic characteristics of alkali compound vapors on wall during wheat straw combustion. Fuel, 2017, 187: 33-42.

[8] WANG X, DENG S, TAN H, et al. Synergetic effect of sewage sludge and biomass co-pyrolysis: A combined study in thermogravimetric analyzer and a fixed bed reactor. Energy Conversion and Management, 2016, 118: 399-405.

[9] RUAN R, LIU H, TAN H, et al. Effects of APCDs on PM emission: A case study of a 660 MW coal-fired unit with ultralow pollutants emission. Applied Thermal Engineering, 2019, 155: 418-427.

[10] WEI B, TAN H, WANG Y, et al. Investigation of characteristics and formation mechanisms of deposits on different positions in full-scale boiler burning high alkali-coal. Applied Thermal Engineering, 2017, 119: 449-458.

[11] WEI B, TAN H, WANG X, et al. Investigation on ash deposition characteristics during Zhundong coal combustion. Journal of the Energy Institute, 2018, 91(1): 33-

42.
[12] WANG Y, TAN H, LIU H, et al. Study of ash fouling on the blade of induced fan in a 330 MW coal-fired power plant with ultra-low pollutant emission. Applied Thermal Engineering, 2017, 118: 283-291.
[13] RUAN R, XU X, TAN H, et al. Emission characteristics of particulate matter from two ultralow-emission coal-fired industrial boilers in Xi'an, China. Energy & Fuels. 2019, 33(3): 1944-1954.
[14] HU Z, WANG X, ADEOSUN A, et al. Aggravated fine particulate matter emissions from heating-upgraded biomass and biochar combustion: The effect of pretreatment temperature. Fuel Processing Technology, 2018, 171: 1-9.
[15] WANG X, LI S, ADEOSUN A, et al. Effect of potassium-doping and oxygen concentration on soot oxidation in O_2/CO_2 atmosphere: A kinetics study by thermogravimetric analysis. Energy Conversion and Management, 2017, 149: 686-697.
[16] WANG X, HU Z, ADEOSUN A, et al. Particulate matter emission and K/S/Cl transformation during biomass combustion in an entrained flow reactor. Journal of the Energy Institute, 2018, 91(6): 835-844.
[17] 谭厚章，熊英莹，王毅斌，等. 湿式相变凝聚技术协同湿式电除尘器脱除微细颗粒物研究. 工程热物理学报. 2016(12): 2710-2714.
[18] 谭厚章，熊英莹，王毅斌，等. 湿式相变凝聚器协同多污染物脱除研究. 中国电力. 2017(02): 128-134.
[19] 张朋，谭厚章，曹瑞杰，等. 西安城区燃煤锅炉颗粒物排放特征研究. 环境工程，2018(09): 63-67.
[20] 阮仁晖，谭厚章，段钰锋，等. 超低排放燃煤电厂颗粒物脱除特性. 环境科学，2018，40(1): 1-12.
[21] 阮仁晖，谭厚章，王学斌，等. 高碱煤燃烧过程细颗粒物排放特性. 煤炭学报，2017(04): 1056-1062.
[22] 王毅斌，谭厚章，萧嘉繁，等. 超低排放燃煤电厂引风机叶片硫酸盐沉积分析. 热力发电，2016,45(12): 9-13+24.
[23] 谭厚章，魏博，王学斌，等. 高碱煤燃烧过程中屏式过热器分层结渣机理研究. 中国电力，2016(08): 167-171.
[24] 魏博，谭厚章，王学斌，等. 煤燃烧过程中复杂气氛下的灰熔融特性. 燃烧科学与技术，2017(04): 320-324.
[25] 魏博，谭厚章，王学斌，等. 准东煤燃烧过程中 Na/Ca/Fe 对结渣行为影响的机理研究. 动力工程学报，2017(09): 685-690.
[26] 李帅帅，王学斌，刘梓晗，等. O_2/CO_2 气氛下碳烟氧化的反应动力学研究. 动力工程学报，2017(08): 673-678.
[27] 王学斌，刘梓晗，韩旭，等. 加压富氧燃烧下 SO_3 生成特性的动力学机理研究. 工程

热物理学报，2017(06)：1357-1361.

参考文献

[1] ZHANG F，CHENG H R，WANG Z W，et al. Fine particles (PM2.5) at a CAWNET background site in Central China：Chemical compositions，seasonal variations and regional pollution events. Atmospheric Environment，2014，86：193-202.

[2] CHANG Y. China needs a tighter PM2.5 limit and a change in priorities. Environmental Science & Technology，2012，46(13)：7069-7070.

[3] ZHAO Y，WANG S，DUAN L，et al. Primary air pollutant emissions of coal-fired power plants in China：Current status and future prediction. Atmospheric Environment，2008，42(36)：8442-8452.

[4] 江刚. 美国 PM2.5 水平下降. 中国环境科学，2005，25(3)：309-309.

[5] HELBLE J. Trace element behavior during coal combustion：Results of a laboratory study. Fuel Processing Technology，1994，39(1)：159-172.

[6] CHEN Y，SHENG G，BI X，et al. Emission factors for carbonaceous particles and polycyclic aromatic hydrocarbons from residential coal combustion in China. Environmental Science & Technology，2005，39(6)：1861-1867.

[7] CHEN Y，BI X，MAI B，et al. Emission characterization of particulate/gaseous phases and size association for polycyclic aromatic hydrocarbons from residential coal combustion. Fuel，2004，83 (7)：781-790.

[8] ZHANG J，SMITH K，MA Y，et al. Greenhouse gases and other airborne pollutants from household stoves in China：A database for emission factors. Atmospheric Environment，2000，34 (26)：4537-4549.

[9] BOND T C，STREETS D G，YARBER K F，et al. A technology-based global inventory of black and organic carbon emissions from combustion. Journal of Geophysical Research：Atmospheres (1984—2012)，2004，109(D14).

[10] SHEN G，TAO S，WEI S，et al. Emissions of parent，nitro，and oxygenated polycyclic aromatic hydrocarbons from residential wood combustion in rural China. Environmental Science & Technology，2012，46(15)：8123-8130.

[11] VENKATARAMAN C，RAO G U M. Emission factors of carbon monoxide and size-resolved aerosols from biofuel combustion. Environmental Science & Technology，2001，35(10)：2100-2107.

[12] OANH N K，ALBINA D，PING L，et al. Emission of particulate matter and polycyclic aromatic hydrocarbons from select cookstove-fuel systems in Asia. Biomass and Bioenergy，2005，28 (6)：579-590.

[13] SHEN G，TAO S，WEI S，et al. Field measurement of emission factors of PM，EC，OC，parent，nitro-，and oxy-polycyclic aromatic hydrocarbons for residential briquette，coal cake，and wood in rural Shanxi，China. Environmental Science & Technology，2013，47(6)：2998-3005.

[14] CHEN Y，ZHI G，FENG Y，et al. Measurements of emission factors for primary carbonaceous particles from residential raw-coal combustion in China. Geophysical Research Letters，2006，33(20).

[15] ZHI G，CHEN Y，FENG Y，et al. Emission characteristics of carbonaceous particles from various res-

idential coal-stoves in China. Environmental Science & Technology, 2008, 42(9): 3310-3315.

[16] 黄卫，毕新慧，张国华，等. 民用蜂窝煤燃烧排放颗粒物的化学组成和稳定碳同位素特征. 地球化学，2014，43(6)：640-646.

[17] GOODARZI F. The rates of emissions of fine particles from some Canadian coal-fired power plants. Fuel, 2006, 85(4): 425-433.

[18] BHANARKAR A, GAVANE A, TAJNE D, et al. Composition and size distribution of particles emissions from a coal-fired power plant in India. Fuel, 2008, 87(10): 2095-2101.

[19] YI H, HAO J, DUAN L, et al. Fine particle and trace element emissions from an anthracite coal-fired power plant equipped with a bag-house in China. Fuel, 2008, 87(10): 2050-2057.

[20] 王圣，朱法华，王慧敏，等. 基于实测的燃煤电厂细颗粒物排放特性分析与研究. 环境科学学报，2011，31(3)：630-635.

[21] 吴晓蔚，朱法华，杨金田，等. 火力发电行业温室气体排放因子测算. 环境科学研究，2010(2)：170-176.

[22] 王圣，王慧敏，朱法华，等. 基于实测的燃煤电厂汞排放特性分析与研究. 环境科学，2011，32(1)：33-37.

[23] ZHAO Y, WANG S, NIELSEN C P, et al. Establishment of a database of emission factors for atmospheric pollutants from Chinese coal-fired power plants. Atmospheric Environment, 2010, 44(12): 1515-1523.

[24] ZHANG L, NINOMIYA Y, YAMASHITA T. Formation of submicron particulate matter (PM1) during coal combustion and influence of reaction temperature. Fuel, 2006, 85(10): 1446-1457.

[25] YOSHIIE R, TAYA Y, ICHIYANAGI T, et al. Emissions of particles and trace elements from coal gasification. Fuel, 2013, 108: 67-72.

[26] FIX G, SEAMES W, MANN M, et al. The effect of combustion temperature on coal ash fine-fragmentation mode formation mechanisms. Fuel, 2013, 113: 140-147.

[27] NEVILLE M, QUANN R, HAYNES B, et al. Vaporization and condensation of mineral matter during pulverized coal combustion. Symposium on Combustion, 1981, 18(1): 1267-1274.

[28] QUANN R, SAROFIM A. Vaporization of refractory oxides during pulverized coal combustion. Symposium on Combustion, 1982, 19(1): 1429-1440.

[29] LIND T, KAUPPINEN E I, JOKINIEMI J K, et al. A field study on the trace metal behaviour in stmospheric circulating fluidized-bed coal combustion. Symposium on Combustion, 1994, 25(1): 201-209.

[30] YAN R, GAUTHIER D, FLAMANT G. Volatility and chemistry of trace elements in a coal combustor. Fuel, 2001, 80(15): 2217-2226.

[31] XU M, YAN R, ZHENG C, et al. Status of trace element emission in a coal combustion process: A review. Fuel Processing Technology, 2004, 85(2): 215-237.

[32] WANG J, TOMITA A. A chemistry on the volatility of some trace elements during coal combustion and pyrolysis. Energy & Fuels, 2003, 17(4): 954-960.

[33] LEE S H, TEATS F, SWIFT W, et al. Short communication alkali-vapor emission from PFBC of Illinois coals. Combustion Science and Technology, 1992, 86(1-6): 327-336.

[34] SRINIVASACHAR S, HELBLE J, HAM D, et al. A kinetic description of vapor phase alkali transformations in combustion systems. Progress in Energy and Combustion Science, 1990, 16(4):

303-309.

[35] MANZOORI AR, AGARWAL PK. The fate of organically bound inorganic elements and sodium chloride during fluidized bed combustion of high sodium, high sulphur low rank coals. Fuel, 1992, 71(5): 513-522.

[36] QUYN D M, WU H, LI C Z. Volatilisation and catalytic effects of alkali and alkaline earth metallic species during the pyrolysis and gasification of Victorian brown coal. Part I. Volatilisation of Na and Cl from a set of NaCl-loaded samples. Fuel, 2002, 81(2): 143-149.

[37] MARSKELL W, MILLER J. Some aspects of deposit formation in pilot-scale pulverized-fuel-fired installations. Journal of the Institute of Fuel, 1956, 29(188): 380-387.

[38] SENIOR C, PANAGIOTOU T, SAROFIM A F, et al. Formation of Ultrafine Particulate Matter from Pulverized Coal Combustion. Washington DC: Wmerican Chomical Society, 2000.

[39] QUANN R J, NEVILLE M, JANGHORBANI M, et al. Mineral matter and trace-element vaporization in a laboratory-pulverized coal combustion system. Environmental Science & Technology, 1982, 16(11): 776-781.

[40] HELBLE J, BOOL L, KANG S. Fundamental study of ash formation and deposition: Effect of reducing stoichiometry. USDOE Pittsburgh Energy Technology Center, PA (United States), 1995.

[41] NAGELBERG A, MAR R, CARLING R. Calculation of the role of coal constituent elements on the enhanced vaporization of silica. High Temperature Science, 1985, 19(1): 3-16.

[42] SCHICK H L. A thermodynamic analysis of the high-temperature vaporization properties of silica. Chemical Reviews, 1960, 60(4): 331-362.

[43] 韩瑞午. 典型民用燃煤源污染物的排放因子及排放特性研究. 西安：西安交通大学，2018.

[44] LI Q, LI X, JIANG J, et al. Semi-coke briquettes: Towards reducing emissions of primary PM2.5, particulate carbon, and carbon monoxide from household coal combustion in China. Scientific Reports, 2016, 6:19306.

[45] ZHI G, CHEN Y, FENG Y, et al. Emission characteristics of carbonaceous particles from various residential coal-stoves in China. Environmental Science & Technology, 2008, 42(9): 3310-3315.

[46] ZHI G, PENG C, CHEN Y, et al. Deployment of coal briquettes and improved stoves: Possibly an option for both environment and climate. Environmental Science & Technology, 2009, 43(15): 5586-5591.

[47] 张朋，谭厚章，许鑫玮，等. 燃煤工业锅炉超低排放改造后微细颗粒物排放特征研究. 节能与环保，2018(09):71-73.

[48] LIU H, YANG F, DU Y, et al. Field measurements on particle size distributions and emission characteristics of PM10 in a cement plant of China. Atmospheric Pollution Research, 2019, 10(5): 1464-1472.

[49] 杜勇乐，刘鹤欣，谭厚章，等. 燃煤水泥窑尾颗粒物粒径分布及污染特征. 环境工程，2019,37(09): 113-118+148.

[50] 阮仁晖，谭厚章，段钰锋，等. 超低排放燃煤电厂颗粒物脱除特性. 环境科学，2019,40(01):126-134.

[51] 张朋，谭厚章，曹瑞杰，等. 西安城区燃煤锅炉颗粒物排放特征研究. 环境工程，2018,36(09):63-67.

[52] CAO R, TAN H, XIONG Y, et al. Improving the removal of particles and trace elements from coal-fired power plants by combining a wet phase transition agglomerator with wet electrostatic precipitator.

Journal of Cleaner Production，2017，161:1459-1465.
[53] 谭厚章，毛双华，刘亮亮，等. 新型湿式相变凝聚除尘、节水及烟气余热回收一体化系统性能研究. 热力发电，2018,47(06):16-22.
[54] 谭厚章，熊英莹，王毅斌，等. 湿式相变凝聚器协同多污染物脱除研究. 中国电力，2017,50(02):128-134.
[55] 谭厚章，熊英莹，王毅斌，等. 湿式相变凝聚技术协同湿式电除尘器脱除微细颗粒物研究. 工程热物理学报，2016,37(12):2710-2714.
[56] TAN H，WANG Y，CAO R，et al. Development of wet phase transition agglomerator for multi-pollutant synergistic removal. Applied Thermal Engineering，2017，130(5):1208-1214.

第4章 渤海区域船舶多污染物排放清单研究

刘欢,孟至航,吕兆丰,王小桐,商轶

清华大学

船舶在港口和近海范围的排放是京津冀地区不可忽视的一次颗粒物及气态污染物的来源。海运船舶因其动态、多源、跨国注册等特点,是源清单研究中难度较大的部门。本章针对渤海区域船舶排放清单建立方法和高分辨率时空分配这一科学问题,在现有国内外动力法和统计法的研究基础上,系统开展了排放因子归集、活动水平分析和多维数据同化工作,深入了解并定量刻画了不同类型船舶主机、辅机和锅炉在多个运行过程的油耗及污染物排放量和动态变化的规律,建立了适用于我国的船舶排放因子库及活动水平数据处理方法;针对渤海地区的船舶活动,不采用常规集计模型,而通过耦合统计信息与实时AIS数据,搭建了非集计动力法排放模型(SEIM),建立了"自下而上"的渤海区域船舶高精度排放清单。此外,利用空气质量模型开展了船舶排放控制区减排效果研究,并溯源模拟了沿海不同海域范围内船舶排放对我国空气质量的影响,为开展船舶排放控制提供技术支持。

4.1 研究背景

船舶排放是我国区域大气污染源排放清单中重要但长期缺失的一部分,目前我国对于船舶排放清单的研究还很不全面,缺乏区域性的排放清单。针对大气污染源排放已有了大量的研究,各种陆地源的排放清单日渐完善,分辨率逐渐提高、不确定性日益降低,这些研究工作为大气复合污染的形成和应对机制研究提供了重要的清单支持[1-2],但均未涉及船舶源的排放,空间分配的排放清单中在海面部分为空白。有研究表明,卫星反演的柱浓度显示在近海范围的污染物浓度仍然较高[3],且船舶排放引起的成云效应已经被观测证实[4],说明了近海范围不只是受陆地排放影响,也受到海面范围的排放影响。而排放清单的空间不连续不仅影响空气质量模型模拟,还导致无法进行全面的源解析。因此,建立近海船舶排放清单,将会有助于完善我国的大气污染物排放清单。

船舶分为海运船舶(远洋船舶和沿海船舶)和内河船舶,船舶排放的污染物分为气态和颗粒态,包括二氧化硫(SO_2)、氮氧化物(NO_x)、颗粒物(PM)等,此外还包括一次污染物在高浓度烟气中经快速反应过程形成的二次细颗粒物[5]。远洋船主要使用燃料油(也称为渣油或重油)来提供动力、供热和电力,船用燃料油含硫量高(硫含量 3.5%),是 2018 年车用柴油标准的 3500 倍。发动机内的燃料燃烧后,燃料油中的硫转化成 SO_2,一小部分被氧化为三氧化硫(SO_3),再产生硫酸和硫酸盐气溶胶,直接以颗粒物形式排出。大部分现役船舶均未安装排放后处理设施,因此,船舶单位功率的排放远高于机动车。据文献中估计,船舶排放的 NO_x 占全球所有化石燃料源的 15%左右,SO_2 排放占所有人为源的 4%～9%,CO_2 的排放占所有化石燃料燃烧的 2%左右[6-7]。船舶排放的颗粒物中,硫酸盐占全球排放的 2.3%～3.6%,硝酸盐占全球排放的 0.1%～2.3%,BC 占全球排放的 0.4%～1.4%[8]。欧洲环境署 2013 年报告指出,船舶排放对 PM2.5 浓度的贡献可达 25%,其中对二次硫酸盐的贡献达到 40%,而现有观测对于船舶排放的覆盖严重不足[9]。这些污染物与海陆天气、气候系统相互作用和影响,形成细颗粒物和臭氧等二次污染物,并且随着海陆风,能够向大范围的陆地区域输送并进一步反应。

船舶排放区域与人口密集区高度重合,对人体健康影响不容小视。即使是远洋船舶,59%～86%的排放发生在距离海岸线 200 n mile 的范围内[10]。由于大部分时间船舶都是处于近海或近岸航行状态,污染物排放后经风力输送扩散,对处于港口下风向地区的空气质量和公众健康都会造成很大影响[11]。美国研究表明,如果在美国大部分海岸线近岸海域没有对船舶排放进行控制,2030 年会导致 31 000 人的过早死亡[12];欧洲研究者估计,2011 年国际航运导致了欧盟 46 000 人过早死亡[13]。

此外,船舶排放还会影响生态系统和全球气候变化。船舶排放的硫和氮化合物的沉积影响生态系统,导致酸雨、富营养化和氮富集[14]。国际航运对全球硫沉降和陆地硫沉降的贡献率分别在 5%和 3%,这一比例在船舶交通量大的地区更高,例如在欧洲,船舶废气排放使得硫酸盐和硝酸盐沉降总量增加了约 15%[15]。在北半球夏季,严重的海洋酸化也被认为是受船舶排放影响[16]。远洋船排放的 SO_x 在海面上空与水汽结合,成为云凝结核,从而表现出成云效应,影响大气循环和降雨。在气候变化方面,船舶的影响非常复杂。一方面,船舶排放的 CO_2、以 BC 为主的颗粒物和间接生成的臭氧是航运导致全球变暖的主要因素;另一方面,船舶排放的其他污染物,如硫酸盐气溶胶、NO_x 和有机气溶胶则会导致气候变冷[17-18]。总体而言,基于船舶排放研究其各项影响和生态、气候系统变化是当前国际研究的热点问题。

我国是全球海运最繁忙的国家之一,主要航道如泛太平洋、亚欧、南北航道都以中国为起点或终点[19]。根据权威机构美国港口管理联盟(AAPA)的统计,2014 年全球十大集装箱港口中,我国占据了七个席位;如果考虑杂散货吞吐量,全球十大港口中,我国则有八个[20]。我国港口每年处理全球三成的集装箱、近四成的杂散货吞吐[21]。尽管这些海运活动构成了全球经济的基石,但也加剧了港口和周边地区的空气污染。渤海及环渤海地区包括北京、天津、河北、辽宁和山东五个省份的陆地及渤海海域,占全国总人口的 22.2%,2010 年完成地区生产总值 10.8 万亿元,占全国的四分之一。环渤海地区处于东北亚经济圈的中心地带，是我国东北、华北、西北地区的主要出海口和对外交往的门户，是国内外公认的具有极大发展潜力的地区之一，具有非常重要的战略地位。2006 年，国家发布了《全国沿海港口布局规划》，确定了环渤海地区 3 个港口群共 12 个港口组成(丹东港、大连港、营口港、锦州港、秦皇岛港、唐山港、天津港、黄骅港、烟台港、威海港、青岛港、日照港)。2013 年，在环渤海地区主要港口中，吞吐量超过两亿吨的港口就有 8 个，在我国沿海港口中占相当的比例。与全球其他重要的港口地区相比，环渤海地区 12 个港口所处地区人口密集度高，船舶活动频繁，对于船舶排放尚未采取任何控制措施，船舶造成的空气污染可能对国内港口城市居民的健康影响更大。因此，深入了解渤海船舶污染源的排放特征，建立准确、高分辨率的排放清单，对于完善我国多种污染物的排放清单均有重要作用，是研究京津冀区域大气复合污染的形成和应对机制的迫切需求，既是国际上的学术前沿，又具有关系我国国计民生的重要意义。

4.2 主要进展与成果

在大气污染和气候变化的控制历程中，随着发展阶段不同，移动源的贡献呈现上升趋势。对于发达国家，移动源对大气污染的贡献可以达到 70%。我国现阶段，不同城市移动源污染贡献呈快速上升趋势，如深圳、北京等近三年里移动源贡献占比已经从 30%上升到接近 50%，其他城市也在快速上升。船舶排放作为我国区域大气移动源清单中重要的组成部分，仍然缺乏系统、可靠的排放清单，排放清单的缺失导致了空气质量模拟不准确、源解析中缺乏船舶运输部门等诸多问题。因此，船舶排放清单的研究是大气科学的重要方向。本章在构建高精度多尺度的船舶清单计算模型、建立我国海域多尺度船舶排放清单、探索我国未来船舶排放控制措施方面取得了重要进展。具体阐述如下。

4.2.1 通过数据采集和船舶排放测试，搭建基于实时 AIS 数据的非集计动力法排放模型

1. 船舶排放清单计算模型数据库

本章中船舶技术数据库数据类型包括船舶类型、额定发动机转速、额定发动机功率、长度、宽度、吃水深度、设计最大速度、载重吨位(DWT)、建造年份等。为了对船舶信息库数据进行补充和完善，本章开发了一种自学习的方法来解决这一问题。解决的主要思路为根据目前数据完整的船舶信息来寻找其他船舶缺失的属性。简而言之，属性之间应该有相关性，而且自学习法应适用于找出这些相关性。本章采用迭代决策树(GBRT)模型进行空缺信息的填补。此外对于额定发动机功率和 DWT 缺失的情况，使用数据完整的船舶技术数据进行拟合，再根据拟合关系进行空缺数据填补(如图 4.1)。通过该方法，模型共收集了 13 万条船舶的静态数据。

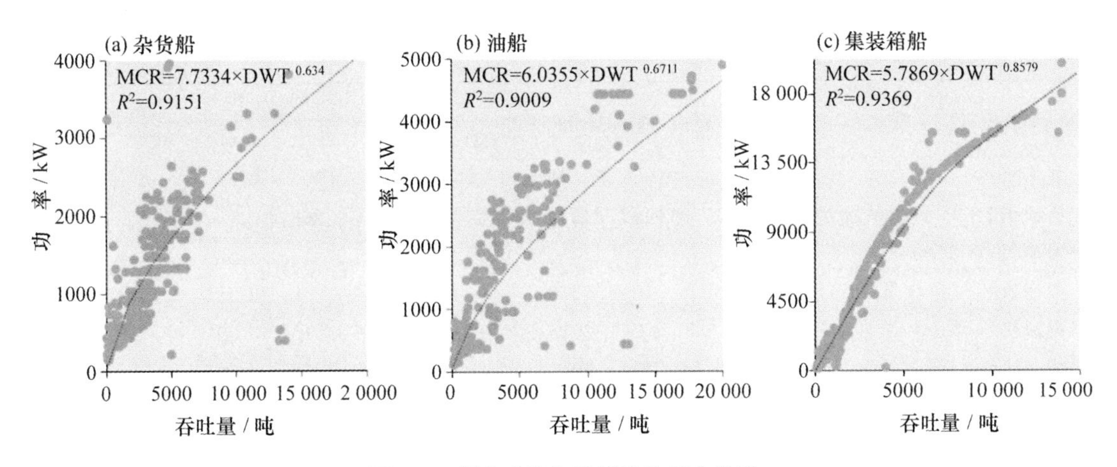

图 4.1　额定功率与载重吨位拟合关系

因为测试程序的昂贵和复杂，全球远洋船舶(OGV)的排放数据仍然相对较少。本章的基准线排放因子来源于 2014 年国际海事组织(IMO)第三次温室气体研究等十几篇文献或报告。本章建立了包括主机、辅机和锅炉的船舶排放因子数据库(表 4-1 至表 4-3)，数据库分级如下：第一级排放源，包括主机、辅机、锅炉；第二级发动机类型，包括慢速机、中速机、天然气机；第三级燃油，包括重油(以 2.43%硫含量为基准进行排放因子修正)、轻质燃油(以 0.5%硫含量为基准进行排放因子修正)、低硫油(以 0.15%硫含量为基准进行排放因子修正)、液化天然气(LNG)；第四级排放标准，包括 Tier 0、Tier 1、Tier 2。污染物涵盖常规污染物和温室效应物质，包括 SO_2、NO_x、PM、BC、CO、VOC、CO_2、CH_4、N_2O 等。当船舶主机负荷低于 20%时，其发动机的燃烧效率会降低，导致船舶主机污染物的排放因子随着负荷的减小而变大，因此，在基准排放因子数据库的基础上，进一步建立了船舶主机排放因子的低负荷修正系数表(表 4-1)。

表 4-1　船舶主机排放因子库　　单位：g/(kW·h)

发动机类型	燃　油	排放标准	实施年份	排放因子					
				PM	NO_x	SO_2	CO	VOC	CO_2
慢速机	重油 (硫含量 2.43%)	Tier 0	1999 及以前	1.335	18.1	9.261	0.54	0.6	607
中速机			1999 及以前	1.330	14.0	10.215	0.54	0.5	670
慢速机		Tier 1	2000—2010	1.335	17.0	9.261	0.54	0.6	607
中速机			2000—2010	1.330	13.0	10.215	0.54	0.5	670
慢速机		Tier 2	2011—2015	1.335	15.3	9.261	0.54	0.6	607
中速机			2011—2015	1.330	11.2	10.215	0.54	0.5	670
慢速机	轻质油 (硫含量 0.5%)	Tier 0	1999 及以前	0.31	17.0	1.8	0.54	0.6	607
中速机			1999 及以前	0.31	13.2	2.0	0.54	0.5	670
慢速机		Tier 1	2000—2010	0.31	16.0	1.8	0.54	0.6	607
中速机			2000—2010	0.31	12.2	2.0	0.54	0.5	670
慢速机		Tier 2	2011—2015	0.31	14.4	1.8	0.54	0.6	607
中速机			2011—2015	0.31	10.5	2.0	0.54	0.5	670

续表

单位：g/(kW·h)

发动机类型	燃油	排放标准	实施年份	排放因子					
				PM	NO_x	SO_2	CO	VOC	CO_2
慢速机	低硫油（硫含量0.15%）	Tier 0	1999及以前	0.199	17.0	0.515	0.54	0.6	607
中速机			1999及以前	0.200	13.2	0.568	0.54	0.5	670
慢速机		Tier 1	2000—2010	0.199	16.0	0.515	0.54	0.6	607
中速机			2000—2010	0.200	12.2	0.568	0.54	0.5	670
慢速机		Tier 2	2011—2015	0.199	14.4	0.515	0.54	0.6	607
中速机			2011—2015	0.200	10.5	0.568	0.54	0.5	670
天然气机	LNG	无	全部	0.03	1.3	0.003	1.3	0.5	457

表4-2　船舶辅机排放因子库

单位：g/(kW·h)

发动机类型	燃油	排放标准	实施年份	排放因子					
				PM	NO_x	SO_2	CO	VOC	CO_2
慢速机	重油（硫含量2.43%）	Tier 0	1999及以前	1.339	14.7	10.782	0.54	0.4	707
中速机			1999及以前	1.339	11.6	10.782	0.54	0.4	707
慢速机		Tier 1	2000—2010	1.339	13	10.782	0.54	0.4	707
中速机			2000—2010	1.339	10.4	10.782	0.54	0.4	707
慢速机		Tier 2	2011—2015	1.339	11.2	10.782	0.54	0.4	707
中速机			2011—2015	1.339	8.2	10.782	0.54	0.4	707
慢速机	轻质油（硫含量0.5%）	Tier 0	1999及以前	0.32	13.8	2.1	0.54	0.4	707
中速机			1999及以前	0.32	13.8	2.1	0.54	0.4	707
慢速机		Tier 1	2000—2010	0.32	12.2	2.1	0.54	0.4	707
中速机			2000—2010	0.32	12.2	2.1	0.54	0.4	707
慢速机		Tier 2	2011—2015	0.32	10.5	2.1	0.54	0.4	707
中速机			2011—2015	0.32	10.5	2.1	0.54	0.4	707
慢速机	低硫油（硫含量0.15%）	Tier 0	1999及以前	0.202	13.8	0.599	0.54	0.4	707
中速机			1999及以前	0.202	10.9	0.599	0.54	0.4	707
慢速机		Tier 1	2000—2010	0.202	12.2	0.599	0.54	0.4	707
中速机			2000—2010	0.202	9.8	0.599	0.54	0.4	707
慢速机		Tier 2	2011—2015	0.202	10.5	0.599	0.54	0.4	707
中速机			2011—2015	0.202	7.7	0.599	0.54	0.4	707
天然气机	LNG	无	全部	0.03	1.3	0.003	1.3	0.5	457

表4-3　船舶锅炉排放因子库

单位：g/(kW·h)

燃油	排放因子					
	PM	NO_x	SO_2	CO	VOC	CO_2
重油(硫含量2.43%)	0.744	2.1	14.85	0.2	0.1	970
轻质油(硫含量0.5%)	0.2	2	3.1	0.2	0.1	970
低硫油(硫含量0.15%)	0.112	1.974	0.825	0.2	0.1	970
LNG	0.03	1.3	0.002 69	1.3	0.5	457

表 4-4　船舶主机低负荷修正系数

主机负荷/(%)	修正系数					
	PM	NO_x	SO_2	CO	VOC	CO_2
2	7.29	4.63	1	9.70	21.18	1
3	4.33	2.92	1	6.49	11.68	1
4	3.09	2.21	1	4.86	7.71	1
5	2.44	1.83	1	3.90	5.61	1
6	2.04	1.60	1	3.26	4.35	1
7	1.79	1.45	1	2.80	3.52	1
8	1.61	1.35	1	2.45	2.95	1
9	1.48	1.27	1	2.18	2.52	1
10	1.38	1.22	1	1.97	2.18	1
11	1.30	1.17	1	1.79	1.96	1
12	1.24	1.14	1	1.64	1.76	1
13	1.19	1.11	1	1.52	1.60	1
14	1.15	1.08	1	1.41	1.47	1
15	1.11	1.06	1	1.32	1.36	1
16	1.08	1.05	1	1.24	1.26	1
17	1.06	1.03	1	1.17	1.18	1
18	1.04	1.02	1	1.11	1.11	1
19	1.02	1.01	1	1.05	1.05	1

不确定性方面，基于多个文献结果，对各类污染物排放因子的可信度进行评级。根据Skjølsvik、Endresen 等[22-23]的已有研究，船舶 CO_2 排放因子的不确定性较低，取为±1%。其他污染物的排放因子不确定性不同文献之间区别较大。2004 年 Cooper 等[24]在瑞典环境数据报告(SMED)中给出了船舶多种污染物的排放因子不确定性，其中 PM 为高于±50%，SO_2 为±20%～50%；Beecken 等[25]的研究结果指出船舶 SO_2 排放因子不确定性为±21%；IMO[26]于 2009 年发布的第二次温室气体研究报告中统一采用的排放因子不确定性为±20%；Endresen 等[27]的报告中 SO_2 排放因子不确定性为±10%。综合考虑多篇文献所给出的不确定性结果，PM 的不确定性取±50%，SO_2 不确定性取为±35%。

2. 非集计动力法船舶排放清单模型

传统的集计动力法立足于欧拉视角，在同一网格进行 AIS 信号集计，带来了同一网格中信号重复或信号丢失的问题。为了解决传统集计动力法的缺陷，本章立足拉格朗日视角使用单船 AIS 信号时间序列计算、600 s 打点插值、双层嵌套切割、双层空间分配方法建立了非集计动力法船舶排放清单模型(SEIM1.0)。具体方法阐述如下：

SEIM1.0 为了规避集计缺陷，采用了逐船信号时间序列计算、最后时空分配的方式。对于单船的 AIS 信号，首先进行时间序列排序，对其中重复的数据进行筛选剔除，避免重复计算。

由于恶劣的天气影响，复杂的地理条件干扰了信号或其他不确定的因素可能会造成部分 AIS 数据的丢失，本章通过对 AIS 的统计和分析，计算了 AIS 数据的时间间隔统计(如图 4.2)，AIS 数据中有 98%的时间间隔小于 6 min。另外，约有 0.3%的时间间隔超过 40 min，意味着丢失了部分 AIS 信号。AIS 信号的丢失会导致信号丢失区域的排放量低估。为了解决这一问题，本章首次开发了 600 s 打点插值法，针对长间隔 AIS 数据(两个信号间隔大于 600 s)，在模型计算过程中每两个 AIS 信号之间通过沿航行轨迹每 600 s 的插入速度值。然后计算每艘船两个相邻航速点间的排放，克服了 AIS 信号丢失带来的影响。

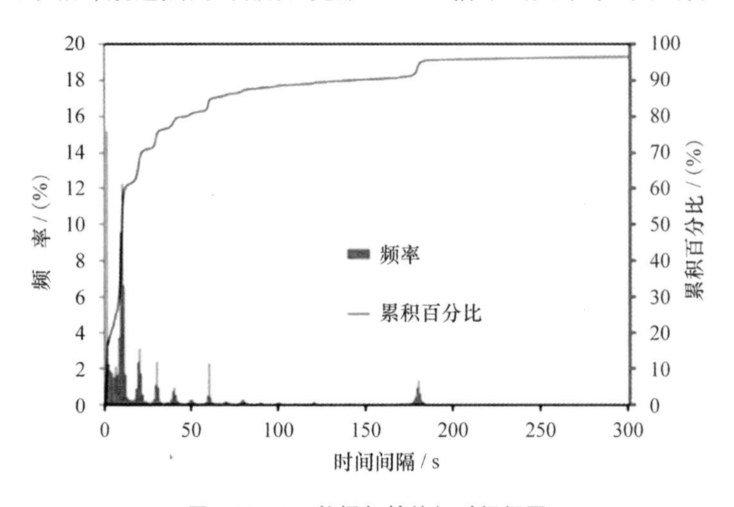

图 4.2　AIS 数据船舶航行时间间隔

对于单船排放量，本章采用的计算方法为：发动机排放量＝发动机实际功率×排放因子×发动机工作时间。船舶发动机分为主机、辅机、锅炉，三者在航行过程中发挥的作用不同，工作时间不同，对燃料的燃烧效率不同，应分别计算主机辅机锅炉排放量。主机为船舶航行提供驱动力以克服船体在航行过程中受到的海水摩擦力、洋流阻力等，从而使船舶获得一定的航行速度。风向、风速、洋流、船舶吃水深度等因素都会对船速造成影响，但船速与主机的实际功率存在一定的关系，本章建立数学模型模拟船速与主机、负荷之间的关系，从而根据 AIS 数据中的瞬时船速模拟主机实际功率。基于 IMO、Entec 等对主机功率的研究，本章中使用“(实际航速/设计航速)^3”模拟船舶主机负荷，再结合主机设计功率模拟主机实际功率。

空间分配方面，本章使用了双层空间分配方法。计算过程中使用船舶 AIS 信号中包含的经纬度信息对排放清单进行第一层空间分配，初步计算结果中船舶排放散布于各个 AIS 对应经纬度点位上，网格精度不做统一。之后针对实际需要，采用经纬度取整、排放加和的方法进行第二层空间分配，将计算结果中的经纬度信息精确至 0.01°，并将经纬度值相等的排放结果加和后赋值至该经纬度点，最终即可获得 0.01°网格化排放。该方法的优点是网格精度可变，针对不同空气质量模式的网格精度需求，只需要调整空间分配中经纬度信息的精确位数，即可对应获得 0.1°、0.5°等不同精度的网格化排放清单。时间分配方面，此项目使用 AIS 数据中的时间戳(time stamp)数据反映船舶实际排放时间点，根据实际需求可输出逐日、逐月、逐季节的网格化排放清单。

当计算某一范围内的船舶排放清单时，在该区域的边界上的排放量会发生突变现象，称之为“边界效应”。产生边缘效应的原因主要是船舶航行时间在边界上的分布不均造成。如图 4.3 所示，在情况 1 中，船舶沿着曲线Ⅰ移动，并在 A 点和 B 点发送 AIS 信号。若仅使用区域 2 进行计算，则模型将以点 B 作为进入研究区域之后的第一个 AIS 信号，也就是排放计算的起始点。这样，从边界到点 B 的排放会被忽略。所有进入该地区的船舶的排放都会被低估。在第 2 种情况下，某些船舶会航行越过边界，离开研究区域后又回到该区域。AIS 报告了 C 点与 D 点间的所有航行时间并使用单域方法计算排放，排放将沿着点 C 与点 D 间的直线分布(如虚线所示)。事实上，大多数的排放发生在区域边界之外。这就会造成研究区域内排放量的高估。

为了解决这一问题，本章引入了双层嵌套的方法。具体的解决思路是，当需要计算图中区域 2 内的排放清单时，首先选择比该区域面积大 1 倍以上的范围(如图 4.3 区域 1)计算排放量，然后在区域 1 内截取红色区域计算船舶的排放量。对于第一种情况，通过使用两层嵌套的方法，计算点 A 与点 B 之间的实际排放和沿着点 A 与点 B 间直线的均匀分布。可有效地计算进入区域内到 B 点的船舶排放量。对于第二种情况，由于在区域 1 内已经计算了船舶整个活动轨迹的排放量，因此，当截取区域 2 计算排放量时，不存在边界上的排放突高。

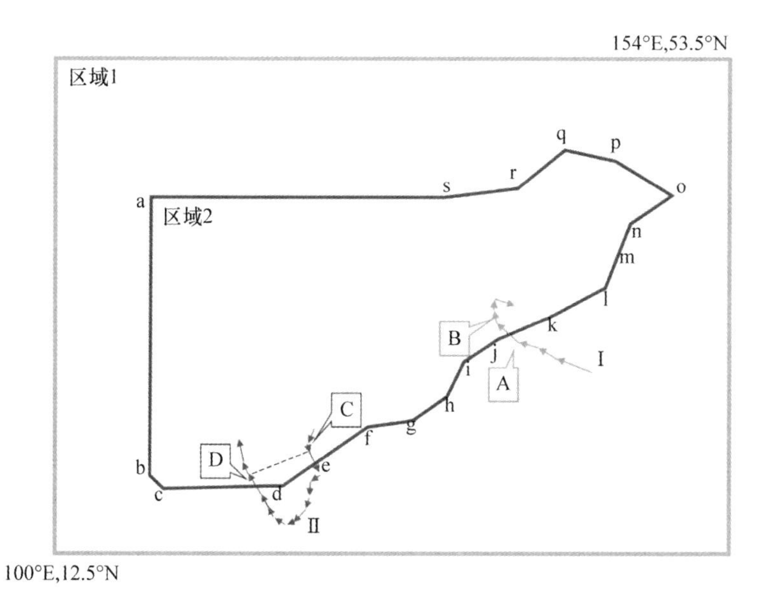

点	经度	纬度
a	107.68°E	41.93°N
b	107.68°E	18.83°N
c	108.50°E	18.03°N
d	118.13°E	18.00°N
e	120.80°E	20.00°N
f	125.17°E	23.08°N
g	128.50°E	23.58°N
h	131.17°E	25.23°N
i	132.75°E	28.30°N
j	135.33°E	30.32°N
k	139.30°E	31.95°N
l	144.10°E	34.45°N
m	145.00°E	37.37°N
n	145.87°E	39.70°N
o	149.53°E	42.28°N
p	144.78°E	45.28°N
q	140.77°E	46.05°N
r	136.97°E	42.93°N
s	130.85°E	41.93°N

图 4.3　双层嵌套法实例说明

3. 模型结果校核

为了验证模型计算结果的准确性，本章对10艘货船进行了瞬时排放速率测试，并将测试时测量的航速、经纬度和时间信息视为AIS的数据，通过将以上所有数据输入，可计算得到船舶的排放量，并与实测的数据进行逐秒比对。图4.4给出了测试船舶实际测量的瞬时排放速率和模型计算的排放速率，模型计算的CO_2、VOC和NO_x排放速率变化趋势与实际测量速率变化趋势较为吻合，特别是在巡航工况下更为一致。这说明计算模型可较好地模拟船舶的排放速率变化情况。对于CO而言，实测值在进出港工况下出现较大的波动，但模型计算值中并未出现明显的峰值。可能的原因是在进出港工况下，船舶发动机的转速波动较快导致燃烧的不充分，从而使得CO的排放速率不断增加，因此，CO的波动十分明显，而船舶由于惯性作用，其实际航速却不像发动机转速那么变化迅速，因此，模型计算的CO排放速率变化趋势无法较好地模拟实际的排放情况。

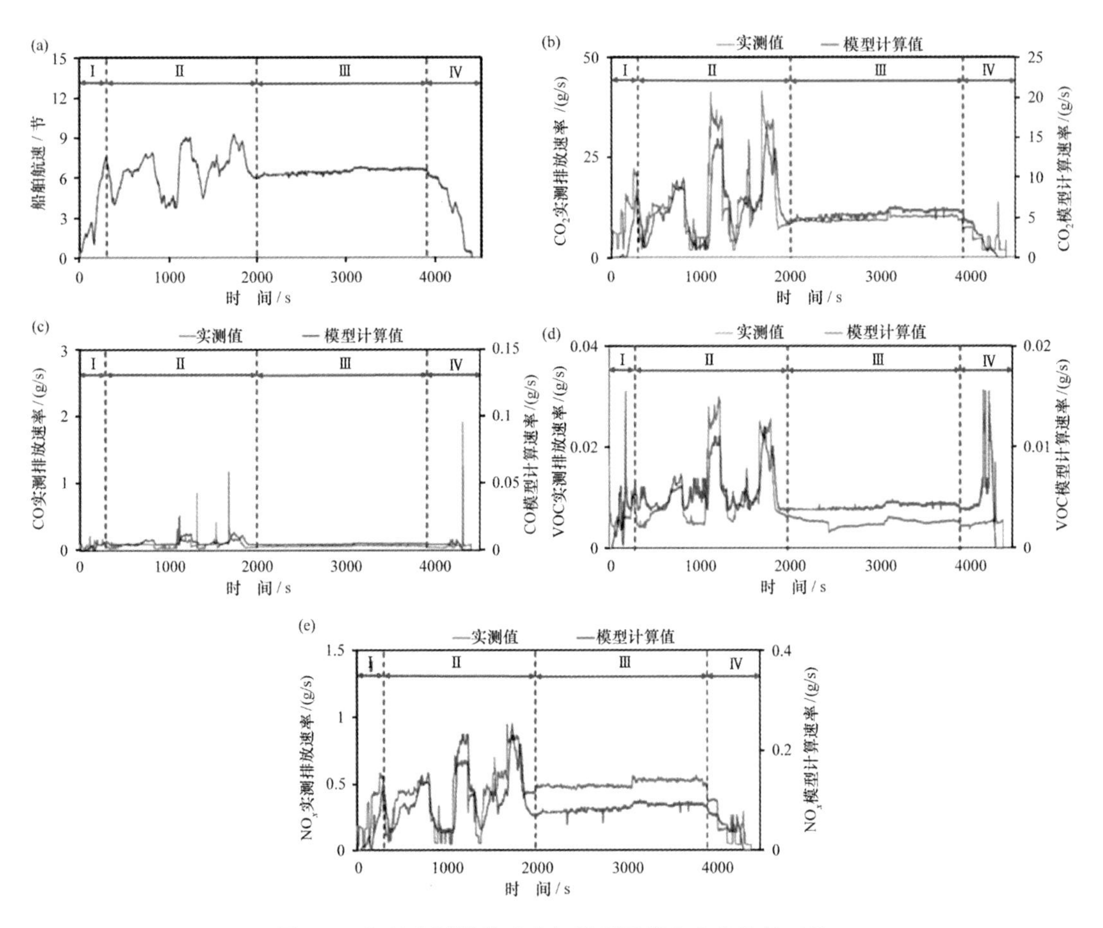

图4.4 船舶实测排放速率与模型计算值变化趋势对比

注：Ⅰ和Ⅳ是进出港工况，Ⅲ为巡航工况，Ⅱ为验证工况，用来对比在巡航工况下加减速过程中实测值和模型计算值的变化情况。

为更直观地比较实测的排放速率和模型计算值，本章根据实际航速计算了发动机的实际负荷，并对比了不同负荷下的模型计算值和实测值。图 4.5 为不同负荷下的实测排放速率和模型计算速率的平均比值。由图可知，对于 CO_2、CO 和 NO_x 而言，实测值与模型计算值的平均比值随着发动机负荷的增加而降低，发动机负荷在 2%时，该比值最大，之后便迅速下降。当发动机负荷大于 5%以后，该比值处于稳定状态再无明显波动。从平均比值上看，当发动机负荷小于 5%时，CO_2、CO 和 NO_x 的平均比值分别为 9.58、26.41 和 4.60；当发动机负荷大于 5%时，三种污染物的平均比值分别为 2.03、18.46 和 3.03。对于 VOC 而言，在各个发动机负荷上，该比值始终保持在 1.10～3.65 之间，并未出现如 CO_2、CO 和 NO_x 一样的明显波动。这是因为在负荷工况下，特别是当负荷小于 5%时，VOC 的低负荷修正系数明显大于 CO_2、CO 和 NO_x 的系数值。从整体上看，CO_2、VOC 和 NO_x 的模型计算值与实测值都较为接近。

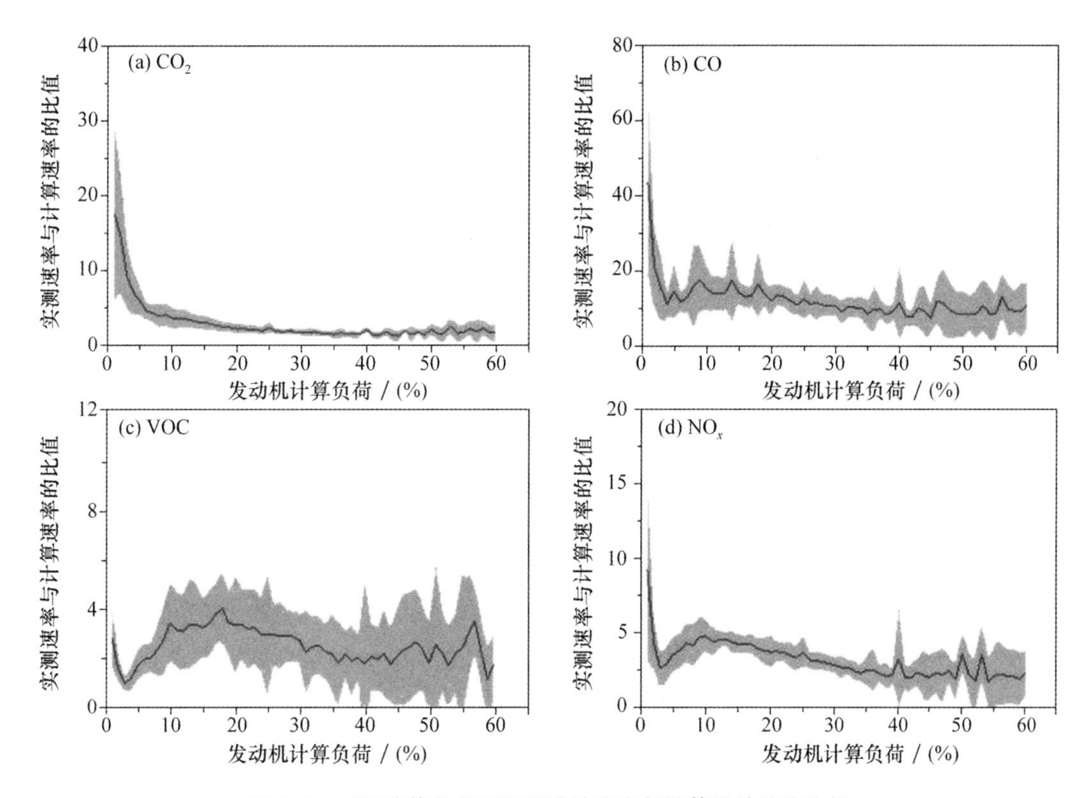

图 4.5　不同计算负荷下实测排放速率与计算排放速率比值

注：阴影为误差上下限。

4.2.2　建立多尺度船舶排放清单

1. 东亚地区尺度船舶排放清单及控制政策启示

东亚海域是全球海洋运输业最繁忙的水域之一。该水域拥有众多的大型港口，其中全球货物吞吐量排名前十的港口中，东亚地区港口占据了七席，港口总吞吐量已达全球 43%，而传统船舶排放清单认为东亚船舶排放仅占全球船舶排放4%～6%。针对东亚海域船舶繁忙程度和船舶排放清单数据的巨大矛盾，本章利用研发的SEIM1.0模型建立了新一代东亚地区船舶排放清单，具体结果如下：

东亚地区船舶CO、VOC、NO_x、PM、SO_2和CO_2的排放量分别为0.100±0.004 Tg、0.108±0.005 Tg、2.8±0.1 Tg、0.240±0.009 Tg、1.85±0.07 Tg和126±4 Tg。对比已有研究的结果，东亚船舶的CO_2排放量在全球海运CO_2排放总量中的占比增长至16%，而传统的燃油法研究结果认为东亚地区船舶排放仅占全球海运排放的4%～6%，本章结果大幅度刷新了该领域在东亚地区船舶排放的认知，东亚地区的船舶排放急需进行有效控制。

2. 中国区域尺度及港口、港区尺度船舶排放清单

我国海域内船舶排放清单一直存在缺失问题，区域尺度、港口尺度等多尺度的船舶排放清单缺失使得我国沿海地区的空气质量模拟结果准确度受到极大影响，源解析方面由于船舶清单缺失导致了结果中缺乏整个船舶运输部门，无法实现全面的源解析。针对这一问题，本章使用SEIM1.0建立了我国多尺度下的船舶排放清单。

根据AIS计算结果可知，2013年我国沿海船舶排放CO、VOC、NO_x、PM、SO_2和CO_2总量分别为0.0741±0.0004 Tg、0.0691±0.0004 Tg、1.91±0.01 Tg、0.164±0.001 Tg、1.30±0.01 Tg和86.3±0.3 Tg。根据IMO 2012年的全球船舶排放研究报告，中国沿海船舶CO、VOC、NO_x、PM、SO_2和CO_2排放量分别约占全球船舶排放量的9%、11%、11%、12%、13%和11%。船舶排放具体明显的空间分布特征为高排放点主要分布在船舶航行的主航道和大型的港口周边。其中，较为集中的区域包括环渤海水域、长三角水域和珠三角水域。从三大高排放区域船舶排放总量上看，三个海域的面积仅占全面海域面积的8%，而船舶排放量却占全国排放量的37%。其中，长三角、珠三角和环渤海海域船舶的排放量分别占全国排放量的20%、9%和8%。该比值也从一定程度上反映出三个海域的船舶活动水平状况。比较三大高排放区域的船舶排放量可知，珠三角海域的面积最小，但其排放强度(单位海域面积的船舶排放量)却是最大的。以NO_x为例，珠三角的排放强度分别是长三角、环渤海和全国平均排放强度的1.05、2.79和6.16倍。这是因为珠三角海域拥有很多大型的港口，如香港港、深圳港和广州港，这些港口的船舶排放量巨大且港口的分布比较密集。因此，珠三角海域船舶的排放强度最高。

基于时间分配模式，取1月、4月、7月、10月的船舶排放量作为四季的代表月份分析季节变化。四季中冬季的排放总量最高，是其他季节排放总量的1.04～1.16倍。船舶排放量总体来看季节变化不大，从空间分布来看存在一定差异。排放轨迹的差异在长三角、台湾海峡和福州港附近较为明显。排放总量和排放轨迹的季节性差异主要来源于船舶活动水平和船舶活动类型的差异。春夏季远洋散货船活动增加，使得夏季长三角沿岸区域排放增加。

本章还计算了长三角、珠三角和环渤海海域港口尺度船舶排放清单。宁波-舟山港、上海港、香港港和大连港的船舶排放量在三大高排放区域中的排名处于领先位置，分别占三个海域排放量总和的28%～31%、10%～14%、10%～12%和8%～14%。与同时期美国洛杉矶港的排放清单数据对比，宁波-舟山港、上海港、香港港和大连港船舶 NO_x 和 PM 的排放量分别是洛杉矶港排放量的 12～39 倍和 42～147 倍。以环渤海为例，对比使用统计法计算结果，区域总体排放统计法 PM 排放量为 4268 吨，SEIM1.0 模型计算结果为 16 800 吨，统计法低估了 75%。港口排放计算中，烟台港统计法计算 PM 排放仅 350 吨，SEIM1.0 模型计算结果为 2700 吨，低估了超过 80%以上的船舶排放，除唐山港仅低估 10%以外，其余港口统计法计算的排放对比模型结果均存在 30%～90%的低估现象。

基于我国交通运输部 2015 年发布的《珠三角、长三角、环渤海(京津冀)水域船舶排放控制区实施方案》，船舶在船舶排放控制区港口停泊期间需换用轻质燃油。为了评估控制政策效果，首先结合 BLM-Shipping 软件的船舶动态定位和 Google Earth 软件的地理位置划定了港口停泊区域(即港区)范围，三大区域共划分 25 个港口的 71 个港区范围，建立我国三大重点船舶排放控制区的港区地理范围信息库。以该地理范围信息库计算三大区域港区尺度船舶排放清单(如图 4.6)。总量上环渤海(京津冀)、长三角和珠三角港口的 SO_2 排放量分别为 24.2 千吨、35.9 千吨和 15.6 千吨，PM 排放量分别为 2.4 千吨、3.5 千吨和 1.5 千吨。环渤海地区港区排放量最大的港口为大连港、天津港、威海港，其中仅天津港为核心港口。长三角地区宁波-舟山港和上海港港区排放量远大于其他港口。珠三角地区排放量最大的港口为广州港和深圳港。环渤海地区核心港口港区排放占比 30%，非核心港口的港区排放值得引起关注。

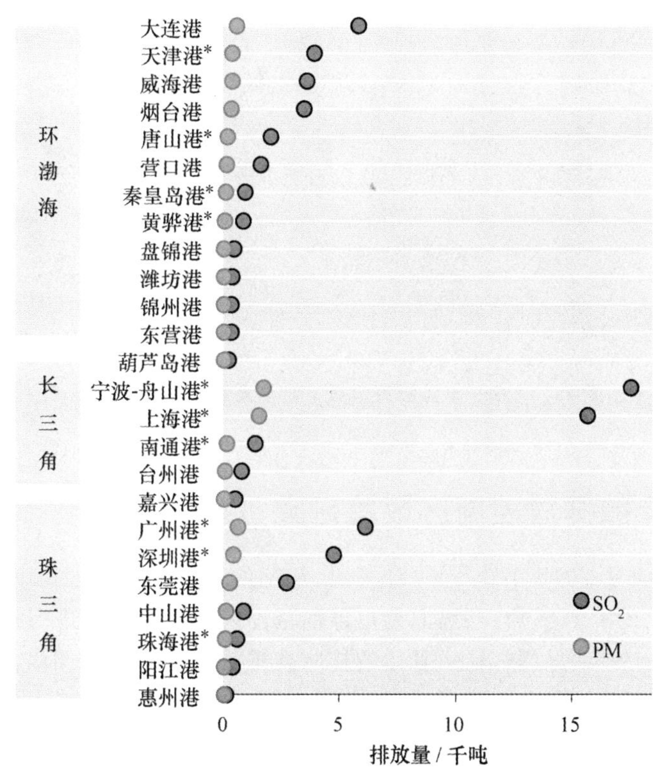

图 4.6　港区尺度船舶排放清单

注：* 为核心港口。

3. 2020 年中国船舶排放预测

以 2013 年建立的船舶排放清单为基础，结合环渤海、长三角和珠三角各港口吞吐量历史数据及发展规划、未来船舶发动机能效变化、船队结构变化等因素，此节对中国三大船舶排放控制区 2020 年的船舶排放进行了预测(图 4.7)。从 2013 年至 2020 年，环渤海地区港口的港区排放总体将增长 61.2%，环渤海区域威海港和大连港港区排放显著高于其他港口。由于环渤海区域核心港口的吞吐量并未明显高于非核心港口，而非核心港口由于未来港口规划中迅速扩展港口规模，因此到 2020 年为止，环渤海地区的非核心港口港区排放迅速增长，总排放占比远高于核心港口，说明环渤海地区的船舶排放控制应从部分港口扩展至全部港口。

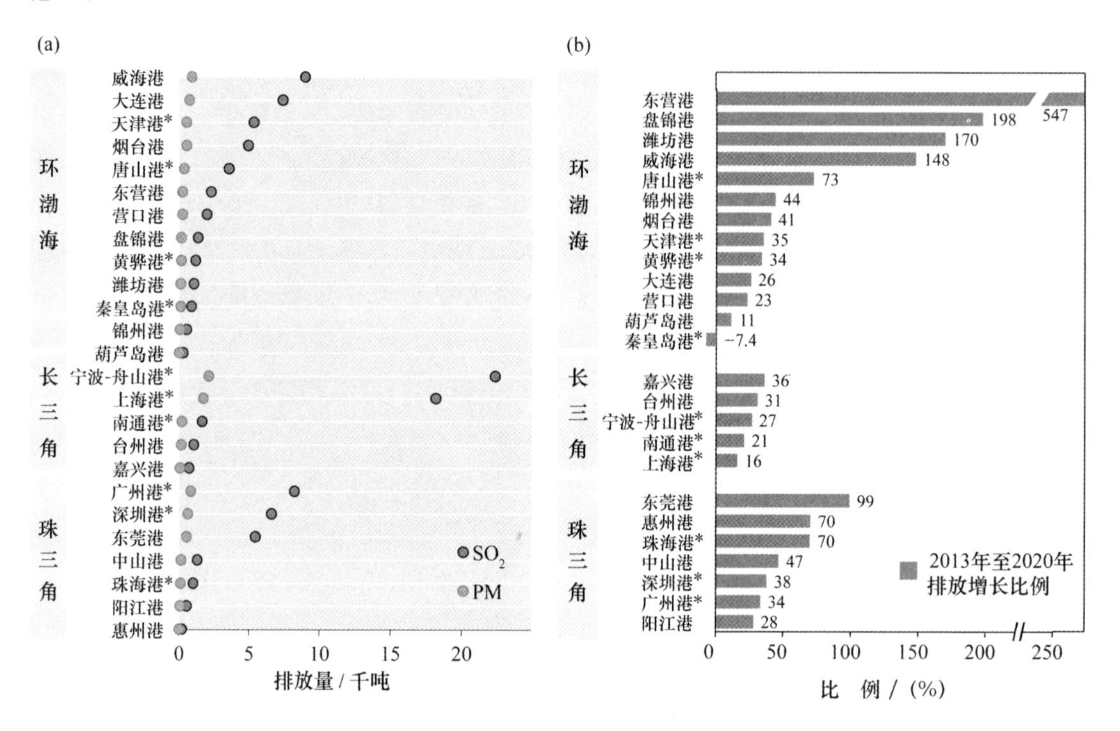

图 4.7　2020 年无控制情景下港区尺度船舶排放清单

注：* 为核心港口。

4.2.3　中国船舶排放控制区政策研究

我国交通运输部于 2015 年发布了《珠三角、长三角、环渤海(京津冀)水域船舶排放控制区实施方案》，对珠三角、长三角、环渤海港口停泊范围内的船舶排放进行控制。但是该方案仅涉及了 2016—2019 年的控制措施，具体的控制减排效果未有任何评估报道，对于 2020 年及未来的控制措施方案仍需研究结果支持。针对这一问题，本章开展了对船舶排放控制区政策的研究工作，具体结果如下：

1. 不同控制策略的减排效果

对于预测的 2020 年清单此项目设置了不同的控制情景(12、50、100 n mile 不同范围，

0.5%、0.1%不同硫含量限制)来评估未来排放控制政策的发展方向(表 4-5 和图 4.8)。环渤海、长三角和珠三角港口使用 0.5%硫含量的燃油情景(港口情景 1)的 SO_2减排比例分别为 22.4%、78.3%和 55.4%,PM 减排比例分别为 20.1%、71.7%和 50.4%;环渤海、长三角和珠三角使用 0.1%硫含量的燃油情景(港口情景 2)的 SO_2减排比例均为 81.4%,PM 减排比例均为 74.8%。分区域来看,环渤海区域情景 1(0.5%硫含量)和区域情景 2(0.1%硫含量)的 SO_2减排比例分别为 81.4%和 96.3%,PM 减排比例分别为 74.8%和 86.7%,说明实施更严格的硫含量标准可以增强减排效果。长三角地区的区域情景 1 至区域情景 6 的 SO_2减排比例分别为 64.3%、75.2%、81.4%、76.0%、88.9%和 96.3%,PM 减排比例分别为 57.4%、68.4%、74.8%、66.5%、79.3%和 86.7%。可以看出,随着燃油硫含量的降低和控制区范围的扩大,减排效果逐渐提高。环渤海、长三角和珠三角地区各情景中减排效果最优情景是结合了 100 n mile 控制区范围和 0.1%硫含量限值的区域情景 6,SO_2和 PM 的减排比例分别达到了 96.3%和 86.7%。

表 4-5　2020 年港口和区域船舶排放清单情景设置

1. 港口船舶排放清单

情　景	描　述	控制港口	燃油硫含量/(%)
BAU	无控制	无	2.43
P1	船舶在进入核心港口停靠时更换燃油	环渤海核心港口:天津港、秦皇岛港、唐山港、黄骅港 长三角核心港口:上海港、宁波-舟山港、南通港 珠三角核心港口:深圳港、广州港、珠海港	0.5
P2	船舶在进入所有港口停靠时更换燃油	所有港口	0.5

2. 区域船舶排放清单:长三角和珠三角

情　景	描　述	控制港口	燃油硫含量/(%)
BAU	无控制	无	2.43
R1	船舶进入 DECA 区域更换燃油	12 n mile	0.5
R2		50 n mile	0.5
R3		100 n mile	0.5
R4		12 n mile	0.1
R5		50 n mile	0.1
R6		100 n mile	0.1

3. 区域船舶排放清单:环渤海

情　景	描　述	控制港口	燃油硫含量/(%)
BAU	无控制	无	2.43
R1	船舶进入 DECA 区域更换燃油	DECA	
R2			

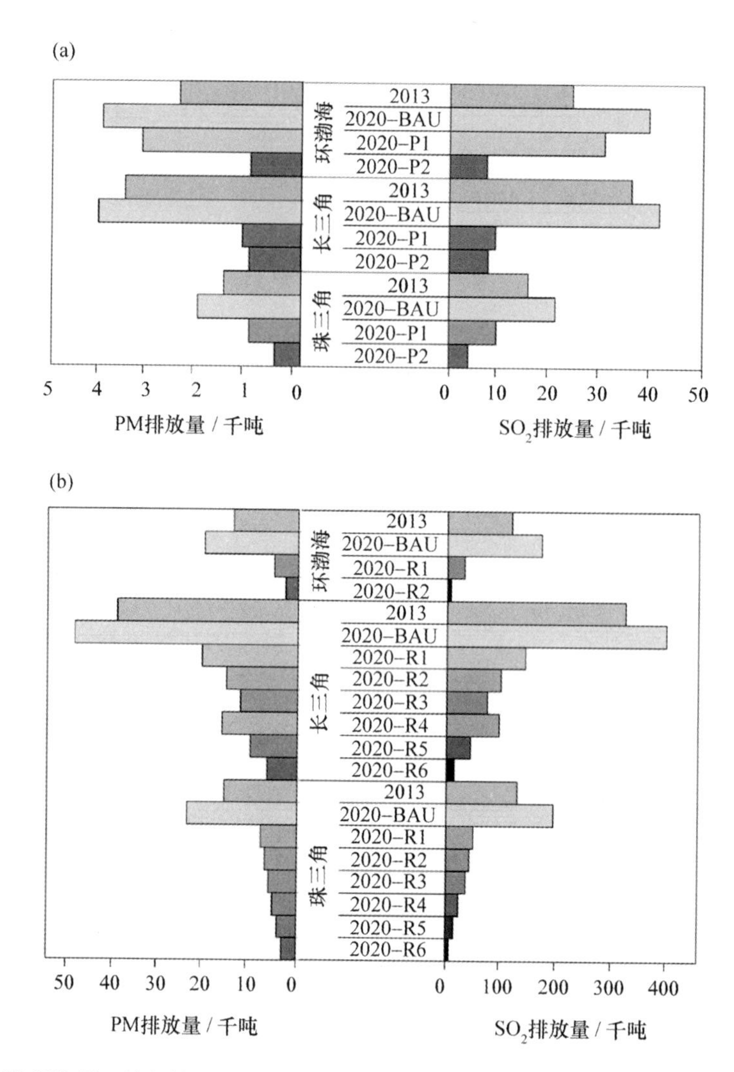

图 4.8　不同控制情景下的船舶排放清单：(a) 港口尺度控制措施情景；(b) 区域总体控制措施情景

2. 中国沿海船舶排放的空气质量影响

我国沿海船舶排放的空气质量影响最高使 PM2.5 浓度上升 5.2 $\mu g/m^3$，受影响最显著的区域是长三角地区，此外船舶排放对东南沿海地区、台湾地区、环渤海地区空气质量影响较大。从相对贡献率来看，由于我国陆地源排放影响较大，船舶对 PM2.5 浓度的相对贡献率较低。取 PM2.5 浓度上升 0.1 $\mu g/m^3$ 作为船舶排放影响的最低值，船舶排放最远可影响到我国内陆 960 km 处。

此外本章使用 CMAQ 溯源模型模拟了我国沿海不同海域范围内船舶排放对我国空气质量的影响。0～12 海里内的船舶排放贡献了 30%～90%对中国内陆地区的空气质量影响和 80%以上对中国沿海地区的空气质量影响。由于船舶排放分布的差异，同一海域的船舶排放对中国不同区域有着不同的空气质量影响。12～100 m mile 内的船舶排放对长三角地区、连云港地区贡献了 40%～60%的空气质量影响，12～100 n mile 内的船舶排放通过长距离传输对河南省、湖北省、湖南省等中国中部地区仍然产生了较明显的影响。我国现有船舶控制区的控制政策到 2020 年为止仅针对环渤海、长三角、珠三角三大区域 12 n mile 内的船舶排放进行控制，本章的结果认为，对中国沿海整体进行控制且排放控制区逐渐扩展至 100 n mile 较为有效。

4.3　本项目资助发表论文

[1] LIU H, FU M L, JIN X X, et al. Health and climate impacts of ocean-going vessels in East Asia. Nature Climate Change, 2016, 6(11): 1037-1041.

[2] LIU H, JIN X X, WU L L, et al. The impact of marine shipping and its DECA control on air quality in the Pearl River Delta. China. Science of the Total Environment, 2018, 625: 1476-1485.

[3] LIU H, MENG Z H, SHANG Y, et al. Shipping emission forecasts and cost-benefit analysis of China ports and key regions' control. Environmental Pollution, 2018, 236: 49-59.

[4] XIAO Q, LI M, LIU H, et al. Characteristics of marine shipping emissions at berth: Profiles for particulate matter and volatile organic compounds. Atmospheric Chemistry and Physics. 2018, 18, 9527-9545.

[5] 刘欢，商铁，金欣欣，等. 船舶排放清单研究方法及进展综述. 环境科学学报，2018，38(1)：1-12.

[6] LIU H, MENG Z H, LV Z F, et al. Emissions and health impacts from global shipping embodied in US-China bilateral trade. Nature Sustainability. 2019, 2(11): 1027-1033.

[7] FU M L, LIU H, JIN X X, et al. National-to-port-level inventories of shipping emissions in China. Environmental Research Letters, 2017, 12(11).

[8] LV Z F, LIU H, YING Q, et al. Impacts of shipping emissions on PM2.5 pollution in China. Atmospheric Chemistry and Physics, 2018, 18: 15811-15824.

[9] ZHANG Y N, DENG F Y, MAN H Y, et al. Compliance and port air quality features with respect to ship fuel switching regulation: A field observation campaign, SEISO-Bohai. Atmospheric Chemistry and Physics, 2019, 19: 4899-4916.

[10] MAN H Y, LIU H, XIAO Q, et al. How ethanol and gasoline formula changes evaporative emissions of the vehicles. Applied Energy. 2018, 222: 584-594.

[11] YANG X F, LIU H, HE K B. The significant impacts on traffic and emissions of ferrying children to school in Beijing. Transportation Research Part D: Transport and Environment, 2016, 47: 265-275.

[12] YANG X F, ZHENG Y X, GENG G N, et al. Development of PM2.5 and NO_2 models in a LUR framework incorporating satellite remote sensing and air quality model data in Pearl River Delta region, China. Environmental Pollution, 2017, 226: 143-153.

[13] LIU H, MAN H, CUI H, et al. An updated emission inventory of vehicular VOCs and IVOCs in China, Atmospheric Chemistry and Physics, 2017, 17 (20): 12709-12724.

[14] ZHANG Y Q, LOH C, LOUIE P K K, et al. The roles of scientific research and stakeholder engagement for evidence-based policy formulation on shipping emissions control in Hong Kong. Journal of Environmental Management, 2018, 223: 49-56.

[15] LIU H, LIU S, XUE B R, et al. Ground-level ozone pollution and its health impacts in China. Atmospheric Environment, 2018, 173: 223-230.

[16] LIANG C, LIU H, HE K B, et al. Assessment of regional air quality by a concentration-dependent pollution permeation index. Scientific Reports, 2016, 6: 34891.

[17] LI J, LIU H, LV Z F, et al. Estimation of PM2.5 mortality burden in China with new exposure estimation and local concentration-response function. Environmental Pollution, 2018, 243: 1710-1718.

[18] LIU H, QI L J, LIANG C S, et al. How ageing process changes characteristics of vehicle emissions? A review. Critical Reviews in Environmental Science and Technology, 2020, 50(17) : 1796-1828.

[19] QI L J, LIU H, SHEN X E, et al. Intermediate-volatility organic compound emissions from nonroad construction machinery under different operation model. Environmental Science & Technology, 2019, 53(23): 13832-13840.

参考文献

[1] ZHENG J, ZHANG L, CHE W, et al. A highly resolved temporal and spatial air pollutant emission inventory for the Pearl River Delta region, China and its uncertainty assessment. Atmospheric Environment, 2009, 43(32): 5112-5122.

[2] ZHANG Q, STREETS D G, CARMICHAEL G R, et al. Asian emissions in 2006 for the NASA INTEX-B mission. Atmospheric Chemistry and Physics, 2009, 9(14): 5131-5153.

[3] HUANG C, CHEN C H, LI L, et al. Emission inventory of anthropogenic air pollutants and VOC species in the Yangtze River Delta region, China. Atmospheric Chemistry and Physics, 2011, 11(9): 4105-4120.

[4] CAPALDO K, CORBETT J J, KASIBHATLA P, et al. Effects of ship emissions on sulphur cycling and radiative climate forcing over the ocean. Nature, 1999, 400(6746): 743-746.

[5] CORBETT J J, FISCHBECK P S. Emissions from ships. Science, 1997, 278(5339): 823-824.

[6] CORBETT J J, FISCHBECK P S, PANDIS S N. Global nitrogen and sulfur inventories for ocean-going

ships. Journal of Geophysical Research：Atmospheres，1999，104(D3)：3457-3470.

[7] EYRING V，KÖHLER H W，VAN AARDENNE J，et al. Emissions from international shipping：1. The last 50 years. Journal of Geophysical Research：Atmospheres，2005，110(D17).

[8] LAUER A，EYRING V，HENDRICKS J，et al. Global model simulations of the impact of ocean-going ships on aerosols，clouds，and the radiation budget. Atmospheric Chemistry and Physics，2007，7(19)：5061-5079.

[9] European Environment Agency. The Impact of International Shipping on European Air Quality and Climate Forcing. Luxemboury. Publications Office of the European Union，2013.

[10] VAN AARDENNE J，COLETTE A，DEGRAEUWE B，et al. The impact of international shipping on European air quality and climate forcing. 2013.

[11] 香港思汇政策研究所，香港和珠三角地区船舶减排科学参与与政策研究报告，2012.

[12] EPA U S. Control of Emissions From New Marine Compression-Ignition Engines at or Above 30 Liters per Cylinder. 2010.

[13] CORBETT J J，WINEBRAKE J J，GREEN E H，et al. Mortality from ship emissions：A global assessment. Environmental Science & Technology，2007，41(24)：8512-8518.

[14] GREAVER T L，SULLIVAN T J，HERRICK J D，et al. Ecological effects of nitrogen and sulfur air pollution in the US：What do we know? Frontiers in Ecology and the Environment，2012，10(7)：365-372.

[15] COLLINS B，SANDERSON M G，JOHNSON C E. Impact of increasing ship emissions on air quality and deposition over Europe by 2030. Meteorologische Zeitschrift，2009，18(1)：25.

[16] HASSELLÖV I M，TURNER D R，LAUER A，et al. Shipping contributes to ocean acidification. Geophysical Research Letters，2013，40(11)：2731-2736.

[17] FABER J，MARKOWSKA A，NELISSEN D，et al. Technical Support for European Action to Reducing Greenhouse Gas Emissions from International Maritime Transport. 2009.

[18] FUGLESTVEDT J，BERNTSEN T，EYRING V，et al. Shipping emissions：From cooling to warming of climate and reducing impacts on health. Environmental Science & Technology，2009，43(24)：9057-9062.

[19] ASARIOTIS R，BENAMARA H，FINKENBRINK H，et al. Review of Maritime Transport，2011.

[20] American Association of Port Authorities. World port rankings 2013，2014.

[21] 冯淑慧，朱祉熹，BECQUE R. 中国船舶和港口空气污染防治白皮书. 2014.

[22] SKJØLSVIK K O，ANDERSEN A B，CORBETT J J，et al. Study of Greenhouse Gas Emissions from Ships (Report to International Maritime Organization on the outcome of the IMO Study on Greenhouse Gas Emissions from Ships)，MEPC 45/8，MARINTEK Sintef Group. Center for Economic Analysis/Det Norske Veritas，Trondheim，Norway，2000.

[23] ENDRESEN Ø，SØRGÅRDC E，BEHRENS H，et al. A historical reconstruction of ships' fuel consumption and emissions. Journal of Geophysical Research. 2007，112：D12301.

[24] COOPER D，GUSTAFSSON T. Methodology for calculating emissions from ships：1. Update of emission factors. Swedish Meteorological and Hydrological Institute，2004.

[25] BEECKEN J，MELLQVIST J，SALO K，et al. Emission factors of SO_2，NO_x and particles from ships in Neva Bay from ground-based and helicopter-borne measurements and AIS-based modeling. 2015，15

(9)：5229-5241.

[26] BUHAUG Ø，CORBETT J J，ENDRESEN Ø，et al. Second IMO GHG Study 2009. London：International Maritime Organization，2009.

[27] ENDRESENA Ø，BAKKEA J，SØRGÅRDC E，et al. Improved modelling of ship SO_2 emissions—a fuel-based approach. Atmospheric Environment，2005，39(20)：3621-3628.

第5章 生物质燃烧二次有机气溶胶的生成模拟及特征研究

何建辉[1],牛馨祎[2],李建军[3]

[1]香港中文大学深圳研究院,[2]西安交通大学,[3]中国科学院地球环境研究所

本章选取农村地区具有代表性的三种生物质燃料,使用配有二次反应仓的模拟燃烧仓进行燃烧实验,探究生物质燃烧一次排放和经过大气氧化过程的二次排放特征。生物质燃烧排放的一次挥发性有机物中,烷烃的总排放因子最高,其次为烯烃和芳香烃。小麦秸秆的PM2.5排放因子最高,其次为玉米和水稻。生物质秸秆燃烧排放的污染物经过二次反应后所产生的VOCs排放因子呈现下降趋势。经过7天的氧化反应后$EF_{\Sigma VOC}$相比一次排放下降57.3%±4.4%,比2天氧化反应后所导致的下降幅度更大,其中烯烃下降最为明显。PM2.5在经过氧化反应后均有不同程度升高,说明有大量二次颗粒态污染物由气态污染物转化形成,包括挥发性有机物经过氧化反应生成二次有机气溶胶。异戊二烯在经过氧化反应后转化为相关二次产物,包括2-methylglyceric acid、2-methylthreitol和2-methylerythritol,是大气二次反应中重要的异戊二烯二次产物示踪物。生物质燃烧产生的烟气中的硝基酚对芳香类化合物在排放后的消解起着重要作用。在NO_x参与反应的条件下,芳香类物质是形成SOA的主导因素,其中苯、甲苯、间对二甲苯、氧烯、乙苯和萘同样是重要的前体物。因此,在农村地区的生物质燃烧排放污染控制工作中,需要主要从两个方面进行工作,包括从污染源头进行控制,以及加强二次污染的控制工作。

5.1 研究背景

5.1.1 研究意义

气溶胶(aerosol)是悬浮于大气中的液态或固态颗粒物(粒径范围0.001~100 μm),尤其是细颗粒物(空气动力学直径小于或等于2.5 μm,PM2.5)是城市环境首要污染物。细颗粒物是由不同类型化学组分混合组成,可经呼吸作用吸入人体,渗透入肺部甚至进入血液,引起呼吸道与心血管疾病,甚至会诱发癌症,危害人体的健康[1]。有机气溶胶约占颗粒物总质量的20%~90%[2],气溶胶的吸收散射作用对区域霾污染加剧、大气能见度降低及全球气候变化有重要影响[3]。大气气溶胶来源繁多,包括直接排放(如生物质燃烧、化石燃料燃烧

等)的一次有机气溶胶(POA)及通过与气态前体物氧化生成的二次有机气溶胶(secondary organic aerosol, SOA)。SOA成分多变、形成机制复杂,深入探讨其来源组成及演化机制对于区域及全球大气化学及人体健康至关重要。

生物质燃烧是大气PM2.5的重要来源,对区域空气质量及人体健康均有重要影响[4]。生物质燃烧的类型分为四种:森林燃烧、草原燃烧、农作物残余物露天燃烧及生物燃料家庭炉灶燃烧[5]。我国是农业大国,生物燃料燃烧和农作物残留物露天燃烧是最重要的两种生物质燃烧方式,分别占到总燃烧量的71%和17%。其中,秸秆燃烧是我国农村地区最主要的生物质燃烧类型,如在珠三角地区,每年秸秆燃烧占到总燃烧量的30%~40%。农作物如秸秆等的燃烧排放对我国农村地区的大气环境具有重要影响,也被认为是我国秋冬季大面积雾霾的重要诱因之一。因此,深入研究农作物燃烧过程生成的二次有机气溶胶颗粒物的理化特性及排放特征对农村及城郊雾霾污染的成因分析及排放控制均有重要意义。

生物质燃烧也会释放大量对人体健康产生危害的污染物,如颗粒物、NO_2、碳氢化合物、含氧有机物、自由基等[6]。其中,颗粒态物质的化学成分更为复杂,对人体健康具有更为重要的影响。如生物质燃烧排放的颗粒中的有机化合物、黑碳(black carbon, BC)均会引起人体健康危害。研究表明,有机碳(organic carbon, OC)可能包含有致癌有机物如多环芳烃(PAHs)、醌类化学物等,而元素碳(elemental carbon, EC)是有毒化合物进入人体及呼吸系统的潜在输送介质。同时细颗粒物还包含大量持久性自由基,可通过氧化还原反应产生活性氧簇(reactive oxygen species,ROS)引起DNA氧化性损伤[7]。生物质燃烧也被认为是有机氮(organic nitrogen, ON)的主要来源,而有机氮也被认为是危害人体健康的潜在因素[8]。因此,深入了解生物质燃烧排放颗粒物的化学组成特点及其大气老化过程,对全面理解生物质燃烧的健康效应至关重要。

生物质燃烧过程除直接排放POA以外,还将释放大量挥发性或半挥发性有机气体如烯烃、芳香烃、酚类、呋喃类等[9]。这些气态污染物将经过大气氧化生成低挥发性及不挥发性物质,经气-粒转化后导致新粒子的生成,并进一步通过凝结、碰并等过程实现粒子的增长,最终导致SOA的生成。此外也有研究发现,POA颗粒在老化过程中也可释放出部分挥发性气体,进而促进SOA的生成[10]。这些经大气老化过程生成的SOA颗粒化学组成更为复杂,并可能含有更高毒性,从而进一步影响到大气环境及人体健康。因此,研究燃烧过程二次产物如SOA的生成机制和排放特征是研究生物质燃烧过程不能忽视的重要内容。

综上所述,生物质燃烧过程虽然已被认为是区域大气污染的重要诱因,但是仍有许多研究工作亟待开展,尤其是颗粒物二次产物SOA的生成机制及组成变化等仍待深入研究。本章将系统研究我国代表性秸秆燃烧产生的有机气溶胶的排放特征,探讨不同类型秸秆燃烧的排放SOA特征与差异,分析秸秆燃烧过程对农村地区重霾污染现象的贡献,为生物质燃烧污染控制提供科学依据。

5.1.2 国内外研究现状及发展动态分析

关于生物质燃烧的环境影响国内外学者已经开展多项研究。左旋葡聚糖(levoglucosan)燃烧、燃烧室燃烧等实验确定了不同类型生物质燃烧的示踪物排放因子[11]。Chan

等[12]通过研究发现生物质燃烧是珠三角地区细颗粒物及臭氧等光化学产物的重要来源。Wang 等[13]人研究发现,生物质燃烧对广州市区的细颗粒贡献为4.0%～19.0%。

目前的研究对生物质燃烧过程一次颗粒物的化学组成及生成机制等已有了较为全面的认识,但是燃烧过程二次颗粒物的生成途径相关研究仍较为欠缺,现有研究主要集中在燃烧源 SOA 的观测研究方面。外场研究发现燃烧过程 SOA 的生成量及生成速率具有较高不确定性,与燃烧物种类、大气氧化性、气象条件等因素密切相关。如 Wang 等[14]对珠三角地区水稻秸秆焚烧的观测研究发现,燃烧过程中 SOA 生成速率比非生物质燃烧过程增长了24%。Slade 等[15]在墨西哥尤卡坦州的生物质燃烧事件中发现,仅1.5 h 的老化后二次颗粒物占总颗粒物中的比例增长了一倍。但是 Aouizerats 等[16]采用 WRF-Chem 模式对2006年印度尼西亚一次典型生物质燃烧事件进行模拟发现,燃烧生成的 SOA 虽然可远距离传输至新加坡地区,但是传输过程中 SOA 的浓度并没有显著变化,因此认为 SOA 主要来自在燃烧源本地的快速生成。Huang 等[17]的研究发现二次气溶胶对 PM2.5 浓度的平均贡献分别为30%～77%,并且发现 SOA(主要指大气中各种化学反应形成的有机物,平均占 PM2.5 质量浓度的27%)与二次无机气溶胶(主要由硫酸盐 SO_4^{2-}、硝酸盐 NO_3^- 和铵盐 NH_4^+ 组成,平均占 PM2.5 质量浓度的31%)具有相近的贡献度。

在燃烧源 SOA 的生成机制研究方面,对前驱体 VOCs 种类、氧化剂类型、主要氧化过程等方面已有了一定认识。目前已确认燃烧排放的芳香烃是 SOA 生成的最为重要的前驱体物种。如 Bruns 等[18]通过烟雾箱燃烧实验证明生物质(木材)燃烧释放的 VOCs 中有22种可进一步氧化生成 SOA,其中苯酚、萘、苯是最重要的 SOA 前驱体物种,贡献了 SOA 总量的80%。Yao 等[19]在山东禹城夏季生物质燃烧过程的观测实验也发现苯、甲苯、二甲苯等芳香烃化合物的大气氧化过程是 SOA 的主要来源,同时发现燃烧释放的有机气体经大气光化学老化后可凝结在 K_2SO_4 颗粒表面生成 SOA。Ding 等[20]对我国12个站点冬季 SOA 来源分析结果表明,除芳香烃外,异戊二烯也是生物质燃烧 SOA 的重要 VOC 前驱体。气溶胶流动管实验发现 OH 可加剧生物质燃烧气溶胶的老化,并使所生成的 SOA 粒子具有更强的云凝结核活性[15]。Keywood 等[21]观测发现生物质燃烧烟团的迁移老化过程中(30 h 后)SOA 含量将明显上升,这些 SOA 颗粒不仅来自白天的 VOC 物质光化学氧化过程,夜间酸性粒子表面反应也是一个不可忽视的来源。虽然燃烧源 SOA 的生成过程已有了一定认识,但是其化学组成、老化机制、大气氧化剂老化速率及效果等方面仍有待深入研究。

生物质燃烧排放颗粒物与气态污染物在大气中会经历许多转化过程,一次污染物与二次污染物会呈现不同的毒理特性。研究认为颗粒物的人体健康危害可能来源于细胞内的活性氧簇引发的氧化应激[22]。细颗粒物可能包含大量持久性自由基,通过氧化还原反应产生活性氧簇并且对影响人体肺部健康。活性氧簇也可以不经过生物活化而由无机及有机化合物通过化学反应而生成[23]。过渡金属、PAHs 和 BC 可以作为活性氧簇的催化剂[24]。过渡金属和 PAHs 与肺细胞黏液相互作用,通过氧化还原反应产生活性氧簇引起 DNA 氧化性损伤[7]。Leonard 等[25]发现,生物质燃烧产生的 Fe^{2+}/H_2O_2 和 Fe^{3+}/H_2O_2 反应生成的自由基会引起遗传和细胞损害。虽然生物质燃烧是我国大多数乡村的燃料重要来源(>80%),如珠三角地区西部山区超过90%的农村家庭采用生物质燃料作为烹饪与取暖燃料[26],但是我国关于生物质燃烧的SOA健康影响相关研究较少。

综上所述,目前我国关于生物质燃烧产生的SOA的物理化学特征相结合的系统性研究缺乏,此类科学问题亟待解决。通过开展不同类型生物燃料燃烧直接排放颗粒物及老化所得颗粒物的主要化学特征研究,可加深颗粒物化学物理特性与健康效应之间相互的作用,不但有助于分析灰霾污染现象的成因及影响,也将对健康影响评估及预报有重要意义。

5.2 研究目标与研究内容

5.2.1 研究目标

本章结合秸秆燃烧观测实验、燃烧室及烟雾箱模拟实验,通过比较珠三角农村地区不同类型生物质燃烧过程有机气溶胶的排放特点,完成以下目标:

(1) 研究不同类型生物质燃烧源过程POA和SOA排放特征;

(2) 研究不同类型生物质燃烧生成SOA的前体物,掌握SOA产生的主要途径及影响因素;

(3) 识别生物质燃烧排放POA和SOA示踪物,分析生物质燃烧对区域污染的贡献,为生物质燃烧污染控制提供科学依据。

5.2.2 研究内容

(1) 利用燃烧模拟仓研究我国代表性秸秆燃烧产生的大气污染物排放特征和大气老化产物。

选取我国三种代表性生物质燃料(水稻秸秆、小麦秸秆和玉米秸秆)进行烟雾箱燃烧实验,利用稀释通道采集一次和二次污染物,包括挥发性有机物、PM2.5,并对收集的样品进行化学分析,得到生物质燃料露天燃烧的排放特征,并对比不同类型秸秆的特征,进行排放因子差异分析。

(2) 通过烟雾箱氧化实验研究燃烧源气态和颗粒态污染物的消减和增长。

对生物质燃料燃烧后产生的污染物在依次经过稀释通道及二次反应箱(potential aerosol mass, PAM)后收集的挥发性有机物和PM2.5滤膜样品进行分析,得到生物质燃烧产物在大气中经过2天和7天氧化过程后的排放特征。结合气体和颗粒态样品的化学分析结果,探究主要参与反应的挥发性有机物以及发生显著增长的SOA。并在此基础上结合其相关性以及先前研究对其潜在反应路径进行探究。

(3) 结合农村地区外场实验探究生物质燃烧源的气溶胶排放特征。

选取典型的燃烧生物质的农村区域,分别进行生物质燃烧源样品收集和环境样品收集,分析PM2.5样品中的主要有机组分。结合实验室模拟结果,探讨外场实验中主要产生的SOA,并分析其组成特点和排放特征。

5.3　研究方案

5.3.1　燃烧室及烟雾箱模拟实验方案

本章重点以 SOA 演化(形成、增长、老化)机制为研究出发点,测定典型生物质残留物燃烧排放一次细颗粒物和光化学反应后的二次细颗粒物化学组分特征。采集不同地区的主要生物质燃料燃烧排放细颗粒物样品。图 5.1 是生物质燃烧一次与二次细颗粒物采集方法示意图。

生物质燃烧排放模拟平台由四部分构成,包括大型燃烧炉、稀释采样器、PAM 和其他在线监测仪器。本章选取了三种常见农作物秸秆(水稻、玉米和小麦)进行燃烧实验。秸秆等生物质在大型燃烧炉中燃烧,由稀释通道采样器将烟气进行稀释冷却至环境温度,稀释冷却后的烟气被滤膜采集。其中,一级稀释样品是直接采集稀释后的燃烧烟气所得的,作为一次排放污染物;二次反应样品是燃烧排放污染物经过 PAM 反应后所收集的,作为二次排放污染物。

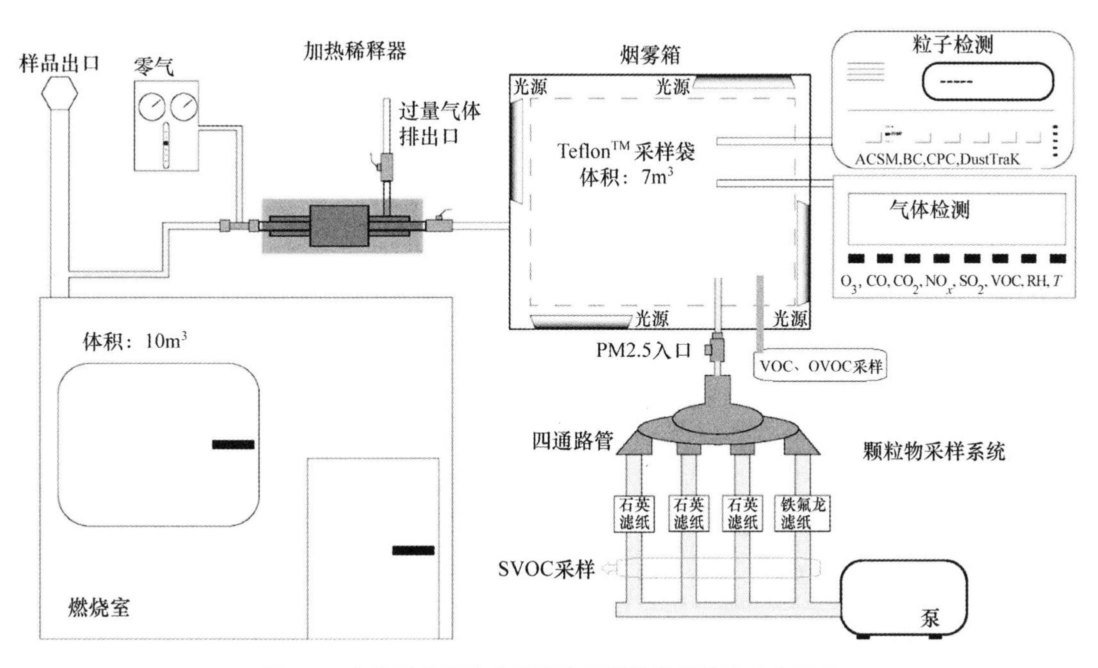

图 5.1　生物质燃烧排放颗粒物烟雾箱燃烧样品采集示意

5.3.2　样品采集

收集不同地区主要八种农作物残留物样品,将其在野外以薄层方式贮存放置,在收集之前自然风干一至两个星期。将其松散放置于有聚乙烯内衬的纸箱中运回实验室。样品在燃烧前以环境温度与湿度相当的状态贮存。

不同类型生物质燃烧实验在燃烧室(约 10 m^3)中进行。将已知重量(0.1～1.0 kg)的生物质样品放置于陶瓷板上(测定燃烧前和燃烧后生物质的消耗质量),采用燃料油(electric heating oil)加少量乙醇(约 5 mL)点燃。使生物质燃烧完全,整个燃烧过程(燃烧阶段)生物质烟雾充满燃烧箱。在燃烧室上端出口采集燃烧排放物,并通过加热的稀释器注入干洁气体到烟雾室中以避免颗粒物凝结,燃烧产物稀释比例为 1∶50～1∶100。加热的稀释气体由清洁空气发生器产生。光化学二次反应在烟雾室中进行,烟雾室是置于恒温箱中的体积为 7 m^3 的铁氟龙袋子。整个实验过程中烟雾室的温度控制在 25℃,湿度约为 50%。四盏功率为 4 kW 的氙气灯被用来模拟光谱和光强,烟雾室由反光涂层覆盖以增强光强度。生物质燃烧完成后,不做任何处理放置 2 h,以采集排放一次细颗粒物。光化学反应中,加入 1 ppm(1 ppm=10^{-6})臭氧,开启氙弧灯激发细颗粒物光化学反应。通过光化学反应以获取二次细颗粒物,二次反应时间为 3.5～4 h,之后采集反应产生的二次细颗粒物。

颗粒物采集系统包括了细颗粒物分离器、木炭溶蚀器、干洁气体计量器、四通路管、47 mm 滤膜采样装置、流量控制阀和真空泵。通过采集系统的气体总流速为 42 L/min,颗粒物被细颗粒分离器分离后,通过木炭溶蚀器以去除有机化合物、臭氧和氮氧化物。颗粒物以四组相同的气体流量收集在不同类型的滤纸上。分别同时采集 3 个 47 mm 石英滤纸样品和 1 个 47 mm 的铁氟龙滤纸样品。采集到的样品量应保证可以进行物理化学特征分析。每种生物质燃烧均会进行 3 次平行实验、采集一次和二次细颗粒物样品。每次实验均会记录实时臭氧浓度(2B Technologies,Model 205)、氮氧化物/二氧化硫浓度、BC 浓度、凝结粒子数(TSI Model 3022)及烟雾室内的温度(T)和相对湿度(RH)。

5.3.3 秸秆燃烧观测实验及样品采集

选取珠三角地区离城市较远的农村作为采样站点,选取生物质燃烧频发的春秋季节开展样品采集工作。主要进行薪柴与秸秆炉灶燃烧实验及采集秸秆开放式燃烧样品。家庭炉灶燃烧是直接使用当地居民的炉灶在其非烹饪时间进行的。方法为“煮水法”,即用当地居民惯用的方式添加燃料,加热定量的水由室温至沸腾,以最大限度地模拟现实状态下的燃烧状况。在屋顶离烟囱 3～5 m 的范围内架设采样器采集排放的烟羽。实验一般在无风或者微风的天气状况下进行(记录采样时的环境条件包括实时温度、相对湿度、风度、生物质燃烧量等),以保证采集到足够的烟尘,如若采样期间风速增加(0.5～1.5 m/s),则人工移动采样仪至排放烟羽的下风向。秸秆的露天燃烧采样堆积燃烧的方式,将采样器置于离燃烧源 5 m 左右的距离进行采样。在源采样点下风向 1～2 km 处,同步采集样品采集环境。PM2.5 样品的采集使用四个流速为 5 L/min 的微流量空气采样器(Airmetrics, Eugene, OR, USA),分别同时采集 3 个 47 mm 石英滤纸样品和 1 个 47 mm 的铁氟龙滤纸样品。铁氟龙膜主要用于元素分析;石英滤膜用于分析有机碳/元素碳、无机离子及有机组分。

5.4　主要进展与成果

5.4.1　生物质燃烧一次排放特征

1. 挥发性有机物(VOCs)

三种不同生物质(水稻、玉米和小麦)秸秆分别在 2 V(相当于大气中 2 天氧化反应)和 3 V(相当于大气中 7 天氧化反应)实验条件下所产生的一次 VOCs 的排放因子(EF)如表 5-1 所示。检测到的 54 种总 VOCs 的排放因子($EF_{\Sigma VOC}$)范围是 1.52～2.40 g/kg。其中玉米的 $EF_{\Sigma VOC}$最高,在 2 天和 7 天氧化实验中的排放因子分别为 2.40±0.15 g/kg 和 1.54±0.41 g/kg。其次水稻的总 VOCs 排放因子较高,在 2 天和 7 天氧化实验中分别为 1.61±0.36 g/kg 和 1.96±0.87 g/kg。小麦的 VOCs 排放因子在三种作物中最低,在 2 天和 7 天氧化实验中的 $EF_{\Sigma VOC}$分别为 1.91±0.51 g/kg 和 1.52±0.15 g/kg。

VOCs 可根据不同结构分为四类:乙炔、烯烃、烷烃和芳香类。其中烷烃的总排放因子最高,三种生物质燃料一次排放的烷烃平均排放因子为 0.99±0.15 g/kg。其次为烯烃和芳香烃,其平均排放因子分别为 0.61±0.13 g/kg 和 0.21±0.06 g/kg。乙炔的排放因子则因为仅有一种 VOC 而呈现最低值。在检测到的 VOCs 组分中,异丁烷(isobutane)的排放因子最高,对 $EF_{\Sigma VOC}$的贡献率高达 29.0%±2.7%。丙烯(propylene)是烯烃物质中一次排放最高的 VOCs 组分,在三种生物质燃料中平均贡献 $EF_{\Sigma VOC}$的 19.8%±1.8%,并且在水稻和小麦中的贡献更高。丙烷(propane)是烷烃中对 $EF_{\Sigma VOC}$贡献第二高的物质,其在总 VOCs 中的占比平均为 13.7%±0.9%。苯(benzene)和甲苯(toluene)是芳香类物质中排放因子最高的两种 VOCs,分别贡献 $EF_{\Sigma VOC}$的 6.3%±1.6%和 3.2%±0.8%。乙烯(ethylene)、1-丁烯(1-butene)、异戊二烯(isoprene)、乙烷(ethane)和正丁烷(*n*-butane)在检测到的 VOCs 组分中也占有较高比例。这些单体 VOCs 是生物质燃烧一次排放 VOCs 中贡献最高的 10 种 VOCs,占 $EF_{\Sigma VOC}$的 83%(范围为 79.7%～86.3%)。

表 5-1　三种秸秆在不同氧化条件实验中一次排放因子　　单位:mg/kg

物　质	水　稻		玉　米		小　麦	
	2 天氧化	7 天氧化	2 天氧化	7 天氧化	2 天氧化	7 天氧化
乙炔 acetylene	8.64±2.96	8.70±4.48	9.23±0.39	7.95±2.34	8.49±2.09	12.7±1.17
总烯烃 Σalkene	486±235	671±364	865±169	489±119	619±297	526±87.7
乙烯 ethylene	30.3±10.9	29.3±5.60	27.5±2.58	29.2±8.53	30.5±3.49	47.1±10.2
丙烯 propylene	291±134	387±204	550±95.1	297±89.0	334±129	320±45.7
丁烯 1-butene	51.9±30.3	77.7±42.81	88.0±40.4	54.9±13.6	120±104	59.0±11.3
反-2-丁烯 *trans*-2-butene	17.5±10.4	28.1±19.01	38.8±10.9	18.1±4.44	28.2±13.1	23.7±4.83
顺-2 -丁烯 *cis*-2-butene	17.3±11.0	28.5±18.36	36.8±13.8	19.8±4.95	27.2±11.7	21.9±4.23

续表

单位：mg/kg

物质	水稻		玉米		小麦	
	2天氧化	7天氧化	2天氧化	7天氧化	2天氧化	7天氧化
1-戊烯 1-pentene	11.3±6.75	19.2±12.4	26.2±6.79	16.1±4.55	17.8±9.72	10.8±2.86
异戊二烯 isoprene	35.8±21.5	54.4±30.8	33.3±4.32	11.2±3.63	18.5±12.3	19.5±5.55
反-2-戊烯 *trans*-2-pentene	7.02±4.63	10.13±6.28	15.4±1.53	6.43±1.78	8.99±4.90	7.60±1.45
顺-2-戊烯 *cis*-2-pentene	5.03±3.59	6.43±3.93	8.45±0.65	4.31±1.59	4.47±2.96	4.05±0.96
1-己烯 1-hexene	18.9±10.2	28.9±23.1	40.9±9.36	31.2±7.57	28.6±16.2	12.1±3.53
总烷烃 $\sum$alkane	910±81.4	1076±468	1223±177	794±242	1098±158	859±106
乙烷 ethane	27.6±4.39	32.8±3.08	31.2±1.78	24.3±5.55	36.3±23.8	75.1±31.5
丙烷 propane	197±59.1	285±151	350±44.9	205±47.6	269±82.3	199±25.9
异丁烷 isobutane	421±93.8	616±232	616±144	442±172	632±50.3	435±20.5
正丁烷 *n*-butane	37.3±9.86	52.5±33.4	82.5±11.91	40.1±10.1	55.5±19.2	40.8±8.24
异戊烷 isopentane	12.4±1.85	14.07±6.04	25.8±0.22	8.80±2.13	12.4±5.95	18.7±7.51
正戊烷 *n*-pentane	13.1±3.34	14.7±9.84	24.6±6.36	15.8±3.30	14.8±9.91	15.9±3.13
2,2-二甲基丁烷 2,2-dimethylbutane	0.32±0.28	0.15±0.10	0.42±0.41	0.08±0.03	0.12±0.16	0.17±0.08
环戊烷 cyclopentane	41.0±3.12	8.13±2.66	22.4±4.08	6.54±3.84	11.2±7.72	23.9±12.7
2,3-二甲基丁烷 2,3-dimethylbutane	1.02±0.47	0.30±0.43	0.14±0.19	2.20±0.62	0.36±0.51	1.69±1.21
2-甲基戊烷 2-methylpentane	4.37±0.97	3.80±2.64	5.71±2.09	3.48±0.58	5.02±2.64	4.44±1.21
3-甲基戊烷 3-methylpentane	2.42±0.54	1.81±0.80	2.77±0.45	2.22±0.58	2.80±0.91	3.07±0.57
正己烷 *n*-hexane	3.34±0.54	4.05±3.23	8.44±3.80	6.06±1.71	7.29±4.53	4.97±1.42
甲环戊烷 methylcyclopentane	0.33±0.09	0.39±0.30	0.51±0.45	0.11±0.15	0.21±0.17	0.29±0.04
2,4-二甲基戊烷 2,4-dimethylpentane	1.44±0.68	1.04±0.76	2.25±1.59	0.55±0.30	0.35±0.50	1.48±0.50
环己烷 cyclohexane	0.67±0.34	0.54±0.33	1.13±0.51	0.15±0.10	0.27±0.16	0.29±0.10
2-甲基己烷 2-methylhexane	1.73±0.31	1.43±1.00	2.26±1.54	1.54±0.74	1.68±1.17	2.63±0.76
2,3-二甲基戊烷 2,3-dimethylpentane	4.00±2.32	4.93±2.71	8.80±3.39	5.22±1.81	6.12±4.32	5.99±0.51
3-甲基己烷 3-methylhexane	1.00±0.12	1.35±1.19	1.20±0.88	1.21±0.68	1.35±0.97	2.64±0.62
2,2,4-三甲基戊烷 2,2,4-trimethylpentane	<DL	0.09±0.13	0.07±0.10	<DL	<DL	<DL
2,3,4-三甲基戊烷 2,3,4-trimethylpentane	0.12±0.07	0.11±0.01	0.13±0.09	0.12±0.05	0.03±0.03	0.1±0.04

续表

单位：mg/kg

物质	水稻		玉米		小麦	
	2 天氧化	7 天氧化	2 天氧化	7 天氧化	2 天氧化	7 天氧化
正庚烷 *n*-heptane	1.75±1.79	1.80±1.94	3.72±2.42	2.96±3.18	4.1±3.18	0.31±0.30
甲基环己烷 methylcyclohexane	0.02±0.03	0.06±0.01	0.20±0.19	0.19±0.26	0.15±0.12	0.03±0.05
2-甲基庚烷 2-methylheptane	0.16±0.01	<DL	0.47±0.36	<DL	0.23±0.19	0.06±0.09
3-甲基庚烷 3-methylheptane	1.20±0.14	0.77±0.39	1.41±0.96	0.93±0.38	0.63±0.52	0.98±0.14
正辛烷 *n*-octane	4.11±0.78	3.14±1.09	3.72±2.07	4.41±2.27	2.81±1.84	2.69±0.82
正壬烷 *n*-nonane	1.54±0.90	0.91±0.43	1.60±0.75	1.83±1.08	1.32±0.39	1.00±0.47
正癸烷 *n*-decane	51.1±64.2	10.1±7.71	6.57±2.92	8.40±6.39	4.15±1.22	3.76±1.72
十一烷 undecane	8.98±7.45	5.63±3.93	6.58±2.13	2.60±1.49	6.23±1.40	3.78±1.90
十二烷 dodecane	70.0±5.17	9.96±4.23	12.0±0.54	6.59±2.58	20.1±7.18	9.69±3.19
总芳香烃 Σaromatic	212±61.6	200±39.3	305±28.6	251±89.6	183±61.8	118.2±9.44
苯 benzene	126±57.4	123±22.8	174±15.3	121±59.4	78.3±25.8	62.7±11.0
甲苯 toluene	45.7±13.0	51.8±15.91	96.0±13.3	68.0±28.7	63.9±33.78	33.01±4.09
乙苯 ethylbenzene	6.64±2.35	5.22±2.26	7.22±0.36	9.24±6.04	6.27±0.83	3.45±0.94
间对二甲苯 *m*,*p*-xylene	8.58±4.12	5.34±1.43	7.27±0.81	11.68±8.5	8.3±1.08	4.4±1.35
苯乙烯 styrene	7.02±4.70	3.49±1.2	4.96±0.67	8.81±8.9	2.61±0.52	1.78±0.31
邻二甲苯 *o*-xylene	7.92±4.56	3.99±0.84	5.2±1.00	9.65±7.14	6.28±0.46	3.53±1.48
异丙苯 isopropylbenzene	0.05±0.07	0.01±0.02	0.08±0.06	0.15±0.21	<DL	<DL
正丙苯 *n*-propylbenzene	0.06±0.04	0.03±0.02	0.05±0.04	0.82±0.7	0.03±0.05	0.03±0.04
间丙苯 *m*-ethyltoluene	1.48±0.22	1.26±0.1	1.95±0.3	3.8±1.97	2.83±0.4	1.44±0.67
对乙基甲苯 *p*-ethyltoluene	0.23±0.18	0.21±0.12	0.18±0.15	1.22±0.95	0.37±0.17	0.13±0.08
1,3,5-三甲苯 1,3,5-trimethylbenzene	0.65±0.10	0.53±0.14	0.89±0.26	1.41±0.7	1.1±0.01	0.61±0.5
邻乙基甲苯 *o*-ethyltoluene	0.78±0.16	0.62±0.12	0.93±0.2	1.97±0.85	1.4±0.04	0.8±0.5
1,2,4-三甲基苯 1,2,4-trimethylbenzene	2.75±0.13	2.21±0.47	3.01±0.46	6.18±2.85	5.19±0.3	2.85±1.58
1,2,3-三甲基苯 1,2,3-trimethylbenzene	1.41±0.15	1.27±0.43	1.56±0.27	2.52±1.07	2.26±0.17	1.47±0.76
间二甲苯 *m*-diethylbenzene	1.14±0.24	0.69±0.11	0.88±0.04	2.81±0.45	2.86±0.51	0.85±0.1
对二甲苯 *p*-diethylbenzene	1.13±0.2	0.82±0.13	1.16±0.35	1.83±0.78	1.69±0.09	1.19±0.67
总挥发性有机物 ΣVOC	1616±362	1956±872	2404±151	1543±413	1909±515	1516±149

注：<DL. 浓度低于检测下限。

2. 无机组分

三种生物质秸秆(水稻、玉米和小麦)燃烧排放的 PM2.5 在收集后进行了化学组分分析,包括无机组分和有机组分。选取 2 天大气氧化过程实验条件下的 PM2.5 滤膜样品进行分析,对生物质燃烧一次和二次排放特征进行分析和对比。

(1) PM2.5 及其碳组分排放特征

三种生物质秸秆露天燃烧的一次排放 PM2.5 和碳组分排放因子如表 5-2 所示。秸秆燃烧产生的 PM2.5 平均一次排放因子为 33.61 g/kg,其中小麦秸秆的 PM2.5 一次排放因子最高,为 48.66±14.09 g/kg;其次为玉米,其 PM2.5 一次排放因子为 32.66±5.87 g/kg;而水稻的 PM2.5 一次排放因子则相对最低,为 19.52±6.48 g/kg。OC 和 EC 的一次排放因子和 PM2.5 的一次排放因子呈现相同趋势。小麦秸秆的 OC 和 EC 一次排放因子最高,分别为 24.10±9.33 g/kg 和 1.15±0.25 g/kg。其次为玉米秸秆,其燃烧一次排放的 OC 和 EC 排放因子分别为 15.91±3.40 g/kg 和 0.98±0.15 g/kg。而水稻秸秆燃烧一次排放的 OC 和 EC 排放因子最低,分别为 8.52±4.09 g/kg 和0.67±0.16 g/kg。

表 5-2 三种秸秆燃烧一次排放 PM2.5 及碳组分排放因子 单位:g/kg

碳组分	水稻		玉米		小麦	
	均值	标准差	均值	标准差	均值	标准差
PM2.5	19.52	6.48	32.66	5.87	48.66	14.09
OC	8.52	4.09	15.91	3.40	24.10	9.33
EC	0.67	0.16	0.98	0.15	1.15	0.25
OC/EC	12.09	3.08	16.12	1.09	20.32	3.79
WSOC	4.42	1.38	7.29	0.27	13.36	3.25
WSTC	4.71	1.38	7.55	0.31	13.72	3.40
WSTN	0.60	0.24	0.70	0.08	0.92	0.17
WSON	0.20	0.12	0.40	0.04	0.58	0.20
OM	13.63	6.55	25.45	5.44	38.55	14.93

水溶性有机碳(WSOC)和水溶性总有机碳(WSTC)的一次排放因子相差较小,其中小麦的 WSOC 和 WSTC 的一次排放因子最高,分别为 13.36±3.25 g/kg 和 13.72±3.40 g/kg;其次为玉米,其 WSOC 和 WSTC 的一次排放因子分别为 7.29±0.27 g/kg 和 7.55±0.31 g/kg;水稻秸秆燃烧排放的 WSOC 和 WSTC 仍旧最低,其一次排放因子分别为 4.42±1.38 g/kg 和 4.71±1.38 g/kg。水溶性有机氮(WSON)和水溶性总氮(WSTN)的一次排放因子则相对其他碳组分处于较低水平。小麦的 WSON 和 WSTN 一次排放因子仅为 0.58±0.20 g/kg 和 0.92±0.17 g/kg。

有机物(organic matter, OM)是生物质燃烧排放颗粒物的主要组成组分。小麦的 OM 一次排放因子(38.55±14.93 g/kg)最高,其次为玉米(25.45±5.44 g/kg)和水稻(13.63±6.55 g/kg)。OM 对 PM2.5 的平均贡献率高达 75.6%,小麦燃烧一次排放的 OM 占 PM2.5

的 79.2%，玉米燃烧一次排放的 OM 贡献 PM2.5 排放因子的 77.9%，水稻燃烧一次排放的 OM 占 PM2.5 排放因子的 69.8%。

(2) 水溶性无机离子组分

三种不同生物质秸秆燃烧一次排放无机离子排放特征如表 5-3 所示。三种秸秆燃烧一次排放的总无机离子平均排放因子为 4.063 g/kg。其中小麦的总无机离子一次排放因子最高，为 4.967±0.646 g/kg；其次为水稻的总无机离子排放，其一次排放因子为 3.821±1.171 g/kg；而玉米的无机离子的一次排放因子最低，为 3.400±0.227 g/kg。Cl^- 和 K^+ 在生物质秸秆燃烧一次排放的无机离子中排放因子最高，这两个组分是生物质燃烧的标志离子组分。其中小麦的 Cl^- 和 K^+ 一次排放因子分别高达 1.832±0.497g/kg 和 0.808±0.492 g/kg。此外，Na^+、SO_4^{2-} 和 NH_4^+ 离子的排放因子也呈现较高值。

表 5-3　三种秸秆燃烧一次排放无机离子排放因子　　单位：g/kg

无机离子	水稻		玉米		小麦	
	均值	标准差	均值	标准差	均值	标准差
F^-	0.032	0.010	0.070	0.016	0.132	0.039
Cl^-	1.691	0.715	1.290	0.146	1.832	0.497
NO_2^-	0.120	0.016	0.120	0.003	0.175	0.044
NO_3^-	0.115	0.007	0.122	0.001	0.166	0.041
SO_4^{2-}	0.308	0.056	0.396	0.014	0.490	0.101
Na^+	0.492	0.076	0.531	0.025	0.799	0.183
NH_4^+	0.435	0.255	0.309	0.076	0.321	0.105
K^+	0.569	0.205	0.414	0.076	0.808	0.492
Mg^{2+}	0.025	0.022	0.016	0.005	0.008	0.002
Ca^{2+}	0.033	0.024	0.131	0.028	0.237	0.070
总无机离子	3.821	1.171	3.400	0.227	4.967	0.646

(3) 元素组分特征

三种不同生物质秸秆燃烧一次排放元素组分排放因子如表 5-4 所示。三种秸秆燃烧一次排放的总元素(检测到的元素)排放因子平均为 3.814 mg/kg。生物质燃烧的元素一次排放因子远低于碳组分和水溶性无机离子组分，证明生物质在燃烧过程中产生少量的元素，主要以有机碳组分为主。其中，水稻燃烧一次排放的总元素排放因子最高，为 5.534±2.533 mg/kg；其次为小麦，其总元素一次排放因子为 3.312±0.444 mg/kg，；而玉米秸秆燃烧所排放的总元素一次排放因子最低，仅为 2.595±0.796 mg/kg。这与水溶性无机离子呈现相同的趋势。在检测到的元素中，铷(Rb)的一次排放因子最高，水稻秸秆燃烧的一次排放因子高达 3.105±1.997 mg/kg。此外，钡(Ba)、铝(Al)、镉(Cd)和铬(Cr)元素也在检测到的元素组分中呈现较高的一次排放因子。

表 5-4 三种秸秆燃烧一次排放元素组分排放因子 单位：mg/kg

元素	水稻		玉米		小麦	
	均值	标准差	均值	标准差	均值	标准差
Al	0.289	0.112	1.156	0.707	0.364	0.142
Cr	0.254	0.029	0.268	0.073	0.382	0.105
Fe	0.345	0.163	0.102	0.016	0.110	0.014
Mn	0.349	0.158	0.161	0	N. D.	N. D.
Ni	0.095	0.013	0.081	0.009	0.134	0.026
Cu	0.072	—	0.081	—	N. D.	N. D.
Zn	0.596	—	N. D.	N. D.	N. D.	N. D.
As	0.174	0.058	0.086	0.009	0.072	0.007
Rb	3.105	1.997	0.436	0.078	1.517	0.782
Cd	0.407	0.321	0.067	0.009	0.111	0.041
Ba	0.440	0.058	0.353	0.056	0.685	0.125
Pb	N. D.	N. D.	N. D.	N. D.	0.171	—
总元素	5.534	2.533	2.595	0.796	3.312	0.444

注：N. D. 表示未检出。一字线表示三个重复样品中，仅有一个检出值。

3. 有机组分

(1) 有机示踪物组分排放特征

为探究三种秸秆露天燃烧排放的有机污染物的特征和分布，本章对 100 余种有机示踪物进行了化学分析，并根据其官能团组成和来源归为 10 类，包括糖类(sugars)、正构烷烃(*n*-alkanes)、PAHs、脂肪酸(fatty acids)、脂肪醇(fatty alcohols)、胆固醇(sterols)、含氧多环芳烃(OPAHs)、芳香酸(aromatic acids)、硝基苯酚(nitrophenols)和异戊二烯产物(isoprene-derived SOA，SOAi)等。

三种不同生物质秸秆燃烧一次排放产生的有机组分排放因子如表 5-5 所示。三种秸秆燃烧一次排放的总正构烷烃(total *n*-alkanes)的平均排放因子为 109.232 mg/kg。其中，小麦秸秆的总正构烷烃一次排放因子远高于其他两种秸秆燃烧结果，为 192.57±91.258 mg/kg；水稻和玉米的总正构烷烃一次排放因子则处于相似水平，分别为 64.50±19.614 mg/kg 和 70.63±3.960 mg/kg。三种秸秆燃烧一次排放的正构烷烃组分排放因子如表 5-5 所示。总多环芳烃(total PAHs)的平均一次排放因子为 8.156 mg/kg，其在三种秸秆燃烧中的排序与总正构烷烃不尽相同。水稻的总多环芳烃一次排放因子最高，为 9.302±2.638 mg/kg；其次为玉米，其总多环芳烃一次排放因子为 8.494±1.881 mg/kg；而小麦的总多环芳烃一次排放因子在三种秸秆燃烧中则为最低，为 6.671±0.260 mg/kg。

表 5-5　三种秸秆燃烧一次排放有机示踪物排放因子　　单位：mg/kg

有机示踪物	水稻		玉米		小麦	
	均值	标准差	均值	标准差	均值	标准差
总正构烷烃 total *n*-alkanes	64.502	19.614	70.626	3.960	192.567	91.258
总多环芳烃 total PAHs	9.302	2.638	8.494	1.881	6.671	0.260
总糖类 total sugars	195.838	37.015	278.646	23.493	459.531	94.962
总脂肪酸醇 total fatty alcohols	132.010	59.077	68.535	11.643	309.572	147.875
总脂肪酸 total fatty acids	409.932	208.209	482.039	53.880	842.903	374.251
总胆醇类 total sterols	77.027	41.817	117.864	35.906	138.235	53.533
异戊二烯产物 isoprene-derived SOA (SOAi)	0.445	0.310	0.843	0.014	1.594	0.552
总含氧多环芳烃 total OPAHs	16.713	5.512	15.041	3.714	17.824	4.231
总硝基酚 total nitrophenols	0.846	0.186	0.781	0.220	0.686	0.088
芳香酸 aromatic acids	34.589	9.606	46.286	6.201	102.342	31.810

秸秆燃烧一次排放的总糖类(total sugars)，总脂肪酸醇(total fatty alcohols)以及总脂肪酸(total fatty acids)的排放因子处于较高水平，其在三种秸秆燃烧的平均一次排放因子分别为 311.338 mg/kg、170.039 mg/kg 和 578.291 mg/kg。并且小麦秸秆燃烧的总糖、总脂肪酸醇和总脂肪酸的排放因子在三种秸秆中均处于最高值。总甾醇类(total sterols)的平均一次排放因子为 111.042 mg/kg，其中小麦秸秆的总甾醇类排放因子最高，玉米和水稻秸秆次之。SOAi 包括 2-methylglyceric acid (2-MGA)、2-methylthreitol (2-MT)和 2-methylerythritol (2-ME)，在三种秸秆燃烧中的平均一次排放因子为 0.961 mg/kg。其排放因子在三种秸秆燃烧排放中由高到低排序仍旧为小麦、玉米和水稻。

三种秸秆燃烧排放的总含氧多环芳烃(total OPAHs)的平均一次排放因子为 16.53 mg/kg，小麦的总含氧多环芳烃排放因子仍旧最高，但三种秸秆的排放因子则相差不大。总硝基酚(total nitrophenols)在生物质燃烧排放的颗粒物中的含量则相对较低，三种秸秆的平均一次排放因子为 0.771 mg/kg。总芳香酸在三种秸秆燃烧的平均一次排放因子为 61.072 mg/kg，其中小麦的总芳香酸一次排放因子远高于其他两种秸秆，为 102.342±31.810 mg/kg。总芳香酸是通过邻苯二甲酸(phthalic acids)、香草酸(vanillic acid)、丁香酸(syringic acid)以及羟基苯甲酸(hydroxybenzoic acid)的加和计算而来。

(2) 有机示踪物：糖类和有机酸

三种秸秆露天燃烧产生的相关生物质燃烧示踪物在本章中进行了检测，其一次排放因子如表 5-6 所示。左旋葡聚糖是被最广泛认知的生物质燃烧标志物，三种秸秆燃烧排放的左旋葡聚糖一次排放因子平均值为 169.985 mg/kg，其中小麦的一次排放因子最高，为 258.067±49.466 mg/kg；其次为玉米秸秆，其左旋葡聚糖的一次排放因子为

141.348±8.432 mg/kg;水稻的左旋葡聚糖一次排放因子仍旧呈现最低值,为110.541±13.514 mg/kg。此外,半乳聚糖(galactosan)在生物质燃烧一次排放中的贡献也较高,三种秸秆燃烧的一次排放因子平均为75.406 mg/kg,同样呈现小麦排放最高,玉米和水稻次之的趋势。

表5-6 三种秸秆燃烧一次排放糖类和有机酸排放因子 单位:mg/kg

有机示踪物	水稻		玉米		小麦	
	均值	标准差	均值	标准差	均值	标准差
半乳聚糖 galactosan	50.101	15.589	74.413	8.618	101.704	23.072
甘露聚糖 manosan	16.691	4.614	36.025	4.270	50.146	15.889
左旋葡聚糖 levoglucosan	110.541	13.514	141.348	8.432	258.067	49.466
谷固醇 β-sitosterol	27.536	13.552	57.489	24.855	59.806	22.118
香草酸 vanillic acid	5.858	1.690	6.433	0.604	18.425	6.614
丁香酸 syringic acid	4.618	1.492	8.781	0.747	25.103	11.142
邻羟基苯甲酸 *o*-hydroxybenzoic acid	4.471	1.320	5.301	0.697	13.578	3.128
间羟基苯甲酸 *m*-hydroxybenzoic acid	5.179	1.482	5.000	1.019	12.593	2.727
对羟基苯甲酸 *p*-hydroxybenzoic acid	4.380	1.534	6.712	0.974	9.085	2.483

谷固醇(β-sitosterol)和甘露聚糖(manosan)在秸秆露天燃烧中的排放因子处于相似污染水平,其平均一次排放因子分别为48.277 mg/kg和34.287 mg/kg。玉米和小麦的谷固醇一次排放因子均处于较高值,分别为57.489±24.885 mg/kg和59.806±22.118 mg/kg。而在甘露聚糖的排放特征中,玉米的排放因子(36.025±4.270 mg/kg)则远小于小麦的一次排放因子(50.146±15.889 mg/kg)。此外,香草酸和丁香酸的排放因子则在一次排放中处于较低浓度水平,三种秸秆燃烧的平均一次排放因子分别为10.239 mg/kg和12.834 mg/kg。羟基苯甲酸的三种同分异构体的一次排放因子平均水平则相差不大,其中邻羟基苯甲酸(*o*-hydroxybenzoic acid)和间羟基苯甲酸(*m*-hydroxybenzoic acid)的平均一次排放因子略高,分别为7.783 mg/kg和7.591 mg/kg,对羟基苯甲酸(*p*-hydroxybenzoic acid)的平均一次排放因子则为6.726 mg/kg。

(3) 有机示踪物:多环芳烃及其衍生物

PAHs是生物质不完全燃烧产生的重要有机物之一,虽然其在大气环境中的含量较低,但因为其具有的"三致"特性,对人体健康有着重要影响,因此受到广泛关注。三种秸秆露天燃烧排放的14种主要PAHs和3种OPAHs的一次排放因子如表5-7所示。PAHs中,芘(pyrene)和荧蒽(fluoranthene)的平均一次排放因子相对较高,分别为1.061 mg/kg和0.945 mg/kg。在这两种PAHs组分中,均呈现玉米＞水稻＞小麦的趋势。其中玉米的pyrene和fluoranthene一次排放因子分别高达1.239±0.248 mg/kg和1.115±0.247 mg/kg。此外,苯并[a]芘(benz[a]anthracene)、䓛(chrysene/triphenylene)和苯并[a]芘(benzo[a]pyrene)在三种秸秆燃烧中的一次排放因子也相对较高，其平均值分别为 0.774 mg/kg、0.789 mg/kg 和 0.744 mg/kg。菲(phenanthrene)和苯并[b]荧蒽(benzo[b]fluoranthene)的平均一次排放因子分别为 0.603 mg/kg 和 0.701 mg/kg，同样对总多环芳烃有一定贡献。

表 5-7 三种秸秆燃烧一次排放多环芳烃和含氧多环芳烃排放因子 单位：mg/kg

有机示踪物		水稻		玉米		小麦	
		均值	标准差	均值	标准差	均值	标准差
多环芳烃 PAHs	菲 phenanthrene	0.410	0.278	0.764	0.199	0.635	0.041
	蒽 anthracene	0.250	0.123	0.397	0.055	0.389	0.071
	荧蒽 fluoranthene	0.903	0.631	1.115	0.247	0.817	0.022
	芘 pyrene	0.982	0.542	1.239	0.248	0.962	0.025
	苯并[a]芘 benz[a]anthracene	0.983	0.225	0.736	0.183	0.601	0.081
	䓛 chrysene/triphenylene	0.974	0.236	0.830	0.202	0.562	0.056
	苯并[b]荧蒽 benzo[b]fluoranthene	0.973	0.163	0.637	0.181	0.495	0.073
	苯并[k]荧蒽 benzo[k]fluoranthene	0.341	0.037	0.234	0.046	0.215	0.023
	苯并[e]芘 benzo[e]pyrene	0.576	0.126	0.460	0.099	0.418	0.005
	苯并[a]芘 benzo[a]pyrene	0.962	0.148	0.707	0.175	0.562	0.067
	苝 perylene	0.201	0.056	0.194	0.046	0.226	0.000
	茚并[1,2,3-cd]芘 indeno[123-cd]pyrene	0.877	0.096	0.617	0.161	0.371	0.051
	二苯并蒽 dibenz[a,h]anthracene	0.272	0.041	0.158	0.040	0.133	0.001
	苯并[ghi]苝 benzo[ghi]perylene	0.599	0.025	0.406	0.114	0.285	0.064
含氧多环芳烃 OPAHs	蒽醌 anthraquinone	4.003	2.097	5.007	1.299	7.163	2.512
	苯并蒽酮 benzanthrone	3.848	1.227	3.443	0.786	3.389	0.703
	6H-苯并[cd]芘-6-酮 6H-benzo[cd]pyren-6-one	8.862	2.204	6.591	1.763	7.272	1.440

OPAHs 是多环芳烃的衍生物，其在大气环境污染中同样有重要影响。本章主要检测了 3 种含量较高的含氧多环芳烃，分别为蒽醌(anthraquinone)、苯并蒽酮(benzanthrone)和 6H-苯并[cd]芘-6-酮(6H-benzo[cd]pyrene-6-one)，它们的一次排放因子均高于检测到的 PAHs 单体组分。其中，6H-benzo[cd]pyrene-6-one 的排放因子最高，三种秸秆燃烧的平均一次排放因子高达 7.575 mg/kg，水稻的一次排放因子最高，为 8.862±2.204 mg/kg，其次为小麦(7.272±1.440 mg/kg)，玉米的排放因子最低(6.591±1.763 mg/kg)。anthraquinone 的燃烧一次排放因子平均值为 5.391 mg/kg，其中小麦的排放因子最高，其次为玉米和水稻，这与 6H-benzo[cd]pyrene-6-one 的排序相反。benzanthrone 的一次排放因子在 3 种含氧多环芳烃中较低，其平均值为 3.560 mg/kg，三种秸秆燃烧所排放的 benzanthrone 浓度

水平则相差不大。

(4) 有机示踪物：硝基酚

硝基酚是一类吸光性很强的有机物，通常由氮氧化物和有机物在大气中反应而氧化产生。本章对 4 种常见硝基酚进行了检测，其一次排放因子在不同秸秆燃烧中的浓度水平如表 5-8 所示。其中 4-nitrocatechol(4NC)和 4-methyl-5-nitrocatechol(4M5NC)的秸秆燃烧一次排放因子较高，其平均一次排放因子分别为 0.377 mg/kg 和 0.296 mg/kg。4NC 在三种秸秆露天燃烧排放的硝基酚中水稻的一次排放因子最高，为 0.489±0.116 mg/kg；玉米秸秆燃烧排放的 4NC 一次排放因子也处于较高水平，仅次于水稻，为 0.412±0.141 mg/kg；而小麦的 4NC 一次排放因子最低，为 0.230±0.021 mg/kg。三种秸秆露天燃烧排放的 4M5NC 浓度高低则与 4NC 不尽相同，其中小麦和水稻的一次排放因子较高，分别为 0.312±0.063 mg/kg 和 0.304±0.039 mg/kg；玉米的 4M5NC 一次排放因子则略低，为 0.273±0.073 mg/kg。此外，4-nitrophenol(4NP)和 3-methyl-4-nitrophenol(3M4NP)的秸秆燃烧一次排放因子略低，其平均值分别为 0.071 mg/kg 和 0.027 mg/kg。并且小麦的 4NP 和 3M4NP 一次排放因子均处于较高值。

表 5-8　三种秸秆燃烧一次排放硝基酚排放因子　　单位：mg/kg

有机示踪物	水稻		玉米		小麦	
	均值	标准差	均值	标准差	均值	标准差
4NP	0.039	0.023	0.067	0.015	0.107	0.022
3M4NP	0.014	0.010	0.029	0.008	0.037	0.016
4NC	0.489	0.116	0.412	0.141	0.230	0.021
4M5NC	0.304	0.039	0.273	0.073	0.312	0.063
总硝基酚	0.846	0.186	0.781	0.220	0.686	0.088

5.4.2 生物质燃烧二次排放特征与二次反应

1. 挥发性有机物(VOCs)

(1) VOCs 二次排放特征

由于在 PAM 中的光化学反应，大部分 VOCs 在反应中被氧化为其他化学物质，三种生物质秸秆燃烧所排放污染物经过二次反应后所产生的 VOCs 排放因子呈现出下降趋势。在经过 2 天和 7 天的氧化过程后，$EF_{\Sigma VOC}$均有明显下降，其中水稻的 $EF_{\Sigma VOC}$分别为 1.18±0.17 g/kg 和 0.73±0.36 g/kg；玉米的 $EF_{\Sigma VOC}$分别为 1.39±0.02 g/kg 和 0.66±0.15 g/kg；小麦的 $EF_{\Sigma VOC}$分别为 1.02±0.18 g/kg 和 0.73±0.16 g/kg。经过 7 天的氧化反应后 $EF_{\Sigma VOC}$相比一次排放下降 57.3%±4.4%，比 2 天氧化反应后所导致的下降幅度(42.3%±3.0%)更高。并且对比发现，水稻的二次排放在分别经过 2 天和 7 天氧化过程后的变化差别更大，在 7 天氧化反应后会导致 $EF_{\Sigma VOC}$ 62.7%的下降趋势，而 2 天的氧化反应仅会导致 $EF_{\Sigma VOC}$下降 38.7%。因此可以推断，在生物质燃烧一次排放的 VOCs 中，当大气的氧化过程更长，会有更多组分参与到光化学反应中,从而导致 VOCs 排放的消减效应。

经过氧化反应后,三种生物质燃料中烷烃的排放因子在 VOCs 中仍旧最高,其平均排放因子为 0.67±0.17 g/kg,其次为烯烃(0.16±0.07 g/kg)和芳香烃(0.08±0.02 g/kg)。烷烃中,异丁烷、丙烷和正丁烷的排放因子最高。烯烃中,丙烯的排放因子仍旧最高,其次为乙烯。芳香类物质中苯和甲苯仍旧是最主要的两个污染物。

(2) VOCs 氧化反应

生物质燃料在分别经过 2 天和 7 天氧化过程后的 VOCs 种类变化如图 5.2 所示。可以看到烯烃经过氧化过程后,其二次排放因子的下降最为明显,相较一次排放因子平均下降 74.4%。并且 7 天氧化过程导致的下降幅度(82.6%)略高于 2 天氧化过程的下降幅度(66.2%)。这说明在大气环境中更长的暴露时间会加强烯烃的氧化反应,导致更多的烯烃转化为二次有机气溶胶。烯烃在大气中更容易与臭氧(O_3)、羟基自由基(·OH)以及硝基自由基(·NO_3)发生反应,这与其碳碳双键结构有关。

芳香类物质在经过氧化过程后其二次排放因子相较于一次排放因子平均下降了 59.1%。但是 2 天和 7 天氧化过程所导致的下降幅度没有显著性差异(59.5%和 58.6%)。与烯烃相似,芳香类物质具有较高活性,可以与羟基自由基或其他氧化性自由基在大气环境中快速反应,从而对城市大气环境中的化学过程有重要贡献。烷烃则相较于烯烃和芳香类物质在大气环境中的活性较低。三种生物质燃料的烷烃排放因子在经过氧化过程后平均下降 29.8%,7 天氧化反应所导致的烷烃消减(41.9%)则仍旧远高于 2 天氧化反应(17.7%)。仅有少量烷烃物质可以在被排放到大气中时立刻被氧化,而更长的大气暴露时间则会不同程度的增强某些烷烃物质的氧化反应程度。

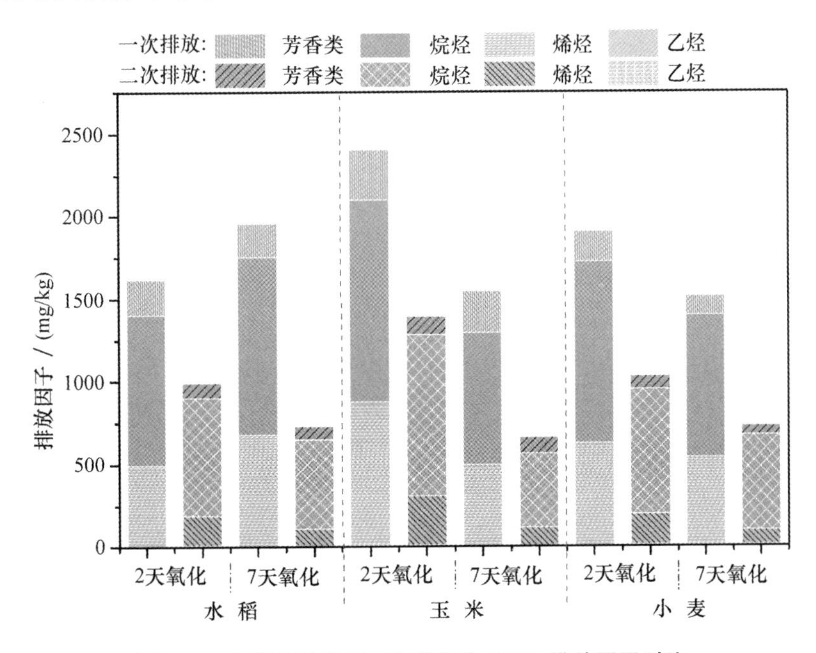

图 5.2 三种秸秆燃烧一次和二次 VOCs 排放因子对比

检测到的 VOCs 组分中经过二次反应消减最显著的组分如表 5-9 所示。烯烃中基本所有组分在氧化过程后均呈现下降趋势，其中丙烯、1-丁烯、异戊二烯和 1-己烯（1-hexene）的下降趋势最为显著，分别在经过二次氧化反应后下降 78.9%、54.9%、94.1%和 94.0%。强氧化条件（7 天氧化）会导致更多的烯烃在氧化反应中被消耗。在烯烃与臭氧和硝基自由基等的反应中，会同时产生更多的过氧自由基（RO_2），并与其他有机物发生进一步反应。臭氧与烯烃反应首先会生成初步的臭氧化产物，并逐步发生分解反应而产生更多的羰基化合物和高能源的 Criegee 中间体。这些产生的 Criegee 中间体会同时生成羟基自由基，并在短时间内进一步引发氧化反应，从而加剧新的有机气溶胶的生成。异戊二烯已被证明是大气中二次有机气溶胶生成的重要前体物之一，这是因为其在大气中浓度较高，并且与氧化性自由基的反应活性较高。

表 5-9　VOCs 组分经过氧化过程后二次排放相较一次排放下降比例　　单位：%

组　分	水　稻		玉　米		小　麦		平均值
	2 天氧化	7 天氧化	2 天氧化	7 天氧化	2 天氧化	7 天氧化	
丙烯 propylene	66.6	92.5	65.1	93.0	64.3	91.6	78.9
1-丁烯 1-butene	71.6	60.8	55.1	−4.1	82.2	63.7	54.9
异戊二烯 isoprene	92.5	98.0	81.8	99.7	92.9	99.8	94.1
1-己烯 1-hexene	94.8	99.4	82.5	100.0	88.0	99.3	94.0
正丁烷 *n*-butane	33.6	67.8	31.8	59.5	40.3	52.5	47.6
正癸烷 *n*-decane	87.4	77.4	55.2	35.1	43.3	59.0	59.6
苯 benzene	57.3	66.1	57.9	72.0	62.2	71.3	64.5
甲苯 toluene	77.0	76.8	87.3	78.2	80.9	74.4	79.1

在芳香类物质中，有超过一半的芳香类组分参与了氧化反应并呈现下降趋势。其中，苯和甲苯在经过不同程度的氧化过程后其排放因子分别下降 64.5%和 79.1%。此外，乙苯（ethylbenzene）、间/对二甲苯（*m*，*p*-xylene）、苯乙烯（styrene）和邻二甲苯（*o*-xylene）同样呈现明显的下降趋势。光化学反应是芳香类物质在大气环境中消减的主要方式。芳香类物质与羟基自由基的反应是其氧化反应的最主要路径，并且臭氧和硝基自由基也有一定贡献。大多数芳香类物质在大气中的寿命从几小时到几天不等，这取决于与其反应的羟基自由基等的强度。这同样可以解释在不同的大气暴露时间下，不同芳香类组分的消减程度也不尽相同。甲苯、间对二甲苯和苯乙烯是较为活跃的芳香类物质，并且更倾向于在靠近排放源的范围发生氧化反应。而苯则相较其他组分较为不活跃，可在被排放后在大气中经过长距离传输而存在 10 天左右。

在烷烃中，正丁烷和正癸烷（*n*-decane）与氧化性自由基反应时有较高的活性，在经过二次氧化反应后分别下降 47.6%和 59.6%。对于一些较为不活跃的烷烃，他们会在大气中先与羟基自由基反应，从而缓慢转化为二次有机气溶胶。而正癸烷则是烷烃中最为活跃的组分之一，其与羟基自由基发生反应并会产生相应的产物，并且对大气环境中臭氧的光化学反应生成有一定贡献。此外，丁烷（butane）和环烃（cyclic hydrocarbons）在大气反应中也具有较高的转化率。

2. 无机组分二次排放特征

(1) PM2.5 及其碳组分

经过 2 天氧化过程后三种秸秆燃烧排放的颗粒态污染物会在光化学反应影响下发生变化，表 5-10 为 PM2.5 和碳组分的二次排放因子结果。与一次排放因子对比，PM2.5 在经过氧化反应后均有不同程度升高，说明在氧化过程中，有大量二次颗粒态污染物由气态污染物转化形成，包括挥发性有机物经过氧化反应生成 SOA 等。其中，玉米秸秆燃烧排放的 PM2.5 排放因子经过 2 天氧化过程后增长到 49.40 g/kg，相较 PM2.5 一次排放因子增长了 51.2%。水稻秸秆的 PM2.5 排放因子经过氧化反应后同样有较大程度增长，其相较一次排放因子增长了 41.7%。小麦秸秆 PM2.5 的二次排放因子在三种秸秆中的浓度水平最高，为 55.80 g/kg，但其相对 PM2.5 一次排放的增长率相对较低，仅为 14.7%。

表 5-10　三种秸秆燃烧二次排放 PM2.5 及碳组分排放因子　　单位：g/kg

碳组分	水稻		玉米		小麦	
	平均值	标准差	平均值	标准差	平均值	标准差
PM2.5	27.67	10.29	49.40	10.89	55.82	13.32
OC	10.15	5.09	17.04	4.23	21.50	6.88
EC	0.93	0.17	1.16	0.12	1.28	0.15
OC/EC	10.55	4.12	14.74	3.34	16.49	3.76
WSOC	6.85	2.44	11.64	2.27	15.03	4.64
WSTC	6.97	2.31	11.73	2.27	15.20	4.68
WSTN	1.21	0.28	2.33	0.47	1.75	0.20
WSON	0.32	0.18	0.74	0.29	0.72	0.27
OM	16.23	8.14	27.27	6.76	34.39	11.00

OC 和 EC 在经过二次氧化反应后均呈现不同程度的增长趋势(除小麦 OC 外)，说明在 PAM 中的二次反应，有一部分的气态污染物进一步转化为 OC 组分而生成 SOA。EC 是较为稳定的碳组分，其一定程度的升高可能是与在二次反应中生成的吸光性较强的棕碳(brown carbon，BrC)有关。水稻秸秆燃烧产生的二次 OC 的排放因子经过氧化过程增长到了 10.15 g/kg，相较一次有机碳增长了 19.1%；玉米秸秆燃烧排放的二次 OC 相对一次有机碳的增幅则相对较小，为 7.1%。而小麦的 OC 在经过二次氧化过程后有一定下降，这可能是由于仪器在检测过程中对 EC 有一定程度的高估，从而导致了二次 OC 相对较低的排放因子。

WSOC 是有机碳中重要的组成部分，其在一次排放中对有机碳的贡献均在 50%以上。经过 2 天氧化过程，三种秸秆燃烧排放的二次水溶性有机碳均呈现增加趋势，说明在二次过程中有更多水溶性有机污染物产生，从而进一步危害大气环境，引起气候变化。玉米秸秆所排放的 WSOC 经过二次反应后增长至 11.64 g/kg，相较于一次排放增长了 59.7%。水稻秸秆的二次 WSOC 同样有较大增幅，其排放因子增长为 6.85 g/kg，相较一次 WSOC 增长了 55.0%。

而小麦的二次 WSOC 排放因子是三种秸秆燃烧中最高，为 15.03 g/kg，但其相对小麦一次 WSOC 仅升高 12.5%，说明小麦秸秆排放的污染物在二次氧化过程中生成有机物的能力相对较弱。

表 5-11 为三种不同类型秸秆燃烧排放的新鲜和老化 PM2.5 颗粒物化学组分的排放因子及水溶性有机碳的光学吸收特性。其中，水稻秸秆和小麦秸秆燃烧排放的 PM2.5 颗粒物中的 WSOC 在 365 nm 的光学吸收系数（Abs_{365}）因新鲜和老化样品呈现出明显差异，老化粒子的 Abs_{365} 高于新鲜粒子（图 5.3）。然而，WS 的燃烧排放的 Abs_{365} 差异不明显。WSOC 在 365 nm 的质量吸收效率（MAC_{365}）变化范围为 0.68～1.46 $m^2 \cdot g/C$，老化粒子略高于新鲜粒子。Angstrom 指数（AAE）在 300～450 nm 内的变化不显著。水稻、玉米、小麦排放新鲜颗粒中的 WSOC 的排放因子分别为 4.4±1.4 g/kg、7.3±0.3 g/kg、13.4±3.2 g/kg，占 OC 的 47.5%～59.4%；老化粒子则分别为分别为 6.8±2.4 g/kg、11.6±2.3 g/kg、15.0±4.6 g/kg，占 OC 的 69.1%～72.4%。老化粒子的 WSOC、OC 相比新鲜粒子增加 18.9%～45.7%（玉米＞水稻＞小麦），这一结果表明生物质燃烧排放的污染物在经过老化后会进一步形成更多的水溶性有机物。

表 5-11　三种秸秆燃烧样品的吸光特性及化学组分的排放因子

燃料		Abs_{365} /Mm^{-1}	MAC_{365} /($m^2 \cdot g/C$)	AAE (300～450 nm)	OC /(g/kg)	WSOC /(g/kg)	左旋葡聚糖 /(mg/kg)	K^+ /(g/kg)	Cl^- /(g/kg)
水稻	新鲜(N=3)	1365.6±501.6	1.26±0.20	6.0±0.5	8.5±4.1	4.4±1.4	110.5±13.5	0.6±0.2	1.7±0.7
	老化(N=3)	1870.9±536.5	1.16±0.09	6.4±0.5	10.14±5.1	6.8±2.4	119.4±22.2	0.6±0.1	0.6±0.2
玉米	新鲜(N=3)	1940.8±24.5	1.21±0.03	6.8±0.1	15.9±3.4	7.3±0.3	141.34±8.4	0.4±0.1	1.3±0.1
	老化(N=3)	2745.2±544.0	1.07±0.06	6.8±0.2	17.0±4.2	11.6±2.3	154.6±10.9	0.4±0.1	1.0±0.1
小麦	新鲜(N=3)	3852.9±818.4	1.17±0.00	7.3±0.2	24.1±9.3	13.4±3.2	258.07±49.5	0.8±0.5	1.8±0.5
	老化(N=3)	3895.9±1003.5	1.06±0.38	6.6±0.1	21.5±6.9	15.0±4.6	218.3±60.1	0.9±0.5	1.4±0.5

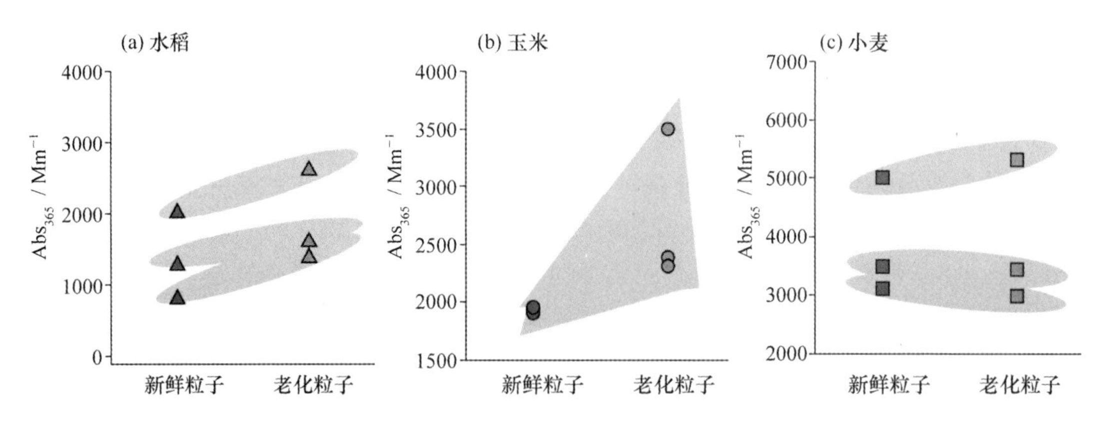

图 5.3　三种秸秆燃烧排放的新鲜和老化 PM2.5 颗粒物中 WSOC 在 365 nm 的光学吸收系数

图 5.4 表示 Abs_{365} 与 OC、WSOC、WSTN 以及 WSON 的相关特性。Abs_{365} 与 OC、WSOC、WSTN 和 WSON 其相关性系数 R 分别为 0.90、0.98、0.48、0.86。从 Abs_{365} 与 OC、WSOC 均显著相关，说明 BrC 主要来源于生物质燃烧排放。Abs_{365} 与 WSTN 的相关性低于 WSON 则可说明部分 BrC 来自 WSON。

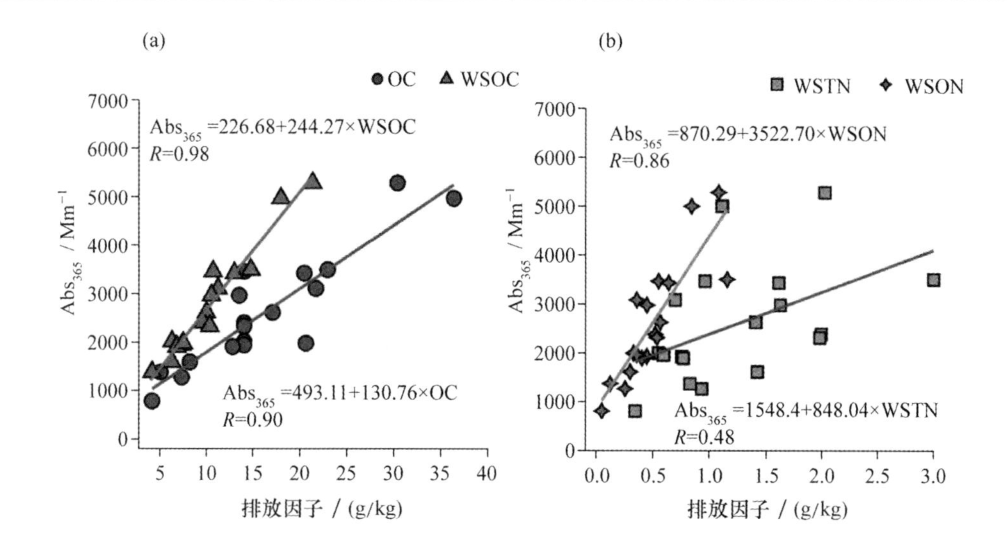

图 5.4 Abs_{365} 与 OC、WSOC、WSTN 以及 WSON 的相关性曲线

图 5.5 表示生物质排放 VOCs(异戊二烯和二甲苯)的排放因子与 Abs_{365} 和 MAC_{365} 相关性。整体上来讲,Abs_{365} 与二甲苯的相关性较高,而与异戊二烯的相关性较低。而大气中二甲苯来源于人为污染源,主要由甲苯和苯甲基化产生。因此说明 BrC 与人为污染有关。

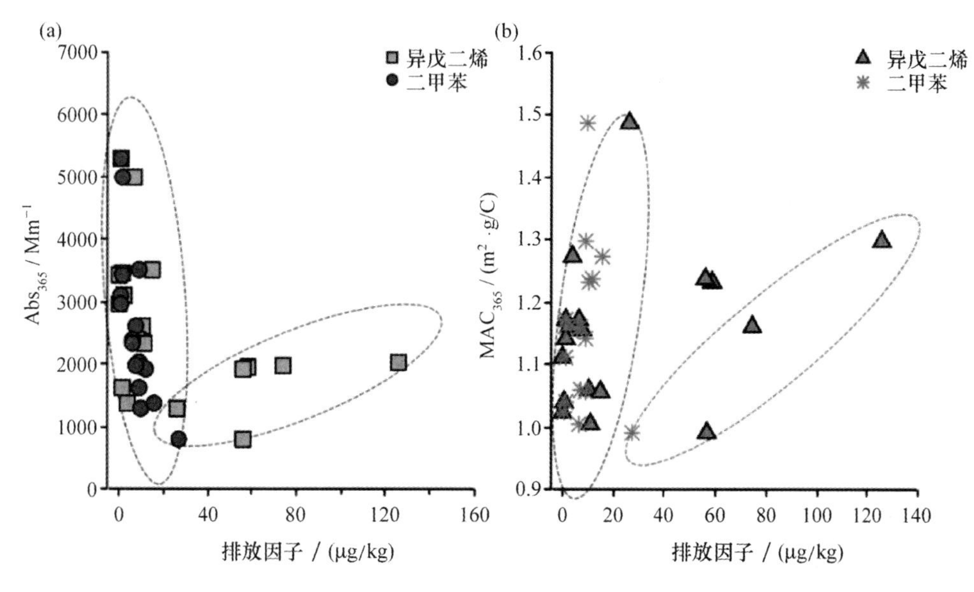

图 5.5 生物质排放 VOCs 与(a) Abs_{365} 和(b) MAC_{365} 相关性

(2) 水溶性无机离子组分

秸秆燃烧排放的 PM2.5 中水溶性无机离子组分的一次和二次排放因子对比如图 5.6 所示,三种秸秆燃烧排放的污染物在经过二次氧化反应后其水溶性无机离子排放因子均有不同程度的增加。玉米秸秆的总水溶性离子经过二次反应后的增幅最大,其二次排放因子为 6.23±0.34 g/kg,相较一次排放的总水溶性离子增长了 83.3%。小麦水溶性离子的二次排放因子也处于较高水平，为 6.20±0.74 g/kg，但其与一次排放相比的增长幅度较小，仅为 24.8%。水稻秸秆燃烧排放的颗粒物经过二次氧化过程后产生的总水溶性离子的排放因子则相对较低，为 4.45±0.84 g/kg，相对一次排放仅增加了 16.3%。

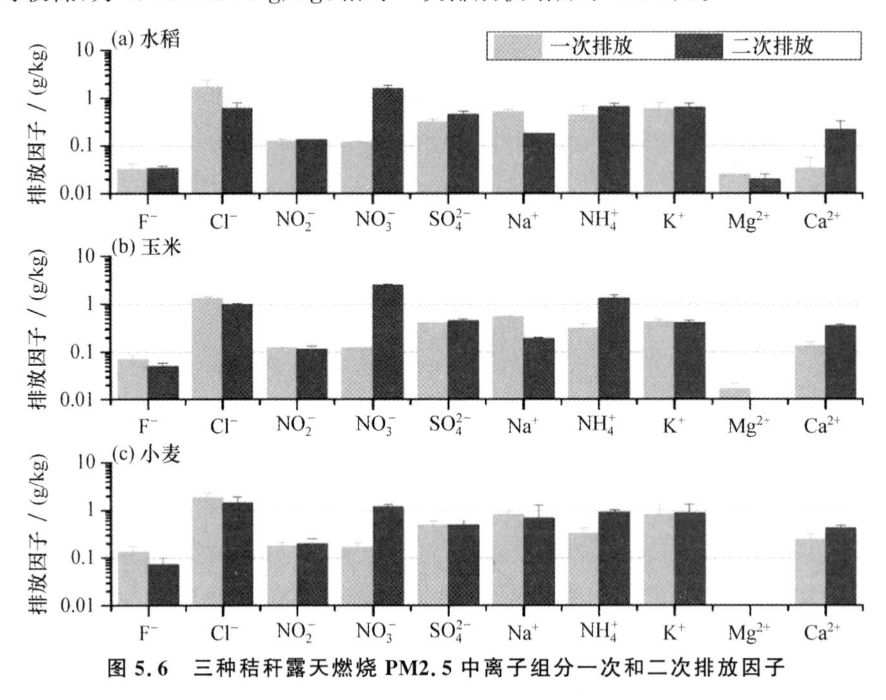

图 5.6　三种秸秆露天燃烧 PM2.5 中离子组分一次和二次排放因子

离子组分中，NO_3^-、SO_4^{2-} 和 NH_4^+ 在经过大气中二次氧化反应后其排放因子均有不同程度的增加。NO_3^-、SO_4^{2-} 和 NH_4^+ 被统称为二次无机气溶胶（secondary inorganic aerosol，SIA），是 PM2.5 中重要的二次反应无机标志物。它们在大气中的光化学反应中，容易与其他离子结合，形成硫酸盐、硝酸盐以及铵盐等。本章中 NO_3^-、SO_4^{2-} 和 NH_4^+ 在二次排放中的升高趋势也同时证明了其在二次氧化反应中的重要地位。此外，Na^+ 和 Mg^{2+} 在经过氧化过程后其排放因子均呈现下降趋势，说明它们在二次反应中同样参与了反应，与 NO_3^-、SO_4^{2-} 和 NH_4^+ 等结合而生成了其他颗粒态污染物。

生物质燃烧排放的水溶性无机离子在大气中经过二次氧化反应后其对总离子的贡献也发生了一定变化。在一次排放中，Cl^- 和 K^+ 作为生物质燃烧的典型标志物，其在总离子中的贡献最高，此外，Na^+ 和 SO_4^{2-} 的贡献率在一次排放中也较高。而经过氧化过程后，NO_3^- 在水稻和玉米秸秆燃烧排放的总离子中的贡献有明显升高，分别为 35.3% 和 38.9%，并且远高于其他离子组分的贡献。而小麦秸秆的离子组分中，NO_3^- 仅上升到 18.8%，说明其燃烧排放的水溶性无机离子在大气中的二次氧化反应略低于水稻和玉米秸秆。此外，二次氧化后 NH_4^+ 在总离子中的贡献也有一定升高，水稻、玉米和小麦秸秆的二次排放中 NH_4^+ 分别贡献 14.3%、20.7% 和 14.7%。而 SO_4^{2-} 在一次和二次反应生成离子中的贡献比率则变化不大，这与 NO_3^- 和 NH_4^+ 在二次反应中的主导地位有关。

（3）元素组分特征

元素组分在生物质燃烧排放的颗粒物中属于较为稳定的化学组分，三种秸秆燃烧的一次和二次排放因子对比如图 5.7 所示。可以看到，所测得的元素中，大部分组分的排放因子在经过二次氧化反应后的变化幅度很小，说明其作为稳定元素没有参与到大气中的氧化过程，在经过生物质燃烧排放后在大气环境中呈现较为稳定的状态，不易被氧化或参与氧化反应。而个别元素在本研究中呈现较低程度的升高或降低，这与仪器测试过程中的误差有关，经过计算这些元素的变化范围均在仪器误差允许范围内。

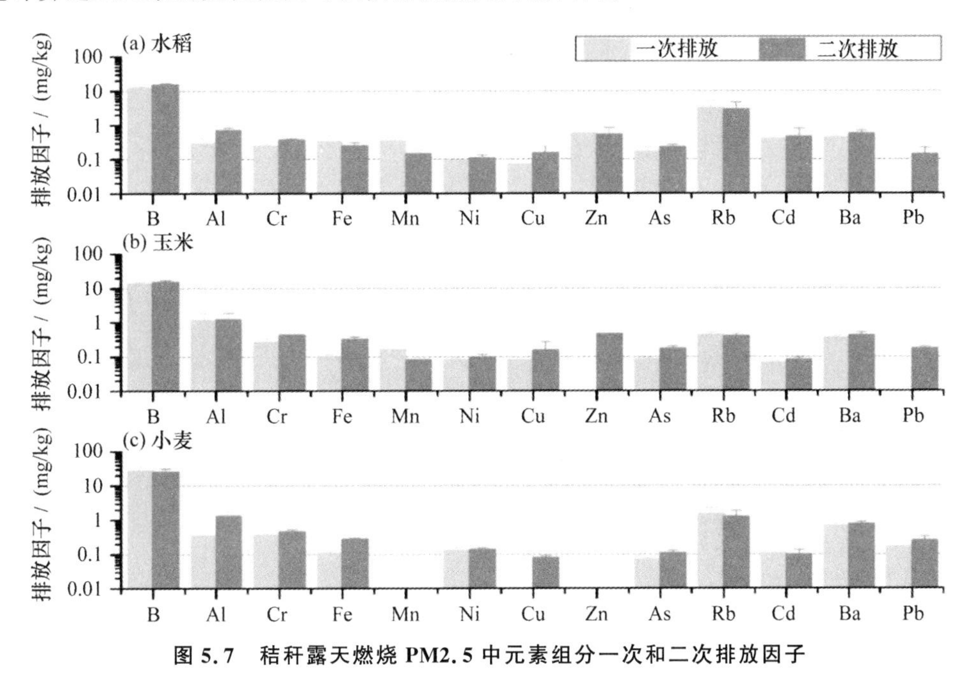

图 5.7　秸秆露天燃烧 PM2.5 中元素组分一次和二次排放因子

3. 有机组分

(1) 有机示踪物

为了深入探究本章中所测得的有机示踪物在大气光化学氧化反应中的演化特征，我们对 10 类主要有机污染的一次和二次排放进行了对比和分析，如图 5.8 所示。总糖类、总脂肪醇和总脂肪酸在秸秆燃烧二次排放中仍旧为排放较高的有机物，但相对一次排放因子均呈现明显下降趋势。其中总脂肪醇的下降幅度最为显著，小麦秸秆在经过二次氧化反应后相对一次排放因子下降 30.2%，水稻和玉米秸秆则也分别呈现 15.2%和 8.1%的下降幅度。总脂肪酸在经过秸秆燃烧排放到大气环境中后同样会发生氧化反应，三种秸秆燃烧二次排放相对于一次排放的降低幅度相近，水稻、玉米和小麦秸秆排放在经过氧化反应后分别降低 10.4%、15.7%和 13.6%。

总正构烷烃、总多环芳烃和总胆固醇在生物质燃烧排放中虽然浓度相对较低，其排放因子在经过二次氧化反应后同样呈现降低趋势，并且相对一次排放的降低程度相对总糖类、总脂肪醇和总脂肪酸更高。其中，总胆固醇的下降比率最高，玉米秸秆排放的胆固醇在经过氧化反应后下降了 64.3%，水稻和小麦的二次排放因子相较一次排放因子则呈现 43.8%和 48.1%的降解。多环芳烃在大气环境中同样容易发生氧化反应，会与含氧和含氮等大气污染物发生光化学反应而生成多环芳烃衍生物，如 OPAHs 和含氮多环芳烃(NPAHs)等。水稻、玉米和小麦秸秆燃烧排放的多环芳烃污染物在经过二次氧化反应后分别下降了53.8%、42.5%和56.7%。总正构烷烃由秸秆燃烧排放到大气中后,同样会发生一定程度的氧化反应而生成其他有机化合物,因此其二次排放因子相对一次排放因子也呈现降低趋势,水稻、玉米和小麦秸秆的二次排放因子分别降低了28.2%、30.7%和30.0%。因此,脂肪酸、脂肪醇、糖类、胆固醇、多环芳烃和正构烷烃可以作为生物质燃烧排放的一次有机气溶胶(primary organic aerosol, POA)示踪物。

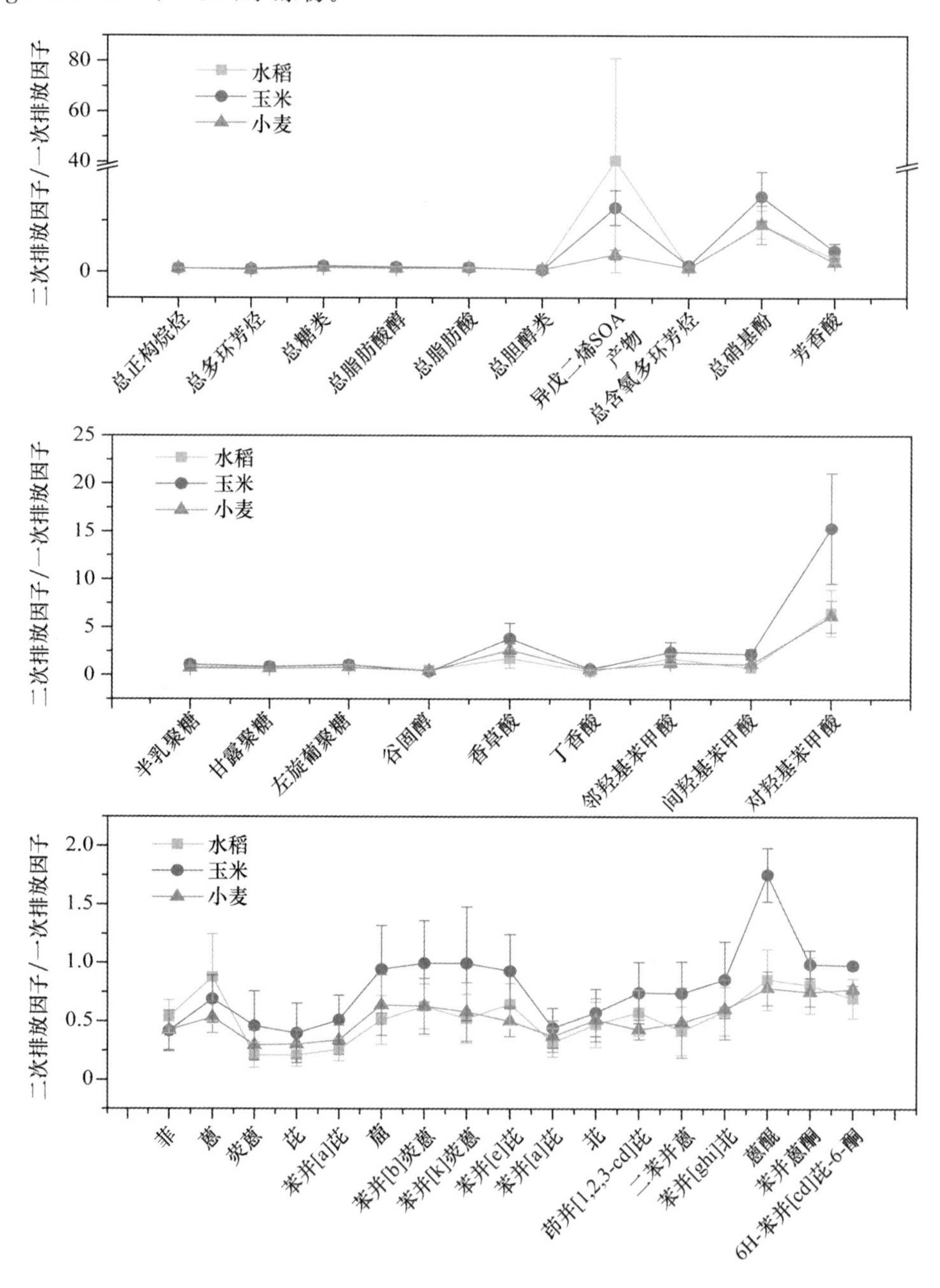

图5.8 三种秸秆露天燃烧PM2.5中有机组分二次排放因子和一次排放因子比值

此外，秸秆燃烧排放的 OPAHs、芳香酸类、硝基苯酚和 SOAi(异戊二烯 SOA 产物)的二次排放因子均相对一次排放呈现升高趋势。这些有机物均可以在大气中经过 VOCs 等气体有机物氧化反应生成，可以作为生物质燃烧排放有机物的 SOA 示踪物。SOAi 大多是由挥发性有机物中的异戊二烯发生二次氧化反应转化而成，其二次排放因子/一次排放因子的比值在二次有机示踪物中最高。其中水稻秸秆燃烧排放的 SOAi 的二次排放因子/一次排放因子值高达 40.5，玉米秸秆和小麦秸秆的二次排放因子分别是一次排放因子的 12.5 和 3.4 倍。硝基苯酚的二次排放因子也相对一次排放有较大幅度升高，其中玉米秸秆的二次排放因子相对一次排放升高了 14.7 倍，而水稻和小麦秸秆的二次排放因子/一次排放因子比值分别为 9.4 和 9.3。芳香酸类在生物质燃烧排放中经过二次反应同样呈现升高趋势，其中玉米的升高幅度较大，其二次排放因子是一次排放因子的 4.2 倍，而水稻和小麦的二次/一次排放因子比值也分别为 2.6 和 1.8。小麦秸秆在二次有机气溶胶示踪物中均呈现较高的二次/一次排放因子比值，说明其排放的污染物生成二次有机污染物的潜力更大。

(2) 生物质燃烧示踪物

燃烧示踪物的关注可以进一步探究生物质排放的有机物在大气环境中的演化特征和过程，因此我们对本章中测得的生物质燃烧示踪物进行了一次和二次排放对比分析，如图 5-8 所示。左旋葡聚糖作为生物质燃烧的重要标志物，在秸秆露天燃烧中的一次和二次排放变化较小。水稻、玉米和小麦秸秆排放的左旋葡聚糖一次排放因子/二次排放因子的比值分别为 1.08、1.09 和 0.85，证明了左旋葡聚糖在被排放到大气中以后较为稳定。同时进一步证明了左旋葡聚糖可以作为生物质燃烧的标志物。此外，半乳聚糖和甘露聚糖是左旋葡聚糖的同分异构体，在经过生物质燃烧排放到大气中以后也处于相对稳定的状态，同样可以作为生物质燃烧源的重要标志物。

香草酸和对羟基苯甲酸的二次排放则经过氧化反应呈现增加趋势。水稻、玉米和小麦秸秆燃烧排放的对羟基苯甲酸的二次排放因子分别是一次排放因子的 6.62、14.67、6.40 倍。香草酸的二次排放增长则略低于对羟基甲苯酸，水稻、玉米和小麦秸秆的二次排放因子/一次排放因子的比值分别为 1.94、3.71 和 2.81。可以看到玉米秸秆的二次排放增长倍数均大于水稻和小麦秸秆，说明玉米秸秆燃烧排放的香草酸和对羟基苯甲酸的氧化潜质更强，这与有机示踪物的趋势相同。此外，对羟基苯甲酸的同分异构体邻羟基苯甲酸和间羟基苯甲酸在经过二次氧化反应后同样有不同程度的升高趋势，其二次排放因子/一次排放因子比值范围为 0.80～2.33。

谷固醇和丁香酸的排放在经过大气环境中二次反应后反而呈现下降趋势，这可能是因为这两种有机物在大气中较为不稳定，容易与其他物质发生反应而被消耗。因此，在结合左旋葡聚糖结果的情况下，可以使用香草酸和对羟基苯甲酸作为生物质燃烧的二次排放示踪物，邻羟基苯甲酸和间羟基苯甲酸也可以作为二次排放的参考值。

(3) 多环芳烃

三种秸秆燃烧排放的 PAHs 和 OPAHs 组分的二次排放因子以及二次排放因子和一次排放因子对比如图 5.8 所示。可以看到多环芳烃组分的二次排放因子在经过大气环境中的氧化反应后呈现降低的趋势。这说明大部分多环芳烃组分在大气环境中会发生光化学反应而生成其他氧化性更高的有机物。其中 fluoranthene、pyrene 和 benz[a]anthracene 的二次/一次比值相较其他组分更低，说明它们在大气反应中更为活跃，更容易发生氧化反应而生成其他物质。这三种多环芳烃组分在一次排放中的贡献较高，而在二次反应中则呈现更高的反应比率。水稻秸秆燃烧排放的 fluoranthene、pyrene 和 benz[a]anthracene 反应程度最高，其二次排放因子/一次排放因子比值分别为 0.28、0.27 和 0.28；其次为小麦秸秆，其排放的 fluoranthene、pyrene 和 benz[a]anthracene 二次排放因子/一次排放因子结果分别为 0.30、0.31 和 0.32；而玉米秸秆的反应程度则相对较弱，fluoranthene、pyrene 和 benz[a]anthracene 二次排放因子/一次排放因子比值分别为 0.40、0.35 和 0.46。

在含氧多环芳烃中，监测到的三种组分(anthraquinone、benzanthrone 和 6H-benzo[cd]pyrene-6-one)在经过二次氧化过程后也有一定程度的降低，但一次排放和二次排放的差异较小。含氧多环芳烃可以由大气中排放的 PAHs 的氧化反应生成。而其本身也可以在大气环境中参与氧化反应，从而生成新的氧化性较强的有机气溶胶。

(4) 水溶性有机氮和硝基酚

三种生物质燃烧排放的 WSON 和硝基酚组分的一次和二次排放因子如图 5.9 所示。可以看到，水溶性有机氮在经过大气环境中的氧化过程后呈现一定升高趋势，证明了生物质燃烧排放的污染物会通过氧化反应而生成更多 WSON。这些 WSON 有可能是由秸秆燃烧排放的氮氧化物(NO_x)和挥发性有机物(VOCs)发生反应而产生，并且对人体健康有一定的危害作用。

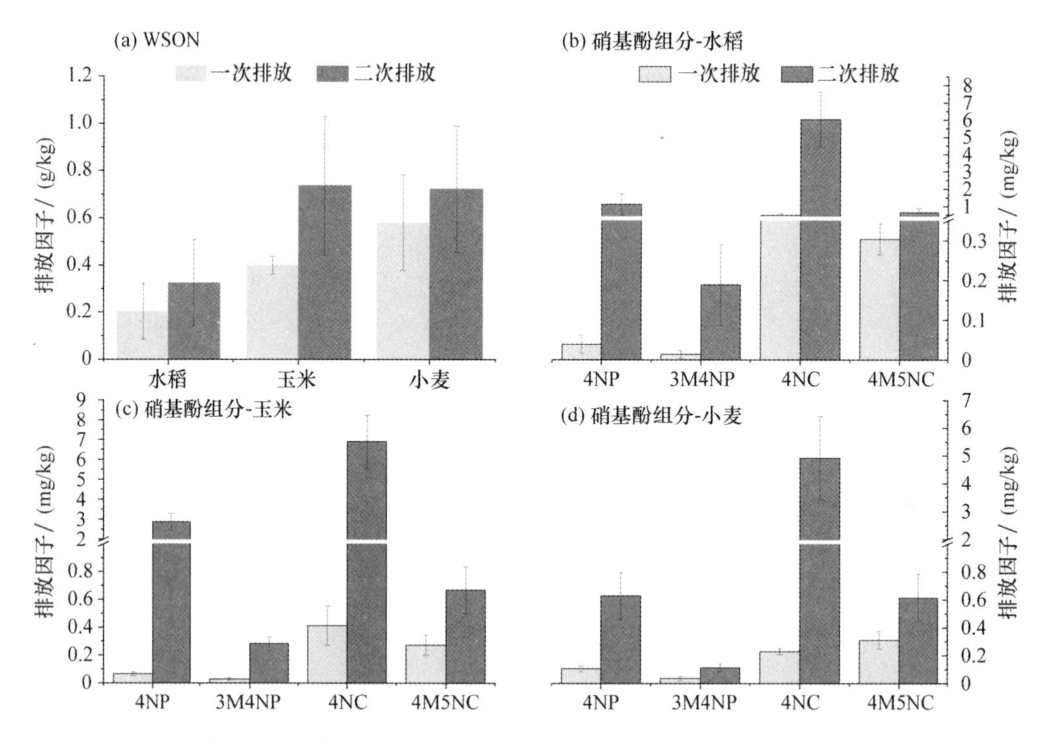

图 5.9　三种秸秆露天燃烧 PM2.5 中水溶性有机氮和硝基酚一次和二次排放因子对比

本章中检测到的硝基酚组分在经过二次氧化反应后均呈现不同程度的升高趋势，说明在秸秆燃烧排放的污染物中，VOCs等不稳定气态和颗粒态污染物会进一步发生反应而生成更多的含氮有机物。其中4NP在二次反应中新生成的组分最多，其在水稻、玉米和小麦秸秆燃烧排放中的二次/一次比率分别为28.2、43.1和5.9，玉米秸秆排放的污染物生成了更多4NP。在秸秆燃烧排放的二次反应中同时生成了大量4NC，水稻、玉米和小麦秸秆的二次排放因子/一次排放因子比值分别为12.3、16.7和21.4。此外，3M4NP也在生物质燃烧排放的污染物二次反应中有较大量的生成，其二次/一次排放比值范围为3.1～13.6。4M5NC在秸秆燃烧排放的二次氧化反应中的生成量则相对较低，水稻、玉米和小麦秸秆的二次排放因子/一次排放因子比值分别为2.1、2.4和2.0，三种秸秆燃烧的差别也较小。

4. VOCs和SOAs生成

为了探究生物质燃烧污染物中主要VOCs组分在经过二次氧化反应后转化的主要SOA组分，本章选取了VOCs中有明显消减效应的组分和SOA中有明显升高趋势的组分进行了相关性分析。结果表明，异戊二烯和SOAi呈现较高相关性($R=0.70$)，可以证明大部分异戊二烯在经过氧化反应后转化为了相关二次产物，包括2-MGA、2-MT和2-ME。这些SOAi已被认为是大气二次反应中重要的异戊二烯二次产物示踪物。也有研究证明酸性气溶胶的存在会潜在地增加异戊二烯二次产物的生成。

图5.10为异戊二烯二次产物生成可能路径中异戊二烯和羟基自由基反应的可能原理。羟基自由基可以通过反应增加在异戊二烯结构中4种不同的位置，从而生成中间产物的8种同分异构体。异丁烯醛(methacrolein)是异戊二烯氧化反应产生SOA的重要中间产物。当两个RO_2自由基反应并生成二醇(diols)和羟基羰基合物(hydroxycarbonyls)，并同时产生RO自由基。HO_2的主要来源是RO自由基通过O_2的提取或其分解或异构化的反应而产生。随

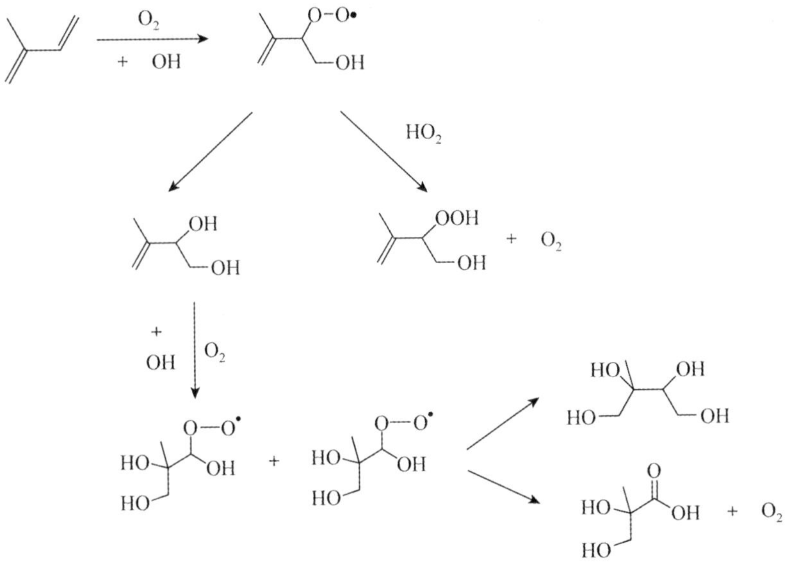

O_2
+ OH
O-O•
OH
HO_2
OH
OH
OOH
OH
+ O_2
+
OH
O_2
O—O•
HO
OH
HO
+
O—O•
HO
OH
HO
HO
OH
HO
OH
O
HO
OH
+ O_2
HO

图5.10 异戊二烯氧化反应的部分可能原理

着 HO_2 的形成，RO_2 自由基与 HO_2 迅速反应，从而生成 2-过氧基-3-甲基-3-丁烯-1-醇(2-hydroperoxy-3-methylbut-3-en-1-ol)。进一步氧化反应中甲基丙烯醛(methacrolein)的第二歧化反应和二羟氧自由基(dihydroxy-RO_2)的反应，将进一步产生 2-甲基丁-1,2,3,4-四醇(2-methylbutane-1,2,3,4-tetraol)。

苯和甲苯均和硝基酚有强相关性，分别为 $R=0.61$ 和 $R=0.70$。有研究表明，生物质燃烧产生的烟气中的硝基酚很可能是在随后的大气过程中形成的，这对芳香类化合物在排放后的消解起着重要作用。大气中芳香类化合物的消解主要来自与羟基自由基和硝基自由基的反应，而与臭氧的反应是羟基苯类化合物(hydroxybenzenes)的次要损失过程。酚类、甲酚类与羟基自由基在 NO_x 存在下发生反应，会形成甲基苯醌(methylbenzoquinones)、甲基儿茶酚(methylcatechols)、甲基硝基酚(methylnitrophenols)等多种异构体。在 NO_x 存在的情况下，苯与羟基自由基的主要产物是苯酚(phenol)和硝基苯(nitrobenzene)。

苯和甲苯的氧化反应可能路径如图 5.11 所示。反应的第一步是向苯环加成羟基自由

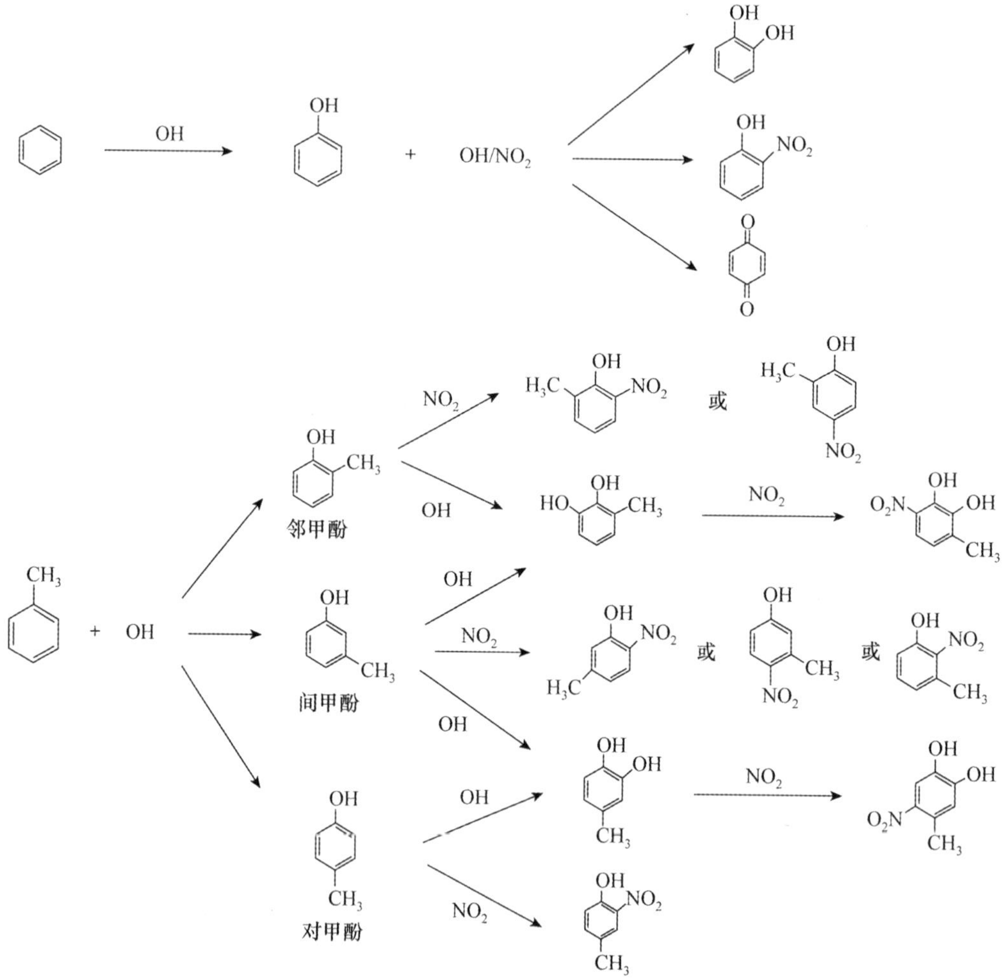

图 5.11　苯和甲苯在大气中氧化过程的可能路径

基，然后与 O_2 和 NO_2 反应生成硝基酚。酚与 OH 反应中芳香环上的 OH 加成可以形成羟基取代基的 O—H 键，也可以形成甲基取代基的 C—H 键。甲苯和 OH/NO_2 反应的主要产物是甲酚(cresols)、苯甲醛(benzaldehyde)和间硝基甲苯(*m*-nitrotoluene)。OH-甲苯加合物可与 O_2 发生反应，或通过 O_2 的加入形成过氧自由基，或通过抽提生成酚类化合物。研究发现邻甲酚(*o*-cresol)对甲酚总量的贡献最大(约 80%)，间甲酚(*m*-cresol)和对甲酚(*p*-cresol)约占 20%。随着甲酚的产生，羟基自由基和 NO_2 的进一步氧化会形成硝基儿茶酚(nitrocatechols)。邻甲酚或对甲酚的氧化分别产生 3-甲基儿茶酚(3-methylcatechol)或 4-甲基儿茶酚(4-methylcatechol)，间甲酚氧化可同时产生这两种化合物。

甲苯和芳香酸呈现强相关性($R=0.80$)，而苯和芳香酸则为中度相关($R=0.40$)。先前的实验室模拟研究发现，生物质燃烧产生的气态污染物经过光化学反应会显著增强有机气溶胶的排放，其中包括功能化和碎片化反应。经过老化过程后芳香类物质和萜烯(terpenes)含量降低，甲酸(formic acid)和其他未知氧化产物含量则呈现增加趋势。已有研究结果表明，在 NO_x 参与反应的条件下，芳香类物质是形成 SOA 的主导因素，其中苯、甲苯、间对二甲苯、氧烯、乙苯和萘同样是重要的前体物。

5.5　本项目资助发表论文

[1] CHUANG H C, SUN J, NI H Y, et al. Characterization of the chemical components and bioreactivity of fine particulate matter produced during crop-residue burning in China. Environmental Pollution, 2019, 245: 226-234.

[2] NIU X Y, LI J J, WANG Q Y, et al. Characteristic of fresh and aged volatile organic compounds from open burning of crop residues. Science of the Total Environment, 2020, 726: 138545.

[3] LI J J, ZHANG Q, WANG Q H, et al. Optical properties and molecular compositions of water-soluble and water-insoluble brown carbon (BrC) aerosols in Northwest China. Atmospheric Chemistry and Physics, 2020, 20: 4889-4904.

[4] LI J J, LI J, WANG G H, et al. Molecular characteristics of organic compositions in fresh and aged biomass burning aerosols. Science of the Total Environment, 2020, 741: 140247.

[5] LI J J, LI J, WANG G H, et al. Effects of atmospheric aging processes on in vitro induced oxidative stress and chemical composition of biomass burning aerosols. Journal of Hazardous Material, 2020: 123750.

参考文献

[1] SCHLESINGER R B. The health impact of common inorganic components of fine particulate matter

(PM2.5) in ambient air: A critical review. Inhal Toxicol, 2007, 19(10): 811-32.

[2] HALLQUIST M, WENGER J, BALTENSPERGER U, et al. The formation, properties and impact of secondary organic aerosol: current and emerging issues. Atmospheric Chemistry and Physics, 2009, 9(14): 5155-5236.

[3] HO K F, HO S S H, HUANG R J, et al. Chemical composition and bioreactivity of PM2.5 during 2013 haze events in China. Atmospheric Environment, 2016, 126: 162-170.

[4] ZHENG M, WANG F, HAGLER G S W, et al. Sources of excess urban carbonaceous aerosol in the Pearl River Delta Region, China. Atmospheric Environment, 2011, 45(5): 1175-1182.

[5] STREETS D G, YARBER K F, WOO J H, et al. Biomass burning in Asia: Annual and seasonal estimates and atmospheric emissions. Global Biogeochemical Cycles, 2003, 17(4).

[6] NAEHER L P, BRAUER M, LIPSETT M, et al. Woodsmoke health effects: A review. Inhalation Toxicology, 2007, 19(1): 67-106.

[7] PARK J H, TROXEL A B, HARVEY R G, et al. Polycyclic aromatic hydrocarbon (PAH) o-quinones produced by the aldo-keto-reductases (AKRs) generate abasic sites, oxidized pyrimidines, and 8-oxo-dGuo via reactive oxygen species. Chemical Research in Toxicology, 2006, 19(5): 719-728.

[8] LEE D, WEXLER A S. Atmospheric amines—Part Ⅲ: Photochemistry and toxicity. Atmospheric Environment, 2013, 71: 95-103.

[9] LI X, WANG S, DUAN L, et al. Characterization of non-methane hydrocarbons emitted from open burning of wheat straw and corn stover in China. Environmental Research Letters, 2009, 4(4): 044015.

[10] GRIESHOP A, LOGUE J, DONAHUE N, et al. Laboratory investigation of photochemical oxidation of organic aerosol from wood fires 1: Measurement and simulation of organic aerosol evolution. Atmospheric Chemistry and Physics, 2009, 9(4): 1263-1277.

[11] ENGLING G, LEE J J, TSAI Y W, et al. Size-resolved anhydrosugar composition in smoke aerosol from controlled field burning of rice straw. Aerosol Science and Technology, 2009, 43(7): 662-672.

[12] CHAN C Y, CHAN L Y, CHANG W L, et al. Characteristics of a tropospheric ozone profile and implications for the origin of ozone over subtropical China in the spring of 2001. Journal of Geophysical Research: Atmospheres, 2003, 108(D20).

[13] WANG Q, SHAO M, LIU Y, et al. Impact of biomass burning on urban air quality estimated by organic tracers: Guangzhou and Beijing as cases. Atmospheric Environment, 2007, 41(37): 8380-8390.

[14] WANG B, LIU Y, SHAO M, et al. The contributions of biomass burning to primary and secondary organics: A case study in Pearl River Delta (PRD), China. Science of The Total Environment, 2016, 569: 548-556.

[15] SLADE J, THALMAN R, WANG J, et al. Chemical aging of single and multicomponent biomass burning aerosol surrogate particles by OH: Implications for cloud condensation nucleus activity. Atmospheric Chemistry and Physics, 2015, 15(17): 10183-10201.

[16] AOUIZERATS B, VAN DER WERF G, BALASUBRAMANIAN R, et al. Importance of transboundary transport of biomass burning emissions to regional air quality in Southeast Asia during a high fire event. Atmospheric Chemistry and Physics, 2015, 15(1): 363-373.

[17] HUANG R J, ZHANG Y, BOZZETTI C, et al. High secondary aerosol contribution to particulate

pollution during haze events in China. Nature, 2014, 514(7521): 218-222.

[18] BRUNS E A, EL HADDAD I, SLOWIK J G, et al. Identification of significant precursor gases of secondary organic aerosols from residential wood combustion. Scientific Reports, 2016, 6: 27881.

[19] YAO L, YANG L, CHEN J, et al. Characteristics of carbonaceous aerosols: Impact of biomass burning and secondary formation in summertime in a rural area of the North China Plain. Science of The Total Environment, 2016, 557: 520-530.

[20] DING X, HE Q F, SHEN R Q, et al. Spatial and seasonal variations of isoprene secondary organic aerosol in China: Significant impact of biomass burning during winter. Scientific Reports, 2016, 6: 20411.

[21] KEYWOOD M, COPE M, MEYER C M, et al. When smoke comes to town: The impact of biomass burning smoke on air quality. Atmospheric Environment, 2015, 121: 13-21.

[22] PAVAGADHI S, BETHA R, VENKATESAN S, et al. Physicochemical and toxicological characteristics of urban aerosols during a recent Indonesian biomass burning episode. Environmental Science and Pollution Research, 2013, 20(4): 2569-2578.

[23] BAEZA SQUIBAN A, BONVALLOT V, BOLAND S, et al. Airborne particles evoke an inflammatory response in human airway epithelium. Activation of transcription factors. Cell biology and toxicology, 1999, 15(6): 375-380.

[24] JUNG H, GUO B, ANASTASIO C, et al. Quantitative measurements of the generation of hydroxyl radicals by soot particles in a surrogate lung fluid. Atmospheric Environment, 2006, 40(6): 1043-1052.

[25] LEONARD S S, WANG S, SHI X, et al. Wood smoke particles generate free radicals and cause lipid peroxidation, DNA damage, NFκB activation and TNF-α release in macrophages. Toxicology, 2000, 150(1): 147-157.

[26] ZHANG Z S, ENGLING G, LIN C Y, et al. Chemical speciation, transport and contribution of biomass burning smoke to ambient aerosol in Guangzhou, a mega city of China. Atmospheric Environment, 2010, 44(26): 3187-3195.

第6章 城市大气颗粒物不同粒径多环芳烃的分布特征及其单体碳同位素溯源的研究

胡健[1,2,3]，宋光为[1,3]，魏荣菲[4]，田丽艳[4]，孔静[4]，韩晓坤[5]

[1]中国科学院地球化学研究所，[2]中国科学院生态环境研究中心，

[3]中国科学院大学，[4]中国科学院地理科学与资源研究所，[5]天津大学

随着经济的快速发展以及机动车数量的快速增加，灰霾天气已成为我国很多城市面临的最严重环境问题之一。灰霾颗粒物吸附的众多污染物中，多环芳烃（polycyclic aromatic hydrocarbons，PAHs）是危害较为显著的一种，灰霾期间 PAHs 污染水平明显增加。由于地理位置和城市规划的不同、居民生活习惯的差异以及经济发展水平差异等原因，城市大气颗粒物中的 PAHs 的来源较为复杂，PAHs 稳定碳同位素来源解析方法能避免传统化学指纹分析所带来的 PAHs 不确定性。本章研究主要以北京市为例，采用安德森八级撞击采样器系统采集了 2017 年 10 月—2018 年 10 月北京市典型代表区域不同粒径大气颗粒，分析了不同粒径 16 种优控 PAHs 的分布规律，评价了采暖季和非采暖季不同粒径颗粒物中 PAHs 的生态风险。完善了大气颗粒物中 PAHs 单体碳同位素分析流程；同时采集了北京市不同类型机动车尾气、燃煤、生物质燃烧（C_3、C_4 植物）等主要 PAHs 可能来源的 TSP 颗粒物样品，分析了其中 PAHs 单体碳同位素特征，建立北京市大气颗粒物端源 PAHs 单体碳同位素组成数据库；结合建立的 PAHs 源单体同位素组成数据库，探讨了北京市灰霾大气颗粒物中 PAHs 的主要来源。

6.1 研究背景

大气颗粒物是大气环境中化学组成最复杂、危害最大的污染物之一，这些颗粒物在全球区域气候、大气化学组成、生物地球化学循环、人类健康等环境问题的研究中扮演了极为重要的角色[1]，在这些空气中的悬浮颗粒物上，吸附了众多的有机污染物，在吸附的众多有机污染物中，以 PAHs 的危害最为显著，PAHs 是最早被发现的环境致癌物之一，是可持久性有机污染物（POPs）的一种，目前已发现的 PAHs 及其衍生物已超过 400 种[2]。环境中的 PAHs 绝大部分源于人类活动[3-4]。各种燃烧排放产生的 PAHs 最先进入的环境介质就是大气，通过大气环流的输送与大气气溶胶干湿沉降作用，PAHs 可以进行长距离传输。因此对大气环境中 PAHs 的研究一直是国内外环境领域研究的热点。当大气中存在的悬浮颗粒

物导致大气能见度小于 10 km 时,造成灰霾。近几年随着经济的快速发展以及机动车数量的快速增加,我国很多城市的灰霾天气越来越严重,已经成为严重影响和制约一个地区经济可持续发展的因素,并可能继续恶化。2013 年灰霾波及 25 个省份、100 多个大中型城市,创 52 年来之最。而我国的能源结构决定了在今后相当长的时间内,燃煤机组装机容量还将增长,钢铁、水泥、电解铝等高耗能行业投资正在不断加快,排放的大气颗粒物会继续增加,大气污染问题是当前我国面临的最严峻的环境问题之一,因此,开展对灰霾污染的全方位研究将是一个非常重要的长期任务。

城市大气中的 PAHs 的来源较为复杂,具有来源众多、污染广泛和危害性大的特点。燃煤是我国最主要的能源,燃煤排放构成了许多城市大气颗粒物中 PAHs 的重要来源。另外,随着我国汽车拥有量越来越高,汽车尾气排放构成城市大气颗粒物中 PAHs 的另一个重要来源[5],此外,垃圾焚烧、木材燃烧、烹调等也是 PAHs 的重要排放源[6-7]。北京市每年的秋末到春季都是灰霾天的高发期。2013 年 1 月,北京市先后出现了四次空气重污染过程,污染的严重程度为近年来同期罕见。北京市污染的来源非常复杂,大气污染呈现复合型的特征[8-9]。

已有研究表明,灰霾期间大气颗粒物中 PAHs 污染水平明显增加,但是对灰霾天大气颗粒物中 PAHs 的不同粒级分布特性、霾天中 PAHs 的主要来源、不同来源 PAHs 对灰霾大气颗粒 PAHs 的贡献率、与非霾天的 PAHs 分布特征的差别、不同季节灰霾中的 PAHs 主要来源、本地来源占多大的比例等问题还需深入探讨,这对定量评价不同来源的 PAHs 对大气颗粒物中 PAHs 的贡献率,进一步探讨灰霾中 PAHs 去除机制、评价灰霾天气对人体健康的潜在危害,具有极为重要的意义。

颗粒物中的化学组分的粒径分布特征提供了其化学形成和增长机制的重要信息。有机物是大气颗粒物中重要的组成部分,一般估计颗粒物中有 20%～50%是有机成分[10],其中细颗粒物中有机颗粒物主要分布在 0.1～1.0 μm,以聚集模态存在[11]。在 0.15～0.45 μm 间的有机物质量占颗粒物总质量的 49%,而粒径大于 12 μm 的颗粒物中,有机物只占 3%,在总悬浮颗粒物(TSP)中有机物的含量约占总质量的 17.3%～22.8%[12]。

长期呼吸含 PAHs 的空气或食用含 PAHs 的食物会造成慢性中毒,有研究发现,100 m^3 空气中 BaP(苯并[a]芘)每上升 0.1 μg/h,肺癌的死亡率就增加 5%[13]。大气中的 PAHs 主要吸附于大气颗粒物中。颗粒物粒径不同,进入人体的部位不同,对人体造成的危害也不相同。富集在细颗粒物中的 PAHs 可以直接进入人体,可能对人体有更大的危害[14]。而且大气中颗粒态 PAHs 的沉降速率、迁移距离、光解速率、大气寿命等归趋行为都受其粒径分布的影响[15]。

由于排放源及测量方法的不同,文献报道的源排放颗粒物中 PAHs 的粒径分布略有差别,但主要都集中于微米及亚微米粒径范围。Zielinska 等[16]对汽车尾气的研究显示,二环和三环的 PAHs 粒径分布没有明显的峰值,但四环以上的 PAHs 主要分布在 0.18～0.32 μm;Venkataraman 等[10]发现燃烧木材、煤块及牛粪饼的炉灶排放的 PAHs 为单峰分布(0.40～1.01 μm),且颗粒态 PAHs 的质量中值直径(MMD)比汽车尾气中 PAHs 的 MMD 高出 5～10 倍;Yang 等[17]发现在稻草燃烧期,大气中颗粒态 PAHs 的粒径峰值在积聚模态(0.1～1 μm),而非稻草燃烧期间(汽车尾气为主要来源)的峰值在超细模态(<0.1 μm);陈

颖军[18]报道中国农村家用蜂窝煤燃烧排放的颗粒态PAHs绝大部分集中于亚微米范围。大城市地区排放源种类繁多,因此,对大气颗粒物中不同粒径上的PAHs的分布特征进行研究,探讨不同排放源排放颗粒及PAHs粒径分布差异的原因,可以为进一步的PAHs排放清单研究提供基础数据,对示踪颗粒物上PAHs的来源、评价其危害有着重要的作用。

国内外学者对城市大气颗粒物环境中的PAHs的污染水平[19-21]、不同粒径气溶胶中的PAHs分布特征等进行了广泛的研究[21-22],并进行了污染评价[23-24]。对灰霾中PAHs的研究主要集中在污染变化特征等方面[25-26]。已有的研究显示灰霾与非灰霾期间、不同季节灰霾期间以及灰霾期间昼夜不同,PAHs的分布特征也存在明显差异。谢鸣捷等[27]研究发现南京市秸秆焚烧季节灰霾期PAHs的总质量浓度为18.6 ng/m^3,明显高于非灰霾期间的14.6 ng/m^3。沈振兴等[28]研究发现西安冬季灰霾天气PM10中白天与晚上总的PAHs平均质量浓度分别高达312.0 ng/m^3 和346.0 ng/m^3,四环和五环的PAHs粒径分布变化不大。段菁春等[26]的研究发现广州市冬季灰霾期间PAHs中以BbF和IP为主,非灰霾期间以Chr和BbF为主。在灰霾期间,低环数PAHs大部分主要分布在积聚态颗粒物中,而高环数PAHs几乎完全分布在积聚态颗粒物中。Allen等[29]的研究表明,具有相同分子量的PAHs会有相同的粒径分布模式,而且随着分子量的增加,小颗粒气溶胶所含PAHs的比例就会上升;比较灰霾及灰霾后PAHs的粒径分布变化,低环数PAHs在积聚态颗粒物段的分布由灰霾期至灰霾期后主峰粒径有逐渐减少的趋势。由于较弱的挥发性,灰霾与非灰霾期间、不同季节灰霾期间以及灰霾期间昼夜不同,PAHs的分布特征也存在差异。对PAHs单体同位素组成特征的研究还有较多问题需要解决。

由于地理位置和城市规划的不同、居民生活习惯的差异以及经济发展水平的不同步等原因,不同城市之间大气中PAHs的主要污染源是有差别的。如何区分来自不同污染源的PAHs,合理评价工业发展和人类活动对自然环境的影响,从而制订控制污染源、保护环境的策略,众多学者从不同角度广泛开展了研究。国外的学者建立了比值法、化学质量平衡法、因子分析、多元统计法等对大气颗粒物中PAHs的来源解析方法[24,30-32]。这些源解析方法基于PAHs的化学组成和分布特征,要求对样品中的PAHs化合物的定量精确,而大气中的PAHs容易受到很多环境因素的影响,如温度、光照等;另外,采样方式的差异也可能会造成源成分谱的很大不同。这些导致源解析方法具有很大的误差和不确定性。

稳定碳同位素方法弥补了前面方法中的不足。PAH单体化合物的稳定碳同位素组成分析是示踪污染源的一种有效手段[33]。有机化合物进入环境中时通常有自己的特征同位素组成,不同污染源产生的PAHs的碳稳定同位素比$\delta^{13}C$不同[34],而这些差别在生成的气溶胶中能够得到继承,PAHs的稳定碳同位素的组成(特别是四环、五环和六环化合物)在从污染源到受体的过程中,同位素分馏现象不明显,而且不同污染源产生的PAHs化合物的稳定碳同位素组成不同,故可以利用PAHs的碳同位素组成特征示踪PAHs的来源。

近年来,有机单体化合物的稳定碳同位素分析技术已被广泛应用于判别不同环境介质中(空气、土壤、沉积物)的来源[35-38]。加拿大学者O'Malley[39]首次测定了环境样品中PAHs单化合物的稳定碳同位素组成,他们的研究发现在挥发、光照和生物作用下其稳定碳同位素组成没有明显的分馏，萃取、纯化等步骤对测定没有显著影响，而且不同污染源产生的 PAHs 的单化合物稳定碳同位素组成不同。O'Malley 等利用 PAHs 的 $\delta^{13}C$ 组成特征确定了 St. John 港的 PAHs 直接来源于原油(曲轴油箱泄漏)。Okud 等[34]运用单体碳同位素分析方法解析了不同城市大气中 PAHs 的来源，发现机动车尾气为马来西亚大气 PAHs 的主要来源(65%～75%)，森林大火产生的 PAHs 仅占 25%～35%。Widory 等[40]使用单个有机物的同位素的方法对巴黎大气环境中的 PAHs 进行单个有机物的同位素测定。

近年来我国也开展了利用 PAHs 分子化合物的稳定碳同位素组成特征示踪环境空气颗粒物中 PAHs 的来源的研究。彭林等[41]用稳定碳同位素组成特征研究乌鲁木齐市大气环境空气颗粒物中 PAHs 的来源，他们的研究表明汽油车和柴油车尾气中 PAHs 的稳定碳同位素组成分别为－22.1‰～－23.7‰和－20.5‰～－24.4‰，电厂燃煤和高效民用锅炉燃煤产生的 PAHs 分子化合物的稳定碳同位素组分的范围为－22.0‰～－31.2‰，利用 PAHs 分子化合物的碳同位素组成能够较好地区分燃煤产生的烟尘中和机动车尾气中 BaP、INP、BghiP(苯并[g,h,i]苝)的来源；李琪等[42]对淮河中下游沉积物中的 PAHs 采用稳定碳同位素源解析，发现燃煤源为其主要污染来源。

污染物的稳定碳同位素的特征是所有污染源的总的表征，在分析污染源贡献率中存在相当大的难度。PAHs 的单体碳同位素组成(CSIA)测定的是单个化合物的 $\delta^{13}C$ 值，通过对气溶胶样品的提取、浓缩和预净化等前处理手段，获得能在色谱基线上分离的单个 PAHs 化合物，再结合稳定同位素组成分析，进行源解析研究。CSIA 技术测定的是单个化合物的 $\delta^{13}C$ 值，避免了传统化学指纹分析测定所导致的不确定性。而气相色谱-燃烧-稳定同位素比值质谱仪(GC-C-IRMS)技术能够分析微量混合样品中的数个至上百个化合物分子(质谱峰)的碳同位素组成，它使得利用同位素组成示踪单个化合物(或同系物)的来源成为可能，使分子同位素指纹成为有机污染物来源研究更加有效的示踪应用。PAHs 单体同位素分析所需的净化程序与丰度分析相比较为复杂。杂质与目标 PAHs 在相同或相近的时间流出色谱柱就可能导致测量的准确度和精度降低。研究表明，与待测目标化合物同位素组成显著不同的共流出物将对目标物分子同位素组成的测定结果产生显著的影响，因此，样品进行 GC-C-IRMS 测量之前有必要进一步净化，以降低基质效应对测定结果的影响。为了提高分析的准确度和精度，必须尽可能地消除共流出和 UCM 的干扰，获得各化合物离子流之间完全的基线分离。一般都需要两步或两步以上的净化。串联薄层色谱(TLC)方法能够对气溶胶中的 PAHs 进行较好的纯化和分离，使之满足 GC-C-IMS 测定对样品的要求，能够得准确的 $\delta^{13}C$ 值，该方法在分离过程中不会造成目标化合物的同位素分馏，且具有高效、简便、快速的优点。

同传统技术相比，CSIA 利用单体烃的稳定碳同位素特征来确定污染源的类型和不同污染源的贡献率，这将是今后环境研究工作的热点之一。CSIA 技术及相关方法一直在不断改进和提升中，其在有机污染物溯源中的应用也日益广泛，但目前该技术并未完全成熟，由于自然环境中基质十分复杂，对有机污染物的干扰因素较多，使得 CSIA 技术在有机污染物溯源应用中依然面临很多挑战。对于低环数 PAHs，生物降解、光降解和热作用等会造成一定程度上的同位素分馏，而高环数(四环及以上)的 PAHs 的同位素值则不受这些作用因素的影响。测定高环数的PAHs的$\delta^{13}C$值,使之应用于PAHs的来源解析,是一种十分可靠的技术手段。本章将采用这种来源解析方法对我国大气颗粒物中的PAHs来源进行解析。

本章采用安德森八级撞击采样器系统,采集北京市代表性区域不同粒径大气颗粒物样品,重点对比分析了灰霾期间大气不同粒径上的PAHs的污染特征和变化规律,同时建立了主要可能来源的PAHs源单体碳同位素数据库,通过单体碳同位素示踪方法解析其来源。这将对深入开展城市大气中灰霾的治理提供有力的技术支撑,为我国大气环境污染控制策略的制订提供可靠的科学依据,具有重要的现实意义。

6.2 研究目标与研究内容

6.2.1 研究目标

(1) 建立完善GC-C-IRMS质谱仪检测PAHs单体同位素的前处理及分析方法;

(2) 建立北京市城市PAHs主要来源燃煤、汽车尾气、生物质燃烧等大气颗粒物中PAHs单体碳同位素组成成分谱库;

(3) 结合已建立的典型来源样品中PAHs单体碳同位素组成数据库,探讨北京灰霾过程中的中PAHs的主要来源及其贡献率,为定量研究灰霾天PAHs的主要来源以及进一步的灰霾治理提供了数据支撑和科学依据。

6.2.2 研究内容

(1) 采集北京典型代表区域不同粒径的大气颗粒物(0级,9~10.0 μm;1级,5.8~9.0 μm;2级,4.7~5.8 μm;3级,3.3~4.7 μm;4级,2.1~3.3 μm;5级,1.1~2.1 μm;6级,0.7~1.1 μm;7级,0.4~0.7 μm;8级,≤0.4 μm)以及TSP样品,分析不同粒径颗粒物中的PAHs的分布特征,进行不同粒径颗粒物中PAHs生态风险评价。

(2) 建立优化大气颗粒物中PAHs单体碳同位素的分析测试方法。

通过超声萃取后,采用两步串联的净化过氧化铝-硅胶柱净化后,再进一步进行薄层色谱净化的方案,优化了氧化铝-硅胶柱净化过程中硅胶与氧化铝的配比、活化时间、洗脱液的液的量与体积以及薄层色谱净化实验条件。

(3) 分析北京城市大气颗粒物中主要PAHs来源的燃煤,汽车尾气、生物质燃烧以及北京市大气颗粒物中单体碳同位素特征。

(4) 分析北京市大气颗粒物不同粒级颗粒物中PAHs的分布特征以及同位素分布特征,探讨北京市灰霾期间PAHs的主要来源。

6.3　研究方案

6.3.1　样品采集

1. 北京市不同粒径大气颗粒物长期监测点样品采集

常年监测采样地点位于北京四环路西北角的中国科学院地理科学与资源研究所观测平台，距地面有约 24 m，距奥林匹克公园约 1 km。研究区属于复合环境的交叉点，代表集居住、商业、交通、餐饮以及办公于一体的混合区位置，具有典型的代表性。2017—2018 年采用安德森分级采样器和 KB-1000 型 TSP 大流量大气颗粒物采样器，流量为 1.05 m^3/min 分别采集分级大气颗粒物以及 TSP 样品，采样时间视空气污染状况而定。每 3～5 天采集一次不同粒径的大气颗粒物，同时在取暖季和非取暖季采集 TSP 颗粒物，颗粒物含量满足同位素分析要求。采样膜为玻纤膜滤膜。采样所用石英纤维滤膜在采样前预先置于马弗炉，450℃焙烧 4 h，冷却后放入干燥器平衡 24 h，称重。连续采样，每次采样结束，将滤膜放入干燥器保持 24 h 后称重，然后将石英滤膜密封于棕色的广口瓶中封存，−20℃冷冻避光保存至分析。采样结束后尽快分析测定。

空白样品的采集过程：将干净滤膜按采集真实样品的步骤将滤膜置于采样器上，不开机状态下放置 24 h 后，密封于棕色的广口瓶中，−20℃冷冻避光保存至分析。

2. 不同排放类型源的汽车尾气、燃煤、生物质燃烧 TSP 样品采集

采集了机动车尾气来源 TSP 样品 6 套、燃煤来源 TSP 样品 2 套、生物质燃烧来源 TSP 样品 3 套。不同排放类型源采集信息如表 6-1 所示。

表 6-1　端源大气 TSP 颗粒物样品采集

端源类型	采集样品类型	机动车类型	采集样品数/套
机动车尾气	92 号汽油燃烧尾气	轿车/小卡车	2
	95 号汽油燃烧尾气	轿车/小卡车	2
	0 号柴油燃烧尾气	卡车	2
燃煤	电厂燃煤排放		1
	民用锅炉燃煤排放		1
	家庭燃煤排放		1
生物质燃烧	稻草燃烧排放		1
	小麦秸秆燃烧排放		1
	玉米秸秆燃烧排放		1

6.3.2 室内样品分析

1. PAHs浓度分布特征的分析的前处理

层析柱的制备：分析纯的无水硫酸钠用二氯甲烷抽提24 h，风干后于450℃灼烧6 h；硅胶于180℃活化12 h，加入3%的Milli-Q超纯水活化平衡后浸于正己烷溶液中；中性氧化铝于250℃活化12 h，加入3%的Milli-Q水活化平衡后浸于正己烷溶液中。采用湿法填柱的方法，优化后柱子由上至下为1 cm无水硫酸钠、12 cm硅胶、6 cm氧化铝(图6.1)。

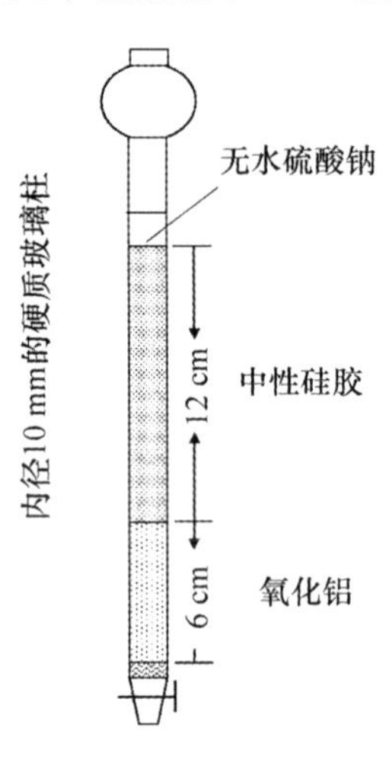

图6.1 硅胶-氧化铝柱示意

PAHs浓度分析颗粒态样品前处理：将采样后的玻璃纤维滤膜剪成细条状后置于超声萃取池中，用30 mL二氯甲烷连续萃取3次，每次60 min。将萃取液旋转蒸发至1 mL，然后再加入10 mL正己烷，旋转蒸发至1 mL，然后过氧化铝-硅胶柱净化，先用12 mL C_4H_{10}洗脱烷烃，再用二氯甲烷、正己烷混合液(二氯甲烷∶正己烷=3∶7，体积比)淋洗出样品中的PAHs组分。收集淋洗液于浓缩管中，旋转蒸发至少量后再加入10 mL正己烷继续浓缩。旋转蒸发至少量后再转移至自动进样瓶中，分成两份，其中一份用于后续同位素组成分析，另外一份用少量正己烷洗涤浓缩管再转移至自动进样瓶中，用浓缩氮吹仪在柔和氮气下浓缩，用正己烷定容至0.5 mL，加入内标fluorobiphenyl和terphenyl-d14，然后用GC-MS测定PAHs浓度。

所有样品(包括实验空白样品)在溶剂提取前加入一定量氘代PAHs(萘-D_8、苊-D_8、菲-D_{10}、荧蒽-D_{10}、芘-D_{10}、苯并[a]芘-D_{12}和苯并[g,h,i]苝-D_{12})作为回收率指示物。用方法加标、空白加标、基质加标、基质加标平行样进行质量控制，空白样品中有少量低环数的PAHs检出。大气颗粒物样品的分析结果中空白加标回收率为：56.8%±4.6%至102.3%±6.8%。基质加标回收率为：47.1%±6.8%至106.6%±6.8%，平行样的相对标准偏差不低于9%。氘代回收率指示物的平均回收率分布为：萘-D_8，46.1%±6.8%；二氢苊-D_{10}，68.2%±3.8%；屈-D_{10}，78.2%±3.1%；菲-D_{10}，78.2%±4.7%。

2. 同位素样品分析净化

同位素样品分析采用氧化铝-硅胶层析柱TLC进行净化。使用由硅胶为固定相，正己烷∶三氯甲烷(体积比 45∶5)展开剂组成的展开体系。20 cm×20 cm 玻璃板、20 cm×20 cm 玻璃层析缸在使用以前均经铬酸洗液就浸泡,再依次用自来水、蒸馏水洗净,烘干备用。紫外荧光灯(λ=254 nm)备用。

薄层层析板制备:称取一定量的硅胶和氧化铝,分别加入纯水,在玻璃研钵中研磨赶尽气泡,搅拌均匀成浆状,将该浆状物均匀涂布在干净的 20 cm×20 cm 玻璃板上铺开,玻璃板事先洗涤并干燥。使固定相均匀的涂布玻璃板上,在空气中放置一定时间,挥发水分后,置于烘箱中 1 10℃烘干。冷却后取出,置于干燥器中备用。使用前,薄层板在层析缸中经乙酸乙酯洗涤过夜,切除顶部约 2 cm 固定相,在空气中挥发干有机溶剂以后,硅胶薄层板须在 110℃活化 1 h。

实际大气颗粒物样品分析:大气颗粒物中 PAHs 浓度分布特征的分析的前处理中步骤净化,并定量转移至样品瓶中。经温和氮气流吹干溶剂后,加入 50 μL 正己烷溶解样品。样品溶解后用毛细点样管吸取样品点样于已活化的薄层硅胶板上。点样点距薄板底边 1.5 cm,试样斑点直径小于 0.2 cm,而且各点保持在与底边平行的一条直线上。同时,在硅胶板上已点样品的两侧,点上标准样品作为参照。待硅胶板上试液自然干燥后,将点样后的薄层硅胶板放在盛有二氯甲烷∶正己烷(体积比 1∶2)的层析缸中于室温条件下进行展开。展开剂前沿上升至离硅胶板顶部 2 cm 处停止展开,取出硅胶板,及时用紫外光灯照射显色,参照标准样品斑点确定样品目标物的准确范围。用洁净的不锈钢刮刀将样品斑点范围的硅胶完全转移到小烧杯中。硅胶研成粉末后,加入 30 mL 正己烷溶液进行洗脱,收集的洗脱液于室温条件下浓缩近干。用适量正己烷溶解残余物,转移至样品瓶中,用温和的氮气流将溶剂吹干,然后加入 50 μL 正己烷溶解样品,制成 GC-C-IRMS 分析样品。所有实验均重复三次。

6.4　主要进展与成果

6.4.1　北京市不同粒级颗粒物质量浓度分布特征

安德森采样器九个级数相粒径对应的粒径大小如表 6-2 所示,系统采集分析了 2017 年 11 月—2018 年 10 月的北京市不同粒径大气颗粒物样品,不同粒级大气颗粒物质量浓度变化如表 6-3 所示。

表 6-2　安德森采样器不同级别粒径对应的粒径大小

粒　级	0 级	1 级	2 级	3 级	4 级	5 级	6 级	7 级	8 级
粒径/μm	9.0～10.0	5.8～9.0	4.7～5.8	3.3～4.7	2.1～3.3	1.1～2.1	0.7～1.1	0.4～0.7	≤0.4

不同粒级颗粒物浓度范围为:0.49～97.81 μg/m³,在春、夏、秋、冬四个季节中总体都呈现 0 级颗粒物浓度最高的特征。冬季大气颗粒物总浓度均值为 111.03 μg/m³,不同粒级颗粒物浓度范围为 0.49～97.81 μg/m³,平均浓度最大值和最小值为 0 级的 24.76 μg/m³ 和 2 级的 6.75 μg/m³,浓度分布呈现 0 级、5 级和 6 级为两个波峰,大气颗粒物浓度变化

呈现双峰模式;春季大气颗粒物总浓度均值为 132.16 μg/m³,不同粒级颗粒物浓度范围为 2.46～63.94 μg/m³,总浓度平均最大值和最小值为 0 级的 34.37 μg/m³ 和 8 级的 7.26 μg/m³,0 级为波峰,浓度变化为单峰模式。夏季颗粒物总浓度的平均值为 81.62 μg/m³,浓度范围为 0.49～24.54 μg/m³,出现 0 级和 6 级为两个波峰,浓度变化呈现双峰模式。秋季大气颗粒物总浓度均值为 69.88 μg/m³,浓度范围为 0.98～26.49 μg/m³,颗粒物浓度平均值的最大值和最小值分别出现在 0 级(17.19 μg/m³)和 4 级(5.09 μg/m³)。大气颗粒物平均浓度分布呈现出春季(132.16 μg/m³)>冬季(111.03 μg/m³)>夏季(81.62 μg/m³)>秋季(69.88 μg/m³)。2017 年冬天实行供暖改革,供暖季节基本实现了煤改气供暖,同时北京周边地区关闭部分电厂和工厂;2018 年春季出现沙尘暴,而夏季灰霾频繁。颗粒物分布规律与以上的情况相吻合。

表 6-3　北京市不同粒级大气颗粒物质量浓度特征　　单位:μg/m³

秋季					冬季				
粒级	最小值	最大值	平均值	标准差	粒级	最小值	最大值	平均值	标准差
0 级	8.06	26.49	17.19	5.23	0 级	4.91	97.81	24.76	24.38
1 级	5.18	16.70	11.65	3.64	1 级	4.42	57.08	15.17	13.92
2 级	1.69	9.21	5.91	2.67	2 级	1.96	23.49	6.75	6.07
3 级	3.70	12.59	6.87	2.72	3 级	0.49	25.06	8.47	7.24
4 级	1.47	9.20	5.09	2.26	4 级	2.54	28.45	9.99	8.39
5 级	0.98	12.46	5.44	3.64	5 级	3.00	72.82	19.29	21.15
6 级	1.47	16.48	6.73	4.57	6 级	2.08	36.41	12.03	9.22
7 级	1.48	9.34	5.88	2.62	7 级	1.96	10.40	7.47	3.18
8 级	2.91	9.46	5.13	2.16	8 级	2.77	9.74	7.08	2.50
总浓度	36.96	96.57	69.88	17.21	总浓度	38.80	272.18	111.03	68.75
春季					夏季				
粒级	最小值	最大值	平均值	标准差	粒级	最小值	最大值	平均值	标准差
0 级	15.55	63.94	34.37	14.08	0 级	3.93	21.68	14.81	5.85
1 级	5.45	44.29	21.65	10.06	1 级	0.98	22.90	9.96	5.54
2 级	6.09	19.12	11.82	4.08	2 级	0.49	18.40	7.19	4.72
3 级	6.73	23.48	14.11	4.92	3 级	0.98	19.63	9.13	5.44
4 级	6.25	18.27	12.05	4.19	4 级	1.47	18.00	6.98	5.21
5 级	4.71	20.82	11.01	4.67	5 级	1.36	17.18	8.11	4.63
6 级	3.02	23.80	11.57	6.09	6 级	0.98	24.54	10.96	6.59
7 级	2.52	16.15	8.32	4.42	7 级	1.96	20.45	7.58	5.30
8 级	2.46	15.07	7.26	4.32	8 级	0.98	20.45	6.91	6.04
总浓度	101.70	180.92	132.16	25.62	总浓度	14.72	183.22	81.62	43.62

6.4.2　北京市不同粒级颗粒物中 PAHs 的浓度分布特征

2017 年 11 月—2018 年 10 月的北京市不同粒径大气颗粒物样品中 PAHs 浓度范围为：9.2～69.7 ng/m³，最大粒径 0 级颗粒物中 PAHs 平均浓度最高，其次是细颗粒物 5、6、7、8 级中的浓度较高，细颗粒物中 PAHs 浓度占到总浓度的 62%。北京市采暖时间为每年的 11 月 15 日到次年的 3 月 15 日，采暖季不同粒径 PAHs 浓度范围为：9.23～19.18 ng/m³。采暖季和非采暖季不同粒径颗粒物中的 PAHs 含量特征下图 6.2 所示。

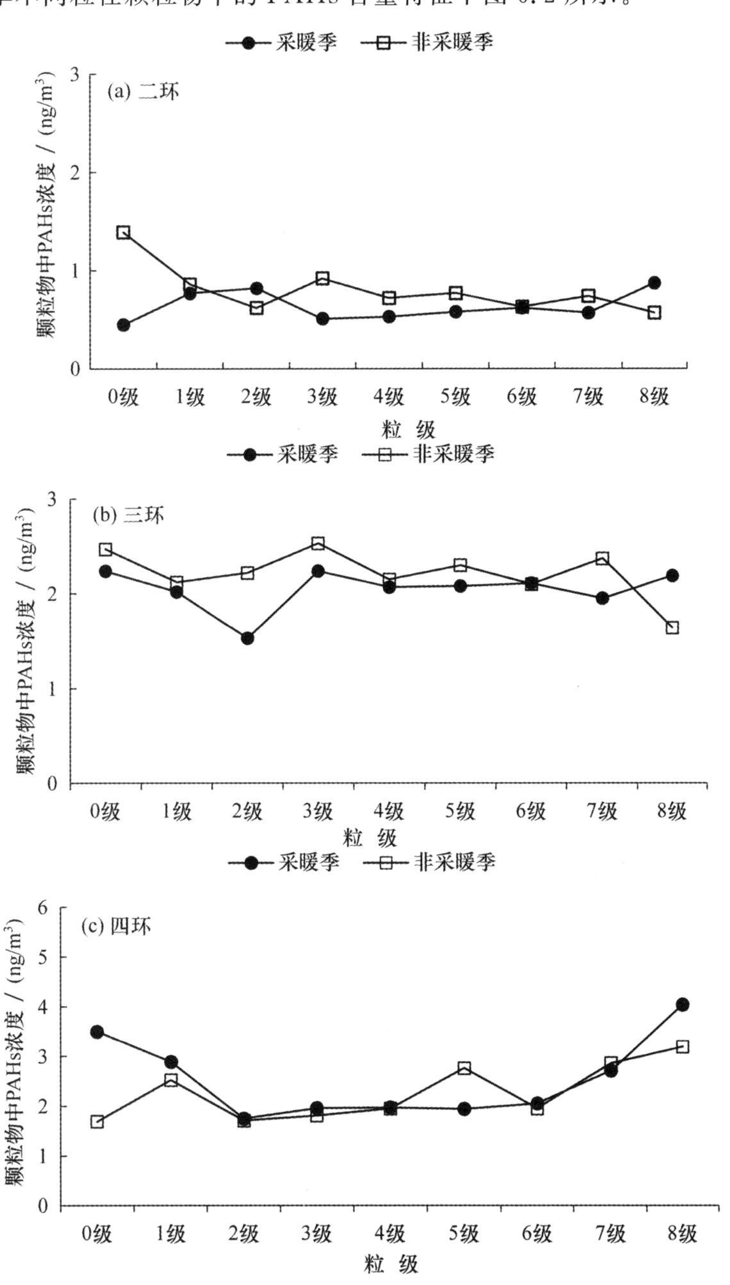

图 6.2　2017—2018 年北京市不同粒级颗粒物 PAHs 分布特征

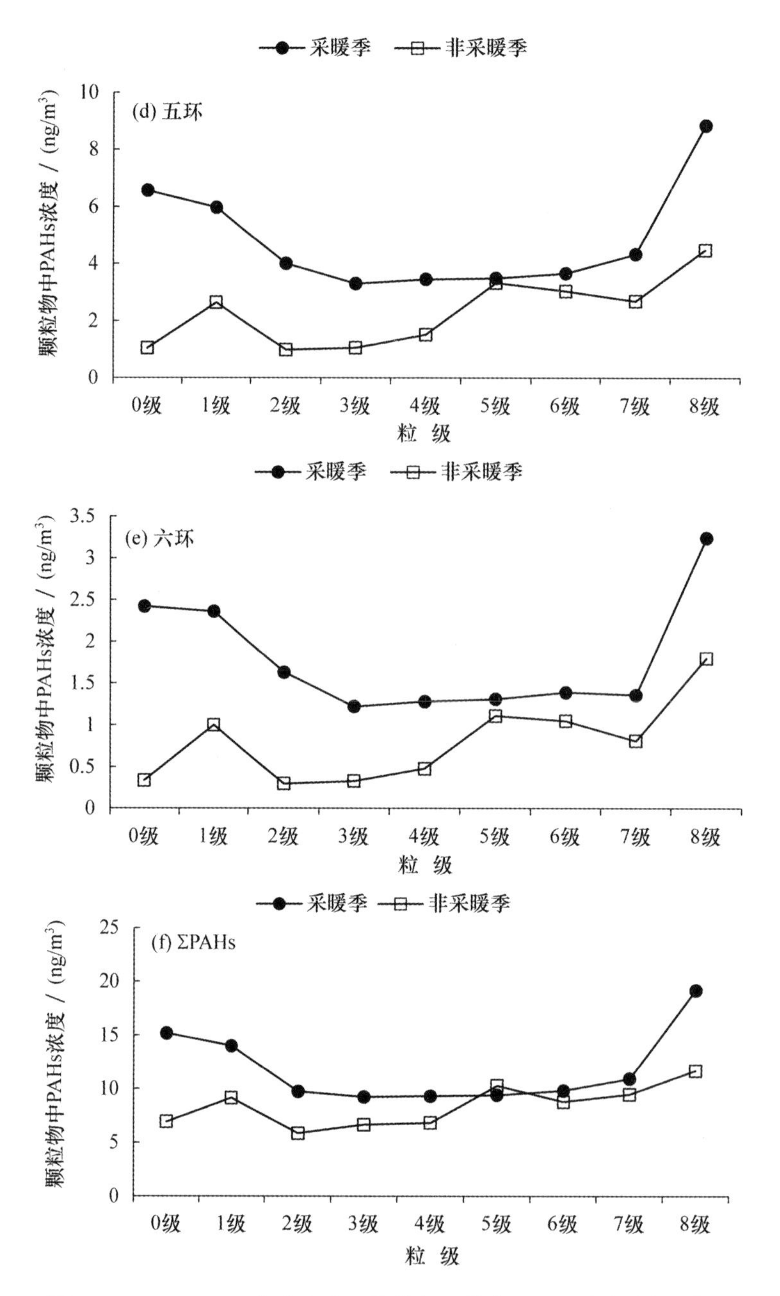

图 6.2 2017—2018 年北京市不同粒级颗粒物 PAHs 分布特征(续)

二环 PAHs 浓度采暖季总体上低于非采暖季，0 级颗粒物中 PAHs 浓度相差最大，8 级颗粒物中非采暖季二环 PAHs 小于采暖季；三环 PAHs 浓度总体为非采暖季高于采暖季，在 2 级颗粒物中浓度相差最大；四环 PAHs 浓度采暖季相对稳定，非采暖季变化明显，5 级和 8 级粒径中出现较高的值，5 级中非采暖季浓度大于采暖季；五环 PAHs 浓度采暖季大于非采暖季，在 0 级和 8 级中相差较大，总体呈 U 形，5 级中差异最小；六环 PAHs 与五环分布相似。颗粒物中的 PAHs 总浓度在 0 级和 8 级中相差较大，5 级中差别较小，总体特征呈现采暖季>非采暖季，在 8 级、0 级中含量高。非采暖季和采暖季不同环数 PAHs 归一化含量显示(图 6.3)，非采暖季 0～2 级(即为 PM4.7～10)贡献 10%以上的 PAHs，0～2 级颗粒物贡献了 39.5%的 PAHs，0 级颗粒物占总 PAHs 的 19.9%，3～8 级粒级占比比较均匀，均在为 7.6%～8.5%之间；采暖季 0 级、1 级中 PAHs 占总 PAHs 的 21.3%，8 级中 PAHs 占比最高为 15.5%，5～8 级颗粒物中 4 级中 PAHs 占 37.7%，2 级、3 级中 PAHs 则占 25.5%，表明采暖季 PAHs 集中在较小的颗粒物中，采暖季和非采暖季不同的分布特征指示采暖季和非采暖季来源于截然不同的污染源。

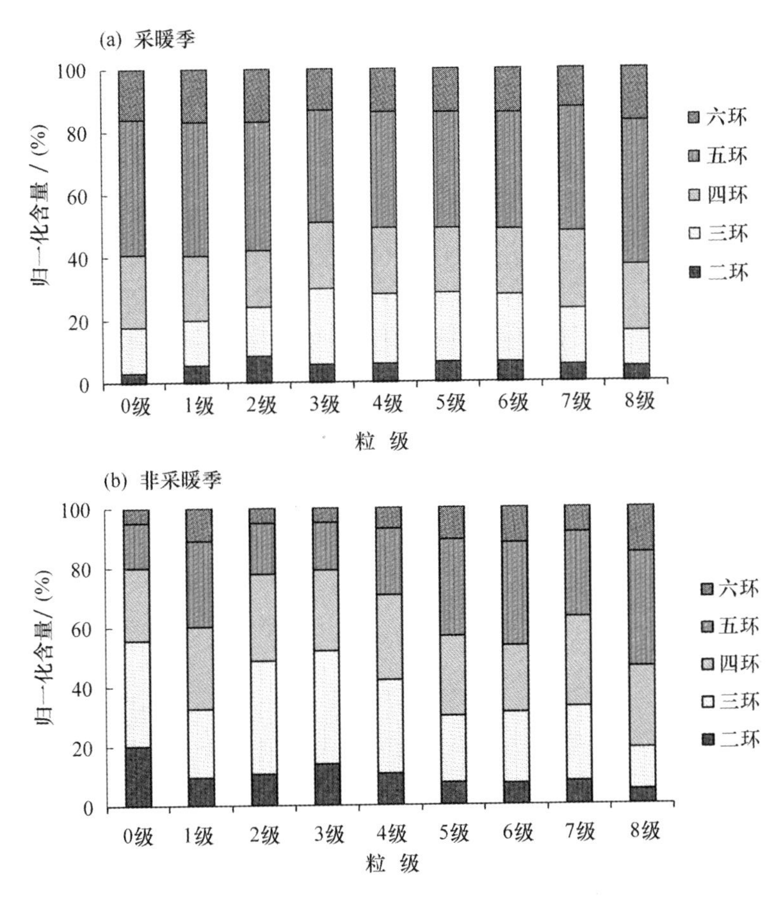

图 6.3　采暖季和非采暖季不同粒级颗粒物 PAHs 分布

6.4.3　不同粒径级大气颗粒物中 PAHs 生态风险评价

根据 USEPA 提供的健康风险评价模型，计算通过皮肤接触和呼吸进入人体的颗粒物和 PAHs 的日均暴露剂量，重金属污染对人体产生危害，有三个潜在的暴露途径：① 手口摄入，② 皮肤接触，③ 呼吸吸入。暴露评价评估潜在污染物危害的类型和大小。

暴露评价是风险评价的定量依据，是对人体暴露于环境介质中的有害因子的强度、频率、时间进行测量、估算或预测的过程。暴露评价定性和定量的评估有害因子对暴露人群的危害程度。目的是估测人群接触某种化合物的可能程度。

本章选取苯并[a]芘的毒性当量浓度和 PAHs 的终生增量致癌风险(ILCR)评估来进行健康风险评估。

1. BaP_{eq}毒性当量浓度健康风险评估

通常用 BaP_{eq}来评价 PAHs 对人体健康产生的影响。

$$BaP_{eq} = \sum_{i=1}^{n} C_i \times TEF_i \tag{6.1}$$

其中,BaP_{eq}代表苯并(a)芘的毒性当量浓度,C_i 代表单个 PAHs 的浓度;TEF_i 代表相应组成的毒性当量因子。萘(Nap)、苊烯(Acy)、苊(Act)、芴(Flu)、菲(Phe)、蒽(Ant)、荧蒽(Fla)、芘(Pyr)、苯并[a]蒽(BaA)、屈(Chr)、苯并[b]荧蒽(BbF)、苯并[k]荧蒽(BkF)、苯并[a]芘、茚并[1,2,3,-cd]芘(IND)、二苯并[a,h]蒽(DBA)、苯并[g,h,i]苝分别对应的毒性当量因子为 0.001、0.001、0.001、0.001、0.001、0.01、0.001、0.001、0.1、0.01、0.1、0.1、1、0.01、0.1 和 1。

一般认为 BaP_{eq}值小于 1 ng/m³ 对人体健康危害不大,ILCR 值大于 10^{-6}表明具有潜在的危险,若其值大于 10^{-4}则表明潜在风险较高危害比较严重。按照年龄将人群分为儿童(1~11 岁),青少年(12~17 岁)和成人(18~70 岁),具体各生理指标和敏感因子见表 6-4。

表 6-4 各个年龄段各项生理指标和敏感因子

参数	儿童		青少年		成人	
	男	女	男	女	男	女
IR	8.4	8.4	13.1	3.1	13.3	13.3
SF	3.9	3.9	3.9	3.9	3.9	3.9
BW	17.2	16.5	47.1	44.8	60.2	53.1
EF	6	6	14	14	30	30
ED	365	365	365	365	365	365
AF	3	3	3	3	1	1
AT	25 500	25 500	25 500	25 500	25 500	25 500

计算得到采暖季和非采暖季不同粒径颗粒物苯并[a]芘的毒性当量浓度如下表 6-5 所示。0~8 级总苯并[a]芘的毒性当量浓度在采暖季和非采暖季分别为 22.49 ng/m³ 和 9.60 ng/m³,两者相差 2.3 倍,采暖季 0 级 2~4 级苯并[a]芘的毒性当量浓度皆小于 1 ng/m³,在以上粒级对人体危害较小,8 级则对人体危害最大。

表 6-5 采暖季和非采暖季不同粒径颗粒物苯并[a]芘的毒性当量浓度 单位:ng/m³

粒级	0 级	1 级	2 级	3 级	4 级	5 级	6 级	7 级	8 级	总和
采暖季	3.51	3.33	2.03	1.63	1.70	1.75	1.87	1.92	4.75	22.49
非采暖季	0.44	1.42	0.41	0.44	0.64	1.56	1.36	1.15	2.19	9.60

2. ILCR 模型评估

PAHs 呼吸暴露评价则用 ILCR 模型进行评估，ILCR 计算如下：

$$ILCR = \frac{TEQ \times IR \times SF \times (BW/70)^{1/3} \times EF \times ED \times AF}{BW \times AT} \times cf \tag{6.2}$$

$$TEQ = \sum C_i \times TEF_i \tag{6.3}$$

式中，TEQ 基于 BaP 的毒性等效剂量计算得出，C_i 为组分 i 的质量浓度（ng/m^3）；TEF_i 为组分 i 的等效当量因子；IR 为呼吸速率（m^3/d）；SF 为癌症斜率系数$[mg/(kg \cdot d)]^{-1}$；BW 为体重（kg）；EF 为每年暴露天数（d/a）；ED 为暴露年数（a）；AF 为敏感因子；AT 为终生致癌天数（d）；cf 为转换系数（10^{-6}）。

采暖季和非采暖季 0～8 级颗粒物中 PAHs 的 ILCR 值如表 6.6 所示，采暖季的 ILCR 值大于非采暖季。非采暖季青少年女性的最小值为 $1.34\times10^{-6}>10^{-6}$，采暖季青少年男性最大值为 12.85×10^{-6}，两者相差约 1 个数量级。非采暖季不同人群超出标准约 1～6 倍，采暖季则超出标准 3～14 倍。

表 6-6　采暖季和非采暖季 0～8 级颗粒物 ILCR　　单位：10^{-6}

时期	粒级	儿童		青少年		成人	
		男	女	男	女	男	女
采暖季	0 级	1.08	1.11	2.00	0.49	1.23	1.34
	1 级	1.02	1.05	1.90	0.47	1.17	1.27
	2 级	0.62	0.64	1.16	0.28	0.71	0.78
	3 级	0.50	0.52	0.93	0.23	0.57	0.62
	4 级	0.52	0.54	0.97	0.24	0.60	0.65
	5 级	0.54	0.55	1.00	0.24	0.62	0.67
	6 级	0.58	0.59	1.07	0.26	0.66	0.72
	7 级	0.59	0.61	1.10	0.27	0.68	0.74
	8 级	1.46	1.50	2.71	0.66	1.67	1.82
	总和	6.91	7.11	12.85	3.14	7.91	8.60
非采暖季	0 级	0.13	0.14	0.25	0.06	0.15	0.17
	1 级	0.44	0.45	0.81	0.20	0.50	0.54
	2 级	0.13	0.13	0.24	0.06	0.15	0.16
	3 级	0.14	0.14	0.25	0.06	0.16	0.17
	4 级	0.20	0.20	0.36	0.09	0.22	0.24
	5 级	0.48	0.49	0.89	0.22	0.55	0.60
	6 级	0.42	0.43	0.77	0.19	0.48	0.52
	7 级	0.35	0.36	0.66	0.16	0.40	0.44
	8 级	0.67	0.69	1.25	0.31	0.77	0.84
	总和	2.95	3.04	5.49	1.34	3.38	3.67

6.4.4　PAHs 单体同位素前处理条件的建立及优化

通过柱层析色谱串联薄层色谱来对 PAH 单体碳同位素的分析进行分离净化，针对氧化铝-硅胶柱层析柱、薄层色谱等的几个关键因素进行优化。

1. 柱层析分离净化条件优化

对样品萃取时间、层析柱活化时间、柱子的填充高度、洗脱剂体积等因子进行了条件实验，进行优化柱层析净化条件的优化因子如表 6-7 所示。

表 6-7　柱层析净化条件优化

优化因素	优化因子						
样品萃取时间/min	30	40	50	60	70	80	90
层析柱活化时间/min	30	40	50	60			
层析柱填充高度/cm	3	6	9	10	12	13	14
洗脱剂体积/mL	10	20	30	40	45	50	55

通过条件实验，优化得到了柱层析净化条件：样品萃取时间 60 min；层析柱活化时间 40 min；层析柱填充高度 12 cm；洗脱溶剂量 45 mL。

2. 薄层色谱分离净化条件优化

薄层色谱分离时 PAHs 标准化合物混合溶液在不同固定相和展开剂所组成的不同展开体系中的 R_f 值见表 6-8 所示，R_f 值接近于 1 的展开剂配比，化合物被试剂剂推至前沿不适合，R_f 值偏小的体系由于化合物未被推起，也不适合用于分离。

表 6-8　薄层色谱净化条件优化

展开剂组成	体积比	R_f	
		硅胶	中性氧化铝
DCM∶BTX	90∶1	0.97	1
DCM∶BTX	80∶20	0.98	0.97
DCM∶Tol∶Hex	45∶10∶45	0.62	0.64
DCM∶Hex	50∶50	0.81	0.96
Hex∶CCl_4∶Tol	45∶15∶40	0.46	0.49
Hex∶CCl_3	45∶10	0.47	0.62
Hex∶CCl_4	50∶15	0.27	0.42
Hex∶BTX	45∶55	0.42	0.55

根据条件实验结果选取了以硅胶为固定相，Hex∶CCl_3 体积比为 45∶10 的展开剂体系能够对气溶胶中的 PAHs 进行较好的纯化和分离，使之满足于 GC-C-MS 测定对样品的要求，能够得准确的 $\delta^{13}C$ 值。该方法在分离过程中不会造成目标化合物 PAHs 的同位素分馏。TSP 大气颗粒物中 PAHs 的 $\delta^{13}C$ 完整分析流程如图 6.4 所示。

3. 仪器分析条件

PAHs 浓度分析仪器条件：采用气相色谱-质谱仪(Agilent GC QTOF)进行分析检测，离子源为 EI 源，色谱柱为 HP-5MS(15 m×250 μm×0.25 μm)。以高纯氦气为载体，流速为1 mL/min。升温程序为：起始温度70℃，保持2 min，然后以18℃/min的速率上升至140℃，再以12℃/min的速率上升至240℃，保持1 min，最后以5℃/min的速率上升到280℃保持10 min，不分流进样。

多环芳烃单体碳同位素的测定仪器分析条件：由Agilent 7890B型配稳定同位素质谱仪Sercon 20-22来完成。氧化炉温度保持在860℃。无分流进样模式，进样口温度290℃。氦气为载气，载气流速为1.0 mL/min，色谱柱为HP-5 (60 m×0.25 mm×0.25 μm)。升温程序如下：初始温度40℃(保留5 min)，以2℃/min升温至180℃(保留1 min)，再以2℃/min升温至290℃。

碳同位素标样：IAEA-C8(oxalic acid，δ^{13}CV－PDB＝－18.30‰)；IRMS Certified Reference Material EMA-P2(δ^{13}CV－PDB＝－28.19‰)。

二氧化碳参考气(＞99.999%)、氦气(＞99.999%)、氧气(＞99.999%)、干燥空气、高纯氢气(＞99.999%)。

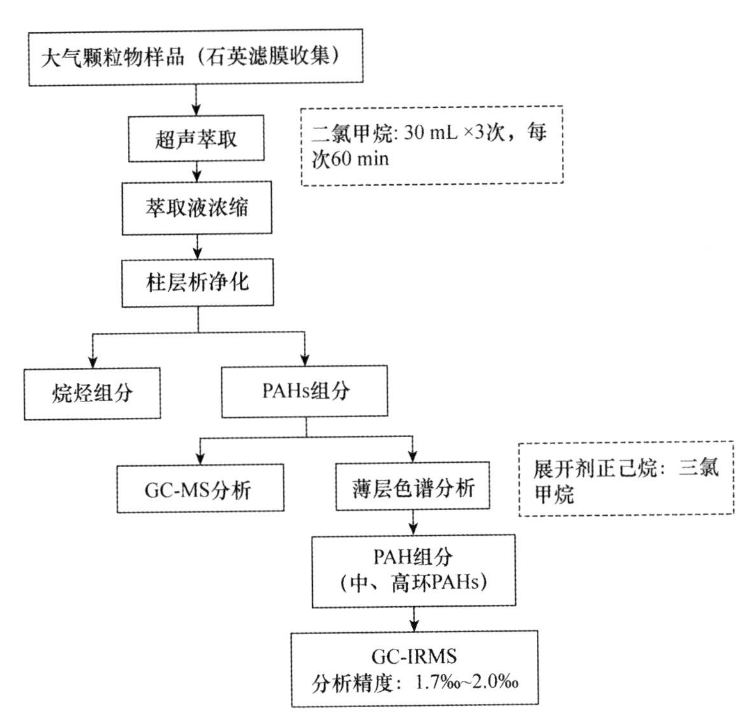

图6.4　大气TSP颗粒物中PAHs δ^{13}C分析流程

6.4.5　北京市不同来源颗粒物中PAHs有机碳碳同位素特征

采集了北京市可能PAHs不同来源的TSP样品，分别是交通排放(汽油车、柴油车)、煤燃烧排放、生物质燃烧排放(C_3、C_4植物)，按照优化条件的前处理实验流程进行分析：颗粒物样品经过超声萃取后，再经柱层析色谱的分离得到PAHs组分，经薄层色谱分离纯化，收集纯化后样品浓缩至30 μL。进行GC-C-IRMS分析时，进样量1.0 μL。不同来源样品中的PAHs化合物的单体稳定碳同位素的分析结果见表6-9。北京市汽油车排放来源颗粒物中PAHs单体$\delta^{13}C$范围为：−20.21%±0.13%～−23.95%±0.24%；煤燃烧颗粒物中PAHs单体$\delta^{13}C$范围为：−24.01%±0.11%～−24.95%±0.30%；柴油车排放颗粒物中PAHs单体$\delta^{13}C$范围为：−25.87%±0.08%～−27.55%±0.07%；生物质燃烧来源颗粒物中C_3植物$\delta^{13}C$范围为：−24.76%±0.17%～−30.58%±0.07%；C_4植物$\delta^{13}C$范围为：−12.98%±0.15%～−14.12%±0.10%。可以看出，生物质燃烧来源的C_3植物PAHs的$\delta^{13}C$值则是最轻的，C_4植物的最重，煤燃烧排放PAHs的$\delta^{13}C$介于机动车排放的PAHs的$\delta^{13}C$之间，汽油车＞煤燃烧＞柴油车。不同来源PAHs的$\delta^{13}C$值具有明显的差别。

表6-9　不同来源的多环芳烃化合物同位素值

PAHs	汽油车		煤燃烧		柴油车		生物质燃烧			
							C_3植物（小麦、水稻）		C_4植物（玉米）	
	$\delta^{13}C$/(‰)	标准差/(‰)	$\delta^{13}C$/(‰)	标准差/(‰)	$\delta^{13}C$/(‰)	标准差/(‰)	$\delta^{13}C$/(‰)	标准差/(‰)	$\delta^{13}C$/(‰)	标准差/(‰)
Pyr	−23.20	0.50	−24.95	0.30	−26.92	0.12	−24.76	0.17	−13.12	0.06
BaA	−22.36	0.28	−24.47	0.11	−25.91	0.40	−24.98	0.26	−13.22	0.09
Chy	−22.15	0.12	−24.40	0.18	−26.21	0.08	−30.58	0.07	−13.17	0.10
BbkF	−23.95	0.24	−24.15	0.27	−27.55	0.07	−26.98	0.10	−13.89	0.08
BaP	−22.80	0.58	−24.19	0.15	−27.45	0.20	−27.10	0.11	−14.12	0.10
InP	−21.22	0.22	−24.48	0.10	−26.14	0.03	−26.78	0.09	−12.98	0.15
BghiP	−20.21	0.13	−24.01	0.11	−25.87	0.08	−25.10	0.11	−13.28	0.23

6.4.6　北京市大气颗粒物TSP样品中PAHs的δ13C值来源解析

北京市采暖季和非采暖季大气TSP样品的$\delta^{13}C$值如表6-10所示。

表6-10　北京市大气TSP样品的$\delta^{13}C$值

PAHs	采暖季		非采暖季	
	$\delta^{13}C$/(‰)	标准差/(‰)	$\delta^{13}C$/(‰)	标准差/(‰)
Pyr	−23.98	0.08	−24.32	0.11
BaA	−23.41	0.17	−24.15	0.13
Chy	−24.01	0.13	−24.38	0.09
BbkF	−24.10	0.25	−23.95	0.21
BaP	−23.58	0.35	−24.68	0.12
InP	−23.10	0.17	−24.15	0.13
BghiP	−21.8	0.15	−23.79	0.19

对比北京市采暖季和非采暖季大气TSP样品$\delta^{13}C$值与不同来源的$\delta^{13}C$值(图6.5)，可

以看出北京市大气 TSP 颗粒物中的 PAHs 在采暖季主要受到燃煤排放的影响，非采暖季主要受到机动车尾气排放和煤燃烧排放的共同影响。

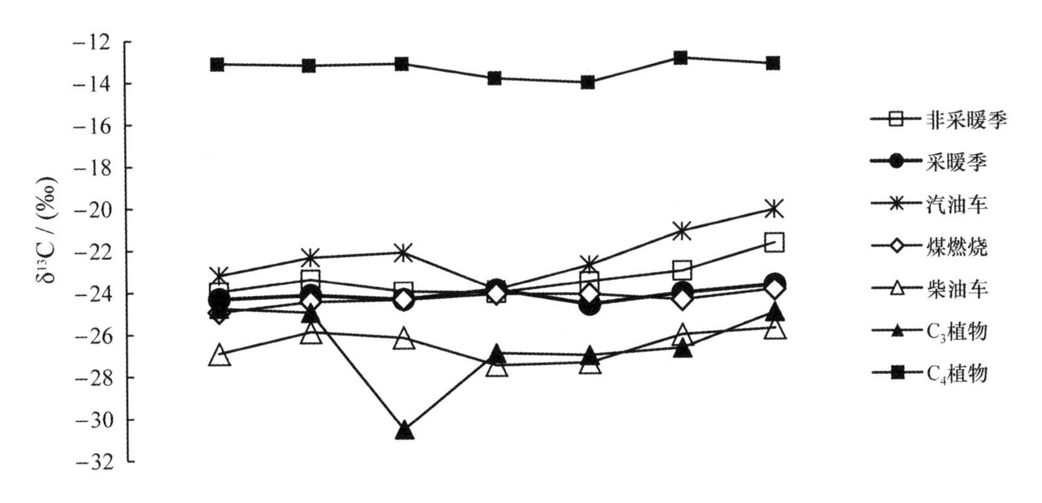

图 6.5 北京市采暖季和非采暖季大气 TSP 样品中 PAHs 的 $\delta^{13}C$ 值与不同来源的 $\delta^{13}C$ 值对比

6.5 本项目资助发表论文

[1] YANG Z, LI X D, WANG S L, et al. Aerosol pollution in a megacity of southwest China inferred fromvariation characteristics of sulfate-^{34}S and water-soluble inorganic-compositions in TSP. Particuology, 2018, 43: 202-209.

[2] 宋光卫，胡健，崔猛，等. 北京市奥林匹克公园 PM2.5 中多环芳烃在采暖季和非采暖季的特征、来源及健康风险评估，生态学杂志，2019，38(11)：3400-3407.

[3] GAO P, HU J, SONG J, et al. Inhalation bioaccessibility of polycyclic aromatic hydrocarbons in heavy PM2.5 pollution days: Implications for public health risk assessment in northern China. Environmental Pollution, 2019, 255(2): 113296.

[4] 杨安，胡健，延军平，等. 2014—2018 年唐山市大气颗粒物分布特征研究. 环境科学与管理，2019，44(9)：66-70.

[5] DAI W J, WU P, LIU D, et al. Adsorption of polycyclic aromatic hydrocarbons from aqueous solution by organic montmorillonite sodium alginate nanocomposite. Chemosphere, 2020, 2551: 126074.

[6] GUO L, HU J, XING Y F, et al. Sources, environmental levels, and health risks of PM2.5-bound polycyclic aromatic hydrocarbons in energy-producing cities in northern China. Environmental Pollution, 2020: 126074.

参考文献

[1] 胡敏. 北京大气细粒子和超细粒子理化特征、来源及形成机制. 北京：科学出版社，2009.

[2] IARC. IARC Monographs Programme on the Evaluation of Carcinogenic Risks to Humans. Lyon: France 2001.

[3] MASCLET P, CACHIER H, LIOUSSE C, et al. Emission of polycyclic aromatic hydrocarbons by savannas fires. Journal of Atmospheric Chemistry, 1995, 22(1): 41-43.

[4] CECINATO A, CICCIOLI P, BRANCALEONI E, et al. PAH as candidate markers for biomass burning in the Amazonia forest area. Annali Chimica, 1997, 87(8): 555-569.

[5] HE K, YANG F, MA Y, et al. The characteristics of PM2.5 in Beijing, China. Atmospheric Environment, 2001, 35(9): 4959-4970.

[6] GACHANJA A N, WORSFOLD P J, Monitoring of PAH emissions from biomass combustion in Kenya using liquid chromatography with fluorescence detection. Science of the Total Environment, 1993, 138(1): 77-89.

[7] FU P Q, KAWAMURA K J, CHEN J, et al. Diurnal variations of organicmolecular tracers and stable carbon isotopic compositions in atmospheric aerosols over Mt. Tai in North China Plain: An influence of biomass burning. Atmospheric Chemistry and Physics, 2012, 12(9): 9079-9124.

[8] WANG Y, ZHUANG G, SUN Y, et al. The variation of characteristics and formation mechanisms of aerosols in dust, haze, and clear days in Beijing. Atmospheric Environment, 2006, 40(9): 6579-6591.

[9] SUN Y, ZHUANG G, TANG A, et al. Chemical characteristics of PM2.5 and PM10 in haze-fog episodes in Beijing. Environmental Science and Technology, 2006, 40(8): 3148-3155.

[10] VENKATARAMAN C, NEGI G, SARDAR S B. Size distributions of polycyclic aromatic hydrocarbons in aerosol emissions from biofuel combustion. Journal of Aerosol Science, 2002, 33(3): 503-518.

[11] 唐孝炎，张远航，邵敏. 大气环境化学. 北京：高等教育出版社，2006.

[12] OFFENBERG J H, BAKER J E. The influence of aerosol size and organic carbon content on gas/particle partitioning of polycyclic aromatic hydrocarbons (PAHs). Atmospheric Environment, 2002, 36(7): 1205-1220.

[13] CLARK J H. The effect of long-wave ultraviolet radiation on the development of tumors induced by methylcholanthrene. Cancer Research, 1964, 24(1): 207-211.

[14] 毕新慧，盛国英，谭吉华. 多环芳烃(PAHs)在大气中的相分布. 环境科学学报，2004，24(1)：101-106.

[15] HARRISON R M, VAN GRIEKEN R E. Atmospheric Particles. New York: John Wiley & Sons, 1998.

[16] ZIELINSKA B, SAGEBIEL J, ARNOTT W P. Phase and size distribution of polycyclic aromatic hydrocarbons in diesel and gasoline vehicle emissions. Environmental Science & Technology, 2004, 38(9): 2557-2567.

[17] YANG H H, TSAI C H, CHAO M R. Source identification and size distribution of atmospheric polycyclic aromatic hydrocarbons during rice straw burning period. Atmospheric Environment, 2006, 40(7): 1266-1274.

[18] 陈颖军. 家用蜂窝煤燃烧烟气中碳颗粒物和多环芳烃的排放特征. 广州：中国科学院广州地球化学研究所，2004.

[19] GUO Z G, SHENG L F, FENG J L, et al. Seasonal variation of solvent extraxtable organic compounds in the aerosols in Qingdao, China. Atmospheric Environment, 2003, 37(9): 1825-1834.

[20] MASTRAL A M, LOPEZ J M, CALLEN M S, et al. Spatial and temporal PAH concentrations in Zaragoza, Spain. Environmental Science & Technology,2003, 307(1): 111-124.

[21] MAI B X, QI S H, ZENG E Y, et al. Distribution of polycyclic aromatic hydrocarbons in the coastal region off Macao, China: Assessment of input sources and transport pathways using compositional analysis. Environmental & Science Technology,2003, 37(21): 4855-4863.

[22] 吴水平,蓝天,左谦,等.不同高度大气颗粒物中多环芳烃的粒径分布. 环境化学,2005,24(1): 76-80.

[23] NIELSEN T, HANS E, JSRGENSEN J, et al. City air pollution of polycyclic aromatic hydrocarbons and other mutagens: Occurrence, sources and health effects. Science of the Total Environment,1996, 189/190(1): 41-49.

[24] 祁士华,盛国英,傅家谟,等. 澳门大气气溶胶中多环芳烃的源解析尝试. 中国环境科学,2002,(22): 118-122.

[25] 钱冉冉,闫景明,吴水平,等. 厦门市冬春季雾霾期间大气 PM10 中多环芳烃的污染特征及来源分析. 环境科学,2012,33(9): 2939-2946.

[26] 段菁春,毕新慧,谭吉华,等. 广州雾霾期大气颗粒物中多环芳烃粒径的分布. 中国环境科学,2006,26(1): 6-10.

[27] 谢鸣捷,王格慧,胡淑圆. 南京夏秋季大气颗粒物和 PAHs 组成的粒径分布特征. 中国环境学,2008,28(10): 867-871.

[28] 沈振兴,周娟,曹军骥. 西安冬季可吸入颗粒物中多环芳烃的组成及风险评价. 西安交通大学学报,2009,43(11): 114-120.

[29] ALLEN J O, DOOKERAN N M, SMITH K A, et al. Measurement of polycyclic aromatic hydrocarbons associated with size-segregated atmospheric aerosols in Massachusetts. Environmental Science & Technology, 1996, 30: 1023-1031.

[30] 朱利中,沈学优,刘勇建. 城市居民区空气中多环芳烃污染特征和来源分析. 环境科学,2001,22(1): 86-89.

[31] 曾凡刚,王关玉,田健,等. 北京市部分地区大气气溶胶中多环芳烃污染特征及污染源探讨. 环境科学学报,2002 ,22(3): 284-288.

[32] MANOLI E, VOUTSA D, SAMARA C. Chemical characterization and identification/ apportionment of fine and coarse air particles in Thessaloniki, Greece. Atmospheric Environment, 2002, 36(6): 949-961.

[33] KIM M, KENNIEUTT M C, QIAN Y. Molecular and stable carbon isotopic characterization of PAH contaminations at McMurdo Station. Antarctica Marine Pollution Bulletion, 2006, 52(9): 1585-1590.

[34] OKUDA T,KUMATA H,ZAKARIAM. Source identification of Malaysian atmospheric polycyclic aromatic hydrocarbons nearby forest fires using molecular and isotopic compositions. Atmospheric Environment, 2002, 36(4): 611-618.

[35] REDDY C M, PEARSON A, XU M C, et al. Radio carbon as a tool to apportion the soures of polycyclic aromatic hydrocarbons and black carbon in environmental samples. Environmental Science & Technology, 2002, 36(1): 774-1782.

[36] STARK A, ABRAJANO J R T, HELLOU J. Molecular and isotopic characterization of polycyclic ar-

omatic hydrocarbon distribution and sources at the international segment of the St. Lawrence River. Organic Geochemistry, 2003, 34(2): 225-237.

[37] GLASER B, DREVER A, BOCK M. Source apportionment of organic pollutants of a highway-traffic-Influenced urban area in Bayreuth (Germany) using biomarker and stable carbon isotope signatures. Environmental Science & Technology, 2005, 9(11): 3911-3917.

[38] ZHANG L,BAI Z P,YOU Y. Chemical and stable carbon isotopic characterization for PAHs in aerosol emitted from two indoor sources. Chemosphere, 2009, 75(4): 453-461.

[39] OMALLEY V P, ABRAJNAO T A,HELLOU J. Stable carbon isotopic parportiomnent of individual polycyelic aromatic hydrocarbons in St. John's Harbour, new found land. Environmental Science & Technology,1996, 30(8),634-639.

[40] WIDORY D, ROY S, MOULLEC Y L. The origin of atmospheric particles in Paris: A view through carbon and lead isotopes. Atmospheric Environment, 2004, 38(7): 953-961.

[41] 彭林，白志鹏，朱坦，等. 应用稳定碳同位素组成特征研究环境空气颗粒物中多环芳烃的来源. 环境科学,2004 , 25(S1): 17-21.

[42] 李琪,李钜源,窦月芹,等.淮河中下游沉积物 PAHs 的稳定碳同位素源解析.环境科学研究,2012,25(6): 672-678.

第7章　华北典型区域生物质燃烧排放清单建立与校验

周颖[1]，陈东升[1]，邢晓帆[1]，李昂[2]，张钰蓥[1]，胡肇焜[2]

[1]北京工业大学，[2]中国科学院合肥物质研究院

生物质燃烧排放多种大气污染物，对空气质量、人体健康与气候变化均有重要影响。然而目前生物质燃烧排放清单存在关键活动水平数据缺失、时空分辨率低、清单不确定性大等问题。本章基于对排放关键基础信息（室内外燃烧比例、柴薪用量、卫星遥感热辐射功率、小时不均匀系数等）的调查收集与统计分析，结合本地化排放因子及成分谱的系统梳理，建立了华北典型区域及我国5类污染源（12类作物秸秆室内与室外燃烧、柴薪燃烧、牲畜粪便燃烧、森林火灾和草原火灾等），多类污染物（SO_2、NO_x、PM10、PM2.5、EC、OC、CO、VOCs、NH_3、CO_2、CH_4），PM2.5与VOCs精细至物种的高分辨率排放清单。本章研究发现，由于关键基础信息缺失，研究关注较少的室内生物质燃烧排放占有相当比重。进一步研究建立了我国不同排放区域基于社会经济参数的室内燃烧比例、柴薪燃烧量估算模型，补充了室内生物质燃烧排放计算的关键数据，系统分析了中国室内生物质燃烧排放趋势特征。本章较系统、全面地建立了生物质燃烧大气污染物排放清单，补充完善了室内生物质燃烧排放信息，并提出了基于数值模拟、数学优化、车载遥测等多技术的生物质燃烧排放校验方法，可为大气复合污染成因与应对机制研究提供支撑。

7.1　研究背景

7.1.1　研究意义

作为农业大国，中国每年产生大量的秸秆资源，在经济较不发达的农村地区，柴薪和秸秆仍是炊事和采暖的主要能源。随着城市化进程的加快，农村地区的能源消耗模式逐渐从非商品能源转为商品能源。在一些化石燃料资源充足且有一定购买力的农村地区，大量富余的秸秆被直接在田间焚烧。生物质燃烧对大气化学、区域和局地空气质量和人体健康均会带来极大影响。在收获季节，秸秆的露天焚烧往往在较短时间内使大气中的污染物浓度显著提高。在不利的大气扩散条件下容易造成严重的霾污染，降低能见度。农村室内燃烧生物质进行炊事或采暖活动时，室内较高的污染气体与颗粒物浓度会给人体带来呼吸道疾

病、肺功能降低、肺癌的死亡率增加等有害健康的效应。研究生物质燃烧排放污染物的影响及防控策略，有赖于准确的生物质燃烧排放源资料。全面、翔实、高时空分辨率的生物质燃烧排放清单是深入理解大气物理化学过程，揭示污染源对复合污染、人体健康影响，研究大气复合污染形成与应对机制的关键信息。

7.1.2 国内外研究现状

在生物质燃烧排放清单建立方面，欧美等发达国家起步较早，20 世纪 70 年代就有学者针对生物质焚烧对大气环境的影响开展研究[1]。Reid 等[2]、Akagi 等[3]、Burling 等[4]开展实验室或现场测试初步确定生物质燃烧的排放特征；Eva 和 Lambin[5]、Duncan 等[6]、Liu 等[7]利用卫星火点数据识别火灾的发生和生物质焚烧量，为生物质燃烧排放清单的建立提供数据基础。相比于发达国家，中国对生物质燃烧排放清单的研究开展较晚。先期开展的研究主要基于国外的排放因子的直接应用[8-10]。近几年，我国学者在生物质排放因子的本地化方面开展了大量研究，如 Li 等[11-12]对北京、重庆和山东一些主要的室内生物质燃烧排放因子进行了实测；Li 等[13]对小麦、玉米秸秆室外焚烧产生的主要气态和颗粒态污染物进行了测试；Cao 等[14]对典型作物秸秆的室内焚烧排放因子开展了测试；Zhang 等[15]对水稻、小麦和棉花的室外焚烧产生的一些气态和颗粒态污染物的本地化排放因子开展了实测研究；Wang 等[16]开展了农村家庭生物质燃料炉典型气态污染物特征研究；Ni 等[17]基于生物质燃料水分的考虑，对小麦、水稻和棉花秸秆的排放因子进行实测与更新。尽管近年来的生物质燃烧排放清单研究已大量应用了本地化的排放因子，但排放清单仍存在较高的不确定性。除排放因子外，活动水平数据也是影响排放清单不确定性的重要因素[18-19]。目前中国针对生物质燃烧排放清单的研究较多采用省级数据[20-21]（国家清单）或地市级数据[22-23]（区域清单），初始分辨率较低的活动水平数据可通过国家统计途径公开获取，但基于较低分辨率的活动水平数据建立的排放清单将在高分辨率网格分配过程中产生较大不确定性[24]，因此提升活动水平数据的初始分辨率极为重要。北京工业大学前期曾与环保、统计等行业主管部门充分合作，针对较为详尽的区县分辨率活动水平数据进行系统收集，构建了污染源相对完善的京津冀地区区县分辨率排放清单[25-26]，并初步建立了相对全面的中国生物质排放清单。此外，一些与生物质燃烧准确估算直接相关的关键基础信息缺失，也是导致生物质排放清单不确定性较高的重要原因。在秸秆使用方面，高祥照等[27]对 2000 年中国大部分省份的秸秆室内/露天焚烧比例进行研究；张楚莹等[28]、田贺忠等[21]的研究分别给出了 2006 年和 2007 年中国几大区域的秸秆室内/露天焚烧比例。然而由于我国近年来经济水平的提高、能源结构的改变以及对秸秆露天焚烧的严格控制，获取可反映当前不同省份实际情况的秸秆室内燃烧比例对于改善生物质燃烧排放清单十分必要。在柴薪使用方面，从 2007 年开始各省详细的柴薪消耗数据不再通过公开的统计资料发布。有关生物质室内、室外燃烧的精细化时间、空间排放特征研究也十分有限。

在排放清单校验方面，目前有关的研究主要集中在针对区域综合排放清单的校验。Huang、Chen 等[29]和 Huang、Song 等[30]分别以长三角地区和中国为研究区域，将建立的多类排放源清单与其他研究结果对比，从排放总量和分担率方面评估清单的合理性。杨干等[31]通过将北京 APEC 会议前后主要 VOCs 化合物的日减排量，与相应物种的白天平均浓度下降量进行对比，分析 VOCs 减排估算的准确性。Wang 等[32]利用 CMB 模型对北京多个监测站点测量的 VOCs 组分进行了来源解析，通过对比受体模型源解析与数值模拟得到的排放源浓度贡献，对排放清单进行评价。Boersma 等[33]和 Lee 等[34]利用 OMI 卫星反演的污染物柱浓度信息分别对 NO_x 和 SO_2 排放清单进行大范围区域排放量的校验。Lu 等[35]将 NO_x 的十年排放趋势与基于 GOME 和 SCIAMACHY 卫星观测的 NO_2 柱浓度进行对比，以评估清单的准确性。Wang 等[36]通过 CMAQ 模拟结果和卫星遥感、地面监测结果的对比，对排放清单可靠性进行检验。Tang 等[37]运用地面观测的 CO 数据，基于模型误差符合高斯分布的假设，利用卡尔曼滤波法反演得到北京及周边区域的 CO 排放清单。可以看出，目前常用的排放清单准确性评价与校验的方法主要包括：① 基于多项排放清单研究结果的排放总量和分担率横向对比；② 基于排放清单与环境浓度的间接对比；③ 基于受体模型与源模型有关排放源浓度贡献的对比；④ 基于卫星遥感反演产品与污染源排放时空分布的对比；⑤ 基于排放清单得到的环境数值模拟浓度与观测浓度的综合对比；⑥ 基于环境、数学等耦合方法的排放清单反演校验。这些方法均可对包含多类源的区域综合清单进行一定程度的准确性评估与校验，但在针对具体某一类排放源的清单校验方面尚存在一定限制。本章研究前期提出的基于环境观测数据—数值模拟—数学优化的清单反演方法[38]，在考虑某类排放源排放特征的基础上，为清单校验提供了可行的思路。在生物质燃烧排放清单准确性评估方面，尽管近几年我国已经开展了一系列生物质燃烧排放清单建立研究，但是对清单的准确性评估方法较为有限。主要是基于与其他研究的横向对比以及基于蒙特卡洛的不确定性分析，尚缺乏系统的清单校验研究。

综上所述，与生物质燃烧准确估算直接相关的关键基础信息（如详细秸秆室内燃烧比例、柴薪燃烧量、高分辨率的活动水平以及排放时空分配依据等）十分缺失，影响了生物质排放清单准确性提升；现有的生物质燃烧排放清单难以反映污染源高分辨率时空分布特征，翔实准确、可直接面向空气质量模型的生物质燃烧精细化清单仍有待进一步研究。目前的生物质燃烧清单准确性评估方法仅停留在横向对比或不确定性分析层面，而区域综合排放清单的校验方法在应用于生物质燃烧排放清单校验时有一定限制，亟须开展生物质燃烧排放多技术校验研究。

7.2　研究目标与研究内容

7.2.1　研究目标

本章以华北典型地区（包括北京市，天津市，河北省，山西省，山东省，河南省，内蒙古自治区呼和浩特市、包头市、鄂尔多斯市、乌兰察布市等中部地区）为研究区域，开展生物质燃烧排放清单精细化完善以及多技术综合校验研究。基于生物质燃烧排放关键基础信息的调查、收集与更新，建立华北区域高时空分辨率、多污染物种生物质燃烧排放清单。结合生物质燃烧排放的时空特征，综合利用数值模拟、数学优化、环境监测数据、车载光学遥测等多技术手段，研究提出生物质燃烧排放清单校验新方法，为大气复合污染的成因识别与应对机制研究提供科技支撑，为生物质燃烧排放源环境监督和管理提供决策依据。

7.2.2 研究内容

1. 生物质燃烧排放基础数据收集与关键信息更新

秸秆室内燃烧比例：秸秆室内燃烧比例是准确估算秸秆室内燃烧与室外燃烧排放量的关键基础信息之一。近年来我国对秸秆露天焚烧进行了严格控制，因此，开展可反映当前不同地区实际情况的秸秆室内外燃烧比例调查十分必要。本章拟在充分收集统计部门、农业部门相关数据基础上，综合考虑经济、地域等因素，选择各省份典型区域，针对作物种类、秸秆使用途径、使用比例等信息开展入户抽样调查，获取不同区域主要作物秸秆作为燃料以及田间焚烧的比例，为高分辨率排放清单建立提供基础数据。

柴薪燃烧量：柴薪燃烧是生物质燃烧排放的另一重要贡献源。柴薪燃烧量是估算柴薪燃烧排放的重要基础数据，而近年来各省份柴薪消耗数据无法从统计途径直接获取。本章拟根据经济、地域等因素，选择各省份典型区域，针对柴薪使用情况进行入户抽样调查，分析不同地区人口、经济与柴薪使用量的关系，基于人口信息估算本研究区域区县级柴薪使用量，作为建立高分辨率柴薪燃烧排放清单的基础数据。

其他区县级活动水平数据：活动水平的分辨率直接影响排放清单的初始分辨率，提升排放清单初始分辨率非常重要。本章拟在团队前期研究基础上，对研究区域的区县级生物质活动水平数据进行进一步收集与完善，主要涉及玉米、小麦、棉花、甘蔗、薯类、花生、油菜、芝麻、甜菜、麻类、水稻、大豆等作物产量，牲畜存栏量，森林火灾、草场火灾面积，等等，为建立全面的高分辨率生物质排放清单提供数据支撑。

生物质排放高分辨率时空分配依据：为建立可面向数值模型的生物质燃烧排放清单，提升时空分辨率，需针对生物质排放的时间不均匀系数、网格空间分配依据等信息进行完善。拟在团队前期研究基础上，进一步系统调查与收集华北地区不同地域生物质燃烧月不均匀系数、小时不均匀系数、高分辨率土地利用信息、火点数据等信息，为建立精细化生物质燃烧排放清单奠定基础。

2. 精细化生物质燃烧排放清单研究与不确定性分析

排放因子收集与生物质排放估算：在7.2.2的1的基础上，系统梳理国内外不同类型生物质、不同污染物排放因子最新成果并进行对比分析，选择可反映华北地区生物质燃烧排放特征的排放因子，针对秸秆室内燃烧、秸秆室外燃烧、柴薪燃烧、牲畜粪便燃烧、森林火灾和草原火灾等生物质燃烧源进行 SO_2、NO_x、PM10、PM2.5、EC、OC、CO、VOCs、NH_3 等多类污染物区县级排放量估算。

排放清单精细化研究：在各类生物质燃烧源排放量估算的基础上，结合7.2.2的1中获取的时间不均匀系数、火点数据、土地利用信息等时间、空间分配依据，研究建立时间分辨率细化至1 h、可满足不同空间尺度要求的高时空分辨率生物质燃烧排放清单。此外，详细的颗粒物与VOCs成分谱是排放清单输入数值模型的必要信息。本章拟基于前期已掌握的颗粒物与VOCs成分谱以及最新文献调研，建立面向空气质量模型及不同化学机制的多污染物种排放清单。

排放清单不确定性：进一步利用蒙特卡洛方法等对生物质燃烧源排放清单进行系统的不确定性分析，获取95%置信度下的不同污染物排放置信区间，分析排放结果不确定性。

3. 生物质燃烧排放清单多技术综合校验方法研究

(1) 基于环境监测—数值模拟—数学优化的区域生物质排放清单校验

构建基于环境监测—数值模拟—数学优化的生物质燃烧排放清单的校验方法，以典型污染物为例，针对典型区域的生物质燃烧排放校验进行探索研究。基于环境观测数据—数值模拟—数学优化的区域排放清单优化技术是前期研究提出的一种排放清单建立方法。本章拟在前期研究基础上，结合生物质燃烧排放特点，基于生物质燃烧排放不确定性分析得到的排放波动区间以及数值模拟得到区域污染源排放-受体浓度动态关系，结合环境污染物监测数据，筛选适合于生物质排放清单校验的优化方法，构建生物质燃烧排放优化技术方法体系，提出基于环境监测—数值模拟—数学优化的区域生物质燃烧排放清单校验新方法。

(2) 基于车载光学遥测技术的典型生物质燃烧排放微观校验

车载被动差分吸收光谱技术(differential optical absorption spectroscopy，DOAS)，通过在搭载平台运行中记录大气中痕量成分对紫外-可见光辐射的特征吸收，可实现气体(SO_2、NO_2)的定性和柱浓度定量测量，结合气象信息(风速风向)可进一步获得污染气体排放通量。

拟针对华北农村地区普遍使用的生物质燃料——典型作物秸秆及柴薪进行定量燃烧。从生物质点燃后产生烟气开始，直至熄灭不再冒烟，采用车载被动DOAS针对典型污染气体排放通量开展移动遥测。移动遥测期间同步记录风场信息，计算获取燃烧区域污染物排放通量，进一步得到生物质燃烧排放量。将该排放量与基于排放因子法得到的排放量进行对比，从微观角度对生物质燃烧排放进行校验。

7.3　研究方案

7.3.1　生物质燃烧排放清单精细化研究

生物质燃烧排放清单精细化研究主要依赖于详细的活动水平数据，排放因子与颗粒物、VOCs化学物种成分谱以及排放清单高分辨率时空分配依据。其中活动水平中的各区县各类作物产量和草原火灾、森林火灾面积通过与统计、林业部门合作或通过年鉴获取；秸秆室内外燃烧比例、柴薪使用量通过入户问卷调研的方式获取；排放因子与颗粒物、VOCs化学物种成分谱基于研究团队前期基础与进一步文献调研获取；高分辨率时空分配依据，包括生物质燃烧月不均匀系数、小时不均匀系数、高分辨率土地利用信息、火点数据等信息基于问卷调研与文献调研，利用可获取的数据产品。进一步基于蒙特卡洛方法对生物质燃烧排放进行不确定性分析，获取95%置信区间下的排放量波动区间。

7.3.2 生物质燃烧排放宏观校验

利用区域大气环境数值模拟系统与污染物来源识别技术，建立污染源排放与环境污染浓度的动态关联。利用数学优化的方法，以浓度计算值与环境监测值误差最小为目标，以95%置信区间下的污染物排放波动范围为限制，构建区域污染源排放优化技术方法体系，选择反映生物质燃烧特点的特征时段，优化反演典型区域典型污染物生物质燃烧排放，并通过数值模拟对比校验“自下而上”与优化反演两种排放清单准确性。

7.3.3 生物质燃烧排放微观校验

基于车载被动DOAS技术，选取典型作物秸秆以及柴薪，选择典型区域进行定量生物质燃烧观测，同步采集气象数据，获取并分析从生物质点燃后产生烟气开始直至熄灭不再冒烟时段内燃烧区域内污染气体对外的输送通量随时间的变化规律，采用积分的方法估算生物质排放。结合排放因子法估算生物质排放量，将两者相比较，对典型生物质燃料燃烧排放进行校验。

7.4 主要进展与成果

7.4.1 华北典型区域生物质燃烧排放清单

1. 华北地区生物质燃烧排放总量

基于上述生物质燃烧排放量计算方法，结合系统收集的基础活动水平数据和排放因子数据，估算得到华北地区2014年生物质燃烧排放清单(表7-1)。2014年华北地区生物质燃烧排放的SO_2、NO_x、PM10、PM2.5、NMVOC、NH_3、CO、EC、OC、CO_2和CH_4分别为6.75万吨、22.3万吨、74.1万吨、70.9万吨、66.2万吨、6.4万吨、625.2万吨、6.0万吨、27.1万吨、12 280.9万吨和38.6万吨。不同省份污染物排放差异较大，河南、山东、河北是华北地区生物质燃烧排放量的主要贡献者，占华北地区总排放的73%～83%，主要由于这三省均为我国农业大省，秸秆资源丰富。北京和天津的生物质燃烧排放量较小，只占华北地区总排放的1%，主要原因包括两个直辖市农作物产量相对较小、经济较为发达、使用生物质作为家用燃料比例较小以及更为严格的禁烧政策。

表7-1 华北地区生物质燃烧各污染物排放 单位：万吨

省 份	SO_2	NO_x	PM10	PM2.5	NMVOC	NH_3	CO	EC	OC	CO_2	CH_4
北京市	0.03	0.1	0.4	0.4	0.3	0.1	3.0	0.1	0.1	79.2	0.2
天津市	0.02	0.1	0.3	0.3	0.3	0	2.1	0	0.1	39.5	0.1
河北省	1.1	3.5	12.1	11.5	10.2	1.3	104.4	1.3	4.0	2124.9	6.2

续表

单位：万吨

省　份	SO_2	NO_x	PM10	PM2.5	NMVOC	NH_3	CO	EC	OC	CO_2	CH_4
山西省	0.6	2.5	7.8	7.5	6.6	0.7	57.2	0.7	2.7	1282.3	3.5
山东省	1.5	5.5	17.2	16.5	15.6	1.5	143.7	1.4	6.4	2837.1	8.8
河南省	3.0	8.8	28.6	27.5	28.1	1.9	271.7	1.8	11.5	4740.4	16.5
内蒙古自治区（部分地区）	0.5	1.8	7.7	7.2	5.1	0.9	43.1	0.7	2.3	1177.5	3.3
总排放	6.75	22.3	74.1	70.9	66.2	6.4	625.2	6.0	27.1	12 280.9	38.6

2. 华北地区生物质燃烧源排放贡献

如图 7.1，秸秆室内燃烧源、秸秆室外燃烧源和柴薪燃烧源对生物质燃烧排放的大部分污染物贡献最高。这三种生物质源燃烧排放的 SO_2、NO_x、PM10、PM2.5、NMVOC、NH_3、CO、EC、OC、CO_2 和 CH_4，对华北总生物质燃烧排放贡献为 93%～98%。秸秆室内燃烧是生物质燃烧排放 SO_2(48%)、CO(49%)和 CH_4(44%)贡献最大的源。秸秆室外燃烧是 NO_x(68%)、PM10(52%)、PM2.5(54%)、NMVOC(54%)、OC(61%)和 CO_2(47%)贡献最大的源。柴薪燃烧是 EC(43%)和 NH_3(34%)排放贡献的最大的源。

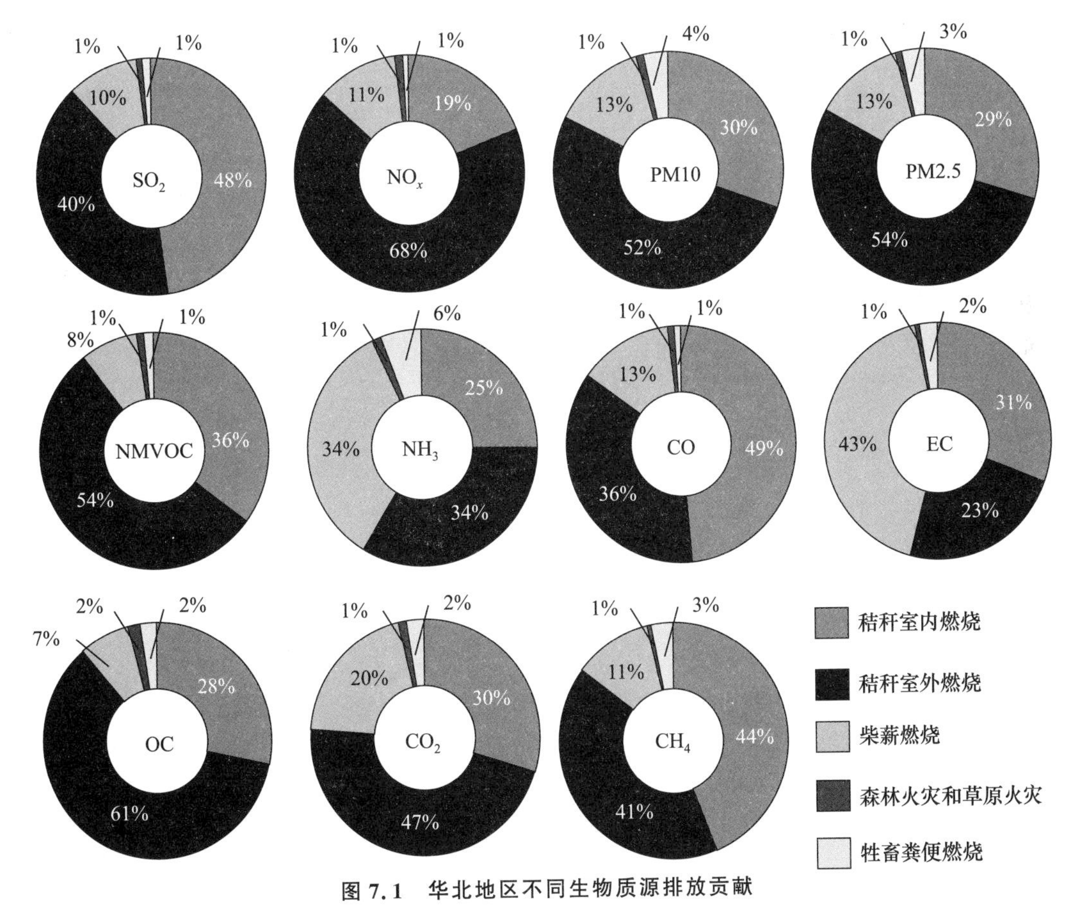

图 7.1　华北地区不同生物质源排放贡献

为实现对华北地区生物质燃烧排放的有效控制，应以控制秸秆室内燃烧、秸秆室外燃烧和柴薪燃烧为主。秸秆室外燃烧是大多数污染物的主要排放源，应优先控制。政府应完善秸秆综合利用措施，加大秸秆禁烧力度。同时，对生物质燃烧室内燃烧源，包括秸秆室内燃烧和柴薪燃烧的控制也不应忽视，其直接影响人体健康。政府应该提倡农村家庭使用清洁、燃烧效率较高的商品能源。

3. 华北地区生物质燃烧排放区域特征

(1) 各省份生物质源燃烧排放贡献

尽管华北地区生物质燃烧排放以秸秆室内燃烧、秸秆室外燃烧和柴薪燃烧为主(55%～100%)，但其排放贡献在不同地区有差异。对于天津、河北、山东、山西、河南和内蒙古，秸秆室外燃烧排放贡献较大(75%)。秸秆室内燃烧是 SO_2 和 CO 主要的贡献源。秸秆室外燃烧和柴薪燃烧是华北大部分省份仅次于秸秆室外燃烧的贡献源，但是也有特例，如内蒙古，地区森林火灾和草原火灾的排放贡献较高(最大可达 10%)，主要由于内蒙古森林和草原资源丰富。而北京的主要生物质燃烧排放源为柴薪燃烧，其对北京生物质燃烧排放的贡献可达 43%～89%。北京的农村居民有很大一部分居住在山区，柴薪资源丰富，在采暖季节对柴薪的消耗较多，因此导致柴薪燃烧的排放贡献突出。除柴薪外，秸秆室外燃烧排放对北京的生物质燃烧排放贡献也较高。

因此，对北京的生物质燃烧排放控制应以控制柴薪燃烧源为主；对华北其他省份的生物质燃烧排放控制应以控制秸秆室外燃烧排放为主，控制秸秆室内燃烧源为辅，政府部门应该进一步推动和加强秸秆综合化利用和秸秆露天禁烧政策。此外，对内蒙古地区的森林火灾和草原火灾进行控制也十分重要。

(2) 各省份秸秆源燃烧排放贡献

秸秆燃烧是生物质燃烧的主要贡献源，因此对秸秆燃烧源进行进一步分析。如图 7.2，华北地区各省份秸秆燃烧排放以玉米和小麦秸秆(84%～99%)为主。对北京、天津、山西和内蒙古来说，玉米秸秆的排放贡献较大(52%～97%)，主要由于玉米产量大。对河北和山东来说，玉米和小麦秸秆的排放分担率都较高，两者贡献 80%～95%的秸秆燃烧排放。河南的小麦秸秆源有最大的排放贡献，小麦秸秆燃烧排放不同污染物的贡献达到 47%～68%，主要由于河南以小麦为主要作物。

因此，对华北地区的秸秆燃烧排放控制，应以控制玉米和小麦秸秆为主。同时，不同的省份应有不同的侧重：北京、天津、山西和内蒙古应以玉米秸秆为主；河南应以小麦秸秆为主；对山东和河北来说，小麦秸秆和玉米秸秆应共同控制。

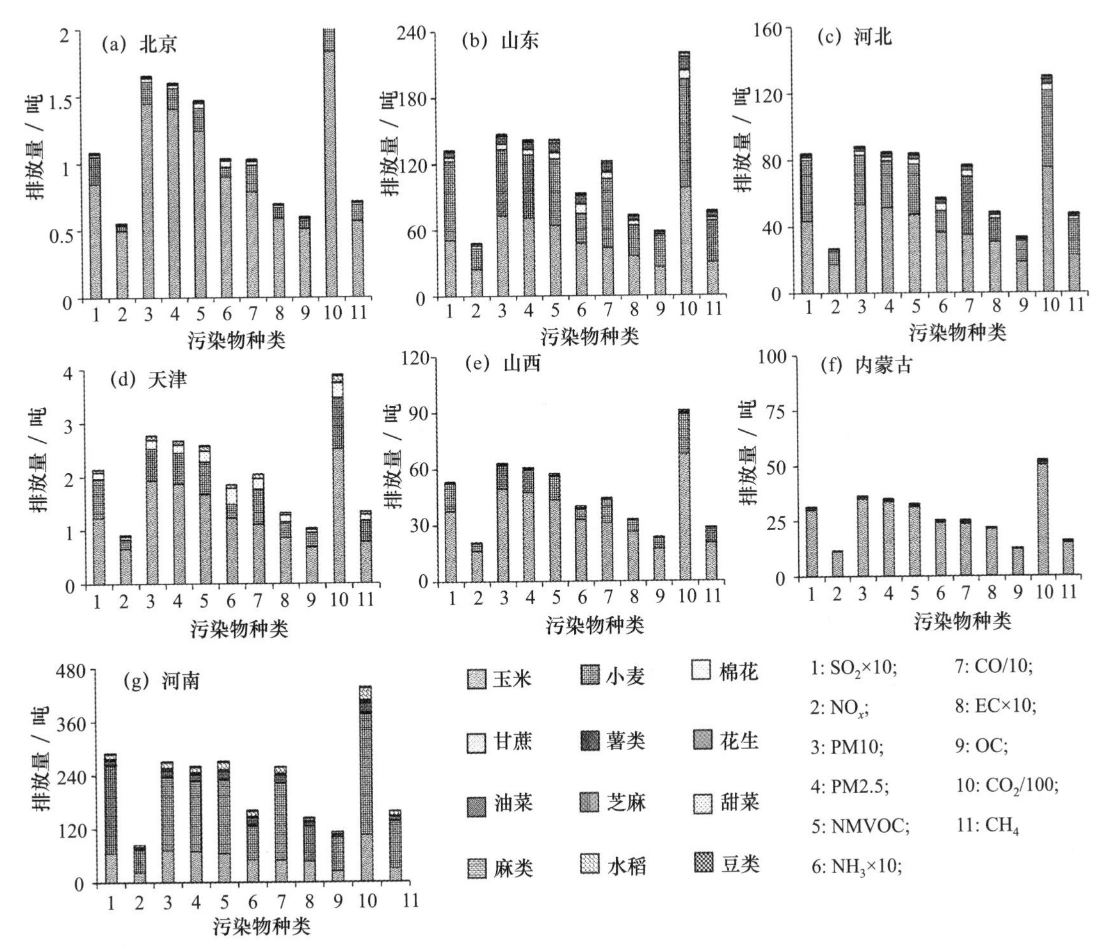

图 7.2　华北地区不同省份秸秆燃烧源贡献

4. 华北地区生物质燃烧排放时间分布

生物质燃烧源作为人为源排放，具有很明显的时间排放特征。如图 7.3，对大部分污染物来说，生物质燃烧排放在 3 月、6 月和 10 月较为集中。这几个月份的高排放由不同原因导致。3 月华北地区的高排放主要由生物质室外燃烧和室内燃烧源共同导致，其中室外燃烧主要是春季农民在种植作物前的烧荒活动引起，室内燃烧主要是由于农村居民的冬季采暖活动导致，华北地区农村居民的冬季采暖从 11 月持续到次年 3 月。6 月各污染物的高排放主要由秸秆室外燃烧导致，6 月是华北地区小麦收获季，大量小麦秸秆收获后在田间直接焚烧。10 月是华北地区玉米收获季，导致 10 月的污染物排放较高。

值得注意的是，对于某些污染物，例如 NH_3、CO 和 EC 在 12 月、1 月和 2 月的排放也非常高，这主要是由于秸秆或柴薪作为农村取暖或炊事的室内燃烧排放导致。由于这些污染物是室内排放的主要污染物（占 60%以上），因此在以室内燃烧排放为主的特征月份，这些污染物的排放较为显著。

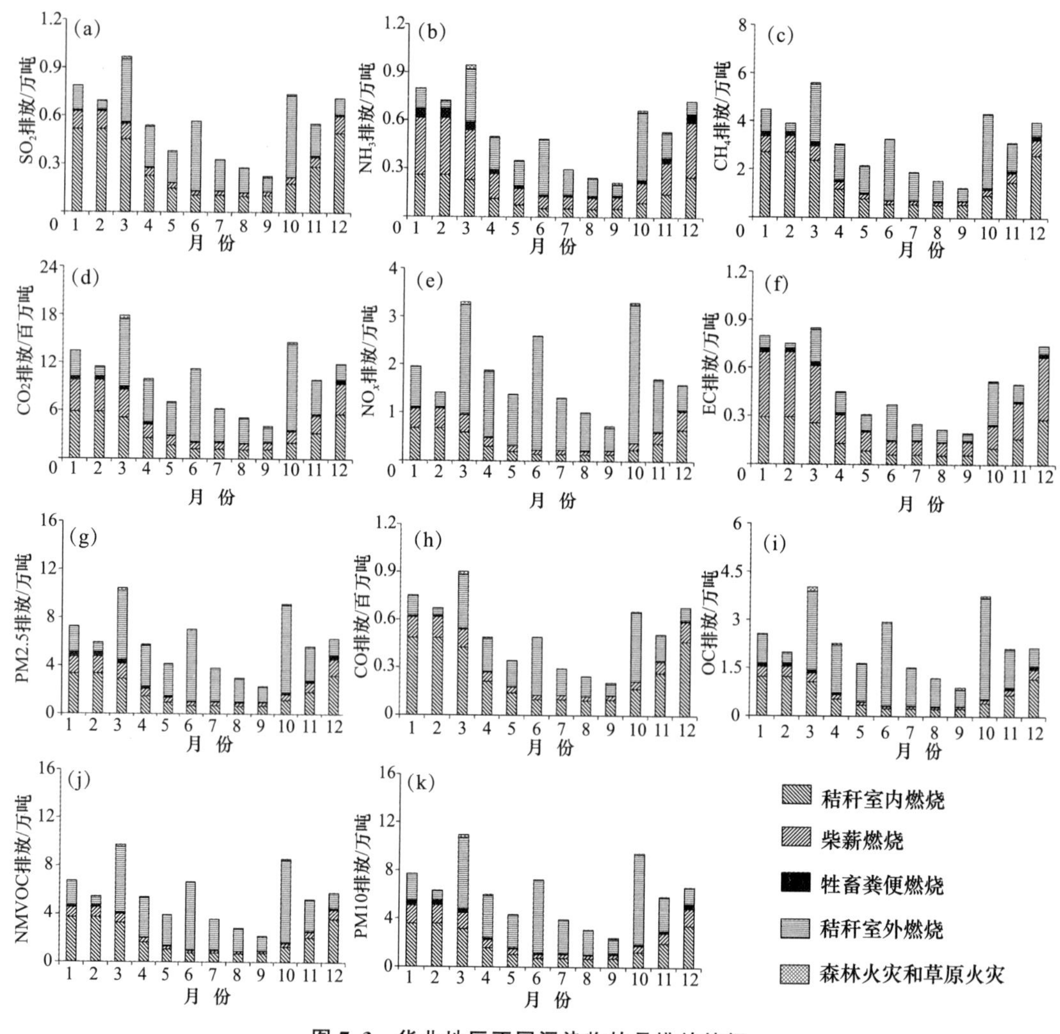

图 7.3 华北地区不同污染物的月排放特征

5. 不确定性分析

炉灶类型对生物质室内燃烧排放因子有较大影响，但是由于目前对不同炉灶类型生物质燃烧排放因子研究相对较少，因此本章并未考虑炉灶类型对排放因子的影响。为降低排放因子不确定性，在选择排放因子时，本章进行大量的文献调研和梳理，考虑了较精细的生物质源(包括柴薪燃烧源、森林火灾和草原火灾源、牲畜粪便燃烧源和 12 种秸秆室内燃烧源、室外燃烧源)，尽量选择本地化测试的排放因子。在活动水平方面，考虑了较为全面的生物质源种类。在秸秆燃烧排放的计算中，本章较为全面地考虑了中国常见的 12 种作物。森林和草原也根据矢量化土地利用信息进行了细致的划分(如常绿针叶林、落叶阔叶林、热带稀树草原等)。此外，由于调研数据缺失，以往研究中使用的秸秆燃烧比例大多未考虑省份差异。本章进行大量的文献梳理、实地调研和数学回归，选择了最能反映真实情况的秸秆室内燃烧比例，尽量降低生物质燃烧排放估算不确定性。

尽管在改善排放清单不确定性方面做了很多努力，清单的不确定性仍然存在。因此，本章根据 7.3.1 中介绍的生物质燃烧排放清单不确定性分析方法，得到 20 000 次蒙特卡洛分析下生物质燃烧各污染物排放在 95%置信区间下的不确定性范围(表 7-2)。由表可以看出，大部分污染物的不确定性都比较小，不超过 50%。SO_2、EC 和 NH_3 的不确定性比其他污染物稍大，分别为(−54%，54%)、(−61%，61%)和(−49%，48%)。与有限的生物质燃烧排放清单不确定性研究对比，本章不确定性相对较低。

表 7-2　华北地区生物质燃烧各污染物排放不确定性范围

污染物	排放估算值/万吨	不确定性范围/(%)	以往研究结果[9]/(%)
SO_2	6.75	(−54,54)	(−245,245)
NO_x	22.3	(−37,37)	(−220,220)
PM10	74.1	(−7,6)	—
PM2.5	70.9	(−13,1)	—
NMVOC	66.2	(−9,9)	(−210,210)
NH_3	6.4	(−49,48)	(−240,240)
CO	625.2	(−4,4)	(−250,250)
EC	6.0	(−61,61)	(−430,430)
OC	27.1	(−20,19)	(−420,420)
CO_2	12 280.9	(−3,3)	—
CH_4	38.6	(−9,9)	(−195,195)

注：95%置信区间。

7.4.2　全国生物质燃烧清单

1. 中国总排放分析

2012 年我国生物质燃烧排放 SO_2、NO_x、PM10、PM2.5、NMVOC、NH_3、CO、EC、OC、CO_2、CH_4 和 Hg 分别为 336.8Gg、990.7Gg、3728.3Gg、3526.7Gg、3474.2Gg、401.2Gg、34 380.4Gg、369.7Gg、1189.5Gg、675 299.0Gg、2092.4Gg 和 4.1Mg。不同生物质燃烧源对总排放的贡献占比，如图 7.4 所示，秸秆室内燃烧、秸秆室外燃烧以及柴薪燃烧是主要的生物质燃烧源，对生物质燃烧排放的各污染物总贡献为 86.0%～98.0%。然而对不同的污染物来说，最大贡献源不同。秸秆室内燃烧对于 SO_2(57.8%)、PM10(42.8%)、PM2.5(42.0%)、NMVOC(49.2%)、CO(58.1%)、OC(41.8%)、CO_2(38.8%)、CH_4(53.2%)和 Hg(37.2%)贡献最大。柴薪燃烧对 EC 和 NH_3 的贡献可达 51.3%和 41.2%，主要是由于本地化的排放因子导致。秸秆室内燃烧、秸秆室外燃烧对于 NO_x、PM10、PM2.5、NMVOC、Hg、OC 和 CO_2 的贡献相近。

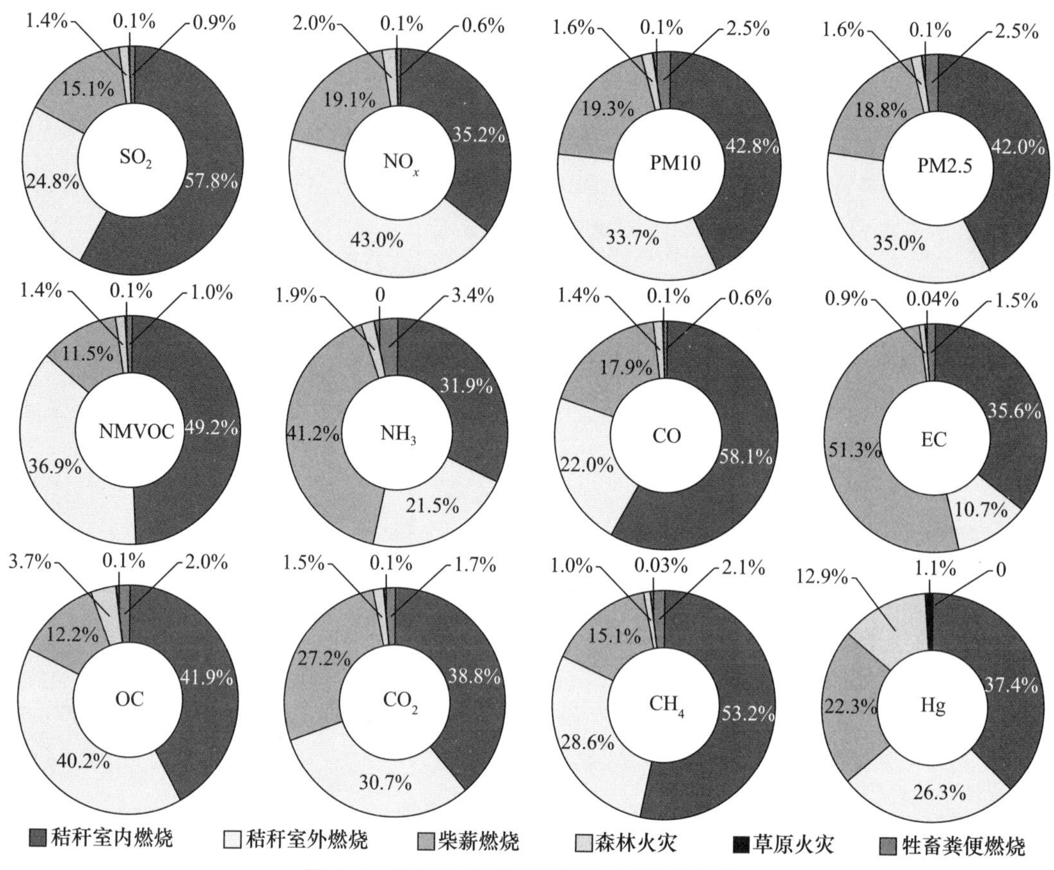

图 7.4　各生物质燃烧源排放对总排放贡献

另外，牲畜粪便燃烧以及森林火灾和草原火灾对于生物质燃烧排放的贡献较小。森林火灾和草原火灾对生物质燃烧排放各污染物贡献较小(0.94%～3.8%)，但是森林火灾和草原火灾对于 Hg 排放占比却高达 14.0%。

如上所述，秸秆室内燃烧、秸秆室外燃烧是重要的生物质燃烧源，对于空气质量、气候以及人体健康都有显著的影响。如图 7.5 所示，玉米、水稻和小麦是我国作为燃料或废物燃烧的三种主要的秸秆类型，占秸秆总排放 80%以上；三种作物产量占所有作物产量的 70%以上，因此有大量的秸秆产生。在所有秸秆类型中，玉米秸秆对除 CH_4 以外所有污染物的贡献最大。

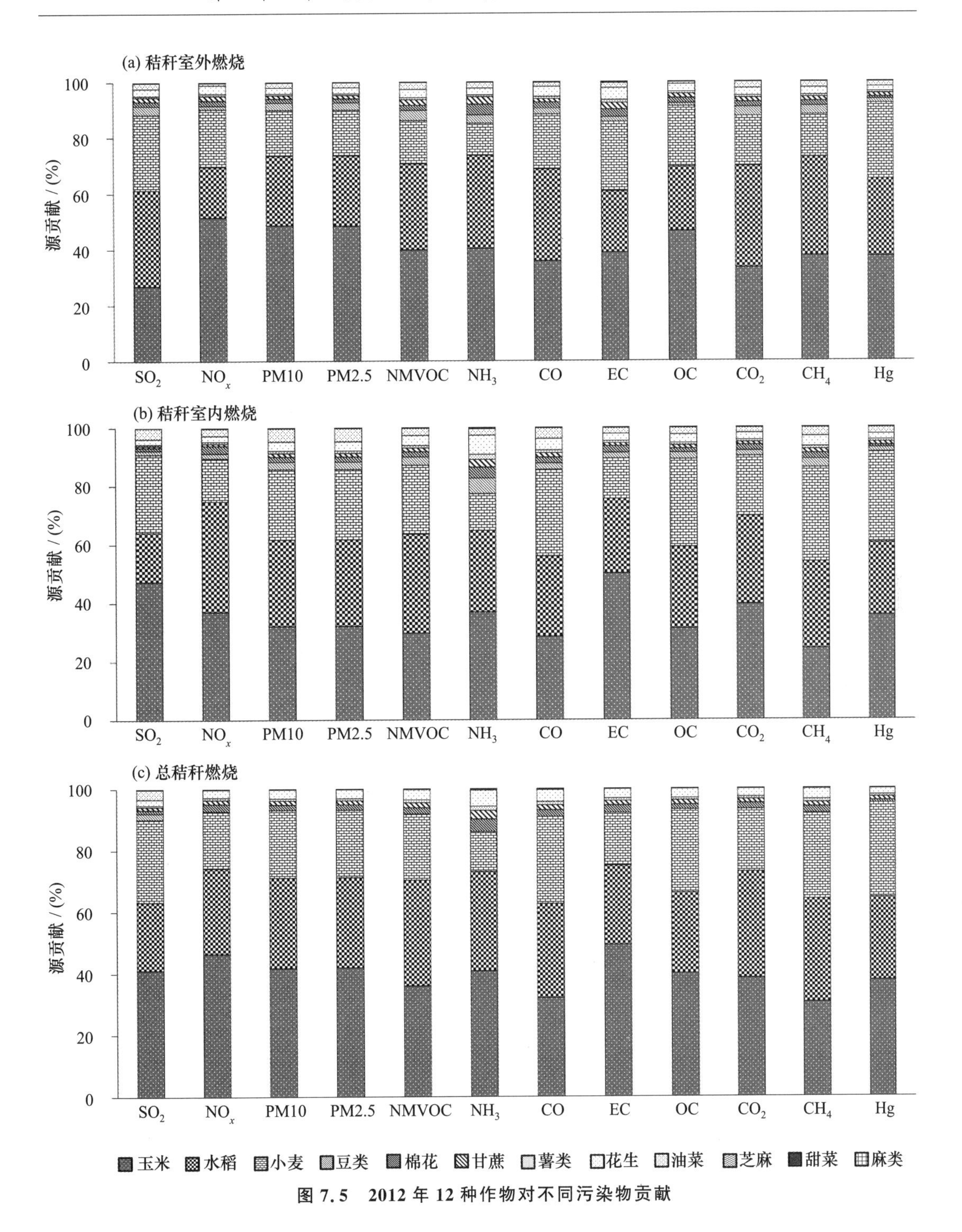

图 7.5　2012 年 12 种作物对不同污染物贡献

(1) 不同区域排放分析

黑龙江、山东、河南、湖北、安徽、四川、吉林、内蒙古、湖南和江苏是主要的贡献者，对不同污染物的贡献为 53%～65%。大部分污染物排放贡献最多的是黑龙江，山东 SO_2、CO 和

EC的排放贡献最高。主要是因为不同省份由于地理位置、气候条件和人口密度不同导致生物质燃烧量不同，进而导致排放量不同。

秸秆燃烧主要集中在山东、河南、黑龙江、河北、安徽、四川、吉林和湖南，这些省份对各污染物的贡献高于58%，主要是由于北部平原是我国主要作物产地。湖南、云南、湖北、河北、四川、广东、陕西、辽宁和江西的柴薪燃烧排放较大，占总排放54%以上，这些地区主要集中在中国南部山区，森林覆盖率高于30%。牲畜粪便燃烧主要集中在青海、内蒙古等牧区或半牧区。森林火灾和草原火灾主要集中在西藏、云南、黑龙江、新疆、内蒙古以及四川，主要是由较高的植被覆盖率以及气候条件导致的。

作为生物质主要燃烧源，秸秆燃烧对于生物质燃烧总排放有着主要的贡献。12种作物秸秆中，玉米秸秆燃烧排放集中在黑龙江、山东、内蒙古、河北、河南、山西和四川，贡献高于72%。小麦秸秆燃烧排放主要分布在河南、山东、安徽、河北、江苏、四川、陕西、湖北和山西，贡献高于89%。水稻秸秆燃烧排放主要分布在黑龙江、湖南、江苏、四川、安徽、湖北、广西、广东和浙江，贡献高于71%。主要由于南部地区更适宜水稻的生长，而北部地区更适宜小麦的生长。另外，豆类、棉花、甘蔗、薯类、花生和油菜对于一些污染物排放有一定贡献，这些作物的秸秆分别集中在黑龙江、新疆、广西、四川和河南。

(2) 生物质燃烧排放时间变化

燃烧活动主要发生在收获季节(秸秆田间焚烧)或播种季节(烧荒，增加土壤肥力)，不同地区的燃烧习惯、气候条件、播种和收获季节不同，因此，我们把中国分为七个区域，以PM2.5为例来分析污染物排放特征(图7.6)。对于西南地区(重庆、四川、贵州、云南、西藏)，有三个相对高的排放发生在2月、5月和8月，主要是由于油菜秸秆的燃烧和森林火灾的大量排放。南部地区(福建、广东、海南和广西)的2月、4月和8月分别是豆类播种季节和第一轮和第二轮作物(如水稻)的收获季节。

中部地区(河南、湖北和湖南)的主要作物为冬小麦和夏玉米，两种作物的收获季节分别为5月底和9月底。东部地区(上海、江苏、浙江、安徽和江西)的排放高峰主要分布在5月、6月和7月，分别是油菜、小麦和水稻的收获季。华北地区平原(北京、天津、河北、山西、内蒙古和山东)是最大的农业区，其农村人口占全国34%，耕地占27%，农作物占35%。华北平原的柴薪用作取暖的能源，因此冬天的柴薪消耗量比夏天大。另外，秸秆田间燃烧主要发生在收获小麦的6月和玉米的10月。4月和5月是播种水稻和大豆的季节。东北地区(辽宁、吉林和黑龙江)在4月、10月和11月呈现高值。4月是由烧荒造成的，10月由于玉米收获，11月是水稻的收获季。在西北地区(陕西、甘肃、青海、宁夏和新疆)，3月、4月和10月的高峰主要是由于下一个玉米播种、小麦播种和玉米收获季节的燃烧活动。

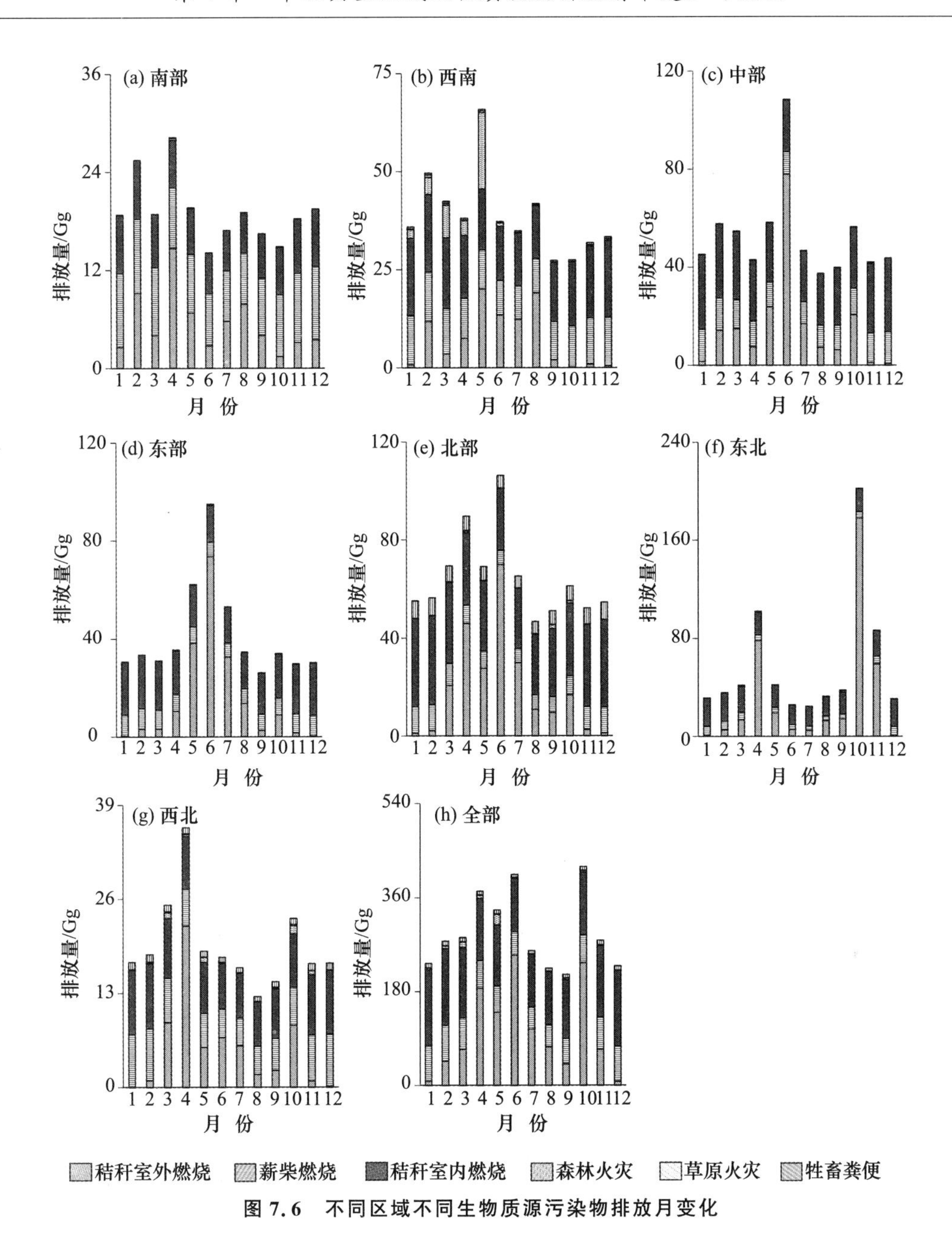

图7.6 不同区域不同生物质源污染物排放月变化

2. PM2.5与NMVOC物种排放

生物质燃烧产生的PM2.5中,OC是最大贡献者,占总排放量的33.7%。Cl^-、EC、K^+、NH_4^+和SO_4^{2-}也是PM2.5的主要种类,这些物种的贡献是46.6%。

烯烃是生物质燃烧过程中NMVOC排放的主要来源。烯烃对NMVOC排放总量的贡献约为34%,高于烷烃(28%)、芳香烃(24%)、炔烃(13%)和其他化合物(1%)。其中,乙烯、乙炔、丙烯和1-丁烯是烯烃和炔烃的主要种类,占40.1%。乙烷、正丙烷、正丁烷和正十二烷是烷烃的主要种类,占总贡献14.0%。苯、甲苯、苯乙烯、间/对二甲苯和乙苯是芳香烃的主要种类，占总量的16.6%。以上几种物质是二次大气污染形成的关键，如乙烯、丙烯、甲苯、间/对-二甲苯和乙苯等。这说明生物质燃烧排放控制是改善空气质量的迫切需要。

3. 不确定性分析

蒙特卡洛方法用来定量分析排放清单的不确定性。活动数据和排放因子被假定为正态分布。活动数据和排放因子的变异系数(CV)为标准差除以平均值。柴薪燃烧和秸秆燃烧源的活动数据的CV设定为20%。牲畜粪便燃烧的CV与秸秆燃烧源同样设定为20%。

MCD64A1燃烧面积数据产品已被证明在大型火灾中是可靠的，森林火灾和草原火灾面积的CV值与已发表的文献一致。森林火灾和草原火灾的生物质燃料负荷和燃烧因子的CV在50%左右。排放不确定性波动范围是通过平均20 000个蒙特卡洛模拟在95%的置信区间下计算。从源的角度来看，森林火灾的不确定性(−631%～624%)是最高的，之后是草原火灾(−378%～290%，对所有污染物)、牲畜粪便燃烧(−300%～295%)和柴薪燃烧(−189%～188%)，秸秆燃烧的不确定性(−114%～114%)最小。不同污染物排放估算的不确定度范围如表7-3所示。与其他污染物相比，SO_2、NH_3和EC的不确定性较大。这些污染物排放的不确定性分别为(−54%～54%)、(−49%～48%)和(−61%～61%)。NH_3、EC和SO_2的不确定性最高的源是畜禽粪便燃烧、森林火灾和草原火灾。估算畜禽粪便燃烧排放使用的排放因子存在较大的不确定性，主要是由于缺乏对排放因子的本地化测量。森林火灾和草原火灾排放的较大不确定性是由于估算中使用的生物质燃料负荷和燃烧因子的不确定性造成的。详细的活动数据也可以在一定程度上减少排放清单的不确定性，因为它们可以更好地反映实际情况。尽管本章的研究存在不确定性，但由于选择了本地化的排放因子和详细的活动数据，排放清单相对可靠。

表7-3 不同污染物排放的不确定性

污染物	排放量/Gg	不确定性范围/(%)	以往研究结果[9]/(%)
SO_2	337	(−54,54)	(−245,245)
NO_x	991	(−37,37)	(−220,220)
PM10	3728	(−7,6)	—
PM2.5	3527	(−13,1)	—
NMVOC	3474	(−9,9)	(−210,210)
NH_3	401	(−49,48)	(−240,240)
CO	34 380	(−4,4)	(−250,250)
EC	370	(−61,61)	(−430,430)
OC	1190	(−20,19)	(−420,420)
CO_2	675 299	(−3,3)	—
CH_4	2092	(−9,9)	(−195,195)
Hg	0.004 12	(−31,32)	—

注：95%置信区间。

7.4.3 生物质室内燃烧排放历年变化趋势

1. 历年生物质室内燃烧排放关键基础数据

室内燃烧生物质种类主要包括秸秆和柴薪。由于计算生物质室内燃烧排放清单的关键活动水平数据——秸秆室内燃烧比例和柴薪使用量的缺失，因此需要通过科学的数据分析方法弥补缺失的数据。

（1）秸秆室内燃烧比例

为了弥补不同省份和年份缺失的秸秆室内燃烧比例数据，首先，通过文献调研，尽可能多地收集秸秆室内燃烧比例数据。其次，考虑数据的可获得性以及可能影响秸秆室内燃烧比例的自然和社会经济因素，收集了年平均气温（AMT）、秸秆产量（S）、总人口（TP）、农村人口（RP）、总户数（TH）、农村户数（RH）、农村恩格尔系数（REC）以及农村居民人均收入（RI/cap），分析这些因素对秸秆室内燃烧比例的影响，以 $P<0.05$ 作为评判某自然和社会经济因素对秸秆室内燃烧比例有显著影响的依据，并考虑了多种拟合的形式，如线性、非线性等。最后，为不同省份确定了推算秸秆室内燃烧比例的模型，如图 7.7 所示。

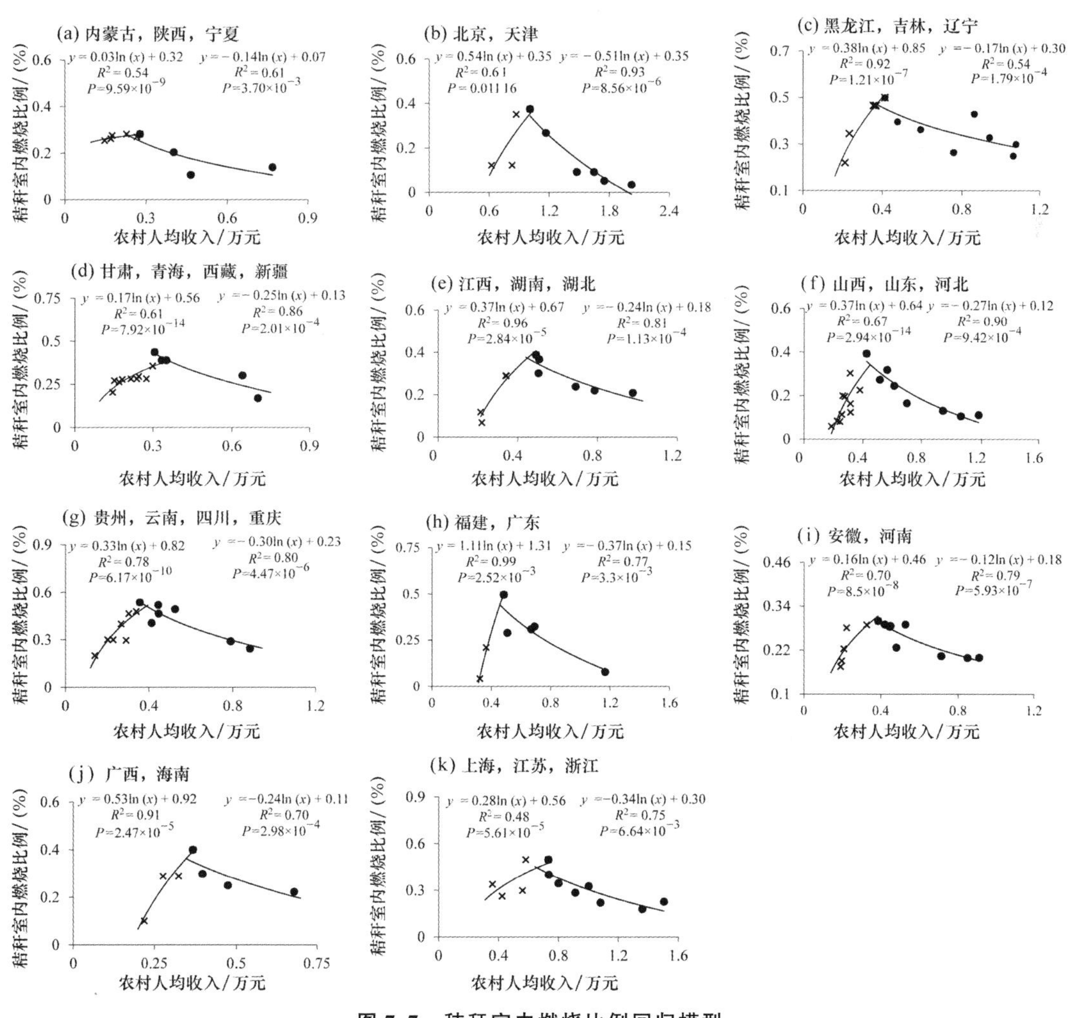

图 7.7　秸秆室内燃烧比例回归模型

（2）柴薪燃烧量

推算柴薪燃烧量的方法与弥补缺失的秸秆室内燃烧比例的方法类似，最终为不同省份确定了推算柴薪燃烧量的模型，如图 7.8 所示。

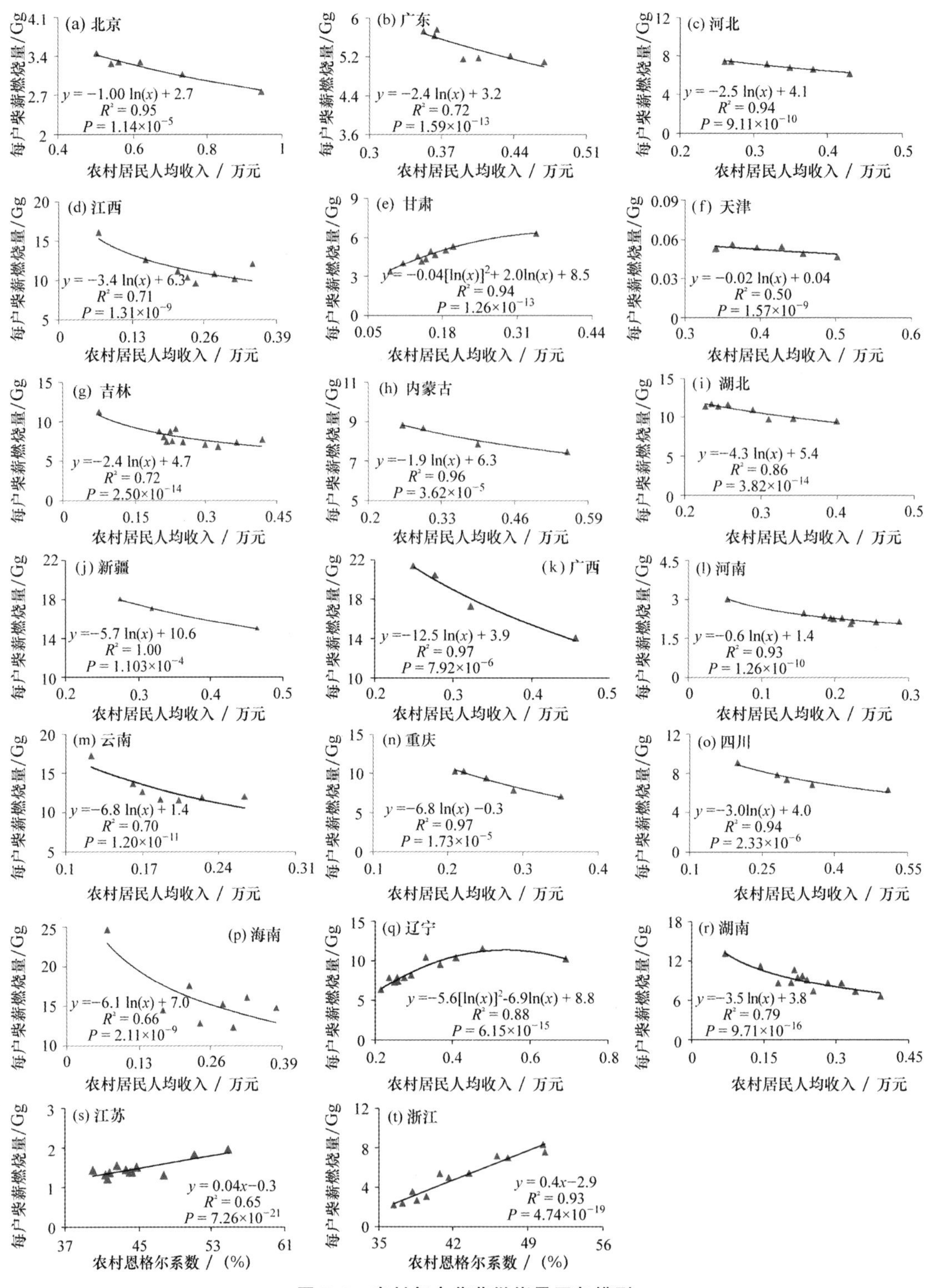

图 7.8　农村每户柴薪燃烧量回归模型

(3) 秸秆室内燃烧比例与柴薪燃烧量回归模型验证

由于从文献中收集到的省分辨率的秸秆室内燃烧比例数据有限，并都用于回归模型的建立，为了验证所建立的秸秆室内燃烧比例回归模型的有效性，通过模型计算出历年各省的秸秆室内燃烧比例，由此推算出全国的秸秆室内燃烧比例，并与文献中相应年份的全国的秸秆室内燃烧比例进行对比。

对于柴薪燃烧量，用来建立模型的柴薪燃烧量来自 2008 年以前的《中国能源统计年鉴》。2010 年的柴薪燃烧量数据来自文献调研，该数据没有用于回归模型，因此可以利用该数据对模型进行验证。秸秆室内燃烧比例和柴薪燃烧量的估计误差范围分别为－11%～19%和－13%～19%。因此，秸秆室内燃烧比例和柴薪燃烧量的估计值与文献数据吻合较好。对比结果表明，本章的估计结果是合理的。根据回归模型估算出的秸秆室内燃烧比例和柴薪燃烧量，对其燃烧量进行了估算，统计了 1995—2014 年中国不同省份的 12 种作物秸秆的燃烧量以及和薪柴燃烧量。中国的秸秆和柴薪燃烧量如图 7.9 所示。

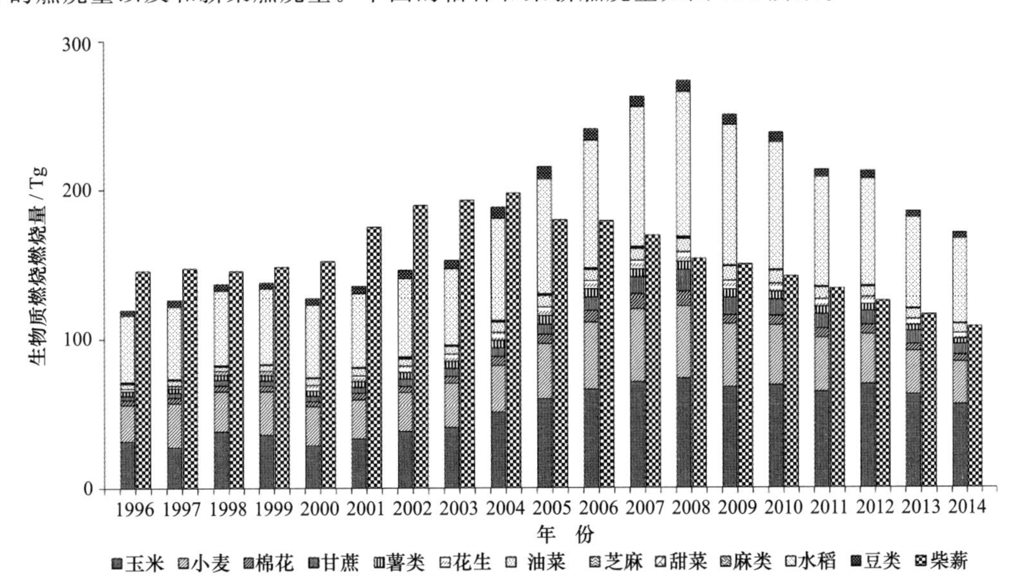

图 7.9　1995—2014 中国 12 种作物秸秆和柴薪燃烧量

2. 排放的时空变化

(1) 全国排放年际变化

① 总室内生物质燃烧排放。

1995—2014 年我国室内生物质燃烧排放及各类生物质对所有污染物贡献的变化趋势如图 7.10 所示。2014 年来自不同的燃料的中国室内生物质燃烧总排放 SO_2、NO_x、PM10、PM2.5、NMVOC、NH_3、CO、EC、OC、CO_2、CH_4 和 Hg，分别为 160.5 Gg、367.1 Gg、1551.2 Gg、1438.5 Gg、1382.3 Gg、203.8 Gg、17 178.1 Gg、224.8 Gg、419.5 Gg、301 754.3 Gg、931.5 Gg 和 1.6Mg。总体来说，1995—2007/2008 年的排放呈上升趋势(各类污染物排放量上升 30.1%～86.2%，年均增长率 2.5%～6.6%)。在这期间，1995—2000 年的变化相对较小(各污染物年均增长率－0.7%～1.4%)，2001—2007/2008 年的增长速度更快(各污染物年均增长率 5.0%～9.6%)。此后，不同污染物的总排放量开始下降 33.0%～36.3%。尽管

排放呈现先上升再下降的趋势，但是排放在2014年略高于1995年主要是由于燃烧的燃料变化，2014年比1995年SO_2排放增加28.9 Gg，主要是由于秸秆燃烧增加48.9 Gg排放，而柴薪燃烧减少20.0 Gg的排放。

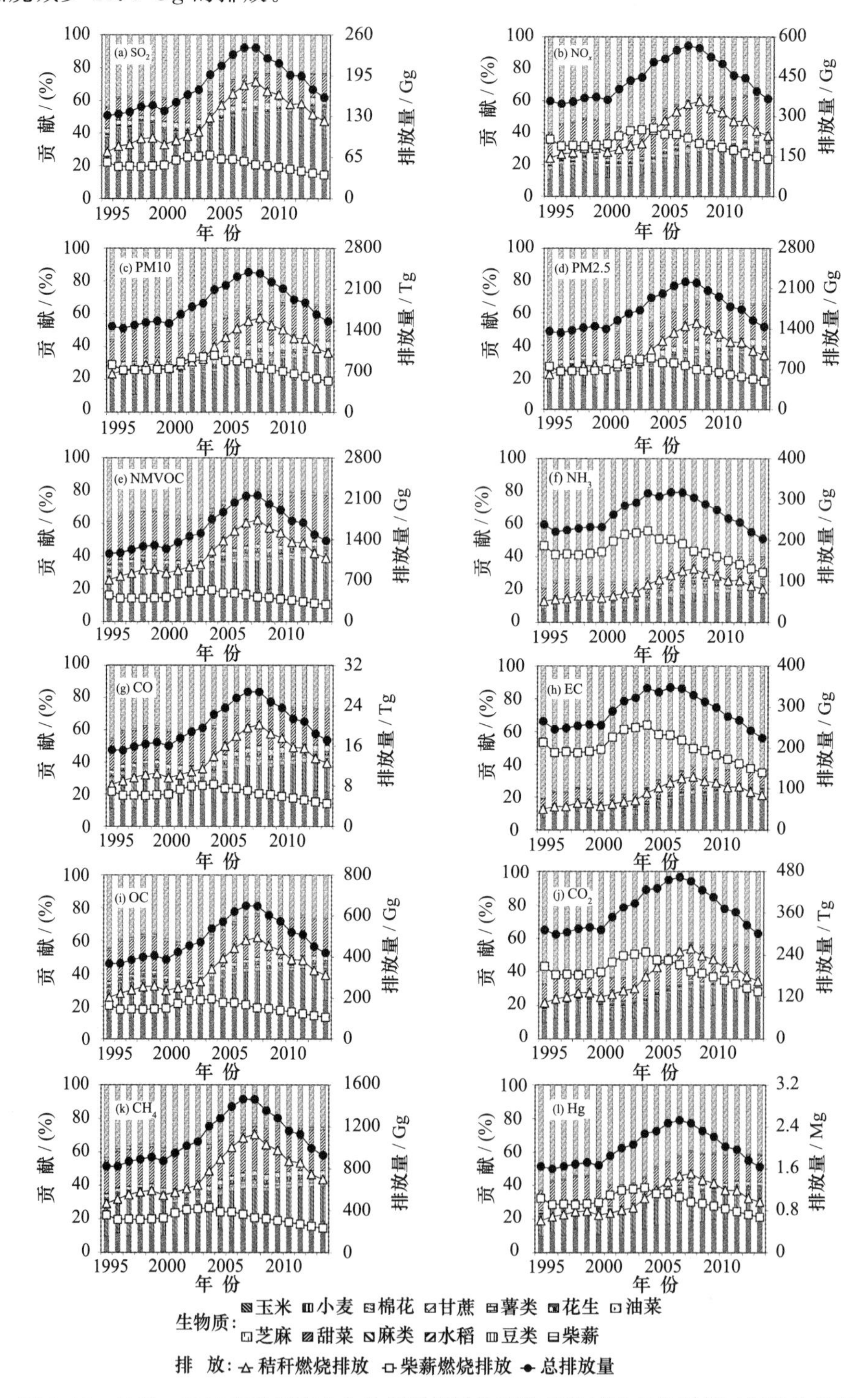

图7.10 1995—2014年我国室内生物质燃烧排放变化趋势以及各类燃料对污染物贡献

② 柴薪燃烧排放。

如图 7.10 所示，与秸秆燃烧相比，在研究期间柴薪燃烧排放的变化并不显著。这与 Chen 等人[8] 对 2000—2010 年期间柴薪燃烧中汞排放趋势的研究结果相似。一些山区主要用木柴，是因为尽管在过去的二十年里取得了发展，这些山区的经济水平仍然低于全国平均水平。此外，山区的商业能源可获取性不如平原地区方便，因此，在这些山区的农村地区，柴薪不能完全被其他商品能源所代替。2004 年以后柴薪燃烧排放出现了缓慢下降的趋势（如 BC 和 NH_3），这可能是由于经济的发展和严格的森林保护政策的实施，这些污染物对大气和人类健康有重要影响

③ 室内秸秆燃烧排放。

如图 7.10 所示，1995—2008 年，不同污染物中秸秆燃烧排放增加了 141.9%～155.0%，主要是由于秸秆使用类型的变化；此外，秸秆产量增加是一个影响因素。虽然从 1995 年到 2008 年，秸秆燃烧排放总体呈上升趋势，但 2000 年排放相对较低，主要由于国家粮食收购价格政策和种植结构调整导致粮食产量下降。2000 年以来，秸秆燃烧排放增速明显加快，2000—2008 年的年均增长率（13.3%～15.3%）高于 2000 年之前的年均增长率（3.0%～3.5%），这可能与煤炭价格上涨有关。2009—2014 年，秸秆燃烧排放量下降 28.0%～32.0%，这是由于秸秆综合利用措施和生活水平的提高，导致非商品能源向商品能源转变。值得注意的是，2008—2014 年各类污染物年平均降低率（7.0%～8.0%）比 2001—2008 年各类污染物年平均增长率（10%～11%）低，2014 年秸秆燃烧排放高于 1995 年。这可能是由于一些农村地区的非商业能源消费习惯；此外，秸秆剩余量大也是造成这一现象的原因之一。

（2）各省排放的时间变化趋势

各省排放的年际趋势各不相同。大多数省份是先增加后减少的趋势。此外，一些省份的年际变化与全国排放量的年际变化不同，如黑龙江和甘肃的总排放量持续增加，这可以分别归因于秸秆燃烧和柴薪燃烧。如上海、浙江和云南，排放量在研究时段内显示出持续下降的趋势。另外，江苏和四川的年际变化趋势与上述省份不同，其排放趋势为先下降后上升，然后下降。

对于柴薪，其燃烧排放在大多数省份呈现先增长后下降的趋势，这与总排放量变化趋势相似。此外，河南、吉林、江苏、湖北、湖南、云南、浙江、上海等地的排放呈现持续下降趋势；甘肃呈现持续增长的趋势；四川呈现先下降后上升，然后再下降的趋势。青海、西藏、宁夏、山东、新疆等地的排放波动不明显。与全国各地的柴薪燃烧排放相比，秸秆燃烧排放波动明显（13.5%～79.4%）。除浙江（研究期间排放量持续下降）外，大多数省份的排放量总体呈现出先上升后下降的趋势。虽然大多数省份在排放趋势上相似，但各省份排放达到峰值的年份各不相同。一般来说，随着农村经济水平的提高，该省份排放峰值出现的年份也会提前。关于识别各省份室内生物质燃烧排放的主要贡献源，尽管柴薪的贡献呈下降趋势，但仍是部分污染物（BC）的主要贡献。此外，在黑龙江、宁夏、天津、江苏和上海，秸秆燃烧排放一直是最大的贡献者。

7.4.4 基于环境监测—数值模拟—数学优化的生物质燃烧排放清单校验方法研究

以京津冀地区为例，利用具有来源识别功能的数值模拟手段（WRF-CMAQ-ISAM 空气质量模式）建立污染源排放和环境受体浓度之间的关系，基于环境监测数据，结合数学优化方法，以监测点优化模型计算浓度与监测浓度相对误差最小为目标，建立污染源排放优化模型。以 CO（在模型中机制较完善、性质稳定，不易与其他物质发生反应）为例，以各地市设定的污染物排放初始值波动范围为待反演排放限制条件，反演区域 CO 排放，结合生物质燃烧排放时空特征，探索生物质燃烧排放清单反演方法。

与机动车、工业、电力、无组织扬尘等在城市、郊区广泛分布且持续产生污染物的污染源不同，秸秆室外燃烧排放主要发生在农村地区，具有明显的时间特征。秸秆室外燃烧主要发生在农作物收获季节（如 6 月、10 月等），燃烧前后乡村地区的排放有明显差异，日变化特征较为明显。因此本章选取秸秆室外燃烧排放源作为案例研究对象，开展生物质燃烧排放清单校验方法研究。在假设农村地区其他源排放恒定的情况下，有秸秆室外燃烧排放时段和背景排放时段的反演源强差认为是生物质室外燃烧排放。京津冀地区优化前后生物质室外燃烧 CO 排放对比如图 7.11(a)，可以看出，京津冀各地市生物质室外燃烧研究时段总排放误差平均约为 41%。京津冀地区生物质室外燃烧排放总量与初始排放估算结果相当。图 7.11(b)到(e)分别以保定、衡水、邢台和邯郸为例给出了生物质室外燃烧逐日排放反演与初始排放估算结果差异，反演前后这些地市的生物质室外燃烧排放具有较好的相关性，相关性都在 0.90 以上。

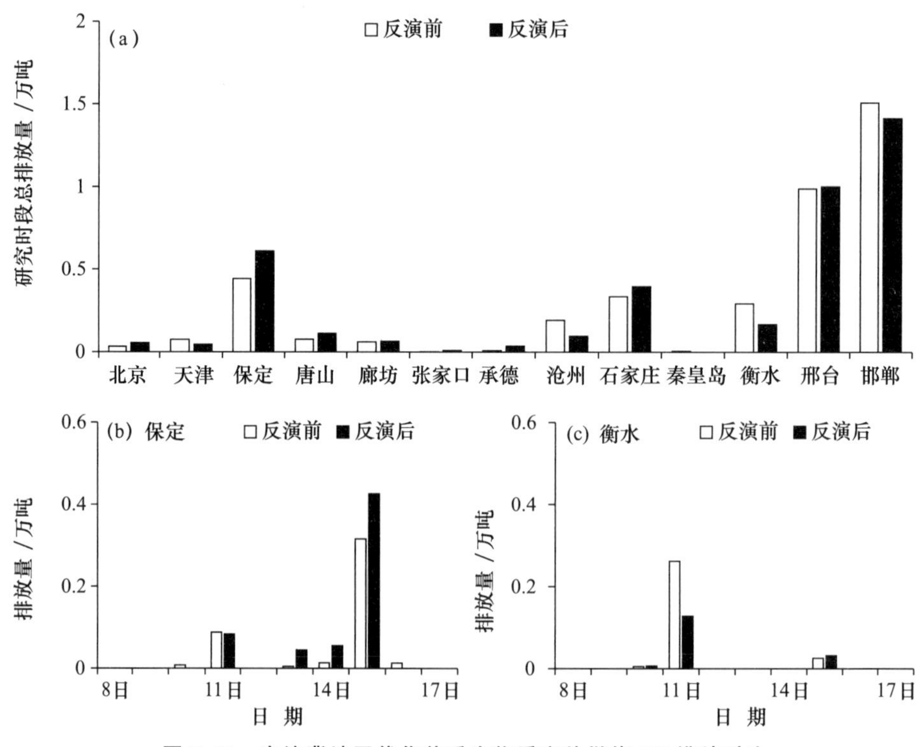

图 7.11 京津冀地区优化前后生物质室外燃烧 CO 排放对比

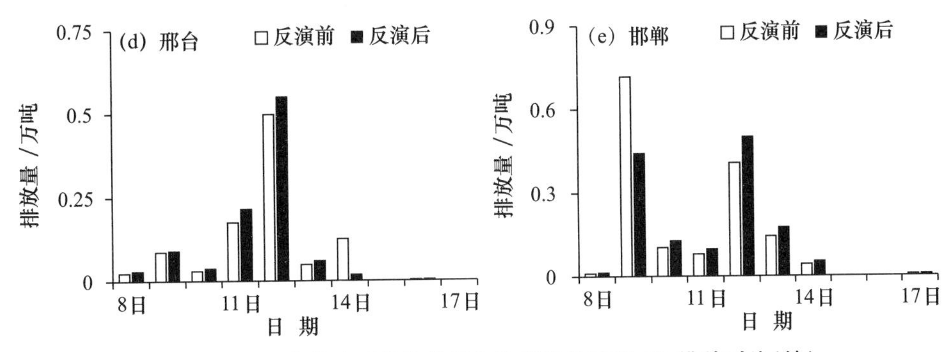

图 7.11　京津冀地区优化前后生物质室外燃烧 CO 排放对比(续)

为了评估本区域排放清单反演结果的合理性，本章将反演前后排放清单的模拟浓度分别与监测数据进行对比。对比反演前排放模拟的浓度，反演后排放模拟浓度与监测数据有着更好的相关性。反演后比反演前监测数据与模拟浓度相关性提高了 35%。不仅是相关性，反演后的标准化平均偏差和标准化平均误差也有了降低，从整个京津冀来看，各地反演后标准化平均偏差平均下降了 23%，标准化平均误差平均下降了 21%。

7.4.5　基于生物质燃烧外场实验的多技术方法校验研究

1. 典型生物质外场实验

为利用多技术手段开展生物质排放估算校验，本章研究于 2018 年 8 月在吉林某地草原开展了玉米秸秆、水稻秸秆与柴薪等典型生物质燃烧的外场实验。其中玉米秸秆燃烧 500 kg、水稻秸秆燃烧 500 kg、柴薪燃烧 922 kg。燃烧实验如图 7.12 所示。通过该实验开展基于多技术方法的生物质排放估算对比：① 利用排放因子法，估算生物质燃烧 CO、VOCs、NO_2 的排放；② 利用 DOAS 走航观测排放通量，估算生物质燃烧 NO_2 排放；③ 利用下风向监测数据，基于扩散模型-优化算法耦合的源排放反演技术估算 CO 与 VOCs 的排放量。在此基础上，分别将排放因子法估算的排放与走航观测、反演技术的估算结果进行对比，验证本章估算清单采用的排放因子法的准确性。

图 7.12　典型生物质燃烧外场实验现场

外场实验期间，综合利用车载 DOAS 走航观测、SUMMA 罐 VOCs 采样与传感器测试(CO)等多种技术在上、下风向同步开展污染物测试(图 7.13)。其中 DOAS 用于监测 NO_2 的排放通量，VOCs 采样用于生物质燃烧挥发性有机污染物的采集，传感器用于 CO 的浓度监测。SUMMA 罐采集的 VOCs 样品在实验室利用 FID-MS 与 GC-MS 分析获取了 VOCs

物种组分浓度。

图 7.13　典型生物质燃烧外场实验监测

2. 基于 DOAS 走航观测的通量法

利用基于 DOAS 走航观测得到的 NO_2 通量进行排放估算，方法如下：

$$E_{\text{biomass-burning}} = \int \text{flux}_{\text{biomass-burning},t}\,\mathrm{d}t \tag{7.1}$$

$$\text{flux} = \text{VCD} \times V_{\text{wind}} \times V_{\text{car}} \times \Delta t \tag{7.2}$$

其中：$E_{\text{biomass-buring}}$ 为实验区域生物质燃烧排放量，kg；$\text{flux}_{\text{biomass-burning},t}$ 为 t 时刻生物质燃烧的排放通量，kg/s；VCD 为车载 DOAS 测得的污染物柱浓度，kg/m^2；V_{wind} 为风速，m/s；V_{car} 为车辆行驶速度，m/s；Δt 为仪器测量时间间隔，s。

3. 基于扩散模型-优化算法耦合的源参数反演技术

反演模型如下：

$$\min f(Q_0, x_0, y_0, z_0) = \sum_{i=1}^{n}\left(\mathrm{C}_{\text{mes}}^{i} - \frac{Q_0}{2\pi U\sigma_y\sigma_z}\exp\left[-\frac{1}{2}\cdot\frac{(y_1-y_0)^2}{\sigma_y^2}\right]\cdot \left\{\exp\left[-\frac{1}{2}\cdot\frac{(z_1-z_0)^2}{\sigma_z^2}\right]+\exp\left[-\frac{1}{2}\cdot\frac{(z_1+z_0)^2}{\sigma_z^2}\right]\right\}\right)^2 \tag{7.3}$$

基于下风向观测数据，利用上述反演模型即可得到生物质燃烧排放。对于该优化模型，采用粒子群-单纯形耦合算法(PSO-NM)进行求解。为验证该模型的反演准确性，采用 1956 年美国草原 SO_2 释放实验数据，基于下风向观测数据，用该模型进行了 SO_2 释放源强反演。结果表明准确性较高，误差在 10%～20%之间。在此基础上，利用该方法，结合可获取的下风向观测 CO、VOCs 监测数据，对玉米秸秆燃烧的 CO 排放和水稻秸秆燃烧的 VOCs 排放进行了反演估算。

对上述多技术方法的估算结果进行对比，如表 7-4 所示：

表 7-4　不同技术方法估算排放对比

(a) 反演法 VS 排放因子法

生物质及污染物	排放反演法/kg	排放因子法/kg	偏　差/(%)
玉米秸秆 CO	17.00	26.50	36
水稻秸秆 VOCs	2.13	3.63	41

(b) 通量法 VS 排放因子法　　续表

生物质及污染物	排放通量法/kg	排放因子法/kg	偏　差/(%)
玉米秸秆 NO_2	1.89	2.15	12
柴薪 NO_2	1.68	1.20	40

通过对比不同方法估算的排放量可以发现：排放反演法估算的玉米秸秆 CO、水稻秸秆 VOCs 排放量与排放因子法估算结果相差较小，偏差分别为 36%与 41%；对于 NO_2，基于 DOAS 车载走航通量估算的玉米秸秆、柴薪燃烧排放量与排放因子法相比，偏差分别为 12%、40%。以上对比结果说明排放反演法、排放通量法估算的排放量与排放因子法估算的数值均较为接近，排放通量法、排放反演法估算的排放量可对排放因子法估算结果进行校核。

7.5　本项目资助发表论文

[1] ZHOU Y, XING X F, LANG J L, et al. A comprehensive biomass burning emission inventory with high spatial and temporal resolution in China. Atmospheric Chemistry and Physics, 2017, 17(4): 2839-2864.

[2] XING X F, ZHOU Y, LANG J L, et al. Spatiotemporal variation of domestic biomass burning emissions in rural China based on a new estimation of fuel consumption. Science of the Total Environment, 2018, 626: 274-286.

[3] LANG J L, TIAN J J, ZHOU Y, et al. A high temporal-spatial resolution air pollutant emission inventory for agricultural machinery in China. Journal of Cleaner Production, 2018, 183: 1110-1121.

[4] ZHOU Y, JIAO, Y, LANG J, et al. Improved estimation of air pollutant emissions from landing and takeoff cycles of civil aircraft in China. Environment Pollution, 2019, 249: 463-471.

[5] LI S, LANG J, ZHOU Y, et al. Trends in ammonia emissions from light-duty gasoline vehicles in China, 1999—2017. Science of the Total Environment, 2020, 700: 134359-134368.

[6] LANG J, LI S, CHENG S, et al. Chemical characteristics and sources of submicron particles in a city with heavy pollution in China. Atmosphere, 2018, 9(10): 388-408.

[7] ZHANG Y, LANG J, CHENG S, et al. Chemical composition and sources of PM1 and PM2.5 in Beijing in autumn. Science of the Total Environment, 2018, 630: 72-82.

[8] LANG J, ZHANG Y, ZHOU Y, et al. Trends of PM2.5 and Chemical Composition in Beijing, 2000—2015. Aerosol and Air Quality Research, 2017, 17(2): 412-425.

[9] LANG J, ZHOU Y, CHEN D, et al. Investigating the contribution of shipping emissions to atmospheric PM2.5 using a combined source apportionment approach. Environmental Pollution, 2017, 229: 557-566.

参考文献

[1] CRUTZEN P J, HEIDT L E, KRASNEC J P, et al. Biomass burning as a source of atmospheric gases CO, H_2, N_2O, NO, CH_3Cl and COS. Nature, 1979, 282(5736): 253-256.
[2] REID J S, KOPPMANN R, ECK T F, et al. A review of biomass burning emissions part Ⅱ: Intensive physical properties of biomass burning particles. Atmospheric Chemistry and Physics 2005, 5(4): 799-825.
[3] AKAGI S K, YOKELSON R J, WIEDINMYER C, et al. Emission factors for open and domestic biomass burning for use in atmospheric models. Atmospheric Chemistry and Physics, 2010, 11(9): 4039-4072.
[4] BURLING I R, YOKELSON R J, GRIFFITH D W T, et al. Laboratory measurements of trace gas emissions from biomass burning of fuel types from the southeastern and southwestern United States. Atmospheric Chemistry and Physics, 2010, 10(22): 11115-11130.
[5] EVA H, LAMBIN E F. Remote sensing of biomass burning in tropical regions: Sampling issues and multisensor approach. Remote Sensing of Environment, 1998, 64(3): 292-315.
[6] DUNCAN B N, MARTIN R V, STAUDT A C, et al. Interannual and seasonal variability of biomass burning emissions constrained by satellite observations. Journal of Geophysical Research, 2003, 108 (D2): 4100.
[7] LIU M X, SONG Y, YAO H, et al. Estimating emissions from agricultural fires in the North China Plain based on MODIS fire radiative power. Atmospheric Environment, 2015, 112: 326-334.
[8] 田贺忠，郝吉明，陆永琪，等. 中国生物质燃烧排放 SO_2、NO_x 量的估算. 环境科学学报，2002，22(2)：204-208.
[9] STREET D G, YARVER K F. Biomass burning in Asia: Annual and seasonal estimates and atmospheric emissions. Global Blogeochemical Cycles, 2003, 17(4).
[10] 曹国良，张小曳，王丹，等. 中国生物质燃烧排放的污染物清单. 中国环境科学，2005，25(4)：389-393.
[11] LI X H, DUAN L, WANG S X, et al. Emission characteristics of particulate matter from rural household biofuel combustion in China. Energy & Fuels, 2007, 21(2): 845-851.
[12] LI X H, WANG S X, DUAN L, et al. Carbonaceous aerosol emissions from household biofuel combustion in China. Environmental Science & Technology, 2009, 43(15): 6076-6081.
[13] LI X H, WANG S X, DUAN L, et al. Particulate and trace gas emissions from open burning of wheat straw and corn stover in China. Environmental Science & Technology, 2007, 41(17): 6052-6058.
[14] CAO G L, ZHANG X Y, GONG S L, et al. Investigation on emission factors of particulate matter and gaseous pollutants from crop residue burning. Journal of Environmental Sciences, 2008, 20(1): 50-55.
[15] ZHANG H F, YE X N, CHENG T T, et al. A laboratory study of agricultural crop residue combus-

tion in China: Emission factors and emission inventory. Atmospheric Environment, 2008, 42(36): 8432-8441.
[16] WANG S X, WEI W, DU L, et al. Characteristics of gaseous pollutants from biofuel-stoves in rural China. Atmospheric Environment, 2009, 43(27): 4148-4154.
[17] NI H Y, HAN Y M, CAO J J, et al. Emission characteristics of carbonaceous particles and trace gases from open burning of crop residues in China. Atmospheric Environment, 2015, 123(SI): 399-406.
[18] CHEN C, WANG H H, ZHANG W, et al. High-resolution inventory of mercury emissions from biomass burning in China for 2000—2010 and a projection for 2020. Journal of Geophysical Research Atmospheres, 2013, 118: 12248-12256.
[19] HUANG X, LI M M, LI J F, et al. A high-resolution emission inventory of crop burning in fields in China based on MODIS thermal anomalies/fire products. Atmospheric Environment, 2012, 50: 9-15.
[20] 陆炳,孔少飞,韩斌, 等. 2007年中国生物质燃烧排放污染物清单. 中国环境科学, 2007, 31(2): 186-194.
[21] 田贺忠,赵丹,王艳. 中国生物质燃烧大气污染物排放清单. 环境科学学报,2011, 31(2): 349-357.
[22] HE M, ZHENG J Y, YIN S S, et al. Trends, temporal and spatial characteristics, and uncertainties in biomass burning emissions in the Pearl River Delta, China. Atmospheric Environment, 2011, 45: 4051-4059.
[23] ZHANG Y S, SHAO M, LIN Y, et al. Emission inventory of carbonaceous pollutants from biomass burning in the Pearl River Delta Region, China. Atmospheric Environment, 2013, 76: 189-199.
[24] ZHENG B, HUO H, ZHANG Q, et al. High-resolution mapping of vehicle emissions in China in 2008. Atmospheric Chemistry and Physics, 2014, 14: 9787-9805.
[25] ZHOU Y, CHENG S Y, LANG J L, et al. A comprehensive ammonia emission inventory with high-resolution and its evaluation in the Beijing-Tianjin-Hebei (BTH) region, China. Atmospheric Environment, 2015, 106: 305-317.
[26] 周颖. 区域大气污染源清单建立与敏感源筛选研究及示范应用. 北京: 北京工业大学, 2012.
[27] 高祥照,马文奇,马常宝,等. 中国作物秸秆资源利用现状分析. 华中农业大学学报, 2002, 21(3): 242-247.
[28] 张楚莹,王书肖. 中国秸秆露天焚烧大气污染物排放时空分布. 中国科技论文在线, 2008, 3(5): 329-333.
[29] HUANG C, CHEN C H, LI J F, et al. Emission inventory of anthropogenic air pollutants and VOCs species in the Yangtze River Delta region, China. Atmospheric Chemistry and Physics, 2011, 11: 4105-4120.
[30] HUANG X, SONG Y, LI M M, et al. A high-resolution ammonia emission inventory in China. Global Biogeochemical Cycles, 2012, 26: GB1030.
[31] 杨干, 魏巍, 吕兆丰, 等. APEC期间北京市城区内VOCs浓度特征及其对VOCs排放清单的校验. 中国环境科学, 2016, 36(5): 1297-1304.
[32] WANG M, SHAO M, CHEN W, et al. Validation of emission inventories by measurements of ambient volatile organic compounds in Beijing, China. Atmospheric Chemistry and Physics, 2013, 14(12): 5871-5891.
[33] BOERSMA K F, JACOB D J, BUCSELA E J, et al. Validation of OMI tropospheric NO_2 observations

during INTEX-B and application to constrain NO_x emissions over the eastern United States and Mexico. Atmospheric Environment, 2008, 42(19): 4480-4497.

[34] LEE C, MARTIN R V, VAN DONKELAAR A, et al. SO_2 emissions and lifetimes: Estimates from inverse modeling using in situ and global, space-based (SCIAMACHY and OMI) observations. Journal of Geophysical Research-Atmospheres, 2011, 116(D6): D06304.

[35] LU Q, ZHENG J Y, YE S Q, et al. Emission trends and source characteristics of SO_2, NO_x, PM10 and VOCs in the Pearl River Delta region from 2000 to 2009. Atmospheric Environment, 2013, 76 (SI): 11-20.

[36] WANG S X, XING J, CHATANI S, et al. Verification of anthropogenic emissions of China by satellite and ground observations. Atmospheric Environment, 2011, 45(35): 6347-6358.

[37] TANG X, ZHU J, WANG Z F, et al. Inversion of CO emissions over Beijing and its surrounding areas with ensemble Kalman filter. Atmospheric Environment, 2013, 81: 676-686.

[38] ZHOU Y, CHENG S Y, LI J B, et al. A new statistical modeling and optimization framework for establishing high-resolution PM10 emission inventory Ⅱ: Integrated air quality simulation and optimization for performance improvement. Atmospheric Environment, 2012, 60: 623-631.

第 8 章　建立基于排放-交通二维动态大数据的重点区域高分辨率机动车排放清单

吴烨，张少君，郑轩，杨道源，吴潇萌

清华大学

中国机动车高速增长、高频使用和高度聚集等特征，给中国交通密集区域的空气质量改善带来严峻挑战。机动车排放控制已成为今后持续改善空气质量、降低健康风险和应对气候变化的关键工作。本章以京津冀区域、北京市和南京市作为研究对象，建立综合车载、跟车等多种技术的道路排放测试系统，实现对机动车实际道路大样本排放数据的采集，深入分析微观工况和车辆技术对关键组分的影响规律；集成射频识别、卫星定位系统、拥堵指数、公路监测网等最先进的智能交通大数据系统，实现对区域全路网交通流的精细解析；耦合排-交通动态大数据，建立了区域及关键城市的高分辨率机动车排放清单。本章成果支持了国家《柴油货车污染治理攻坚战行动计划》的贯彻落实，支撑了生态环境部《重型柴油车污染物排放限值及测量方法（中国第六阶段）》《重型柴油车、气体燃料车排气污染物车载测量方法及技术要求》（HJ 857—2017）和团体标准《汽车生命周期温室气体及大气污染物排放评价方法》（T/CSAE 91—2018）等标准的制定。

8.1　研究背景

随着中国社会经济的快速发展和城市化进程的深化，中国机动车保有量迅速上升。中国民用汽车保有量已经从 1990 年的 550 万辆增加到 2019 年的 2.61 亿辆[1]，国内外研究预计 2030 年中国汽车保有量将进一步增至 4 亿～5 亿辆[2]。中国东部地区（包括京津冀、长三角、珠三角）单位面积机动车的挥发性有机物（volatile organic compounds，VOCs）和氮氧化物（nitrogen oxides，NO_x）排放强度高达 1.8 t/km^2 和 3.1 t/km^2，远高于全国平均水平（0.5 t/km^2 和 0.8 t/km^2）和欧美同期水平（0.2～0.3 t/km^2 和 0.6～0.8 t/km^2）[3]。中国机动车高速增长、高频使用和高度聚集这一综合特征，给中国的空气质量带来严峻挑战[4]。2014 年起，中国 9 个大城市率先开展了细颗粒物（PM2.5）来源解析研究，结果表明交通源已成为北京、上海、广州、深圳和杭州 5 个城市的最重要本地源[5]。另外，机动车排放中含有多环芳烃（polycyclic aromatic hydrocarbons，PAHs）、重金属等有毒有害物质并在交通密集区域形成浓度累积，其近地排放的特点将进一步增加健康风险[6]。2012 年，世界卫生组织已经将柴油车污染物上升为Ⅰ类致癌物(明确的致癌性)[7]。机动车大量排放的二氧化碳(carbon dioxide, CO_2)和黑碳(black carbon, BC)已被学术界认为是气候强迫效应贡献显著的物质[8]。因此,机动车排放控制已经成为改善城市和区域空气质量、降低公众健康风险、应对气候变化的关键工作[9]。

目前,学术界对于机动车实际道路的污染物排放组分特征及其在环境中转化规律还缺乏系统和清晰的认识,现有的测试技术和空气质量模型对于描述机动车排放污染物在稀释过程中的形态转化、新粒子排放特征及测试以及机动车二次有机气溶胶(secondary organic aerosol,SOA)生成等方面存在巨大技术挑战。获得BC和PAHs等关键污染物的组分排放特征是理解机动车对空气污染影响(以及气候变化和健康影响)的基础信息,亟须深入、全面地掌握测试条件、运行工况和车辆技术对关键组分实际道路排放的影响规律。

机动车排放测试的常用方法包括传统的台架测试和近十年来逐渐发展起来的车载测试(portable emission measurement system, PEMS)和跟车测试(chasing)等[10-11]。目前,对于中国机动车常规气态污染物的排放特征已有较好的把握[12-14]。台架测试作为最主要的法规测试方法,条件可控,再现性好,但和实际行驶工况存在较大差异,导致其测试结果与真实的道路排放水平日益偏离[14]。车载测试是过去十多年发展最快的实际道路机动车测试方法,在美国、欧盟和中国等地已经被引入法规测试体系中[10-15]。车载测试的优点是能反映实际道路排放特征并揭示微观运行工况对排放的影响,对常规气态污染物测试的技术较为成熟;但车载测试还需改善仪器间的协同性和稳定性,本章研究发现瞬态变化的运行工况及相应的排气体积与温度变化也给部分污染物测试(如BC)的准确性带来挑战。跟车测试通过追踪目标车(前车)尾气并利用先进仪器分析大气污染物(如 NO_x 和BC)和 CO_2 的浓度变化,利用碳平衡法建立目标车基于燃料消耗的单车排放因子,因此其具有大样本采样和实际大气环境稀释等优点。本章利用跟车测试方法,与国外课题组合作分析了中国不同城市上百辆柴油车排放因子,发现柴油车BC排放因子呈现出显著的偏态、长尾分布特征,高排放柴油车对车队BC排放量贡献接近50%[11-16]。

随着机动车排放控制的要求不断加严,先进的车辆技术和排放控制技术也不断进入中国市场。目前我们对于这些先进技术对机动车排放特征的影响规律还研究不足,主要体现在对法规工况和实际道路的差异性、不同区域的法规执行差异性和部分技术的"副作用"还缺乏全面认识。例如,利用车载测试和车载诊断系统(on-board diagnostic, OBD)发现重型柴油车在低速、拥堵等实际道路工况的发动机图谱和法规台架测试条件下差别高达80%以上,导致实际道路排放因子显著高于法规标准要求。北京采取了严格的新车一致性检验流程,而其他地区在此环节较为松懈,导致大量"伪国三""伪国四"技术违规进入市场,Wang等[28]应用跟车测试方法对上百辆柴油车的分析结果显示,外地货车BC排放因子是北京本地货车的3~4倍。因此,需要结合并优化包括车载测试、跟车测试在内的多种实际道路测试技术,对典型车辆开展大样本排放测试,深入研究先进车辆技术和微观运行工况对于机动车全组分排放特征的影响规律。

机动车排放清单是获得区域和城市道路机动车排放的时空分布特征和评估环境质量影响的核心工具,也是制定有效的机动车排放控制措施的决策基础。目前,国家层面开展的机动车排放清单研究主要根据机动车登记注册量和车队平均行驶里程来确定活动水平数据[17]。城市层面，尽管可以利用人口、道路和经济等统计指标的空间信息，采用“自上而下”的分配方法提高清单的空间分辨率，编制用于空气质量模型(如 CMAQ 模型)输入的网格化城市机动车排放清单[18]，但是这种“自上而下”的城市机动车排放清单方法活动水平通常和当地机动车注册量挂钩，与实际交通流特征脱节，忽略城际运输的相互影响而带来的巨大不确定性。近年来，少数城市(如北京)已利用实际交通数据开展了基于路网交通流特征的高分辨率排放清单研究，相对传统的“自上而下”排放清单改善了分辨率和准确性，但依然无法定量解析来自外地车辆的排放影响。例如，本章调研结果显示，北京市区夜间外地货车流量占总货车流量的 30%，在六环路外等地区的比例则更高。因此，对于区域交通一体化程度已经很高的京津冀地区来说，目前的机动车排放清单已经很难满足决策者的需求。基于区域全路网的实际交通流特征，在小时-路段尺度建立具有高时空分辨率特征的动态机动车排放清单将是未来突破上述技术难点的主要研究方向。

建立高分辨率机动车排放清单的一大技术难点在于获取实际道路高分辨率交通流特征，包括在小时-路段层面的交通需求(车流量)、运行状态(如平均车速和微观工况分布)和车流构成(如车型分布、车龄分布、排放标准分布和高排放车分布等)等参数。以往，由于缺乏有力的数据挖掘技术，交通数据壁垒成为制约机动车高分辨率排放清单技术发展的主要限制因素。最近十年，中国城市交通基础设施发展和区域交通融合加深，为发展高分辨率排放清单技术提供了机遇，也带来了挑战。① 中国大城市不断完善城市内的智能交通系统，特别是 2005 年起开始建立的基于出租车队的浮动车运行平台，通过大数据准确把握城市交通拥堵分布和实时运行特征[19]。但浮动车技术无法反映路段实时车流及其车型构成，也无法解析单车驾驶行为特征(如出行次数、停车时间和启动途经道路)，需要依靠更深入细致的车流采集和基于全球定位系统(global position system, GPS)的私人出行调研。② 以往人们主要依靠图像和视频记录来分析车流技术构成，往往仅能获得车型分类信息，即使与车牌识别技术相结合，在不利条件下识别精度也较差。国内少数城市(如南京、重庆)近年来开始发展基于射频识别技术(radio frequency identification，RFID)的道路车辆识别系统，具有高精度、高自动化和全天候的优点，可帮助获得实际道路车流量及其详细技术构成(如车型、车龄、排放标准、车重和车长等)。但受成本等因素限制，目前 RFID 站点主要分布于城区有限道路，无法反映城际交通流特征和机动车瞬态工况信息。③ 区域交通融合加深，使得城际间交通发展迅速，国家路网运行监测系统能够提供城际公路的流量、速度和车型构成等交通流数据，将为高分辨率机动车排放清单的研究从城市拓展到区域提供重要基础数据[20]。综上所述，一方面，不同来源的交通大数据各有所长，可为区域高分辨率机动车排放清单提供不同类型的交通基础数据；另一方面，需要开发具有高效处理海量数据能力的交通大数据分析和应用的多模型系统，包括实现实时车流-实时车速双向解析的动态交通流模型、涵盖高排放车与外地车等信息的车型技术分布模型、机动车 VOCs 启动排放与蒸发排放时空分配模型等等。

综上，本章将综合多种排放测试技术，构建先进的机动车大样本实际道路测试系统和分析方法，建立包括 BC 和 PAHs 等关键成分在内的中国机动车全组分排放模型，大大加深对先进车辆技术和微观运行工况对于排放影响规律的科学认识。利用城市实时交通信息采集技术,建立包括交通需求、运行特征和技术分布信息在内的高分辨率交通流处理方法学和动态数据处理模型,解析中国重点区域的交通流动性特征。在此基础上,基于排放-交通二维动态大数据建立中国重点区域(京津冀)和城市(北京、南京)的全路网高分辨率排放清单及其精度与不确定性的定量评估方法,从而科学指导重点区域的污染源解析、机动车排放控制和空气质量改善工作,并为其他区域乃至全国的机动车高分辨率排放清单建立提供基础方法学和模型平台。本章成果将直接应用于重点区域移动源排放的高分辨率解析,针对机动车有机组分所发展的在线测试技术和高分辨率清单技术将为科学认识区域大气复合污染成因提供关键数据。

8.2 研究目标与研究内容

8.2.1 研究目标

建立融合车载测试和跟车测试等先进手段的道路综合测试系统和方法,采集中国典型车辆技术的大样本、实际道路测试数据,分析先进车辆技术和微观运行工况对机动车多组分(BC 和 PAHs 等)排放特征的影响规律;集成 RFID、GPS、城际公路网监测等大数据系统,分析典型城市群的交通需求、运行特征和私人出行大数据,建立区域高分辨率交通流模型方法学和实时动态数据处理模型,解析区域路网交通流动性特征;综合排放-交通二维大数据,建立京津冀区域、北京市和南京市高分辨率机动车排放清单,结合关键污染物组分的模拟和观测对清单进行验证,基于大数据动态分布特征评估清单在不同时空尺度的不确定性,为建立区域乃至整个中国的高分辨率机动车排放清单提供方法学和模型平台。

8.2.2 研究内容

内容 1:融合多种先进测试手段完善机动车大样本实际道路排放测试技术与分析方法,深入分析先进车辆技术和微观运行工况对关键组分排放特征的影响规律。

融合车载测试和跟车测试等先进测试手段,建立基于实际道路的综合排放测试系统,选择典型车辆技术开展不同测试技术间(包括与台架测试比较)的对比测试,建立和完善 BC 和 PAHs 等关键组分的测试与分析方法。基于车载测试重点研究微观运行工况的影响规律,基于跟车测试重点研究车队排放分布特征和不同地区的排放水平差异(如北京和石家庄)。集成等比例采样离线分析技术和高时间分辨率在线采样技术,进一步丰富和完善车载测试测试系统。选择典型车辆技术和测试线路开展测试,解决采样稀释和仪器稳定性等实际技术挑战;获得测试车辆常规污染物和 BC 的微观工况(瞬态速度和瞬态比功率 VSP)的排放特征。综合在线和离线技术分析机动车排放关键组分(如 BC 和 PAHs 等)特征及其随工况变化(包括启动状态)的响应特征。集成多种高时间分辨率采样仪器构建跟车测试平台,并优化跟车策略,建立自动识别道路背景浓度的数据自动处理程序,基于大样本测试建立关键物种排放因子及车队排放因子分布曲线。

内容 2：综合 RFID 和 GPS 等交通大数据技术手段，建立典型城市、城市群实时交通流数据分析方法学和实现动态解析交通需求、运行特征和技术分布的高分辨率交通流模型。选择京津冀和智能交通技术发展较完善的城市（如北京和南京），重点研究城市、城市群实时交通大数据动态模型的方法学和核心程序，模型的时空分辨率达到小时-路段级别（部分交通密集区域时间分辨率甚至达到 10～30 min 级，空间分辨率达到 200～500 m 级）。利用 RFID 技术，并结合道路视频和线圈流量采集等传统技术，开发解析不同区域、不同时段和不同车型流量修正与技术分布的动态处理算法；利用浮动车 GPS 技术提供的城市拥堵指数分布特征（或浮动车源数据），建立高分辨率路段车流速度解析模型；耦合 RFID 和浮动车 GPS 数据，建立不同道路类型的实时车流-实时车速双向解析的动态交通流密度模型。选择典型城市开展私家车、货车、出租车和公交车等单车出行数据 GPS 采集，优化基于浮动车 GPS 的分车型速度的数据精度，建立基于宏观运行特征到微观运行工况的映射关系，并且构建面向改进机动车启动排放计算的单车出行链（包括出行次数、停车时间和交通工况等）的时空分配模型。

对于智能交通技术发展相对落后、交通数据积累匮乏的城市（如河北邯郸、张家口等），收集和分析基于道路视频和线圈流量采集等传统技术的交通流信息，收集和分析在用车检测维护（I/M）车辆注册信息和道路遥感车辆信息，并开展私家车、货车、出租车和公交车等单车出行数据 GPS 采集，建立、扩展和丰富已有交通流基础数据库。应用前述交通大数据所建立的关键模型、参数和平台（如交通流密度模型），建立本地化的高分辨率交通流模型。

内容 3：集成公路网监测平台建立城际交通流模型和骨干路网高分辨率交通流数据库，实现市内-城际大数据方法的动态融合，解析区域交通流动性特征。

在前述城市、城市群高分辨率交通流模型的基础上，集成区域公路网监测平台，收集和分析重点区域（京津冀）和重点城市（北京、南京）的城际和郊县骨干路网（国道、省道和高速公路）的车流、车速和车型数据。建立关键交通流参数的时空分布规律，并重点解析交通流的年、周和日变化特征以及交通流随城市中心距离的变化趋势。研究建立城际道路的交通流密度模型和基于宏观统计指标的交通需求统计模型。基于上述骨干路网的交通流特征，对其他支路路网进行加密观测，建立城际和郊县的全路网高分辨交通流动态模型和处理平台。系统比较市内-城际数据格式、交通特征和处理方法的一致性和相容性，实现两部分交通流数据在时空分辨率、数据类型和数据一致性等指标上的动态融合。建立重点区域内不同城市间以及区域内外典型车队的流动传输矩阵，包括交通枢纽和热点的交通辐射能力，分析总结区域交通流动性规律。

内容 4：基于排放-交通二维动态大数据建立中国重点区域全路网的高分辨率排放清单，构建基于排放和交通数据动态分布特征的清单验证和不确定性的评估方法。

构建基于“排放-交通”动态数据的高分辨排放清单方法学和数据处理程序，重点开发高排放车和外地车排放贡献动态识别等关键模型算法，实现基于实时微观工况动态分布的气态污染物和 PM2.5 及其关键组分（BC 和 PAHs）在内的污染物多组分的排放模拟。建立具有高时间和空间分辨率以及全车型和多组分解析度的京津冀地区和城市机动车排放清单，并分析重点区域关键污染物的机动车排放时空分布规律。结合机动车排放典型组分（如BC、CO、NO_2 等）的空气质量模拟和环境监测数据，评估高分辨率排放清单在不同时空维度的准确性。根据排放和交通大数据的动态分布特征，建立关键参数的概率分布函数，并基于先进的随机模拟技术定量解析不同时空尺度排放清单的不确定性。应用开发的高分辨率排放清单，定量评估与传统清单技术之间的差异，分析外地车和高排放车对于排放结果的影响，科学评估典型排放和交通措施对于削减排放和改善环境的效果。

8.3 研究方案

内容 1：融合多种先进测试手段，完善机动车大样本实际道路排放测试技术与分析方法，深入分析先进车辆技术和微观运行工况对关键组分排放特征的影响规律。

建立融合车载测试和跟车测试等先进测试技术在内的综合道路测试系统及测试分析方法，通过开展典型车辆的对比测试建立融合不同测试方法的核心方法学。

对于车载测试系统，依靠等比例采样等技术，形成适用于车载测试方法的多组分分析方法。深入分析典型单车技术的常规污染物、PM、BC 等组分基于“瞬时速度-机动车比功率”的微工况排放特征，获得机动车 PAHs 的组分分布特征及其随运行状态（包括启动排放）和工况变化的响应特征。

对于跟车测试系统，集成先进的高时间分辨率在线分析仪器构建测试平台，建立基于跟车测试的排放因子大样本分析系统。针对中国典型区域和城市开展跟车测试，测试总样本数不少于 2000 辆。基于跟车测试获得关键组分（如 NO_x、BC），利用卡方检验或安德森-达林检验模拟排放因子分布规律，并建立分布函数。分析大样本车队排放的整体特征，构建在用车劣化和高排放车模拟模块。

内容 2：综合 RFID 和 GPS 等交通大数据技术手段，建立典型城市、城市群实时交通流数据分析方法学和实现动态解析交通需求、运行特征和技术分布的高分辨率交通流模型。

综合 RFID、浮动车 GPS 和道路视频等多种交通大数据采集技术，构建城市、城市群实时交通大数据动态模型的方法学和核心程序，主要包括：开发车流实时修正模块，搭建包含能够解析交通拥堵数据的路段层面高分辨率速度（分辨率为 1 h，高峰小时加密）计算平台，建立不同道路类型的交通流密度模型，进一步研究分车型的外地车流量比例和来源地分配方法，动态分析不同区域、不同时段、不同车型的车辆技术分布（包括车龄、排放标准、发动机排量、车长和车重等），建立小时-路段分辨率级别的交通动态大数据库，解析城市交通流特征。通过开展大规模的私家车和货车单车出行 GPS 数据的采集工作，建立基于出行数据的单车出行链模型，研究出行次数、停车时长、启动阶段的时间与道路分配等特征用于汽油车的启动排放评估。进一步将单车 GPS 数据与城市 RFID、浮动车 GPS 等大数据集成，建立完善不同区域、不同道路类型和不同车型的拥堵指数-平均速度-微观工况多级响应关系。

内容3：集成公路网监测平台建立城际交通流模型和骨干路网高分辨率交通流数据库，实现市内-城际大数据方法的动态融合，解析区域交通流动性特征。

基于公路网监测数据，利用区域骨干路网的逐时流量和车速，建立不同类型城际道路的交通流密度模型；建立路段人口、道路密度、工业、经济和机动车注册量等宏观统计指标和平均交通需求间的统计回归模型，并深入分析各参数相互影响关系。通过建立典型城际道路的沿线RFID监测站、挖掘城际道路浮动车信息和追踪单车GPS出行链等方式解析市内-城际特征，实现市内-城际交通流特征的数据格式、处理方法和数据一致性的动态融合，并利用统计检验方法建立区域全路网交通流特征的分布曲线。

内容4：基于排放-交通二维动态大数据建立中国重点区域全路网的高分辨率排放清单，构建基于排放和交通数据动态分布特征的清单验证和不确定性的评估方法。

重构、拓展和完善全路网、全车型、多组分的高分辨率排放清单模型方法学和关键模块，主要包括：基于不同道路微观运行工况的排放-交通响应模块，考虑季节、时段和道路类型的启动排放模块，基于区域交通流动性的外地车排放分担计算模块，基于高排放车、黄标车时空动态分布特征的排放贡献解析模块等。建立典型区域的机动车高分辨率排放清单，其时间分辨率达到分钟至小时级，空间分辨率达到路段级(0.5～1.0 km级)，技术分辨率达到全车型、排放标准和车龄，污染物包括常规污染物(CO、THC、NO_x、$PM2.5$)和关键化学物种(如BC、PAHs)。选择BC和NO_2作为典型机动车污染物评估排放清单的准确性。利用改进的AERMOD等模型联合进行区域-城市尺度和街区微尺度的空气质量模拟，结合区域尺度传输模拟、环境监测站点结果和热点地区加密观测结果，评估排放清单在不同时空尺度上的准确性。根据机动车排放因子和交通流参数的动态分布特征，定量评估高分辨率排放清单在不同时空尺度的不确定性。

8.4 主要进展与成果

8.4.1 多种先进机动车测试手段的融合与关键组分排放特征分析

1. 新型跟车和车载测试系统的搭建

为实现重型车实际道路大样本测试的目的，本章开发了新型跟车测试系统，该系统能够对目标车辆的CO_2、NO_x、BC、PM和PN等污染物排放进行瞬态实时测量。系统的主要构成如图8.1所示。

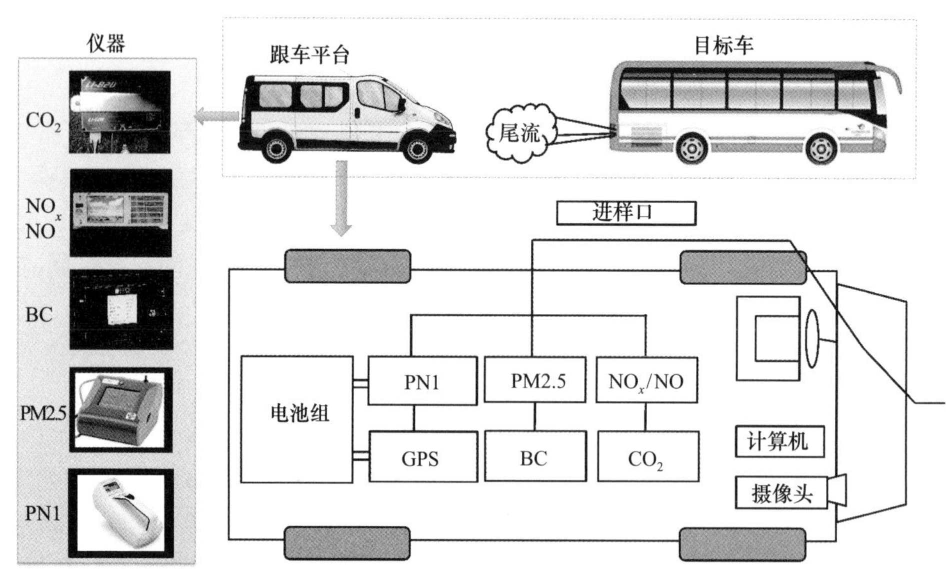

图 8.1　本章构建的新型跟车测试系统

为实现机动车 BC、PM 和 PAHs 等关键组分的测量，本章构建了集成等比例采样技术和高时间分辨率在线测试等先进技术的重型车车载测试平台(图 8.2)，同时解决采样稀释和仪器稳定性等工程难点。

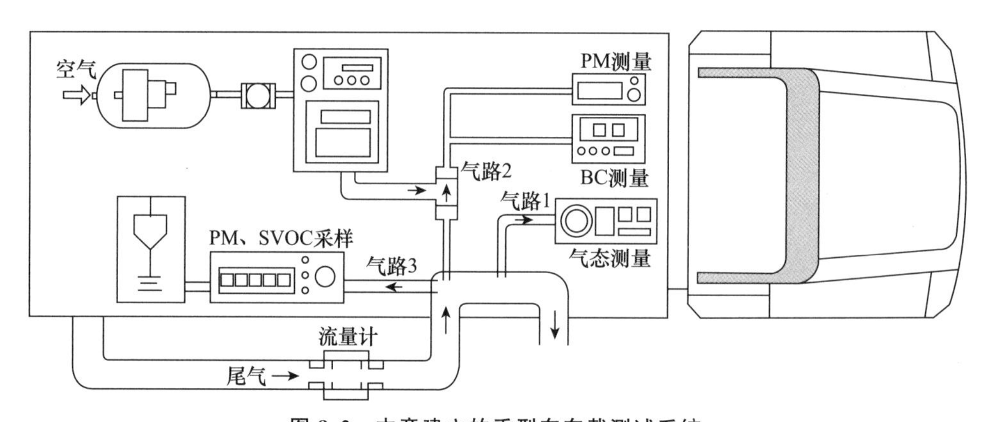

图 8.2　本章建立的重型车车载测试系统

2. 测试信息

课题组在京津冀、成都、山西和深圳等典型区域与城市开展了实际道路跟车测试，获得了超过 2000 辆次的柴油车 NO_x 和 BC 排放数据，以刻画典型车型的污染物排放特征。

重型车以国Ⅲ、Ⅳ和Ⅴ为主，并包含部分国Ⅱ车辆，一共有 41 辆重型车进行了车载测试。本章还选取了 20 辆轻型车[包括柴油车、多点电喷汽油车(PFI)和缸内直喷汽油车(GDI)]进行了车载和台架排放测试。

3. 关键组分排放特征影响规律研究

(1) 重型柴油车 BC 和 PM 排放特征研究

结果表明,电控喷油技术车辆平均 PM 质量排放因子为 63±48 mg/km;机械喷油技术车辆平均 PM 质量排放因子为 674±239 mg/km,为电控喷油技术车辆的 10 倍。两类车辆 PM 和 BC 排放水平存在较大差距的原因是发动机采用电控喷油技术后燃油雾化程度更高,降低了燃料在燃烧室内不完全燃烧的程度。

国Ⅱ～Ⅴ重型柴油车基于行驶里程的平均 BC 排放因子分别为 369±70 mg/km、105±136 mg/km、76±105 mg/km 和 36±5 mg/km(图 8.3)。发现车辆的 BC 排放水平随着排放标准的加严而降低。与国Ⅱ车相比,国Ⅲ、Ⅳ、Ⅴ车辆基于燃油消耗的 BC 排放因子分别下降 66%、77% 和 93%;基于行驶里程的 BC 排放因子分别下降了 69%、83% 和 88%。

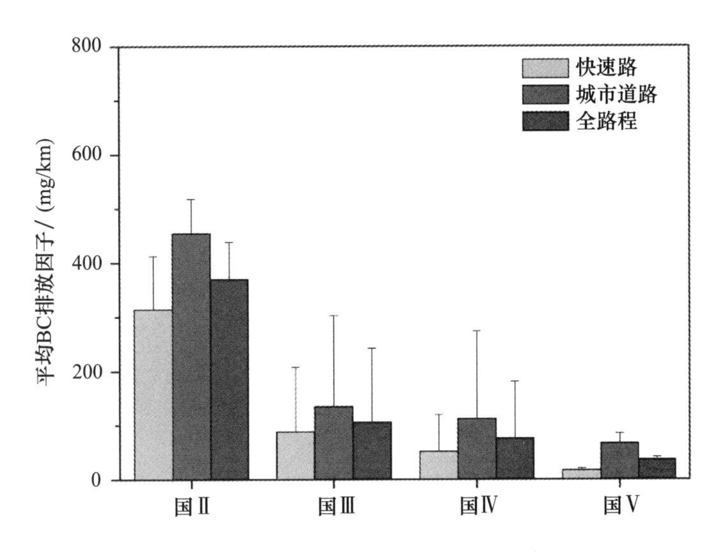

图 8.3　基于排放标准的柴油车 BC 排放因子

(2) 轻型车 BC 排放特征研究

图 8.4 展示了轻型汽油车的 BC 排放,其中 PFI 车辆的平均 BC 排放因子为 0.10±0.08 mg/km,GDI 车辆的平均 BC 排放因子为 1.0±0.2 mg/km,大约比 PFI 车辆高一个数量级。PFI 车辆和 GDI 车辆排放差异的主要原因是喷油方式和预混区别所导致,GDI 发动机中的湿缸效应和压缩冲程中不均匀的燃料和空气混合会产生更多的颗粒物或者 BC。

基于 BC 排放的瞬态测量,可以发现车辆在启动阶段(即冷启动)的 BC 排放水平远高于城市道路,结果表明,PFI 车辆在冷启动期间的 BC 排放因子为 0.9±0.7 mg/km,而热稳运行阶段的排放因子为 0.08±0.08 mg/km。对于 GDI 车辆,冷启动阶段的平均 BC 排放因子为 79.4±29.6 mg/km,比城市道路(1.3±0.3 mg/km)高 38 至 87 倍。PFI 车辆在冷启动阶段的 BC 主要来自燃料的气化不完全和缸壁湿冷,这是因为 PFI 发动机在冷启动时通常会进行燃料补偿来弥补燃料的较差挥发性;对于 GDI 车辆,冷启动阶段由于缸壁和活塞较

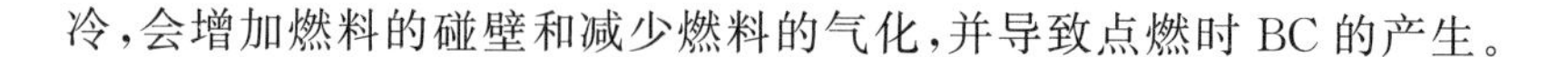

冷，会增加燃料的碰壁和减少燃料的气化，并导致点燃时 BC 的产生。

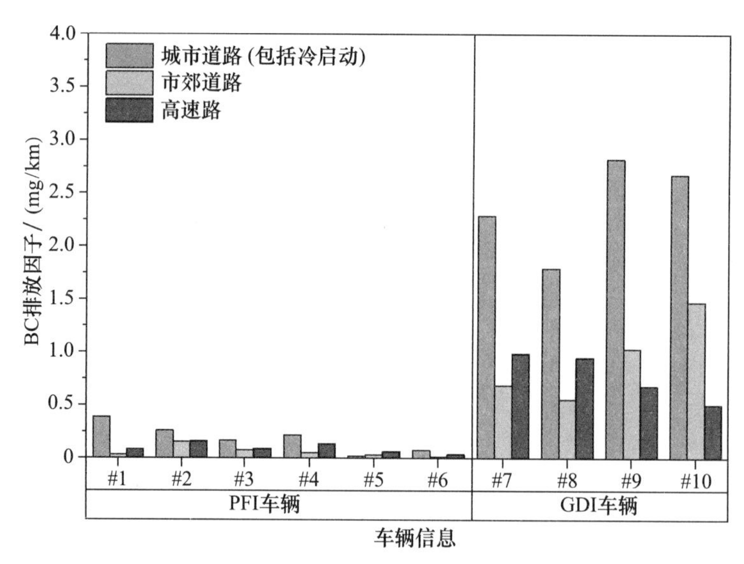

图 8.4　轻型汽油车 BC 排放因子

基于不同的运行工况阶段(冷启动、城市道路、市郊道路和高速路)对于 BC 总排放的贡献：冷启动阶段的行驶里程虽然只占测量总里程的 0.5%不到，但它的 BC 排放贡献占了总排放的 11%±10%；高速路是排放贡献最大的部分，平均比例达 47%。这主要是因为本章研究中高速路的测试里程较长(约占 50%)。值得注意的是，行驶工况对于车辆总排放的贡献和道路构成密切相关。例如，如果本章中的测试路线参考轻型车 RDE 法规(城市道路、市郊道路和高速路的比例为 34%、33%和 33%，总里程和本章一致)，则城市道路的 BC 排放贡献将从 13%±6%提高到 42%±17%。

(3) PAHs 排放特征研究

结果显示，重型柴油车在实际道路上排放的 PAHs 以三、四环有机物为主，占了 PAHs 总量的 81%±8%，这一结果与以往研究的排放特征相近。Pyr、Ph、Fl 是总 PAHs 中含量最高的三种 PAHs，分别占 PAHs 总量的 27%±9%、20%±8%和 14%±7%，但车辆的油品和后处理技术等因素容易对 PAHs 的含量造成影响。

图 8.5 的结果表明，国Ⅱ至国Ⅴ重型柴油车基于燃油消耗的平均 PAHs 排放因子为 757±642 μg/kg、394±375 μg/kg、270±94 μg/kg 和 113±95 μg/kg；重型柴油车基于行驶里程的 PAHs 排放因子为 122±49 μg/km、65±71 μg/km、37±21 μg/km 和 25±20 μg/km。总体而言，车辆的 PAHs 排放水平随着车辆排放标准的提高而降低。与国Ⅱ车辆相比，国Ⅲ、Ⅳ、Ⅴ车辆基于燃油消耗的排放因子分别下降 48%、64%和 85%；车辆基于行驶里程的排放因子则分别下降了 47%、70%和 80%。道路工况是影响车辆 PAHs 排放的另一个重要因素。与快速路相比(平均车速为 48±7 km/h)，所有测试车辆在城市道路时(平均车速为 16±4 km/h)基于行驶里程的平均排放因子增加了 115%±75%。

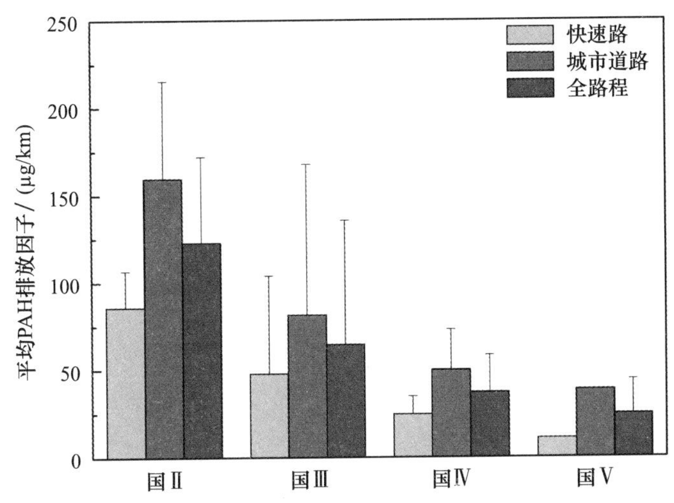

图8.5 基于排放标准的重型柴油车平均PAHs排放因子

在轻型汽油车排放PAHs的成分谱中，三环物质占了总排放的18.4%±18.5%，四环物质占了总排放的29.3%±9.3%，五环物质占了总排放的27.3%±8.5%，六环物质占了总排放的24.9%±6.6%。在15种PAHs单体中，有10种物质质量分数的范围为5%～13%，可以看出，轻型汽油车排放的总PAHs中大部分物质的分布是相对均匀的。与柴油车相比，汽油车PAHs的分布存在很大区别，汽油车排放的中环和高环物质含量要显著高于柴油车。汽油车和柴油车在PAHs物种分布方面产生的差异会极大地影响它们的毒性特征。以汽油车为例，BaP、DaA和BbF是毒性当量贡献最高的3种物质，其贡献分别为49%、27%和7%；以柴油车为例，DaA、BaP和BbA是毒性当量贡献最高的3种物质，其贡献分别为42%、21%和10%。

(4) 机动车NO_x排放特征

根据跟车测试时记录目标车的车牌号码查询其排放标准，进一步分析不同排放标准的货车排放水平(基于行驶里程的排放因子)差异，如图8.6所示。与国Ⅲ柴油货车相比，国Ⅳ排放标准的柴油货车的NO_x排放并未显著下降。

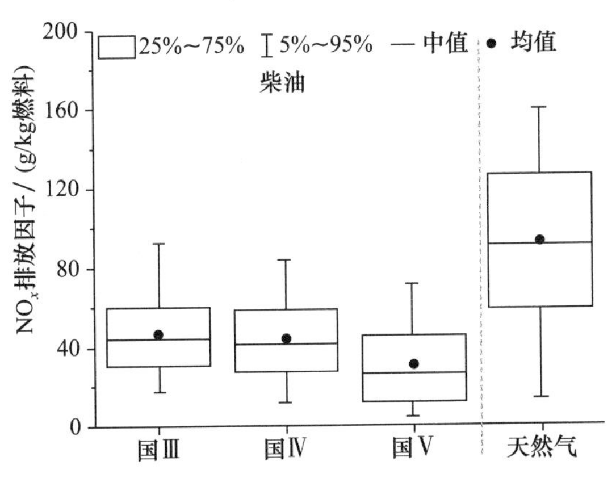

图8.6 不同排放标准的货车NO_x排放因子比较

对于加装了 SCR 的柴油货车，平均测试车速在 50～80 km/h，是 SCR 的有利工况点，因此 NO_x 高排放特征可能主要由于 SCR 未正常使用(如尿素未加满或人为作弊、屏蔽温度传感器)等所导致。而国Ⅴ柴油货车的 NO_x 排放因子比国Ⅲ下降 35%。实际道路测得的天然气货车 NO_x 排放因子显著高于柴油货车，虽然使用以天然气为燃料的重型货车可以有效降低 BC 的排放，但天然气货车的 NO_x 排放需要引起重点关注。

将车辆按污染物排放由大到小进行排列，得到高排车的累积分布图(图 8.7)，进而计算得到高排放车淘汰的减排效益。

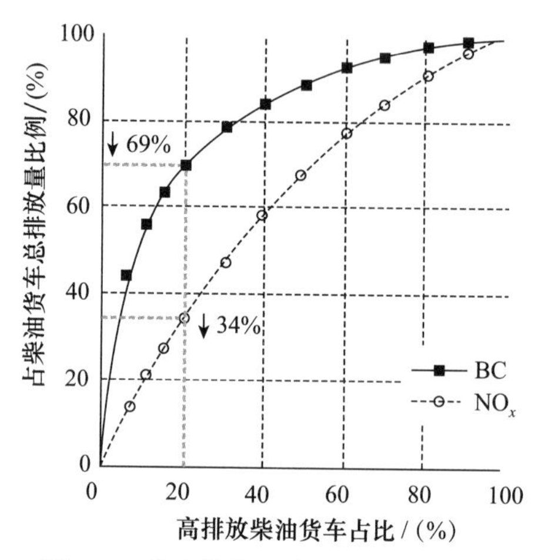

图 8.7　柴油货车污染物排放累积分布

结果表明，对于柴油货车，假设淘汰掉排放最差前 10%和 20%的柴油货车高排放车时，NO_x 的排放将削减 16%和 34%。因此，对这些保有量占比较低的高排放车进行针对性的控制和加速淘汰，可以取得显著高效的减排效果。未来结合跟车和遥感测试手段建立综合监管平台，可以有效地识别和筛查污染物高排车，为改善空气质量做出贡献。

(5) 机动车 VOCs 排放特征

以 16 种典型的 VOCs 为例，基于 PTR-MS 分析了车辆 VOCs 排放的瞬态规律(图 8.8，见书末彩图)，发现车辆在冷启动阶段的 VOCs 排放会急剧增加，在前 150 s 的 VOCs 排放占 VOCs 总排放的 50%±24%。超高速阶段的 VOCs 也出现排放的小高峰，但峰值低于冷启动阶段，这一结果和 BC 结果存在较大差别。这 16 种 VOCs 中芳烃类(苯、甲苯、二甲苯、三甲苯)物质主要来自低速阶段和超高速阶段，烷烃类(正戊烷、正辛烷、正己烷)物质基本都来自低速阶段排放，醛类(乙醛、甲醛、丙烯醛)物质在热稳运行阶段的排放约占总排放的 40%。

基于苏玛罐离线分析，本研究测量了不同排放标准的轻型汽油车的 50 余种 VOCs，发现国Ⅱ、国Ⅲ和国Ⅴ轻型汽油车在 WLTC 工况下的平均 VOCs 排放因子分别为 52 mg/km、30 mg/km 和 19 mg/km，在 NEDC 工况下的平均排放因子分别为 80 mg/km、36 mg/km 和 19 mg/km。车辆 VOCs 排放随着排放标准收严而下降，例如国Ⅴ车辆相对于国Ⅱ车辆排放降低约为 71%。车辆在 WLTC 工况下的 VOCs 排放略低于 NEDC，这是因为 WLTC 测试工况长达 1800 s，NEDC 测试工况仅持续 1180 s。因此，冷启动导致的高排放对 WLTC 整体排放的影响要低于其对 NEDC 整体排放的影响。但是,这种差距随着排放控制的加严逐渐减小。

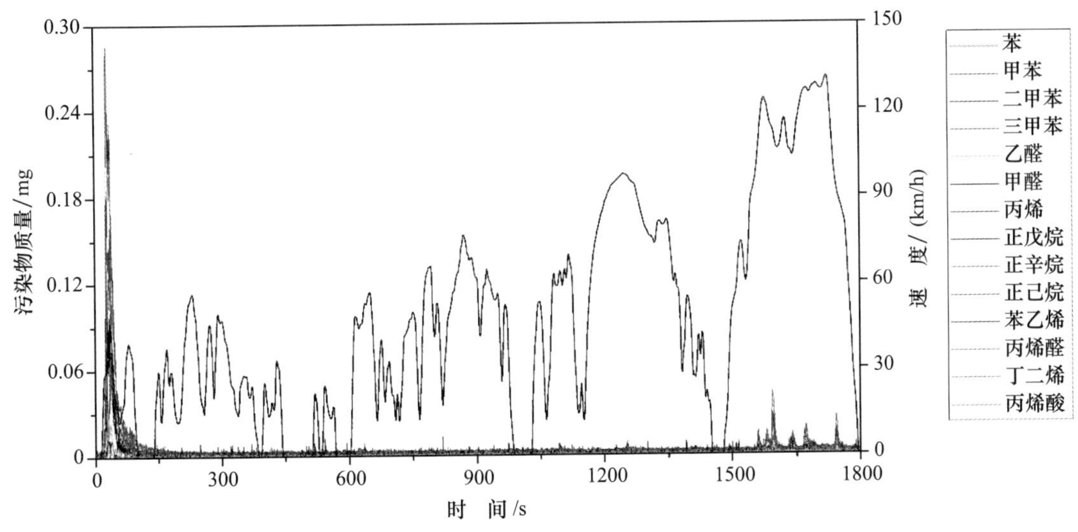

图 8.8　汽油车典型 VOCs 的瞬态测量结果

在可检出的 VOCs 组分中,顺-2-丁烯、甲苯、异戊烷、反-2-丁烯和反-2-戊烯为臭氧生成潜势(OFP)贡献前五的物质。烯烃对 OFP 贡献最大,为 56%。随着排放标准的加严,OFP 呈下降趋势。综上所述,烷烃在 VOCs 排放中占比较高,但是对于 OFP 的贡献却分别是烯烃和芳烃更高,因此针对性地控制油品中烯烃芳烃含量具有更重要的意义。

8.4.2　建立综合多源交通大数据的典型城市交通流数据库

1. 基于 RFID 的交通流数据采集分析系统

截至 2016 年,南京共建成 RFID-视频监控双基基站 565 个,有超过 70%的双基基站的监控点分布于核心城区,监控路段主要为干路和高速路。南京 RFID 数据库包括南京 24 亿条 RFID 监控数据、25 亿条道路视频监控数据。RFID 道路交通监控数据可以和登记车辆的信息唯一匹配,从而得到含有车辆详细技术信息(如车辆类型、燃料类型、排放标准、注册年份、车龄、车重、排量、车长等信息)的道路车流量数据。双基站监控路段流量的统计,是通过对登记车辆信息和 RFID 道路交通监控数据中的车牌号及车牌颜色进行车辆的唯一匹配,可以获得精确到车队技术的交通流量。

2. 基于拥堵指数地图的路网交通流特征模拟方法

拥堵指数地图反映基于北京市内 6 万余辆安装了 GPS 的浮动车行驶速度划分拥堵指数,该地图由北京市动态交通拥堵指数发布平台每 5 分钟发布一次。研究收集了每天 24 小时实时道路拥堵等级地图,采用图像识别方法将其与路网地图进行匹配。进一步建立统计模型反演路段小时速度从而获取路网平均车速,该结果与官方结果提供的区域平均速度差异小于 10%。

为了修正评估路网道路在各个道路速度下的道路流量，研究进一步针对北京市五环内快速路与主干道的实际道路观测流量，建立了北京市五环内快速路和主干道的流密度模型。基于“拥堵指数-路网速度-实时流量”的动态逐时数据的路网实时仿真方法学，建立了北京市市内车流水平数据库。以北京 APEC 会议期间为例展示了通过动态修正对路网流量变化的影响，APEC 期间的单双号措施导致五环内的道路流量显著降低，全路网车流量下降了 37%，交通拥堵状况得到有效改善。

3. 建立基于 GPS 数据的道路速度和出行特征分析

根据 GPS 记录的车辆经纬度信息，可以通过 ArcGIS 将数据点定位于城市道路上，最终根据各道路同一天中同一时段下所有浮动车记录的速度信息，计算各道路该日逐时平均车队行驶速度。

利用 GPS 数据还可以对车辆出行特征加以分析，研究收集整理了北京市 362 辆私家车的 GPS 出行调查数据，平均每辆车调查时长超过一个月。从中提取出每辆车每天启动的时间、启动前的浸车时长、启动后的行驶里程等启停信息共 25 031 条，建立了典型城市车队启停特征数据库，搭建过程如下：

基于启动记录得到全天逐小时启动发生频次的小时分布曲线，如图 8.9(a)所示。启动发生的时间和私家车出行规律相符，有明显的早晚双峰现象，夜间启动发生频次明显降低。进一步计算车队的平均日启动次数，结果为 2.4 次。两者结合得到单车单日逐时启动次数分布，如图 8.9(b)所示。

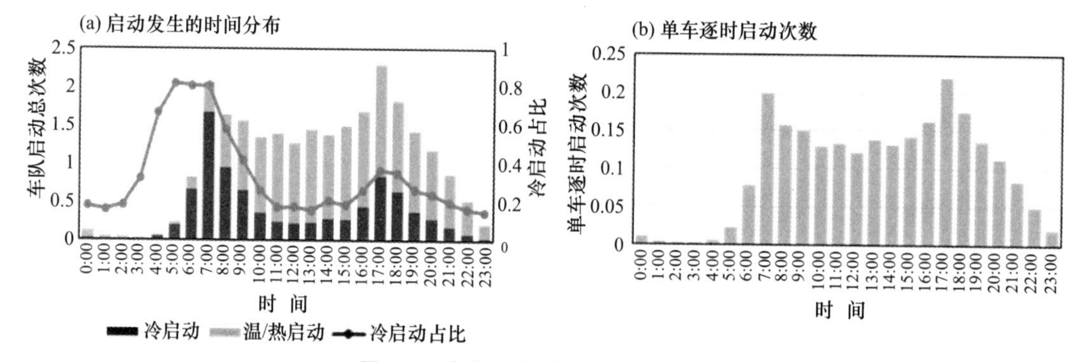

图 8.9　车队启停特征数据库的搭建

8.4.3　建立融合城际-市内的区域交通流数据库

1. 基于公路监测网平台的融合“城际-市内”的区域交通流特征研究

研究以京津冀为例说明基于机器学习方法建立交通流与人口、用地类型等宏观指标的统计关系从而刻画区域交通流特征的模型方法。

(1) 基于城际监测网的市内-城际交通流数据采集

目前，京津冀已经形成了以北京为中心，以高速公路为骨干，以国省、干线公路为基础的放射状交通网络空间结构。研究调研收集了京津冀全路网 848 个监测站点实时车流量信息和道路用地信息，车流信息包括流量、速度和车型构成数据，用地信息如表 8-1 所示。

表 8-1　用地信息

带缓冲区的变量[①]		
用地类型种类	潜在变量	代码编号
道路密度(缓冲区内道路长度之和/缓冲区面积)	高速	rd00
	国道	rd01
	省道	rd03
土地利用(缓冲区内面积之和/缓冲区面积)	城镇乡村面积	city_county
	农田面积	cropland
	草地面积	grassland
	未开发地面积	bareland
人口(缓冲区内人口之和/缓冲区面积)	人口	pop
POI 信息(POI 点个数/缓冲区面积)	交通 POI	transit
	餐馆 POI	restaurant
	办公 POI	office
	商场 POI	mall
	宾馆 POI	hotel
	教育 POI	education
	银行 POI	bank
	娱乐 POI	recreation
	旅游点 POI	touristic
点变量		
用地类型种类	潜在变量	代码编号
距离变量	距离最近机场的距离	D_airport
	距离最近港口的距离	D_port
	距离最近货运集疏运中心的距离	D_logistic
	距离最近 CBD 的距离	D_CBD
道路信息	道路种类	rdtype
	车道数	LaneNum
	设计速度	DeSpeed
点所在地理信息	经纬度	Lon/Lat
	所在行政区划	Province/City/Admin

注：① 缓冲区半径分别为 50 m、100 m、200 m、300 m、500 m、1000 m、2000 m、5000 m。

(2) 基于机器学习方法的交通流与宏观统计量关系的模型建立

选取随机森林方法进行数据训练测试，采用 10 倍交叉验证法(10 fold cross validation)验证模型准确性，即将样本划分为十组，每次选择一组数据作为测试集，剩下九组作为训练集。对于随机森林而言，决策树采样方式为有放回随机采样(bootstrap)，最小叶片数为 5，共种植 300 棵树。选取相关系数(Pearson's R)、平均相对偏差(MAPE)和均方根误差(RMSE)作为评估模拟值和观测值之间的差异的统计指标(表 8-2)。

表 8-2 随机森林和高斯过程回归模拟结果与观测值对比结果

变 量	Pearson's R	MAPE	RMSE/(辆/天)
中小型客车	0.79	1.37	5360
大型客车	0.61	2.92	226
轻型货车	0.62	1.26	1205
中型货车	0.64	4.23	380
重型货车	0.65	2.08	2706
速度	0.75	0.16	5.68

基于随机森林结果，研究进一步对典型工作日全天逐小时流量速度数据进行预测，并计算了预测变量对于模拟变量的影响程度。结果显示，与道路信息(道路种类、道路密度、车道数、设计速度)相关的预测变量对于模拟交通流信息而言更为重要。特别是对于重型货车而言，最重要的 10 个预测变量几乎都是和道路信息相关的。

研究基于上述骨干路网交通流数据库，通过随机森林方法模拟京津冀区域骨干路网交通流特征，从交通流量的时间变化来看，早晚高峰的交通流量显著高于全天的其他时段，交通流量较日均小时值高出 50%，这是由于这些时间段对应的是交通出行的早晚高峰期，更高的通行需求导致了交通流量的增加。从空间分布来看，排放高强度地区主要分布在以北京、天津和河北南部城市(如石家庄、邯郸、邢台)为核心的城市群片区。

2. 融合多源交通大数据的市内-城际典型城市交通流特征模拟

(1) 北京交通流特征模拟

图 8.10 展示了北京市工作日不同车队活动水平分区域占比，对于小型客车、公交车和出租车而言，其主要活动范围在五环内，五环内车辆活动水平分别占车队总活动水平的 67%、73%和 78%。中大型客车和本地中重型货车由于北京市的限行政策导致其活动水平主要集中在五环外，分别占车队总活动水平的四分之三；对于外地中重型货车而言，90%的车辆活动水平出现在五环外。

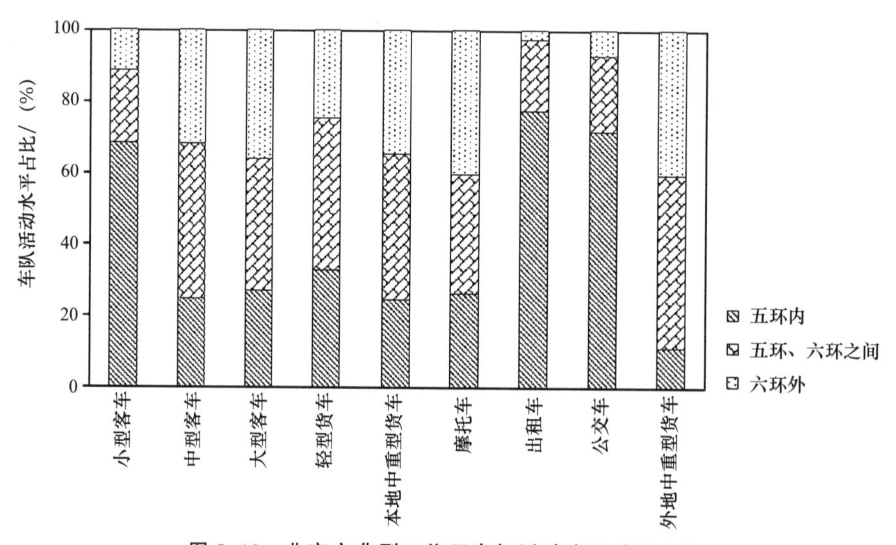

图 8.10 北京市典型工作日车辆活动水平分区占比

北京市分区域路网平均速度模拟结果显示，五环内全天平均速度为 25.4 km/h，相比六环内和全路网平均速度低 11%和 14%。五环内的早晚高峰交通环境最为恶劣，分别为 22.1 km/h 和 21.5 km/h。晚高峰出行强度高于早高峰，路网也更为拥堵。分车队来看，货车车队平均速度高于客车车队，对于本地和外地重型货车而言，五环内平均速度和全市平均速度相差不大，这主要是因为由于限行政策重型货车的活动水平主要集中在五环外。

(2) 南京交通流特征模拟

研究基于南京 RFID 数据库和道路流量加密观测模拟了南京路网高分辨率交通流特征，主要特征为：

① 主干路和快速路工作日早晚高峰时段分别出现于早 7:00～9:00 和晚 17:00～19:00，峰值流量分别达到了日间平均流量的 128%和 136%。

② 从路网交通流量的空间分布特征来看，南京市中心区域(新街口地区)的大部分道路，在工作日受到早晚通勤高峰的影响，日均流量在每小时 1000 辆以上。

③ 小型客车作为保有量的主体，占到了 69%的日交通流量。车型分布与昼夜时间影响较大，夜间小型客车的总流量大幅降低；重型货车和公交车的流量占比大幅提高，分别由于绝对流量上升和运营时间影响。

④ 工作日干路、快速路、支路和全路网的日均速度分别为 25.2 km/h、55.4 km/h、19.2 km/h 和 30.3 km/h。小型客车工作日日均车速为 25.6 km/h，其他客运货运车辆日均车速相对小型客车日均车速较高，公交车工作日平均车速为 18.4 km/h。

8.4.4　基于排放-交通二维动态大数据区域高分辨率排放清单

1. 完善高分辨率排放清单方法学

新版多化学成分谱高分辨率机动车排放模型以已经开发的典型城市排放模型(EMBEV)为基础，在保留其主体模型框架的同时，重点改进和开发非常规组分的“交通-排放”响应模块，考虑季节、时段和道路类型的启动和蒸发排放分配模块和外地车排放分担计算模块。

(1) 非常规组分排放-交通响应模块

研究以 BC 为例，引入短工况法来消除因车辆参数(如车重)产生的 BC 排放差异。图 8.11 展示了每个短工况(300 s)下对应的 BC 排放和该短工况下平均车速之间的响应关系。可以看出，在交通拥堵区间，车辆的相对 BC 排放显著增加，尤其是当平均车速低于 20 km/h 时。

非线性函数 $y=1/(-0.0031x^2+0.047x+0.13)$ 被确定为相对 BC 排放与车速之间的最佳拟合曲线($R^2=0.70$)，表明车速的变化显著影响 BC 排放。鉴于实行国 6b 排放标准之前，所有的轻型车都不会加装颗粒物捕集器，改善交通条件是缓解轻型车 BC 排放的可能途径之一。

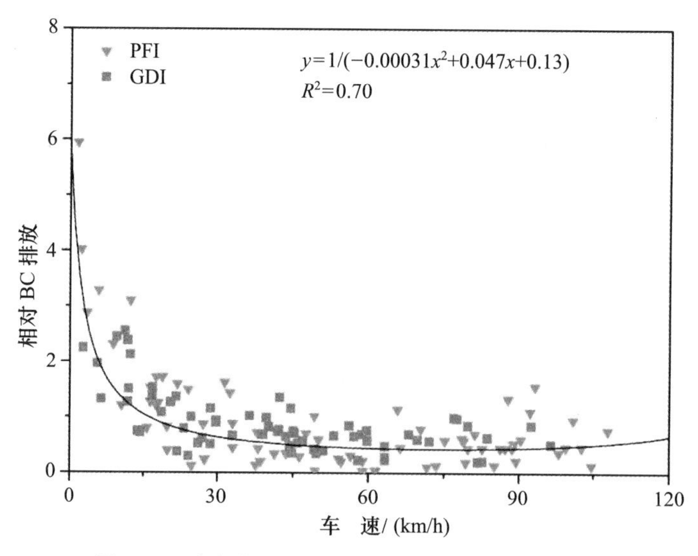

图 8.11　车辆相对 BC 排放和车速之间的响应关系

(2) 外地车排放模块修正

由于区域货运的一体化，不可避免地会带来大量的货车涌入区域内各大城市，由于其吨位大、排放高，这些因素都导致了外地中重型货车对于区域内大城市本地排放有着巨大贡献。为此，区域内大城市往往出台了一系列外地货车限行政策。以北京为例，2014 年开始外地货车 6 时至 24 时禁止在六环内行驶。研究为了验证外地货车夜间路线率，选择了京藏高速、北四环和北三环等路段进行夜间加密观测，北京市六环内外地中重型货车夜间在路比例在 30%～40%左右，并且呈现比例由外环向城中心递减的趋势。对外地货车的车流占比进行模拟计算，由于限行措施，工作日北京市六环内中重型货车活动高峰时间段为夜间 0:00～6:00，其日间(6:00～23:00)活动相对趋于平稳，占全天活动水平的 26%，大部分为本地车辆，外地中重型货车几乎无流量。

2. 建立高分辨率排放清单

(1) 区域高分辨率排放清单

研究建立了京津冀的高分辨率排放清单。典型工作日京津冀区域污染物逐小时分车型排放见图 8.12。对于 CO 而言，其排放的峰值出现的时间与早晚车流的高峰时间相同，分别为 9:00～10:00 和 16:00～17:00。市区的排放强度要高于城市外围的排放强度，这主要是由于其排放贡献主要来自小型客车车队，该车队在城市内部有着高度聚集、早晚高峰高频使用的特征，因而 CO 排放在早高峰(10:00)的路网排放强度相比全天平均路网排放强度要高出 40%～50%。

NO_x 的主要贡献源来自货车车队。相比于 CO 昼夜较为明显的排放总量差异，NO_x 的夜间(0:00～4:00)排放与日间排放更为接近，这主要是由于货车司机存在夜间倒班的工作模式，因而其昼夜出行强度差异相较于小型客车要更小。从车型贡献比例上看，在天津和河北，重型货车对 NO_x 的排放贡献要比北京高出 10%左右，相反，北京的大型客车对此三种污染物的排放贡献要高于天津和河北大型客车的贡献。这种差异反映出,北京作为京津冀区域及全国的政治文化中心,其对于客流的强大吸引加上其对于货车严格的限行政策导致其相比于天津和河北地区,客运对 NO_x 的排放贡献更高。

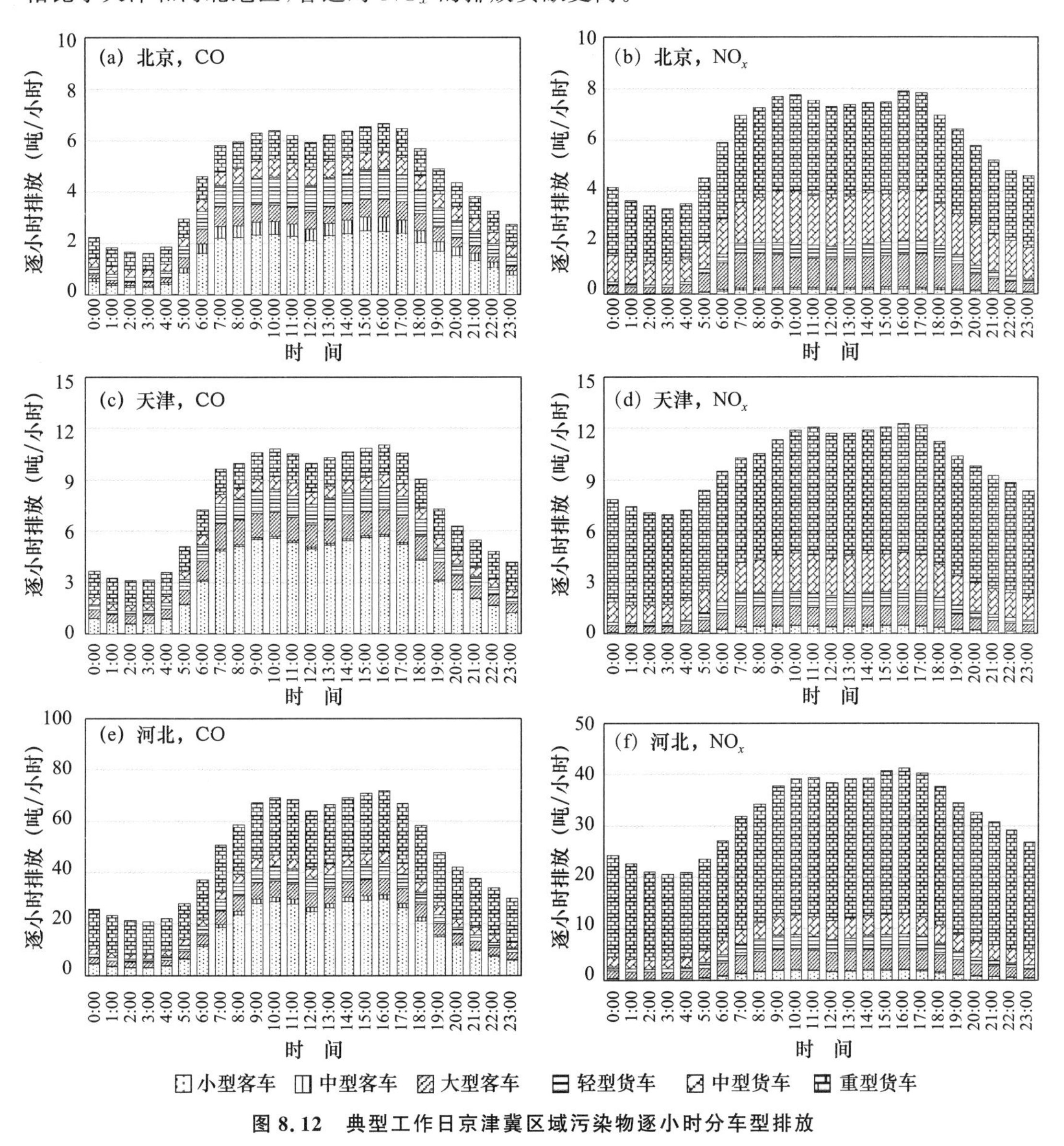

图 8.12　典型工作日京津冀区域污染物逐小时分车型排放

(2) 典型城市高分辨率排放清单

北京是京津冀路网排放的重点区域,在京津冀区域高分辨率清单的基础上,本章对北京市内机动车车流水平进一步完善,建立了北京市全路网机动车高分辨率排放清单。

对于 CO 而言,其排放的早晚高峰(7:00～9:00 和 17:00～19:00)与客车出行的早晚高峰有着明显的相关性。CO 全天排放的最高小时出现在早上 7:00,其排放量比全天平均值高出约 90%。如图 8.13(a)和(b)所示,无论在夜间还是早高峰时期,CO 在城市五环内的排放强度要明显高于城市外围区域。

除了与 CO 相似的早晚高峰峰值排放外，BC 在夜间 2:00～4:00 之间还出现了一个 CO 不具备的排放峰值，这主要是由于市区夜间(23:00 以后)取消了货车限行政策，从而导致外地货车大量涌入市区内部，出现排放峰值。高分辨率路网清单有效识别出外地货车日间在五环外(特别是五环、六环之间)而在夜间涌入城市内部这一特征规律[图 8.13(c)和(d)]。

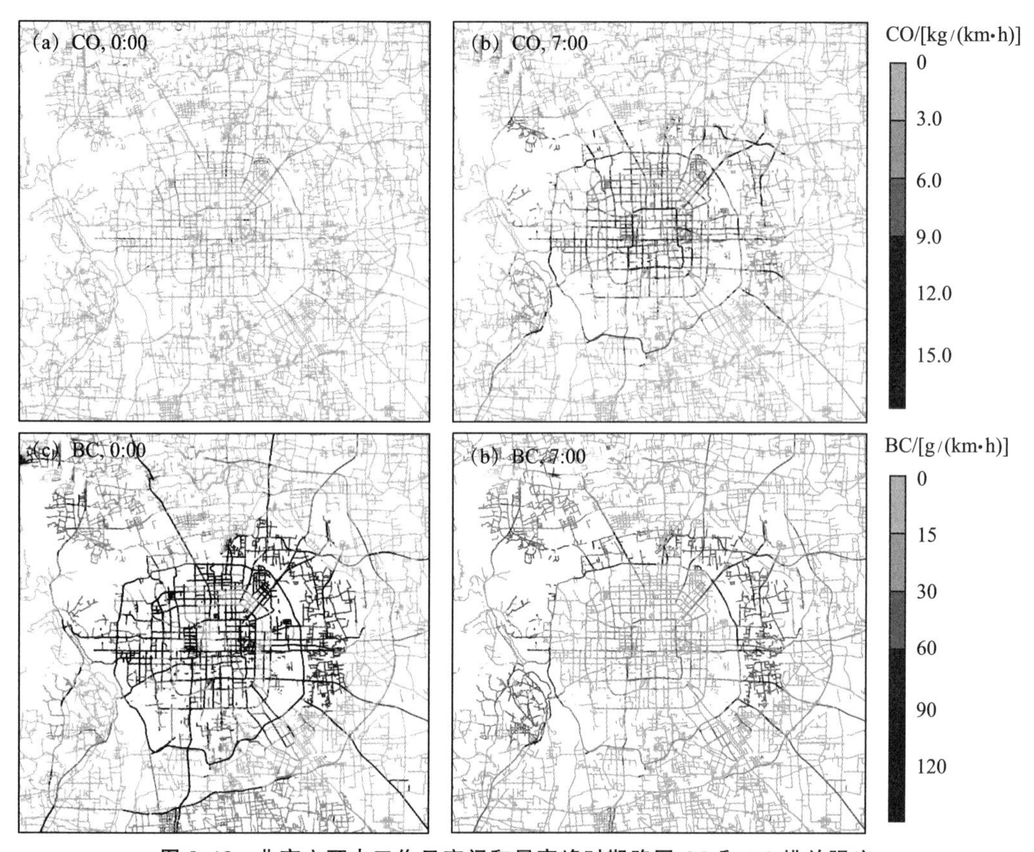

图 8.13　北京六环内工作日夜间和早高峰时期路网 CO 和 BC 排放强度

此外，本章研究建立了南京市高分辨率排放清单，以 CO_2 为例说明南京市路网机动车排放特征。从时间分布来看，排放在 8:00 和 17:00 达到峰值，分别占全日排放的 7.3%和 7.6%。从 CO_2 的空间分布来看，中心城区在工作日与节假日的日间表现出了比较明显的差别，例如工作日晚高峰时段核心城区的平均路网排放强度为 769 kg/(km · h)，有 41%的道路平均排放强度超过 500 kg/(km · h)；而节假日的平均路网排放强度为 623 kg/(km · h)，超过 500 kg/(km · h)的路段仅占总长度的 28%。全市 CO_2 排放的前三位分别为小型客车、中重型货车和中大型客车，工作日占比分别为 50%、18%、15%。小型客车具有接近一半的排放占比，因此为进一步控制机动车 CO_2 的排放，需要重点关注小型客车的管理控制。

3. 基于空气质量模拟结果的清单准确性评估

(1) 空气质量模型的比选

本章以 BC 为例，采用 AREMOD 和 CALINE3 两个扩散模型模拟了不同季节机动车排放对道路边 BC 浓度的贡献。道路边监测点设置在北四环南侧北京航空航天大学附近，选取距道路边监测点直线距离约 1.5 km 的清华园监测点为区域点，以表征背景值对道路边浓度的贡献。地表气象数据选取在清华大学设置的气象站数据，高空数据选取北京市气象局纪录的高空探测数据。

首先获取了路边站的 BC 浓度监测值。如图 8.14 所示，监测浓度的昼夜变化规律较为明显。夏季 BC 浓度为 10.6±4.6 μg/m^3，冬季浓度为 17.5±11.8 μg/m^3。两个季节监测浓度均呈现明显的日间低、夜间高特征。

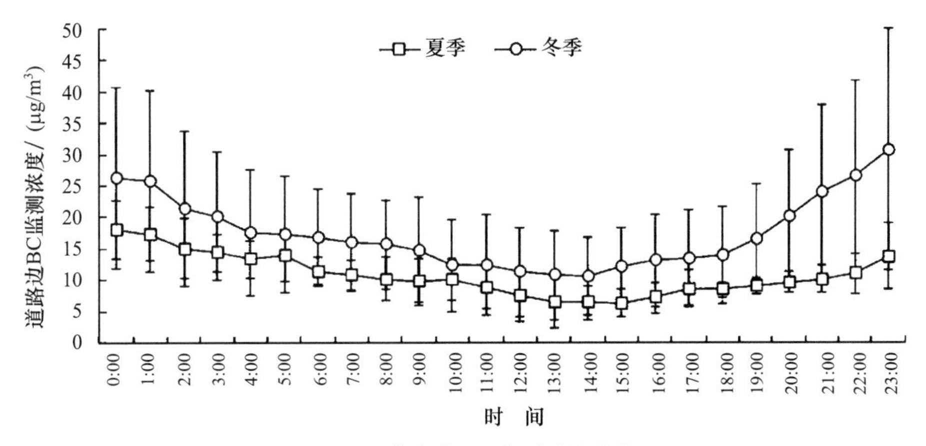

图 8.14　道路边 BC 监测时均浓度

图 8.15 为 AERMOD 和 CALINE3 模拟所得的机动车对道路边 BC 浓度贡献的日间变化规律。CALINE3 的模拟值呈现出明显的早晚高峰特征，同机动车排放规律相一致；AERMOD 在夜间的模拟值明显升高，使得晚高峰特征不再显著。同道路边 BC 浓度监测值进行对照，可知 AERMOD 能够提供更准确的模拟结果，这可能是由于 AERMOD 对气象因素的考虑更加完善。

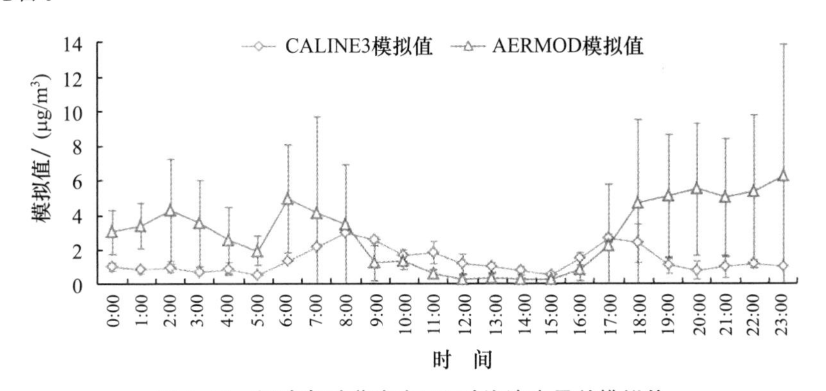

图 8.15　机动车对道路边 BC 时均浓度贡献模拟值

夏季模拟时段内，机动车排放对道路边 BC 浓度贡献为 2.1±2.4 μg/m^3，路边站、背景站监测结果分别为 8.4±1.2 μg/m^3 和 11.3±5.2 μg/m^3。将背景点监测值和 AERMOD 模拟浓度之和(10.5±3.0 μg/m³)同路边站监测值进行对照,Pearson's R 为 0.51,体现出较好的相关性。由此可知,AERMOD 能够相对准确地体现交通源排放对道路环境空气质量的影响。

(2) 基于空气质量模拟的全路网排放清单准确性验证

本章基于全路网交通流模型,应用基于 AERMOD 开发的 RapidAir© 模型,在 10 m×10 m 的空间分辨率下对北京市机动车排放的 NO_x 浓度进行了模拟。如图 8.16 所示,NO_x 浓度的空间与污染物排放的空间分布有着极强的相似性,2017 年五环内和全市 NO_x 的日均浓度为 50.0 μg/m³ 和 6.3 μg/m³(网格平均)。将基于 RapidAir© 的模拟结果全年平均结果与监测结果(数据来自北京市环境监测中心)相比,NO_x 浓度的模拟值和实际监测值之间呈现良好的线性相关性(Pearson's R=0.83,RMSE=63.48 μg/m³),证明清单准确反映 NO_x 排放空间分布特征,机动车排放对城市环境站点 NO_x 浓度贡献达 60%以上。

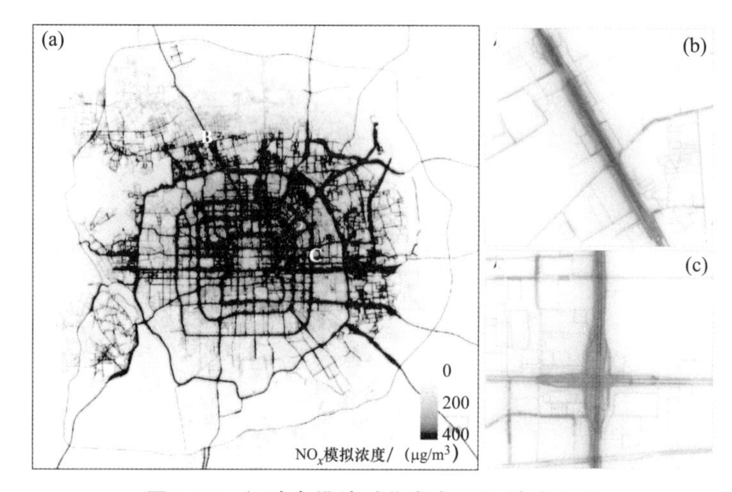

图 8.16 机动车排放对北京市 NO_x 浓度贡献

取国贸、西三旗两处交通热点地区,在 1 m×1 m 的空间分辨率下进行更小尺度的空气质量模拟。国贸和西三旗分别代表城市中心商业区、市郊主要高速公路这两类较为繁忙的道路环境。热点地区的模拟考虑了车道数、建筑物特征等空间信息,以求更准确地设置排放源(例如从单一线源改为多个平行线源),并在模拟中考虑街区峡谷效应的影响。如图 8.16 所示,NO_x 浓度沿道路两侧呈现出明显的衰减。在高速路两侧 50 m 的范围内,机动车排放对 NO_x 浓度贡献达 200 μg/m³ 以上;在主干道两侧 20 m 范围内,贡献也在 100 μg/m³ 以上。

4. 高分辨率排放清单的应用

(1) 高分辨率排放清单对传统清单的改进

研究以北京为例,将本章建立的基于实际道路交通流特征的排放清单(M1)与传统的基于人口(M2)或道路等级、密度(M3)分配得到的高分辨率排放清单比较。M1 为本章研究清单结果,M2 以 M1 计算所得总量按照人口分布进行排放量的分摊,分摊方式如下:

$$E_{M2,j,p}=\frac{E_p}{TP}\times P_j$$

其中，$E_{M2,j,p}$是污染物 p 在网格 j 中分配的排放量；E_p 是 M1 计算得到的污染物 p 的排放总量；TP 是北京全市的人口总量；P_j 是网格 j 中的人口数量。

M3 以 M1 计算所得总量按照道路当量密度进行排放量的分摊，分摊方式如下：

$$E_{M3,j,p}=\frac{E_p}{\sum_k UL_k\cdot UW_k+\sum_k RL_k\cdot RW_k}\times\left(\sum_k UL_{j,k}\cdot UW_k+\sum_k RL_{j,k}\cdot RW_k\right)$$

其中，$E_{M3,j,p}$是污染物 p 在网格 j 中分配的排放量；UL_k 和 RL_k 分别表示六环内和六环外道路等级 k 的实际道路长度；$UL_{j,k}$ 和 $RL_{j,k}$ 分别表示六环内和六环外网格 j 内道路等级为 k 的实际道路长度；UW_k 和 RW_k 是不同区域不同道路等级道路的长度转换系数。

结果显示(图 8.17)，M2 低估了城市五环内 62%区域的 CO 排放，这主要是因为忽略了反映居住特征的静态人口分布和城市内部实际通勤需求之间的差异；此外，该分配方式还高估了市内 72%区域的 BC 排放，这主要是因为忽略了货车限行政策的影响。M3 低估了市内 82%区域的 CO 排放，这主要是因为忽略了城市内部拥堵影响；该分配方式由于欠缺对实际货车管控措施的考虑导致其高估了市内 78%区域的 BC 排放；此外，基于道路的分配方式仅考虑道路结构特征从而无法反映北京南部排放高于北部的区域差异。本章建立的基于实际道路交通流特征的城市路网排放清单能够显著改善上述传统分配方式带来的不确定性。

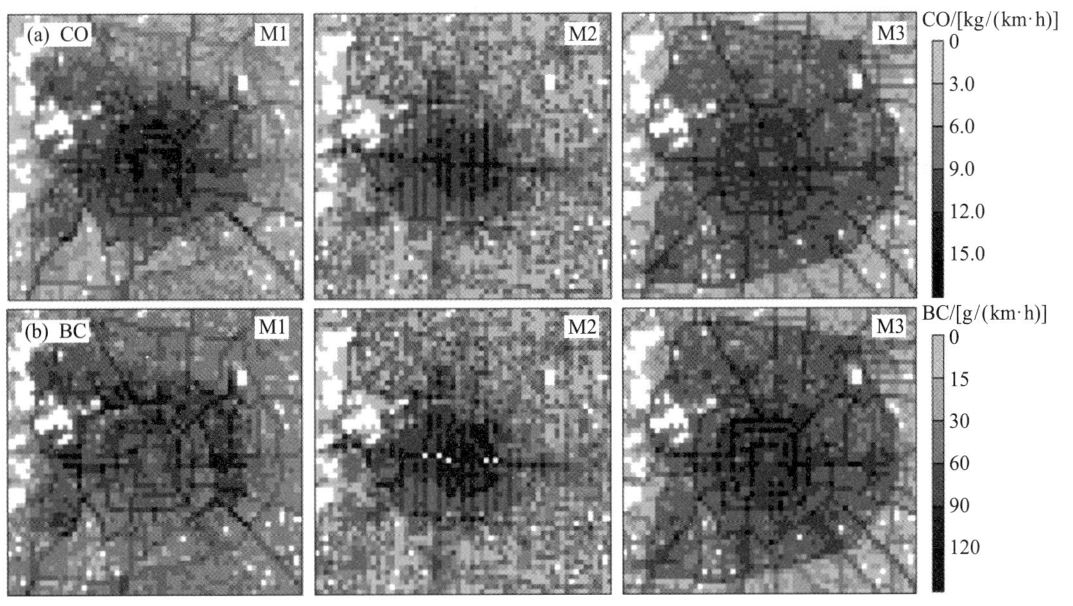

图 8.17　不同方式的路网高分辨率排放清单比较

(2) 外地高排放车对城市内污染物排放浓度的影响评估

基于本章建立的区域高分辨率排放清单，进一步解析北京工作日主要污染物排放中外地货车的分担率，2013 年北京全市外地货车对于 NO_x 和 PM2.5 的排放贡献率分别为 29%

和 38%，到 2017 年，这一比例进一步提高为 33% 和 41%（图 8.18）。由此可以看出相当比例的 NO_x 和一次 PM2.5 的排放来自外地货车，因此外地货车对北京城市污染排放的贡献不容忽视。

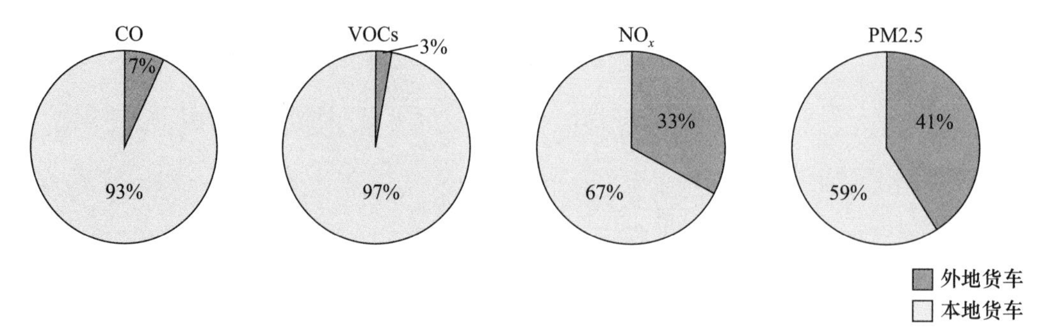

图 8.18　北京市本地、外地货车对主要污染物排放的贡献

针对北京市实施的货车限行政策，分别模拟了重型货车在限行时段（6:00～23:00）和非限行时段（23:00～次日 6:00）对北京市 NO_x 浓度的贡献。限行时段内重型货车对 NO_x 浓度的贡献主要集中在五环、六环之间的高速公路附近。由于货车活动在非限行时段更加集中、夜间污染物扩散条件较弱等因素，重型货车在非限行时段对大气污染物的贡献更加显著，达到了 $9.8 \pm 1.6\ \mu g/m^3$，其中外地货车贡献达到 $6.3 \pm 1.0\ \mu g/m^3$。

（3）交通管控措施对区域交通排放影响评估

京津冀区域秋冬季一直饱受严重的雾霾问题困扰。研究进一步将重污染控制过程（2017 年 11 月 5 日至 2017 年 11 月 9 日）下的流量模拟结果与典型工作日流量相比，可以发现不同车型的车辆活动水平在不同情景下的变化特征有着较为明显的差异。一方面，对小型客车而言，京津冀区域内整体都呈现出流量下降的趋势，整体流量削减幅度约为 25%，仅有约 4% 的路段存在着流量增加的情况。另一方面，对于重型货车而言，整个区域呈现出较为明显的交通流变化差异。对于北京而言，所有道路的货车流量都呈现出下降趋势；对于天津而言，高速公路和国道也都呈现出流量下降的趋势，仅有部分（约 20%）的省道存在流量上升的情况；但是对于河北而言，高速公路、国道和省道分别有 30%、15% 和 20% 的道路存在流量的上升。流量上升较为明显的区域道路平均流量上升超过 50%，主要集中在通往区域内重要港口（青岛港、天津港和秦皇岛港）的货运通道和河北与山西等产煤大省的边界区域。区域内小型客车和重型货车流量变化的空间差异性主要是由于限行政策下，客运出行需求因管控而下降，但是货运需求由于较为固定、难以削减而产生绕行现象：京津冀管控较严格的区域（如北京道路和天津的高速省道）货车流量削减但是其为了满足货运需求会绕行，导致区域部分路段（如河北道路和天津的部分省道）流量上升。

8.5　本项目资助发表论文

[1] YANG D, ZHANG S, NIU T, et al. High-resolution mapping of vehicle emissions of

atmospheric pollutants based on large-scale, real-world traffic datasets. Atmospheric Chemistry & Physics, 2019, 19(13): 8831-8843.
[2] MA R, HE X, ZHENG Y, et al. Real-world driving cycles and energy consumption informed by large-sized vehicle trajectory data. Journal of cleaner production, 2019, 223: 564-574.
[3] LIANG X, ZHANG S, WU Y, et al. Air quality and health benefits from fleet electrification in China. Nature Sustainability, 2019, 2(10): 962-971.
[4] HE X, ZHANG S, WU Y, et al. Economic and climate benefits of electric vehicles in China, the United States, and Germany. Environmental Science & Technology, 2019, 53(18): 11013-11022.
[5] ZHANG S, NIU T, WU Y, et al. Fine-grained vehicle emission management using intelligent transportation system data. Environmental Pollution, 2018, 241: 1027-1037.
[6] WU Y, ZHANG S, HAO J, et al. On-road vehicle emissions and their control in China: A review and outlook. Science of the Total Environment, 2017, 574: 332-349.
[7] ZHENG X, WU Y, ZHANG S, et al. Characterizing particulate polycyclic aromatic hydrocarbon emissions from diesel vehicles using a portable emissions measurement system. Scientific Reports, 2017, 7(1):1-12.
[8] ZHENG X, ZHANG S, WU Y, et al. Characteristics of black carbon emissions from in-use light-duty passenger vehicles. Environmental Pollution, 2017, 231: 348-356.
[9] WU X, WU Y, ZHANG S, et al. Assessment of vehicle emission programs in China during 1998—2013: Achievement, challenges and implications. Environmental Pollution, 2016, 214: 556-567.
[10] YANG L, ZHANG S, WU Y, et al. Evaluating real-world CO_2 and NO_x emissions for public transit buses using a remote wireless on-board diagnostic (OBD) approach. Environmental Pollution, 2016, 218: 453-462.

参考文献

[1] 国家统计局. 2019 年国民经济和社会发展统计公报. [2020-12-10]. http://www.stats.gov.cn/tjsj/zxfb/20200228_1728913.html
[2] WU Y, YANG Z, LIN B, et al. Energy consumption and CO_2 emission impacts of vehicle electrification in three developed regions of China. Energy Policy, 2012, 48: 537-550.
[3] 中国工程院. 中国大气 PM2.5 污染防治策略与技术途径，重大咨询报告. 2015.
[4] WANG S, HAO J. Air quality management in China: Issues, challenges, and options. Journal of Environment Science, 2012, 24(1), 2-13.
[5] 邹春霞. 环保部：北杭广深大气首要污染源为机动车. [2020-12-01]. http://news.qq.com/a/20150402/004606.htm
[6] WU Y, YANG L, ZHENG X, et al. Characterization and source apportionment of particulate PAHs in

the roadside environment in Beijing. Science of The Total Environment，2014，470：76-83.

[7] SILVERMAN D T，SAMANIC C M，LUBIN J H，et al. The diesel exhaust in miners study：A nested case-control study of lung cancer and diesel exhaust. Journal of the National Cancer Institute，2012，104(5)：855-868.

[8] BONG T C，DOHERTY S J，FAHEY D W，et al. Bounding the role of black carbon in the climate system：A scientific assessment. Journal of Geophysical Research Atmosphere，2013，118(11)：5380-5552.

[9] SHINDELL D，FALUVEGI G，WALSH M，et al. Climate，health，agricultural and economic impacts of tighter vehicle-emission standards. Natire Climate Change，2011，1(1)：59-66.

[10] FRANCO V，KOUSOULIDOU M，MUNTEAN M，et al. Road vehicle emission factors development：A review. Atmospheric Environment，2013，70：84-97.

[11] WANG X，WESTERDAHL D，WU Y，et al. On-road emission factor distributions of individual diesel vehicles in and around Beijing，China. Atmospheric Environment，2011，45(2)：503-513.

[12] 张少君. 中国典型城市机动车排放特征与控制策略研究. 北京：清华大学，2014.

[13] ZHANG S，WU Y，WU X，et al. Historic and future trends of vehicle emissions in Beijing，1998—2020：A policy assessment for the most stringent vehicle emission control program in China. Atmospheric Environment，2014，89：216-229.

[14] WU Y，ZHANG S J，LI M L，et al. The challenge to NO_x emission control for heavy-duty diesel vehicles in China. Atmospheric Chemistry and Physics，2012，12(19)：9365-9379.

[15] 北京市环保局，北京市质量技术监督局. 重型汽车排气污染物排放限值及测量方法(车载法)DB11/965—2013. [2020-12-09]. http://sthjj.beijing.gov.cn/bjhrb/resource/cms/2017/12/2017120416043974080.pdf

[16] WANG X，WESTERDAHL D，HU J，et al. On-road diesel vehicle emission factors for nitrogen oxides and black carbon in two Chinese cities. Atmospheric Environment，2012，46：45-55.

[17] 中国环保部. 中国机动车污染防治年报. [2020-12-09]. http://www.mee.gov.cn/gkml/sthjbgw/qt/201401/t20140126_266973.htm

[18] ZHENG B，HUO H，ZHANG Q. et al. High-resolution mapping of vehicle emissions in China in 2008. Atmospheric Chemistry and Physics，2014，14(10)：5015-5036.

[19] 朱丽云，温慧敏，孙建平. 北京市浮动车交通状况信息实时计算系统. 城市交通，2008，6(1)：77-80.

[20] 严䴉，刘毅，陈吉宁，等. 区域道路交通系统环境影响预测与综合分析方法. 清华大学学报：自然科学版，2009(6)：855-859.

第9章 京津冀大气颗粒物动态源解析关键影响因子评估与综合验证

高健，史国良，李梅

中国环境科学研究院

本章研究为2016年启动的国家自然基金委重大研究计划“中国大气复合污染的成因与应对机制的基础研究”中的重点支持项目。项目实施以来，围绕“典型源敏感性评估-典型源动态源解析-综合应用及验证”这一主线开展研究，通过实验箱模拟测试、外场在线观测与分析、模型综合集成对比，对基于单颗粒飞行时间质谱在线源解析方法、基于颗粒物在线组分测量的源解析方法及手工监测方法开展验证和应用；考察二次转化对于在线源解析的干扰，通过优化解析算法，对颗粒物二次来源的识别提出了新的解决方案；将在线源解析技术应用于京津冀及周边地区大气重污染过程的成因分析和溯源工作，并将该技术应用于多次重大社会活动空气质量保障工作(如G20峰会、金砖国家峰会、上合组织峰会等)。

本章完成动态解析方法建立、观测模拟验证及环境颗粒物溯源应用等工作，并基于数据结果发表研究论文20余篇，其中SCI收录9篇，中文核心11篇。依托项目发展的国家发明专利1项，获得2017年度国家发明专利奖(优秀奖)。通过本项目的技术积累，在国内较早实现了区域内多站点联网观测和溯源，开展了2016—2017年、2017—2018年秋冬季京津冀及周边颗粒物来源解析分析报告编写工作，为连续两年的大气污染防治工作成效提供了技术评估依据。

9.1 研究背景

颗粒物浓度增加是雾霾等重污染过程产生的主要内在因素[1]，在不利的气象条件下，我国区域性大气重污染过程持续时间可长达5～10天，过程中污染气团可以覆盖上百平方公里以上[2]，PM2.5可超WHO指导值几倍到十几倍[3]，成为城市环境空气质量、大气能见度和居民人体健康的重大威胁[4]。其成因和来源的复杂性[5]，也成为颗粒物污染控制的难点之一。

颗粒物源解析是制定城市大气颗粒物污染控制对策不可缺少的科学依据，源解析结果可以帮助环境决策者提高颗粒物污染防治的针对性、科学性和合理性[6-7]。对颗粒物化学成分和物理形态的了解是掌握污染水平及特征、确定过程成因和解析污染来源的重要保障[8]。

而对于重污染过程中颗粒物的控制，需要针对污染过程进行精确捕捉、深入了解和对颗粒物来源进行动态解析，这无疑对颗粒物测量技术、源解析模型、模型验证方法等带来新的要求和挑战。

9.1.1 颗粒物动态源解析研究进展

污染治理需求直接推动了颗粒物源解析技术在过去数十年中快速的发展和应用[9-10]，从颗粒物溯源的时间分辨率上来说，传统意义上的受体模型是基于长时间、低时间分辨率（一般为 24 h）的颗粒物膜采样样品进行分析[11]，但由于较低的时间分辨率很难满足在较短时间内取得足够的样品来描述因污染源的快速变化、气象过程和光化学过程的迅速演变，因此传统受体模型很难应对重污染过程的颗粒物来源解析[12]。

为提高颗粒物源解析的时间分辨率并针对污染过程进行动态来源研判，以往研究中依靠提高采样频次[13]，或者利用改进的源解析模型算法[如滞留时间分析（residence time analysis）[14]、地区影响分析（area of influence analysis）[15]、潜在源贡献函数分析（potential source contribution function）[16]等]实现来源解析的动态化，但较高的成本、不确定性和应用的局限性使这些方法难以推广。近年来，随着颗粒物在线测量技术的发展，高时间分辨率的颗粒物化学成分分析仪器的出现令动态解析颗粒物来源成为可能，如气溶胶质谱（aerodyne aerosol mass spectrometer，AMS）可以更快更省力地在线测量分粒径颗粒物的化学组成[17]。该仪器目前被成功地应用于确定不同环境和排放源颗粒物中硫酸盐和有机物的粒径分布特征和来源[18-19]。在我国，该方法也在北京[20]、上海[21]、珠江三角洲[22]等地进行了应用研究，并较好地解析了污染过程中颗粒物的来源特征。但 AMS 在测量过程中无法准确确定颗粒物的具体组分（如单项有机颗粒物组分以及难溶组分），因此该方法难以准确确定气溶胶颗粒物的污染来源[23]。

此外，由 Noble 和 Prather[24]、Johnston 等[25]和 Murphy[26]等人发展的单颗粒气溶胶质谱技术（ATOFMS、PLAMS 和 RSMS）也是代表。其中气溶胶飞行时间质谱（aerosol time-of-flight mass spectrometer，ATOFMS）在测量高时间分辨率的气溶胶数据方面具有较大优势，其利用空气动力学单颗粒粒径测量技术对 0.1～3 μm 的粒子进行粒径测量，可分析颗粒物中的无机盐类化合物、碳质气溶胶、地壳元素、重金属、多环芳烃等，因此可以获得更多颗粒物组分的信息，从而弥补 AMS 测量物种不全的缺点[27]。该方法已成为在线检测气溶胶物理化学性质的有力工具，在多个国家进行了较为广泛的使用[28-29]，近年来我国研究者也利用此技术开展源解析相关工作[30-31]。

9.1.2 颗粒物动态源解析面临的问题与挑战

虽然动态源解析方法可以实现针对大气颗粒物污染过程来源的定性或半定量解析[12]，但该技术在实际应用中还需解答和克服多个技术问题和科学问题，具体梳理如下：

1. 如何确定不同污染源在颗粒物污染事件动态生消过程中对颗粒物浓度的贡献

影响重污染过程发生及发展的因素非常复杂，气象条件是外因，颗粒物污染是内因，而一次排放污染物在短时间内的累积以及在重污染过程中因为气团变化而造成的排放源变化，为颗粒物源解析的准确性带来很大挑战。虽然目前有多种在线颗粒物理化成分测量方法可用动态跟踪污染过程，并对颗粒物成分进行在线分析，但其准确性、稳定性以及用于源解析计算时的适用性均需要深入验证，如何建立动态过程中颗粒物源-受体关系，也是挑战之一。

2. 如何较准确地识别关键排放源的新鲜与老化状态，并定量评估老化后颗粒物成分谱对颗粒物动态源解析结果的影响

大气复合污染过程的复杂性和颗粒物中化学成分来源的多样性性是影响颗粒物来源解析准确性的重要因素，尤其是新鲜排放源老化过程和二次颗粒物（二次粒子）的存在[32]。颗粒物源解析技术的动态化过程中，随着时间分辨率的提高，其受到二次转化过程的影响可能更加明显，因此，如何在颗粒物老化过程中建立源-受体关系是动态源解析研究中亟须攻克的问题。

3. 如何对不同技术路线的颗粒物源解析方法进行科学验证

由于受到多种因素影响，颗粒物源解析技术在发展中面临的一个重要问题是如何准确、科学地进行验证评估。定量评估不同方法对源解析结果造成的差异，对于深入了解不同源解析方法的优势和适用性十分重要。长期以来，我国研究者在不同年份、不同地区开展了多项源解析研究，但缺乏不同方法比对的数据支撑。因此，针对不同技术路线的颗粒物源解析方法进行综合验证是十分必要的。

9.1.3　本研究的意义及应用前景

综上所述，优化和经过验证的颗粒物动态源解析技术，是深入研究大气重污染过程生成机理、应对重污染过程颗粒物污染特征研判和控制效果评估、满足应急和长期颗粒物污染控制需求的重要手段。而鉴于以上问题的存在，颗粒物动态来源解析技术的发展将是一个长期和系统的过程。

目前京津冀地区已经成为我国遭受大气复合污染最为严重的地区之一，其年均颗粒物浓度远超过长三角、珠三角及其他重点地区，臭氧浓度也高居全国各重点地区前列[33]。以往研究证明，在重污染事件发生过程中，颗粒物浓度可以在较短时间内爆发并达到较高浓度，并会在短时间内形成覆盖多个城市的区域性污染[34]。京津冀地区区域性重污染过程发生有明显的季节特征[35]，在高发的秋冬季节，外部传输浮尘与城市群污染气团汇和后可产生较强大气重污染，甚至会出现长达一个月的连续重污染[2]。此外，在不同的污染过程中，甚至在同一过程的不同阶段，颗粒物理化特征及来源特征都会发生变化[31]，这一方面由于京津冀大气污染排放源的复杂性[36]，另一方面由于气象过程的多变性和颗粒物在污染过程中二次演化机制的复杂性[37]。京津冀区域大气复合污染的复杂性也导致了颗粒物源解析结果的复杂性和多样性[38]，甚至在针对某些重污染过程的解析中存在各种争议。因此，利用在线颗粒物测量手段对污染过程进行动态成因研判和来源解析，可以作为重污染成因机理研究的重要手段。

本章将在以往多个研究的基础上，整合国内颗粒物源解析领域的优势团队，针对大气重污染过程频发的京津冀地区颗粒物污染开展动态源解析技术的完善和优化研究，并对颗粒物动态源解析方法进行综合验证。本章的成果产出将直接应用于对以上科学问题的探索，并为影响大城市和超大城市及近周边的重污染过程解析及控制提供研究方法，对城市和区域大气颗粒物污染防治、大气重污染过程应对具有一定应用价值。

9.2 研究目标与研究内容

9.2.1 研究目标

本章的主要目的是攻克部分影响颗粒物动态源解析技术准确性验证中存在的关键科学问题，进一步深化和保障该技术在大气重污染过程应对评估中的实际应用，具体体现在：

① 评估关键解析因子：确定老化过程与颗粒物源解析结果的动态关系，完成关键燃烧排放源的动态识别敏感性评估及其对颗粒物动态源解析结果的影响(定量或半定量)。

② 了解污染过程特征：深入识别京津冀地区大气重污染过程发生发展过程及颗粒物理化特征及来源的时空变化。

③ 建立和完善方法：建立针对颗粒物动态源解析方法结果准确性的综合验证方法，完善多时间分辨率大气颗粒物动态源解析方法。

④ 人才培养与示范应用：培养颗粒物源解析科技人才，通过建立科学可靠的动态源解析技术，为我国京津冀大气重污染过程应急控制效果评估和空气质量稳定改善提供支撑。

9.2.2 研究内容

本章以京津冀为对象研究区域，在现有颗粒物动态源解析技术研发和应用基础上，围绕"颗粒物动态源解析关键影响因子评估与综合验证"这一核心目标，重点开展以下研究内容：

1. 关键颗粒物排放源老化过程识别及其对动态源解析结果影响的评估研究

利用移动式静态模拟烟雾箱，通过改进其进样系统与混合系统，搭建移动式双箱(实验箱与参比箱)实验系统。在环境条件下(光照、温度、湿度)，集成多种高时间分辨率颗粒物单颗粒及化学成分分析仪器，对通入背景大气的参比箱和实验箱颗粒物进行测量。通过向实验箱加入可定量衡量合理浓度水平的典型燃烧排放源，对过程中颗粒物化学成分和单颗粒特征进行动态测量研究。

重点研究内容包括：① 利用源模拟生成系统和双箱系统(初始为洁净大气)，研究典型燃烧源[燃煤(模拟燃煤机组排放和散煤燃烧排放)、机动车(柴油车)、生物质燃烧(秸秆)等]

排放颗粒物在老化过程中的单颗粒特征和全成分信息的动态变化，评估其动态成分谱识别敏感性；② 结合参比箱研究结果，利用双箱系统（初始为背景大气），研究典型燃烧源进入高污染背景大气后对于颗粒物解析结果的影响；③ 结合污染过程不同阶段的双箱测试结果，研究评价不同典型排放源在动态背景污染条件下对动态源解析结果的影响，并利用目前普遍采用的源解析方法与考虑老化后的源解析方法对比研究源解析的可靠性，建立不同大气老化过程中大气颗粒物源解析的新方法。

2. 不同技术路线颗粒物动态源解析技术流程与结果的对比验证

基于历史观测数据和本章观测数据，获得重点地区颗粒物的单颗粒测量（single particle measurement）、在线测量（online measurement）、整体测量（bulk measurement）、形貌测量（morphology）等类别数据（包括颗粒物单颗粒成分谱及颗粒物全成分数据等），对典型排放源在重污染动态生消过程中贡献的敏感性评估研究，结合多种源解析方法，实现动态源解析技术的综合验证。

重点研究内容包括：① 对比研究重污染过程中基于单颗粒直接测量法（源谱-成分谱对照）、单颗粒成分谱聚类法（ART-2a、K-means、C-means 等）、颗粒物在线成分的动态源解析结果；② 基于颗粒物全成分测量数据（离线＋在线；水溶性离子、碳成分、重金属元素），结合 PMF、CMB、ME2 等受体模型，分析重污染过程中颗粒物动态来源；③ 应用颗粒物在线定量成分测量数据，研究相同基础输入数据条件下不同受体模型在动态化应用过程中的特点；④ 基于多种颗粒物理化特征及形貌测量数据分析，从多个角度开展颗粒物动态源解析的验证，综合研究动态源解析方法的准确性、可靠性及可重复性。

3. 京津冀区域重污染过程特征与颗粒物动态解析研究

以京津冀典型城市环境监测站和科研院所观测站点为观测平台（中心站包括北京、天津、石家庄等，协同站包括保定、廊坊、沧州、邢台等，外围站包括郑州、济南、太原、张家口等），依托现有在线颗粒物成分测量设备对颗粒物理化特征进行观测，结合京津冀空气质量监测网数据，识别和解析重污染过程发生、发展、维持、消散等各阶段警兆特征和污染物时空及物化特征。

重点研究内容包括：① 结合强化观测结果和区域常规站点污染物监测数据，基于区域重污染过程发生的时间、频率、时长、强度等分析，研究区域持续性污染过程中颗粒物理化特征变化；② 利用在线单颗粒及颗粒物化学成分观测数据，结合智能神经网络法、受体源解析模型，通过两种技术路线的动态解析技术，对发生于京津冀内部重污染过程中各生消阶段中主要排放源（尤其是研究内容 1 中的典型燃烧源）的贡献进行量化计算。

9.3　研究方案

本章的整体思路是通过实验箱模拟测试、外场在线观测与分析、模型综合集成对比三种方法，紧密围绕“典型源敏感性评估-典型源动态源解析-综合应用及验证”这一主线，完成研究内容，实现研究目标。

9.3.1 针对关键燃烧排放源的烟雾箱模拟研究

1. 移动式双烟雾箱的构建

利用移动式双烟雾箱，用于针对典型燃烧排放源的老化过程进行动态测试。该移动式双烟雾箱系统包括参比箱和实验箱，参比箱主要用于背景大气的模拟，实验箱则是在背景大气中额外引入一定量典型燃烧源排放气体进行对比模拟。参比箱与实验箱构造、材料、尺寸、设置等各项设计均一致，从而消除对比实验过程中因箱体条件造成的误差。

2. 在线颗粒物成分及单颗粒特征测量

① 在线单颗粒质谱测量：使用单颗粒飞行时间质谱测量仪（SPAMS 0515）在强化观测期间进行连续观测，采样分析时间分辨率为 2～10 分钟。

② 在线颗粒物成分测量：使用 Marga ADI 2080 系统、Xact 620 环境大气金属测量仪和 Sunset-RP-4 半连续 EC/OC 分析仪分别对气体和气溶胶中可溶离子成分、颗粒物重金属元素、元素碳和有机碳进行在线测量。

③ 在线颗粒物粒径分布测量：利用宽范围粒径谱仪 MSP-WPS-XP1000，测量 10～10 000 nm 间颗粒物数浓度粒径分布。

④ 在线气体及颗粒物质量浓度测量：使用常规测量设备对痕量气体（O_3、SO_2、CO、NO-NO_2）进行实时测量，利用颗粒物传感器对 PM2.5 质量浓度进行实时测量。

⑤ 环境因子：使用温湿度传感器，对温度和湿度进行实时测量。

3. 典型燃烧源的分阶段表征(与背景大气的混合老化)

① 背景大气平衡：选择背景大气相对洁净时段（夏秋季节、秋冬季节分别开展），将背景大气通入实验箱及参比箱并平衡。

② 参比箱模拟：在紫外辐射下，利用在线颗粒物成分和单颗粒特征测量方法，对参比箱中背景大气老化特征进行测量。

③ 实验箱模拟：将典型燃烧源经稀释后通入实验箱，在控制光照条件下，利用在线颗粒物成分和单颗粒特征测量方法，对实验箱典型燃烧源新鲜-老化过程中的受体谱特征进行测量和识别。

④ 几种典型燃烧源混合模拟：几种典型燃烧源在烟雾箱中定量混合，利用在线颗粒物和单颗粒测定仪器分别对不同辐射时间内各污染组分进行测定，然后采用当前大气颗粒物源解析方法以及考虑老化过程后的源解析方法对烟雾箱中的颗粒物进行对比源解析，考察两种方法的可靠性。

⑤ 典型燃烧源解析敏感性研究：利用单颗粒质谱数据和在线成分数据，使用源谱-受体谱对比法或受体源解析模型对各关键源进行解析，并测试其识别敏感性。

⑥ 重污染过程分阶段模拟测试：根据外场观测结果及对区域性重污染过程时长的预判，分段开展③和④中典型燃烧源识别、解析及敏感性测试，研究其在不同污染阶段和等级中的动态源解析能力。

9.3.2 京津冀连续及强化观测实验

依托现有基础，在京津冀及周边地区设置三级观测站点：中心站（北京、天津、石家庄等）、协同站（保定、廊坊、沧州、邢台等）、配合站（郑州、济南、太原、张家口等），针对不同尺度重污染过程中颗粒物来源特征开展观测。观测时段选择典型夏秋季节（8 月）与秋冬季节（10—12 月）开展。

9.3.3 污染过程分析、源解析模型算法优化及验证

1. 单颗粒质谱源解析分析（过程分析与溯源）

① 通过 YAADA 对单颗粒物质谱观测结果进行初步整理；利用自适应共振神经元网络（ART-2a）对单颗粒物信息进行粗分，获得颗粒物混合类型分类。

② 应用离子示踪法对粗分颗粒物类型进行聚类并合并成为几大类颗粒物族群。

③ 利用源谱-受体谱对比法，对强化观测期间京津冀各级站点单颗粒质谱动态源解析结果进行分析，并结合烟雾箱研究结果，基于不同老化情景下的颗粒物特征谱，对动态源解析算法进行优化，根据不同敏感性情景建立源解析结果数据集，以备综合对比使用。

④ 利用实时采集颗粒物粒径分布数据、颗粒物化学成分数据，考察颗粒物数粒径分布、特征化学成分比值等因子，初步判定污染粒物来源及光化学年龄等特征。

⑤ 进行颗粒物生成前体物、气体氧化物、一次排放源示踪污染物之间的相关性分析，通过结合中心观测点和上风向对照点数据，辅助判断污染过程形成与地区排放源的关系。

2. 基于颗粒物定量化学成分测量的动态源解析

① 基于在线测量离子、碳成分及元素成分数据，通过受体模型，结合烟雾箱老化过程敏感性实验，优化适合颗粒物在线化学成分数据的大气复合来源解析技术。

② 基于离线样品分析结果，除利用传统源解析方法外，尝试进一步利用 ME2、PCA/MLR-CMB、NCPCRCMB、CMB-iteration 等多种复合受体模型解析二次源的贡献。

③ 基于离线分析的源解析结果，将第一步解析得到的单一源结果，以及第二步得到的子源类结果结合构建精细化复合受体模型的最终结果；对优化后在线颗粒物成分源解析结果进行对比，并结合离线颗粒物显微形貌特征等分析结果辅助分析颗粒物来源。

3. 重污染过程颗粒物动态源解析综合验证

结合以上研究结果，集成基于单颗粒飞行时间质谱和在线颗粒物成分的动态源解析方法，结合其他在线数据（大气成分、气象因素），针对重污染过程中颗粒物来源进行综合溯源，开展利用在线、离线分析及多模式解析手段综合考察动态源解析方法的准确性、可应用性及可重复性。

9.4 主要进展与成果

9.4.1 关键颗粒物排放源老化过程识别及其对动态源解析结果影响的评估研究

1. 燃煤源烟雾箱测试

实验中采用京津冀地区典型的民用散煤，为烟煤煤种，灰分、挥发分较高。在典型家用燃煤采暖锅炉中燃烧，排气口与主烟道直接相连，在挥发分燃烧阶段，打开进气风机通入烟气。煤燃烧主要分为两个阶段，一是挥发分燃烧阶段，二是剩余燃料燃烧阶段。挥发分燃烧阶段大量排放颗粒物，而剩余燃料燃烧阶段只产生气体，几乎没有颗粒物的生成。采用暗箱实验，燃煤处于挥发分燃烧阶段，通入烟气。各阶段时间如表 9-1 所示。

表 9-1 实验时间阶段划分

实验阶段	时　间	划分标准
P1	8:15～10:30	本底
P2	10:30～11:00	通入烟气
P3	11:00～12:00	通气 1 h
P4	12:00～13:00	通气 2 h
P5	13:00～14:00	通气 3 h
P6	14:00～15:00	通气 4 h
P7	15:00～16:00	通气 5 h
P8	16:00～17:00	通气 6 h
P9	17:00～18:11	结束

采用 SMPS，对反应过程中颗粒物粒径变化趋势进行监测分析，发现刚刚通入烟气的 10:00，颗粒物粒径中值为 40 nm 左右；随着实验过程的进行，颗粒物粒径不断增长，中值粒径逐渐增加，到 14:00(P6)，粒径基本上不再变化，此时颗粒物中值粒径约为 75 nm，实验箱内污染气体基本上完成了粒径增长过程，燃煤烟气明显产生老化特征。

(1) 颗粒物质谱特征分析

通入烟气后，正离子峰中 Na^+ 信号较强，此外，有机碳(OC)碎片(C_3H^+、$C_2H_3^+$ 等)也含有明显的离子信号；负峰中有机氮、硝酸根、硫酸根、Cl^- 和元素碳(EC)颗粒(C_2^-、C_3^-、C_4^- 和 C_5^- 等)也含有明显的信号(图 9.1)。

与新鲜烟气不同的是，烟气老化后，正、负离子峰中均出现了大量的 EC 颗粒物，其中正离子峰中主要为 C^+、C_3^+、C_4^+ 和 C_5^+，以 C_3^+ 的相对峰面积增加程度最大；负离子峰中主要为 C_2^-、C_3^-、C_4^-、C_5^- 和 C_6^-，以 C_4^- 的相对峰面积增加最大。此外，正离子峰中 Na^+ 峰面积增加明显，负离子峰中 HSO_4^- 离子峰面积略有增加。

此外，在 OC 离子中，老化阶段相比于新鲜烟气，有机碳碎片中的 C_3H^+、C_5H^+ 离子峰面积明显增加，这两种有机物碎片，可能是老化后典型的 OC 离子。

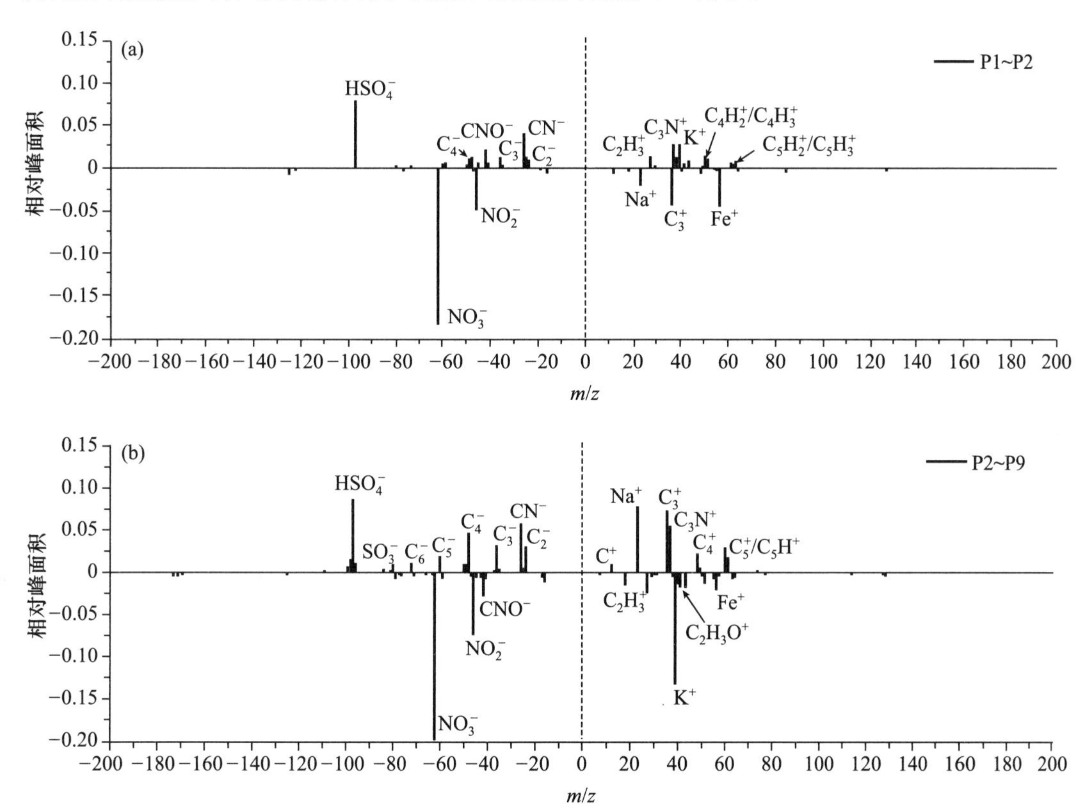

图 9.1　分阶段 MASS 谱图变化特征

(2) 特征谱图阶段变化分析

充入烟气后，LEV(左旋葡聚糖)和 EC 颗粒物占比增加，可能是受燃煤前期生物质引燃的影响；此后，EC 颗粒物和元素-有机碳混合(ECOC)颗粒物的占比迅速增加。尤其是 ECOC 颗粒物，在本底和新鲜烟气中基本上没有，但老化阶段占比逐渐升高，后期基本上是占比最大的颗粒物。

从 ECOC 颗粒谱图变化情况来看(图 9.2)，ECOC 颗粒物反应过程中各离子信号变化情况与 MASS 不同。可以看出，充入烟气后，ECOC 颗粒物中有机碳碎片(正谱)(C_3H^+、C_5H^+)、元素碳碎片(负谱)和 Na^+ 信号明显增强。老化后的烟气相对于新鲜烟气，EC 和 HSO_4^- 峰面积增加明显，正离子峰中有机碳碎片(C_3H^+、C_5H^+)峰面积持续增加，说明 ECOC 颗粒物是燃煤烟气二次转化的特征产物。

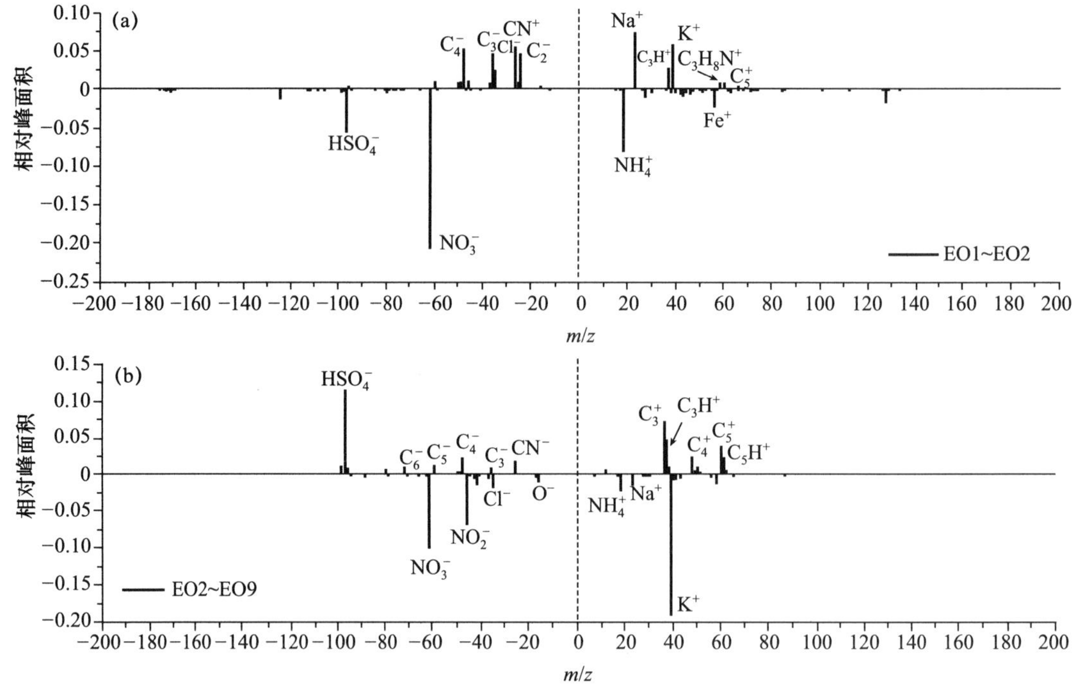

图 9.2　老化特征物质 OCEC 谱图变化特征

2. 机动车排放源烟雾箱测试

机动车实验采用江陵全顺 2.4L 小排量柴油发动机台架，功率为 85kW，扭矩介于 0～200 N·m，转速介于 0～4600 r/min。采用怠速工况，此时转速为 499 r/min，扭矩 100 N·m。实验过程中，从烟气排气口处引出采集管，连接烟雾箱进样风机，台架每次开机，稳定运行 5～10 min 后，方可向烟雾箱内通入烟气。

采用暗箱实验，即烟雾箱体处于遮光状态。利用柴油机台架，将尾气通入箱体内。当颗粒物浓度大于 300 μg/m³ 时，SPAMS 打击颗粒超过 1000 个之后，可停止通入烟气。根据实验时间节点，将实验分为以下阶段，如表 9-2。

表 9-2　实验时间阶段划分

实验阶段	时　间	划分标准
P1	8:55～9:10	环境本底
P2	9:15～9:55	烟雾箱本底
P3	10:00～10:20	充入烟气混合均匀
P4	10:25～11:20	充入烟气后 1 h
P5	11:25～12:20	充入烟气后 2 h
P6	12:25～13:20	充入烟气后 3 h，出现单颗粒短暂停采现象
P7	13:25～14:20	充入烟气后 4 h
P8	14:25～15:20	充入烟气后 5h
P9	15:25～16:20	充入烟气后 6 h
P10	16:25～17:35	结束

采用 SMPS,对反应过程中颗粒物粒径变化趋势进行监测分析,发现刚刚通入烟气的 10:00,颗粒物粒径中值为 70 nm 左右,随着实验过程的进行,颗粒物粒径不断增长,中值粒径逐渐增加,到 13:00(P6),粒径基本上不再变化,此时颗粒物中值粒径约为 125 nm,实验箱内污染气体基本上完成了粒径增长过程,机动车烟气明显发生老化特征。

(1) 颗粒物质谱特征分析

本次实验,柴油台架排放尾气颗粒物的 MASS 谱图如图 9.3 所示。正谱图主要为 OC 和 EC 离子碎片峰,负谱图主要为 EC 离子碎片峰和 NO_3^-、NO_2^-、SO_4^{2-} 等离子峰。总体来看,基本上符合机动车尾气的排放特征。

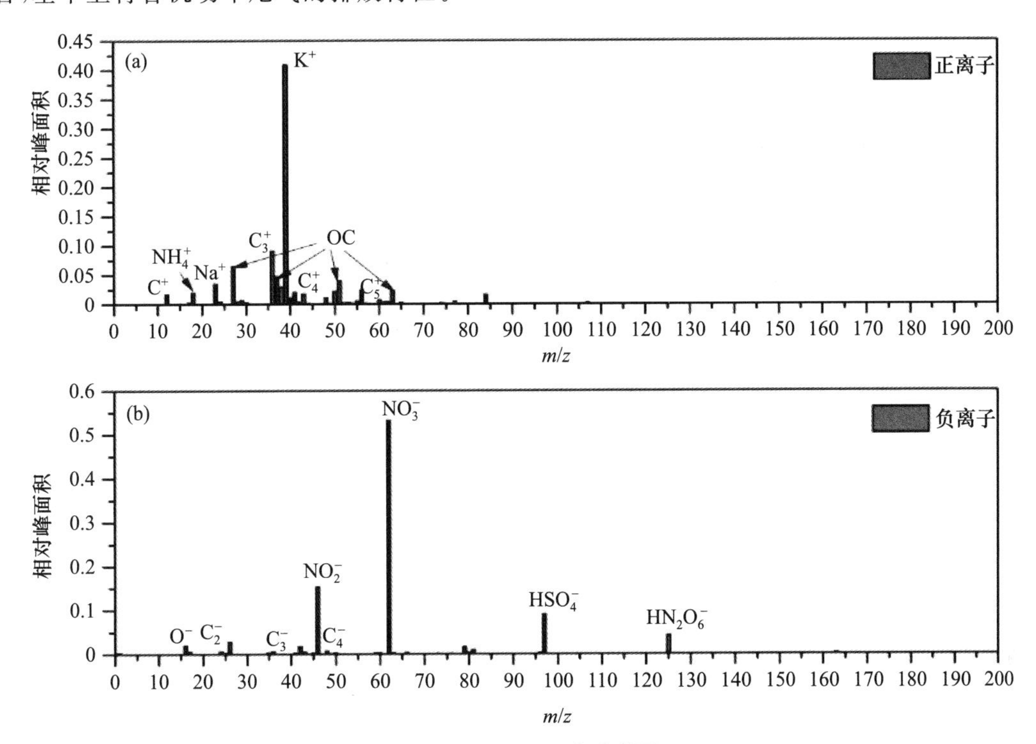

图 9.3　MASS 平均质谱图

分别选取 P2、P3 和 P10 作为本底、新鲜烟气和老化后烟气的情形,分析这三个时间段箱内烟气情况。分别将新鲜烟气和本底、老化烟气和新鲜烟气进行对比,得到结果如图 9.4 所示。从谱图中可以看出,当通入新鲜烟气时,正离子峰 C^+、C_3^+、C_4^+ 等 EC 的相对峰面积增加明显,OC 碎片峰面积下降明显;负离子峰中 NO_3^- 的相对峰面积增加,说明充入的烟气基本上可以代表柴油车排放尾气。当反应进行一段时间后,箱内气体发生老化,OC 离子的相对峰面积上升明显,主要上升的 OC 离子 m/z 大于 40,以 $C_4H_2^+$、$C_4H_3^+$ 和 $C_5H_3^+$ 为主,EC 离子的相对峰面积基本上下降。负离子峰中,NO_3^-、HSO_4^- 等二次离子的相对峰面积增加明显。此外,CN^- 和 CNO^- 离子的相对峰面积也明显增加。

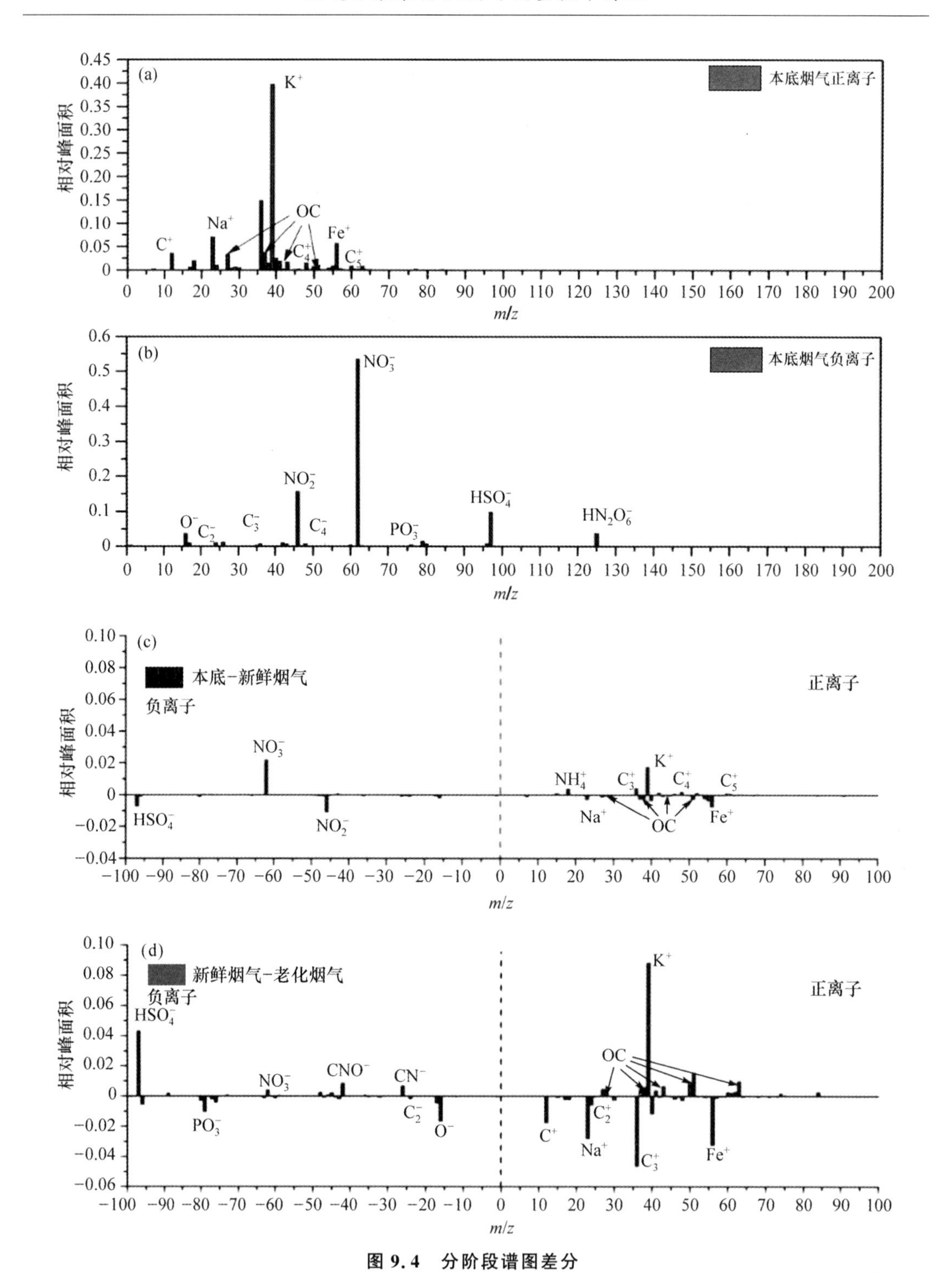

图 9.4 分阶段谱图差分

(2) 特征谱 图阶段变化分析

对烟气采用 ART-2a 进行聚类分析，将本次实验颗粒物分为 EC、ECOC、OC、LEV、含钾颗粒物、含纳颗粒物、HOC、HM 等 10 类，其中主要颗粒物类型为 EC、ECOC、OC、LEV 和含钾颗粒物。到了实验后期，OC、ECOC、含钾颗粒物的占比明显增加，而 EC 的占比有所下降，说明 OC 和含钾颗粒物中含有本次实验中二次生成的颗粒物。

从 OC 颗粒物谱图变化情况来看(图 9.5)，充入烟气后，OC 颗粒物中 OC 碎片(正谱)($C_3H_6^+$、$C_5H_3^+$)、EC 碎片(负谱)等信号明显增强。老化后的烟气相对于新鲜烟气，正谱图中 $m/z>40$ 的 OC 碎片($C_4H_2^+$、$C_4H_3^+$ 和 $C_5H_3^+$)峰面积增加明显，负谱图中 NO_3^- 峰面积持续增加，还出现 $K(NO_3)_2^-$ 离子峰。结合 MASS 谱图的整体变化趋势，OC 谱图中 $m/z>40$ 的离子碎片，尤其是 $C_4H_2^+$、$C_4H_3^+$ 和 $C_5H_3^+$ 等离子峰不断增加，说明 OC 可能是机动车烟气二次老化的特征产物。

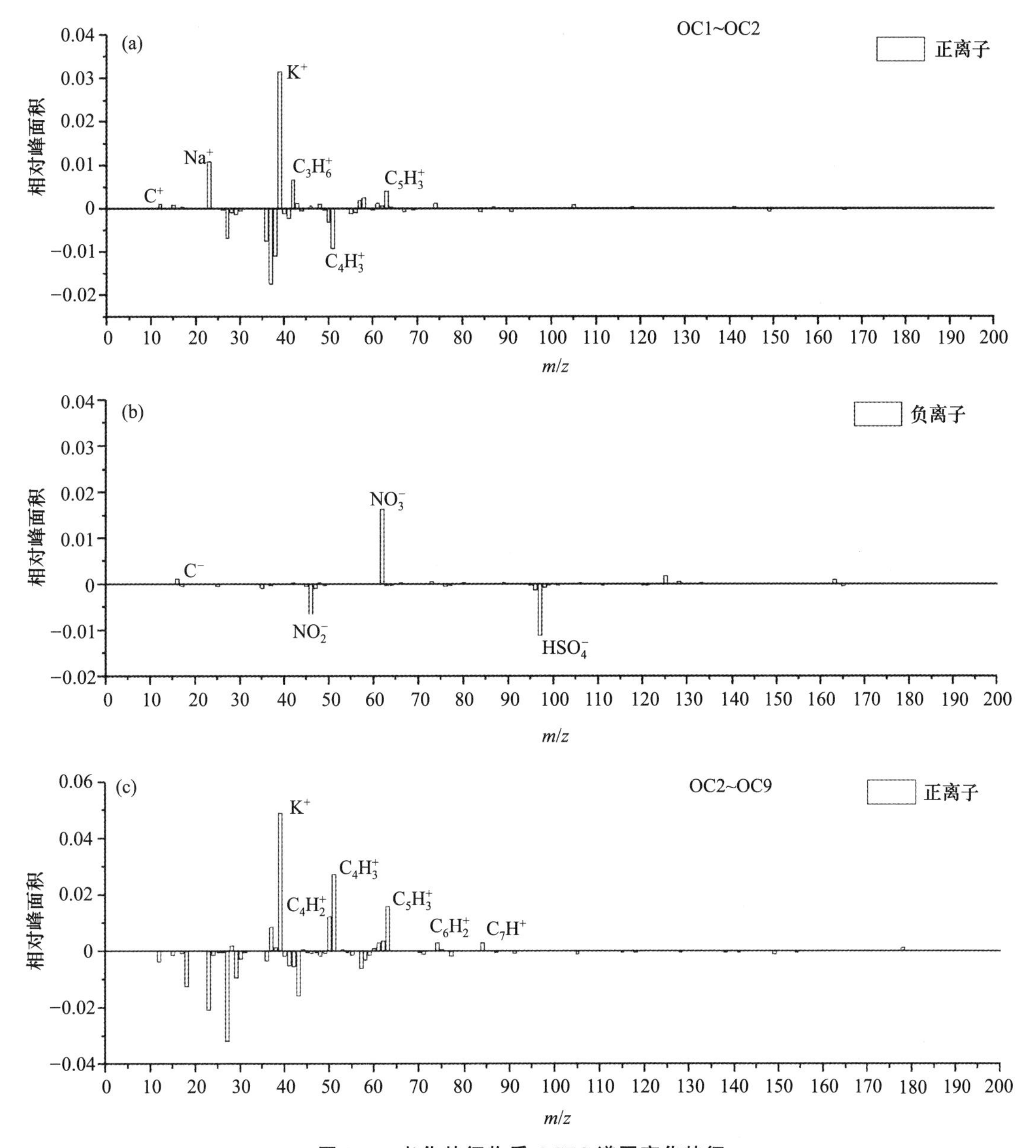

图 9.5　老化特征物质 OCEC 谱图变化特征

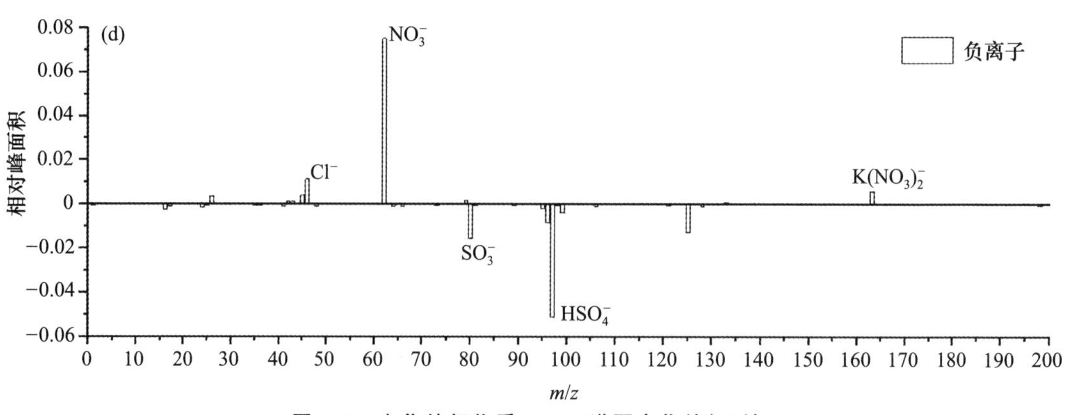

图 9.5　老化特征物质 OCEC 谱图变化特征(续)

3. 生物质燃烧源烟雾箱测试

本次生物质燃烧实验,采用京津冀地区典型的玉米秸秆样本和开放式燃烧室,模拟露天生物质秸秆焚烧真实情况。烟气在燃烧室上方汇集进入进气烟道,导入烟雾箱内。

采用暗箱实验,即烟雾箱体处于遮光状态。采用干草放入燃烧室内充分燃烧,将烟气徐徐充入箱体内。当颗粒物浓度大于 300 $\mu g/m^3$ 时,SPAMS 打击颗粒超过 1000 个之后,可停止通入烟气。实验根据烟气通入情况和老化进展,分为 8 个主要时段,如表 9-3 所示。

表 9-3　实验时间阶段划分

实验阶段	时　间	备　注
P1	9:32～9:48	背景空气
P2	9:48～10:48	充入烟气
P3	10:48～11:48	烟气充入 1 h
P4	11:48～12:48	烟气充入 2 h
P5	12:48～13:48	烟气充入 3 h
P6	13:48～14:48	烟气充入 4 h
P7	14:48～15:48	烟气充入 5 h
P8	15:48～16:22	结束

(1) 颗粒物质谱特征分析

对 MASS(成功打击且具有正负谱图的颗粒物)进行质谱分析(图 9.6),可看出在正谱图中,K^+ 的信号峰非常突出;出现了 OC 碎片峰,其中 $C_2H_3^+$、C_3H^+、$C_3H_5^+$、$C_2H_3O^+$、$C_4H_3^+$ 和 $C_5H_3^+$ 这几种离子峰比较突出。负谱图中含有较为明显的 CN^-、CNO^- 和 Cl^- 信号峰,该谱图为生物质燃烧源及老化过程的谱图。

对相关的时间节点作谱图差分图,如图 9.7 所示。在环境背景空气中,EC 含量较高;充入烟气后,EC 浓度下降,部分 OC(主要为 $C_2H_3^+$、$C_4H_3^+$ 和 $C_5H_3^+$)浓度上升,CN^- 和 CNO^- 离子相对峰面积增加,且出现了明显的 Cl^- 峰信号。之后随着反应的进行,CN^-、CNO^- 和浓度下降,NO_3^-、NO_2^- 的浓度增加。当到达 P7 阶段时,颗粒物浓度基本不再变化。

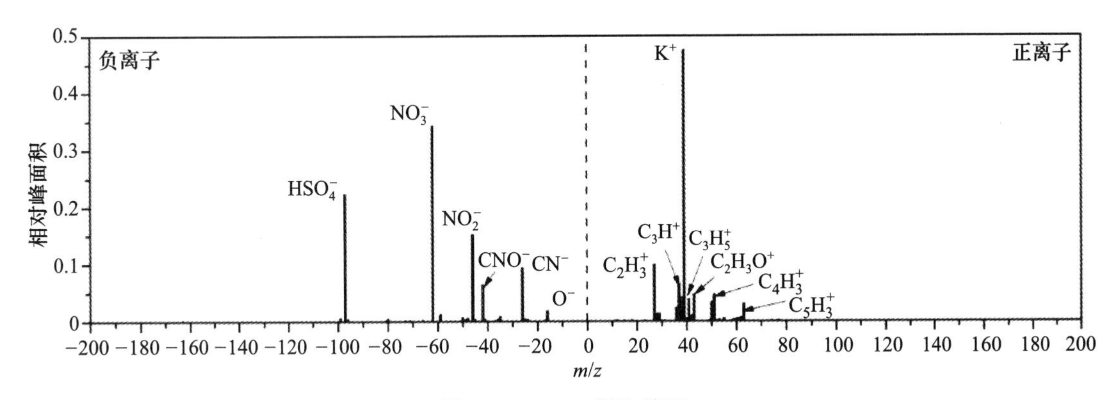

图 9.6　MASS 平均谱图

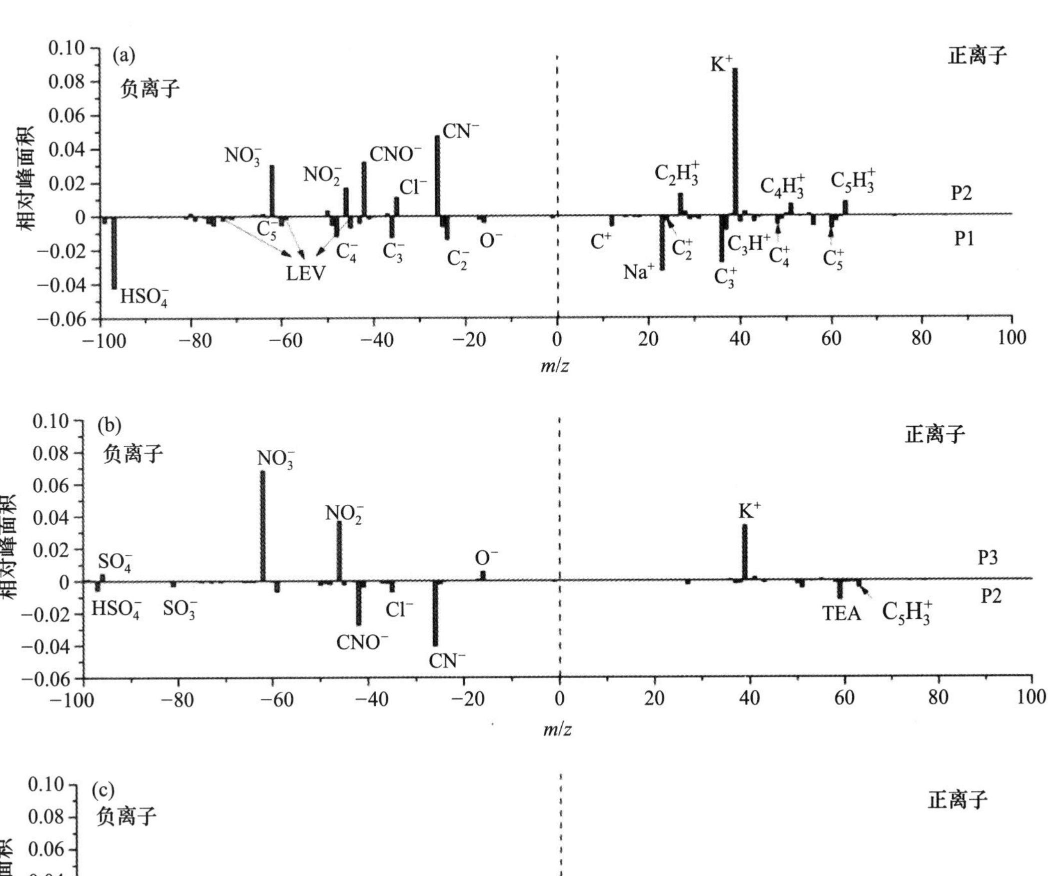

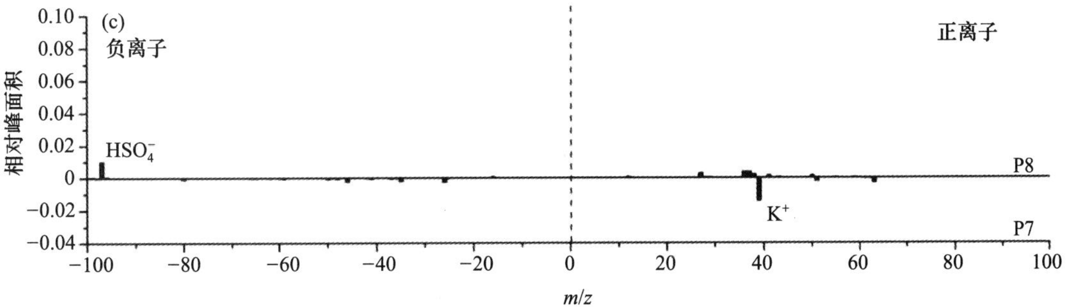

图 9.7　分阶段谱图差分

(2) 表征老化和非老化颗粒物聚类谱图分析

对各阶段的聚类结果分析，发现当烟气充入的 P2 阶段，LEV 的占比最高；随着反应的进行，LEV 占比降低，含钾颗粒物和 OC 占比升高。P7 阶段，各颗粒物的占比基本不再变化。可以基本上确定的是，含钾颗粒物和 OC 可能为生物质燃烧烟气主要老化产物。

如图 9.8 所示，OC、含钾颗粒物作为主要表征老化特征的颗粒物类别，LEV 作为表征新鲜烟气的颗粒物类别，对比老化特征颗粒物 OC、含钾颗粒物和新鲜烟气特征颗粒物 LEV 谱图，发现含钾颗粒物中的 NO_3^-、NO_2^- 相对峰面积增加明显，指示了颗粒物老化过程。

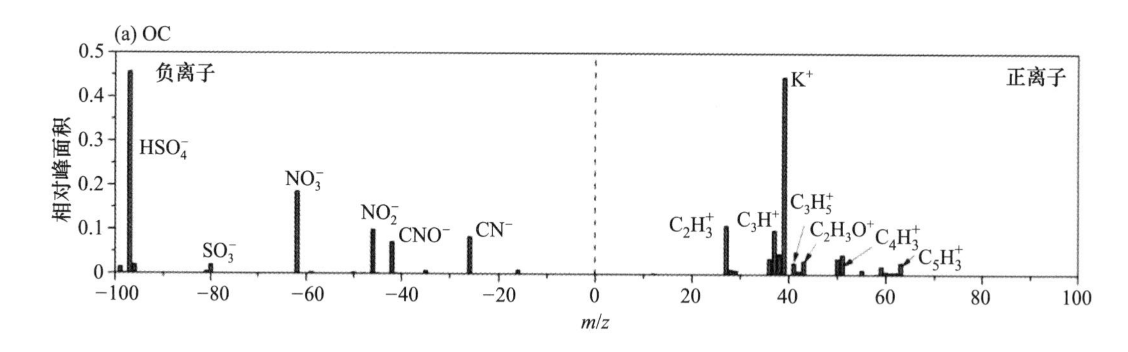

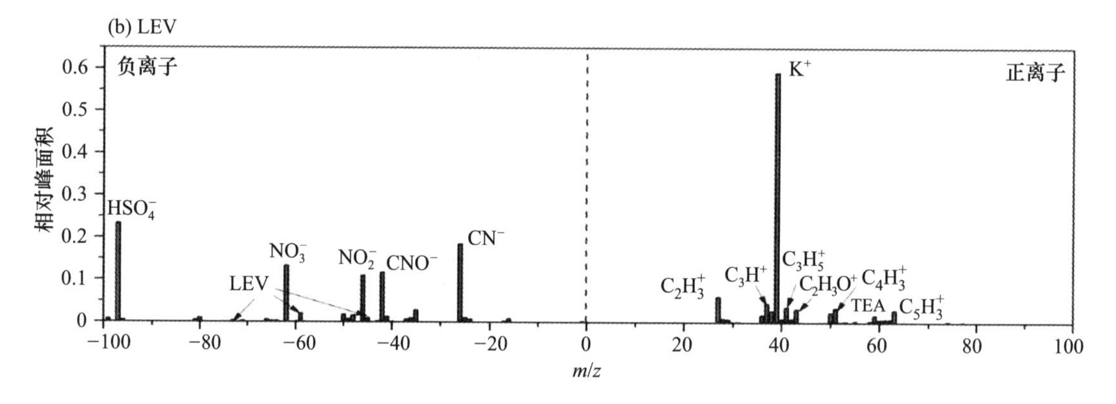

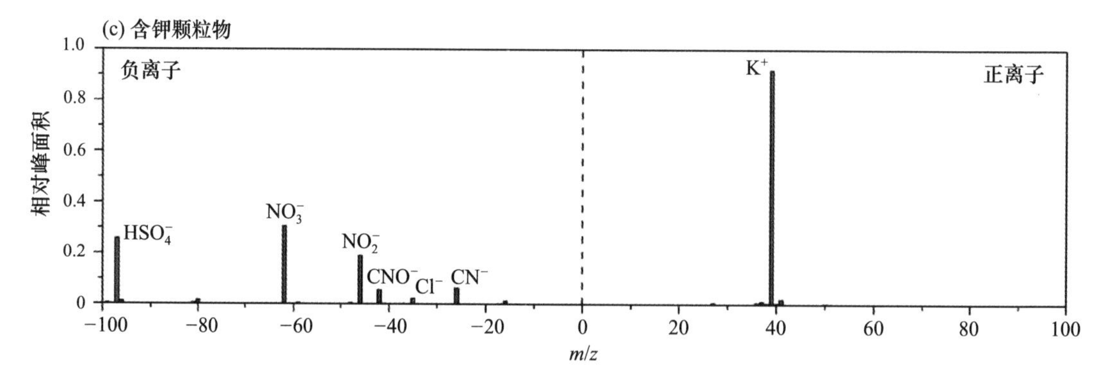

图 9.8 各聚类结果平均质谱

9.4.2 不同技术路线颗粒物组分测量方法结果对比验证

1. 颗粒物在线观测与手工样品数据对比

根据京津冀及周边 2016—2017 年、2017—2018 年两年采暖期组分网观测数据，进行了 PM2.5 质量浓度、主要化学组分(离子、OCEC)的在线与手工膜采样数据对比分析。

(1) PM2.5 质量浓度比较

表 9-4、表 9-5 分别为 2016—2017 年、2017—2018 年两年采暖期主要城市手工及在线 PM2.5 相关性统计结果。总体来看，两年采暖期主要城市 PM2.5 在线观测与膜采样分析结果相关性较好($R^2>0.75$)。

表 9-4　2016—2017 年采暖期主要城市手工及在线 PM2.5 相关性统计结果

城　市	斜　率	截　距	相关系数(R^2)
天津	0.74	17.33	0.94
廊坊	0.95	33.52	0.88
石家庄	0.57	18.58	0.76
唐山	0.82	17.16	0.97
邯郸	0.74	48.53	0.88
郑州	0.67	28.40	0.90
济南	0.99	−0.11	0.99
滨州	0.75	21.74	0.85

表 9-5　2017—2018 年采暖期主要城市手工及在线 PM2.5 相关性统计结果

城　市	斜　率	截　距	相关系数(R^2)
天津	0.85	17.22	0.88
廊坊	1.02	18.86	0.92
石家庄	0.82	18.13	0.84
唐山	0.91	2.72	0.95
邯郸	0.95	13.00	0.88
郑州	0.80	24.26	0.81
济南	1.05	24.35	0.89
济宁	0.94	31.86	0.89
滨州	0.82	26.75	0.86
太原	0.89	11.27	0.93
阳泉	1.06	−11.34	0.96
晋城	1.15	0.38	0.95

(2) 颗粒物化学组分比较

主要对颗粒物化学组分 SO_4^{2-}、NO_3^-、NH_4^+、Cl^-、EC、OC 进行了对比分析。由主要组分数据相关系数计算结果(表 9-6)可以看出，对于 SO_4^{2-}、NO_3^-、NH_4^+ 无机水溶性离子，主要城市在线与手工数据相关性总体较好($R>0.80$),Cl^- 和 OC 次之,EC 较差。

表 9-6　2016—2017 年采暖期在线与手工 $PM_{2.5}$ 组分数据相关系数

城市	SO_4^{2-}	NO_3^-	NH_4^+	Cl^-	EC	OC
北京	0.86	0.76	0.88	0.51	0.48	0.74
天津	0.86	0.82	0.80	0.39	0.44	0.81
廊坊	0.98	0.96	0.94	0.90	0.56	0.76
保定	0.79	0.74	0.80	0.33	0.50	0.88
石家庄	0.92	0.93	0.92	0.92	0.52	0.90
唐山	0.96	0.92	0.92	0.66	0.48	0.92
郑州	0.96	0.95	0.92	0.88	0.70	0.89
安阳	0.78	0.86	0.80	0.76	0.46	0.92
济南	0.97	0.96	0.94	0.89	0.28	0.86
德州	0.89	0.94	0.82	0.94	0.36	0.64

2. 单颗粒质谱与在线观测数据对比

(1) SPAMS 整体数浓度与 PM2.5 质量浓度对比

各污染过程中单颗粒质谱数浓度与 PM2.5 质量浓度的相关性见表 9-7。由表可以看到,在仪器正常维护及运行情况下,各城市单颗粒质谱测得数浓度与 PM2.5 质量浓度相关性系数 R 平均值达到了 0.83,说明单颗粒质谱测得的颗粒物能够较好地代表大气颗粒物的基本情况。

表 9-7　历次污染过程中不同城市单颗粒数浓度与 PM2.5 质量浓度相关性

城　市	1	2	3	4	5	6	7	8	9	10	11	平均值
张家口	—	0.87	0.89	0.93	0.81	0.81	0.87	0.83	—	0.63	—	0.83
北京	0.88	0.89	0.94	0.96	0.85	0.79	0.90	0.91	0.79	0.89	—	0.88
廊坊	0.82	0.89	0.72	0.91	0.74	0.70	0.85	0.93	0.96	—	—	0.84
天津	—	—	—	0.68	0.71	—	0.93	—	—	—	—	0.78
保定	—	—	0.76	0.90	—	—	0.79	0.77	0.80	0.65	—	0.78
沧州	0.81	0.92	0.87	0.74	0.83	0.68	0.93	0.93	—	0.90	0.81	0.84
石家庄	0.89	0.96	0.89	0.85	0.86	0.76	0.85	0.88	—	0.87	—	0.87
邢台	—	0.95	0.89	0.89	—	0.71	0.56	—	—	—	—	0.80
郑州	0.80	0.97	0.93	0.81	0.95	0.87	—	0.94	0.78	—	0.74	0.86
平均值	0.84	0.92	0.86	0.85	0.82	0.76	0.84	0.88	0.83	0.79	0.77	0.83

(2) SPAMS 组分与在线多组分监测结果对比

利用暨南大学超站数据,研究了 SPAMS 提取各种组分与在线多组分监测结果的一致性。观测期间,除单颗粒气溶胶质谱在线观测外,同步开展了在线碳组分(OC、EC)和在线离子色谱(K^+、Na^+、Cl^-、SO_4^{2-}、NO_3^-、NH_4^+)的观测。通过对碳组分和水溶性离子组分的有效性进行分析对比,总体来说各种组分的变化趋势基本一致。

3. SPAMS组分与手工滤膜采样结果对比

利用手工采样和单颗粒气溶胶质谱仪在中国环境监测总站同步开展观测,对比源解析重要化学物种的检测有效性。

离线分析项目为PM2.5、OC、EC、Al、Cr、Mn、Fe、Cu、Zn、Ca、Mg、Si、Ti、NO_3^-、SO_4^{2-}、Cl^-、Na^+、K^+、Mg^{2+}、Ca^{2+}、NH_4^+的质量浓度。

在线分析项目为PM2.5数浓度,OC、EC、Al、Cr、Mn、Fe、Cu、Zn、Ca、Mg、Si、Ti、SO_4^{2-}、Cl^-、Na^+、K^+、Mg^{2+}、Ca^{2+}、NH_4^+ 的信号响应(峰面积)。

结果表明,除Si、Ti的相关性较差外,其余组分多数都达到了中高度相关,说明单颗粒质谱对于这些组分的检测有较好的代表性。

9.4.3 颗粒物动态源解析模型评估与优化

1. 基于单颗粒飞行时间质谱解析方法优化

(1) 各源类标识性化学组分信息提取及对比

① 0.2~0.5 μm范围内各源标识性信息对比分析。

a. 汽油车源以EC、OC、CN、Cl、NO_3^- 信号峰为主,EC信号峰和OC信号峰在质谱图中的相对峰面积较高,并且CN信号峰和Cl信号峰强度也均较高。

b. 燃煤电厂源以EC信号峰、NO_3^- 信号峰为主。

c. 扬尘源以Al、K、Ca、NO_3^- 和 SiO_3 信号峰为主。

d. 稻草燃烧源以OC、K、CN信号峰为主。

e. 供热站源颗粒以Na、EC、OC、CN、NO_3^- 和 SO_4^{2-} 信号为主。相比较于汽油车源 SO_4^{2-} 信号峰相对峰面积更高。

f. 散煤燃烧源以Na、EC、OC、K、CN、NO_3^- 和 SO_4^{2-} 信号为主。

② 0.5~1.0 μm范围内各源标识性信息对比分析

a. 汽油车源以EC、OC、CN、Cl、NO_3^- 信号峰为主,EC信号峰和OC信号峰在质谱图中的相对峰面积较高,并且CN信号峰和Cl信号峰强度也均较高。

b. 燃煤电厂源以EC、Li、NO_3^-、SiO_3、SO_4^{2-} 信号峰为主。

c. 扬尘源以Al、K、Ca、Cl、NO_3^- 和 SiO_3 信号峰为主。

d. 稻草燃烧源以OC、K、CN信号峰为主。

e. 供热站源颗粒以EC、OC、K、CN、NO_3^- 和 SO_4^{2-} 信号为主。相比较于汽油车源 SO_4^{2-} 信号峰相对峰面积更高。

f. 散煤燃烧源以Na、EC、OC、K、CN、NO_3^- 和 SO_4^{2-} 信号为主,其中 SO_4^{2-} 信号强度高于其他源类。

③ 1.0~1.5 μm范围内各源标识性信息对比分析。

a. 汽油车源以EC、OC、CN、Cl、NO_3^-、SO_4^{2-} 信号峰为主,EC信号峰和OC信号峰在质

谱图中的相对峰面积较高，并且 CN 信号峰和 Cl 信号峰强度也均较高。

b. 燃煤电厂源以 Li、Na、Al、EC、OC、NO_3^-、SiO_3、SO_4^{2-} 信号峰为主。

c. 扬尘源以 Al、K、Ca、Cl、NO_3^- 和 SiO_3 信号峰为主。其中 K 信号强度也较高。

d. 稻草燃烧源以 OC、K、CN、左旋葡聚糖信号峰为主。K 信号强度高于其他源类。

e. 供热站源颗粒以 Na、EC、OC、K、CN、NO_3^-、PO_3^-、SO_4^{2-} 信号为主。

f. 散煤燃烧源以 Na、EC、OC、K、Pb、CN、NO_3^- 和 SO_4^{2-} 信号为主，其中 NO_3^- 和 SO_4^{2-} 信号强度高于其他源类。

④ 1.5～2.0 μm 范围内各源标识性信息对比分析

a. 扬尘源以 Na、K、Ca、Cl、NO_3^-、SiO_3、PO_3^- 信号峰为主。其中 K 信号强度也较高。

b. 供热站源颗粒以 Na、Al、K、CN、Cl、NO_3^-、SiO_3、SO_4^{2-} 信号为主。

(2) 源谱构建以及其在源解析工作中的适用性研究

① 基于单颗粒质谱污染源成分谱构建。

选择燃煤电厂、供热站、散煤燃烧、汽油车、城市扬尘、道路扬尘、生物质燃烧、纯水泥源样品获得特征质谱来分别构建各源类的源成分谱。通过对各主要污染源同一粒径段间的特征质谱进行对比，将与其他污染源相似度较小并且包含颗粒物个数占比较大的颗粒物类别的特征质谱整合，作为该源类该粒径段内的单颗粒质谱污染源成分谱。并将各源类最终构建的成分谱整合成为单颗粒质谱污染源成分谱。

② 源谱构建方法在源解析工作中的尝试应用。

选择天津市冬季的单颗粒质谱受体监测数据作为研究样本，使用相似度匹配方法，使用构建的单颗粒质谱污染源成分谱对受体数据尝试进行源解析。值得注意的是，本章主要注重方法学研究，本部分的目的是为了验证用该方法体系构建的成分谱在真实源解析工作中是否具有应用价值。下文所展示的源解析结果并不一定能够反映环境真实情况，仅用于科学研究展示。

从整个监测期间(2017 年 1 月 1 日 13:00～1 月 12 日 23:00)各粒径段的解析结果可以看出，对于燃煤电厂，其源贡献在各粒径段内均较低，为 1%左右。散煤燃烧源随着粒径增加而增大，在 0.2～0.5 μm 粒径段内贡献为 6%，在 0.5～1.0 μm 范围内贡献为 17%，在 1.0～1.5 μm 范围内贡献为 32%。生物质燃烧源在小粒径范围内也有很高的贡献，在 0.2～0.5 μm 范围内贡献为 29%，在 0.5～1.0 μm 范围内贡献为 22%。道路扬尘和城市扬尘源贡献占比随着粒径增加而增大。供热站的源贡献在 0.5～1.0 μm 范围内达到最大值。

监测期间内 1 月 1 日 13:00～5 日 5:00 为重污染时段，1 月 5 日 6:00～6 日 20:00 和 1 月 9 日 0:00～11 日 14:00 为清洁时段。通过分析各源类全粒径段的源贡献时间序列，可以看出城市扬尘、道路扬尘、汽油车源的源贡献占比在重污染时段贡献占比较低，而供热站、散煤燃烧和生物质燃烧源的贡献占比增加。

(3) 源谱构建方法有效性评估

① 特征质谱代表性评价。

为了评估 ART-2a 聚类算法所提取的特征质谱的代表性，通过使用相似度匹配方法将原始数据匹配到特征质谱上，统计未匹配上的颗粒物占原始数据的百分比可以用来评估特征质谱的代表性。本章选择几个污染源样品，使用该方法计算后得到各粒径段上未匹配颗粒物占比。结果显示各粒径段未匹配颗粒物占原始数据的占比为2%～18%，表明所获得的特征质谱能够代表超过80%的信息，因此使用ART-2a聚类算法所提取的特征质谱具有良好的代表性。

② 特征质谱提取准确性评价。

特征质谱的提取是使用ART-2a聚类算法对原始数据进行聚类，将每一个颗粒物类别包含的多个单颗粒质谱数据取平均来获得该类别的特征质谱，从而获得了原始数据的多个特征质谱。为了评估各特征质谱是否能够准确代表各颗粒物类别，可以通过统计原始数据中每一个单颗粒数据原始所属颗粒物类别与所匹配上的特征质谱的序号一致的概率来表示。

几个污染源样品各粒径段的匹配准确率结果如表9-8所示。对于南昌城市扬尘样品各粒径段的特征质谱匹配准确率结果较低，为38%～51%。而其他三个源样品的特征质谱匹配准确率结果稍高，为53%～81%。表明使用ART-2a聚类算法提取特征质谱的准确性良好。

表9-8　特征质谱匹配正确率结果

粒径段/μm	匹配正确率/(%)			
	南昌城市扬尘	聚能热力	南方某市扬尘	华东某市汽油车
0.2～0.5	48	73	55	71
0.5～1.0	38	63	63	65
1.0～1.5	51	72	69	53
1.5～2.0	51	81		

③ ART-2a对关键荷质比信息提取稳定性分析。

本章选取几个源样品数据计算了所有颗粒物类别中各荷质比信息的相对峰面积的分歧系数(CV)。对于南昌城市扬尘样品而言，相比较于其他源类，该源样品各粒径段EC信号峰所对应的CV值较大，而Al、SiO_3所对应的CV值较小。通过前文的分析发现质谱中EC信号峰强度较弱，而Al、SiO_3和PO_3^-信号峰强度较其他源类强；对于供热站、稻草燃烧、燃煤电厂及汽油车而言，EC、NO_3^-和SO_4^{2-}等的信号峰所对应的CV值较低，部分样品OC信号峰所对应的CV值较低，而SiO_3和PO_3^-信号峰所对应的CV值较高。结合前文的分析发现，对于这几种源类而言，在质谱中EC、OC、NO_3^-和SO_4^{2-}等的信号峰强度较高，而SiO_3和PO_3^-信号峰的强度较低。

综上所述，对于质谱特征差异显著的污染源类各荷质比信息的相对峰面积的CV值不同。总体而言，对于强度过低的荷质比信息计算的CV值均较高，表明单颗粒质谱获得的质谱数据强度之间差异过大，会导致ART-2a在进行聚类的时候对强度较低的荷质比信息提取不稳定。

2. 基于颗粒物在线组分观测受体解析方法的评估

(1) NCFA(非负因子分析)在线源解析模型

① 基于颗粒物在线组分的受体源解析模型原理。

NCFA是将原始矩阵$X(n\times m)$因子化，分解为两个因子矩阵，$F(p\times m)$和$G(n\times p)$，以

及一个残差矩阵 $E(p\times m)$，如下式表示：

$$E = X_{nm} - \sum_{j=1}^{p} G_{np} F_{pm}$$

其中，X_{nm} 表示 n 个样品中的 m 个化学成分；p 是解析出来的源的数目；G 是源贡献的矩阵；F 是源成分谱矩阵。

该模型的 input 文件包含若干工作表，里面分别包含了受体数据、颗粒物浓度数据、输入参数。

非负约束运算是对源成分谱和源贡献进行非负限制，使得计算得到的数据更具有物理意义。在非负约束运算过程，设置参数"非负收敛限制""最大迭代步数限制""最终迭代步数""是否收敛"，运行后即可得到运算结果。窗口显示的结果包括源成分谱以及源贡献的平均值和标准偏差等。

② 颗粒物在线组分观测数据和在线源解析模型。

利用在线成分仪器数据与在线源解析模型（南开大学 NCFA 模型）对典型时段进行了颗粒物来源解析。

a. 2014 年 APEC 会议期间结果。

结合 2014 年 11 月在线成分仪器数据和 NCFA 模型进行了颗粒物源解析，划分出 3 种颗粒物来源，得到了相应的源成分谱及源贡献时间序列。从图 9.9、图 9.10 中可以看出，在 APEC 会议会议期间，由于对煤炭燃烧的控制，燃煤源的贡献处于非常低的水平；同理，对机动车单双号限行的控制措施使得同期的机动车源贡献也较低。到了 11 月 13 日以后即会议结束后，两种源类特别是燃煤源的贡献明显提高。

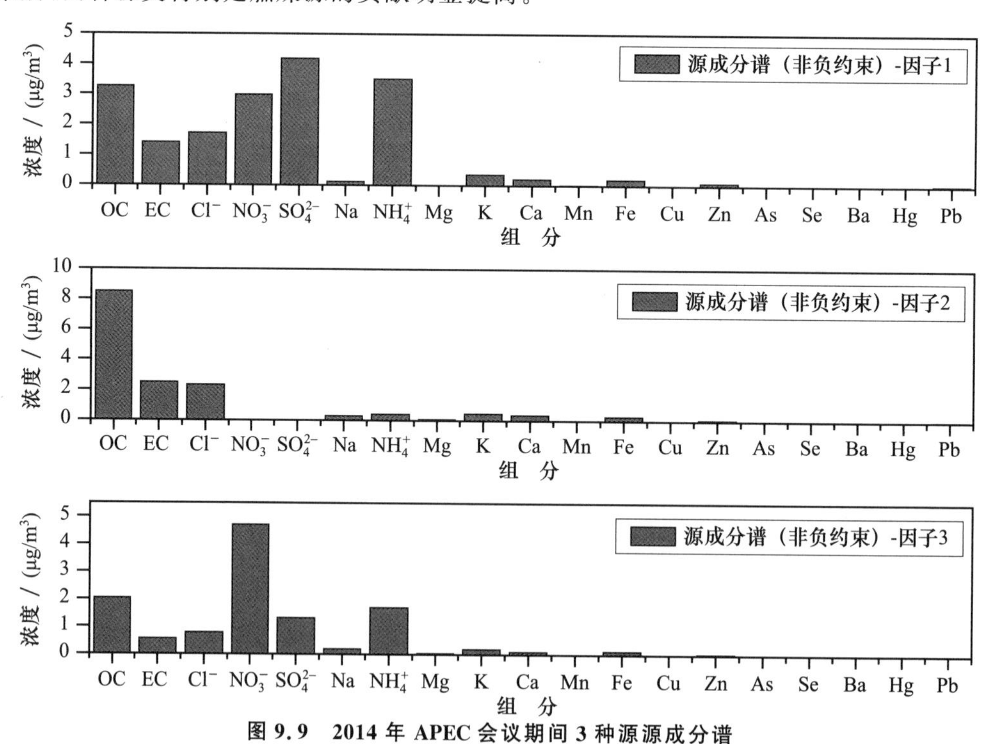

图 9.9 2014 年 APEC 会议期间 3 种源源成分谱

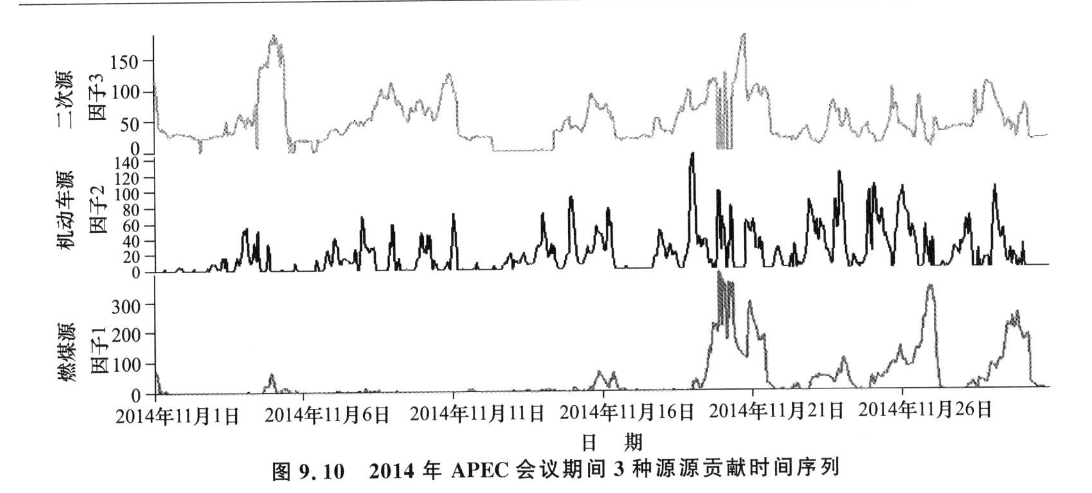

图 9.10　2014 年 APEC 会议期间 3 种源源贡献时间序列

b. 颗粒物在线组分观测数据 & 关键组分单颗粒数据 & 在线源解析模型。

由于在线重金属仪器不能提供 Al 和 Si 的浓度数据，而这两种元素又是扬尘源的重要指示物，本章结合了单颗粒质谱数据进行了弥补，即基于在线成分数据，加入了单颗粒质谱中含有 Al、Si 的颗粒数据，利用 NCFA 模型进行了颗粒物源解析。共划分出 4 种颗粒物来源，得到了相应的源成分谱及源贡献时间序列。

从图中可以看出，加入了单颗粒质谱 Al 和 Si 的颗粒数据之后，在原有的 3 种污染源的基础上分离出了扬尘源，在 APEC 会议期间，由于对扬尘的控制措施，扬尘源的贡献处于较低水平，但在 11 月 13 日会议结束后，扬尘源的贡献有了明显提高(图 9.11 和图 9.12)。

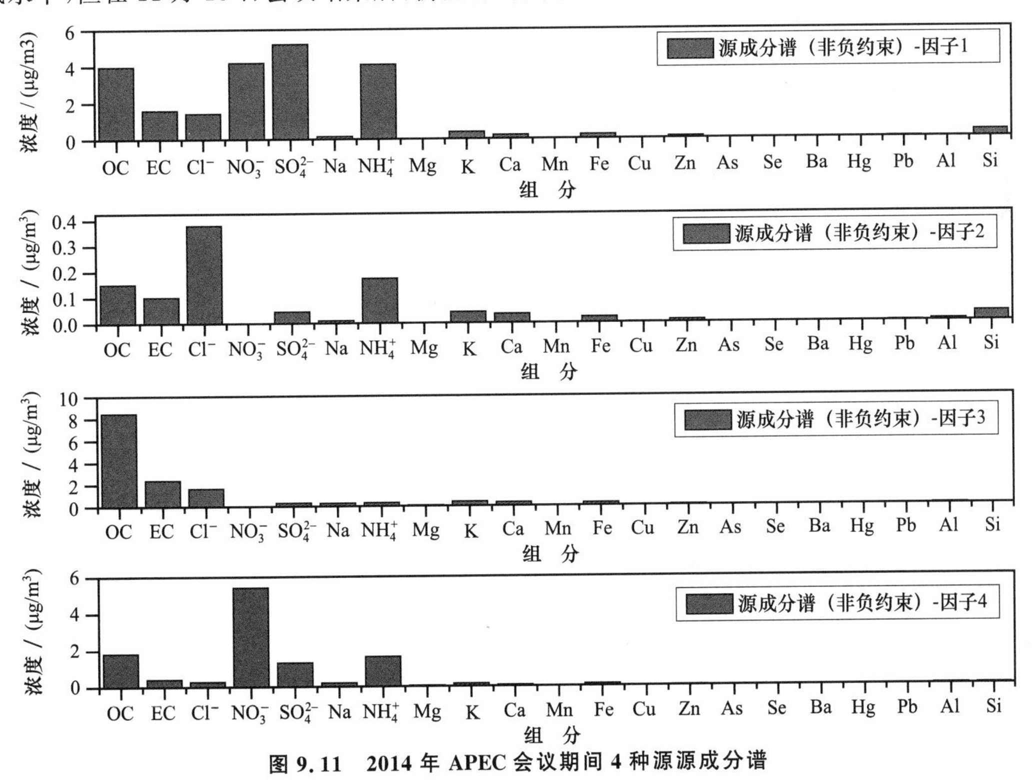

图 9.11　2014 年 APEC 会议期间 4 种源源成分谱

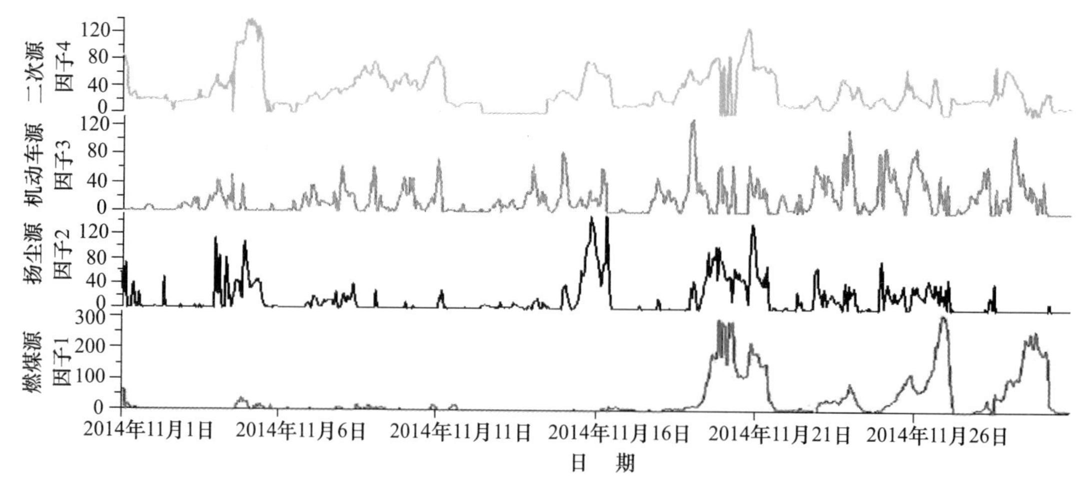

图 9.12 2014 年 APEC 会议期间 4 种源源贡献时间序列

(2) 在线源解析参数研究

研究不同时间分辨率对受体模型源解析的影响,从而选择合适的时间分辨率。为实现在线平台的快速源解析,对模型的不确定性及其相关参数进行研究,初步提出模型参数的设置范围或原则。

① 不同解析时间分辨率研究。

利用在 MARGA ADI2080 在线离子色谱分析仪、Xact625 重金属在线分析仪、sunset 在线大气气溶胶 OC/EC 分析仪、β 射线法监测仪四台在线监测仪器在北京分别监测 PM2.5 中水溶性离子(NH_4^+、Na^+、K^+、Ca^{2+}、Mg^{2+}、SO_4^{2-}、NO_3^-、Cl^-)、重金属(K、Ca、V、Cr、Mn、Fe、Co、Ni、Cu、Zn、Ga、As、Se、Ag、Cd、Sn、Sb、Ba、Au、Hg、Tl、Pb、Bi)、碳组分(OC、EC)以及 PM2.5 浓度。四台仪器的时间分辨率都是 1 h。为研究不同时间分辨率对受体模型源解析的影响,选择将 1 h、2 h、4 h、8 h 作为不同时间分辨率的数据纳入 ME2 模型进行解析,比较其解析结果。为保证模型的运行的稳定性,将不考虑将部分微量组分(大部分监测样品低于检出限)纳入模型。

本章选取 2014 年 7 月 22 日 0:00～2014 年 8 月 12 日 23:00 的数据进行解析。识别了四个源类,机动车源、地壳源、二次源、燃煤源,其中二次源包括二次硝酸盐和二次硫酸盐,四个不同时间分辨率解析结果得到的成分谱图比较相似。不同时间分辨率的源贡献时间变化趋势较为一致,实测 PM2.5 与预测 PM2.5 拟合结果比较合理。

为进一步研究不同时间分辨率下源解析结果的可靠性,将不同时间分辨率源贡献的变化趋势做相关性分析。结果显示,高时间分辨率条件下,机动车和地壳源源贡献相关性较差,如机动车 1 h 和 2 h 相关性为 0.82,地壳源 1 h 和 2 h 的相关性为 0.72。而二次源和燃煤源的相关性高于 0.9(1 h 和 8 h 的相关性除外)。说明高时间分辨率对机动车源和地壳源的源贡献影响较大。

对比不同时间分辨率的源分担率,如图 9.13 所示,四种情景下的源解析结果比较一致,二次源的贡献最高。其他三类源有一定幅度的变化。说明时间分辨率对区域源的影响较小,对当地源的影响较大。

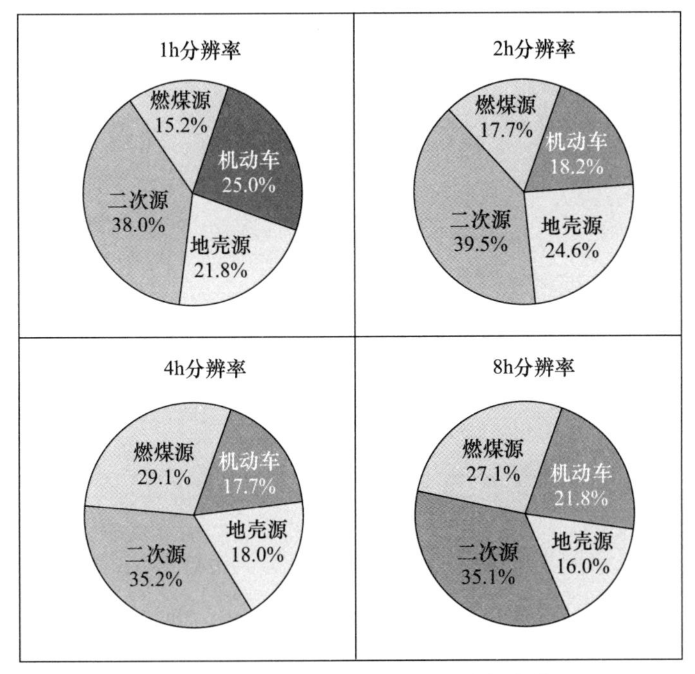

图9.13　不同时间分辨率源类的分担率结果

② ME2模型参数研究。

对于ME2模型来说，不需要输入点对点的不确定数据，但是也需要设置不确定度。受体数据的不确定性(σ_{ij})应该包括测量误差(分析或采样误差)和模型误差(成分谱随时间变化)。ME2模型计算数据不确定性时包含了不确定性参数C_1、C_2和C_3。不确定度公式如下：

$$\sigma_{ij}=C_1+C_3\left|x_{ij}\right|$$

其中，C_1测量误差，若用户不提供测量误差矩阵，模型将所有测定值的测量误差设定为C_1值；C_2用于泊松分布的数据，对大多数环境数据，都设为0；C_3为模型不确定性系数，C_3值会乘以组分的浓度x_{ij}，因为假设模型的不确定性会随着观察值的变化而变化。本章利用1 h时间分辨率的数据，研究了不同的C_1和C_3值对模型结果的影响。C_1和C_3的值如表9-9。

表9-9　模型参数的设定值及其相应的Q值

参　数	Q　值	参　数	Q　值
$C_1=0.01, C_3=0$	1 723 673	$C_1=0.1, C_3=0.1$	89 607
$C_1=0.02, C_3=0$	1 389 326	$C_1=0.1, C_3=0.2$	34 115
$C_1=0.05, C_3=0$	1 344 212	$C_1=0.1, C_3=0.3$	14 614
$C_1=0.05, C_3=1.0$	102 112	$C_1=0.1, C_3=0.4$	9078
$C_1=0.05, C_3=0.2$	32 929	$C_1=0.1, C_3=0.5$	5741
$C_1=0.05, C_3=0.3$	16 283	$C_1=0.2, C_3=0$	351 692
$C_1=0.05, C_3=0.4$	8916	$C_1=0.4, C_3=0$	19 316
$C_1=0.05, C_3=0.5$	6342	$C_1=0.5, C_3=0$	647
$C_1=0.1, C_3=0$	1 136 843		

研究结果表明，不同的参数设置得到的源成分谱和源贡献差异很大。如表 9-9 所示，不同参数得到模型诊断指标 Q 值不同。当模型计算的 Q 值接近于理论 Q 值时，表明模型预测的结果和实测的结果比较接近，说明模型结果比较合理。本章中，模型的理论 Q 值为 9940。从表 9-9 中知，$C_1=0.05$、$C_3=0.4$ 和 $C_1=0.1$、$C_3=0.4$ 比较合理。

③ 数据预处理方法研究。

利用平均值递推和中位递推的统计学方法对在线数据进行预处理，比较两种预处理方法对解析结果的影响。递推和中位递推的公式如下：

$$y_{ij}=\frac{x_{ij}+x_{(i+1)j}+\cdots+x_{(i+n)j}}{n}$$

$$z_{ij}=\frac{(x_{ij}+x_{(i+1)j}+\cdots+x_{(i+n)j})-\max(x_{ij},x_{(i+1)j},\cdots x_{(i+n)j})-\min(x_{ij},x_{(i+1)j},\cdots x_{(i+n)j})}{n-2}$$

选择 4 h 时间分辨率的数据进行预处理，比较预处理和未预处理的源解析结果。未处理、平均值递推和中位值递推三种数据处理方法得到二次源和燃煤源成分谱较为一致，而机动车源和地壳源的成分谱差异较大。未处理的和平均值递推得到的成分谱较为相似。

通过分析不同数据处理方法得到的源贡献时间变化趋势，发现数据预处理方法不同的源类的影响不同。对于二次源和燃煤源来说，不同的数据预处理方法对其时间变化影响较小，而对于机动车源和地壳源的影响较大。研究表明，数据预处理方法对机动车源和地壳源的影响较大。

对于两种数据预处理方法，预测和实测 PM2.5 拟合结果都比较合理。与未处理的结果进行比较（$Y=1.06X-4.5$，$r=0.91$），拟合结果相似。

9.4.4 京津冀区域重污染过程特征与颗粒物动态解析研究

以京津冀典型城市环境监测站和科研院所观测站点为观测平台（中心站包括北京、天津、石家庄等，协同站包括保定、廊坊、沧州、邢台等，外围站包括郑州、济南、太原、张家口等），依托现有颗粒物在线组分测量、颗粒物手工采样分析数据，对颗粒物理化特征进行观测，结合京津冀空气质量监测网数据，识别和解析重污染过程发生、发展、维持、消散等各阶段警兆特征和污染物时空及物化特征。

手工监测数据时段为 2016 年采暖期（2016 年 11 月 15 日—2017 年 3 月 15 日）和 2017 年采暖期（2017 年 11 月 15 日—2018 年 3 月 15 日）。2016 年包括京津冀及周边“2＋18”城市，即北京、天津、河北 8 市（唐山、廊坊、保定、沧州、石家庄、衡水、邢台、邯郸）、河南 5 市（郑州、安阳、鹤壁、新乡、焦作）、山东 5 市（济南、德州、聊城、滨州、淄博）；在线监测组分数据分析涉及城市为北京、石家庄、廊坊、保定、唐山、秦皇岛、安阳和郑州。2017 年手工数据分析包括京津冀及周边“2＋26”城市；在线监测组分数据分析涉及城市为北京、天津、保定、唐山、郑州、安阳、济南、德州和太原；2017 年在线源解析分析涉及北京、天津、郑州、太原、河北 6 市（张家口、廊坊、保定、沧州、石家庄、邢台）。

1. 采暖期京津冀及周边地区 PM2.5 组分特征与来源解析

(1) 2017 年采暖期京津冀及周边地区 PM2.5 组分特征与来源解析

2017 年采暖期京津冀及周边地区颗粒物组分以有机物、硝酸盐和硫酸盐为主。其中有机物浓度最高(28.44 μg/m³),占比为 29.4%;硝酸盐浓度位居第二(19.48 μg/m³),占比为 16.8%;硫酸盐浓度为 12.71 μg/m³,位居第三,占比为 11.9%。

对于 2017 年采暖期京津冀及周边地区颗粒物源解析结果,在一次源中,燃煤源为第一污染源,占比 15.2%;第二为扬尘源,占比 13.7%;机动车源占比 10.2%,为第三污染源。二次源中,三类污染源排名由大到小依次为二次硝酸盐(21.6%)>二次硫酸盐(12.2%)>SOA(10.1%)。

(2) 两年采暖期区域 PM2.5 组分特征与来源解析结果对比分析

本章中 2016、2017 年两年采暖期的对比,只针对可进行比较的"2+18"城市。2017 年采暖期京津冀及周边地区有机物、硫酸盐较去年同期大幅下降,其中硫酸盐降幅最大,达到 42%,有机物同比下降 39%,硝酸盐和铵盐下降幅度在 20%~30%之间;而地壳物质和 EC 浓度不降反升,对应占比也有所增大;氯盐浓度降低,而占比有所增加。

比较 2016 年和 2017 年采暖期各污染源对 PM2.5 的贡献,一次源中工艺过程源(−45.6%)和燃煤源(−37.8%)降幅较大,二次源中二次硫酸盐源降幅最高(−55.2%)。与燃煤相关的燃煤源和二次硫酸盐合并降幅最大,说明 2017 年采暖期对燃煤源控制的效果十分明显。分担率方面,二次硫酸盐源降幅最大(−32.6%),工艺过程源(−17.9%)、燃煤源(−10.6%)、二次硝酸盐源(−5.1%)等次之,扬尘源、机动车源、SOA 均有上涨,涨幅分别为 33.5%、30.4%、9.1%。

2. 采暖期典型重污染过程分析

利用组分网中颗粒物在线组分监测数据及单颗粒飞行时间质谱监测数据,对两年采暖期间重污染过程的各个阶段(启动、发生、发展、峰值、消亡)颗粒物组分和来源的变化情况进行统计,并对两年采暖期的重污染过程成因进行对比分析。

(1) 基于颗粒物在线组分测量的主要城市典型重污染过程颗粒物化学组分增长率分析

本章对两个采暖期主要城市典型重污染过程颗粒物化学组分的日增长率情况进行了分析计算。通过对两年的多次过程进行统计(2016 年 9 个城市 40 次过程,2017 年 9 个城市 52 次过程)发现,2016 年各城市污染过程中浓度增长最快的是有机物和硫酸盐,说明燃煤(尤其是散煤)贡献在污染过程的启动和发展阶段贡献较大;2017 年各城市污染过程中增长速率最大的组分转为硝酸盐,其次为有机物、再次为硫酸盐,说明经过在 2017—2018 年采暖期进行的攻坚战,燃煤(尤其是散煤)贡献在重污染过程发展阶段的主导作用有所削弱,取而代之的可能是工业源或机动车源。

(2) 基于单颗粒质谱的重点城市两年采暖期典型重污染过程 PM2.5 来源分析

① 两年采暖期各城市污染来源构成。

2016 年采暖期期间,监测区域内各城市第一污染源均是燃煤源,其中石家庄、天津、邢台、保定燃煤源贡献率高于其余城市;2017 年采暖期期间,张家口、保定、石家庄、邢台、郑州第一污染源为燃煤源,北京、廊坊、天津、沧州第一污染源为机动车尾气源。2016—2017 年,北京市机动车尾气源从第二污染源(25.3%)上升为第一污染源(29.4%),二次无机源从第四污染源(13.6%)上升为第二污染源(19.7%),燃煤源从第一污染源(28.9%)下降至第三污染源(17.1%)。整体来看,2017 年采暖期各城市燃煤源贡献率均明显下降,二次无机源整体有所上升。

与 2016 年采暖期相比,2017 年采暖期除张家口降幅最高的是机动车尾气源外,其余 8 个城市降幅最高的均是燃煤源,燃煤源降幅前三名分别是石家庄(54.6 $\mu g/m^3$)、天津(44.3 $\mu g/m^3$)、保定(25 $\mu g/m^3$)。整体区域内,燃煤源平均降幅为 23.3 $\mu g/m^3$,远高于其余污染源,第二、三位分别是工业工艺源(7.1 $\mu g/m^3$)、机动车尾气源(5.5 $\mu g/m^3$),可见燃煤源整体控制效果非常显著。

② 两年采暖期污染过程日变化分析。

对 2016、2017 年采暖期 9 个城市(张家口、北京、廊坊、天津、保定、沧州、石家庄、邢台和郑州)每日污染来源进行比对。研究发现,2016 年采暖期,随着 PM2.5 质量浓度增长,各城市各类污染源贡献质量浓度均有不同程度的变幅。如北京 9 次污染过程中,增幅最大的是工业工艺源和二次无机源,各有 4 次,是燃煤源的有 1 次;廊坊 9 次污染过程中,增幅最大的有 4 次为机动车尾气源,2 次为二次无机源,扬尘源、燃煤源、工业工艺源各有 1 次。2017 年采暖期,北京 12 次污染过程中,有 7 次为机动车尾气源,1 次为燃煤源,4 次为二次无机源;廊坊 11 次污染过程中,有 6 次为机动车尾气源,1 次为燃煤源,4 次为二次无机源。

③ 两年采暖期重污染过程各源类贡献变化。

2017 年冬季污染过程与 2016 年相比,除郑州外其余各城市总体 PM2.5 质量浓度均明显下降,其中降幅排名前列的是石家庄(83 $\mu g/m^3$)、天津(60 $\mu g/m^3$)、北京(44 $\mu g/m^3$),郑州市 PM2.5 质量浓度则上升了 21 $\mu g/m^3$。各污染源中,北京市降幅前三名分别是燃煤(21.5 $\mu g/m^3$)、工业工艺(9.5 $\mu g/m^3$)以及机动车尾气源(7.4 $\mu g/m^3$)。

整体来看,降幅最高的主要是燃煤源,燃煤源降幅前三名分别是石家庄(54.7 $\mu g/m^3$)、天津(42.6 $\mu g/m^3$)、保定(22 $\mu g/m^3$),北京燃煤源降幅为 21.5 $\mu g/m^3$,排名第四。北京、天津、石家庄、沧州降幅排名第二位的是工业工艺源,邢台为机动车尾气源,保定为二次无机源,廊坊、太原、郑州为其他源。

9.4.5 京津冀颗粒物动态来源解析技术指南

基于以上测试、对比及应用验证工作,2017 年启动开展了《大气颗粒物快速动态源解析技术规范》标准的编制工作。基于大气颗粒物快速动态源解析的主要技术方法和路径,编制完成了四个技术指南或规范草案:《大气细颗粒物快速动态源解析技术指南》《大气细颗粒物在线多组分受体模型源解析技术规范》《基于单颗粒气溶胶质谱大气细颗粒物(PM2.5)实时在线源解析技术规范》《大气细颗粒物在线数值模型源解析技术规范》,规范了开展 PM2.5 快速动态源解析工作的工作程序和技术要求,为针对重污染天气中颗粒物快速动态源解析的业务化提供了技术指导。

9.5 本项目资助发表论文

[1] 高健,李慧,史国良,等. 颗粒物动态源解析方法综述与应用展望. 科学通报,2016,

61(27)：3002-3021.

[2] XU Z J，SHAN W，QI T，et al. Characteristics of individual particles in Beijing before,during and after the 2014 APEC meeting. Atmospheric Research，2018，203：254-260.

[3] 车飞，宋英石，高健，等. 中国大气超级站发展与展望：基于问卷调研的统计研究. 中国环境监测，2017，33(5).

[4] 王杰，张逸琴，高健，等. 2016—2018 年采暖季太行山沿线城市 PM2.5 污染特征分析. 中国环境科学，2019，39(11)：4521-4529.

[5] 张逸琴，王杰，高健，等. 2016—2017 年采暖期华北平原东部 PM2.5 组分特征及来源解析. NSFC-REPORT-2019 环境科学，2019，40(12)：5202-5212.

[6] 张浩杰，高健，孙孝敏，等. 唐山市 2017 年采暖期不同污染等级 PM2.5 化学组分特征对比与来源分析. 环境科学研究，2019，32(5)：776-786.

[7] 刘素，马彤，杨艳，等. 太原市冬季 PM2.5 化学组分特征与来源解析. 环境科学，2019，40(4)：1537-1544.

[8] TAO J，GAO J，ZHANG L M，et al. Chemical and optical characteristics of atmospheric aerosols in Beijing during the Asia-Pacific Economic Cooperation China 2014. Atmospheric Environment，2016，144：8-16.

[9] 游志强，尉鹏，邱雄辉，等. 基于卫星观测的 2005—2015 京津冀地区 NO_2 柱浓度分布及变化趋势. 环境科学研究，2016，29(10)：1400-1407.

[10] 王浩，高健，李慧，等. 2007—2014 年北京地区 PM2.5 质量浓度变化特征. 环境科学研究，2016，29(6)：783-790.

[11] 王永敏，高健，徐仲均，等. 光散射法与 β 射线衰减-光散射联用法颗粒物在线测量方法对比. 环境科学研究，2017，30(3)：433-443.

[12] DAL MASO M，GAO J，JARVINEN A，et al. Improving urban air quality measurements by a diffusion charger based electrical particle sensors—A field study in Beijing，China. Aerosol and Air Quality Research，2016，16(12)：3001-3011.

[13] ZHANG Z S，GAO J，ZHANG L M，et al. Observations of biomass burning tracers in PM2.5 at two megacities in North China during 2014 APEC summit. Atmospheric Environment，2017，169：54-64.

[14] PENG X，SHI G L，GAO J，et al. Characteristics and sensitivity analysis of multiple-time-resolved source patterns of PM2.5 with real time data using Multilinear Engine 2. Atmospheric Environment，2016，139：113-121.

[15] WANG J Y，WANG G H，GAO J，et al. Concentrations and stable carbon isotope compositions of oxalic acid and related SOA in Beijing before，during，and after the 2014 APEC. Atmospheric Chemistry and Physics，2017，17(2)：981-992.

[16] 闫璐璐，刘焕武，黄学敏，等. 利用 SPAMS 研究西安市重污染天气细颗粒物污染特征及来源. 环境科学研究，2018，31(11)：1841-1848.

[17] 陈航宇，王京刚，董树屏，等. 北京夏冬季雾霾天气大气单颗粒物特征. 环境工程学报，2016，10(9)：5023-5029.

[18] ZHANG Q Q，PAN Y P，HE Y X，et al. Bias in ammonia emission inventory and implications on emission control of nitrogen oxides over North China Plain. Atmospheric Environment，2019,214.

[19] PENG X，LIU X X，SHI X R，et al. Source apportionment using receptor model based on aerosol mass spectra and 1 h resolution chemical dataset in Tianjin，China. Atmospheric Environment，2018，198：387-397.

[20] WEN J，SHI G L，TIAN Y Z，et al. Source contributions to water-soluble organic carbon and water-insoluble organic carbon in PM2.5 during Spring Festival，heating and non-heating seasons. Ecotoxicology and Environmental Safety，2018，164：172-180.

参考文献

[1] SEINFELD J H. Air pollution：A half century of progress. American Institute of Chemical Engineers Journal，2004，50(6)：1096-1108.

[2] TAO M，CHEN L，SU L，et al. Satellite observation of regional haze pollution over the North China Plain. Journal of Geophysical Research：Atmospheres，2012，117(D12).

[3] ZHANG J K，SUN Y，LIU Z R，et al. Characterization of submicron aerosols during a month of serious pollution in Beijing，2013. Atmospheric Chemistry and Physics，2014,14(6)：2887-2903.

[4] WU D，BI X Y，DENG X J，et al. Effect of atmospheric haze on the deterioration of visibility over the Pearl River Delta. Acta Meteorological Sinica，2007，21(2)：510-517.

[5] ZHANG Q，HE K，HUO H. Cleaning China's air. Nature，2012，484(7393)：161-162.

[6] ZHANG R，JING J，TAO J，et al. Chemical characterization and source apportionment of PM2.5 in Beijing：seasonal perspective. Atmospheric Chemistry and Physics，2013，13(14)：7053-7074.

[7] 朱坦，冯银厂. 大气颗粒物来源解析原理、技术及应用. 北京：科学出版社，2012.

[8] WATSON J G，CHEN L W A，CHOW J C，et al. Source apportionment：Findings from the US supersites program. Journal of the Air & Waste Management Association，2008，58(2)：265-288.

[9] 冯银厂，白志鹏，朱坦. 大气颗粒物二重源解析技术原理与应用. 环境科学，2002，23:106-108.

[10] 郑玫，张延君，闫才青，等. 中国PM2.5来源解析方法综述. 北京大学学报(自然科学版)，2014，50(6)：1411-1454.

[11] HINDS W C. Aerosol Technology：Properties，Behaviour，and Measurement of Airborne Particles. New York：John Wiley，1982.

[12] WEXLER A S，JOHNSTON M V. What have we learned from highly time-resolved measurements during EPA's supersites program and related studies. Journal of the Air & Waste Management Association，2008，58(2)：303-319.

[13] DALL OSTO M，QUEROL X，AMATO F，et al. Hourly elemental concentrations in PM2.5 aerosols sampled simultaneously at urban background and road site during SAPUSS-diurnal variations and PMF

receptor modeling. Atmospheric Chemistry and Physics, 2013, 13(8): 4375-4392.

[14] HOPKE P K. Recent developments in receptor modeling. Journal of Chemometrics, 2003, 17(5): 255-265.

[15] THURSTON G D, SPENGLER J D. A quantitative assessment of source contributions to inhalable particulate matter pollution in Metropolitan Boston. Atmospheric Environment, 1985, 19(1): 9-25.

[16] HENRY R C. Multivariate receptor modeling by N-dimensional edge detection Chemom. Chemometrics & Intelligent Laboratory Systems, 2003, 65(2): 179-189.

[17] JAYNE J T, LEARD D C, ZHANG X F, et al. Development of an aerosol mass spectrometer for size and composition analysis of submicron particles. Aerosol Science and Technology, 2000, 33(1-2): 49-70.

[18] ZHANG Q, WORSNOP D R, CANAGARATNA M R, et al. Hydrocarbon-like and oxygenated organic aerosols in Pittsburgh: Insights into sources and processes of organic aerosols. Atmospheric Chemistry and Physics, 2005, 5: 3289-3311.

[19] ALFARRA M R, PREVOT A S H, SZIDAT S, et al. Identification of the mass spectral signature of organic aerosols from wood burning emissions. Environmental Science & Technology, 2007, 41(16): 5770-5777.

[20] HUANG X F, HE L Y, HU M, et al. Highly time-resolved chemical characterization of atmospheric submicron particles during 2008 Beijing Olympic Games using an Aerodyne High-Resolution Aerosol Mass Spectrometer. Atmospheric Chemistry and Physics, 2010, 10(18): 8933-8945.

[21] HUANG X F, HE L Y, XUE L, et al. Highly time-resolved chemical characterization of atmospheric fine particles during 2010 Shanghai World Expo. Atmospheric Chemistry and Physics, 2012, 12(11): 4897-4907.

[22] HUANG X F, HE L Y, HU M, et al. Characterization of submicron aerosols at a rural site in Pearl River Delta of China using an Aerodyne High-Resolution Aerosol Mass Spectrometer. Atmospheric Chemistry and Physics, 2011, 11(5): 1865-1877.

[23] WILLIAMS B J, GOLDSTEIN A H, KREISBERG N M, et al. Major components of atmospheric organic aerosol in southern California as determined by hourly measurements of source marker compounds. Atmospheric Chemistry and Physics, 2010, 10(23): 11577-11603.

[24] NOBLE C A, PRATHER K A. Real-time measurement of correlated size and composition profiles of individual atmospheric aerosol particles. Environmental Science & Technology, 1996, 30(9): 2667-2680.

[25] CARSON P G, NEUBAUER K R, JOHNSTON M V, et al. Online chemical-analysis of aerosols by rapid single-particle mass-spectrometry. Journal of Aerosol Science, 1995, 26(4): 535-545.

[26] MURPHY D M, THOMSON D S, MIDDLEBROOK A M, et al. In situ single-particle characterization at Cape Grim. Journal of Geophysical Research: Atmospheres, 1998, 103(D13): 16485-16491.

[27] NOBLE C A, NORDMEYER T, SALT K, et al. Aerosol characterization using mass spectrometry. Trends in Analytical Chemistry, 1994, 13(5): 218-222.

[28] MOFFET R C, DE FOY B, MOLINA L T, et al. Measurement of ambient aerosols in northern Mexico City by single particle mass spectrometry. Atmospheric Chemistry and Physics, 2008, 8(16): 4499-4516.

[29] ZHAGN Y P, WANG X F, CHEN H, et al. Source apportionment of lead-containing aerosol particles in Shanghai using single particle mass spectrometry. Chemosphere, 2009, 74(4): 501-507.
[30] 杨帆. 运用单颗粒气溶胶飞行时间质谱对城市大气气溶胶混合状态的研究. 上海: 复旦大学, 2010.
[31] GAO J, ZHAGN Y C, ZHANG M, et al. Photochemical properties and source of pollutants during continuous pollution episodes in Beijing. Journal of Environmental Sciences, 2014, 26(1): 44-53.
[32] HALLQUIST M, WENGER J C, BALTENSPERGER U, et al. The formation, properties and impact of secondary organic aerosol: Current and emerging issues. Atmospheric Chemistry and Physics, 2009, 9(14): 5155-5236.
[33] China National Environmental Monitoring Centre. Air quality report in 74 Chinese cities in March and the first quarter 2013. [2013-06-11]. http://www.cnemc.cn/publish/106/news/news_34605.html
[34] LI Z, GU X, WANG L, et al. Aerosol physical and chemical properties retrieved from ground-based remote sensing measurements during heavy haze days in Beijing winter. Atmospheric Chemistry and Physics, 2013, 13(20): 10171-10183.
[35] BOYNARD A, CLERBAUX C, CLARISSE L, et al. First simultaneous space measurements of atmospheric pollutants in the boundary layer from IASI: A case study in the North China Plain. Geophysical Research Letters, 2014, 41(2): 645-651.
[36] ZHANG R, JING J, TAO J, et al. Chemical characterization and source apportionment of PM2.5 in Beijing: Seasonal perspective. Atmospheric Chemistry and Physics, 2013, 13(14): 7053-7074.
[37] ZHANG Q, QUAN J N, TIE X X, et al. Effects of meteorology and secondary particle formation on visibility during heavy haze events in Beijing, China. Science of the Total Environment, 2015, 502: 578-584.
[38] YANG Y R, LIU X G, QU Y, et al. Characteristics and formation mechanism of continuous hazes in China: A case study during the autumn of 2014 in the North China Plain. Atmospheric Chemistry and Physics, 2015, 15(14): 8165-8178.

第10章　基于毛细管接口光电离质谱的大气纳米颗粒物化学组分测量新方法研究

唐小锋，温作赢，顾学军，张为俊

中国科学院合肥物质科学研究院

大气中超细纳米颗粒物的粒径非常小，位于纳米尺度，其化学组分在线测量存在很大的技术挑战，相关的检测仪器和实验数据十分缺乏。其中，如何实现超细纳米颗粒物的大气压进样和高效率传输是关键。本章针对超细纳米颗粒物化学组分在线检测中存在的关键技术问题，通过研制毛细管质谱仪进样接口，实现超细纳米颗粒物的大气压进样和高效率传输，结合自行研制的高性能真空紫外光电离反射式飞行时间质谱仪，实现了在分子层次上在线测量超细纳米颗粒物的化学组分；同时，开展了邻苯二甲酸二辛酯、油酸、苯甲酸等超细纳米颗粒物的化学成分检测实验，并对二碘甲烷和 α-蒎烯分子的臭氧化反应成核进行了初步实验研究，测量获得了不同粒径大小成核颗粒物的化学组分，为揭示其成核机理提供了数据和技术支撑。

10.1　研究背景

气溶胶颗粒物是大气污染物的重要成分，其按照粒径大小可以分为粗粒子($D_p>2.5\ \mu m$)和细粒子(PM2.5，$D_p\leqslant 2.5\ \mu m$)两大类。大气中纳米细粒子的数密度非常大，其比例能占到总颗粒物数目的 80%以上，它们在大气中可进一步长大，吸收和散射光使大气的能见度降低，形成雾霾，影响空气质量和全球气候。而且，由于纳米细粒子的比表面积大，单位面积上吸附的有害物质多，更容易沉积到人的呼吸和心血管系统，危害人们的身体健康[1-3]。

新粒子生成(new particle formation)是大气中气溶胶颗粒物的重要来源，主要包含成核和初始生长两个阶段[4-6]，如图 10.1 所示，即低挥发性的气相物质在一定的大气条件下通过冷凝等形成气溶胶临界核，以及临界核经过凝结和碰并等途径快速长大到可观测尺寸的过程。新粒子的粒径非常小，位于气溶胶的成核模态($D_p\leqslant 20$ nm)，属于纳米尺度的超细颗粒物(ultrafine particle)。新粒子生成在全世界各地已经被科学家们大量地观测和报道，是一个全球性的普遍现象。

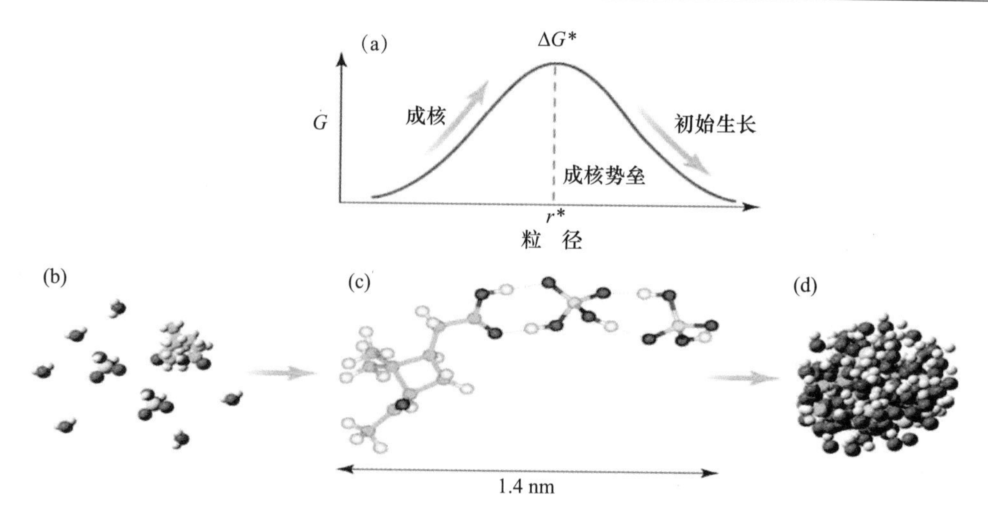

图 10.1 大气新粒子成核(nucleation)和初始生长(growth)过程[5]

新粒子生成是大气环境科学中的前沿课题,也是大气复合污染形成机理研究中的挑战性科学问题。近年来,随着检测新技术特别是纳米电迁移率粒径谱仪等仪器的发展[7],为观测大气新粒子生成提供了技术手段,对大气气溶胶成核等现象的认识在不断深入。例如,由于硫酸的饱和蒸气压比较低,硫酸分子一直被认为是参与大气新粒子成核的关键物种,但最新的实验研究结果表明[8-12],有机化合物分子,特别是高氧化态的有机物分子(highly oxygenated molecules, HOM),在大气新粒子的成核和初始生长过程中也起到了非常重要的作用,它们甚至不需要硫酸分子的参与就能够成核。为了解释气溶胶的成核过程,人们发展了多种成核理论模型[1],如水-硫酸二元均相成核、水-硫酸-氨三元均相成核、低蒸气压有机化合物均相成核和离子诱导成核等。然而,由于前体污染物的种类十分丰富,实际参与新粒子生成的有机物种类及其反应机理仍然难以确定,需要进一步开展研究。

此外,由于新粒子生成具有区域性特征[1],目前已有的成核和初始生长理论大多是在国外相对清洁大气条件下获得的结果,能否适用于我国复杂的大气复合污染情形还有待于验证。而且,前体污染物的种类繁多,新粒子的成核和生长过程复杂,特别是新粒子的粒径非常小,使得其化学组分的测量极为困难,限制了对新粒子生成机理的理解。准确测量大气新粒子(纳米超细颗粒物)的化学组分,对于理解我国新粒子的成核和生长机制、认清二次细粒子的来源等具有重要意义。

气溶胶颗粒物的化学组分测量依赖于检测技术和仪器的发展。由于具有检测灵敏度高、时间响应快等特点,人们发展了多种类型的气溶胶质谱仪器[13-26],用于测量大气细粒子的化学组分,如表 10-1 所示。在我国,中国科学院安徽光机所张为俊研究组在 2004 年研制成功了国内首台可在线测量空气动力学直径和化学成分的激光电离单颗粒气溶胶飞行时间质谱仪[27];中国科学院大连化物所李海洋研究组、上海大学和中国科学院广州地球化学所随后分别研制了单颗粒气溶胶质谱仪[28-29];中国科学技术大学国家同步辐射实验室盛六四研究组研制了同步辐射光电离气溶胶质谱仪[30];中国科学院北京生态研究中心的束继年研究组研制了真空紫外放电灯气溶胶质谱仪[31]等。

表 10-1　用于细粒子测量的气溶胶质谱仪[13-14]

仪器名称	粒径范围/nm	解析/电离方式	质量分析器	文　献
SI-PBMS	17～1000	热解析-SI	QMS	[15]
IT-AMS	60～600	热解析-EI	三维四极杆离子阱	[16]
TDPBCMS	20～500	热解析-EI	QMS	[17]
AMS	40～1000	热解析-EI	QMS/TOF	[18]
Particle Blaster	17～900	单束激光	RETOF	[19]
PIAMS	<300	单束激光	RETOF	[20]
RSMS Ⅲ	50～750	单束激光	双极性线性飞行时间分析器	[21]
SPLAT Ⅱ	125～600	双束激光	RETOF	[22]
ATOFMS	30～3000	单束激光	双极性反射式飞行时间分析器	[23]
NAMS	7～25	单束激光	RETOF	[24]
TDCIMS	6～20	热解析-CI	三重四极杆质量分析器	[25]
Api-TOF	<2	ESI+CI	RETOF	[26]

注：SI. 表面电离；CI. 化学电离；EI. 电子轰击电离；ESI. 电喷雾电离；QMS. 四极杆质谱；RETOF. 反射式飞行时间质谱。

但是，受限于气溶胶质谱仪的粒径传输范围，目前能够用于测量粒径位于成核模态纳米颗粒物的气溶胶质谱仪全世界仅有三款，它们分别是美国 Delaware 大学 Johnston 等研制的纳米气溶胶质谱仪(nanoaerosol mass spectrometer, NAMS, $D_p=7\sim25$ nm)[24]，美国国家大气研究中心 Smith 等研制的热解析化学电离质谱仪(thermal desorption chemical ionization mass spectrometer, TDCIMS, $D_p=6\sim20$ nm)[25] 和瑞士 Tofwerk 公司的大气压接口飞行时间质谱仪(atmospheric pressure interface time-of-flight mass spectrometer, Api-TOF, $D_p<2$ nm)[26]，如图 10.2 所示。

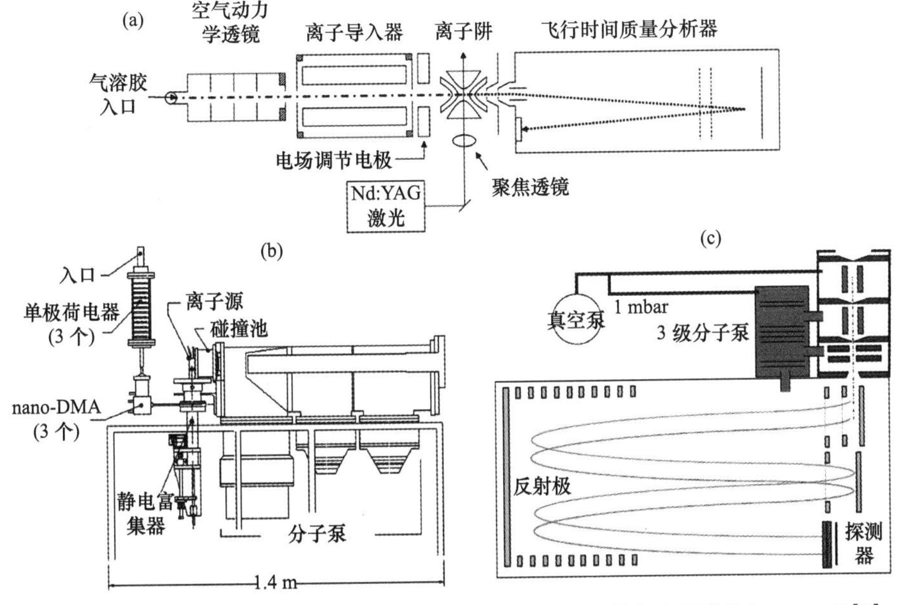

图 10.2　(a) 纳米气溶胶质谱仪(NAMS)[24]；(b) 热解析化学电离质谱仪(TDCIMS)[25]；(c) 大气压接口飞行时间质谱仪(Api-TOF)[26]

纳米气溶胶质谱仪采用空气动力学透镜[32-34]传输带电颗粒物，结合离子导入器和离子阱选择不同粒径大小的带电颗粒物，高强度激光对颗粒物气化和原子化电离，通过飞行时间质谱仪进行质量分析，可测量获得粒径为7～25 nm颗粒物的元素分布信息[24]。热解析化学电离质谱仪事先对带电颗粒物进行富集，采用热解析气化和化学电离分子，结合三重四极杆质谱仪对离子质量进行分析，可测量6～20 nm颗粒物的化学组分[25]。大气压接口飞行时间质谱仪采用两个四极杆离子导入器，高分辨飞行时间质谱仪对带电分子团簇进行质量分析[26]，但大气压接口飞行时间质谱仪仅限于测量粒径小于2 nm的团簇分子。目前尚未见我国自主研发能用于测量纳米颗粒物化学组分气溶胶质谱仪的报道，我国纳米颗粒物（特别是大气新粒子）的化学组分数据十分缺乏[35-39]。

究其原因，主要在于纳米颗粒物的粒径非常小，如何实现纳米颗粒物的大气压进样和高效率传输还存在大的技术挑战。空气动力学透镜[32-34]作为标准的颗粒物质谱仪进样接口，由于能够传输宽粒径范围内的颗粒物，已经被广泛应用于各种气溶胶质谱仪中。然而，受布朗运动的影响[33]，空气动力学透镜对于粒径 D_p<30 nm纳米颗粒物的传输效率非常低。本章通过研制毛细管进样接口，实现纳米颗粒物的大气压进样和高效率传输，结合真空紫外光电离质谱技术测量获得纳米颗粒物的化学组分，为实现从分子层次上在线检测超细纳米颗粒物化学组分、研究新粒子的成核和生长等过程提供技术支撑。

10.2 研究目标与研究内容

10.2.1 研究内容

发展新的大气纳米颗粒物化学组分测量方法，结合商品化的纳米电迁移率谱仪（nanometer aerosol differential mobility analyzer, Nano-DMA），研制毛细管纳米颗粒物大气进样接口，结合真空紫外光电离质谱技术测量纳米颗粒物的化学组分，实现纳米颗粒物的粒谱与化学组分的同时测量，为实现从分子层次上在线检测纳米颗粒物的化学组分提供技术支撑。具体研究内容如下：

1. 毛细管实现纳米颗粒物的大气进样和传输

在气溶胶质谱仪测量颗粒物化学组分过程中，颗粒物将要从大气压环境（10^5 Pa）传输到质谱仪（10^{-3}～10^{-4} Pa）中，需要跨越8～9个数量级的气体压强差别；同时，对于不同粒径大小的气溶胶颗粒物，它们的质量数也往往相差好几个数量级，具有不同的空气动力学特性。因此，如何实现气溶胶颗粒物的大气进样（即接口技术）是气溶胶质谱仪的关键。

对于纳米颗粒物的大气进样，普遍采用静电预处理的方法，使纳米颗粒物事先带上电荷，结合纳米电迁移率粒径谱仪（Nano-SMPS）选择粒径，如热解析化学电离质谱仪（TD-CIMS）通过静电方法对带电纳米颗粒物进行富集，纳米气溶胶质谱仪（NAMS）采用空气动力学透镜和离子阱对带电颗粒物处理。空气动力学透镜能够传输宽粒径范围的颗粒物，作为颗粒物进样接口被广泛应用于气溶胶质谱仪中,但是,由于受布朗运动的影响,空气动力学透镜对粒径 D_p<30 nm 纳米颗粒物的传输效率非常低,需要另辟蹊径。

相对于空气动力学透镜而言,毛细管能够传输颗粒物的粒径范围较窄(仅几十纳米)。对于大气新粒子而言,其粒径位于气溶胶的成核模态,粒径范围恰恰只有几十纳米。本章将毛细管应用于纳米颗粒物的大气进样和传输,发展新的纳米颗粒物大气进样接口技术,通过大进样流量减少颗粒物的损耗,实现纳米颗粒物的高效率进样和传输。在毛细管的下游,安装有加热棒,纳米颗粒物吸收热量后热解析气化成气体分子。

2. 真空紫外光电离质谱技术测量纳米颗粒物的化学组分

对于绝大多数的有机分子来说,它们的电离能位于 10 eV 附近,位于光的真空紫外波段(vacuum ultraviolet, VUV)。真空紫外光电离质谱技术中分子只需要吸收单个光子的能量就能在其电离能阈值附近电离,可以避免碎片离子的产生。相对于常用的电子轰击电离和激光多光子电离来说,真空紫外光电离获得的质谱将会比较简单,能够直接得到分子质量信息,适合于气溶胶颗粒物这类复杂混合物的化学成分检测。同时,相对于化学电离需要根据被检测物分子选择相应的反应离子,真空紫外光电离更具有普适性。

本章中纳米颗粒物热解析气化后生成的分子,将会在电离室与真空紫外光子相交,分子吸收光子的能量发生真空紫外光电离过程,生成分子离子,结合自行研制的反射式飞行时间质谱仪对离子的质量进行分析,实现真空紫外光电离质谱技术对纳米颗粒物的化学组分测量。

10.2.2 研究目标

(1) 发展毛细管质谱仪进样接口,实现纳米颗粒物的大气进样和高效率传输。

发展新的毛细管进样技术,通过大进样流量补偿纳米颗粒物的布朗运动影响,实现纳米颗粒物的大气进样和高效率传输,为进一步分析纳米颗粒物的化学组分提供接口技术。

(2) 实现从分子层次上检测纳米颗粒物的化学组分。

将真空紫外光电离质谱技术应用于气溶胶颗粒物的研究,从分子层次上检测纳米颗粒物的化学组分,可初步应用于新粒子化学组分的在线测量和分析研究等。

10.3 研究方案

本章将毛细管进样接口和真空紫外光电离飞行时间质谱技术应用于纳米颗粒物的化学组分检测,发展新的纳米颗粒物化学组分检测方法。总的研究方案和技术路线如图10.3所示,气溶胶颗粒物经过商品化的电荷中和器带上电荷,Nano-SMPS 实现颗粒物的粒径选择,纳米颗粒物被送到毛细管接口,毛细管对纳米颗粒物进行取样和传输,在加热棒的表面热解析成气相分子,与真空紫外光子相交发生真空紫外光阈值软电离,生成的分子离子经过离子导入器传导,反射式飞行时间质谱仪对离子的质量进行分析,从而获得纳米颗粒物的化学组分信息。

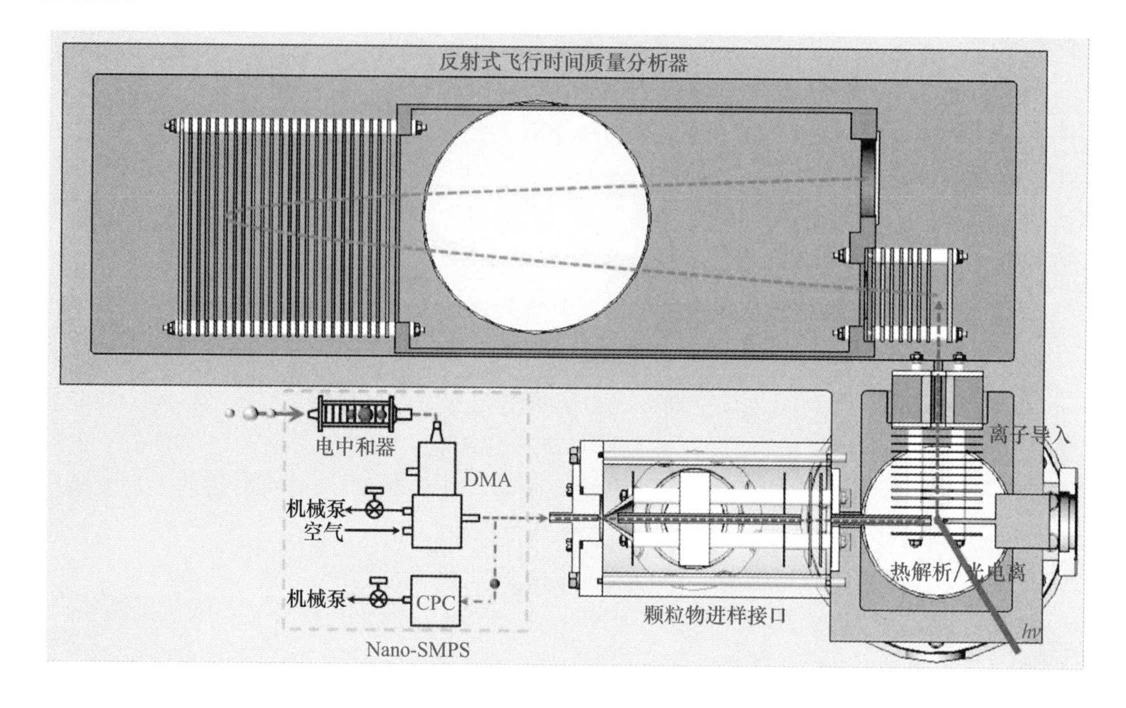

图 10.3 毛细管接口真空紫外光电离质谱检测纳米颗粒物化学组分设计

注：包括电中和器(neutralizer)、纳米扫描式电迁移率粒径谱仪(nano-SMPS,含差分式电迁移率谱仪 DMA 和凝聚式计数器 CPC)、机械泵(pump)、颗粒物进样接口和质量分析器等部分。

10.3.1 纳米颗粒物的大气压进样和传输

纳米颗粒物的带电及粒径选择通过商品化的 Nano-SMPS 来完成,然后送到毛细管接口进行大气进样和传输。毛细管接口技术可以用于传输一定粒径范围内(几十纳米)的气溶胶颗粒物。本章通过毛细管实现纳米颗粒物的大气进样。毛细管具有很小的直径,大的长度/直径比能够满足真空度的变化梯度,通过大进样流量补偿纳米颗粒物运动过程中布朗运动的影响,能够减少颗粒物的损耗,实现纳米颗粒物的高效传输。

纳米颗粒物汇聚到达热解析区后,将吸收加热棒表面的热量,纳米颗粒物热解析气化成气体分子。热解析棒采用多孔钨的材质,温度可以精确调节控制,且表面设计成特定的锥角以提高颗粒物热解析的效率。

10.3.2 真空紫外光电离质谱测量纳米颗粒物的化学组分

对于大多数的有机化合物分子来说,它们的电离能位于 10 eV 附近。本章中将采用真空紫外放电灯作为分子的光电离源,该真空紫外放电灯的光斑直径为 1 mm,能够提供 10.6 eV 能量的真空紫外光子,具有高的光子通量,能够满足本章实验要求。

纳米颗粒物热解析后产生的气体分子与真空紫外光在电离区相交,分子吸收单个真空紫外光子的能量后在其阈值附近发生软电离,生成分子离子。离子经过离子导入器传输到高分辨反射式飞行时间质谱仪进行质量分析，获得纳米颗粒物的化学组分等信息。自行研制的反射式飞行时间质谱仪[质量分辨率 $M/\Delta M=2100$(FWHM)]可以用于本章中离子的质量分析。

10.3.3　用于系统调试的纳米颗粒物粒子源

本章采用自行研制的一套离子诱导成核流动反应器来生成纳米颗粒物，对毛细管接口进行调试。离子诱导成核流动管反应器的装置示意图如图 10.4 所示，主要由进样系统、反应成核室和检测系统三部分组成。过滤后的清洁空气和前体污染物通过针阀和质量流量控制器按照一定的比例进入反应室，在软 X 射线的辐射作用下诱导成核，通过 Nano-DMA 进行粒径选择，一路颗粒物送到凝聚核粒子计数器进行粒谱分析，另一路传输到带电毛细管接口，对新粒子的化学组分进行测量。在反应室的上、下电极板之间连接有直流电压，通过电场作用力移除带电粒子，可以用于研究均相成核和离子诱导成核对新粒子生成的作用和贡献。图 10.5 为在不同实验条件下我们获得的 $NO_2/SO_2/H_2O$/空气反应体系生成的气溶胶颗粒物粒径谱图，颗粒物的粒径小于 30 nm，满足本章中系统调试的粒子源要求。

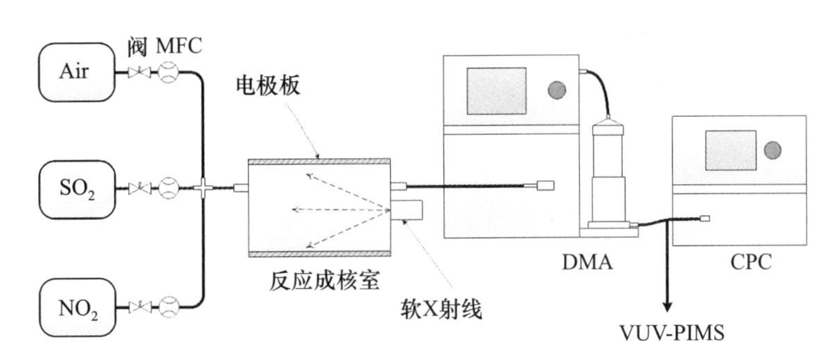

图 10.4　离子诱导成核流动反应器

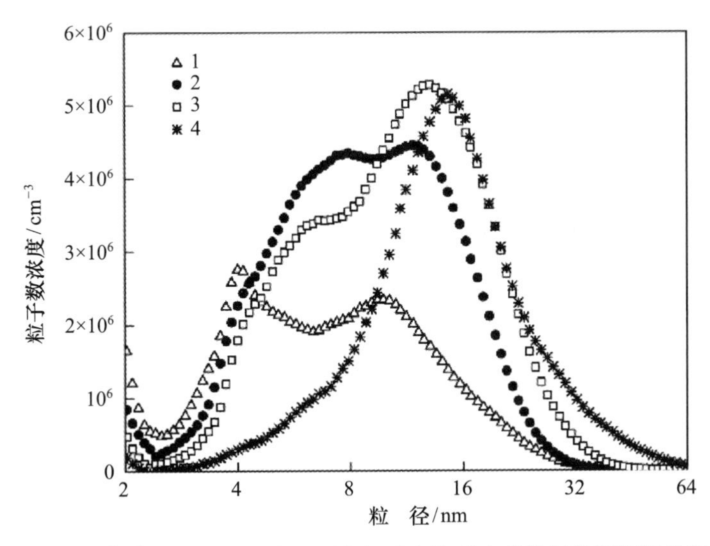

图 10.5　不同条件下 $NO_2/SO_2/H_2O$/空气反应体系生成的气溶胶颗粒物粒径谱

10.4 主要进展与成果

本章发展新的大气纳米颗粒物化学组分测量方法，结合商品化的 Nano-SMPS，发展毛细管纳米颗粒物大气进样质谱接口，结合真空紫外光电离质谱技术测量纳米颗粒物的化学组分，实现纳米颗粒物粒谱与化学组分的同时测量，为实现从分子层次上在线检测纳米颗粒物化学组分、研究新粒子的成核和初始生长等过程提供技术支撑。取得的主要进展与成果将从三个方面介绍：

10.4.1 毛细管质谱仪进样接口的研制，实现超细纳米颗粒物的大气进样和高效率传输

受纳米颗粒物布朗运动的影响，气溶胶质谱仪中广泛使用的空气动力学透镜难以传输粒径小于 30 nm 的超细纳米颗粒物。针对此问题，本章通过研制毛细管进样接口，实现超细纳米颗粒物的大气压传输。

为了优化设计毛细管进样接口，对超细纳米颗粒物通过不同内径、长度毛细管的穿透效率进行了探究，实验结果如图 10.6 所示。从图 10.6(a)中可以看出，随着超细纳米颗粒物的粒径增加，颗粒物的穿透效率呈现上升趋势。当粒径小于 10 nm 时，颗粒物的穿透效率随着毛细管内径的增大而增大，而当颗粒物的粒径大于 10 nm 时，毛细管内径的变化对颗粒物的穿透效率影响不大。因此，较大内径的毛细管传输 10 nm 以下超细纳米颗粒物的损耗较小，但对于传输粒径大于 20 nm 的气溶胶颗粒物，选择不同内径的毛细管没有明显的区别。

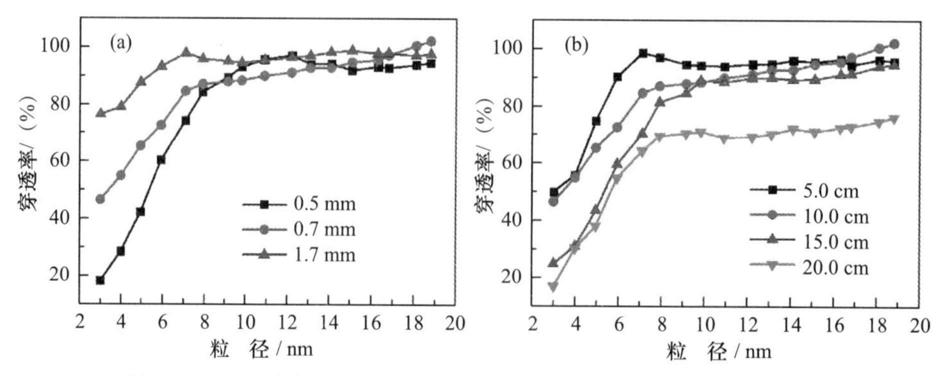

图 10.6 毛细管的(a)内径和(b)长度对超细纳米颗粒物穿透率的影响

同时，本章分别选取了内径为 0.7 mm，长度为 5、10、15、20 cm 的毛细管，以探究毛细管的长度对超细纳米颗粒物穿透效率的影响，结果如图 10.6(b)中所示。随着毛细管长度的增加，超细纳米颗粒物的穿透效率呈现出整体下降的趋势，特别是长度为 20 cm 的毛细管，颗粒物穿透效率的下降幅度相比其余 3 种较短长度的毛细管尤其明显。根据上述实验结果，选取内径为 0.7 mm、长度为 10 cm 的毛细管，用于传输超细纳米颗粒物。

毛细管质谱仪进样接口主要由毛细管、聚焦透镜、粒子传输管和真空泵等部分构成，其

工作原理图、机械设计图及实物照片如图 10.7 中所示。在毛细管进样接口中，超细纳米颗粒物将首先通过毛细管聚焦传输后进入到真空腔体中，真空腔体内安装有聚焦透镜并对带电纳米颗粒物进行聚焦，并通过后端的粒子传输管后，到达质量分析器的热解析区，纳米颗粒物气化成气体分子，分子吸收真空紫外光子的能量后电离。真空腔体连接有真空泵，可以进一步去除纳米颗粒物传输过程中携带的气态分子，实现气态分子和纳米颗粒物的分离。整个进样接口安装在一个六通小腔体上，以方便准直和调试等。

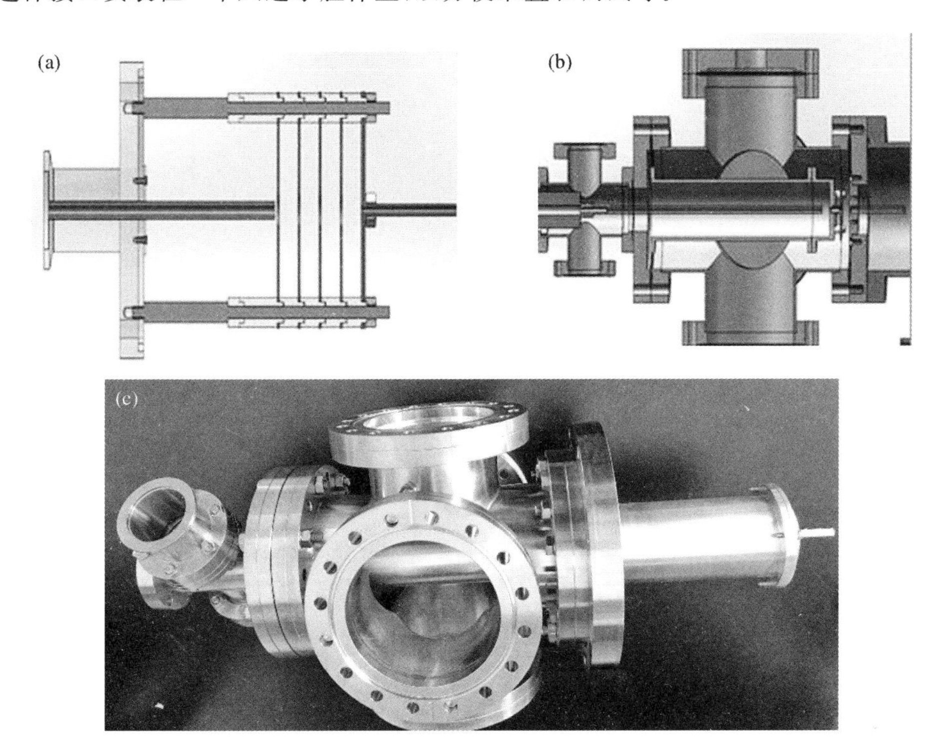

图 10.7　毛细管进样接口：(a) 工作原理；(b) 机械设计；(c) 实物照片

结合前期自行研制的带电纳米颗粒物粒子源，通过 SO_2、H_2O 和空气等混合气体在软 X 射线电离作用下发生离子诱导成核过程，在实验室内制备出粒径位于 2～30 nm 范围内的超细纳米颗粒物，以对毛细管质谱仪进样接口的性能进行调试和实验表征。在带电纳米颗粒物粒子源的内部还安装有两块平行板电极，可以在电极上施加不同大小的电压，以偏转带电纳米颗粒物的运动轨迹，控制带电超细纳米颗粒物的浓度。

实验中采用 Nano-SMPS 测量超细纳米颗粒物的粒谱，其粒径分布及总的超细纳米颗粒物数浓度随平行板电极电压变化分别如图 10.8(a)(见书末彩图)和(b)所示。结果表明，随着电极上电压的增加，带电纳米颗粒物受到的电场作用力将会加大，其在电极上湮灭的数量也会增加，Nano-SMPS 检测到的超细纳米颗粒物的数目减少。

在图 10.7 毛细管的末端还安装有一个法拉第筒，以检测带电纳米颗粒物的电流，其电流信号大小随电极板电压变化如图 10.8(c)所示。法拉第筒测得的电流值可以通过下式转化为带电颗粒物浓度：

$$N_{\text{out}} = \frac{I}{e \times n \times q} \tag{10-1}$$

其中,e 为电荷常数,大小为 1.6×10^{-19} C;n 为每个颗粒物的带电量;q 为进样流量,单位 cm^3/s;I 为带电颗粒物碰撞法拉第筒所产生的电流,单位 A。

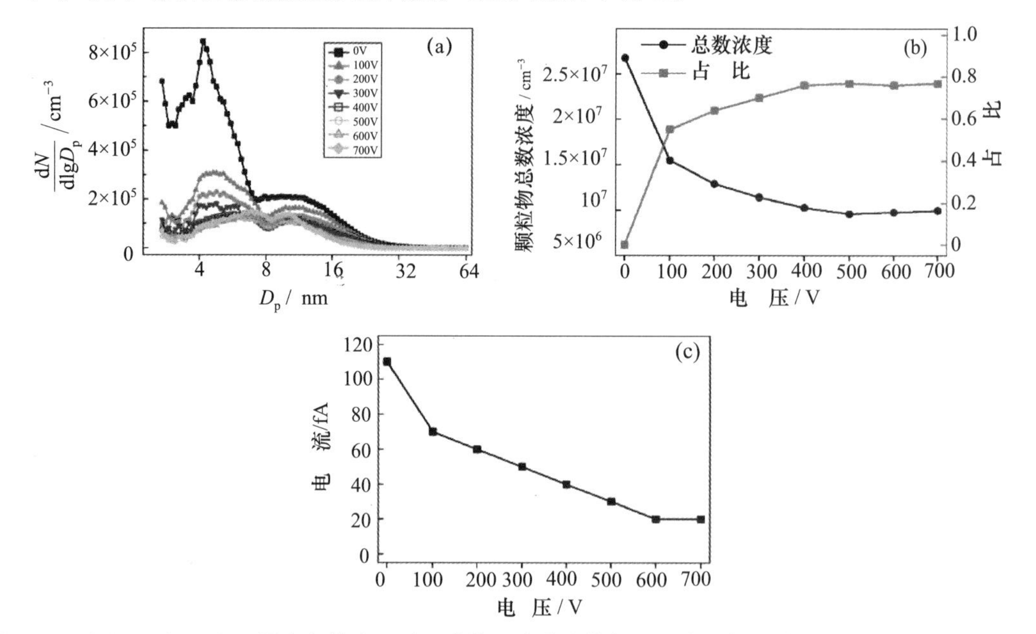

图 10.8 (a) Air/H_2O/SO_2 混合气体离子诱导成核反应产生的超细纳米颗粒物在不同极板电压下的粒谱;(b) 不同电压下 Nano-SMPS 检测到的超细纳米颗粒物总数浓度、电场移除带电超细颗粒物所占的比例;(c) 通过毛细管进样接口后法拉第筒探测的电流分布

根据带电纳米颗粒物数浓度及法拉第筒接收到的电流信号大小,可以测量获得毛细管质谱仪进样接口传输超细纳米颗粒物的效率为 0.3%,与文献中报道的国际上先进的大气压进样接口传输效率相当。例如,非连续性大气压进样接口(DAPI)对离子的传输效率为 0.2%[40]。上述实验结果表明,毛细管进样接口能够实现超细纳米颗粒物的大气压进样和传输,并具有高的传输效率。

10.4.2 真空紫外光电离超细纳米颗粒物气溶胶质谱仪,实现从分子层次上在线检测超细纳米颗粒物的化学组分

将上述毛细管进样接口连接到真空紫外光电离飞行时间质谱仪上,并对其进行优化设计,质谱仪设计原理如图 10.9 所示。同时,结合商品化的 Nano-SMPS,搭建了真空紫外光电离超细纳米颗粒物气溶胶质谱仪,用于在线测量超细纳米颗粒物的化学组分。通过采用商品化的 Nano-SMPS 选择出粒径单色化的超细纳米颗粒物,并获得超细纳米颗粒物的粒谱分布;超细纳米颗粒物经过毛细管进样接口从大气压条件下传输到达真空紫外光电离飞行时间质谱仪的真空腔体内,再通过粒子传输管到达反射式飞行时间质量分析器的电离室;超细纳米颗粒物在加热棒的表面热解析气化成气体分子,分子吸收单个真空紫外光子的能量

后在其电离能阈值附近软电离成分子离子，离子经过导入器聚焦传输，由反射式飞行时间质量分析器测量离子的质量分布，进而获得超细纳米颗粒物的化学组分。

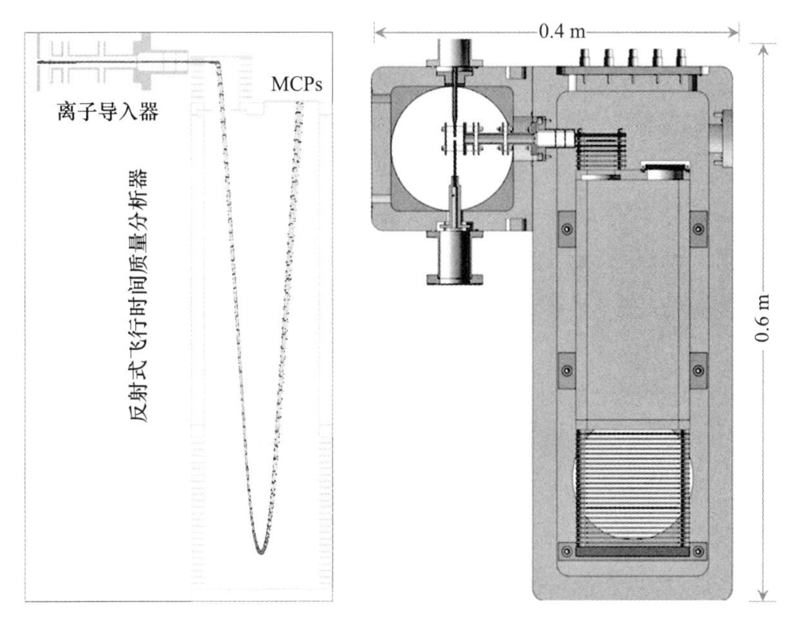

图 10.9　真空紫外光电离飞行时间质谱仪设计原理

真空紫外光电离超细纳米颗粒物气溶胶质谱仪结构紧凑，可以移动，其实物照片如图 10.10 所示，主要由毛细管进样接口、差分腔体、加热棒、真空紫外放电灯、离子导入器和反射式飞行时间质量分析器等部分组成(图 10.11)，核心零部件均为自行研制，具有自主知识产权。其真空系统主要由 2 台机械干泵和 3 台分子泵构成，进样时各个腔室的真空度分别为 200 Pa、10^{-1} Pa、10^{-3} Pa 和 10^{-4} Pa。

图 10.10　真空紫外光电离超细纳米颗粒物气溶胶质谱仪实物

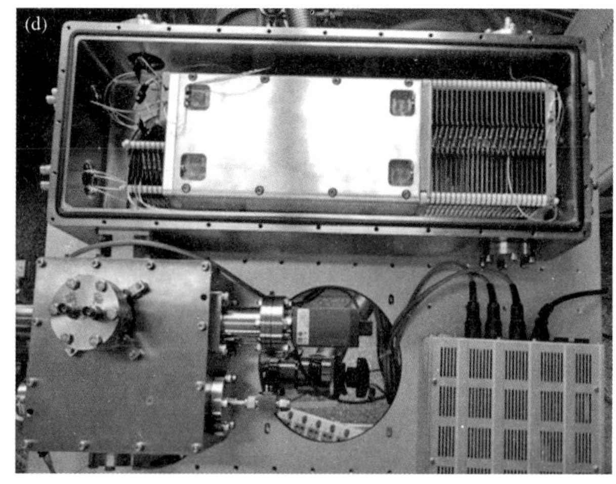

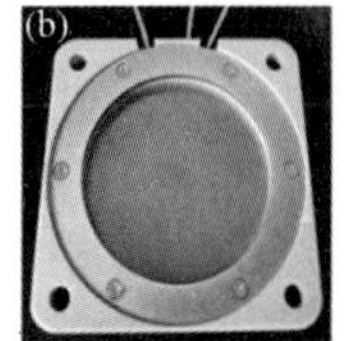

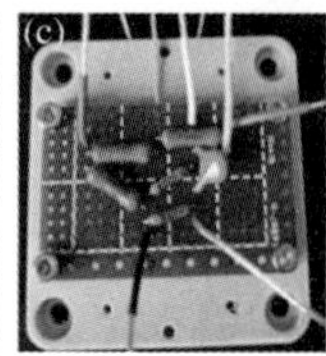

图 10.11　真空紫外光电离超细纳米颗粒物气溶胶质谱仪内部结构：(a) 电离区；(b)(c) 离子检测器；(d) 反射式飞行时间质量分析器

本章采用真空紫外放电灯作为电离源，其光子能量为 10.6 eV，分子吸收单个真空紫外光子的能量后，可以在其电离能阈值附近软电离，避免或减少了碎片离子的产生，质谱易于分析，能够直接获得分子离子的信号。例如，图 10.12 为实验测量获得的苯、甲苯和邻二甲苯等苯系物的真空紫外光电离质谱图，图中苯($m/z=78$)、甲苯($m/z=92$)和邻二甲苯($m/z=106$)的母体离子信号以及它们各自的^{13}C同位素峰均可以在质谱中直接获得，且几乎没有碎片离子。由于采用了垂直引入式反射式飞行时间质谱结构，具有高的质谱分辨本领，根据图 10.12 中邻二甲苯质谱峰，可以测量获得该仪器的质量分辨率为 $M/\Delta M=2100$。

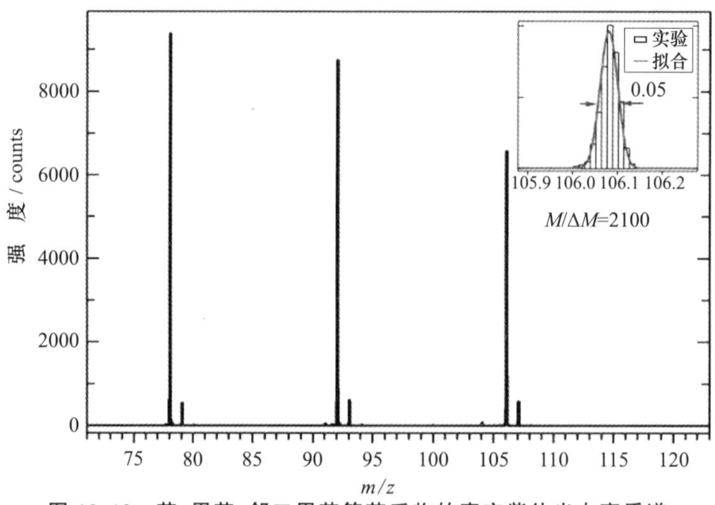

图 10.12　苯、甲苯、邻二甲苯等苯系物的真空紫外光电离质谱

采用真空紫外光电离超细纳米颗粒物气溶胶质谱仪，本章对一些超细纳米颗粒物的化学组分进行了检测测试。例如，采用商品化气溶胶发生器，Nano-SMPS 测量获得喷雾产生的邻苯二甲酸二辛酯(dioctyl phthalate, DOP, $C_{24}H_{38}O_4$)的粒谱如图 10.13(a)所示，中心粒径位于 20 nm 附近；通过改变 Nano-SMPS 中电压以及鞘气和样品气体的比例，可以选择不同粒径和单色化的超细纳米颗粒物，如图 10.13(b)所示。

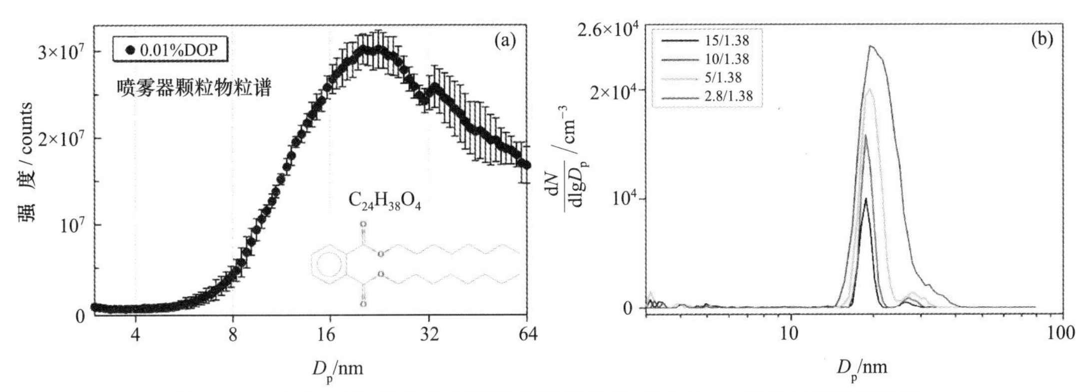

图 10.13　(a) DOP 超细纳米颗粒物粒谱分布；(b) Nano-SMPS 不同鞘气和样品气体比例下单色化后的超细纳米颗粒物粒谱

单色化后不同粒径的 DOP 超细纳米颗粒物的真空紫外光电离质谱如图 10.14 所示，在质谱中可以清晰地获得 DOP 分子离子的质谱峰(m/z=390)，且受质量浓度的影响，较大粒径超细纳米颗粒物具有较强的质谱信号。由于 DOP 的电离能很低，仅为 8 eV，在光电离质谱中我们仍然看到了一些碎片离子信号(m/z=149、279)。

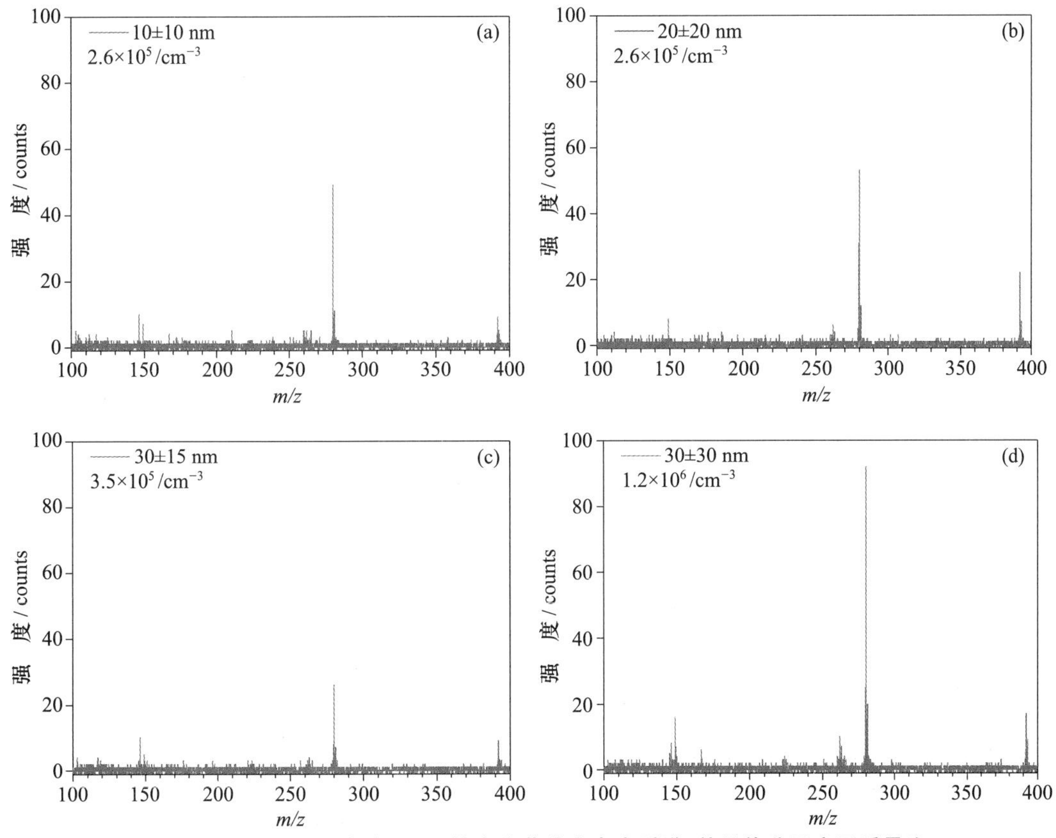

图 10.14　单色化后不同粒径 DOP 的真空紫外光电离质谱，其母体分子离子质量为 390

图 10.15 为气溶胶发生器产生的油酸超细纳米颗粒物的粒谱分布。图 10.16 为真空紫外光电离超细纳米颗粒物气溶胶质谱仪检测获得多分散(D_p<100 nm)和单色化后粒径为 20 nm 油酸(oleic acid,OA,$C_{18}H_{34}O_2$)超细纳米颗粒物的质谱图,其母体分子离子的质谱峰位于 $m/z=282$ 处。

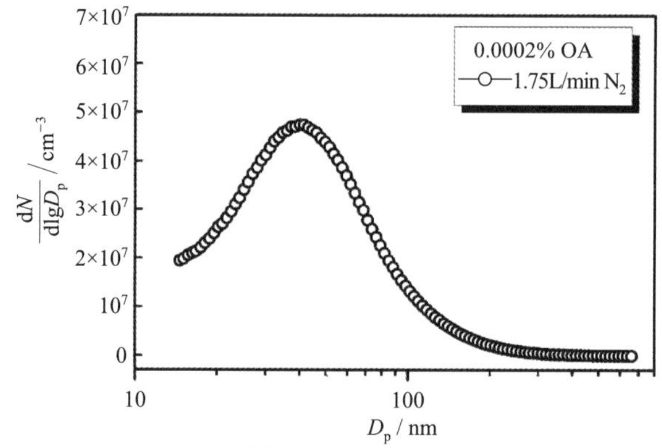

图 10.15 油酸超细纳米颗粒物的粒径分布

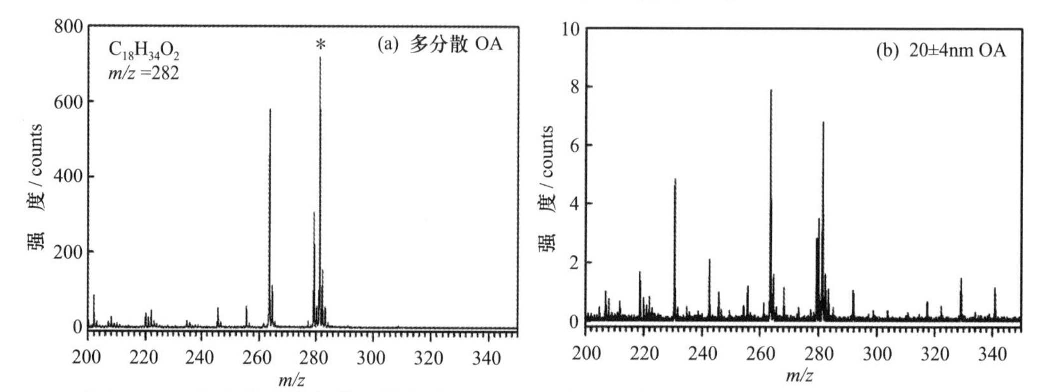

图 10.16 多分散和单色化后粒径为 20 nm OA 超细纳米颗粒物的真空紫外光电离质谱

本章还检测了多分散(D_p<100 nm)和单色化后粒径为 30 nm 苯甲酸(benzoic acid, C_6H_5COOH, $m/z=122$)超细纳米颗粒物的真空紫外光电离质谱,如图 10.17 所示,可以清晰地获得其分子离子信号。

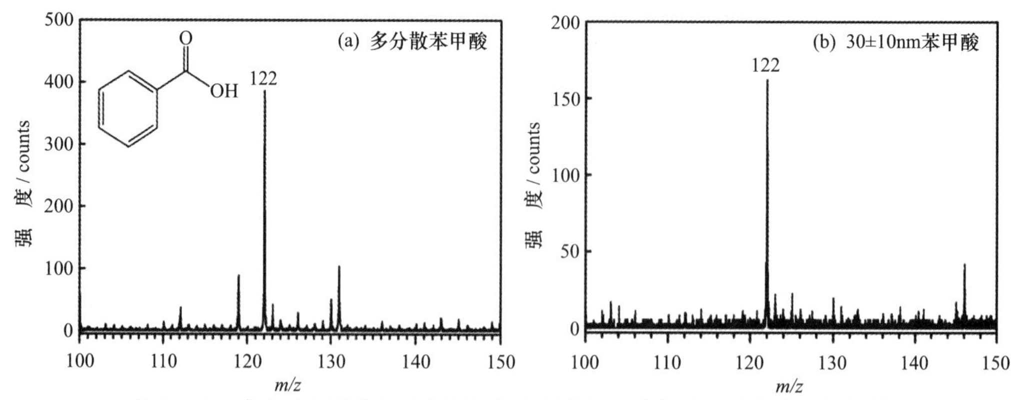

图 10.17 多分散和单色化后苯甲酸超细纳米颗粒物的真空紫外光电离质谱

上述实验结果表明，结合 Nano-SMPS，采用毛细管进样接口和真空紫外光电离飞行时间质谱仪，可以实现单色化不同粒径超细纳米颗粒物的化学组分检测，并获得其分子离子信息等。

10.4.3　有机化合物反应成核初步实验研究

采用真空紫外光电离超细纳米颗粒物气溶胶质谱仪，本章结合流动管成核反应器，开展了有机化合物反应成核初步实验研究，实验装置如图 10.18 所示。

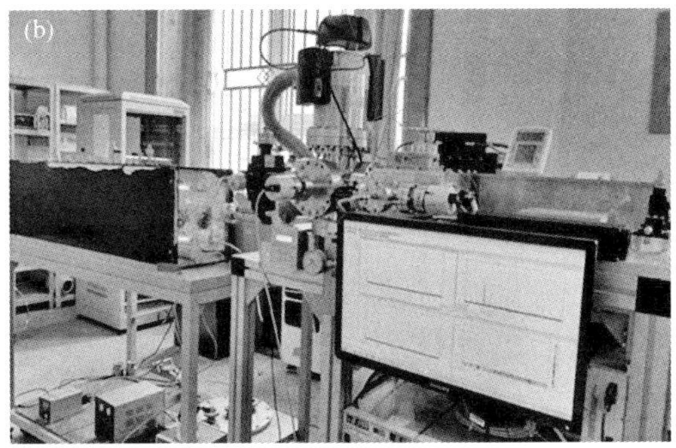

图 10.18　(a) 流动管成核反应器；(b) 结合真空紫外光电离超细纳米颗粒物气溶胶质谱仪

本章开展了二碘甲烷光照臭氧氧化成核反应实验研究。实验获得二碘甲烷成核颗粒物的粒谱分布如图 10.19(a)所示，其中灰色阴影部分为连续采集过程中颗粒物粒谱分布的偏差范围。实验结果表明，流动管成核反应生成的超细纳米颗粒物粒径主要分布在 4～32 nm 之间，

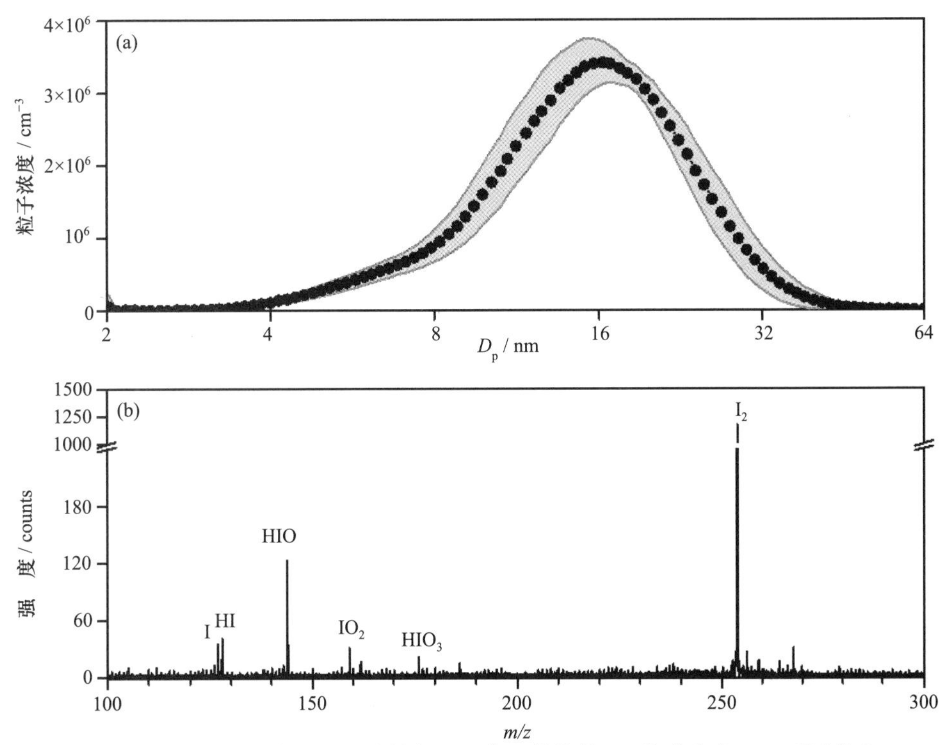

图 10.19　二碘甲烷臭氧氧化成核超细纳米颗粒物的(a) 粒谱分布；(b) 质谱信息

且其中心粒径在 16 nm。图 10.19(b)为与图 10.19(a)粒谱对应的真空紫外光电离质谱，根据分子质量数对质谱图中的各个峰进行了标定。质谱图中碘分子的信号强度最高，表明成核颗粒物组分中含有大量的碘分子，此外，I、HI、HIO、IO_2 以及 HIO_3 等反应产物在质谱中也都能观测到。

通过调节成核前体物在流动管内的反应时间，可以改变反应生成超细纳米颗粒物的粒径大小。图 10.20 是反应时间分别为 20、29 和 98 s 时，二碘甲烷臭氧化成核超细纳米颗粒物的粒谱分布及化学组分质谱图，其对应的成核颗粒物中心粒径分别位于 15、30 和 70 nm。随着超细纳米颗粒物的粒径增大，其质谱的信号强度也逐渐升高，但是各个质谱峰的信号强度并非等比例增加。

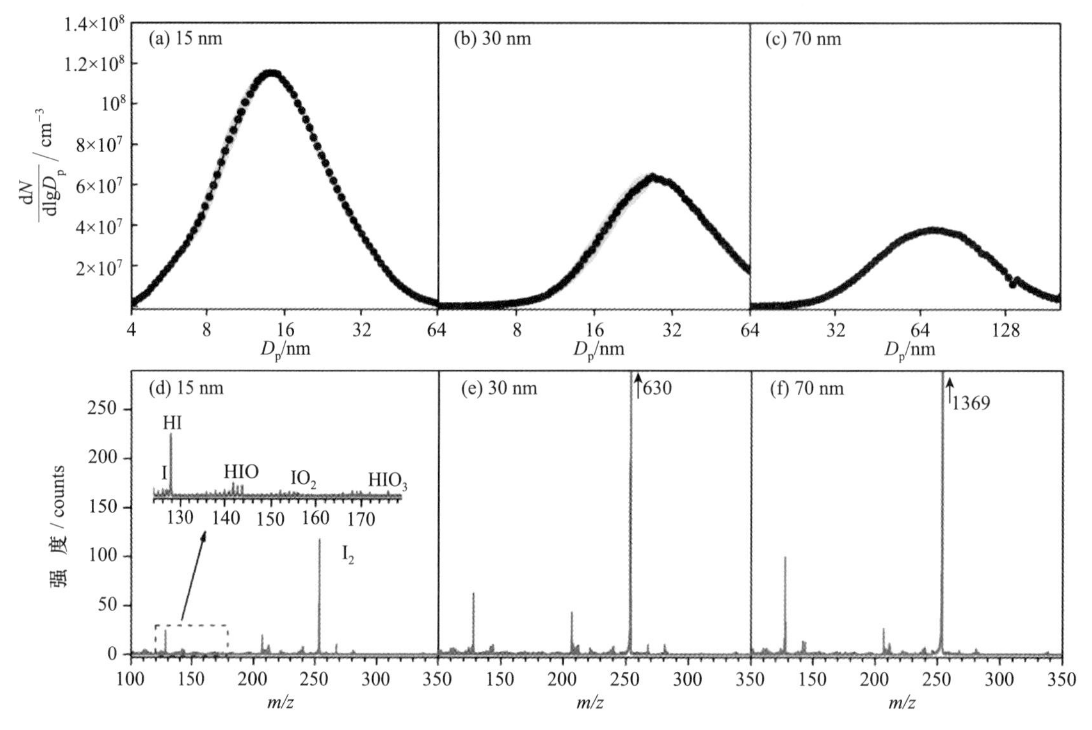

图 10.20 中心粒径为 15 nm、30 nm、70 nm 的二碘甲烷臭氧氧化成核颗粒物粒谱及质谱

本章还初步开展了 α-蒎烯的臭氧氧化反应成核反应实验研究，图 10.21(a)为实验中获得的超细纳米颗粒物的粒谱分布，其中心粒径位于 53 nm，对应的真空紫外光电离质谱如图 10.21(b)所示。对质谱中的各个成分进行了标定。

综上所述，在本章研究过程中，通过发展毛细管质谱仪进样接口，结合商品化的 Nano-SMPS 和自行研制的真空紫外光电离飞行时间质谱仪，发展了新的颗粒物化学组分测量方法，实现了从分子层次上在线检测超细纳米颗粒物的化学组分，并初步开展了有机化合物的反应成核试验研究。

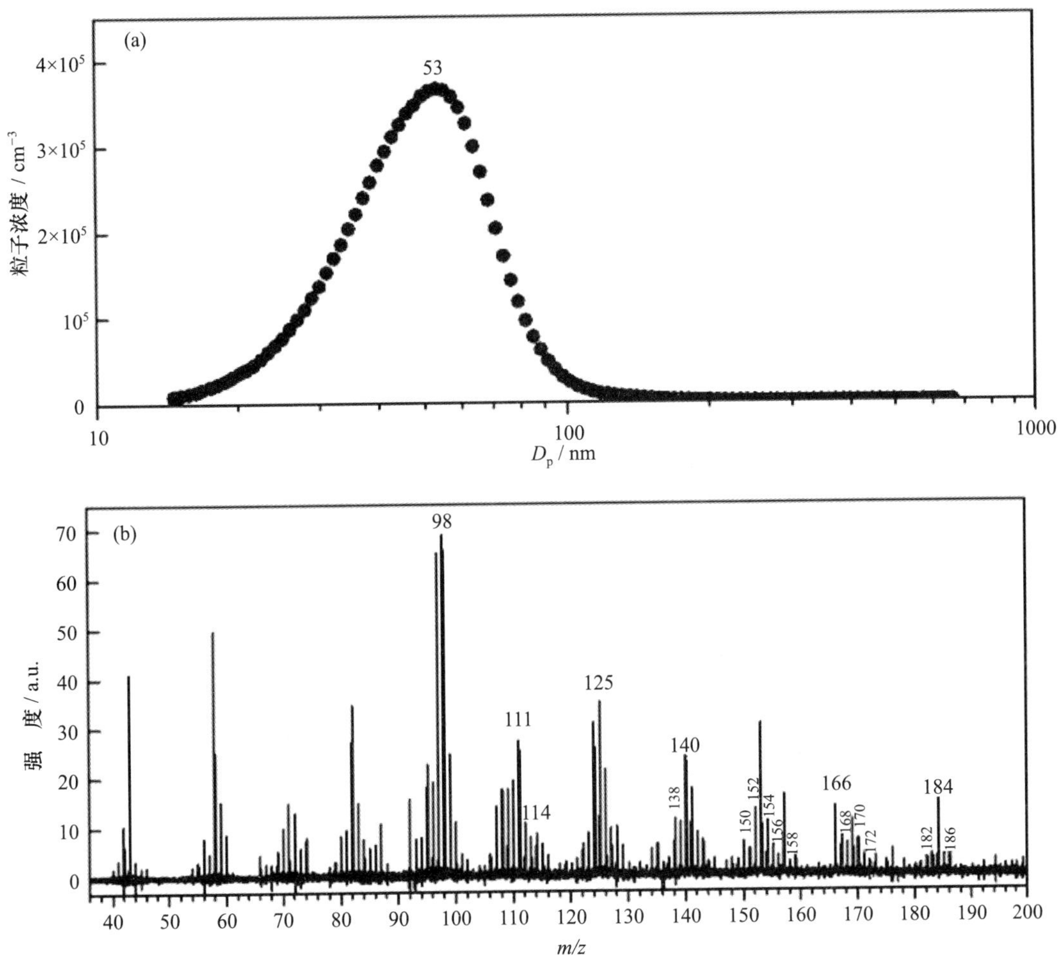

图 10.21　α-蒎烯臭氧氧化成核超细纳米颗粒物：(a)粒谱；(b)质谱

10.5　本项目资助发表论文

[1] WEN Z Y, TANG X F, FITTSCHEN C, et al. Online analysis of gas-phase radical reactions using vacuum ultraviolet lamp photoionization and time-of-flight mass spectrometry. Review of Scientific Instruments, 2020, 91: 043201.

[2] WEN Z Y, TANG X F, WAGN T, et al. Detection of chemical compositions of ultrafine nanoparticles by a vacuum ultraviolet photoionization nucleation aerosol mass spectrometer. Chinese Journal of Analytical Chemistry, 2020, 48: 491-497.

[3] WANG T, TANG X F, WEN Z Y, et al. A vacuum ultraviolet photoionization time-of-flight mass spectrometer for investigation of free radical reaction. Chinese Journal of Analytical Chemistry, 2020, 48: 28-33.

[4] TANG X F, GARCIA A G, NAHON L. High resolution vibronic state-specific dissociation of NO_2^+ in the 10.0～15.5 eV energy range by synchrotron double imaging photoelectron photoion coincidence. Physical Chemistry Chemical Physics, 2020, 22: 1974-1982.

[5] 王涛,唐小锋,郭晓天,等. 毛细管进样-激光解吸电离气溶胶飞行时间质谱仪检测超细纳米颗粒物化学成分. 质谱学报,2020, 41: 577-587.

[6] WEN Z Y, TANG X F, WANG C C, et al. A vacuum ultraviolet photoionization time-of-flight mass spectrometer with high sensitivity for study of gas-phase radical reaction in a flow tube. International Journal of Chemical Kinetics, 2019, 51: 178-188.

[7] TANG X F, GARCIA A G, NAHON L. New insights onto dissociation of state-selected O_2^+ ions investigated by double imaging photoelectron photoion coincidence: The superimposed $3^2\Pi_u$ and $c^4\Sigma_u^-$ inner-valence states. The Journal of Chemical Physics, 2018, 148: 124309.

[8] 郭晓天,温作赢,唐小锋,等. 用于纳米气溶胶质谱仪的毛细管进样接口传输特性研究. 质谱学报,2018, 39: 687-696.

[9] TANG X F, GARCIA A G, NAHON L. Double imaging photoelectron photoion coincidence sheds new light on the dissociation of state-selected CH_3F^+ ions. The Journal of Physical Chemistry A, 2017, 121: 5763-5772.

[10] TANG X F, LIN X X, ZHU Y P, et al. Pyrolysis of *n*-butane investigated using synchrotron threshold photoelectron photoion coincidence spectroscopy. RSC Advances, 2017, 7: 28746-28753.

参考文献

[1] 唐孝炎,张远航,邵敏. 大气环境化学(第二版). 北京:高等教育出版社,2006.

[2] KULMALA M, VEHKAMAKI H, PETAJA T, et al. Formation and growth rates of ultrafine atmospheric particles: A review of observations. Journal of Aerosol Science, 2004, 35: 143-176.

[3] OBERDORSTER G, OBERDORSTER E, OBERDORSTER J. Nanotoxicology: An emerging discipline evolving from studies of ultrafine particles. Enviromental Health perspectivives, 2005, 113: 823-839.

[4] KIENDLER SCHARR A, WILDT J, MASO M D, et al. New particle formation in forests inhibited by isoprene emissions. Nature, 2009, 461: 381-384.

[5] ZHANG R Y, SUH I, ZHAO J, et al. Atmospheric new particle formation enhanced by organic acids. Science, 2004, 304: 1487-1490.

[6] KULMALA M, How particles nucleate and grow. Science, 2003, 302: 1000-1001.

[7] JIANG J K, CHEN M D, KUANG C A, et al. Electrical mobility spectrometer using a diethylene glycol condensation particle counter for measurement of aerosol size distributions sown to 1 nm. Aerosol Science and Technology, 2011, 45: 510-521.

[8] HODSHIRE A L, LAWLER M J, ZHAO J, et al. Multiple new-particle growth pathways observed at

the US DOE Southern Great Plains field site. Atmospheric Chemistry and Physics，2016，16：9321-9348.

[9] KIRKBY J，DUPLISSY J，SENGUPTA K，et al. Ion-induced nucleation of pure biogenic particles. Nature，2016，533：521-526.

[10] TROSTL J，CHUANG W K，GORDON H，et al. The role of low-volatility organic compounds in initial particle growth in the atmosphere. Nature，2016，533：527-531.

[11] CAPPA C. Unexpected player in particle formation. Nature，2016，533：478-479.

[12] BIANCHI F，TROSTL J，JUNNINEN H，et al. Global atmospheric particle formation from CERN CLOUD measurements. Science，2016，352：1109-1124.

[13] HOFFMANN T，HUANG R J，KALBERER M. Atmospheric Analytical Chemistry. Analytical Chemistry，2011，83：4649-4664.

[14] MORAWSKA L，WANG H，RISTOVSKI Z，et al. JEM spotlight：Environmental monitoring of airborne nanoparticles. Journal of Environmental Monitoring，2009，11：1758-1773.

[15] SVAME M，HAGSTROM M，PETTERSSON J B C. Chemical analysis of individual alkali-containing aerosol particles：Design and performance of a surface ionization particle beam mass spectrometer. Aerosol Science and Technology，2004，38：655-663.

[16] KUERTEN A，CURTIUS J，HELLEIS F，et al. Development and characterization of an ion trap mass spectrometer for the on-line chemical analysis of atmospheric aerosol particles. International Journal of Mass Spectrometry，2007，265：30-39.

[17] TOBIAS H J，KOOIMAN P M，DOCHERTY K S，et al. Real-time chemical analysis of organic aerosols using a thermal desorption particle beam mass spectrometer. Aerosol Science and Technology，2000，33：170-190.

[18] JAYNE J T，LESRD D C，ZHANG X F，et al. Development of an aerosol mass spectrometer for size and composition analysis of submicron particles. Aerosol Science and Technology，2000，33：49-70.

[19] CANAGARATNA M R，JAYNE J T，JIMENEZ J L，et al. Chemical and microphysical characterization of ambient aerosols with the aerodyne aerosol mass spectrometer. Mass Spectrometry Reviews，2007，26：185-222.

[20] REENTS W D，GE Z Z. Simultaneous elemental composition and size distributions of submicron particles in real time using laser atomization/ionization mass spectrometry. Aerosol Science and Technology，2000，33：122-134.

[21] OKTEM B，TOLOCKA M P，JOHNSTON M V. On-line analysis of organic components in fine and ultrafine particles by photoionization aerosol mass spectrometry. Analytical Chemistry，2004，76：253-261.

[22] ZELENYUK A，YANG J，CHOI E，et al. SPLAT Ⅱ：An aircraft compatible，ultra-sensitive，high precision instrument for in-situ characterization of the size and composition of fine and ultrafine particles. Aerosol Science and Technology，2009，43：411-424.

[23] GARD E，MAYER J E，MORRICAL B D，et al. Real-time analysis of individual atmospheric aerosol particles：Design and performance of a portable ATOFMS. Analytical Chemistry，1997，69：4083-4091.

[24] WANG S Y，ZORDAN C A，JOHNSTON M V. Chemical characterization of individual，airborne sub-

10 nm particles and molecules. Analytical Chemistry, 2006, 78: 1750-1754.

[25] SMITH J N, MOORE K F, MCMURRY P H, et al. Atmospheric measurements of sub-20 nm diameter particle chemical composition by thermal desorption chemical ionization mass spectrometry. Aerosol Science and Technology, 2004, 38: 100-110.

[26] JUNNINEN H, EHN M, PETAJA T, et al. A high-resolution mass spectrometer to measure atmospheric ion composition. Atmospheric Measurement Techniques, 2010, 3: 1039-1053.

[27] 夏柱红,方黎,郑海洋,等. 气溶胶单粒子化学成分的实时测量. 分析化学,2004, 32: 973-976.

[28] 梁峰,张娜珍,王宾,等. 在线测量气溶胶大小和化学组分的质谱技术与应用. 质谱学报,2005, 26: 193-197.

[29] 黄正旭,高伟,董俊国,等. 实时在线单颗粒气溶胶飞行时间质谱仪的研制. 质谱学报,2010, 31, 331-336.

[30] FANG W Z, GONG L, SHAN X B, et al. Thermal desorption/Tunable vacuum-ultraviolet time-of-flight photoionization aerosol mass spectrometry for investigating secondary organic aerosols in chamber experiments. Analytical Chemistry, 2011, 83: 9024-9032.

[31] SHU J N, GAO S K, LI Y, et al. A VUV photoionization aerosol time-of-flight mass spectrometer with a RF-powered VUV lamp for laboratory-based organic aerosol measurements. Aerosol Science and Technology, 2008, 42: 110-113.

[32] LIU P, ZIEMANN P J, KITTELSON D B, et al. Generating particle beams of controlled dimensions and divergence. 2. Experimental evaluation of particle motion in aerodynamic lens and nozzle expansions. Aerosol Science and Technology, 1995, 22: 314-324.

[33] WANG X L, KRUIS F E, MCMURRY P H. Aerodynamic focusing of nanoparticles: Ⅰ. Guidelines fordesigning aerodynamic lenses for nanoparticles. Aerosol Science and Technology, 2005, 39: 611-623.

[34] JOHNSTON M V. Sampling and analysis of individual particles by aerosol mass spectrometry. Journal of Mass Spectrometry, 2000, 35: 585-595.

[35] 王志彬,胡敏,吴志军,等. 大气新粒子生成机制的研究. 化学学报,2013, 71: 519-527.

[36] GUO S, HU M, ZAMORA M L, et al. Elucidating severe urban haze formation in China. Proceedings of the National Academy of Sciences of the United States of Amercia, 2014, 111: 17373-17378.

[37] HUANG X, ZHOU L X, DING A J, et al. Comprehensive modelling study on observed new particle formation at the SORPES station in Nanjing, China. Atmospheric Chemistry and Physics, 2016, 16: 2477-2492.

[38] HUAN Y, ZHOU L Y, DAI L, et al. Nucleation and growth of sub-3nm particles in the polluted urban atmosphere of a megacity in China. Atmospheric Chemistry and Physics, 2016, 16: 2641-2657.

[39] KULMALA M, PETAJA T, KERMINEN V M, et al. On secondary new particle formation in China. Frontiers of Environmental Science and Engineering, 2016, 10: 08.

[40] GAO L, COOKS R G, OUYANG Z. Breaking the pumping speed barrier in mass spectrometry: Discontinuous atmospheric pressure interface. Analytical Chemistry, 2008, 80: 4026-4032.

第 11 章　对流层臭氧卫星与地基激光雷达精确遥感方法研究

刘诚[1,2,3]，董云升[2]，邢成志[2]，刘浩然[4]，张成歆[1]

[1]中国科学技术大学，[2]中国科学院安徽光学精密机械研究所/中国科学院环境光学与技术重点实验室，[3]中国科学院区域大气环境研究卓越创新中心，[4]安徽大学

对流层臭氧控制着大气氧化能力，是导致光化学烟雾的主要原因，对人体和生态系统具有危害作用。研究我国地区对流层臭氧时空分布、演变特征对阐明我国大气氧化性有重要意义。对流层的臭氧不仅分布在近地面，还会分布在高空，甚至还会受到平流层的影响，因此为更好地理解臭氧污染成因需要获取臭氧的垂直结构。本章拟采用具有高时空分辨率的 OMI 以及 TROPOMI 卫星传感器观测整层臭氧总量，结合具有边界层探测能力的傅立叶变换红外光谱技术(FTS)观测平流层臭氧，可实现大范围、动态对流层臭氧的时空分布探测，克服现有 OMI 卫星对对流层臭氧探测灵敏度低以及高气溶胶对遥感监测精度的影响。开展基于 TROPOMI 卫星的整层臭氧总量的准确反演方法(包括臭氧吸收系数与仪器函数的卷积方法、斜柱浓度反演方法和垂直柱浓度的反演方法研究)以及基于 FTS 的平流层臭氧高精度探测及反演方法研究。研究结果对于揭示我国大气对流层臭氧的时空变化性特征、演变规律以及应对大气复合污染的形成具有重要的意义，同时也为国家的环境安全、政府制定大气污染治理政策、揭示大气复合污染成因提供科学支撑。

11.1　研究背景

近二十多年来，随着我国工业化和城市化进程加快，各种大气污染物高强度、集中性排放，大大超过了环境承载能力，导致空气质量严重退化，表现出显著的系统性、区域性、复合性和长期性特征。此外，大气污染还事关国家气候外交和国家安全，对我国已经签署系列国家公约的履行造成较大压力。因此，目前我国在环境问题上面临着前所未有的挑战，全面掌握大气污染的区域分布情况及其变化规律对环境治理和规划显得尤为重要。我国面积辽阔，地基常规环境监测网及地基遥感手段难以对环境污染及重大环境灾害实现大范围、动态监测。卫星遥感平台是在短时间获取全球或大区域信息的重要手段，其弥补了地面站点监测在空间尺度上的不足。星载遥感大气污染监测较常规方法更具客观性，便于对全球和区域大气污染进行动态监测和预报，具有广阔的应用前景。目前，星载大气污染遥感在国际上

正得到快速发展，在发达国家和地区，卫星遥感已成为大气环境监测和大气质量预报的重要手段。

臭氧是一种重要的温室气体和大气污染物，大气中臭氧包括平流层臭氧和对流层臭氧，平流层臭氧对紫外线有屏蔽作用，保护着人类的健康。然而，近地面的臭氧浓度上升会对人类健康和生态系统具有很强的破坏作用[1]。研究表明，对流层臭氧对人类健康的危害包括刺激呼吸系统，损害肺功能，加重哮喘病情。在几天之内，被损坏的细胞会像晒黑后的皮肤一样脱落，直到新细胞长成。动物实验结果表明，如果这种情况长期得不到改变(可能是数月、数年、一生)，可能会在肺组织中留下疤痕，导致肺功能受到永久损害，严重影响患者的生活质量。有关组织对美国全国 95 个城市居民区中的住户进行了一次抽样调查，结果发现居住环境中的臭氧浓度与居民过早死亡率有密切关系。研究还指出，若城市中的臭氧浓度能下降三分之一，那么全美每年将可减少约 4000 例死亡[2]。另外，臭氧可以通过气孔进入树叶中，生成其他的反应性氧化物质，引起氧化应激，减少光合作用，抑制植物生长和生物质的富集，最终导致植物减产，影响生物质的增长、树的生理及生物化学。由于臭氧浓度的增加导致植物产量的减产，每年引起的经济损失有几十亿美元[3]。相比于工业化前的臭氧浓度，目前的大气臭氧浓度(40 ppb，1 ppb$=10^{-9}$)会使树木的总量减少 7%，增加臭氧浓度至 64 ppb 和 97 ppb，树木的总量会减少 11%和 17%[4]。

对流层臭氧主要来自光化学反应——当混合着各种氮的氧化物(NO_x)、一氧化碳(CO)和挥发性有机化合物(VOCs，如二甲苯)的空气在受到日光照射时，便会相互耦合进行二次化学反应产生臭氧和高浓度细颗粒物(PM2.5)，这是导致大气雾霾和光化学烟雾的主要原因[5-6]。其前体物包括 NO_x、VOCs 和 CO 等，前体物的人为源主要来自化石燃料燃烧，自然源包括植被排放的 VOCs、闪电与土壤排放的 NO_x 等。我国大部分国土处于北半球亚热带和中纬度地区，气象条件有利于大气光化学反应，且我国经济处于持续高速发展期，臭氧前体物排放已持续多年增加，对流层臭氧已成为我国大气污染最主要的物种之一，以臭氧、PM2.5 和酸雨为特征的区域性复合型大气污染日益突出[7-8]，严重制约着我国社会经济的可持续发展，威胁人民群众身体健康，《重点区域大气污染防治“十二五”规划》明确提出要使臭氧污染得到初步控制。对流层臭氧浓度变化研究是近年来环境监测领域的一个热点研究方向。

大气臭氧测量技术主要分为遥感测量和直接现场测量两种方法。直接现场测量通过分析样本空气，采用光学、化学或电化学等技术测量空气中的臭氧浓度，直接现场测量有紫外线光度臭氧分析仪[9]、臭氧探空仪[10]等仪器，遥感测量技术主要是利用差分吸收光学技术，主要仪器有主动卫星遥感探测、和差分吸收激光雷达(DIAL)[11]等仪器。

卫星遥测由于其时空分辨率高、覆盖范围广、重复周期短以及同时探测多组分等优势，在地球测量系统中得到广泛应用，有效地弥补了地面观测覆盖范围有限、数据点空间范围稀疏等缺点，有利于研究区域范围臭氧分布的水平变化规律。利用卫星观测全球对流层及平流层臭氧已成为研究臭氧水平垂直分布及时间演变特征的一种有力手段，目前卫星探测臭氧涵盖了紫外波段及红外波段，有 OMI、IASI、MLS、GOME、GOME2 等。

一般来说，OMI 采用 OMI-TOMS 和 OMI-DOAS 两种方法来反演臭氧整层总量，并采用北半球地面 76 个 Dobson 和 Brewer 监测站点数据来检验 OMI 的臭氧总量数据[12]。结果表明相对于地面监测网络,OMI-TOMS 和 OMI-DOAS 反演的臭氧总量产品在超过 2 年左右的时间内,数据较为稳定,没有明显的漂移。OMI 观测的臭氧平均总量与地面站点有 1.1%的偏差,季节变化约为±2%。

但对于对流层臭氧柱浓度的反演,由于平流层的干扰、对流层臭氧浓度较低以及卫星对近地面的不敏感等,采用卫星数据反演对流层臭氧的精度一直是人们研究的热点。对流层臭氧具有较强的空间和时间变化特征,高浓度的对流层臭氧值位于北半球中纬度地区[13]。在中纬度地区,对流层臭氧量每天至每个季节都会发生快速的变化[14]。Allen 和 Reck[29]发现由于边界层和中尺度的波动,TO 具有日震荡特性,在±25°之间每日和每日之间的 RMS 变化 2 到 8DU,在中纬度地区是 5 到 30DU。从空间尺度看,对流层臭氧能在几千米范围内会有 30～50 ppb 的改变。Sellitto 等人[16]采用神经网络算法(NN)反演了 OMI 卫星的对流层臭氧柱浓度,并选择北半球中纬度地区(30°N～60°N)的地面站点数据分季节进行比对、校验。通过有云和无云情况下的数据比对发现,采用神经网络算法反演 OMI 的臭氧对云不敏感。M. R. Schoeberl 等人[14]利用了残差的方法估算了对流层臭氧柱浓度,并与包括 Brewer 和 Dobson 数据、Earth Probe Total Ozone Mapping Spectrometer 数据以及 Solar Backscatter Ultraviolet/2 数据在内的地面监测结果比较,结果显示秋天和冬天的相关系数相对较差。Liu 等[15]人利用最优估算法(OE)得到对流层臭氧柱浓度,但这个算法受气溶胶影响较大,并且依赖于先验廓线选取的准确性,不适合用于反演我国地区对流层臭氧。

与对流层臭氧相比,平流层臭氧时空变化特征没有那么剧烈。由临边观测卫星 MLS 的全球平流层臭氧柱浓度分布图得出[17],1—4 月 20°S～20°N 之间,平流层臭氧柱浓度约 220DU,具有较好的时空一致性;6 月和 8 月,30°N～50°N 之间,平流层臭氧柱浓度约为 280DU,具有较好的时空一致性;而在 7 月份,30°N～80°N,平流层臭氧柱浓度约 280DU,在较大空间范围内有很好的时空一致性。因此,Ziemke 等人[18]采用 OMI 获取臭氧的整层柱浓度和 MLS 获取平流层柱浓度的方法来计算对流层臭氧柱浓度。首先,这种方法的关键在于用 MLS 来探测平流层臭氧柱浓度的精度,而 MLS 的均方根精度仅是纬度的函数[19];其次,由于 MLS 的水平空间分辨率不满足全球 TOC 的分布,只能采用线性插值、潜在的涡旋成像、轨迹成像或数字同化来获得全球 TOC 分布,会造成较大误差[20-22];再次,研究发现,采用 SAGE 和 OZONE SONDE 的数据来检验 MLS、MLS 和 OZONE SONDE/SAGE 的标准偏差大于 MLS 的不确定度[23];最后,MLS 的数据产品精度很大程度上依赖于先验廓线的精度,MLS 的估算误差要大于先验廓线误差的一半以上,研究表明先验廓线的不确定度能大于 50%[24]。颜晓露等人[25]根据 Aura 卫星微波临边探测(MLS)2.2、3.3 版臭氧廓线,采用线性内插方法,将夏季在青藏高原(西藏的那曲和拉萨)及其周边地区(云南腾冲)通过电化学反应池型(ECC)探空仪测得的臭氧数据插值到与卫星产品规定的气压高度进行比较分析,结果表明:青藏高原地区对流层臭氧的误差为-3.5%±54.4%,下平流层误差为-11.7%±16.3%,对流层上层误差为 18.0±79.1%;而周边地区(云南腾冲)对流层臭氧的误差为-8.7%±41.6%,下平流层误差为 15.6%±24.2%,对流层上层误差为 34.2%±76.6%。"臭氧低谷"期间,拉萨地区 70 hPa 高度以下 MLS 卫星臭氧浓度误差明显增加。而差分吸收激光雷达在平流层探测误差约为5%,对流层顶部的探测误差小于20%,优于MLS探测结果。此外,平流层中层(10 hPa高度)和平流层高层(1 hPa高度)MLS垂直分辨率3 km,水平分辨率300 km[26]。

综上所述,由于我国对流层臭氧的主要人为排放源为汽车尾气、工业废气和化学有机溶剂,尽管这些排放源大都集中在城市中,但一些物质(如NO_x)可以借助风力扩散到数百千米之外的人口稀疏区,在那里形成臭氧源。因此,臭氧参与的光化学反应是在大尺度开放空间内发生的,真实大气中的污染过程是多来源、多相态、多因素的。地面臭氧的扩散、光化学反应及沉降等过程在很大程度依赖于上层混合及垂直边界层的物理状况,如夜间残留层臭氧在次日可以被下混运动带到地面,从而使地面的臭氧浓度升高,甚至启动近地面光化学污染过程,这种过程已有很多研究报告[27-28]。所以,依靠单一地面或星载测量都不能精确反映整个立体尺度上的污染状况,监测系统必须具备边界层探测能力和较高空间覆盖范围及分辨率。

由于平流层臭氧在一定的时空范围内具有较好的一致性特点,本章拟采用具有高空间覆盖率与分辨率的OMI卫星传感器观测整层臭氧总量,结合具有边界层探测能力的地基激光雷达观测平流层臭氧,来获取我国地区的对流层臭氧时空分布数据。研究结果对于研究我国区域对流层臭氧污染、二次雾霾成因,提升我国大气环境全球、区域观测研究能力具有重要的意义,同时也为国家的环境安全、发展国民经济和实现可持续发展战略提供科学依据。

11.2 研究目标与研究内容

11.2.1 研究目标

本章瞄准重大研究计划中的"揭示形成大气复合污染的关键化学过程和关键大气物理过程""阐明大气复合污染的成因""发展大气复合污染探测的新原理与新方法"科学目标,采用卫星与地面光学遥感技术多源数据融合,开展区域对流层臭氧浓度变化特征和输送过程多尺度观测研究,攻克多种遥感技术联合反演对流层臭氧的关键科学问题,揭示大气复合污染过程中臭氧变化过程,建立复杂大气环境下对流层臭氧区域浓度多尺度、高时间和空间分辨率、高精度观测反演新方法。

11.2.2 研究内容

本章的研究主要分为以下几个部分:

(1) 研发不同天气条件下,高精度臭氧总量卫星反演算法。

(2) 卫星、FTS观测数据同化与综合分析。

其中利用OMI紫外波段天顶观测辐射数据进行差分吸收反演,获得整臭氧柱浓度。通过激光雷达固定站点对平流层臭氧进行精确的探测,在臭氧总量的卫星观测中扣除平流层臭氧贡献，获得对流层臭氧分布。通过建立新型的大气对流层臭氧探测技术，实现中国区域大气质量关键成分——对流层臭氧污染状况，时空分布特征和演变规律的定量监测。在具体执行中又分为：

① 臭氧吸收系数与仪器响应函数卷积技术。

开展高分辨率臭氧吸收截面的卷积处理技术研究工作，包括臭氧吸收截面处理方法调研；采集光谱过程的数学描述分析；仪器紫外响应特征与臭氧吸收特性综合卷积的处理方法研究；仪器响应特征（包括仪器函数、光谱定标方程）获取技术研究；

② 臭氧斜柱浓度差分吸收光谱反演技术。

开展紫外波段差分光谱臭氧斜柱浓度反演研究，包括评价不同环境下臭氧吸收截面，选择合适温度下臭氧吸收系数；紫外波段地表反射与气溶胶散射慢变效应估算研究；研究根据卫星实时观测的高分辨率光谱，计算大气 Ring 效应（大气吸收谱线的填充效应）及如何去除其对臭氧总量反演精度影响。

③ 基于大气辐射传输模型的臭氧垂直柱总量获取技术。

开展基于大气辐射传输模型的紫外波段大气质量因子（AMF）计算，并结合臭氧斜柱浓度的反演结果，开展臭氧垂直柱总量获取技术研究。

④ 基于 OMI 卫星高精度整层臭氧浓度探测方法与 FTS 平流层臭氧浓度探测方法。

开展对流层臭氧浓度高精度联合反演方法研究，实现对流层臭氧浓度时空分布的大范围动态探测研究，并在长三角地区，开展对流层臭氧浓度长时间高精度观测研究，获取长三角区域对流层臭氧浓度动态分布特征。

11.3　研究方案

本章拟采用具有高时空分辨率的 OMI 卫星传感器观测整层臭氧总量，结合具有边界层探测能力的 FTS 观测平流层臭氧，来获取我国地区的对流层臭氧时空分布数据。主要开展臭氧吸收系数与仪器响应函数卷积技术，臭氧斜柱浓度差分吸收光谱反演技术，基于大气辐射传输模型的臭氧垂直柱总量获取技术，基于 FTS 技术的平流层臭氧探测及反演技术，对流层臭氧垂直柱总量的估算技术和臭氧反演精度改正技术研究。实现中国区域大气质量和影响全球变化的关键大气痕量成分对流层臭氧的时空分布和演变特征的定量监测。本章总体技术路线如图 11.1 所示。

星载整层臭氧柱浓度反演技术：星载大气探测 DOAS 技术是一种基于空间测量的光谱技术，在紫外或可见波段，以较高的辐射测量准确性和光谱测量稳定性测量经过地球大气或表面反射、散射的太阳光辐射，通过对天底或临边（大气的外缘）以及太阳掩星方式测量大气层（如图 11.2 所示）。利用痕量气体分子对紫外或可见波段的“指纹”特征吸收光谱，采用差分吸收光谱（DOAS）的算法解析来定量获取全球（或区域）痕量气体成分臭氧等的分布和变化，这些都将会使我们增进对对流层及平流层变化的了解。

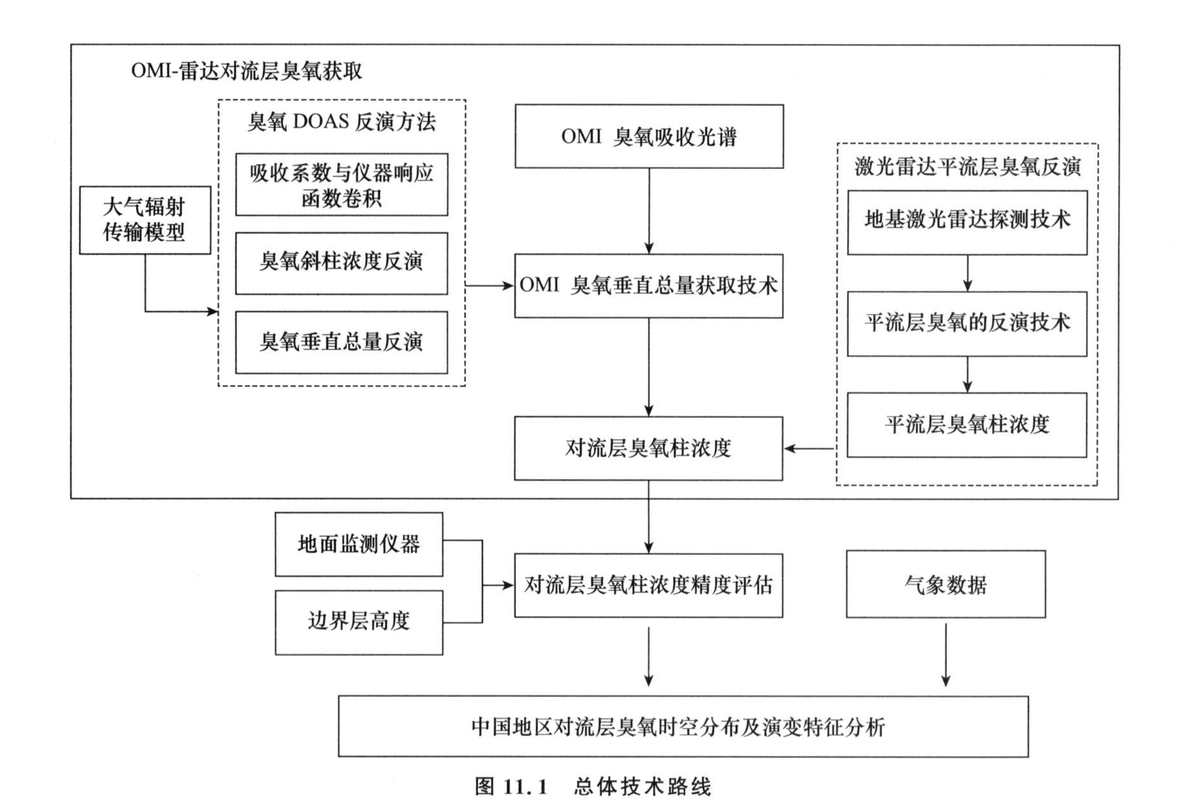

图 11.1 总体技术路线

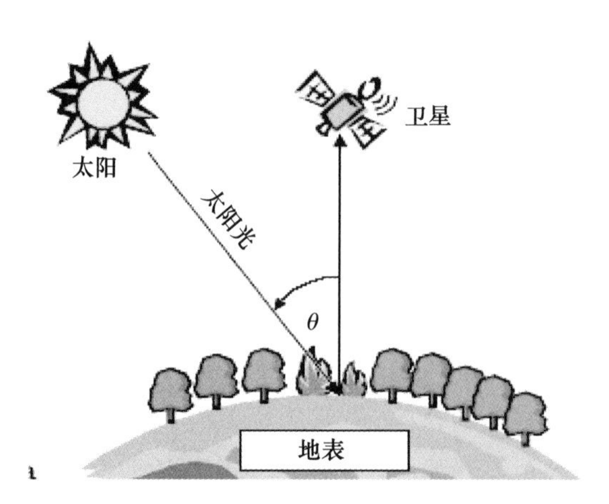

图 11.2 星载 DOAS 大气探测示意

DOAS 光谱仪接收到的光谱信号，根据 Lambert-Beer 吸收定律，有

$$I(\lambda) = I_0(\lambda)e^{-\sum_i \sigma_i(\lambda)\mathrm{SCD}_i} g(\lambda) \tag{11.1}$$

其中，$I_0(\lambda)$为大气层外的太阳辐射；$I(\lambda)$为经过大气吸收后的接收光强；$\sigma_i(\lambda)$是第 i 种气体分子的吸收截面；SCD_i 是第 i 种气体分子的斜柱密度（slant column density，SCD）；$g(\lambda)$代表大气中的 Rayleigh 散射、Mie 散射、地面反射以及光学系统等造成的衰减。

DOAS 光谱探测技术核心是采用差分的思想。如图 11.3 所示，将痕量气体分子的吸收截面变为随波长做慢变化的部分 $\sigma_b(\lambda)$ 和快变化部分 $\sigma_i'(\lambda)$：

$$\sigma_i(\lambda) = \sigma_b(\lambda) + \sigma_i'(\lambda) \tag{11.2}$$

则

$$I(\lambda) = I_0(\lambda) \cdot \exp\left\{-\sum\left[\sigma_i'(\lambda)\mathrm{SCD}_i + \sigma_b(\lambda)\mathrm{SCD}_i\right]\right\} \cdot g(\lambda)$$

定义变量 $I_0'(\lambda)$ 表示慢变化部分：

$$I_0'(\lambda) = I_0(\lambda) \cdot \exp\left(-\left\{\sum\left[\sigma_{i,b}(\lambda)\mathrm{SCD}_i\right]\right\}\right) \cdot g(\lambda) \tag{11.3}$$

那么，差分光学厚度 D'：

$$D' = \ln\left[I_0'(\lambda)/I(\lambda)\right] = \sum\left[\sigma_i'(\lambda)\mathrm{SCD}_i\right] \tag{11.4}$$

通过数字滤波去除随波长做慢变化的宽带光谱结构，对剩余光谱中的快变化部分与气体分子的标准参考光谱进行非线性最小二乘法拟合，从而得到各种气体的斜柱密度。得出所谓的斜柱浓度，也就是说得到沿着光程的积分浓度。

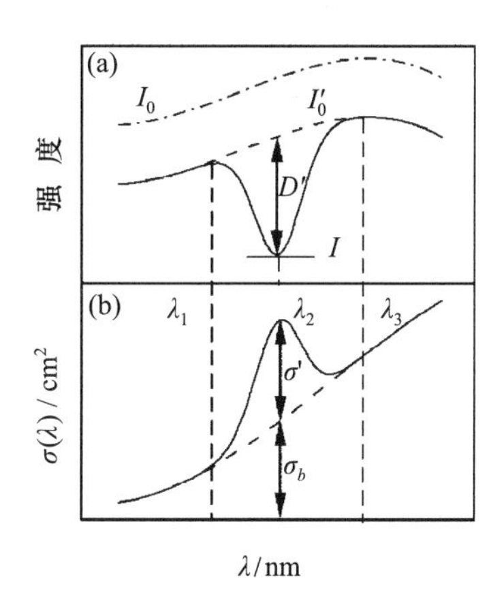

图 11.3　大气光谱中宽带吸收和窄带吸收部分

大气成分斜柱浓度反演：对于 DOAS 技术反演痕量气体，其分析算法主要分成三个步骤，在实现 DOAS 反演时这些步骤可根据情况进行部分组合和优化。

第一步，将测量光谱 I 除以宇宙中的太阳光谱即由光源发出的未衰减的光谱 I_0，计算出整个大气的吸收光学厚度：$\mathrm{OD}_\lambda = \ln(I_0/I)_\lambda$。

第二步，通过对 OD_λ 进行拟合或消减一个低阶多项式，可消除各种大气效应影响（例如宽带吸收、Rayleigh 散射与 Mie 散射和表面反射而带来的光谱特性加宽），从测量得到的总的大气光学厚度 OD 中分离出由痕量气体分子吸收产生的差分光学厚度。

第三步，通过将痕量气体分子的差分光学厚度与标准气体分子差分吸收截面作最佳拟合，可得到痕量气体分子的有效斜柱密度。

在 DOAS 的光谱分析过程中，特别要考虑影响数据处理精度的多种大气效应，如：太阳夫琅和费线对反演的影响，由于 Ring 效应使大气分子吸收谱线被填充和波长偏移，不同痕量气体光谱的重叠影响，由于温度效应造成的光谱形变效应，系统杂散光的消除，测量信号与探测器暗电流的关系,光谱仪的偏振灵敏度,等等。

仪器光谱采集过程的数学描述:图 11.4 给出了一种典型 DOAS 系统的采集过程示意图。光源发出的光 $I_0(\lambda)$,通过大气后,由望远镜收集光会聚进入光谱仪。由于沿光程的各种气体分子的吸收、散射以及气溶胶粒子散射,导致接收到的光强减弱,衰减为 $I(\lambda)$。在图 11.4 的(a)中,$I(\lambda)$为大气吸收光谱。大气吸收光谱通过 OMI 的望远镜采集、分光系统分光后,由于仪器的分辨率有限、镀膜等因素引入光谱结构,造成了大气吸收光谱 $I(\lambda)$形状的改变。用仪器函数 $F(\lambda)$代表仪器改变光谱形状的特征,则这个过程的数学描述是大气光谱 $I(\lambda)$与探测仪器的仪器函数 $F(\lambda)$进行卷积,如式 11.5 所示。图 11.4 的(b)表示与仪器函数 $F(\lambda)$卷积后,投影在探测器上的光谱 $I^*(\lambda)$。

$$I^*(\lambda) = \int_{-\infty}^{+\infty} I(\lambda')F(\lambda - \lambda')\mathrm{d}\lambda' \tag{11.5}$$

随后,CCD(电荷耦合器件)探测器对 $I^*(\lambda)$光谱进行采样,光谱数据被离散化。在探测器记录光谱的过程中,光谱范围被映射为 n 个离散的像元,用 i 来标记,每个像元表示从 $\lambda(i)$到 $\lambda(i+1)$的间隔积分。这个间隔可以根据波长-像元映射关系 Γ_I 计算得到。一般而言,波长-像元映射关系 Γ_I 可以用多项式 11.6 来表示,其中矢量 γ_k 确定了像元 i-波长 $\lambda(i)$的映射。该映射公式称为光谱定标方程。

$$\Gamma_I:\lambda(i) = \sum_{k=0}^{q} \gamma_k \cdot i^k \tag{11.6}$$

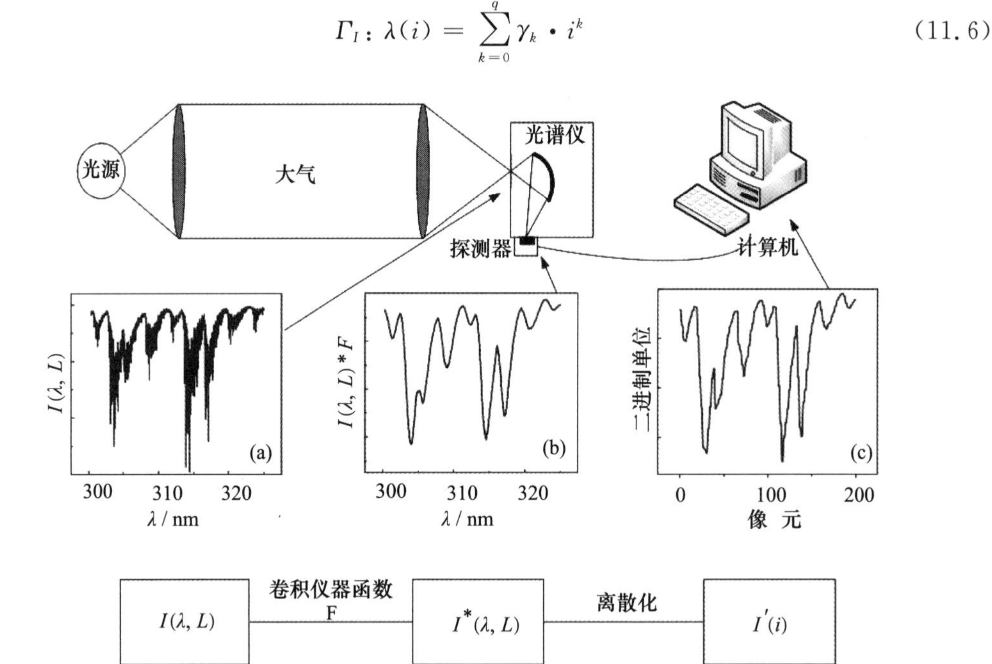

图 11.4 典型 DOAS 仪器组成示意:(a) 进入仪器的大气吸收光谱;(b) 与仪器函数卷积后的光谱;(c) CCD 探测器离散化采样得到的光谱数据

11.4　主要进展与成果

11.4.1　完成基于星载高光谱载荷的臭氧垂直廓线反演

研究我国区域对流层臭氧时空分布、演变特征对阐明我国大气氧化性有重要意义。本章采用超光谱卫星传感器自上而下观测，结合地基高分辨率 FTS 观测先验廓线，研发的适合我国大气环境条件的卫星反演算法，结合立体遥感观测技术创新，在卫星遥感的观测精度和空间覆盖率等方面均有显著提高，实现了臭氧垂直廓线的高精度时空分布探测，尤其是基于我国首个超光谱卫星高分五号实现了对流层臭氧的反演。由于关键部件遭到国际禁运和首次研发此类高精密仪器的经验欠缺等问题，高分五号卫星载荷的稳定性与光谱质量同国外最新同类载荷相比尚有一定差距，该项目针对高分五号载荷的特性，在“卡脖子”的不利条件下，从第一手遥感光谱出发，通过载荷发射前的预标定和在轨后的云过滤和校正、拟合波段解析、光谱二次定标、参考谱重构等关键技术的突破，实现了 EMI 光谱的成功反演，最终使得高分五号的遥感结果达到了欧美最新超光谱卫星载荷的同等水平，增强了我国独立自主发展超光谱环境卫星的信心。

本章基于星载高光谱扫描仪进行了臭氧垂直廓线的反演，现对反演算法介绍如下：

反演公式：我们使用最优化估计算法来反演臭氧廓线，最优化估计算法的关键点是通过多次的迭代反演的状态矢量，使得观测光强与模拟光强，先验状态矢量(X_a)和反演状态矢量(X)的平方差之和最小。并且，需要分别用测量误差协方差矩阵(S_y)和先验误差协方差矩阵(S_a)来约束反演状态矢量和先验状态矢量。

反演状态矢量包括反演的参数：臭氧廓线、气体浓度、地表反射率、云量、波长偏移（对太阳测量太阳光谱和对地测量谱的波长偏移、对地观测的光谱和臭氧吸收截面的波长偏移）等设置的所有参数。

收敛公式如下：

$$\chi^2 = \| S_y^{-\frac{1}{2}}\{K_i(X_{i+1}-X_i)-[Y-R(X_i)]\}\|_2^2 + \| S_a^{-\frac{1}{2}}(X_{i+1}-X_a)\|_2^2 \quad (11.7)$$

状态矢量的迭代公式如下：

$$X_{i+1}=X_i+(K_i^T S_y^{-1} K_i+S_a^{-1})^{-1}\{K_i^T S_y^{-1}[Y-R(X_i)]-S_a^{-1}(X_i-X_a)\} \quad (11.8)$$

其中，X_{i+1} 和 X_i 分别是第 $i+1$ 次和第 i 次的反演状态矢量，Y 是测量的光强；R 是正演模型；$R(X_i)$是第 i 次的反演状态矢量 X_i 模拟的光强；K_i 是权重函数矩阵，定义为$\frac{\partial R}{\partial X_i}$。

正演模型：使用 VLIDORT 辐射传输模型(vector linearized discrete ordinate radiative transfer model)来计算模拟光强和权重函数。LIDORT 模型在模拟光强的时候，在假设地表和云均为朗伯体的情况下，考虑到了臭氧的吸收和 Rayleigh 散射。

假设云顶为一个朗伯面，并固定云的反射率为 0.8。VLIDORT 模型在 LIDORT 模型的基础上考虑了光的偏振。在反演波段内选用约 10 个波长用 VLIDORT 模型模拟光强，所有的点均用 LIDORT 模型模拟，然后通过插值得方法将 LIDORT 模型反演的结果插值到 VLIDORT 模型上。比较可以知道用 LIDORT 模型插值方法模拟的光强和全部用 VLIDORT 模型模拟出来的光强区别仅仅在 0.1%，所以采用前者的方法，提高反演的速度，节约计算成本。在模拟光强时没有考虑气溶胶，同时需要输入臭氧廓线、臭氧吸收截面、云量、云顶压(云高)、温度廓线、地表气压、地表反射率、观测姿态角等参数。

1. 波长定标和辐射定标

由于太阳色球层中原子的选择性吸收和辐射冲发射导致了观测的太阳光谱中有很强的吸收峰，称为夫琅禾费吸收。通过对仪器对太阳观测到的太阳光谱和高分辨率的太阳光谱的夫琅禾费吸收峰的对比，得到光谱的波长定标。

由于采集到的观测光谱是通过与仪器函数卷积以后得到的低分辨率的光谱，所以需要把高分辨的太阳光谱也和仪器函数卷积得到相同分辨率下的光谱来进行拟合。仪器狭缝函数对于波长定标是非常重要的，狭缝函数的误差会导致反演结果偏差很大，目前可以使用参数化的狭缝函数(如高斯型等)或者实测的狭缝函数来对光谱进行定标。

仪器每天都会采集一条对太阳观测的太阳光谱，其他的都是对地观测的观测光谱。利用每天采集的太阳光谱来归一化光强。因为光谱是用二维 CCD 采集数据的，由于 CCD 的灵敏度等不同的原因，导致采集到的光谱存在着依赖于像元位置的系统偏差，使反演的结果存在条纹状偏差，为了消除这些偏差，可以对每一个 CCD 采集的数据进行校正，称为辐射定标。

用模型模拟的在实测姿态角下观测到的光强和仪器测量的光强进行对比，得到辐射校正。在辐射定标时需要输入的参数和正演模型的相同。其中输入的臭氧廓线信息为 MLS 臭氧廓线数据。MLS(ML2O3.004)的臭氧产品是经过验证的，在模拟光强时和反演时的相同，但是在辐射定标的过程中我们仅仅需要进行一次迭代就输出模拟光强的结果和实测光强的结果。通过模拟光强和实测太阳谱的在每一个波长和 row 上的比值得到一个二维的阵列，即辐射定标值。

辐射定标时，需要选取一段臭氧浓度相对稳定的时间和地区来进行计算。一般选择的纬度在南北纬 15°之间，太阳高度角小于 40°，云量小于 0.1，地表反射率小于 0.1 的区域来计算辐射定标。评价辐射定标是通过对比辐射定标前后的观测光谱和模拟光谱的相对差值进行判断的。

反演设置：反演过程中，将大气分为 24 层，每层的气压分别为 $P_i=2^{-\frac{i}{2}}(i=0,1,\cdots 23)$，$P_{24}$被设置为大气层顶部气压。然后读入 NCEP-FNL(National Centers for Environmental Prediction)的气压进行修正，除了顶层外，其他层的厚度约为 2.5 km。输入的气压、温度等数据为 NCEP 的当日数据。地表高度数据来自 WGS-84 椭球数据。云高数据来自 FRESCO 反演结果。在整个反演过程中都是将其他的数据通过压强插值到这 24 层中。为了分离对流层和平流层臭氧柱浓度，我们读取 NCEP-FNL 的对流层气压，并将第 7 层气压插值到对流层气压上。

臭氧的吸收波段主要集中在紫外区域，在此区域内还有二氧化硫、甲醛等痕量气体的吸收。由于 VLIDORT 模型模拟的光谱没有考虑到其他气体的吸收，所以在 VLIDORT 模拟出光谱以后还需要考虑其他痕量气体的吸收。痕量气体的先验信息来自 GEOS-Chem。光测到的光谱中还有多次散射观测到的结果等，由于多次散射等相对于气体吸收是一个低频变化过程，所以可以通过一个低阶多项式表示光的多次散射等过程。臭氧廓线反演流程见图 11.5。

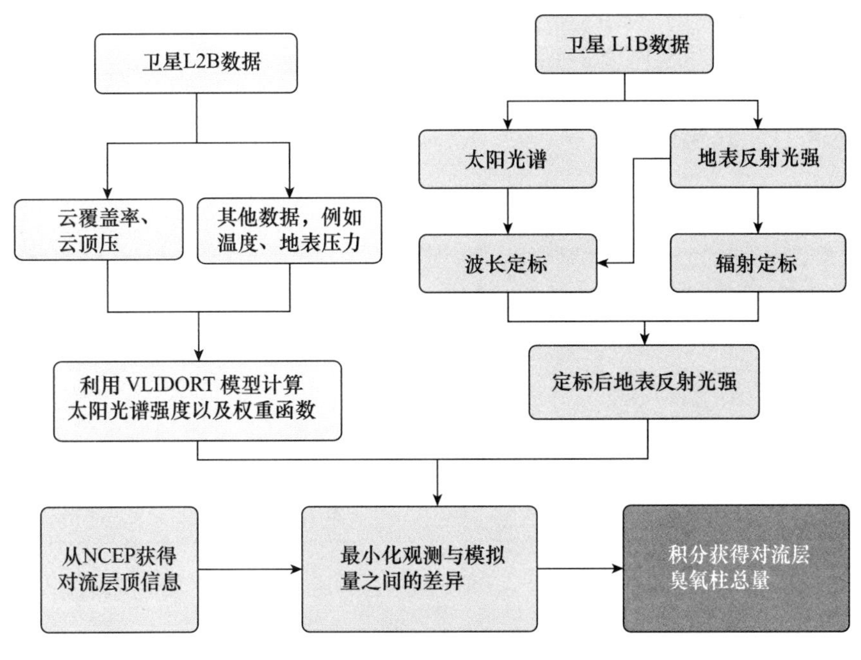

图 11.5　臭氧廓线反演流程

结果分析：平均核矩阵 A，它的第 i 行描绘了真实廓线对反演廓线的影响，反映了反演廓线对实际廓线敏感性和垂直分辨率：

$$A = \frac{\partial X}{\partial X_T} = (K^T S_y^{-1} K + S_a^{-1})^{-1} K^{-1} S_y^{-1} K = \hat{S} K^T S_y^{-1} K = GK \tag{11.9}$$

其中，G 是增益矩阵；K 是权重矩阵；平均核矩阵的对角元素和定义为信号自由度，反映了反演结果中来自测量量的独立可用信息。反演的随机噪声误差协方差矩阵 S_n 和平滑误差协方差矩阵 S_s 分别定义为：

$$S_n = G S_y G^T \tag{11.10}$$

$$S_s = (A - I) S_a (A - I)^T \tag{11.11}$$

地基验证：利用 OMI 反演的对流层臭氧柱浓度和地基 ozonesonde 站点的对比，相关性都在 0.7 以上(图 11.6)。除了和国际认可的 ozonesonde 比对之外，也和位于合肥的 FTS 观测的臭氧进行了对比，相关性也不错(R 达到 0.7 以上，见图 11.6)。

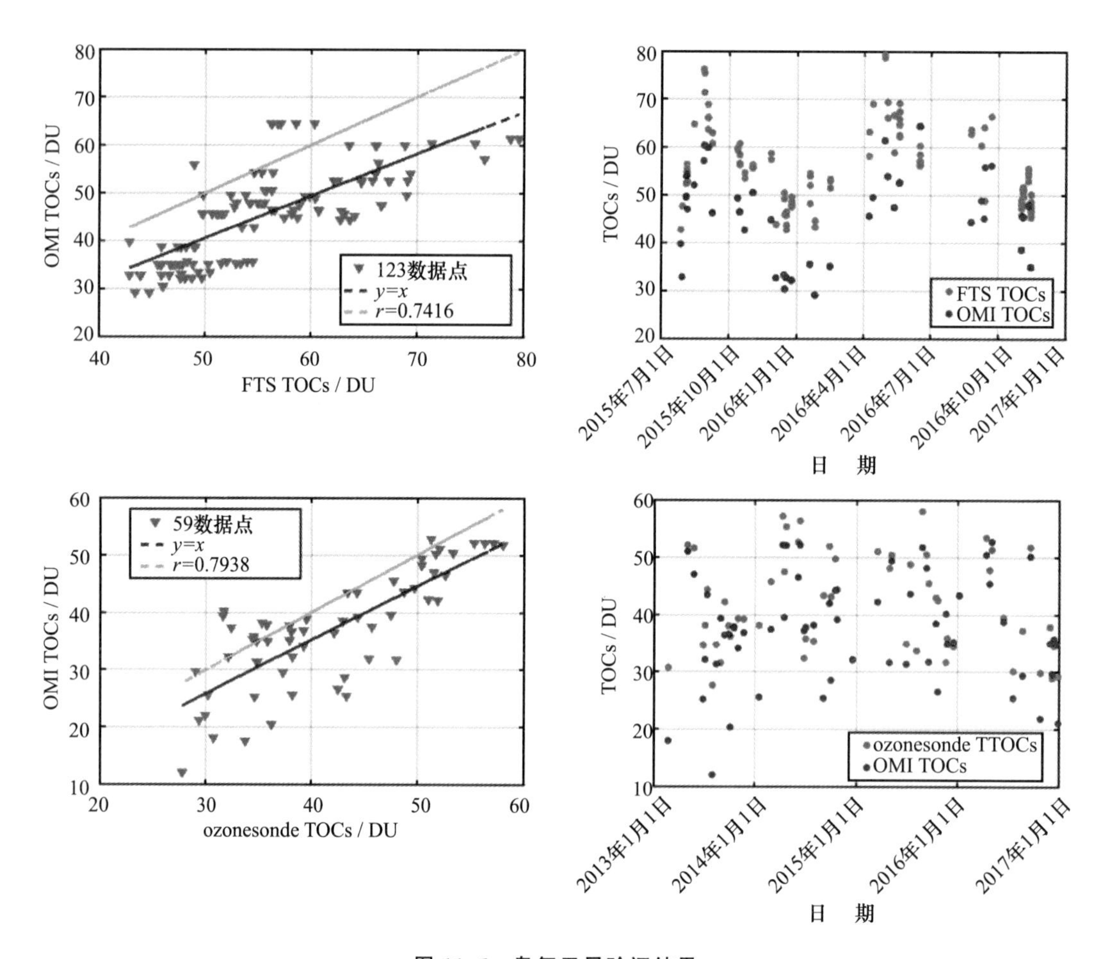

图 11.6 臭氧卫星验证结果

2. 光谱波段和分辨率的选择

DOAS 方法是通过测量各种气体成分的特征吸收来进行定性和定量反演的。图 11.7 为星载大气探测器接收到的光谱和大气痕量成分在该波段内的特征吸收谱。

针对所要测量的主要气体成分臭氧，选取探测光谱范围为 311～403 nm 波段，考虑气体的窄带特征光谱结构，光谱分辨率为 0.3～0.5 nm，拟用于臭氧反演的光谱波段 325～335 nm。

3. 紫外波段地表反射与气溶胶散射慢变效应估算技术

在实际大气中消光除了分子的吸收，还有散射现象。除了由于气体分子造成的 Rayleigh 和 Raman 散射，还有气溶胶颗粒和云滴或冰粒造成的 Mie 散射。对于粒子尺度可与辐射波长相比拟时，散射过程变得非常复杂。1908 年 Mie 给出了均匀球状粒子散射问题的精确解，常称为 Mie 散射。烟、尘、霾、雾对太阳光的散射即为此类，所以也称为粗粒散射。

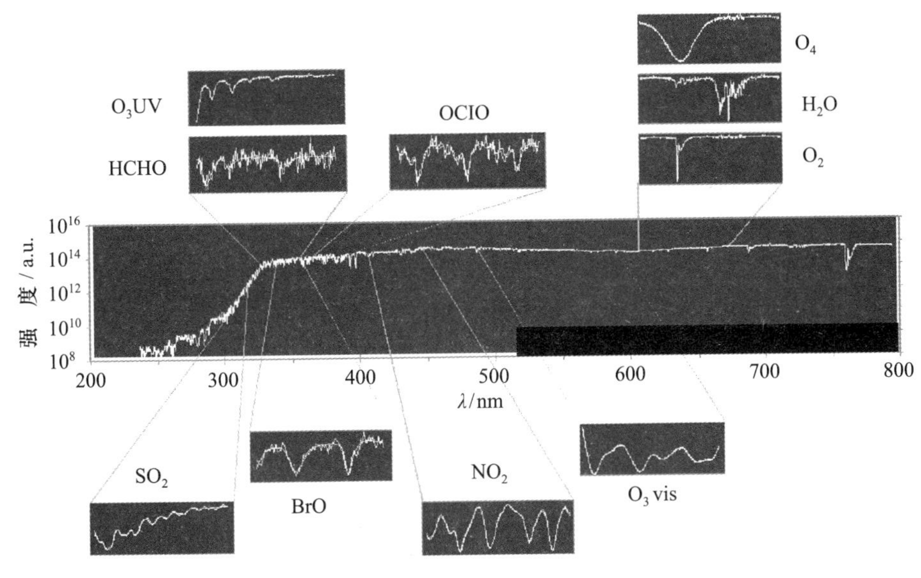

图 11.7 模型仿真星载大气探测器接收到的光谱、大气痕量成分在该波段内的特征吸收谱

在 DOAS 反演中 Mie 散射类似于 Rayleigh 散射，可以近似认为是吸收过程，吸收系数为：

$$\varepsilon_M(\lambda)=\varepsilon_{M_0}\cdot\lambda^{-n}(\text{通常 } n=1\sim4)$$

通常在光谱反演波段(几至十几纳米)内，紫外波段地表反射通常也可以看作慢变化。

痕量气体反演的基础就是利用 DOAS 方法实现光谱快变化部分和慢变化部分的分离，慢变化部分去除得是否干净合理将直接影响到反演的精度。因此通过研究慢变化效应估算技术，通过辐射传输模型(SCIATRAN)模拟气溶胶、地表反照率变化对差分处理前后卫星反射光谱的影响，通过修正使得 DOAS 反演斜柱浓度误差最小。

4. O_3 吸收截面处理方法

DOAS 技术中，获得待测气体的浓度信息要首先知道其吸收截面，经过处理后得到用于光谱光学厚度拟合时的参考截面。气体吸收截面的处理质量决定了气体浓度的反演精度。吸收截面最理想的处理方法是利用观测仪器进行样品池实验，测量已知浓度的待测气体，得到的样品池光谱经过处理后，即可作为拟合所用的参考截面。这种方法的优点是获取的吸收截面和实际大气中待测气体的吸收光谱是一致的，可以消除仪器自身光谱结构、波长标定、仪器分辨率不同对气体吸收截面的影响。但缺点是截面测量装置复杂，需要包括光源、稳压装置、标准样气、温控装置和样品池等装置，不适合在轨仪器采用。

替代方法是查阅获取国内外研究机构发布的高分辨率标准吸收截面，将标准吸收截面与仪器的响应特性综合卷积，最后得到用于 DOAS 拟合的参考截面。其优点是不需要搭载复杂的样品池装置，并且可以获取特定温度、压强下的气体吸收截面。但相应的带来新的问题：外部获取的标准吸收截面的采集仪器性能和 OMI 探测器不同，因此吸收截面处理中需要复杂的数学运算，同时需要获取仪器的紫外响应特性用于卷积。

为实现气体吸收截面的准确处理，提高 DOAS 反演精度，首先，分析并数学描述地气散射光在实际观测中如何通过仪器的收集、采样，最终形成光谱数据；其次，对外部获取的标准吸收截面采用相同的数学处理过程，使其与仪器实际测量的气体吸收特性尽可能一致；最后，针对处理过程中需要的仪器响应特性数据，提出获取方法。

5. 仪器紫外响应特征与臭氧吸收特性综合卷积技术

臭氧吸收截面的处理过程，尽可能和上文描述的光谱采集过程相同，以满足外界输入的参考截面和实际观测中待测气体的吸收情况是一致的。对其处理的数学过程可以分为两部分：仪器函数卷积和 CCD 重采样。

在进行光谱分析时，由于采用的色散器件和光电接收器件受分辨率的限制以及光学系统本身的非理想特性，如入射狭缝的几何宽度、光学系统的像差、仪器机械误差等，光谱仪器也会引入一些导致所测量的谱线位置漂移、轮廓增宽和畸变等因素。这类因素的影响可以统一用仪器函数来描述。仪器函数描述了光学系统的采集、分光、采样造成的衰减和波形变化。仪器函数包含镀膜反射率下降等因素造成的宽带特征，也包含狭缝分光、衍射等因素造成的窄带特征。由于 DOAS 技术考虑的是窄带吸收，因此忽略仪器函数中的宽带特性。通常，使用的仪器函数仅代表仪器光谱分辨率的性能。

仪器响应函数表述了由严格单色辐射经光谱仪后得到的实际光谱曲线，实验室中通过测量元素灯特征谱线进行代表。设标准吸收截面为 $\sigma_S(\lambda)$，通过仪器函数为 $F(\lambda)$ 的光谱仪器后，输出的可供反演的参考吸收截面 $\sigma_R(\lambda)$ 可用下式描述，即

$$\sigma_R(\lambda) = \sigma_S(\lambda) \otimes F(\lambda) \tag{11.12}$$

其中，$\otimes$表示卷积运算。

对于上面的卷积公式，实际应用中是离散化的，可以重写表述为下面的形式：

$$\sigma_R(i) = \sum_{j=0}^{M} \sigma_S(j) \cdot F(i-j) \tag{11.13}$$

为提高计算速度，采用卷积定理中时域卷积等于频域乘积的特性，上式表示为：

$$\sigma_R(i) = F^{-1}\{F[\sigma_S(i)] \cdot F[F(i-j)]\} \tag{11.14}$$

其中，F^{-1}代表傅立叶逆变换；F 代表傅立叶变换。

由于外部获取的标准吸收截面的分辨率、采样间隔通常比 OMI 仪器的性能要高，因此在卷积过程中需要对吸收截面重采样。CCD 重采样过程中使用到光谱定标方程。光谱定标方程代表了 CCD 每个像元与入射辐射的波长之间的对应关系。

图 11.8 中给出了紫外 2 通道（311～403 nm）响应特征综合卷积后的臭氧吸收截面，其中标准截面是 Vandaele 发表的 293 K 温度下的臭氧截面。可以看出臭氧的吸收截面存在窄带和宽带结构，吸收范围在 311～328 nm。由于其精细的窄带结构，有利于 DOAS 技术反演。

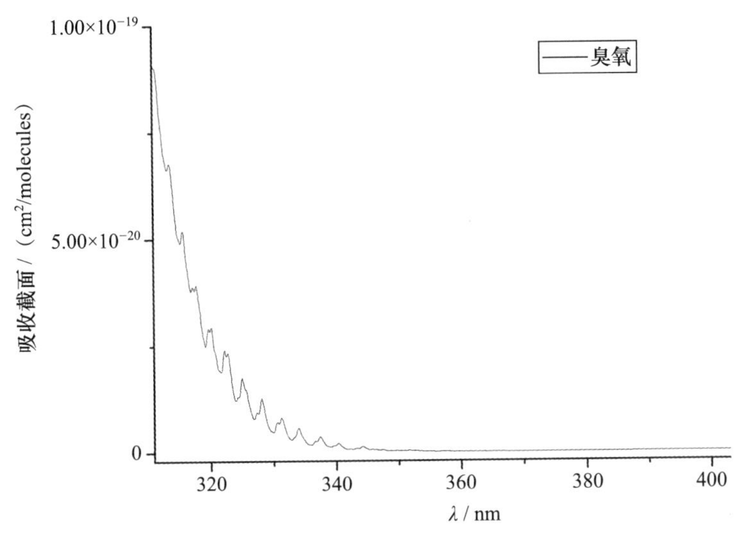

图 11.8　卷积后的臭氧吸收截面

6. 臭氧探测波段仪器紫外响应特征获取技术研究

臭氧参考截面的获取精度，一方面取决于综合卷积计算的准确性，另一方面取决于臭氧探测波段仪器紫外响应特征的准确性。其中仪器紫外响应特征包括仪器函数和仪器光谱定标方程。

仪器函数和仪器光谱定标方程通过光谱定标获取。常用的光谱定标方法包括标准谱线法和单色准直光法。单色准直光法利用连续输出的单色准直光作为定标光源。标准谱线法利用汞灯、钠灯等标准灯的发射谱线对仪器进行标定，具有结构简单、易操作的优点，可以实现光谱分辨率较高且线性色散仪器的波长标定。另外，太阳光谱中存在一系列特征暗线，大部分是由太阳上层中的元素吸收造成的，部分是地球大气层中的氧分子造成的，被称作夫琅禾费线。由于夫琅禾费线波长固定，因此同样可以用于光谱定标。光谱定标过程的计算方法是：对每条光谱，通过寻峰处理，将特征谱线峰位像元编号和对应波长进行配对，最后采用最小二乘法对谱线波长和峰位数据组进行线性回归分析，得到仪器的光谱定标方程。对于汞氩灯定标，特征峰是汞氩灯发射单峰；对于星上太阳光定标，特征峰是元素吸收造成的夫琅禾费线。

汞氩灯定标时，由于其发射峰可以认为是脉冲峰，因此测量的响应光谱直接代表了仪器函数水平。仪器函数的处理采用高斯拟合得到，公式如下：

$$S_i(x) = y_0 + K\exp\left[-2 \times \left(\frac{x - x_i}{\sigma_i}\right)^2\right] \tag{11.15}$$

星上太阳光定标时，由于输入光源是太阳辐射，可以认为是超高分辨率的太阳截面 $I_S(\lambda)$，该光谱可以通过其他仪器资料获取。而采集到的太阳光谱 $I_R(\lambda)$ 等效于 $I_S(\lambda)$ 与仪器函数 $F(\lambda)$ 卷积后光谱，如式 11.16 所示。因此，仪器函数可以通过对下式进行去卷积运算获取。

$$I_R(\lambda) = I_S(\lambda) \otimes F(\lambda) \tag{11.16}$$

7. 不同环境下臭氧吸收截面，选择合适温度下臭氧吸收系数的评价研究

由于在对流层、平流层臭氧的广泛分布，不同的温度变化下吸收截面(图 11.9，见书末彩

图)对其反演影响很大,这里采用权重函数的拟合方法,利用辐射传输模型计算温度的权重因子曲线,在拟合中加入温度权重因子曲线来修正不同高度大气层内温度变化的影响。计算中,将大气分层(如50层),计算在臭氧反演波段内不同高度处的温度权重因子曲线,并带入最小二乘拟合中进行计算(图11.10、图11.11)。

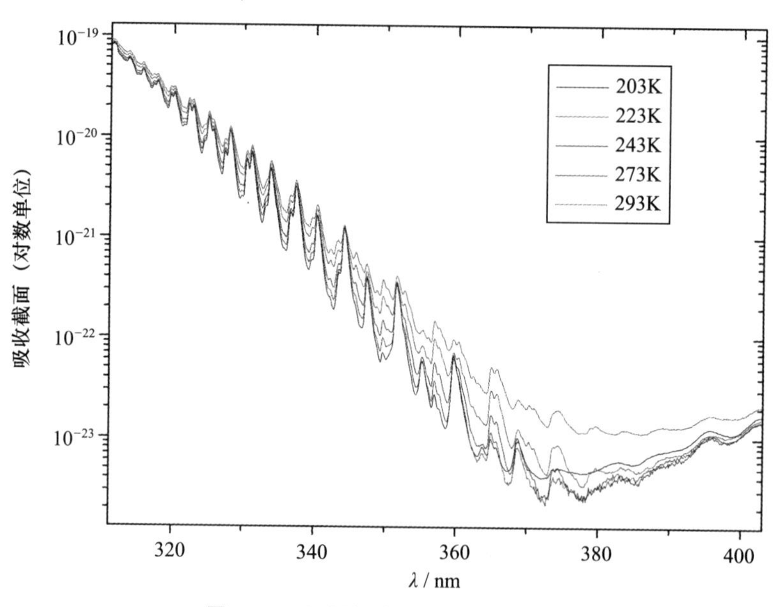

图11.9　不同温度下臭氧吸收截面

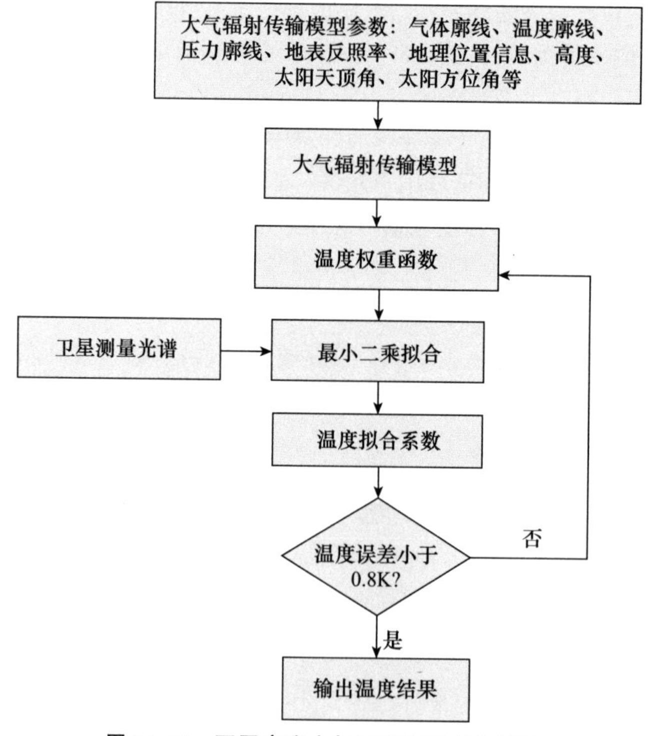

图11.10　不同高度大气层内温度变化修正

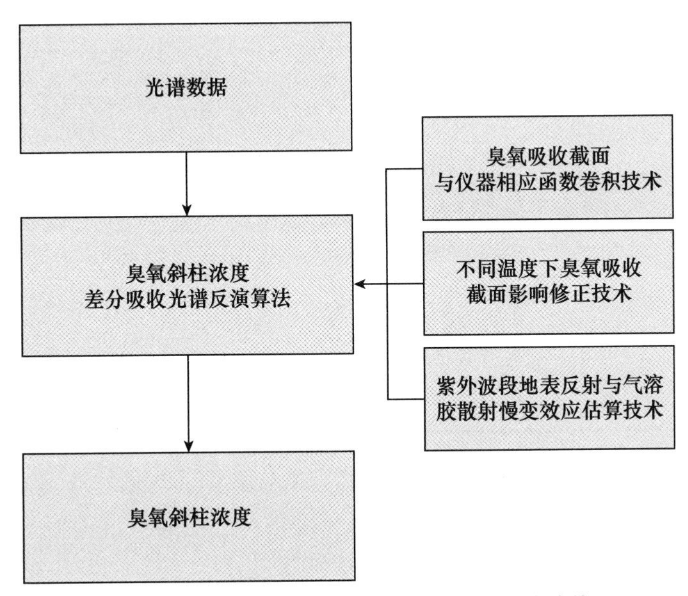

图 11.11　臭氧斜柱浓度差分吸收光谱反演路线

11.4.2　基于反演结果开展的较深入研究

1. OMI 联合地基高分辨率 FTIR 遥感对流层臭氧

基于优化的平流层臭氧高精度反演方法，通过解决反演速度和质量控制问题，反演了平流层臭氧廓线和柱浓度。地基高分辨率 FTIR 遥感平流层臭氧的参数设置如表 11-1 所示。采用具有高时空分辨率的 OMI 卫星传感器观测整层臭氧总量，扣除具有边界层探测能力的地基高分辨率 FTIR 系统观测的平流层臭氧，来获取我国地区的对流层臭氧时空分布数据。

表 11-1　平流层臭氧反演的输入参数设置

目标气体		O_3
反演代码版本		SFIT4 v 0.9.4.4
光谱		HITRAN2008
温度、压力、水汽廓线		NCEP
除水汽外目标气体/干扰气体先验廓线		WACCM
廓线反演波数		1000～1004.5 cm^{-1}
干扰气体		H_2O，CO_2，C_2H_4，$^{668}O_3$，$^{686}O_3$
去加权信噪比		None
正则化	S_a	Diagonal：20% No correlation
	S_ε	Real SNR
ILS		LINEFIT145

续表

误差分析	系统误差 ——平滑误差 ——其他误差：背景曲率，光路差异，视场，太阳天顶角，吸收温度展宽，吸收压力展宽，吸收强度等
	随机误差 ——干扰误差：反演参数，干扰物种 ——测量误差 ——其他误差：温度，零点

FTIR 在平流层具有有较好的反演敏感性，拟合残差平均值小于 2%，平流层自由度(DOFS)可以达到 2.8，在对流层或边界层的自由度不高。主要系统误差来自臭氧吸收线强不确定性，主要随机误差来自测量误差。整体反演误差小于 2.5%，臭氧具有明显的季节性变化特征，对流层臭氧夏季高、冬季低(图 11.12)。

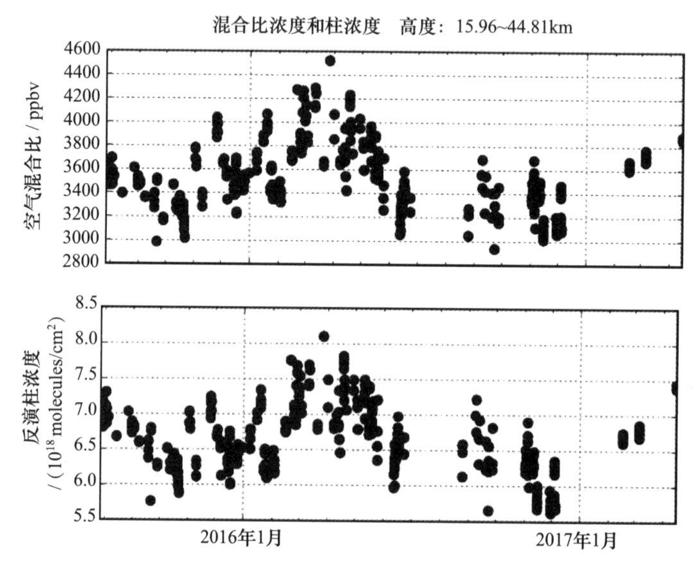

图 11.12　地基高分辨率 FTIR 遥感的平流层臭氧柱浓度时间序列

2. OMI 与 FTIR 观测数据对比

将地基 FTIR 反演的对流层臭氧廓线和柱浓度与 OMI 卫星反演结果进行了对比。OMI 卫星数据的筛选阈值为 FTIR 站点附近正负 0.7 度，反演误差 10%。将 FTIR 结果与 OMI 结果进行对比时，已将 FTIR 观测平均核函数平滑卫星观测结果，减少两种仪器平滑误差的影响。图 11.13(见书末彩图)为 FTIR 反演得到对流层臭氧时间序列与平滑后的 OMI 反演结果的对比情况。OMI 结果与 FTIR 结果一致性良好，两者的平均差为 -0.19×10^{17} molecules/cm^2，相关性为 0.73。两者的平均差值可以用来校验合肥地区的 OMI 卫星反演结果。

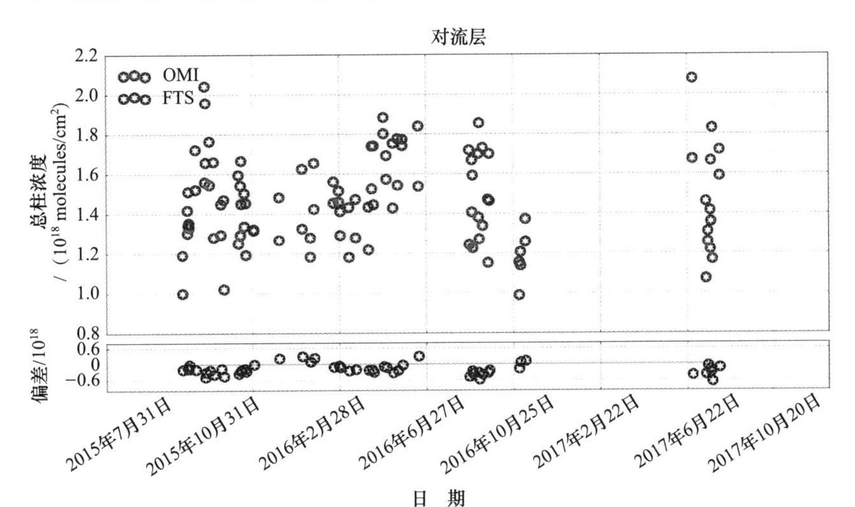

图 11.13　FTIR 反演得到对流层臭氧时间序列与平滑后的 OMI 反演结果的对比情况

3. 与臭氧雷达结果对比

将地基雷达遥感的对流层臭氧廓线和柱浓度与 OMI 卫星反演结果进行了对比。OMI 卫星数据的筛选阈值为雷达观测站点附近正负 0.7 度，反演误差 10%。将雷达结果与 OMI 结果进行对比时，已将雷达观测平均核函数平滑卫星观测结果，减少两种仪器平滑误差的影响。图 11.14(见书末彩图)为 FTIR 反演的平流层臭氧与 GEOS-Chem 合肥、南京、上海的模拟结果对比。图 11.15(见书末彩图)为 FTIR 反演的平流层臭氧与 GEOS-Chem 合肥、南京、上海的模拟结果相关性拟合，相关系数都在 0.85 以上，平流层臭氧混合均匀。变化趋势一致，相关性接近。FTIR 合肥地区平流层臭氧结果适用于整个长三角区域。图 11.16 为 OMI 反演的对流层臭氧时间序列与臭氧雷达的相关性拟合，相关性都在 0.9 以上。

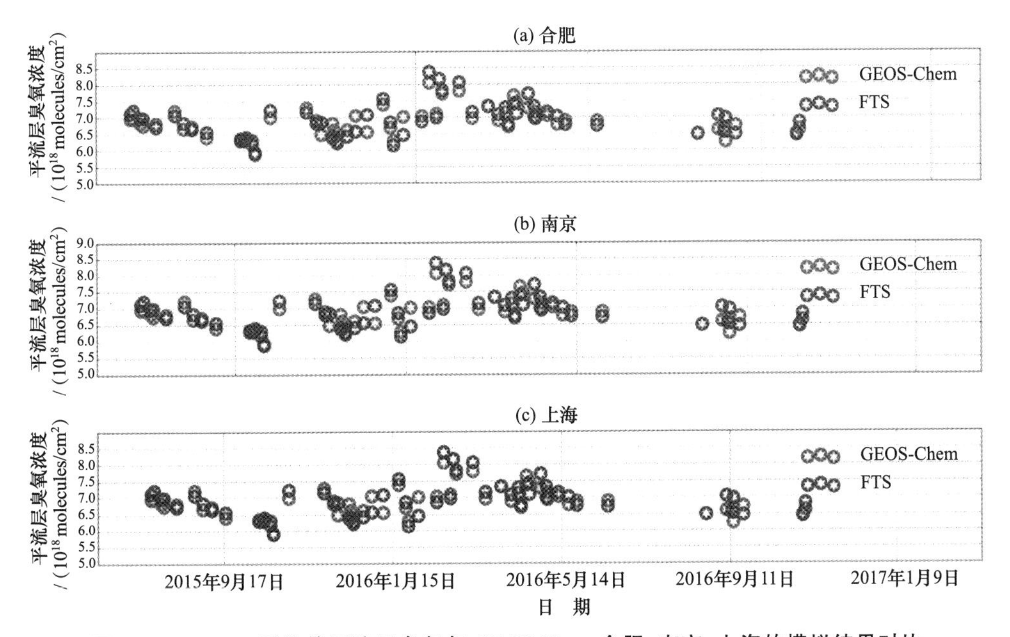

图 11.14　FTIR 反演的平流层臭氧与 GEOS-Chem 合肥、南京、上海的模拟结果对比

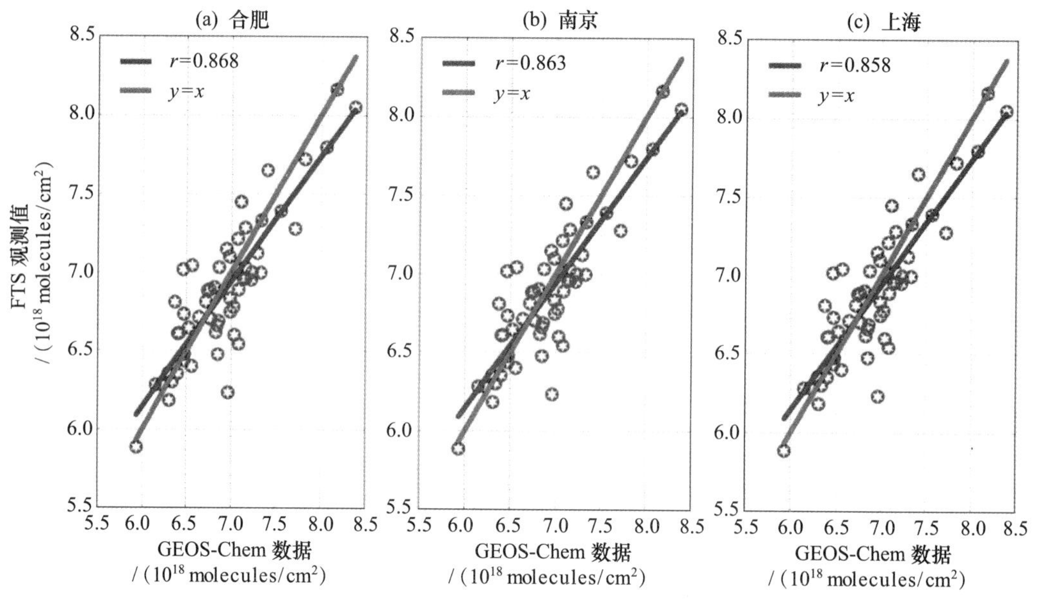

图 11.15 FTIR 反演的平流层臭氧与 GEOS-Chem 合肥、南京、上海的模拟结果相关性拟合

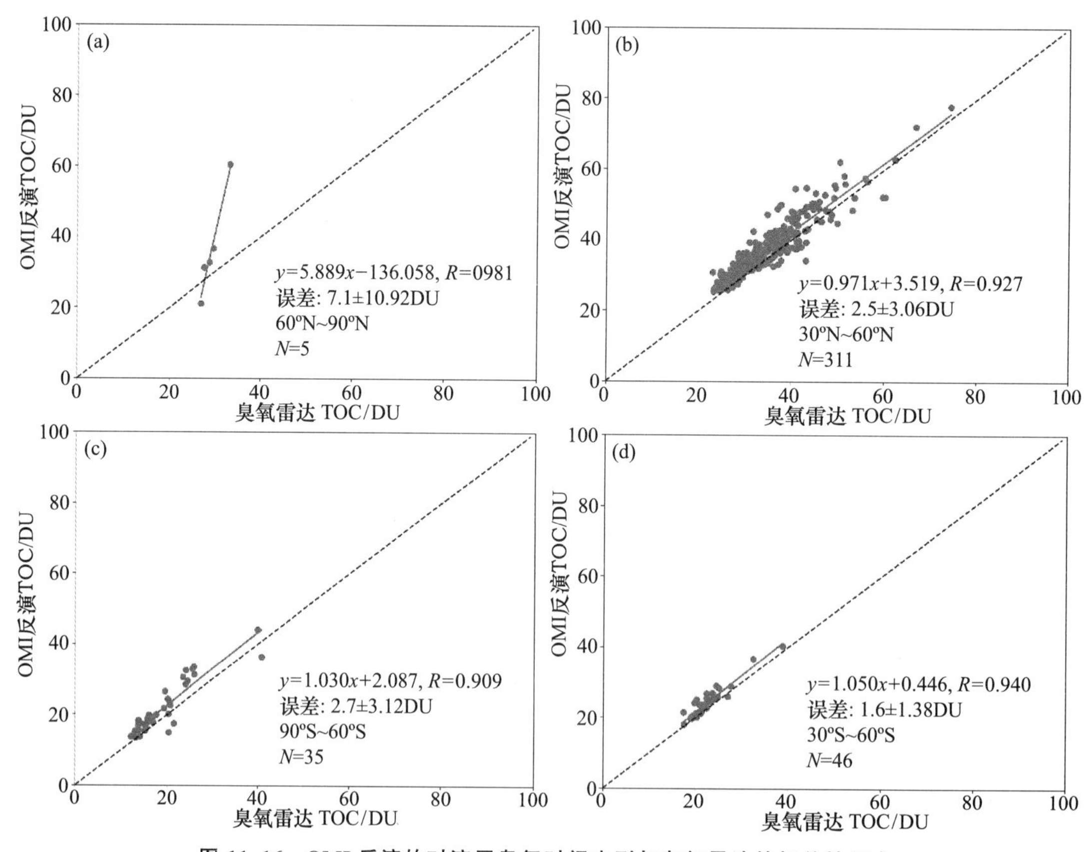

图 11.16 OMI 反演的对流层臭氧时间序列与臭氧雷达的相关性拟合

4. 对流层臭氧生成机制

基于开发的对流层臭氧高精度反演方法，通过解决反演速度和质量控制问题，反演了合肥地区对流层臭氧廓线和柱浓度，并基于以上反演结果开展了相关研究。以柱浓度拟合残差 5% 为阈值条件，对反演结果进行了筛选。同时以对流层顶为分界线，研究了对流层臭氧柱浓度时间变化趋势和变化特征。另外，基于地基高分辨率 FTIR 的 HCHO、臭氧和 CO 观测序列，OMI 卫星的 NO_2、臭氧观测序列及地面气象数据，结合后向轨迹分析技术，研究了我国东部地区 2014—2017 年的臭氧季节变化规律和光化学生成机制。臭氧最大值出现在春夏季节，最小值出现在秋冬季节，并且春夏季节的臭氧日波动比秋冬季明显，6 月的对流层臭氧值比 12 月高约 50%。与秋冬季节相比，春夏季节的臭氧结果更容易受到人口和工业密集区气团的影响。最后，以对流层 HCHO 与 NO_2 的比率为标识，研究了臭氧的生成机制。研究结果表明，春夏季节的臭氧生成主要是 NO_x 控制，秋冬季节的臭氧生成主要是 VOC 控制或 VOC-NO_x 混合控制。统计得出，NO_x、VOC、VOC-NO_x 控制百分比为 60.1%、28.7%和 11.2%(图 11.17，见书末彩图)。考虑到大多数臭氧生成为 NO_x 控制或 VOC-NO_x 混合控制，减少 NO_x 排放有利于减少我国东部地区的臭氧生成。该成果已在 *Atmospheric Chemistry and Physics* 杂志上发表。

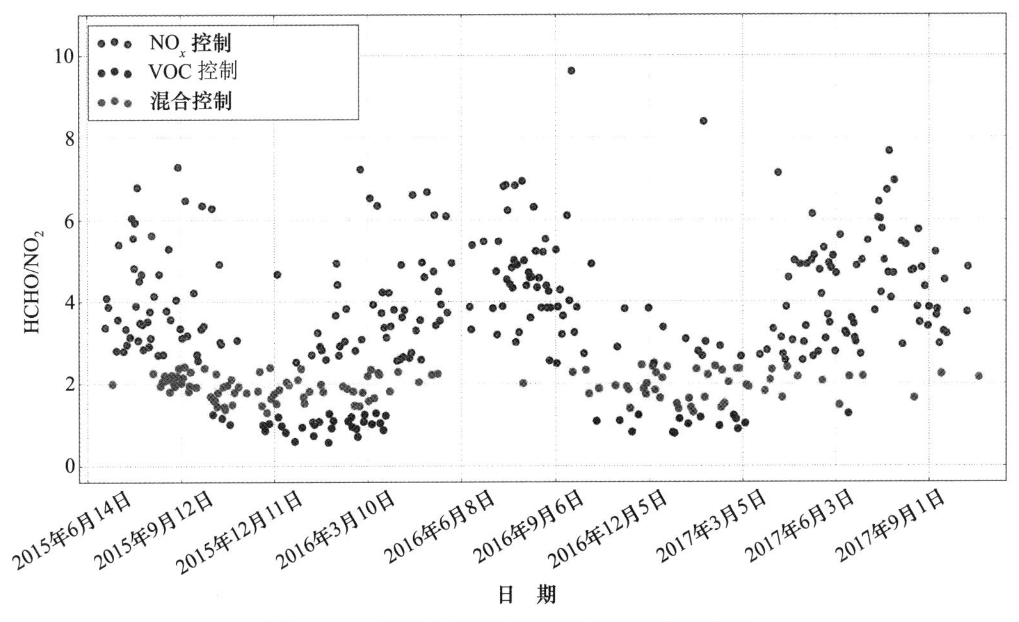

图 11.17　我国东部地区臭氧生成控制类型分析

11.5　本项目资助发表论文

[1] LIU H, LIU C, XIE Z, et al. A paradox for air pollution controlling in China revealed by “APEC Blue” and “Parade Blue”. Scientific Reports, 2016, 6(1): 1-13.

[2] SUN Y, LIU C, XIE P, et al. Industrial SO_2 emission monitoring through a portable multichannel gas analyzer with an optimized retrieval algorithm. Atmospheric Measurement Techniques, 2016, 9(3): 1167-1180.

[3] CHEN Z, LIU C, LIU W, et al. A synchronous observation of enhanced aerosol and NO_2 over Beijing, China, in winter 2015. Science of the Total Environment, 2017, 575: 429-436.

[4] CHANG GONG S, WEI W, CHENG L, et al. Detection of stable isotopic ratio of atmospheric CO_2 based on Fourier transform infrared spectroscopy. Acta Physica Sinica, 2017, 66(22).

[5] SU W, LIU C, HU Q, et al. Characterization of ozone in the lower troposphere during the 2016 G20 conference in Hangzhou. Scientific reports, 2017, 7(1): 1-11.

[6] SUN Y, PALM M, WEINZIERL C, et al. Sensitivity of instrumental line shape monitoring for the ground-based high-resolution FTIR spectrometer with respect to different optical attenuators. Atmospheric Measurement Techniques, 2017, 10(3): 989-997.

[7] WANG W, TIAN Y, LIU C, et al. Investigating the performance of a greenhouse gas observatory in Hefei, China. Atmospheric Measurement Techniques, 2017, 10(7): 2627-2643.

[8] XING C, LIU C, WANG S, et al. Observations of the vertical distributions of summertime atmospheric pollutants and the corresponding ozone production in Shanghai, China. Atmospheric Chemistry and Physics, 2017, 17(23): 14275-14289.

[9] CHI X, LIU C, XIE Z, et al. Observations of ozone vertical profiles and corresponding precursors in the low troposphere in Beijing, China. Atmospheric Research, 2018, 213: 224-235.

[10] FAN S, LIU C, XIE Z, et al. Scanning vertical distributions of typical aerosols along the Yangtze River using elastic lidar. Science of The Total Environment, 2018, 628: 631-641.

[11] HONG Q, LIU C, CHAN K L, et al. Ship-based MAX-DOAS measurements of tropospheric NO_2, SO_2, and HCHO distribution along the Yangtze River. Atmospheric Chemistry and Physics, 2018, 18(8): 5931-5951.

[12] SUN Y, LIU C, CHAN K, et al. The influence of instrumental line shape degradation on the partial columns of O_3, CO, CH_4 and N_2O derived from high-resolution FTIR spectrometry. Remote Sensing, 2018, 10(12): 2041.

[13] SUN Y, LIU C, PALM M, et al. Ozone seasonal evolution and photochemical production regime in the polluted troposphere in eastern China derived from high-resolution Fourier transform spectrometry (FTS) observations. Atmospheric Chemistry and Physics, 2018, 18(19): 14569-14583.

[14] SUN Y, PALM M, LIU C, et al. The influence of instrumental line shape degradation on NDACC gas retrievals: Total column and profile. Atmospheric Measurement Techniques, 2018, 11(5): 2879-2896.

[15] TAN W, LIU C, WANG S, et al. Tropospheric NO_2, SO_2, and HCHO over the East China Sea, using ship-based MAX-DOAS observations and comparison with OMI and OMPS satellite data. Atmospheric Chemistry and Physics, 2018, 18(20): 15387-15402.

[16] TIAN Y, SUN Y, LIU C, et al. Characterisation of methane variability and trends from near-infrared solar spectra over Hefei, China. Atmospheric Environment, 2018, 173: 198-209.

[17] TIAN Y, SUN Y, LIU C, et al. Characterization of urban CO_2 column abundance with a portable low resolution spectrometer (PLRS): Comparisons with GOSAT and GEOS-Chem model data. Science of the Total Environment, 2018, 612: 1593-1609.

[18] ZHANG C, LIU C, WANG Y, et al. Preflight evaluation of the performance of the Chinese environmental trace gas monitoring instrument (EMI) by spectral analyses of nitrogen dioxide. IEEE Transactions on Geoscience and Remote Sensing, 2018, 56 (6): 3323-3332.

[19] HONG Q, LIU C, HU Q, et al. Evolution of the vertical structure of air pollutants during winter heavy pollution episodes: The role of regional transport and potential sources. Atmospheric Research, 2019, 228: 206-222.

[20] JAVED Z, LIU C, KHOKHAR M F, et al. Ground-based MAX-DOAS observations of CHOCHO and HCHO in Beijing and Baoding, China. Remote Sensing, 2019, 11 (13): 1524.

[21] JAVED Z, LIU C, KHOKHAR M F, et al. Investigating the impact of glyoxal retrieval from MAX-DOAS observations during haze and non-haze conditions in Beijing. Journal of Environmental Sciences, 2019, 80: 296-305.

[22] JAVED Z, LIU C, ULLAH K, et al. Investigating the effect of different meteorological conditions on MAX-DOAS observations of NO_2 and CHOCHO in Hefei, China. Atmosphere, 2019, 10(7): 353.

[23] JI X, LIU C, XIE Z, et al. Comparison of mixing layer height inversion algorithms using lidarand a pollution case study in Baoding, China. Journal of Environmental Sciences, 2019, 79: 81-90.

[24] MA M, GAO Y, WANG Y, et al. Substantial ozone enhancement over the North China Plain from increased biogenic emissions due to heat waves and land cover in summer 2017. Atmospheric Chemistry and Physics, 2019, 19(19): 12195-12207.

[25] SHAN C, WANG W, LIU C, et al. Regional CO emission estimated from ground-based remote sensing at Hefei site, China. Atmospheric Research, 2019, 222: 25-35.

[26] SU W, LIU C, HU Q, et al. Primary and secondary sources of ambient formaldehyde in the Yangtze River Delta based on Ozone Mapping and Profiler Suite (OMPS) observations. Atmospheric Chemistry and Physics, 2019, 19(10): 6717-6736.

[27] TAN W, ZHAO S, LIU C, et al. Estimation of winter time NO_x emissions in Hefei, a typical inland city of China, using mobile MAX-DOAS observations. Atmospheric Environment, 2019, 200: 228-242.

[28] XING C, LIU C, WANG S, et al. A new method to determine the aerosol optical properties from multiple-wavelength O_4 absorptions by MAX-DOAS observation. Atmospheric Measurement Techniques, 2019, 12(6): 3289-3302.

[29] YIN H, SUN Y, LIU C, et al. FTIR time series of stratospheric NO_2 over Hefei, China, and comparisons with OMI and GEOS-Chem model data. Optics express, 2019, 27(16): A1225-A1240.

[30] ZHANG C, LIU C, HU Q, et al. Satellite UV-Vis spectroscopy: Implications for air quality trends and their driving forces in China during 2005—2017. Light: Science & Applications, 2019, 8(1): 1-12.

[31] SUN Y, LIU C, ZHANG L, et al. Fourier transform infrared time series of tropospheric HCN in eastern China: Seasonality, interannual variability, and source attribution. Atmospheric Chemistry and Physics, 2020, 20(9): 5437-5456.

[32] XING C, LIU C, HU Q, et al. Identifying the wintertime sources of volatile organic compounds (VOCs) from MAX-DOAS measured formaldehyde and glyoxal in Chongqing, southwest China. Science of The Total Environment, 2020, 715: 136258.

[33] YIN H, SUN Y, LIU C, et al. Ground-based FTIR observation of hydrogen chloride (HCl) over Hefei, China, and comparisons with GEOS-Chem model data and other ground-based FTIR stationsdata. Optics express, 2020, 28(6): 8041-8055.

[34] ZHANG C, LIU C, CHAN K L, et al. First observation of tropospheric nitrogen dioxide from the Environmental Trace Gases Monitoring Instrument onboard the GaoFen-5 satellite. Light: Science & Applications, 2020, 9(1): 1-9.

[35] ZHAO F, LIU C, CAI Z, et al. Ozone profile retrievals from TROPOMI: Implication for the variation of tropospheric ozone during the outbreak of COVID-19 in China. Science of The Total Environment, 2020: 142886.

参考文献

[1] FINLAYSON PITTS B J, PITTS J J N. Chemistry of the Upper and Iower Atmosphere: Theory, Experiments, and Applications. Salt Lake City: Academic Press, 1999.

[2] 唐孝炎,张远航,邵敏.大气环境化学.北京:高等教育出版社,2006.

[3] AINSWORTH E A, YENDREK C R, SITCH S, et al. The effects of tropospheric ozone on net primary productivity and implications for climate change. Annual Review of Plant Biology, 2012, 63: 637-661.

[4] WITTIG V E, AINSWORTH E A, NAIDU S L, et al. Quantifying the impact of current and future tropospheric ozone on tree biomass, growth, physiology and biochemistry: A quantitative meta-analysis. Global Change Biology, 2009, 15(2): 396-424.

[5] DONG C, YANG L, YAN C, et al. Particle size distributions, PM2.5 concentrations and water-soluble inorganic ions in different public indoor environments: A case study in Jinan, China. Frontiers of Environmental Science & Engineering, 2013, 7(1): 55-65.

[6] LIN M, TAO J, CHAN C Y, et al. Regression analyses between recent air quality and visibility changes in megacities at four haze regions in China. Aerosol and air quality research, 2012, 12(6): 1049-1061.

[7] 胡敏，何凌燕，黄晓锋. 北京大气细粒子和超细粒子理化特征，来源及形成机制. 北京：科学出版社，2009.

[8] WEHNER B, WIEDENSOHLER A, TUCH T M, et al. Variability of the aerosol number size distribution in Beijing, China: New particle formation, dust storms, and high continental background. Geophysical Research Letters, 2004, 31(22).

[9] GROSJEAN D, HARRISON J. Response of chemiluminescence NO_x analyzers and ultraviolet ozone analyzers to organic air pollutants. Environmental Science & Technology, 1985, 19(9): 862-865.

[10] SOLOMON S, PORTMANN R W, SASAKI T, et al. Four decades of ozonesonde measurements over Antarctica. Journal of Geophysical Research: Atmospheres, 2005, 110(D21).

[11] PLATT U, PERNER D, PÄTZ H W. Simultaneous measurement of atmospheric CH_2O, O_3, and NO_2 by differential optical absorption. Journal of Geophysical Research: Oceans, 1979, 84(C10): 6329-6335.

[12] MCPETERS R, KROON M, LABOW G, et al. Validation of the Aura Ozone Monitoring Instrument total column ozone product. Journal of Geophysical Research: Atmospheres, 2008, 113(D15).

[13] TANG Q, PRATHER M J. Correlating tropospheric column ozone with tropopause folds: The Aura-OMI satellite data. Atmospheric Chemistry and Physics, 2010, 10(19): 9681-9688.

[14] SCHOEBERL M R, ZIEMKE J R, BOJKOV B, et al. A trajectory-based estimate of the tropospheric ozone column using the residual method. Journal of Geophysical Research: Atmospheres, 2007, 112(D24).

[15] LIU X, CHANCE K, SIORIS C E, et al. Ozone profile and tropospheric ozone retrievals from the Global Ozone Monitoring Experiment: Algorithm description and validation. Journal of Geophysical Research: Atmospheres, 2005, 110(D20).

[16] SELLITTO P, BOJKOV B R, LIU X, et al. Tropospheric ozone column retrieval at northern mid-latitudes from the Ozone Monitoring Instrument by means of a neural network algorithm. Atmospheric Measurement Techniques, 2011, 4(11): 2375-2388.

[17] LIU X, BHARTIA P K, CHANCE K, et al. Validation of Ozone Monitoring Instrument (OMI) ozone profiles and stratospheric ozone columns with Microwave Limb Sounder (MLS) measurements. Atmospheric Chemistry and Physics, 2010, 10(5): 2539-2549.

[18] ZIEMKE J R, CHANDRA S, LABOW G J, et al. A global climatology of tropospheric and stratospheric ozone derived from Aura OMI and MLS measurements. Atmospheric Chemistry and Physics, 2011, 11(17): 9237-9251.

[19] JIANG Y B, FROIDEVAUX L, LAMBERT A, et al. Validation of Aura Microwave Limb Sounder Ozone by ozonesonde and lidar measurements. Journal of Geophysical Research: Atmospheres, 2007, 112(D24).

[20] ZIEMKE J R, CHANDRA S, DUNCAN B N, et al. Tropospheric ozone determined from Aura OMI and MLS: Evaluation of measurements and comparison with the Global Modeling Initiative's Chemical Transport Model. Journal of Geophysical Research: Atmospheres, 2006, 111(D19).

[21] YANG Q, CUNNOLD D M, WANG H J, et al. Midlatitude tropospheric ozone columns derived from the Aura Ozone Monitoring Instrument and Microwave Limb Sounder measurements. Journal of Geophysical Research: Atmospheres, 2007, 112(D20).

[22] STAJNER I, WARGAN K, PAWSON S, et al. Assimilated ozone from EOS-Aura: Evaluation of the tropopause region and tropospheric columns. Journal of Geophysical Research: Atmospheres, 2008, 113(D16).

[23] LIU X, BHARTIA P K, CHANCE K, et al. Validation of Ozone Monitoring Instrument (OMI) ozone profiles and stratospheric ozone columns with Microwave Limb Sounder (MLS) measurements. Atmospheric Chemistry and Physics, 2010, 10(5): 2539-2549.

[24] FROIDEVAUX L, JIANG Y B, LAMBERT A, et al. Validation of aura microwave limb sounder stratospheric ozone measurements. Journal of Geophysical Research: Atmospheres, 2008, 113(D15).

[25] 颜晓露，郑向东，周秀骥，等. 夏季青藏高原及其周边地区卫星 MLS 水汽，臭氧产品的探空检验分析[J]. SCIENTIA SINICA Terrae, 2015, 45(3): 335-350.

[26] DAVID C, HAEFELE A, KECKHUT P, et al. Evaluation of stratospheric ozone, temperature, and aerosol profiles from the LOANA lidar in Antarctica. Polar Science, 2012, 6(3-4): 209-225.

[27] LIN C H, WU Y L, LAI C H, et al. Experimental investigation of ozone accumulation overnight during a wintertime ozone episode in south Taiwan. Atmospheric Environment, 2004, 38(26): 4267-4278.

[28] YORKS J E, THOMPSON A M, JOSEPH E, et al. The variability of free tropospheric ozone over Beltsville, Maryland (39°N, 77°W) in the summers 2004—2007. Atmospheric Environment, 2009, 43(11): 1827-1838.

[29] ALLEN D R, RECK R A. Daily variations in TOMS total ozone data. Journal of Geophysical Research: Atmospheres, 1997, 102(D12): 13603-13608.

第12章　大气超细颗粒物凝结增长动态过程在线分析关键技术及机理研究

刘建国[1] 罗喜胜[2],桂华侨[1]

[1]中国科学院合肥物质科学研究院,[2]中国科学技术大学

大气细颗粒物已成为我国大气污染的首要污染物,大气超细颗粒物的凝结增长与雾霾共存的大气污染状况密切相关,但其动态过程及霾雾转化机理仍不明确。本章建立了大气污染超细颗粒物凝结增长动力学模型,设计了新型的过饱和凝结增长系统,并完成了纳米单颗粒和多颗粒吸湿增长的验证实验,进一步提高了对颗粒物凝结增长过程的认识。围绕研究目标和内容,主要工作及成果如下:① 建立了全尺度大气超细颗粒物凝结增长动力学模型。主要包括固体表面气液相变的动力学模型、不可溶球形颗粒表面上的异质稳态成核率,液滴在固体表面和惰性气体环境下增长和减小的模型,实现球形颗粒上异质凝结完整过程的建模和模拟,并从分子动力学角度验证了成核模拟过程。② 提出了大气超细颗粒物凝结增长动态过程测量方法。基于流体力学和传热传质理论,建立了水蒸气与纳米颗粒物传热传质模型,设计了三段式过饱和增长控制方案,分析了温控参数、系统流量、温差及温差窗口对饱和度和临界活化尺寸的影响。③ 建立了多颗粒物和单颗粒物凝结增长过程在线测量系统。设计了基于膨体聚四氟乙烯(ePTFE)水汽热梯度扩散结构的凝结增长腔,实现了水汽过饱和度的精确控制(1.08～7.16)。提出了基于光学表面波的微纳单颗粒物吸湿增长特性测量方案,实现了对小于100 nm单颗粒物的原位加湿表征,为超细单颗粒原位吸湿测试提供了一种全新的分析手段。④ 利用搭建的凝结增长测量系统,开展了不同粒径、不同组分、不同饱和度下的标准粒子增长实验。结果表明,单一组分单分散颗粒物增长随水汽饱和度增加而持续增大。不同比例的混合组分对凝结增长因子有所区别,有机葡萄糖与无机硫酸铵的混合体系中,硫酸铵对凝结增长的贡献占主导地位。这些研究结果进一步提高了对水汽与颗粒物在实际大气环境中相互作用过程的认识。

12.1　研究背景

12.1.1　研究意义

大气细颗粒物已成为我国大气污染的首要污染物[1],超细颗粒物个数浓度占比更高,环境

和健康效应显著[2]。2013年,我国两次重霾污染过程中,首要污染物均以PM2.5为主。城市大气颗粒物的数量和质量组成研究的结果显示,超细颗粒物(一般为等效直径小于0.1 μm)质量仅占PM2.5的5%,但数量占到PM2.5数量的88%[3]。由于超细颗粒物的个数和表面积浓度高、化学成分复杂,在大气中易发生成核、凝结、增长、蒸发、沉积等作用,其形成与生长过程与污染气体、气象因素等密切相关。

在大气严重污染形成及能见度急剧下降过程中,经常伴随着雾霾共存现象。凝结增长是新生成的纳米颗粒物粒径增长的主要途径[4-5]。同时颗粒物吸湿增长活化为云凝结核进而形成液滴,是雾霾转化可能的重要途径[6]。但目前我国复合大气污染条件下的颗粒物吸湿增长、活化以及光学特性仍缺乏系统性认识,现有在线分析技术难以全面表征大气超细颗粒物的凝结增长过程,严重制约了人们对雾霾污染的形成、来源、发展趋势等根本问题的认识。

为减少模式中颗粒物凝结增长计算的不确定性,需要在模式中对凝结增长进行更为细致的处理,亟须通过大气超细颗粒物凝结增长动态过程在线分析技术给出不同粒径和组分颗粒物在各种饱和度下的凝结增长因子等关键信息及其依赖关系。

12.1.2 国内外研究现状

重度大气污染条件下的雾霾预报预警亟须精确的大气颗粒物凝结增长理论支撑,但现有凝结增长经典理论难以完全解析颗粒物对大气复合污染的实际影响。大气颗粒物的凝结增长过程主要分为成核和增长两部分。描述成核过程即大气细颗粒物的形成过程,目前主要有四种理论:唯象成核理论(phenomenological nucleation theory)、动力学理论(kinetic theory)、分子动力学(molecular dynamics)、蒙特卡洛法(Monte Carlo method)。唯象成核理论是用宏观参数(如表面张力、液体密度等)来计算液滴自由能和成核率,与后三种理论相比它计算简便且可扩展性强,因此目前广泛应用于大气细颗粒物的成核研究。唯象成核理论具有悠久的研究历史:1935年,德国的Becker和Doring[7]提出了经典成核理论。之后,大量的理论研究工作对经典成核理论进行了深入的发展,1950年,美国的Reiss[8]构建了多组分气体的成核模型;1958年,澳大利亚的Fletcher[9]将成核模型扩展到异质成核;1990年,美国的Girshick和Chiu[10]发展了一套自洽的成核模型;1997年,英国的Gorbunov和Hamilton[11]考虑了固体颗粒中同时含有可溶和不可溶部分的成核情况;2009年,美国的Du等[12]人利用量子化学从头算方法计算了小液簇的自由能,修正了经典成核理论。

在实验观测研究领域:1936年,Köhler[13]理论上预测了云凝结核活化的理化性质,即溶质质量、分子质量、体积密度、可分离的离子活度系数;1972年,Covert[14]首先利用浊度计测量法,测定了特定相对湿度下的气溶胶光散射强度;随后,Fitzgerald[15]、Pan[16]等针对城市气溶胶的吸湿性对光学特性的影响方面做了一些研究;1993年,Tang和Munkelwitz[17-19]利用单颗粒悬浮技术在实验室分析了常见化学物种的粒径增长系数;2002年,Chang和Lee[20]利用GC-TCD(gas chromatography-thermal conductivity detection)研究了硫酸盐、硝酸盐、铵盐、海盐的吸湿性性质;2008年,Herich等[21]首次采用HTDMA-ATOFMS联用技术观测实际大气颗粒物发现,大多数颗粒物是多种化合物的混合物,所有的样品中都检测到了硫酸盐，但它们与颗粒物的吸湿性没有关系；2009年，国内学者颜鹏等[22]采用浊度计法对北京大气颗粒吸湿散射性进行了研究。2014年，Ghorai等[23]发现NaCl与有机酸混合形成的颗粒物与单一组分颗粒物的吸湿性能存在很大差异，且随有机物组分种类与质量发生显著变化。

在增长理论研究领域：1982年，奥地利的Wagner[24]发展了一阶液滴增长公式；同年，瑞士的Gyarmathy[25]在数学上衔接了两种液滴增长公式；1993年，英国的Young[26]提出了两种极限下的过渡阶段增长公式；2004年，Gysel等[27]认为混合物颗粒的吸湿增长因子可根据各纯组分的吸湿增长因子和混合物各组分的体积分数估算；2007年，Petters和Kreidenweis[28]用吸湿性参数来表征干燥大气颗粒物直径与云凝结核活化之间的关系，使对云凝结核活化过程建模分析变得十分方便。随后，他们又考虑颗粒溶解度与表面活性剂的影响，对此模型进行了修订[29-30]；2010年，Rissler[31]比较了五种用半饱和度下颗粒吸湿增长规律预测颗粒活化临界饱和度的模型，并分别与有机物、无机物及其混合物颗粒吸湿增长的实验数据进行对比。国内在超细颗粒物的凝结理论方面，复旦大学的余方群[32-33]等自主研发了一套复杂气溶胶微物理(advanced particle microphysics)模型，是研究大气气溶胶复杂物理化学过程的有力工具。中国科学技术大学的罗喜胜[34-35]等近年来修正和完善了异质凝结的唯象理论。

12.2　研究内容与研究目标

12.2.1　研究目标

本章拟开展大气超细颗粒物凝结增长动态过程在线分析方法研究，探索复杂环境条件下大气超细颗粒物凝结增长机理，提出基于混合方式的超细颗粒物粒径测量、微型化颗粒物数浓度和粒径在线测量等方法，建立基于强制对流方式与混合方式的颗粒物凝结增长模型，明晰关键系统参数检测限的直接函数关系，建立大气超细颗粒物凝结增长动态过程分析系统，结合理论模型、实验室模拟和外场观测，建立较完善的大气超细颗粒物凝结增长模型及特征因子在线测量方法，推动大气超细颗粒物在线测量技术以及颗粒物形成和演化机理研究发展。

12.2.2　研究内容

1. 建立全尺度大气超细颗粒物异质凝结增长模型

① 固体表面气液相变的动力学模型。

② 不可溶球形颗粒表面上的异质稳态成核。

③ 凝结时间和凝结率对模型的参数化影响。

2. 大气超细颗粒物凝结增长动态过程测量及其参数化分析方法研究

基于颗粒物凝结增长理论，研究饱和蒸气与颗粒物气流的强制对流与混合过程，分析强制对流方式与混合方式中关键因素的影响关系,为颗粒物凝结增长动态分析系统设计提供理论指导。通过理论计算得到凝结增长系统的温度场与蒸气压力场分布,进而获得颗粒物在凝结增长系统中的临界活化粒径分布,通过改变系统内气流组成及气流热传导方式,获取最优的过饱和度,进而提高颗粒物的活化效率。

3. 建立了单颗粒与多颗粒物凝结增长过程分析系统

① 多颗粒物凝结增长过程在线测量系统。

② 单颗粒物凝结增长过程原位分析系统。

4. 完成了模型验证与颗粒物凝结增长过程实验

① 模型验证实验。

② 实验室标准粒子增长实验。

③ 实际大气外场观测实验。

12.3 研究方案

本章拟采取的技术路线如图 12.1 所示。

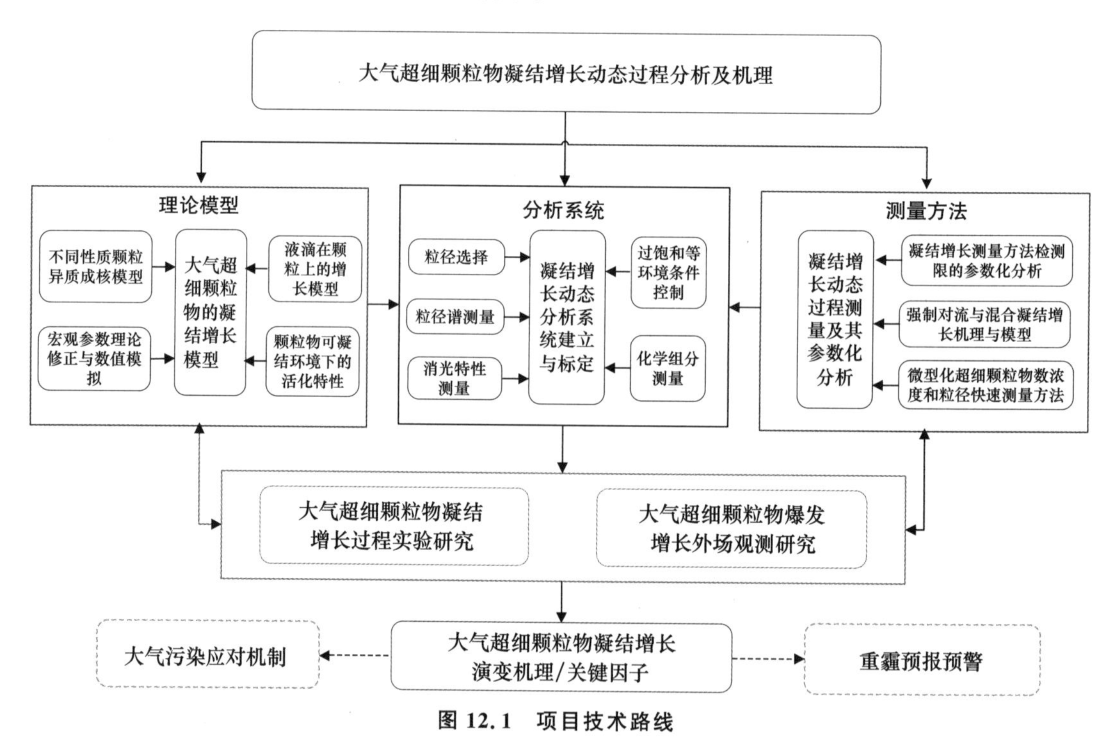

图 12.1　项目技术路线

本章针对大气超细颗粒物凝结增长机理研究需求,建立复杂环境条件下大气细颗粒物凝结增长理论模型,探索颗粒物凝结增长机制以及关键影响因素。同时开展大气超细颗粒物凝结增长动态过程测量及参数化分析研究,完成基于混合方式的凝结增长过程控制与在线分析方法、基于厚膜平板电场分级和微电流检测的大气超细颗粒物粒径谱的准确分级与快速测量方法以及强制对流凝结增长模型与混合凝结增长模型的数值模拟与分析；通过过饱和等环境条件控制以及颗粒物参数的在线分析，完成大气超细颗粒物凝结增长动态分析系统搭建。最后，将该系统用于超细颗粒物凝结增长过程的实验室研究与外场观测，获得大气超细颗粒物凝结增长演化机理以及关键因子，为大气污染应对机制和重霾预报预警提供重要科学数据。

12.4　主要进展与成果

12.4.1　全尺度大气超细颗粒物凝结增长动力学模型

通过本章研究建立的全尺度大气超细颗粒物凝结增长动力学模型包括：① 固体表面气液相变的动力学模型；② 不可溶球形颗粒表面上的异质稳态成核；③ 液滴在固体表面和惰性气体环境下增长和减小模型；④ 凝结时间和凝结率对模型的参数化影响。

1. 固体表面气液相变动力学模型

本章发展的新模型综合考虑了液簇增长的两种迁移：气体分子的直接迁移和固体表面吸附分子的扩散迁移。根据唯象理论基本假设，假定液簇具有宏观几何形状为一个球冠形的液滴(图 12.2)，并获得了液滴半径和所含分子数的关系。同时考虑了气液相变中线张力的作用。本章还利用细致平衡条件经过大量烦琐的计算首次推导了固体表面气液相变中蒸发系数的表达式，模型中蒸发系数的表达式同样也适用于同质凝结和在平板上的气液相变。

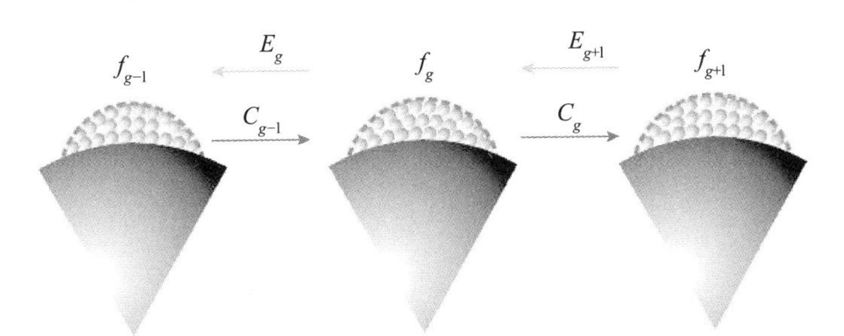

注：C_g 和 E_g 分别代表液簇 B_g 的凝结系数和蒸发系数，f_g 为固体表面液簇 B_g 的数密度。

图 12.2　不可溶固体表面的气液相变动力学过程

通过分析发现，异质相变和同质相变中的蒸发系数具有相同的形式，从热力学基本原理解释这归结于开尔文效应；还将气液相变中的蒸发系数和凝结系数进行比较，从物理上验证了模型的可靠性。在考虑了线张力的影响后分析了两种迁移对液簇增长的贡献，发现固体表面吸附分子的扩散迁移比气体分子的直接迁移对液簇大小变化的贡献要重要得多，但同时两种机制的贡献也受外界条件的影响。为了进一步展示该模型的应用前景，本章利用新建的气液相变动力学模型求解不可溶球形颗粒上液滴的增长率(图 12.3)，该增长率无法通过之前的动力学模型获得，评估了增长率在不同宏观润湿度下的变化，发现在通常情况下，异质凝结的增长率大于同质凝结，只有当颗粒表面完全疏水时，异质凝结和同质凝结的增长率相同，同时还发现异质凝结的增长率随着宏观润湿度的增大会经历三种不同的变化趋势。

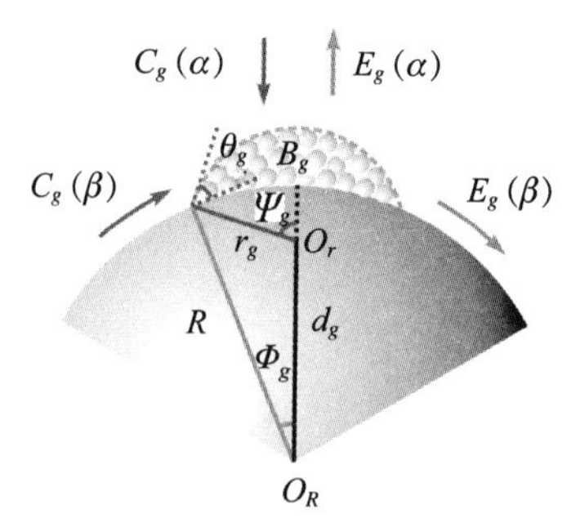

注：C_g 和 E_g 分别代表液簇 B_g 的凝结系数和蒸发系数，α 和 β 分别代表气体分子迁移和固体表面吸附分子扩散两种迁移方式，Ψ_g 和 Φ_g 分别是液簇 B_g（半径 r_g、圆心 O_r）和固体表面接触液簇部分（半径 R、圆心 O_R）的圆心角的一半，θ_g 是固液两相的接触角，d_g 是两个圆心 O_r 和 O_R 的距离。

图 12.3　球冠状液簇 B_g 在不可溶固体表面上的相变过程

以上结果表明，一个完整的动力学模型对固体表面的气液相变研究具有重要的意义，而使用同质相变或平板上气液相变的动力学模型代替是不合适的。相信新建的动力学模型将对未来固体表面气液相变的动力学研究有促进意义，比如异质凝结的启动过程、液滴数密度的演化发展和蒸气的消耗效应，这些都将是未来计划探索的工作。

2. 不可溶球形颗粒表面上异质稳态成核

本部分推导计算了不可溶球形颗粒表面上的异质稳态成核率。推导过程综考虑了三种前人异质成核理论的修正因素（图 12.4）：① 来源表面吸附分子的增长机制，② 液簇平衡分布的自洽修正，③ 线张力的作用。系统分析了三种修正因素对异质成核的作用，结果显示：来源表面吸附分子的增长机制相比来源气体分子对成核作用更大，特别是在液簇半径较小或接触角较小时；自洽修正能促进异质成核过程，特别在润湿度较小或温度较低的情况下；线张力的作用取决于线张力符号的选取，选取了一个典型值使本章中考虑的线张力对成核过程是促进作用。

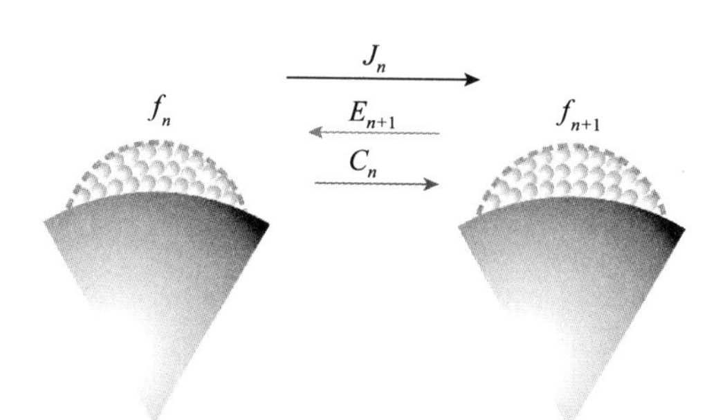

注：成核率 J_n 代表液簇从 B_n 长大到 B_{n+1} 的数量净通量，C_n 和 E_n 分别是液簇 B_n 的凝结系数和蒸发系数，f_n 代表固体颗粒表面液簇 B_n 的数密度。

图 12.4　不可溶球形颗粒表面上异质成核的动力学过程

3. 液滴在固体表面和惰性气体环境下增长和减小模型

该部分发展了一套模拟含有运载气体环境下的固体表面上液滴增长和蒸发的新模型。模型系统(图 12.5)包含三部分：固体表面、液滴和混合气体。固体表面被设定为一个理想热源，并通过动力学模型把固体表面对液滴相变的传质传热作用引入进来，还精确建立了液滴和固体表面之间的几何关系；通过比较可凝结气体分子和液滴表面的距离与混合气体分子平均自由程把液滴周围的环境划分为两个区域：努森层和连续区域，其中每个区域有自己的传热传质机制。通过匹配质量和能量流把两种机制在理论中统一起来。本章研究给出了该模型的具体求解方法。

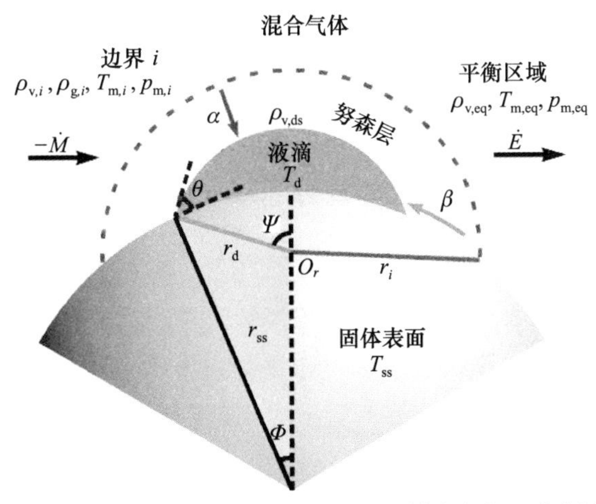

注：$\dot{M}$ 和 $\dot{E}$ 分别为质量和能量通量，r 代表曲率半径，ρ、T 和 p 分别代表密度、温度和压强，α 和 β 代表相变中的两类分子迁移，下标 v、g、m、d、ds、ss、i 和 eq 分别表示可凝结气体、不可凝结气体、混合气体、液滴、液滴表面、固体表面、努森层表面 i 和平衡区域的参数。Ψ 和 Φ 分别是液滴(圆心 O_r)和颗粒表面接触液簇部分(圆心 O_R)的圆心角的一半，θ 是液滴与固体表面的接触角。$\rho_{v,i}$、$\rho_{g,i}$、$T_{m,i}$、$p_{m,i}$、$\rho_{v,ds}$、$-\dot{M}$、$\dot{E}$、T_d、r_i 为未知量。

图 12.5　液滴增长和减小理论示意图：固体表面、液滴和混合气体(努森层、边界 i 和平衡区域)

4. 凝结时间和凝结率对模型参数化影响

本章从凝结时间和凝结率两方面考查系统参数对系统异质凝结能力的综合影响(图 12.6，见书末彩图)。参数分析结果表明：① 初始压强的增大对异质凝结有促进作用，较高的压强可以提高系统的热容减缓凝结的自我抑制作用。② 初始水蒸气密度的增大对异质凝结有促进作用，较高的初始水蒸气密度会提高系统的过饱和度，从而增加凝结率、缩短凝结时间。③ 初始温度的增大对凝结的影响比较复杂，当初始水蒸气密度较大或初始压强较大时，初始温度的上升刚开始能促进凝结，接着会抑制凝结，这是由于温度上升引起的两种相反机制造成的；当初始水蒸气密度较小或初始压强较小时，初始温度的上升只会抑制凝结。

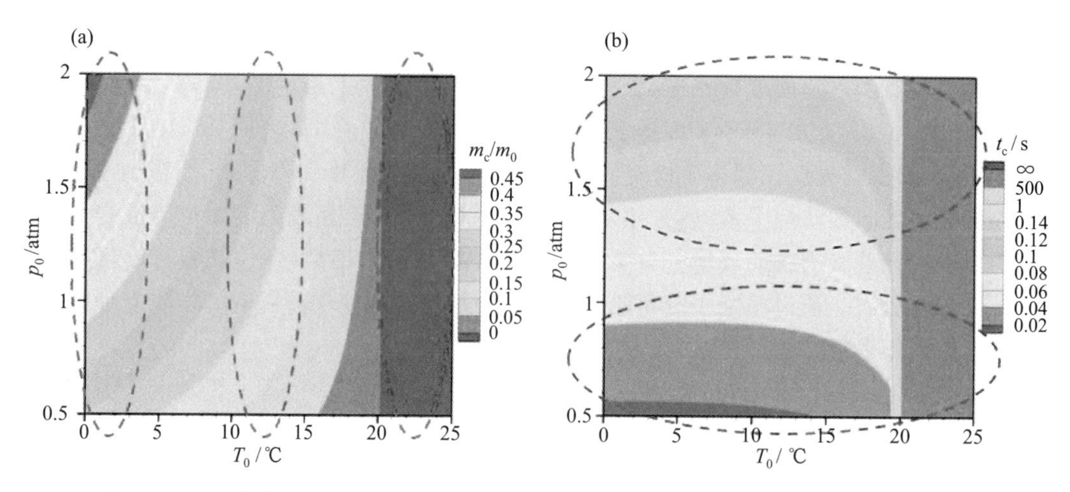

图 12.6 (a) 初始温度和压强对凝结率的影响;(b) 初始温度和压强对凝结时间的影响

12.4.2 大气超细颗粒物凝结增长动态过程测量及其参数化分析方法

提出了大气超细颗粒物凝结增长动态过程测量方法,提出了三段式过饱和增长控制方案,对可控变量进行了参数分析,搭建了多颗粒物凝结增长过程在线测量系统,实现了水汽过饱和度的精确控制(1.08~7.16)。系统结构示意和装置实物如图 12.7。

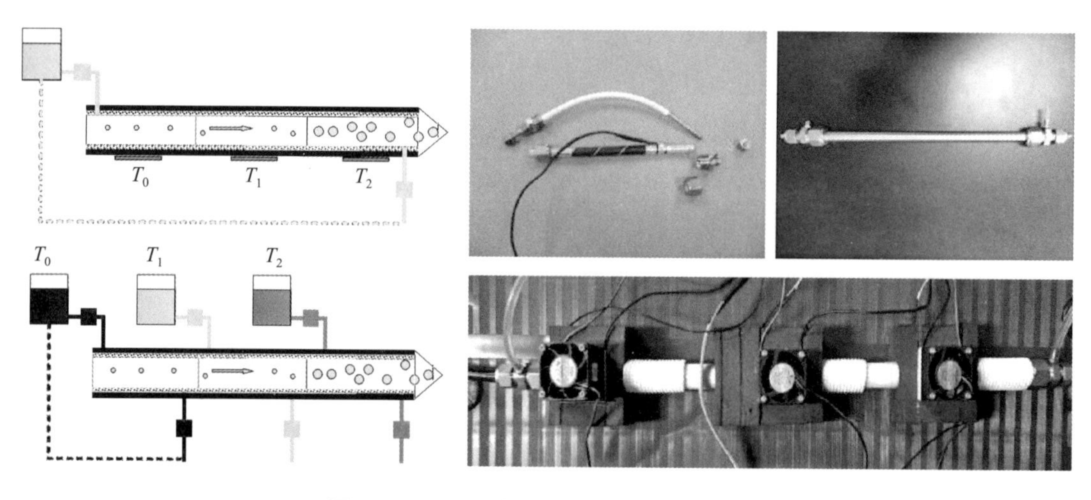

图 12.7 (a) 系统结构示意;(b) 装置实物

1. 凝结增长机理与模型

基于颗粒物凝结增长理论,研究饱和蒸气与颗粒物气流的强制对流与混合过程,分析强制对流方式与混合方式中关键因素的影响关系,为颗粒物凝结增长动态分析系统设计提供理论指导。通过理论计算得到凝结增长系统的温度场与蒸气压力场分布,如图 12.8(见书末彩图)。

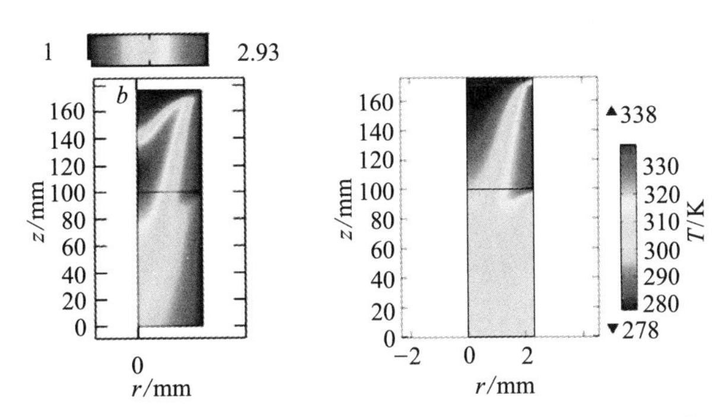

图 12.8　凝结增长管模型温度场与蒸气压力场空间分布

2. 凝结增长动态过程测量方法检测限的参数化分析

在已有凝结增长理论与系统模型的基础上，对可控变量进行系统的参数分析。包括温控段数、系统流量、温差及温差窗口对饱和度和临界活化尺寸的影响。温控段数对温度和饱和度分布的影响已在图 12.9 中展示，对两段和三段温控条件下中心线饱和度及温度的分布做了对比，三段温控不仅保证与两端温控相同的峰值饱和度(也就保证了相同的激活效率)，还降低了出口处温度，并且出口处温度可通过控制第三段温度来调节，控制出口温度利于后级温度敏感测量装置的工作。图 12.10 为系统流量对饱和度和临界活化尺寸的影响结果，饱和度区域分布会随着流量的变化而改变，控制操作温度为 10℃、65℃、25℃，流量从 0.6 L/min 增加至 2.0 L/min，峰值饱和度位置从 $0.0027z_0$ 至 $0.08z_0$，同时峰值饱和度增加了 0.3。也就是流量的增加会导致增长时间和最终尺寸减小约 40%，且对临界活化尺寸的降低影响较小，所以用增加流量的方法来提高激活效率难度较大，为了获得较为理想的增长尺寸，可选择合适的小流量，使得流量与增长管长度相匹配。

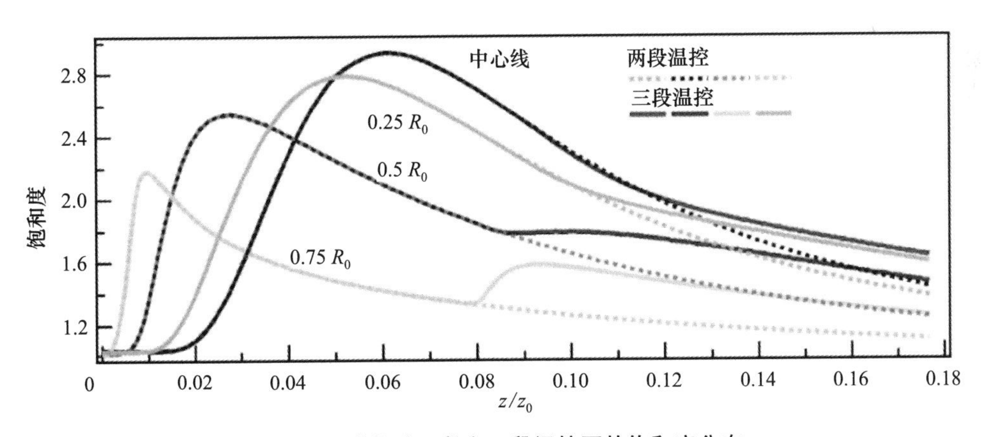

图 12.9　增长腔两段和三段温控下的饱和度分布

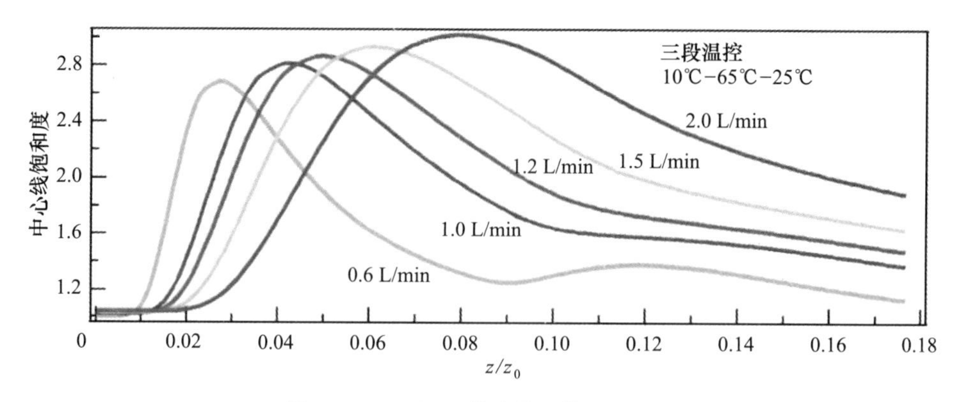

图 12.10　不同系统流量下饱和度分布

12.4.3　大气细颗粒物凝结增长动态分析系统搭建与标定

1. 多颗粒物凝结增长过程在线测量系统

为了研究超细颗粒物在大气环境下的凝结增长特性,设计了一种颗粒物凝结增长动态分析系统,如图 12.11 所示。该系统主要由三部分构成:颗粒物采样/发生与粒径选择、可控凝结增长腔和颗粒物参数在线测量。

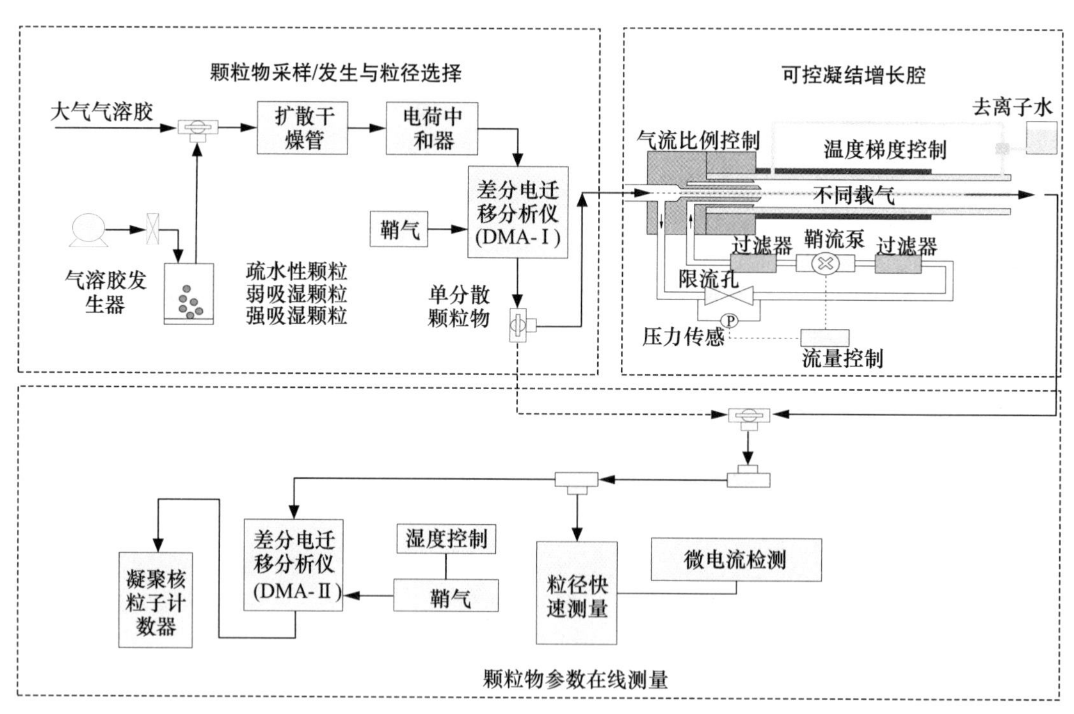

图 12.11　凝结增长在线测量系统

颗粒物的凝结增长特性与颗粒物的粒径和组分密切相关,为了研究某一特定组分和粒径的颗粒物的凝结增长特性,需要发生各种类型颗粒物(疏水性、弱吸湿和强吸湿颗粒,以及环境空气颗粒物)进行粒径分级和筛选。粒径选择系统利用 DMA 对实验室发生的标准多分散颗粒物或大气颗粒物进行分级,而产生数浓度足够高的 3 nm～1 μm 粒径范围内的单分散颗粒物,由于 DMA 粒径分级是基于颗粒物荷电后的运动学特性,因而,颗粒物荷电效率、荷电状态的定量描述将直接影响粒径选择系统的分级精度。对于颗粒物荷电,利用玻尔兹曼电荷分布模型,初步分析得出,纳米级超细颗粒物的荷电效率非常低,单重荷电的粒子所占比例还不足 5%;随着粒子粒径的不断增大,中性粒子所占比例浓度逐渐降低,单重带电粒子和双重带电粒子浓度随着粒径增大呈现出先变大后减小的趋势;与正极性荷电情况相比,负极性荷电情况下的粒子荷电效率明显高于正极性荷电。目前,商业化的仪器基本解决 3 nm 以上颗粒物的荷电技术,但还未见粒径下限稳定在 3 nm 的标准气溶胶发生装置。图 12.11 中电荷中和器,拟利用单极性场致电离荷电产生自由电荷区,并利用周期性牵引电场对荷电区域进行精确控制;采用两级颗粒物分级荷电模式,提高 1～3 nm 颗粒物的荷电效率;利用鞘气对颗粒物进行保护限制,降低颗粒物的损失效率;基于玻尔兹曼电荷分布及修正后的 Fuchs 电荷分布模型,对单极性荷电状态的电荷分布进行理论模拟,建立颗粒物准静态平衡条件下的电荷分布模型,为后续 DMA 的粒径分级提供参数修正。

单分散颗粒物经过水汽过饱和度一定的动态凝结增长腔时会由于凝结增长导致粒径变化。经由进气模块,单分散颗粒物被分为两路,一路为样流,一路经过滤后为洁净鞘流。被洁净鞘流包裹的单分散颗粒物进入凝结增长腔内,腔内壁由湿润的多孔材料构成,水分子经由内壁扩散至混合气流,使混合气流中水汽达到饱和。凝结增长腔后端由多个半导体加热/制冷器控制腔内壁的温度,温度依次升高,形成一定的温度梯度。在混合气流流动过程中,热量和水汽同时由腔内壁向中心线扩散,由于热量在空气中的扩散速度低于水汽的扩散速度,因而中心线上的气流在流动过程中,其热量来源总是在水汽来源的上游,即气流所处位置的水汽分压高于气流实际温度所能容纳的最大水汽分压,从而形成过饱和。通过精确控制温度梯度间隔和温度差,可以达到 5%的过饱和度。相反,将温度梯度设置为反向状态,即下游温度低于上游,使混合气流中的水汽由饱和状态转变为欠饱和状态,通过精确设置反向温度梯度,可以达到 −30%的欠饱和度,来模拟相对湿度在 30%～100%范围内的大气环境。单分散颗粒物凝结增长前后的粒径变化可通过测量系统来测量。通过联立扫描电迁移分析仪(SMPS)和空气动力学粒径谱仪(APS),可以测量 3 nm～20 μm 的粒径分布。为了研究颗粒物在不同水汽过饱和度环境下的凝结增长特性,通过控制凝结增长腔中的水汽过饱和度,在不同过饱和度下测量颗粒物凝结增长后的粒径变化,可以获取颗粒物粒径和特性与水汽过饱和度之间的变化关系。

(1) 多组分单粒径、多粒径颗粒物稳定发生和筛选系统

完成了多组分单粒径、多粒径颗粒物稳定发生和筛选系统的研制,实现了不同类型颗粒物浓度及粒径的稳定发生,系统原理如图 12.12 所示。根据不同类型颗粒物分散及干燥机理、粒径分布特征等的不同,分别选择雾化干燥、微孔振动、差分电迁移分级等方式,结合洁净气源,完成标准颗粒物发生系统的构建;通过均匀混合箱设计、压力控制、颗粒物再悬浮、气流流速控制,实现待测颗粒物的空间状态混匀;通过动态温湿度控制、流速控制等,完成标定系统设计,系统实物图如图 12.13 所示。

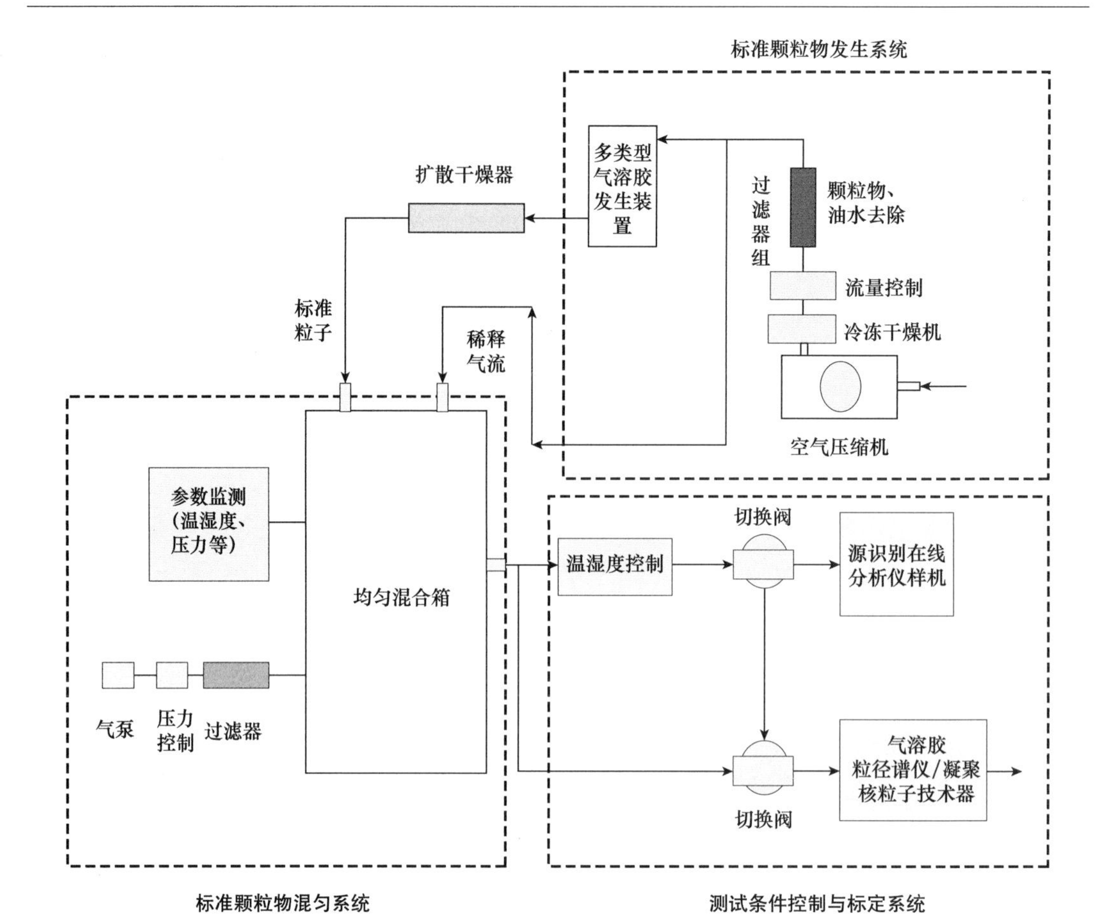

图 12.12　多组分单粒径、多粒径颗粒物稳定发生和筛选系统结构原理

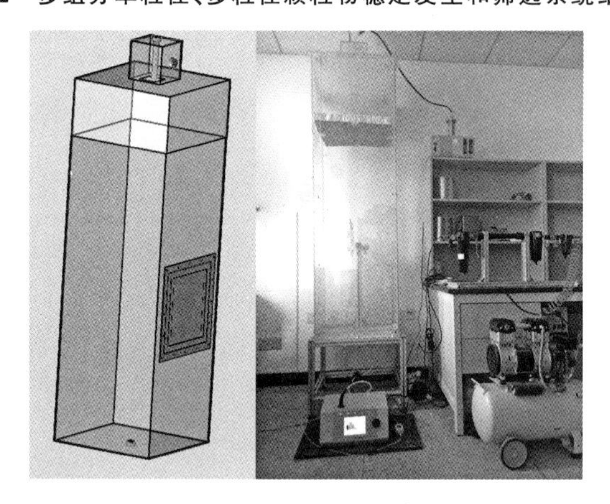

图 12.13　标准颗粒物混匀系统结构及实物

(2) 湿度控制系统

本章建立一种颗粒物湿度快速调节装置(图 12.14)及其控制方法,该控制装置及其控制方法能够解决现有技术中存在的不足,在颗粒物在线测量过程中对采样颗粒物进行湿度控制,使其相对湿度在 10%到 95%之间任意调节,且湿度切换响应时间低于 60 s。

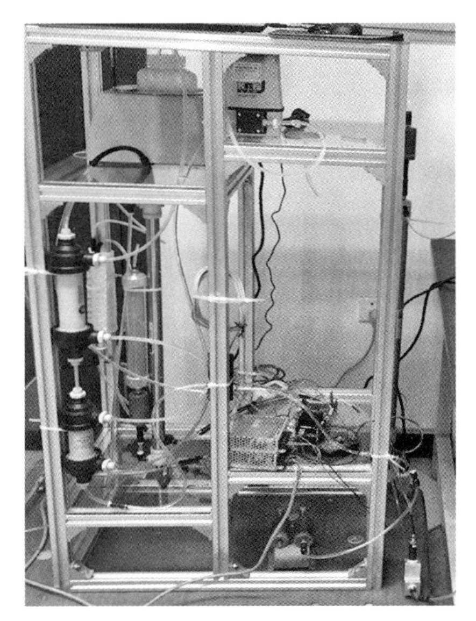

图 12.14　颗粒物湿度快速调节装置实物

本装置基于 Nafion 加湿和干燥技术设计了非线性 PID 调控的颗粒物湿度调节系统，实现颗粒物湿度的稳定快速动态控制，洁净空气发生单元产生的洁净空气分为两路，一路进入到气流干燥通道中干燥后得到干燥气流，另一路进入到气流加湿通道中加湿后得到加湿气流，采用了改变 Nafion 加湿气流和 Nafion 干燥气流混合比例的方式发生可控的湿气；通过流量计和比例阀测量和调节流量，通过软件 PID 反馈调节比例阀开度，以达到稳定调节流量的目的；通过 PID 反馈得到的可变 PWM 波调节三通电磁阀的开度改变干燥气流和加湿气流的混合比，以此来调节湿度。

为了测试湿度发生和调节系统的性能，开展了湿度调节的时间阶跃响应及湿度控制稳定性测试，在低湿度条件下，湿度调节时间响应速率高，阶跃响应非常陡峭，时间响应优于 30 s，在高湿度条件下，湿度调节时间响应速率降低，阶跃响应平缓，在 80%到 90%相对湿度时间响应低于 1 min，如图 12.15(a)所示。湿度稳定性测试结果为：15 min 内 90%、50%、10%相对湿度湿度偏差均低于 1%，如图 12.15(b)所示。

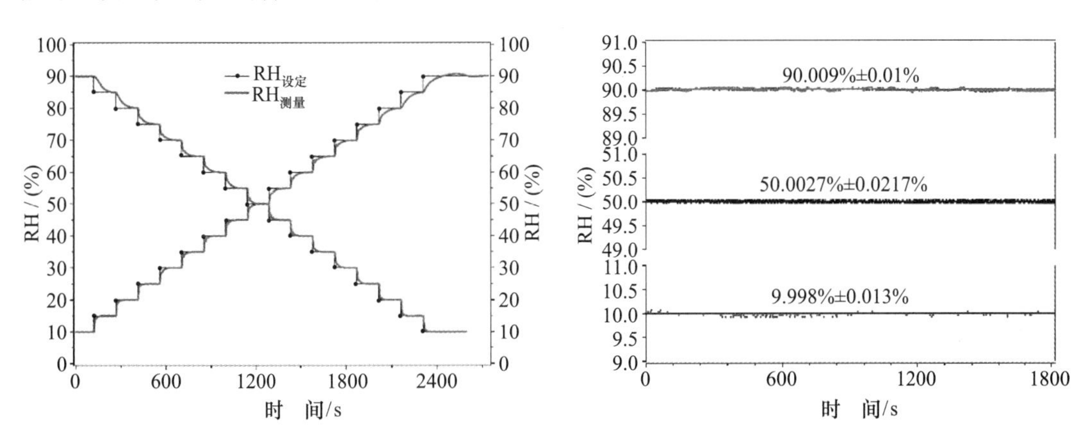

图 12.15　(a) 湿度调节时间阶跃响应测试；(b) 湿度控制稳定性测试

(3) 过饱和增长腔体设计与研制

颗粒物在过饱和环境下凝结增长达到光学方法可测量的粒径范围是大气超细颗粒物(粒径小于 100 nm)测量的主要手段。水蒸气分子在颗粒物表面的凝结可以促进颗粒物粒径的增长,颗粒物过饱和增长后的粒径大小与所处的水蒸气过饱和度有直接关系,获取不同水蒸气过饱和度条件下的颗粒物增长后的粒径大小信息有助于分析大气颗粒物的化学组分和凝结增长特征。

过饱和增长腔包括颗粒物样气通道、鞘气通道、饱和水蒸气通道、去离子水通道、气流比例控制装置和温度梯度控制装置。是基于水蒸气凝结原理,将洁净鞘气包裹的带有大气颗粒物的样气通过饱和水蒸气通道,利用半导体制冷器和柔性加热器控制两级饱和水蒸气通道的温度,产生温度梯度,利用水蒸气扩散速率高于气体传热速率的特性使颗粒物周围的水蒸气过饱和,使得水蒸气凝结在颗粒物表面,促进颗粒物粒径增长。通过控制样气和鞘气的流量比例,或控制两级饱和水蒸气通道的温度差,来调节水蒸气过饱和度,实现对过饱和增长后的颗粒物粒径大小的动态控制。

图 12.16 中实线表示颗粒物样气气路,虚线表示鞘气气路,点线表示去离子水水路。可调速水泵将去离子水从去离子水存储装置中抽出,流经不锈钢套管和微孔内衬管之间的通道后被收集作为废液排出。由于微孔内衬管的防水透气特性,水蒸气透过微孔内衬管向管内渗透,使微孔内衬管内壁湿润,形成水蒸气饱和环境。将大气颗粒物或实验室发生的标准颗粒物引入样气通道内,带有颗粒物的样气气流进入颗粒物样气通道后分为两路,一路沿颗粒物样气通道继续流动,一路经鞘气通道过滤后形成洁净鞘气后再次进入样气通道,包裹着样气共同进入不锈钢套管和微孔内衬管组成的饱和水蒸气通道。饱和水蒸气通道的不锈钢套管外壁由半导体制冷器和柔性加热器包裹,将饱和水蒸气通道分为两级,中间用绝热块连接,半导体制冷器工作在制冷模式,柔性加热器工作在加热模式,混合气流进入半导体制冷器控制的第一级饱和水蒸气通道,水蒸气通过微孔内衬管壁向混合气流扩散,形成水蒸气饱和的混合气流,同时使混合气流温度降低,再进入柔性加热器控制的第二级饱和水蒸气通道时,热量和水蒸气同时由微孔内衬管壁向混合气流中心扩散,使得混合气流温度逐渐升高,由于水蒸气扩散速率高于热扩散速率,因此在第二级饱和水蒸气通道内,混合气流中任意一点处的水蒸气分压大于该点温度下的水蒸气饱和分压,使得混合气流中的颗粒物始终处于水蒸气过饱和环境,促进了颗粒物的过饱和增长。

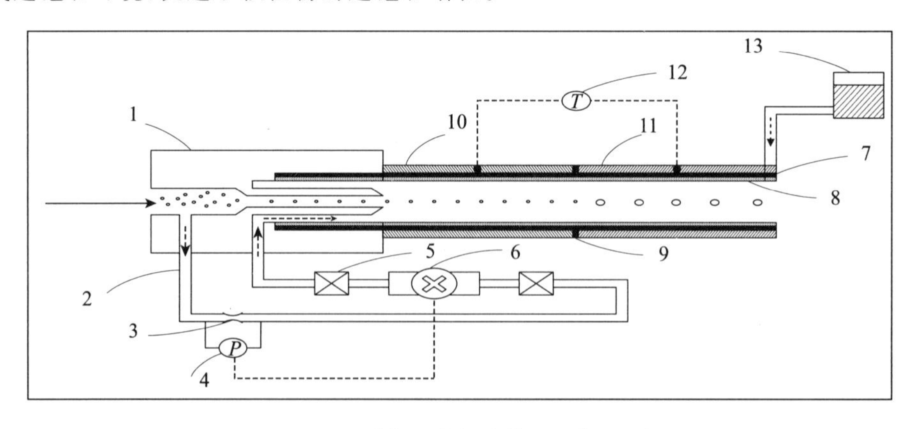

图 12.16　过饱和增长腔装置示意和实物

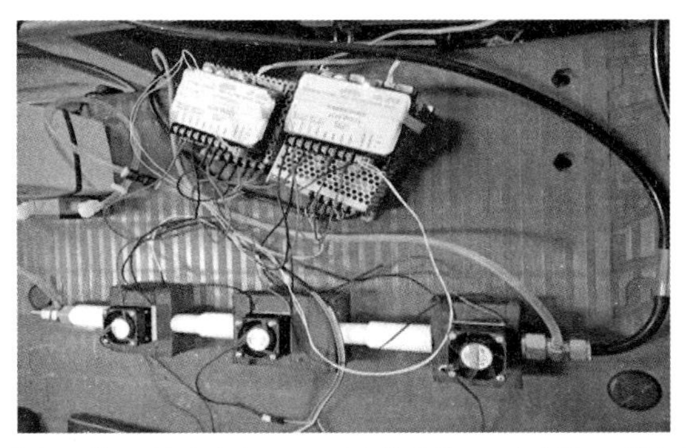

1. 颗粒物样气通道；2. 鞘气通道；3. 限流小孔；4. 压差式传感器；5. 过滤器；6. 鞘气真空泵；7. 不锈钢套管；8. 微孔内衬管；9. 绝热块；10. 半导体制冷器；11. 柔性加热器；12. 温度传感器；13. 去离子水储存装置。

图 12.16　过饱和增长腔装置示意和实物(续)

(4) 基于扩散荷电的颗粒物高效荷电模块设计与研制

提出了一种纳米颗粒物高效对冲荷电方案。实现了超细颗粒物的高效荷电和自由离子捕集，完成颗粒物荷电器的设计和性能测试。考虑荷电器能够长期稳定的工作，将放电区域和颗粒物荷电区域分开(图 12.17)，放电区域内采用洁净的鞘气电离产生自由离子，从右端小孔处加速流出，与从左侧进气口进入的颗粒物发生碰撞，完成颗粒物带电，带电颗粒物和自由离子进入环形的离子捕集区域，通过在捕集电压上加载 25 V 电压捕集自由离子，仅带电颗粒物从出口流出，实现对超细颗粒物的高效荷电，不同粒径颗粒物对应的平均带电量和荷电效率结果如图 12.18 所示，其中 23 nm 以上荷电效率超过 62%，优于已有文献的报道的结果，有效提高了纳米级颗粒物的检测效率。

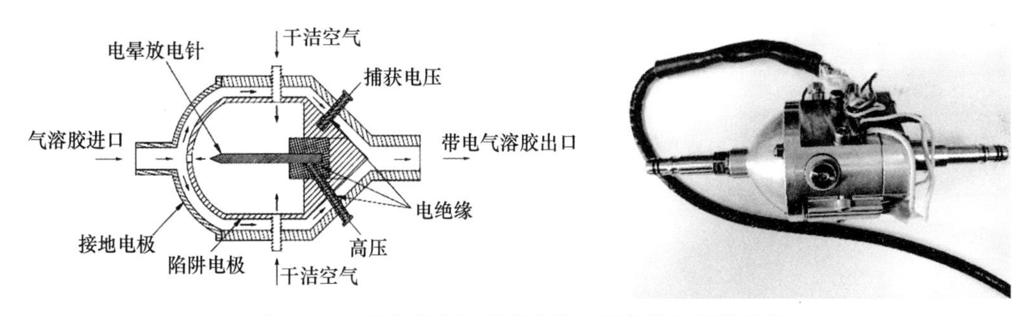

图 12.17　纳米级超细颗粒物荷电器结构原理及实物

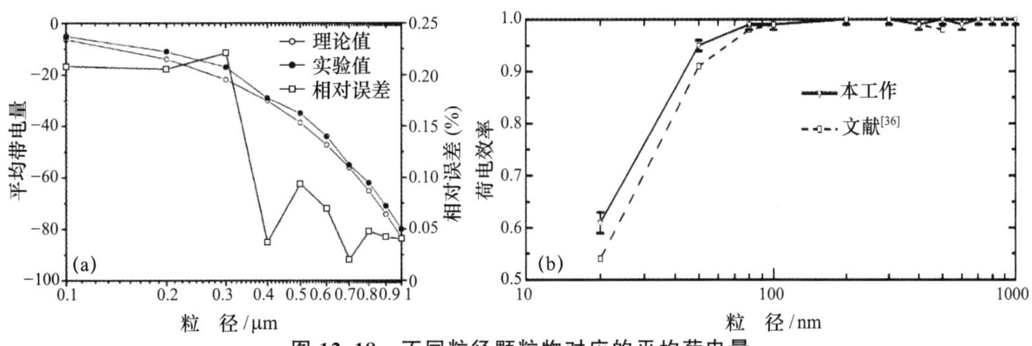

图 12.18　不同粒径颗粒物对应的平均荷电量

（5）基于法拉第杯和微电流检测的细颗粒物数浓度测量模块设计与研制

采用静电计级运算放大器与超高值电阻，完成了宽动态范围的 fA 级微弱电流测量电路的设计，保证了 fA 级微弱电流的测量。结合设计的高探测效率法拉第杯，完成了气溶胶静电计的研制、测试与输出信号理论分析，用于带电颗粒物带电量的高灵敏度测量，气溶胶静电计系统原理图和装置实物图如图 12.19 所示。实验结果表明，零点漂移受温度变化影响，并随着温度的变化发生不规则波动；恒温控制后，气溶胶静电计的测量均方根噪声和峰值噪声分别为 0.30 fA、1.55 fA；其线性度高于 0.99，量程范围可达到±50 pA，动态范围约为 96 dB。采用商业气溶胶静电计（TSI-3068B）与设计的气溶胶静电计进行相关性测试。对比测试结果如图 12.20 所示（见书末彩图），结果表明：两者同时加载带电颗粒物 125 min，统计相关性（R^2）达到 99.4%，动态范围达到 96 dB，约为 TSI-3068B 动态范围的 4 倍。针对不同粒径的超细颗粒物进行了探测效率测试。测试结果显示，对于粒径大于 7 nm 的颗粒物，所设计的气溶胶静电计探测效率高于 99.3%。

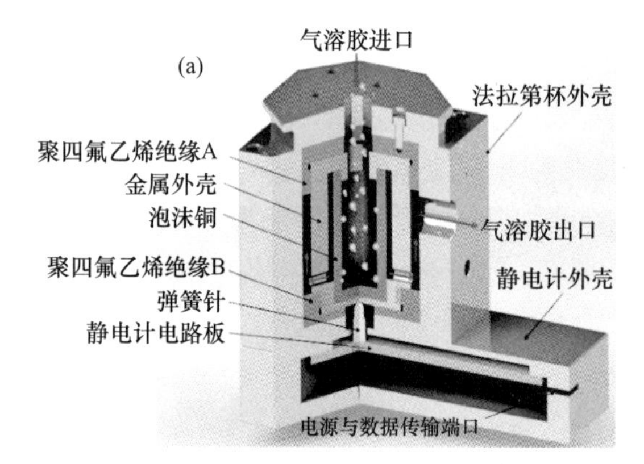

图 12.19 (a) 气溶胶静电计系统原理；(b)装置实物

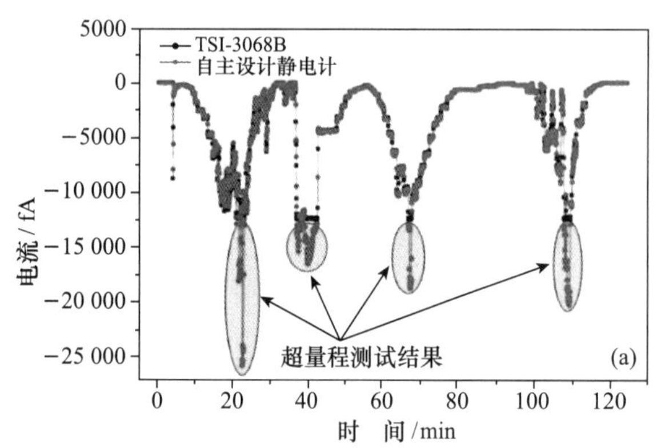

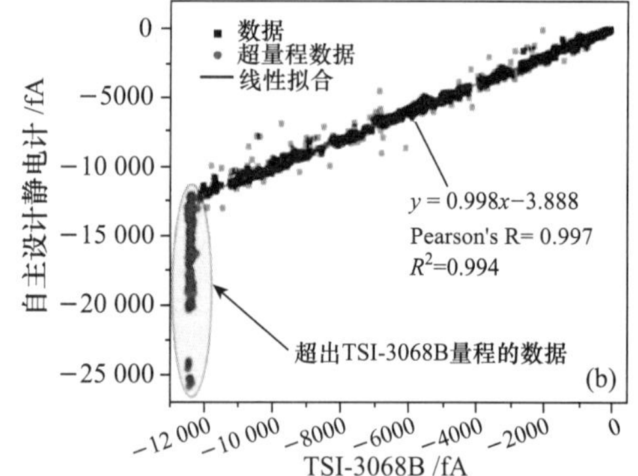

图 12.20 气溶胶静电计与 TSI-3068B 测量结果对比

（6）颗粒物计数模块设计与研制

为验证设计的光学粒子计数模块的性能，搭建了如图 12.21 所示的实验平台。使用气溶胶发生器（MetOne-255）来产生 15 μm 的标准聚苯乙烯（PSL，Duke Scientific Inc.）小球，其粒径精度为 15 μm±1 μm。设计的光学粒子计数模块以 0.3 L/min 的流量对标准 PSL 粒子进行采样，干燥器的作用为移除载气中的水分。

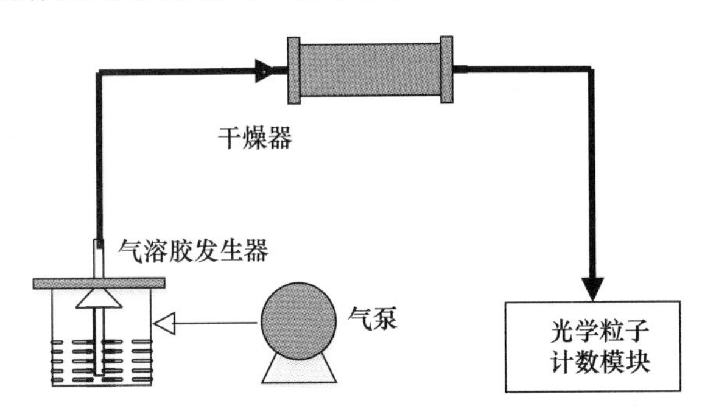

图 12.21　性能验证实验平台

使用示波器观测第二级反相比例放大后的模拟脉冲信号和高速比较器输出的数字脉冲信号，可以对光学粒子计数模块的性能进行直观的分析(图 12.22)。如图 12.22(a)所示，15 μm 的标准聚苯乙烯小球的脉冲形状为标准的高斯脉冲波形，可以看出 15 μm 粒子的模拟脉冲电压峰值为 2 V 左右且信噪比足够高没有噪声引起误触发的情况。图 12.22(a)中横轴每格时间间隔为 1 μs，可以得出回波脉冲信号带宽约为 0.75 MHz，脉冲宽度约为 1.3 μs，半峰全宽约为 650 ns，在理想情况下(无粒子重叠现象)，可精确测量的浓度上限为 3×10^5 颗粒物/cm^3。

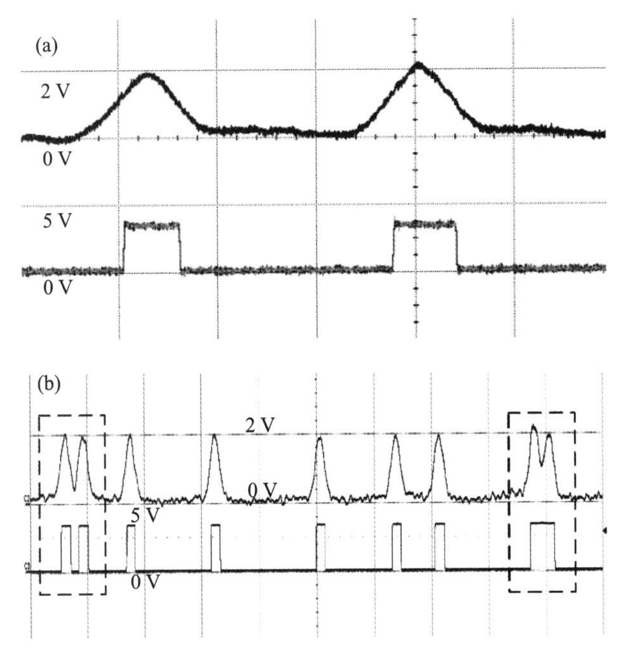

图 12.22　粒子脉冲：(a) 单粒子散射脉冲；(b) 粒子重叠散射脉冲

由图 12.22(b)可知标准粒子的回波脉冲宽度和高度一致性较好，可以推断出粒子在光学检测腔内扩散现象极小且粒子可一次性通过光学检测区域。当两个粒子之间的距离较小，就会发生两个粒子同时出现光学检测区域的情况，反映到散射脉冲上就会出现脉冲重叠的现象,如图 12.22(b)虚线框中脉冲所示。通过合理设置比较器阈值电压可以一定程度上增加粒子重叠现象的识别率,如图 12.22(b)左侧虚线框内脉冲所示,高速比较器识别出两个回波脉冲并形成两个相应的数字脉冲。

(7) 系统集成

本章研制了一整套颗粒物凝结增长过程测量系统。如图 12.23,大气中的颗粒物或者实验室发生多分散颗粒物会经过干燥、荷电进入 DMA 中筛分。得到的单粒径颗粒物能够分别进入过饱和和欠饱和加湿装置进行吸湿增长。颗粒物凝结增长测试系统为本章自行设计的 APS 进行测量。整套装置的台架实物图见图 12.24,Nafion 加湿和 ePTFE 过饱和加湿竖直放置,DMA、荷电和 APS 位于框架中间部分,在外场观测中能对设备起到一定的保护作用。

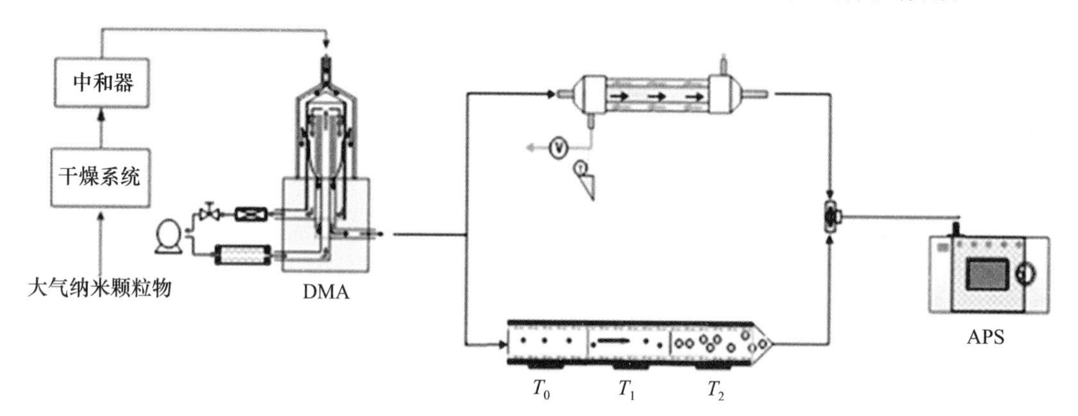

图 12.23 颗粒物凝结增长过程测量系统示意

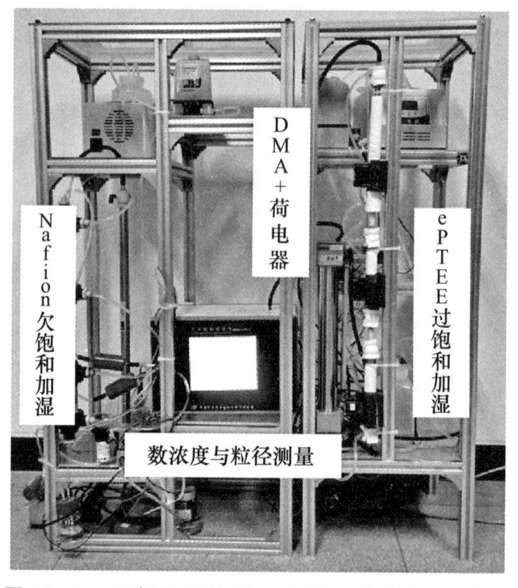

图 12.24 颗粒物凝结增长过程测量系统实物台架

该测试系统的性能评价见表 12-1。通过过饱和腔和欠饱和加湿的联用,能够达到由低湿度到过饱和度 7.16 的连续范围。与 HTDMA、水基 CPC 和 CCNC 对比发现,本章采用温湿度联合控制的手法,能够大大提高过饱和的适用范围。本章研发的加湿平台在湿度的连续性、可控性均远远优于其他测试手段。

表 12-1　系统性能评价

类　型	应用领域	欠饱和范围	过饱和范围	是否可控	控制方法	凝结增长后测量手段
自研增长腔	凝结增长过程研究	10%～95%	1.08～7.16	是	温湿度、流量	直接测量、粒径分布
HTDMA	可溶颗粒物吸湿增长	10%～95%	—	是	湿度	粒径分布
水基 CPC	颗粒物浓度测量	—	2.96	否	—	OPC(数浓度)
CCNC-连续热流梯度云室	云凝结核浓度测量	—	0.07～2.00	是	温度	OPC(数浓度)

2. 单颗粒物凝结增长过程原位分析系统

在此，我们首次搭建了 SPRM 单颗粒原位吸湿测试系统，作为定量研究纳米级别气溶胶颗粒物吸湿性的方法。采用的颗粒物以 NaCl 为主体、多组分混合的方式。NaCl 是碎浪气溶胶的主要组成部分，同样也是典型具有潮解点的大气气溶胶组分，混合组分采用了 $NaNO_3$、草酸、葡萄糖，分别模拟了大气中混合无机物、混合有机物以及非均相反应的混合方式。通过对上述几种具有代表性的颗粒进行原位加湿测量，证明 SPRM 单颗粒吸湿增长以及水含量测试的可行性，为超细单颗粒原位吸湿测试提供全新的分析手段(图 12.25)。

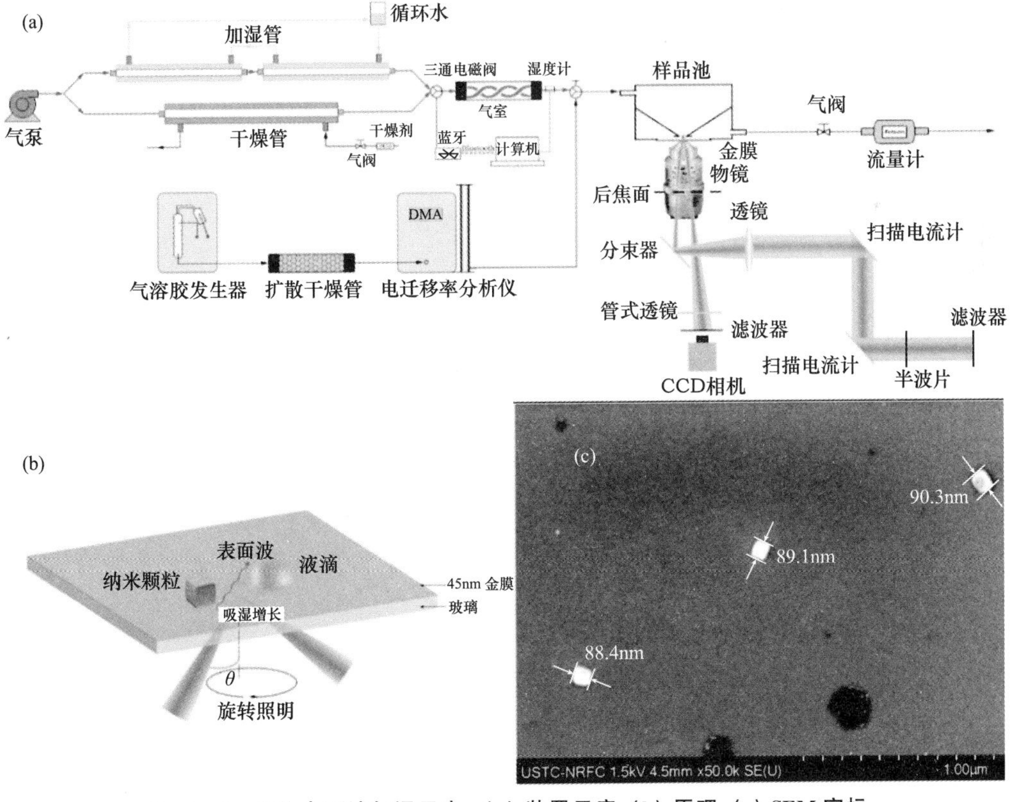

图 12.25　原位表面波加湿示意：(a) 装置示意；(b) 原理；(c) SEM 定标

100 nm 尺寸颗粒物的获得：采用 metone255 联合 TSI3082DMA 产生，通过 TSI 扩散干燥管干燥，采用平板撞击的原理将筛分到的颗粒物沉积到基片上如图 12.25(a)。整套装置主要由两根基于 Nafion 技术的气体干燥管和气体加湿管组成，Nafion 管为博纯公司制造。Nafion 的优点在于其加湿的驱动力是管内外的湿度差，并且在加湿过程中会保留样气中的 SO_2、SO_3、NO、NO_2、HCl、HF、CO_2 等酸性无机气体，为原位加湿提供了便利。湿度的控制原理为根据需要的相对湿度和温湿度传感器示数装换成 PID 参数回馈三通电磁阀，随时调整干气和湿气的混合比例，最终达到所需的湿度。

首次采用旋转照明的方式进行表面波成像，该方式能够将表面波成像信号的精度达到 50 nm 以下。如图 12.26，入射和发射分别采用两个偏振光来消除全反射激光信号，使得 CCD 相机尽可能只采集表面波 SP 信号。使用一对扫描电流计和一个聚焦透镜，扩展和准直的激光束可以聚焦在物镜的后焦平面(BFP)的任何点上。经过扩展和准直的光束将退出物镜，以给定的入射角(θ)射向基片。

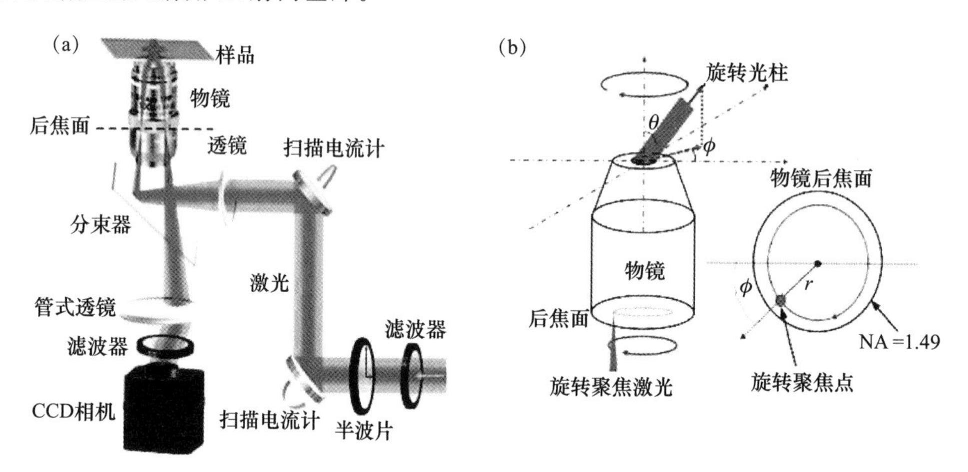

图 12.26 (a) 成像系统实验装置；(b) 照明示意

12.4.4 大气超细颗粒物凝结增长过程观测及其关键因子研究

1. 模型验证实验

该部分发展了一套描述封闭绝热系统中不可溶球形颗粒上异质凝结完整过程的模型，模型提出将异质凝结过程分为三个阶段：成核、过渡和增长，并在计算中考虑了质量和能量守恒。利用粒数衡算方程作为控制方程来描述液滴数密度分布随时间的变化，并通过求解矩方程的各阶矩来推导混合气体的各个参数，包括液滴数目、液滴质量、初始温度、初始饱和度、初始压强(图 12.27)。同时一种二阶精度的时间离散格式应用于方程的求解。

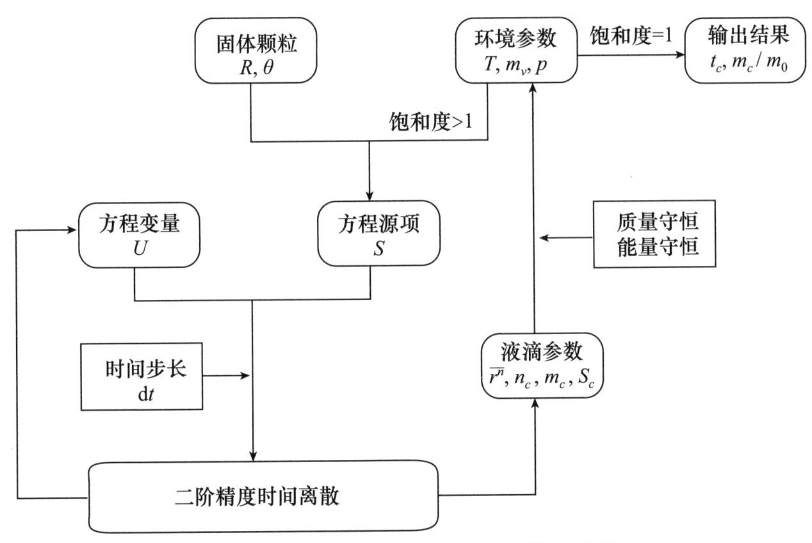

图 12.27　异质凝结完整过程的模拟流程

2. 实验室标准粒子增长实验

(1) 群粒子测量实验

超细颗粒物凝结增长与粒子粒径、化学组分和相对湿度等因素的参数有关,并且这三个因子之间互相影响。粒子的化学组分按其吸湿特性可以分为吸湿性粒子和非吸湿性粒子,吸湿性组分大部分为硫酸盐、硝酸盐、铵盐、海盐等无机组分及部分吸湿性有机物,而非吸湿性组分主要为黑碳及部分有机物。

本章利用搭建的凝结增长系统完成了实验室不同粒径、不同组分、不同饱和度下的标准粒子增长实验,如图 12.28,系统主要包括颗粒物粒径发生与选择部分、欠饱和和过饱和增长控制部分以及测量部分。颗粒物粒径发生与选择部分由电喷雾、雾化器、干燥管、DMA 筛分等组成,以获取不同粒径、不同材质的标准粒子;欠饱和和过饱和增长控制部分是 Nafion 管和过饱和增长腔联合控制的;测量部分主要是 APS、静电计和 SMPS。

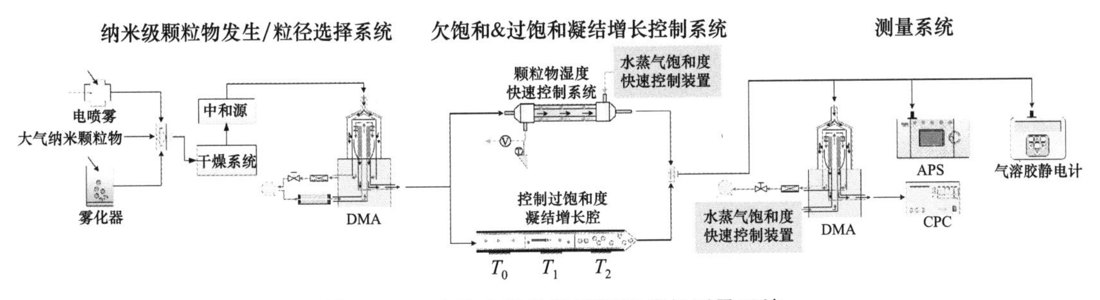

图 12.28　实验室标准粒子凝结增长测量系统

图 12.29 为不同湿度条件下 500 nm 标准粒子凝结增长结果。① 单一组分单分散颗粒物增长随水汽饱和度增加而持续增大,湿度从 30%增加到 171%,增长尺寸中值粒径从 0.5 μm 增至 2.84 μm,增长了约 2.3 μm,水汽饱和度 1.71 情况下,凝结增长后中值粒径为 2.84 μm,与模型预测结果基本吻合。② 不同流量及温控条件下 20 nm NaCl 标准粒子凝结

增长最终尺寸测量结果显示图12.30(见书末彩图),操作温度设置为10℃、65℃、25℃时,单一组分单分散颗粒物尺寸随流量增大而减小,随水汽饱和度增加而增大,在流量从0.6至1.5 L/min变化中,凝结增长后颗粒物中值粒径从3.2 μm降低至1.8 μm,降低43%,较小的流量提供更多的增长时间,可使颗粒物增长到更大的尺寸,增加增长腔长度和减小流量都可以使颗粒物增长到更大的尺寸,这与理论模拟结果基本一致。而保持温差不变,移动温差窗口对颗粒物增长的中值粒径基本没有影响,但在温差从50℃至60℃变化,凝结增长后颗粒物中值粒径从2.0 μm增长至2.4 μm,与理论结果基本一致。③ 混合组分的不同比例对凝结增长因子的影响结果在图12.30中可以看到,有机葡萄糖与无机硫酸铵的混合比例为1∶4时,实验结果表明较大的粒子增长更大,而随着葡萄糖比例增加到1∶1,较小粒子增长更大,应该是有机葡萄糖越来越占据主导地位,对于颗粒物中吸湿性组分来说,吸湿性有机组分应该会比无机组分更能促进颗粒物的增长。

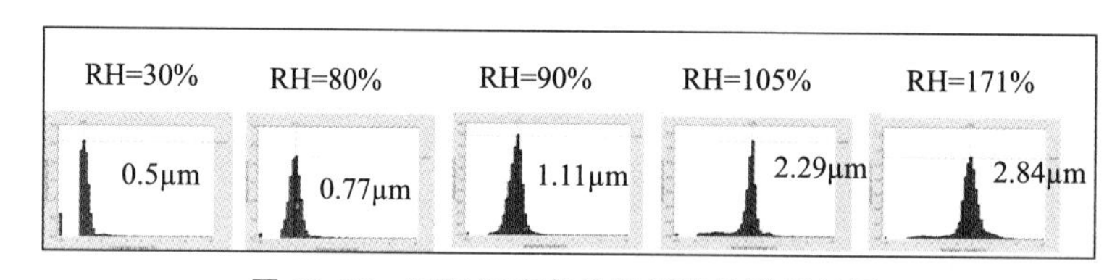

图12.29 不同湿度条件粒子凝结增长结果

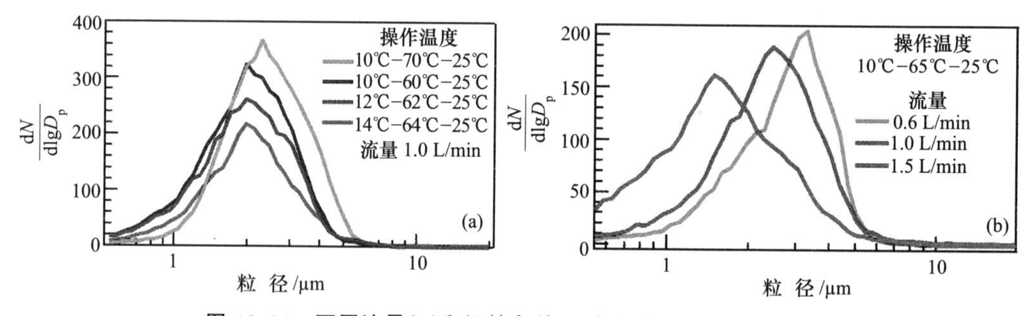

图12.30 不同流量(a)和温控条件(b)超细粒子凝结增长结果

(2) 单颗粒物观测实验

通过对典型单组分颗粒物(图12.31)进行原位表面波吸湿增长测试发现,该系统对于颗粒物尺寸变化的敏感度很高,无论有潮解点或无潮解点的颗粒物测试结果均与模型或前人的结果相吻合。此外在超过90%RH后,表面波信号依然有明显变化,测试湿度范围明显优越于HTDMA系统。

葡萄糖经常出现在生物质燃烧的过程中,在有机气溶胶中含量占有重要比重,是中性有机化合物的代表。而NaCl气溶胶在传输过程中,很容易会再附着一定量的有机物组分,通过对三种组分比例的混合颗粒进行原位表面波吸湿增长测试能够看出(图12.32),该方法对不同比例的葡萄糖混合颗粒物吸湿增长效果十分敏感,因此该方法对于有机物混合颗粒物的吸湿测试同样适用。

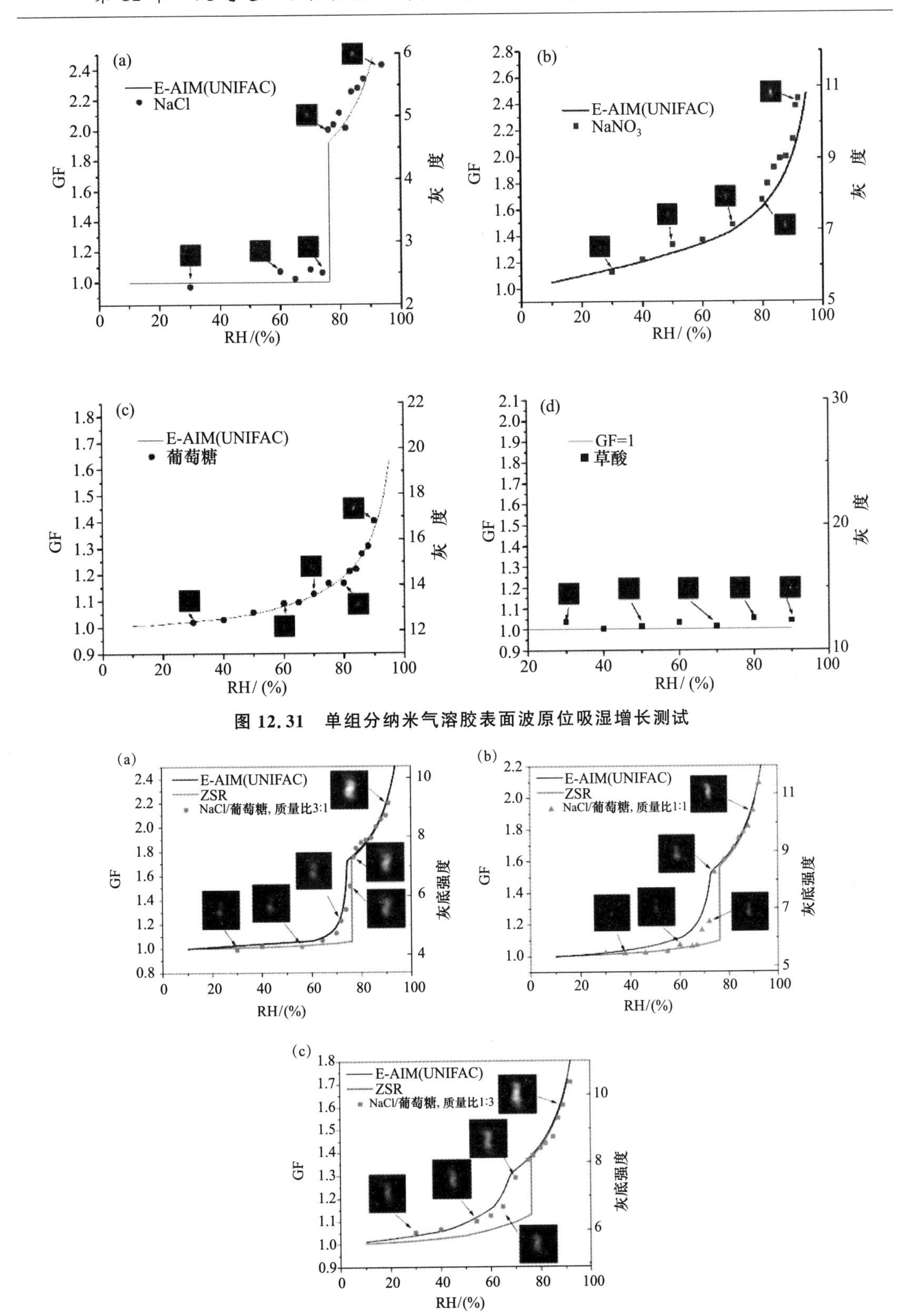

图 12.31　单组分纳米气溶胶表面波原位吸湿增长测试

图 12.32　葡萄糖和 NaCl 混合组分气溶胶表面波原位吸湿增长示意

图 12.33 能够看出，当低湿度接近潮解点时，颗粒物的混合态与 E-AIM 会出现明显差别，体现在(a)中为数据点位于 1∶1 斜线的上方，形成一个鼓包。造成这种现象的原因很大可能是混合颗粒物的无定形形态严重或存在明显包覆形态，进而导致混合状态不够理想。当混合组分增加后，在低湿度潮解点附近的差异反而减小，水含量的测量基本与 1∶1 斜线吻合。

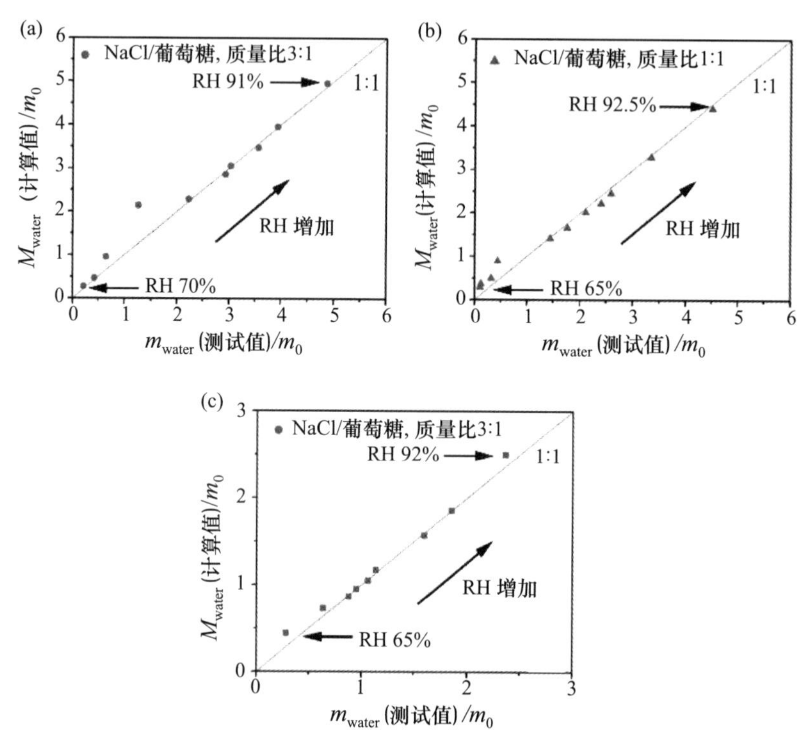

图 12.33　葡萄糖和 NaCl 混合组分气溶胶表面波原位含水量测试

3. 实际大气外场观测实验

如图 12.34，对一天中的早上、中午、晚上三个特殊时段在不同饱和度下的增长进行对比可以发现：各时段下，颗粒物的增长尺寸都随着饱和度的增大而增大，这应该是由水汽浓度影响的，因为大的饱和度拥有更充足的水蒸气浓度；中午颗粒物增长尺寸较早晨和晚上增长更小，这可能是被进口颗粒物气流的湿度所影响，入口的颗粒物样气湿度较大时候增长管内已有的相同的水汽浓度可以使进口颗粒物气流增长到更大的尺寸。从总体上看，三个不同时段下，颗粒物在相同的饱和度下可以增长到差不多的尺寸，增长尺寸随饱和度增大而增大，饱和度从 1.7 至 3.3 变化，凝结增长后颗粒物中值粒径为从 1.3 μm 增长至 2.3 μm，且粒径增长随大气样气颗粒物流的湿度增高而增大。

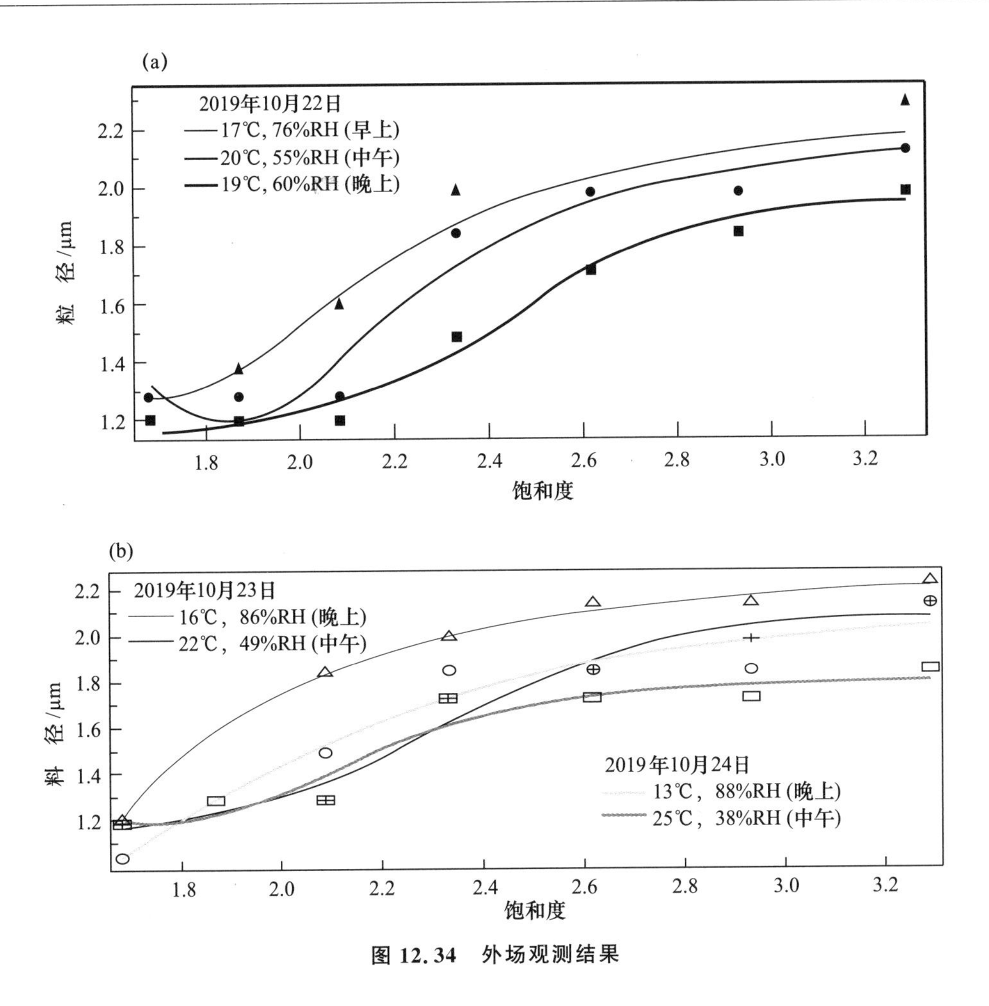

图 12.34　外场观测结果

分析不同天气状况下大气颗粒物增长情况，23 日与 24 日晚上在相似的湿度温度下大气颗粒物在不同饱和度下的增长趋势相似，但 23 日晚的增长尺寸较大，分析其原因应该是 PM 浓度的影响，23 日晚 PM2.5 及 PM10 都只是 24 日晚的 50%，所以洁净天气情况下可能更有利于粒子的增长。23 和 24 日中午的外场观测结果可以看到随着饱和度增大，24 日中午颗粒物增长较 23 日放缓，较大的采样气流湿度在高饱和度下增长较快，所以高湿度采样气流可以加快高饱和度下颗粒物的凝结增长。

12.5　本项目资助发表论文

[1] KUAI Y，XIE Z B，CHEN J X，et al. Real-time measuring the hygroscopic growth dynamics of single aerosol nanoparticles with bloch surface wave microscopy. ACS Nano，2020，14：9136-9144.

[2] XIE Z B，KUAI Y，LIU J G，et al. In situ quantitatively observing hygroscopic

growth of single nanoparticle aerosol by surface plasmon resonance microscope. Analytical Chemistry, 2020, 90: 11062-11071.

[3] KUAI Y, CHEN J X, TANG X, et al. Label-free surface-sensitive photonic microscopy with high spatial resolution using azimuthal rotation illumination. Science Advances, 2019, 5(3).

[4] BIAN J J, GUI H Q, XIE Z B, et al. Simulation of three-stage operating temperature for supersaturation water-based condensational growth tube. Journal of Environmental Sciences, 2019, 90: 275-285.

[5] YU T Z, YANG Y X, LIU J G, et al. Comparative study of cylindrical and parallel-plate electrophoretic separations for the removal of ions and sub-23 nm particles. Journal of Separation Science, 2017, 1: 1-12.

[6] YU T Z, YANG Y X, LIU J G, et al. Design and evaluation of a unipolar aerosol particle charger with built-in electrostatic precipitator. Instrumentation Science & Technology, 2018, 46(3): 326-347.

[7] DU P, GUI H Q, ZHANG J S, et al. Number size distribution of atmospheric particles in a suburban Beijing in the summer and winter of 2015. Atmospheric Environment, 2018, 186: 32-44.

[8] YANG Y X, YU T Z, ZHANG J S. Design and evaluation of an aerosol electrometer with low noise and a wide dynamic range. Sensors, 2018,18(5): 1614.

[9] YANG Y X, YU T Z, ZHAGN J S. On the performance of an aerosol electrometer with enhanced detection limit. Sensors, 2018,18(11): 3889.

[10] WANG W Y, ZHAO X, ZHANG J S, et al. Design and evaluation of a condensation particle counter with high performance for single-particle counting. Instrumentation Science & Technology, 2020, 48(2): 212-229.

[11] 王文誉，刘建国，赵欣，等. 小流量高浓度颗粒物光学计数及重叠校正方法研究. 光学学报，2019，40(6):1-13.

[12] LUO X S, FAN Y, QIN F H, et al. A new model for the processes of droplet condensation and evaporation on solid surface. International Journal of Heat and Mass Transfer, 2016,100: 208-214.

[13] WANG Z J, QIN F H, LUO X S, et al. Numerical investigation of effects of curvature and wettability of particles on heterogeneous condensation. Journal of Chemical Physics, 2018, 149(13): 134306.

[14] LUO X S, CAO Y, XIE H Y, et al. Moment method for unsteady flows with heterogeneous condensation. Computers & Fluids, 2017, 146: 51-58.

[15] LUO X S, CAO Y, QIN F H. A phase-slip moment method for condensing flows. International Journal of Heat and Mass Transfer, 2018, 118: 1257-1263.

[16] ZHANG J S, CHEN Z Y, LU Y H, et al. Characteristics of aerosol size distribution

and vertical backscattering coefficient profile during 2014 APEC in Beijing. Atmospheric Environment，2017,148：30-41.

[17] WEI X L，GUI H Q，LIU J G，et al. Aerosol pollution characterization before Chinese New Year in Zhengzhou in 2014. Aerosol and Air Quality Research，2019,19：1294-1306.

[18] CHEN M J，WANG H Q，SUN Q，et al. Simulation of miniature PDMA for ultrafine-particle measurement. Atmosphere，2019，10(3)：116.

[19] 解虎跃，曹赟，秦丰华,等. 旋涡流动中微液滴颗粒的滑移效应，SCIENTIA SINICA Physica：Mechanica & Astronomica，2017，47(12)：124702.

参考文献

[1] 生态环境部. 2013 中国环境状况公报. [2020-11-20]. http://www.mee.gov.cn/hjzl/sthjzk/zghjzkgb/201605/P020160526564151497131.pdf

[2] 生态环境部. 2014 中国环境状况公报. [2020-11-20]. http://www.mee.gov.cn/hjzl/sthjzk/zghjzkgb/201605/P020160526564730573906.pdf

[3] WICHMANN H E，SPIX C，TUCH T，et al. Daily mortality and fine and ultrafine particles in Erfurt，Germany part Ⅰ：role of particle number and particle mass. Research report Health Effects Institute，2000 (98)：5-86.

[4] KULMALA M，LAAKSO L，LEHTINEN K E J，et al. Initial steps of aerosol growth. Atmospheric Chemistry and Physics，2004，4：2553-2560.

[5] ZHANG R，KHALIZOV A，WANG L，et al. Nucleation and growth of nanoparticles in the atmosphere. Chemical Reviews，2012，112，1957-2011.

[6] PANDIS S N，SEINFELD J H，PILINIS C，et al. The smog-fog-smog cycle and acid deposition. Journal of Geophysical Research，1990，95：18489-18500.

[7] BECKER R，DORING W. Kinetische Behandlung der Keimbildung in übersättigten Dämpfen. Annalen Der Physik，1935，24：719.

[8] REISS H. The Kinetics of phase transitions in binary systems. Journal of Chemical Physics，1950，18 (6)：840-848.

[9] FLETCHER N H. Size effect in heterogeneous nucleation. Journal of Chemical Physics，1958，29(3)：572-576.

[10] GIRSHICK S L，CHIU C P. Kinetic nucleation theory：A new expression for the rate of homogeneous nucleation from an ideal supersaturated vapor. Journal of Chemical Physics，1990，93(2)：1273-1277.

[11] GORBUNOV B，HAMILTON R. Water nucleation on aerosol particles containing both soluble and insoluble substances. Journal of Aerosol Science，1997，28：239-248.

[12] DU H，NADYKTO A B，YU F Q. Quantum-mechanical solution to fundamental problems of classical theory of water vapor nucleation. Physical Review E，2009，79(2)：021604.

[13] KÖHLER H. The nucleus in and the growth of hygroscopic droplets，Trantions of the Faraday Society，1936，32：1152-1161.

[14] COVERT D S, CHARLSON R J, AHLQUIST N C. A study of the relationship of chemical composition and humidity to light scattering by aerosols. Journal of applied meteorology, 1972, 11(6): 968-976.

[15] FITZGERALD J W, HOPPEL W A, VIETTI M A. The size and scattering coefficient of urban aerosol particles at Washington DC as a function of relative humidity. Journal of Atmospheric Sciences, 1982, 39: 1838-1852.

[16] PAN X L, YAN P, TANG J, et al. Observational study of influence of aerosol hygroscopic growth on scattering coefficient over rural area near Beijing mega-city. Atmospheric Chemistry and Physics, 2009, 9(19): 7519-7530.

[17] TANG I N. Thermodynamic and optical properties of mixed-salt aerosols of atmospheric importance. Journal of Geophysical Research: Atmospheres (1984—2012), 1997, 102(D2): 1883-1893.

[18] TANG I N, MUNKELWITZ H R. Water activities, densities, and refractive indices of aqueous sulfates and sodium nitrate droplets of atmospheric importance. Journal of Geophysical Research: Atmospheres (1984—2012), 1994, 99(D9): 18801-18808.

[19] TANG I N, MUNKELWITZ H R. Composition and temperature dependence of the deliquescence properties of hygroscopic aerosols. Atmospheric Environment, 1993, 27(4): 467-473.

[20] CHANG S Y, LEE C T. Applying GC-TCD to investigate the hygroscopic characteristics of mixed aerosols. Atmospheric environment, 2002, 36(9): 1521-1530.

[21] HERICH H, KAMMERMANN L, GYSEL M, et al. In situ determination of atmospheric aerosol composition as a function of hygroscopic growth. Journal of Geophysical Research: Atmospheres (1984—2012), 2008, 113(D16): 1-14.

[22] YAN P, PAN X, TANG J, et al. Hygroscopic growth of aerosol scattering coefficient: A comparativeanalysis between urban and suburban sites at winter in Beijing. Particuology, 2009, 7(1): 52-60.

[23] GHORAI S, WANG B, TIVAMSLI A, et al. Hygroscopic properties of internally mixed particles composed of NaCl and water-soluble organic acids. Environmental Science & Technology, 2014, 48(4): 2234-2241.

[24] WAGNER P E. Aerosol growth by condensation. Topics in Current Physics, 1982, 16(5): 129-178.

[25] GYARMATHY G. The spherical droplet in gaseous carrier streams: Review and synthesis. Multiphase Science & Technology, 1982, 1(1): 99-279.

[26] YOUNG J B. The Condensation and evaporation of liquid droplets at arbitrary Knudsen number in the presence of an inert-gas. International Journal of Heat and Mass Transfer, 1993, 36(11): 2941-2956.

[27] GYSEL M, WEINGARTNER E, NYEKI S, et al. Hygroscopic properties of water-soluble matter and humic-like organics in atmospheric fine aerosol. Atmospheric Chemistry and Physics, 2004, 4(1): 35-50.

[28] PETTERS M D, KREIDENWEIS S M. A single parameter representation of hygroscopic growth and cloudcondensation nucleus activity. Atmospheric Chemistry and Physics, 2007, 7(8): 1961-1971.

[29] PETTERS M D, KREIDENWEIS S M. A single parameter representation of hygroscopic growth and cloud condensation nucleus activity—Part 2: Including solubility. Atmospheric Chemistry and Physics, 2008, 8(20): 6273-6279.

[30] PETTERS M D, KREIDENWEIS S M. A single parameter representation of hygroscopic growth and

cloud condensation nucleus activity—Part 3：Including surfactant partitioning. Atmospheric Chemistry and Physics，2013，13(2)：1081-1091.

[31] RISSLER J，SVENNINGSSON B，FORS E O，et al. An evaluation and comparison of cloud condensation nucleus activity models：Predicting particle critical saturation from growth at subsaturation. Journal of Geophysical Research：Atmospheres (1984—2012)，2010，115(D22)：1-12.

[32] YU F，LUO G，MA X. Regional and global modeling of aerosol optical properties with a size，composition，and mixing state resolved particle microphysics model. Atmospheric Chemistry and Physics，2012，12(13)：5719-5736.

[33] MA X Y，YU F Q. Seasonal variability of aerosol vertical profiles over east US and west Europe：GEOS-Chem/APM simulation and comparison with CALIPSO observations. Atmospheric Research，2014，140：28-37.

[34] FAN Y，QIN F，LUO X，et al. Heterogeneous condensation on insoluble spherical particles：Modeling and parametric study. Chemical Engineering Science，2013，102：387-396.

[35] LUO X S，FAN Y，QIN F H，et al. A kinetic model for heterogeneous condensation of vapor on an insoluble spherical particle. Journal of Chemical Physics，2014，140：024708.

[36] TIPPAYAWONG N. Development and evaluation of a faraday cup electrometer for measuring and sampling atmospheric ions and charged aerosols. Particulate Science & Technology 2015，33(3)：257-263.

第13章　基于单颗粒成分分析的气溶胶物理化学综合表征体系

杨新

复旦大学

本章搭建了一套基于单颗粒成分分析的气溶胶物理化学性质综合表征体系，可在线分析大气气溶胶的粒径、有效密度、化学组成、混合态以及光学性质、吸湿性等。表征体系以单颗粒气溶胶质谱和单颗粒黑碳仪为核心，进行单颗粒层面的化学组分和混合态分析。体系中使用了串联差分电迁移率分析仪，结合热脱附仪或加湿器，研究不同粒径和组分分离前后或者吸湿增长前后颗粒物各理化性质的变化。

使用该综合表征体系，本章对生物质燃烧、船舶排放等典型一次源颗粒物的混合状态进行了深入研究；对一次颗粒物在大气老化过程中发生的变化实现了在单颗粒组分层面的解读；在线观测到重度污染过程中黑碳(black carbon，BC)颗粒物粒径的快速增长及其对光学性质的影响，并首次实现对黑碳颗粒物进行时间分辨的混合态与吸湿性联合观测；并根据外场观测结果，开展了大气二次有机组分的研究。

本章研究精确构建出大气气溶胶的"微观结构与化学组分—吸湿性与光学性质"的对应关系。通过比较典型气溶胶样品和环境大气的表征结果，对环境大气中的主要一次颗粒物的来源进行解析，并对二次颗粒物的成因进行探讨，为深入认识中国大气颗粒物污染形成机制提供了新的技术支撑。

13.1　研究背景

13.1.1　大气颗粒物的微观理化性质

大气气溶胶颗粒物的理化性质，从微观的单颗粒层面说，主要包括了颗粒物的粒径、密度、化学组成、混合态等，这些颗粒物微观理化性质与颗粒物的来源、转化与传输过程有着紧密的联系。根据颗粒物的三模态理论[1]，扬尘、海盐溅沫、火山爆发等直接排放的一次颗粒物的粒径分布主要在粗粒子模态；成核模态的颗粒主要来源于燃烧产生的一次颗粒物以及气体分子成核转化成的颗粒物；而更多的二次颗粒物集中于积聚模态。不同来源的颗粒物化学组分差别极大，个别特殊的化学组分可作为某一类来源的标识物，比如颗粒物组分中含钒，可认为来源于重油燃烧排放，适合作为港口轮船排放颗粒物的标识物[2-3]；而左旋葡萄糖可作为生物质燃烧颗粒物的分子示踪剂[4-5]。此外，颗粒物的老化不仅会显著改变颗粒物的化学组成，也会改变颗粒物的形貌与混合状态，比如海盐气溶胶颗粒物与硝酸蒸气反应后，其形貌与混合态会发生显著的改变[6]。

13.1.2　颗粒物微观理化性质的常用在线表征分析技术

对颗粒物微观理化性质的表征分析技术可分为在线技术与离线技术。离线技术主要是通过膜采样，将采集的颗粒物样品通过离线的分析手段如质谱[7-8]和透射电镜[9-10]等，分析其化学组成，观测其微观形貌。这类基于膜采样的离线分析技术在颗粒物某些性质的深入研究中具有一定的优势，但无法获得高时间分辨的表征。

在对于大气颗粒物微观理化性质的在线分析方面，已有大量成熟的仪器设备。如使用扫描电迁移率粒径谱仪(scanning mobility particle sizer, SMPS)可以以颗粒物的电迁移粒径为指标获得粒径分布谱图[11]。对于粒径 500 nm 以上的颗粒物可使用空气动力学粒径谱仪(aerodynamic particle sizer, APS)测定空气动力学粒径谱图[11-12]。气溶胶颗粒质量分析仪(aerosol particle mass analyzer, APM)可用于测定颗粒物质量分布，结合差分电迁移率分析仪(differential mobility analyzer, DMA)和凝聚核粒子计数器(condensation particle counter, CPC)，可测定气溶胶颗粒物的有效密度[13]。

对气溶胶颗粒物进行在线化学组分分析的常用仪器则主要有气溶胶质谱仪(aerosol mass spectrometer, AMS)[14]以及单颗粒质谱仪(single particle mass spectrometer, SPMS)[15-16]。AMS 能够在线高时间分辨地测量大气气溶胶中硫酸盐、硝酸盐、铵盐和有机物等非难溶组分的浓度，并给出颗粒物整体的粒径分布和质量，结合正交矩阵因子分析(positive matrix factorization, PMF)可实现对气溶胶的源解析[17]。而 SPMS 的特色在于单颗粒分析，可以实时进行单颗粒层面的粒径分析与质谱分析。相比于 AMS，SPMS 不具备强的定量研究能力，但其单颗粒层面分析的特色使之能获得翔实的“颗粒物粒径—质谱信号”一一对应的数据，且其电离方式不同于 AMS，使得到的质谱信号包含的组分比 AMS 更详细，从而可以获得混合态的颗粒物的化学组成。PMF 方法也同样可以用于处理 SPMS 的数据，进行复杂颗粒物的源解析[18]，不过鉴于中国城市复合大气污染的颗粒物来源成因的多样性、化学组分的复杂度，仅仅通过 SPMS 数据对中国城市气溶胶直接进行精确的源解析仍然是十分困难的。

通常 SPMS 所检测的颗粒物的粒径为 200 nm～2 μm，对于 200 nm 以下粒径的颗粒物，SPMS 不能进行单颗粒分析。考虑到化石燃料或生物质燃烧中排放的一次颗粒物中含有大量的黑碳以及含有黑碳成分的颗粒物，它们具有重要的大气环境效应，然而其粒径分布主要集中在 200 nm 以下[19-20]。因此，大气学界开发了一些专门针对黑碳颗粒物的理化性质表征仪器，其中，由美国 DMT 公司开发的单颗粒黑碳仪(single particle soot photometer, SP2)[21-22]可实现粒径 50 nm 以上的黑碳气溶胶的黑碳质量与混合态的分析，且其分析也是单颗粒层面的。因此，结合 SP2 这一针对黑碳气溶胶的单颗粒分析仪器，可有效地弥补 SPMS 本身对小粒径黑碳颗粒物的分析盲点。

对于SPMS和SP2这类单颗粒成分分析技术，获得的数据量大，因此如果将复杂的大气样品直接分析，其后续的化学组分分析需要的工作量大，尤其在涉及研究颗粒物的化学组分与其他理化性质关系时。因此，需要在单颗粒成分分析前，使用适当的组分分离技术对颗粒物进行前处理。最常见的用于气溶胶分析的组分分离前处理是利用颗粒物不同组分的热挥发性，将组分分离后再进行化学组分及其他性质的分析。典型的基于热挥发性分离组分的气溶胶在线分析技术包括热解析化学电离质谱（thermal desorption chemical ionization mass spectrometry, TD-CI-MS）[23]、热解析气溶胶气相色谱（thermal desorption aerosol gas chromatography, TAG）[24]和挥发性串联差分电迁移率分析仪（volatility tandem differential mobility analyzer, VTDMA）[25-26]等。VTDMA是将热脱附仪（thermal denuder）与两根DMA相结合组装而成，可与SPMS、SMPS等仪器联用。以VTDMA作为大气颗粒物进入单颗粒成分分析前的前处理过程，通过不同的热脱附升温梯度以及不同的粒径筛选设定，可实现对不同粒径颗粒物的分离以及颗粒物上不同挥发性组分的分离，从而使后续单颗粒层面的成分分析更具层次感，也有利于认识不同组分在颗粒物上的混合状态。

13.1.3 大气颗粒物的环境效应——吸湿性与光学性质

除上述大气颗粒物本身的理化特性外，颗粒物还与环境相互作用，体现出与其环境效应密切相关的物理化学性质，主要是与大气颗粒物的吸湿性和光学性质相关。如雾霾污染时大气能见度降低，主要是由于大气颗粒物对太阳光的吸收和散射效应。吸收与散射都会改变辐射平衡，影响气候变化[27-28]。再如大气气溶胶颗粒物的吸湿性可以促进颗粒物活化为云凝结核，从而成云致雨，影响气候[29-31]，而吸湿增长也是颗粒物老化的一种主要途径。因此，对大气颗粒物的吸湿性与光学性质开展研究，是最直接了解颗粒物污染形成的途径之一。

然而，大气颗粒物的光学性质和吸湿性并不独立于上述的颗粒物微观理化性质。恰恰相反，大气颗粒物的光学性质和吸湿性取决于颗粒物的微观物理结构与化学组成，可以说前者是后者的衍生物理性质。以颗粒物的光学性质为例，气溶胶中的黑碳和棕色碳有机物（brown carbon）是造成气溶胶颗粒物吸光的主要成分[32-34]；相关研究也表明吸光性最强的棕色碳成分可能具有极弱的挥发性[35]；颗粒物的混合状态也会影响光学性质，黑碳与有机物以“核-壳”结构混合后，有机壳层可能产生棱镜效应而增强颗粒物的吸光性[36-37]。而对于颗粒物的吸湿性，吸湿性本质上取决于颗粒物中的水溶性成分，并且颗粒物的物理形貌也会对其产生影响，比如不同大小的颗粒物就会因液滴表面曲率的不同而影响吸湿性[38]。气溶胶颗粒物的光学性质和吸湿性相互之间又有关联，且会通过其物理化学作用改变颗粒物本身的大小、混合状态以及化学组成，从而反过来再次改变其光学性质和吸湿性[39-40]。比如，颗粒物发生吸湿性增长，与气体发生液相或非均相反应，从而形成二次气溶胶颗粒物，后者在微观理化性质上都发生巨大的改变[41]。颗粒物的吸湿性也是改变其光学性质的有效机制，呈液滴态更明显的颗粒物会更容易产生光的散射效应[42-43]。

正因为颗粒物的吸湿性与光学性质源于颗粒物的粒径、化学组成、混合状态等微观理化性质，且吸湿性和光学性质本身也能间接反映出颗粒物的一些微观理化性质，所以当开展对颗粒物光学性质或吸湿性研究时，人们会注重结合对颗粒物其他微观理化性质的分析，使表征结果更为丰富，使人们对大气颗粒物的认识更全面[44-49]。

13.1.4　对大气颗粒物吸湿性与光学性质表征分析的常用仪器及技术

在吸湿性研究上，通常会使用吸湿性串联差分电迁移率分析仪(hygroscopic tandem differential mobility analyzer, HTDMA)[50]，HTDMA 的构造类似于 VTDMA，是将加湿器与两根 DMA 结合，颗粒物通过 HTDMA 时经历吸湿增长，通过 DMA 粒径筛选后，可结合其他仪器进行微观理化性质的表征，获得颗粒物吸湿性与微观理化性质的关联。由于 HTDMA 的流出颗粒物浓度通常很低，所以与单颗粒分析技术结合成为了主流[51]。复旦大学通过将自组装的 HTDMA 与 SPMS 结合，开展过一系列对上海城市大气气溶胶的吸湿性研究[52-55]。除了 HTDMA 之外，用于吸湿性研究的还有 HDMPS(humidifying differential mobility particle sizer)系统[56]和全反射傅立叶转换红外吸收光谱[57]等，但在应用的广泛性以及与单颗粒成分分析技术的联用性上，均不如 HTDMA。Denjean 等人[58]使用气溶胶烟雾箱模拟的方法研究了硫酸铵颗粒物的吸湿性与光学性质，发现使用烟雾箱模拟的方法可克服 HTDMA 中吸湿保留时间有限的问题，但是烟雾箱模拟的方法主要针对实验室模拟颗粒物的研究，对于大气气溶胶的连续在线样品的分析，HTDMA 仍具有更优的适用性。

在光学性质的研究上，由于大气颗粒物对太阳光的消光可分为吸收与散射，因此，通常使用一台测量消光的仪器与一台测量散射的仪器结合联用。如气溶胶光腔衰荡谱仪(cavity ring down spectrometer, CRDS)[59]，可用于在线测量气溶胶的消光，再结合浊度仪实现对大气气溶胶光学性质的表征，复旦大学将 CRDS、浊度仪与 SMPS、MARGA 或者 SPMS 结合，已开展了研究上海城市细颗粒物组分对其光学性质的影响[60-62]。除了 CRDS，腔衰减相移式谱仪(cavity attenuated phase shift spectroscopy, CAPS)[63-64]可同时测量气溶胶的消光与散射，从而在线获得气溶胶的单次散射反照率。

13.1.5　研究意义

大气颗粒物是近年来在中国京津冀地区、长三角地区、珠三角地区以及四川盆地的城市大气中的重要污染物[65]。考虑到中国不同区域的雾霾的来源与成因复杂，大气颗粒物的化学组分繁杂，混合状态各异，并且颗粒物性质随时间与气象条件的变化强烈，所以对大气颗粒物性质的表征应当精细化，尤其需要尽可能原位、在线且在单颗粒层面上进行表征。现阶段对于大气颗粒物各个单一属性的表征技术较为成熟，但综合各种技术的表征体系尚不完备，无法全面系统地探析大气颗粒物各个性质之间的关联。因此，迫切需要构建一套基于单颗粒成分分析的综合表征体系，用以研究与揭示中国雾霾污染的成因与特点，为雾霾治理提供有效的技术支撑。

本章旨在搭建一套可在线综合表征大气气溶胶颗粒物粒径、密度、化学组成、混合状态以及气溶胶光学性质、吸湿性等的实验体系。该体系中的颗粒物微观理化性质表征主要由核心部件——SPMS 和 SP2 来完成，前者负责对粒径 200 nm 以上颗粒物的成分与粒径分析，后者则主要弥补粒径 200 nm 以下的含黑碳颗粒物不能被 SPMS 检测到的缺陷，分析其质量、粒径与混合状态；体系中使用 HTDMA 进行吸湿性研究；使用 VTDMA，用于实现复杂组分的分离，以便于单颗粒的成分分析；再结合 CAPS 完成光学性质的分析。使用该体系对大气颗粒物进行综合表征，获得在吸湿增长以及热解析过程前后颗粒物各微观理化性质以及光学性质的变化，从而构建出颗粒物"微观结构与化学组分—吸湿性与光学效应"的对应联系，再通过比较典型气溶胶样品与真实大气的表征结果，实现对真实大气中主要一次颗粒物的源解析，并探讨真实大气中二次气溶胶颗粒物的形成机制。

13.2 研究目标与研究内容

13.2.1 研究目标

本章的主要研究目标是构建一个基于 SPMS 和 SP2 的单颗粒成分分析的大气气溶胶颗粒物物理化学性质综合表征体系(简称"综合表征体系")，使用该综合表征体系，获得几种典型气溶胶样品的颗粒理化性质，深入认识颗粒物的化学组成、混合状态、光学性质、吸湿性等性质以及它们之间的关联；通过与真实大气的表征结果比较，实现对真实大气中一次颗粒物的源解析，并对真实大气中二次颗粒物的成因进行探究，从而为上海等中国大城市的大气复合型污染的形成机制研究提供技术手段，为污染的控制与治理提供帮助。

本章的特色与创新之处在于：

① 首次在 SPMS 和 SP2 这两种气溶胶单颗粒分析的基础上，整合了 HTDMA、VTDMA、APM、CPC、CAPS 等气溶胶理化性质分析仪器，搭建一个综合分析气溶胶颗粒物微观物理化学性质和光学性质、吸湿性等的表征体系，从而可以获得气溶胶物理化学性质的综合表征结果。

② 通过对不同的典型气溶胶样品进行综合表征，构建出颗粒物的微观结构、化学组分和光学性质、吸湿性之间的对应关系，从而加深对各类典型气溶胶颗粒物的大气物理化学过程的认识与了解。

③ 通过综合表征体系，可以对复杂大气气溶胶中典型一次颗粒物的来源进行解析，并且降低了复杂的二次气溶胶的来源、成因与演变机制的解析难度。

13.2.2 主要研究内容

主要研究内容可以分为三大部分。

1. 搭建和完善基于单颗粒成分分析的气溶胶物理化学性质综合表征体系

综合表征体系的核心仪器是 SPMS 和 SP2，SPMS 通过两束测粒径激光的散射光检测颗粒物通过空气动力学透镜后的颗粒速度，获得颗粒物的粒径信息，再通过对颗粒物的激光电离，结合飞行时间质谱仪，获得颗粒物的质谱信息，再对质谱信息进行数据分析，获得化学组成信息。SPMS 质谱信息详细，并与粒径信息一一对应，使用自适应神经网络算法 ART-

2a，进行颗粒物的分类与成分分析。SP2 则利用黑碳对 λ=1064 nm 激光强吸收而发出白炽光，通过白炽光强度得到黑碳质量的定量信息，而非黑碳物质的信息则从光散射信号中获得，结合白炽光与散射的信号强度，获得黑碳与有机成分混合气溶胶颗粒物的混合态信息。由于 SP2 对黑碳气溶胶的粒径检测下限达到 50 nm，而 200 nm 以下的颗粒物中，尤其在一些化石燃料燃烧或生物质燃烧排放的一次颗粒物中，黑碳或含黑碳的颗粒物是重要的一个组成，因此 SP2 很大程度上弥补了 SPMS 的所分析颗粒物粒径需大于 200 nm 的缺陷。两个仪器都是基于单颗粒的分析技术，两者结合能够更加准确地追踪单个颗粒物的演化过程。

在此基础上，通过有效地连接实验室自搭建的串联差分电迁移率分析仪——包括基于热挥发性的 VTDMA 和基于吸湿性的 HTDMA，结合 APM、CAPS 等物理性质表征仪器，从而能对大气气溶胶颗粒物进行粒径、化学组成、吸湿性、吸光性等的快速综合表征。特别地，为了使得综合表征体系能够有效地对大气颗粒物中有机组分进行识别，本章中又改进了 SPMS 的延迟离子提取技术，开发对应的新的质谱峰校正识别方法，增强 SPMS 的质谱分辨率，从而在技术上完善了综合表征体系。

2. 应用综合表征体系研究典型一次颗粒物的理化特性与环境影响

对于上海城区大气的复合污染来说，有两类特殊的一次源气溶胶特别引起关注——其一是秸秆燃烧排放颗粒物，它们是上海城市大气以及中国城市大气中典型的生物质燃烧排放颗粒物，有别于欧美城市大气污染中主要源于森林燃烧等排放的生物质燃烧颗粒物。其二是船舶排放颗粒物，由于上海是重要的港口城市，船舶排放是上海大气污染的重要一次来源。对于秸秆燃烧排放颗粒物，本章充分应用综合表征体系的各个功能模块，主要采用实验室模拟实验研究的方法，对 50～400 nm 不同粒径大小的秸秆燃烧排放颗粒物，分析了其粒径、密度、化学组成、混合态及光学性质等不同理化性质的关联，从颗粒物微观层面深入认识这类中国城市主要的生物质燃烧排放一次颗粒物的典型特征。对于船舶排放颗粒物，本章充分应用综合表征体系中 SPMS 单颗粒层面分析化学组分和粒径的特征，通过长期高时间分辨的观测分析，半定量分析了上海港口船舶排放颗粒物对上海城区空气质量的影响；鉴于在项目执行期间上海开始实施了船舶污染排放控制区政策（DECA），本章还评价了 DECA 政策实施前后上海港口的航运排放特征以及对上海城区空气质量的影响。

3. 应用综合表征体系研究大气气溶胶的二次形成与老化的物理化学过程及环境影响

大气颗粒物的二次转化和大气老化过程不仅增加了大气化学反应的复杂性，也对大气气溶胶的吸湿性、吸光性等产生重要影响。本章将综合表征体系应用于外场实验，分析城市大气颗粒物，特别关注于二次有机气溶胶（secondary organic aerosols，SOA）和大气黑碳颗粒物，动态追踪大气二次转化与老化过程对气溶胶环境效应的影响，并对 SOA 的形成和黑碳颗粒物混合态改变的机制机理进行了深入探析。

在单颗粒层面特别地研究了上海城区黑碳气溶胶粒径分布、化学组分、混合态特征，进而分析黑碳气溶胶的来源，重点研究冬季不同污染状况下黑碳颗粒物的来源、混合态及其演化过程；通过不同温度下的热脱附改变气溶胶的混合状态，进而探究黑碳的混合状态对吸湿性、吸光性的影响，分析由干净到污染天气连续过程黑碳颗粒物混合态如何对光吸收增强及颗粒物吸湿因子的影响;研究不同时期黑碳颗粒物吸湿性与其混合态之间不同对应关系及其背后的物理化学原因,并进一步结合离线液相实验探讨了黑碳颗粒物外层包裹的有机组分的形成途径(特别在夜间的形成与老化机制)等。

此外,应用综合表征体系对上海外场大气颗粒物进行吸湿性与质谱表征,基于获得的"大气气溶胶吸湿性—单颗粒质谱特征"大数据库,开发一种方法——仅使用 SPMS 质谱信息可反演出单颗粒对应的吸湿性。

13.3 研究方案

综合表征体系是以 SPMS 和 SP2 为核心仪器,串联结合自组装的 HTDMA/VTDMA 系统,并列结合 CPC、APM、CAPS 等仪器设备搭建的。

HTDMA 由两根 DMA 与一根 Nafion 加湿器组成,用以实现颗粒物的吸湿增长。VT-DMA 是由两个 DMA 与一个拟自行设计的热脱附仪组成,用以对颗粒物上不同热挥发性物质的热脱附去除。HTDMA 中湿度以及加湿器中保留时间的控制和 VTDMA 中升温梯度的控制,均通过相应的计算机控制系统完成。

APM-CPC 主要是为了获得不同粒径颗粒物的质量密度,反映出颗粒物的微观结构的紧密程度,通过与 SP2 基于 Mie 散射理论推算的黑碳颗粒物混合态结果进行结合分析,从而能够更为准确地推断出被测颗粒物的混合结构。CAPS 用于同步测量气溶胶的吸光与散射(相应地也就得到了单次散射反照率)。

我们将综合表征体系应用于一次颗粒物及大气外场复杂颗粒物的分析,构建大气气溶胶的"微观结构与化学组分—吸湿性与光学性质"对应关系,通过比较典型气溶胶样品和环境大气的表征结果,对环境大气中的主要一次颗粒物的来源进行解析,并对二次颗粒物的成因进行探讨。

本章中的典型一次颗粒物研究对象主要有秸秆燃烧排放颗粒物和船舶排放颗粒物等。秸秆燃烧排放颗粒物主要通过实验室模拟制备,而对于船舶排放颗粒物的研究主要是以外场实验为主。

对于真实大气气溶胶颗粒物的综合表征分析主要集中于城市大气中的黑碳颗粒物。黑碳颗粒物通常是黑碳、有机组分及无机组分的混合颗粒物,结合 SP2 对黑碳颗粒物的定量分析,综合表征体系可以通过外场观测,对大气中的黑碳颗粒物的化学组成与混合态进行深入的研究,并深入分析吸湿性与混合态的关系。

13.4 主要进展与成果

通过本章的研究,完成搭建并完善了一套基于单颗粒成分分析的气溶胶物理化学性质综合表征体系,可在线分析大气气溶胶的颗粒物粒径、有效密度、化学组成、混合状态以及光学性质、吸湿性等，实现单个颗粒物化学组分和混合状态测量与有效密度、吸湿性、光学性质测量的连接。应用该综合表征体系，对秸秆燃烧排放和船舶排放等典型一次源颗粒物的化学组成、混合状态等进行了深入研究，对一次颗粒物在大气中老化过程中发生的物理性质的变化实现了单颗粒层面的解读；又分析了黑碳颗粒物的快速增长及其对光学性质的影响，并首次实现对黑碳颗粒物进行时间分辨的混合态与吸湿性联合观测。具体如下：

13.4.1　综合表征体系的搭建与改良

根据研究方案，成功完成搭建了一套基于单颗粒成分分析的气溶胶物理化学综合表征体系。

1. 综合表征体系的功能模块作用

最终完成并改进了的基于单颗粒成分分析的气溶胶物理化学综合表征体系，如图 13.1 所示。在实际应用中，并不一定需要使用综合表征体系的所有功能模块，特定的研究对象则使用对应的功能模块，具体的功能模块对应研究对象如表 13-1 所列。空气动力学气溶胶分粒径仪（aerodynamic aerosol classifier，AAC）主要用来筛选具有单一空气动力学粒径（D_a）的颗粒物，这样可以与 DMA 所筛选的颗粒物的电迁移粒径（D_m）进行比较分析，获得颗粒物的形状系数等微观形貌信息。在我们具体的应用研究中，将主要采用 AAC-DMA-CPC-SP2 的联用功能模块，来探究黑碳气溶胶的密度、形貌与混合状态。

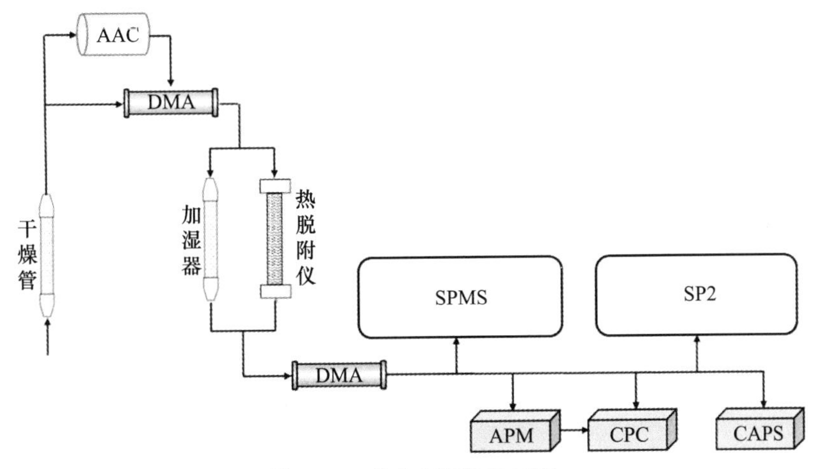

图 13.1　综合表征体系示意

表 13-1　综合表征体系各功能模块及其对应的研究

功能模块	研究对象
DMA-APM-CPC-SPMS	获得单颗粒的粒径、密度与化学组分
HTDMA-CPC-SPMS	颗粒物的化学组分与颗粒物吸湿性的关系
HTDMA-APM-CPC-SP2	黑碳颗粒物混合态形貌与吸湿性的关系
VTDMA-SPMS-CAPS	不同挥发性有机成分与颗粒物光学性质的关系
VTDMA-SPMS-SP2	不同挥发性化学组分与黑碳颗粒物形貌结构

续表

功能模块	研究对象
SPMS-SP2-CAPS	黑碳颗粒物的混合态与光学性质的关系
AAC-DMA-CPC-SP2	黑碳颗粒物的单颗粒质量及微观形貌推测

2. 适用于HR-SPMS的自动线性校正方法

SPMS是整套综合表征体系的核心设备，它可以对单个颗粒物进行激光解析电离质谱分析，但其质量数分辨率通常比较低，约500，其获得的m/z值准确度仅到整数位，这样很多有机峰和无机峰因质量数相近而无法得以分辨，如K^+和$C_3H_3^+$，CN^-和$C_2H_2^-$。最近发现可以通过改进延迟离子提取技术，将质谱分辨率提升到2000，被称为高分辨率单颗粒气溶胶质谱HR-SPMS。然而，HR-SPMS的质量数校正仍然是个问题，结合考虑大气气溶胶颗粒物的复杂性，为了让HR-SPMS真正应用于综合表征体系，我们开发了一种自动线性校正方法，能够提高单颗粒质谱的m/z值测试准确性。方法如下：

首先，使用传统方法对HR-SPMS数据进行粗筛校正，即选择一些显著的离子特征峰，根据它们的飞行时间和真实m/z值进行校正。

其次，在HR-SPMS质谱中选择一系列的离子峰作为潜在的m/z校正参考峰，注意这些离子峰需满足：① 这些离子峰在大多数的单颗粒质谱中都存在；② 这些离子峰不太受到其他相邻质谱峰的干扰。例如，对于海盐气溶胶，可选择23 Na^+、24 Mg^+、39 K^+、81 Na_2Cl^+、83 Na_2Cl^+、113 K_2Cl^+、115 K_2Cl^+、−35 Cl^-、−37 Cl^-、−26 CN^-、−42 CNO^-、−129 $MgCl_3^-$、−131 $MgCl_3^-$和−58 $NaCl^-$等作为潜在校正参考峰；对于真实大气气溶胶，可选择12 C^+、23 Na^+、39 K^+、36 C_3^+、56 Fe^+、208 Pb^+、−62 NO_3^-、−26 CN^-、−35 Cl^-、−96 SO_4^-、−46 NO_2^-和−97 HSO_4^-作为潜在校正参考峰。而相反地，如27 Al^+不适合作为潜在的校正参考峰，因为其相邻的通常还有有机峰27 $C_2H_3^+$。

再次，对于每个颗粒物，从潜在的校正参考峰中挑选出真正使用的参考离子峰，选择的标准是基于具体某颗粒物质谱上的参考离子峰的绝对离子强度，对于海盐气溶胶，其被选为参考离子峰的离子强度需大于8 a.u.，而对于真实大气气溶胶，对应的离子强度需大于15 a.u.。

最后，使用参考离子峰对每个颗粒物的质谱m/z值进行校正。具体地，由于HR-SPMS质谱图本质上是一堆固定组距的m/z组(m/z bin)构成的柱状图，每个m/z组的中位值即为m/z组的组值。对于参考离子峰，将检测到的m/z组值与离子峰的理论m/z组值进行线性回归校正，校正后的m/z值可能不同于原先的m/z组值，基于相近原则，再将校正得到的m/z值对应于相近的m/z组。这样就完成了HR-SPMS的m/z值校正和确定。

将该数据分析技术尝试应用于HR-SPMS检测的实验室模拟产生的海盐气溶胶以及真实大气气溶胶的质谱分析中，如图13.2所示，一些传统SPMS分析无法分辨的质谱峰信号被有效地识别鉴定出，包括如海盐气溶胶的质谱中m/z 76.9336应为$CaCl^+$而非$C_6H_5^+$；大气气溶胶的质谱中的$C_6H_8^+$峰不再受Ca_2^+，TiO_2^+和$NaKO^+$峰的干扰而难以鉴定，$C_{10}H^-$与质量数相近的$NaSO_4^-$等峰也可以被有效地分辨开来。

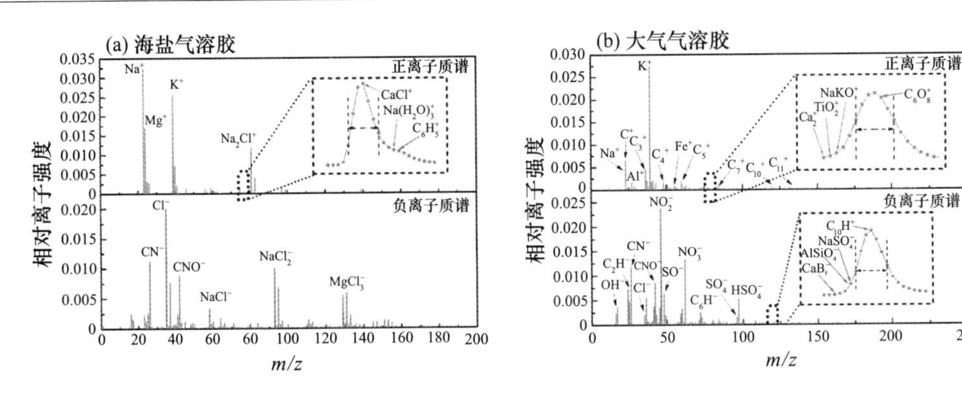

图 13.2　海盐气溶胶和大气气溶胶的 HR-SPMS 质谱(经自动线性校正后)

这一适用于 HR-SPMS 的自动线性校正方法已经制作成图形用户界面,该图形用户界面及其 MATLAB 程序可从网站 https://github.com/zhuxiaoqiang-fdu/zhuxiaoqiang-fdu (访问日期:2021 年 1 月 15 日)免费获得。

13.4.2　典型一次颗粒物——秸秆燃烧排放颗粒物的分粒径研究

秸秆燃烧是中国城市大气污染中生物质燃烧排放颗粒物的主要来源,因此对秸秆燃烧排放颗粒物的理化性质进行深入的分析,对我们理解和解决中国城市大气颗粒物污染至关重要。在本章中,我们通过实验室模拟燃烧水稻秸秆产生新鲜的秸秆燃烧颗粒物,对其进行了理化性质的综合表征,揭示此类一次颗粒物的各个理化性质及其环境效应之间的关系。

1. 秸秆燃烧排放颗粒物的有效密度的分粒径研究

应用综合表征体系进行理化性质分析时,有两种计算颗粒物有效密度的方法,一种是基于 DMA 的 D_m 和 APM 的质量(m_p),计算获得的有效密度 ρ_{eff}^{I}。另一种是基于 DMA 的 D_m 与 SPMS 的真空空气动力学粒径(D_{va}),计算获得的有效密度 ρ_{eff}^{II}。

$$\rho_{eff}^{I} = \frac{m_p}{\frac{\pi}{6}D_m^3}$$

$$\rho_{eff}^{II} = \frac{D_{va}}{D_m}\rho_0$$

(1) 有效密度 ρ_{eff}^{I}的分粒径研究

在具体的实验中,先使用 DMA 筛选固定 D_m 的颗粒物,根据实验室模拟排放的生物质燃烧颗粒物的平均粒径分布,分别选取 50、100、200 和 400 nm 作为 DMA 筛选的固定粒径。

研究使用高斯分布对 ρ_{eff}^{I}进行拟合,结果如图 13.3 所示,我们发现 50 nm(指 D_m,下同)的秸秆燃烧颗粒物其 ρ_{eff}^{I}呈单峰模态分布,峰值为 1.17 g/cm^3。然而对于 50 nm 的秸秆燃烧排放颗粒物,不太可能只含有黑碳单一组分,因此 ρ_{eff}^{I}单模态可能由两个具有峰值相近的双模态结合而成。生物质燃烧颗粒物包含了许多聚集态的黑碳成分,它们具有的疏松结构使其有效密度较低,有效密度可能低至 1.0 g/cm^3。而有机成分的密度与其来源有关,范围从 1.2～2.0 g/cm^3。黑碳和有机物的双模态结合和重叠造成了 50 nm 颗粒物的 ρ_{eff}^{I}单模态分布。

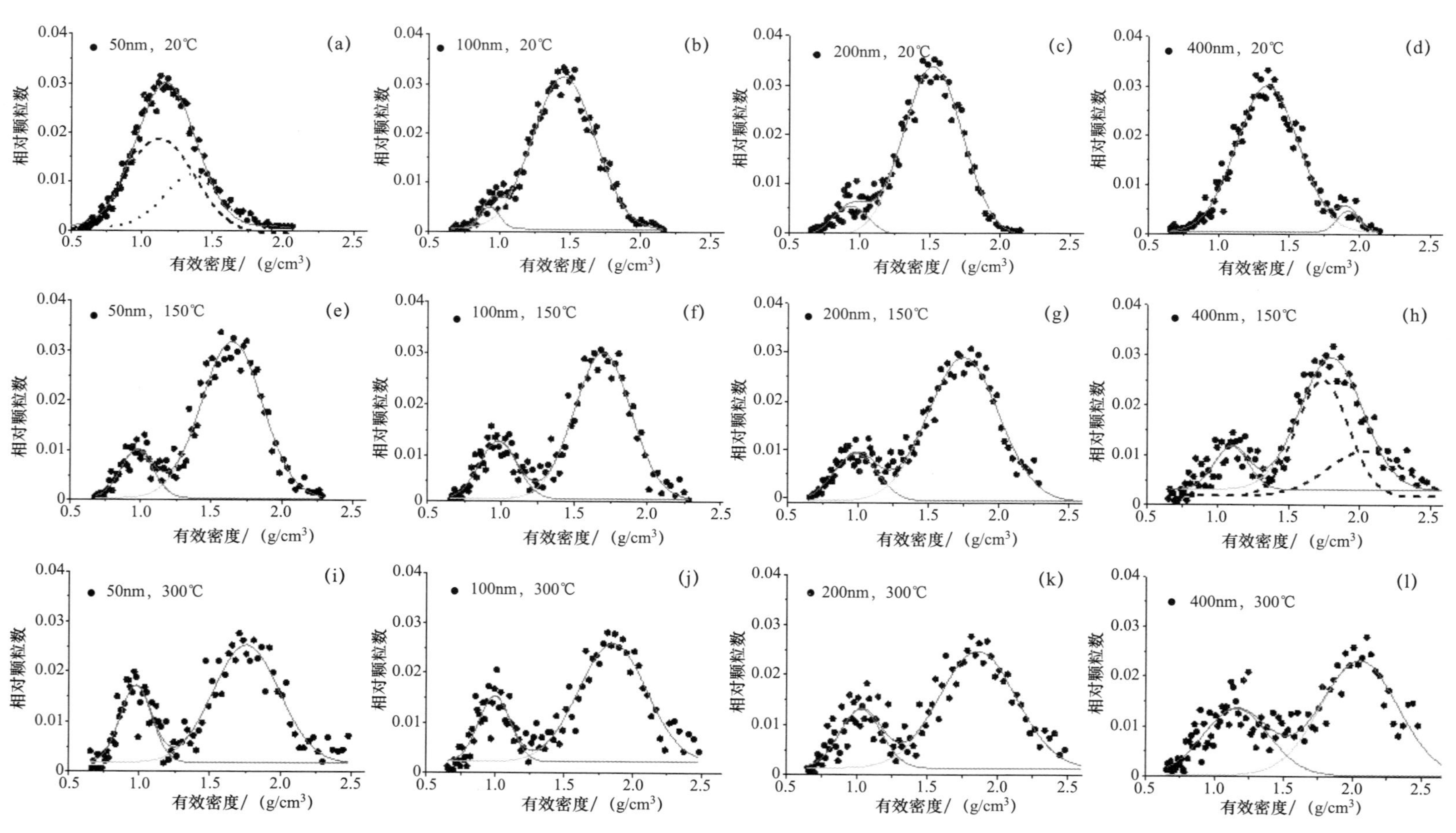

图13.3 DMA筛选的不同粒径（50 nm、100 nm、200 nm、400 nm）的秸秆燃烧颗粒物在不同加热温度（20℃、150℃、300℃）下的有效密度 $\rho_{\mathrm{eff}}^{\mathrm{I}}$ 分布

对于 DMA 筛选的 100 nm 颗粒物的 ρ_{eff}^{I}分布，其峰值为 1.45 g/cm^3，符合有机物的密度分布区间。然而，100 nm 颗粒物的 ρ_{eff}^{I}在 0.9～1.1g/cm^3 有一小的模态分布，这一区间与新鲜的积聚态黑碳的有效密度相吻合。对于 100 nm 颗粒物的 ρ_{eff}^{I}双模态分布，说明了此条件下的秸秆燃烧颗粒物中黑碳与其他成分（如 OC 等）为部分外混态。黑碳与其他成分的外混态在 200 nm 颗粒物的 ρ_{eff}^{I}分布中得到进一步证实。而对于 400 nm 颗粒物来说，除了 1.34 g/cm^3 处的主导峰分布，其在 1.92 g/cm^3 处有一个相对较小的模态分布，其成分可能为氯化钾，或者硫酸钾、硝酸钾，且在新鲜的生物质燃烧颗粒物中，这些晶体状的盐类物质与其他成分呈现外混态的可能性更大。

即使是新鲜排放的秸秆燃烧颗粒物，也可以在非常短的时间内被二次成分附着包裹，二次成分如硫酸铵和硝酸铵的材料密度约为 1.75 g/cm^3。对于 50～400 nm 颗粒物，其 ρ_{eff}^{I}分布的模态可能与其混合态和化学组分有关，同一组分的不同占比可能导致颗粒物的有效密度不同。所以，研究中的 50～400 nm 颗粒物的 ρ_{eff}^{I}分布是黑碳、有机组分、钾盐以及其他二次无机成分不同比例的混合结果。

进一步地，将 50～400 nm 的颗粒物通过热解析加热至 150℃和 300℃并测量其加热后的 ρ_{eff}^{I}分布，整体上 ρ_{eff}^{I}双模态峰更加明显。在 150℃时，粒径范围 50～400 nm 的颗粒物的 ρ_{eff}^{I}分布均观测到有峰值为约 1.0 g/cm^3 的模态。加热后，这一模态的分离和凸显证实了秸秆燃烧颗粒物中不易挥发的黑碳组分与其他物质呈现外混态。加热至 150℃，50～400 nm 的颗粒物的 ρ_{eff}^{I}主要在 1.64～1.80 g/cm^3，这比未加热时颗粒物的 ρ_{eff}^{I}峰值高，这可能与低密度的有机组分的挥发有关。加热至 300℃时，50～400 nm 颗粒物的 ρ_{eff}^{I}峰值为 1.75～2.04 g/cm^3。理论上 300℃时颗粒物中的硫酸盐和硝酸盐占比很低。300℃时 ρ_{eff}^{I}升高可能是低密度的有机物和二次无机成分挥发导致。其他研究发现生物质燃烧颗粒物中存在着极难挥发性有机物，同时也是吸光性物质，其密度约为 1.7～2.1 g/cm^3。我们认为这些极难挥发的有机物是影响加热 300℃的颗粒物 ρ_{eff}^{I}的主要物质。

随着温度升高，颗粒物 ρ_{eff}^{I}分布主峰逐渐右移，2.0 g/cm^3 处的氯化钾或硫酸钾模态随之逐渐模糊，直至与分布主峰重叠。然而，300℃时 400 nm 颗粒物的主要 ρ_{eff}^{I}为 2.05 g/cm^3，这与钾盐的密度相吻合，说明此时的 400 nm 颗粒物主要为钾盐。

（2）有效密度 ρ_{eff}^{II}的分粒径研究

DMA 先行筛选 200 nm 和 400 nm 颗粒物，结合 SPMS 的 D_{va}，计算获得 ρ_{eff}^{II}。对于 200 nm 颗粒物，ρ_{eff}^{II}分布有两个模态（图 13.4），分别在 1.40 g/cm^3 和 1.80 g/cm^3。此结果与 ρ_{eff}^{I}结果吻合。另外，ρ_{eff}^{II}在 2.60 g/cm^3，有一小峰，推测其可能是 DMA 带双电荷颗粒物也被误筛选进 SPMS 导致。对于 400 nm 颗粒物，ρ_{eff}^{II}主要集中在 1.35 g/cm$_3$ 附近，但另存在 1.65 g/cm^3 和 2.10 g/cm^3 的小分布峰。

SPMS 同时也对不同粒径的颗粒物进行化学组分分析。根据 SPMS 结果，秸秆生物质燃烧颗粒物被分为六大类：具有强－26 CN^- 的颗粒物（BB-CN）、富含元素碳的颗粒物（BB-EC）、富含硝酸盐的颗粒物（BB-Nitrate）、富含硫酸盐的颗粒物（BB-Sulfate）、富含氯化钾的颗粒物（BB-KCl）以及富含有机物的颗粒物（BB-OC）。

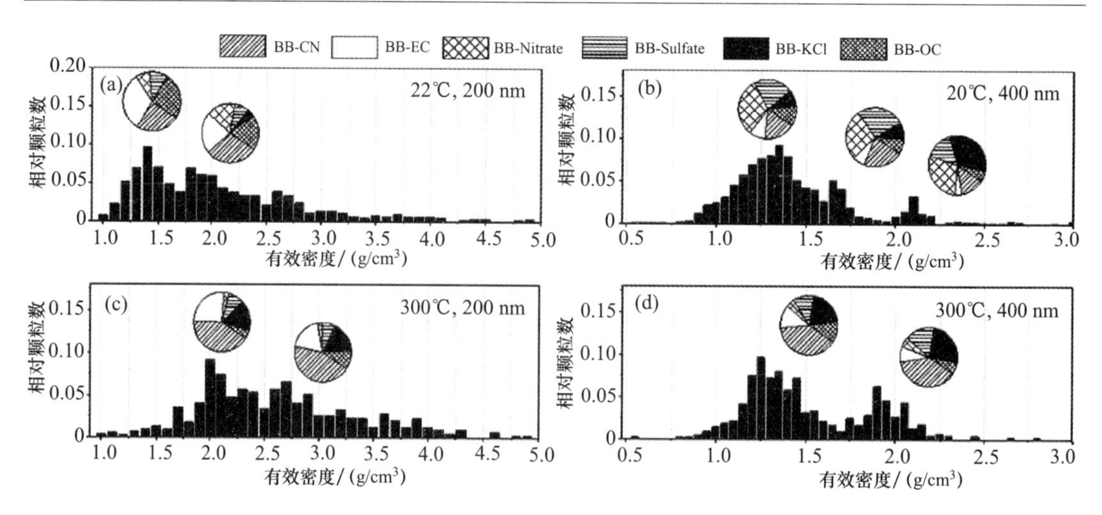

图 13.4 DMA 筛选的 200 nm 和 400 nm 的秸秆燃烧颗粒物在经过加热 300℃ 前后的 ρ_{eff}^{II} 分布

如图 13.4 所示，加热之后，BB-CN 和 BB-KCl 的比例增加了，而 BB-Nitrate 和 BB-Sulfate 的比例减少了，这和 NH_4NO_3、$(NH_4)_2SO_4$ 的挥发温度相符。通常，NH_4NO_3、$(NH_4)_2SO_4$ 的 ρ_{eff}^{II} 在 1.75 g/cm³ 左右，这类易挥发性的低密度二次组分的挥发解释了颗粒物在加热后 ρ_{eff}^{II} 的上升现象（400 nm 颗粒物在加热至 300℃ 时 $\rho_{eff}^{II} > 2.0$ g/cm³）。此外，比较 200 nm 颗粒物与 400 nm 颗粒物，400 nm 的颗粒物中有更多的 BB-Nitrate，BB-Sulfate 和 BB-KCl 类型的颗粒物，意味着 400nm 颗粒物中含有更多的 NH_4NO_3、$(NH_4)_2SO_4$ 和 KCl。这些物质有较大的有效密度（如 KCl 有效密度 2.10 g/cm³），但实验结果却显示经过 DMA 筛选的 200 nm 和 400 nm 的颗粒物的 ρ_{eff}^{II} 为 1.40 g/cm³ 和 1.35 g/cm³。这意味着除了颗粒物的化学组分以外，颗粒物的形貌也是影响颗粒物有效密度的主要因素，这里我们认为 NH_4NO_3 的无定形状态导致的空隙，可能是 400 nm 的颗粒物相比 200 nm 的颗粒物有更低的有效密度的原因。

进一步地，比较了两种不同测算法获得的有效密度。图 13.5 给出了 DMA 筛选的 6 个 D_m 颗粒物的有效密度对比。总的来说两种有效密度的粒径分布比较一致，ρ_{eff}^{II} 整体上比 ρ_{eff}^{I} 小，

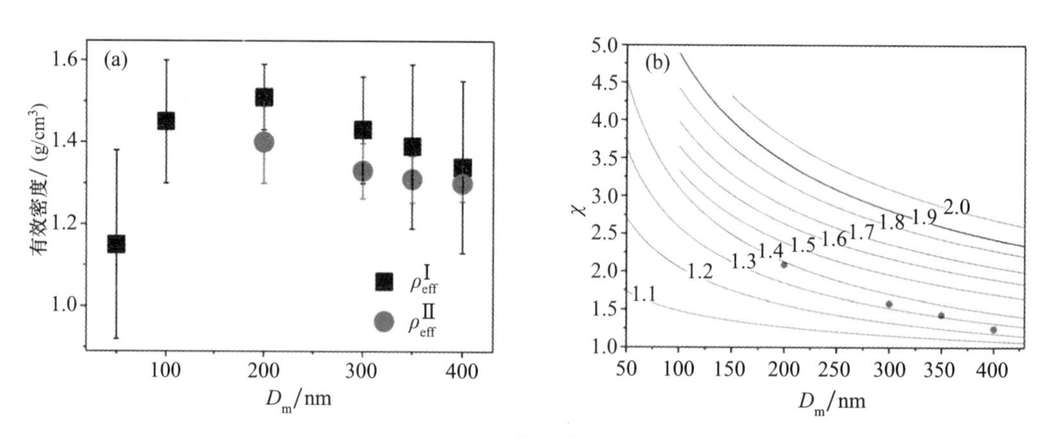

图 13.5 (a) 秸秆燃烧颗粒物的两种有效密度对比；

(b) 形状系数 χ 与电迁移粒径 D_m 分布，等高线为颗粒物质量估算值与测定值比值

相差约 8%左右。进一步地，基于两种有效密度值可以推算颗粒物的形状系数(χ)，本章中，200～400 nm 的秸秆燃烧排放颗粒物的(χ)超过 1.2(1.2～2.2)，且随着 D_m 的升高而减小，也就是说这类生物质燃烧颗粒物粒径越大，越接近球体。

2. 秸秆燃烧排放颗粒物的光学性质的分粒径研究

秸秆燃烧颗粒物中含有吸光的黑碳颗粒物，同时其有机组分复杂，从其高温热解析后仍存在－26 CN^- 可猜测含有棕色碳物质。因此，进一步地使用了综合表征体系中的两台不同波长(530 nm 和 450 nm)的 CAPS。来对不同粒径的秸秆燃烧颗粒物的消光、散射系数和单次散射反照率(SSA)进行了测量，比较不同粒径的颗粒物，发现 50 nm 的颗粒物有最低的 SSA，如图 13.6 所示，这是因为该粒径范围的颗粒物有更多的强吸光物质黑碳；比较颗粒物对不同波长的光学性质，发现生物质燃烧颗粒物对 450 nm 波长光有比对波长 530 nm 波长光更低的 SSA。同时，50 nm 的颗粒物有最低的 Ångström 吸收指数(AAE)(大约 5.8)，100 nm 颗粒物最高(大约 6.3)。结合前面 SPMS 的化学分析，小粒径的生物质燃烧颗粒物有更多的 BB-OC 和 BB-CN 类型颗粒物，该种类颗粒物中含有更多的不易挥发有机物，在一定程度上可以证明吸光性有机物质(棕色碳)的存在。

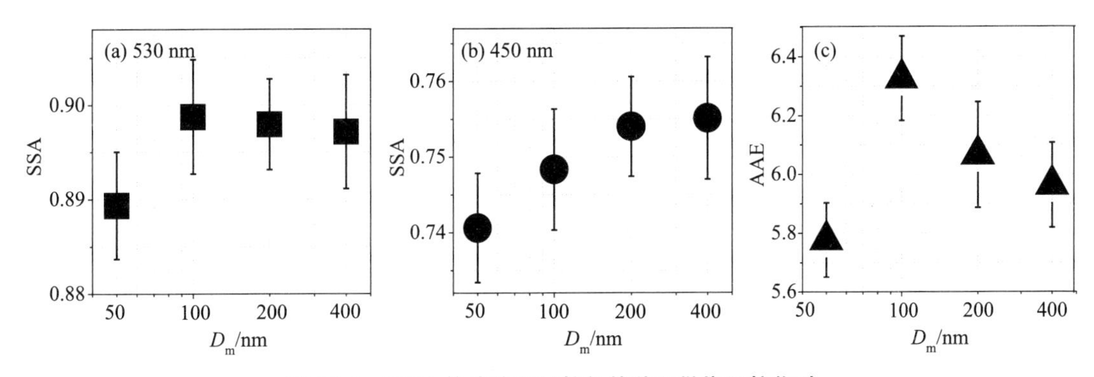

图 13.6　DMA 筛选的不同粒径的秸秆燃烧颗粒物对
(a) 530 nm 光，(b) 450 nm 光的单次散射反照率；(c) Ångström 吸收指数

进一步地，分析秸秆燃烧颗粒物的混合态与光学性质关系。当吸光性黑碳核外包裹一层纯散射性的外壳时，外壳的棱镜效应会增强颗粒物的吸光性。因此，通过计算颗粒物在经过热解析前后的吸光系数的变化，可以得到吸光增强系数(E_{abs})，该系数可以反映颗粒物的外层包裹对颗粒物光学性质的影响。我们在新鲜排放的秸秆燃烧颗粒物中也观测到了大于 1 的 E_{abs}。随着粒径增大，E_{abs} 更大，原因可能为大粒径的颗粒物有着更厚的包裹层。我们还发现秸秆燃烧颗粒物的吸收增强与波长有光，E_{abs}(450 nm)整体上都大于 E_{abs}(530 nm)，再次表明了吸光性有机物的存在。

13.4.3 典型一次颗粒物——船舶排放颗粒物研究

船舶排放颗粒物是上海作为港口城市其大气中特有的一类气溶胶颗粒物。基于综合表征体系的单颗粒化学组分信息，开展了对船舶排放颗粒物对上海城区空气质量影响的评价研究。

1. SPMS 源解析上海城区大气气溶胶中的船舶排放颗粒物

钒是重油燃烧排放颗粒物的重要示踪物。对于上海，由于除了港口的远洋船外，本市及周边并不存在着重油燃烧的工厂。因此，对于用 SPMS 检测了其质谱的颗粒物，钒成为判断其是否是船舶排放源一次颗粒物的重要依据。结合 SPMS 的质谱特征，我们设定了船舶排放一次颗粒物的标识特征峰为：质谱中含有 51 V^+ 和 67 VO^+，前者的质谱峰高于 m/z 50 和 49 的峰，后者的质谱峰高于 m/z 66 和 68 的峰；且 51 V^+ 和 67 VO^+ 的质谱峰面积之和大于总质谱峰面积的 0.10%。

以此作为船舶排放颗粒物的标识，将每 30 min 经 SPMS 有效检测的大气颗粒物中的含钒颗粒物数目比例(NF_V)，作为上海大气细颗粒物中船舶排放一次颗粒物的占比。基于多年的 SPMS 外场观测数据，获得了不同季节上海大气中船舶排放颗粒物占比。但结合高时间分辨的气象数据分析，发现季节性变化的实质原因是风向风速的影响(如图 13.7 所示)，同时也证明了含钒颗粒物确实主要来源于上海港口远洋船排放。

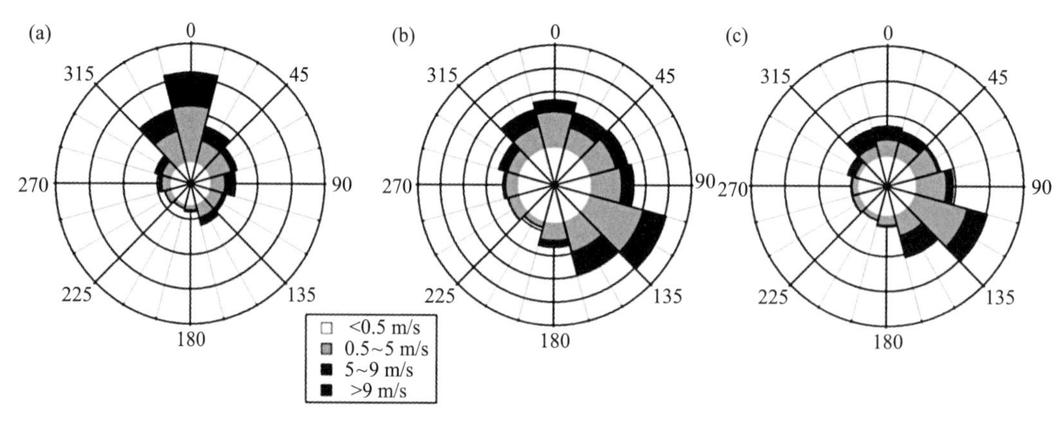

图 13.7 上海城区大气中 NF_V 与风向风速的关系：
(a) 低含钒颗粒物；(b) 中等含钒颗粒物；(c) 高含钒颗粒物

船舶排放新鲜颗粒物占城区 PM2.5 的数目比例主要在 1.0%到 10.0%，但受风向影响，轮船烟羽经过采样点时，轮船排放一次颗粒物可占到 50%以上。对于明显的轮船烟羽经过采样点的时间段，比较了含钒颗粒物数目比例时间变化图与基于气溶胶高时间空间分辨 WRF/CMAQ 模式模拟结果，两者结果相符合，如图 13.8 所示。对于距离港口 10 000 m 范围内的地区，在受轮船烟羽影响严重的时段，轮船排放对 PM2.5 的贡献突出，约为 20%～30%(2～7 $\mu g/m^3$)。

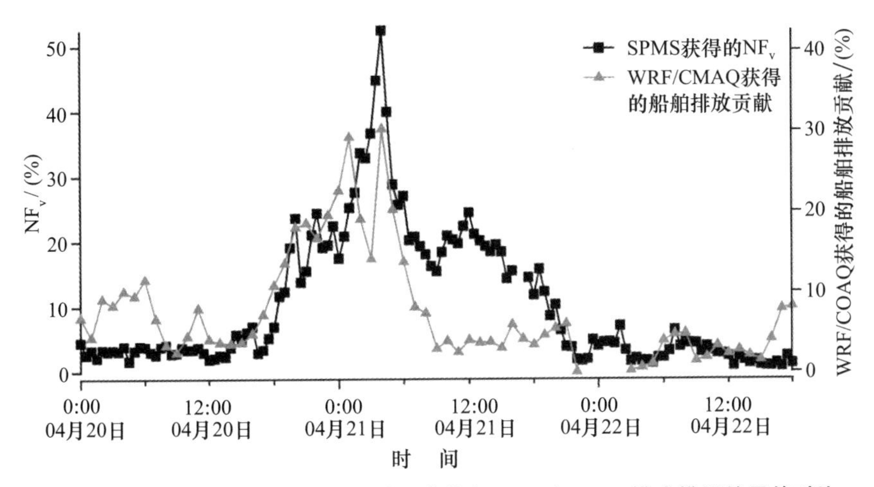

图 13.8　受船舶烟羽影响时 NF_V 时间变化与 WRF/CMAQ 模式模拟结果的对比

2. SPMS 在线分析评估实施设立船舶排放控制区(DECA)政策的影响

2016 年 4 月起,包括上海港在内的长三角区域开始实施 DECA 政策,对船用燃油进行限制,用低硫油替代高硫重油。如果 DECA 政策得以贯彻,钒能否作为低硫燃料油燃烧排放颗粒物的示踪物尚需进一步研究。因此,本章对高硫油和低硫油进行了含钒量的分析比较。结果表明高含硫燃料油中的硫和钒保持着良好的相关性,这种相关性在低硫重油中仍然存在。无论是低硫油还是高硫油,钒-硫质量比的线性拟合系数相似,表明低硫油可能是高硫重油通过添加某些不含硫、钒的物质生产的。在目前的 DECA 政策下船舶排放的气溶胶中仍含有钒,因此钒仍能作为船舶颗粒物的标识物。

为了深入分析 DECA 政策对上海城区空气质量的影响,本章对比了 DECA 政策前后的上海城区大气颗粒物中含钒颗粒物的年际变化,如图 13.9 所示。由于船舶交通活动量的增加,通过示踪物钒认定的船舶颗粒物占比有增加的趋势。为了更好地分析船舶颗粒物,鉴别低硫重油和高硫重油所产生颗粒物的区别,我们将单颗粒质谱中钒的相对峰面积 0.5%为限,分成高含钒颗粒物和低含钒颗粒物。发现高含钒颗粒物占比逐渐降低,而低含矾颗粒物占比明显增加。采样期间,不同含钒颗粒物有着不同的空间来源分布。高含钒颗粒物主要来自国际远洋船的长距离运输,受东方和东南方向国际航线影响明显;低含钒颗粒物主要来自内贸船的近距离排放。

本章进一步比较了 DECA 政策实施前后含钒颗粒物中元素碳(EC)和有机碳(OC)组分的变化,结果表明 DECA 政策实施后,PM2.5 中钒和 EC 含量明显降低。随着低硫油的使用,船舶相关的 PM2.5 中的 OC 含量呈上升趋势。在高硫重油中加入非硫有机物,如向重油中添加非石油烃类以降低油品中的硫含量,可以产生一些低硫船舶重油,这可能是导致颗粒物中 OC 增加的主要原因。本章将为港口城市全面评价 DECA 政策在改善空气质量方面的效果提供科学依据,并为我国未来国际船舶排放控制政策提供指导。

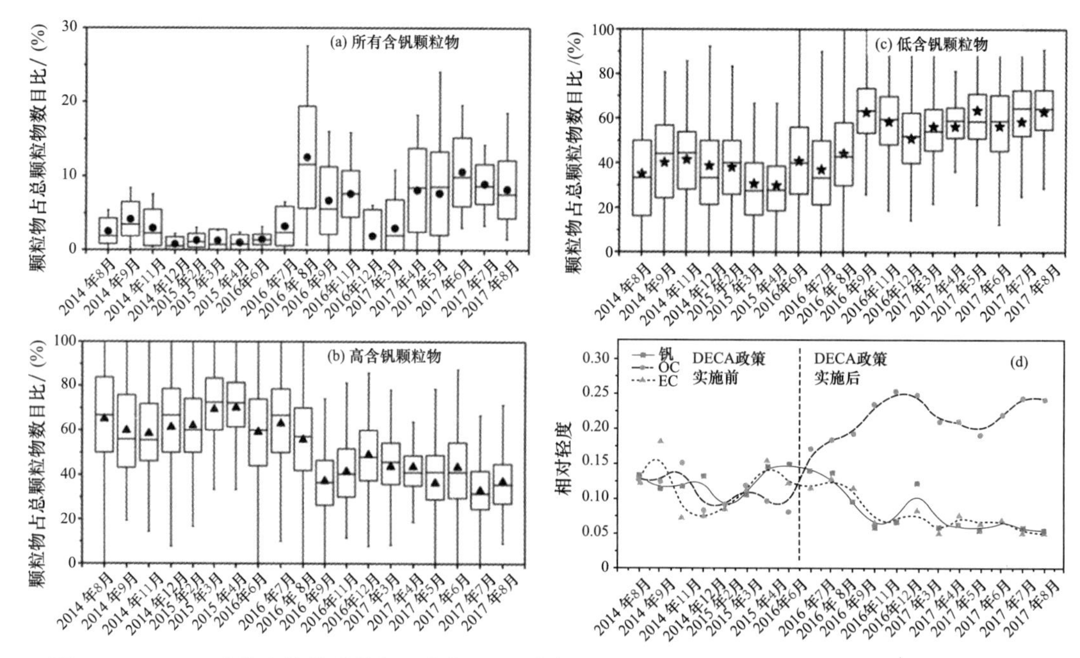

图 13.9　DECA 政策实施前后的年际变化：(a) 含钒颗粒物；(b) 高含钒颗粒物；(c) 低含钒颗粒物；(d) 含钒颗粒物中钒、OC 和 EC 的质谱信息相对强度

13.4.4　城市黑碳颗粒物研究

黑碳颗粒物是大气气溶胶中的重要组成，尤其因为黑碳颗粒物会与大气二次组分混合，所以大气二次转化及老化过程会显著地影响黑碳颗粒物的吸湿性和光学性质等。在本章的研究工作中，我们着重对于上海大气中的黑碳颗粒物，通过多个功能模块的气溶胶综合表征，对黑碳颗粒物的微观形貌、密度、混合态等进行了动态的表征，并探讨了其吸湿性和光学性质在大气演化过程中的变化。

1. 黑碳颗粒物的形状特征及密度

颗粒物的密度可以反映出气溶胶的化学组成，气溶胶的无机成分的密度在 1.7～1.8 g/cm^3 之间，而有机物的平均密度一般认为在 1.3 g/cm^3 左右。颗粒物的形状特征一般由 χ 来定量表征。χ 值越大，表示颗粒的不规则性越大。形状可以影响气溶胶颗粒的光学性质、空气动力学性质、表面积。在本章中，我们应用了 AAC-DMA-SP2 的联用功能模块，探究上海黑碳气溶胶的密度、形貌与混合状态。AAC 可获得颗粒物的 D_a，通过 DMA 则筛选出颗粒物的 D_m，由 D_a 和 D_m 可以算出进入 SP2 的颗粒物的 m_p，而 SP2 测得的是单个颗粒中黑碳的质量(m_{BC})，因此若 m_{BC} 与 m_p 二者几乎相等，则该颗粒物可被认为是“黑碳主导的颗粒物”。

对上海大气黑碳颗粒物的在线分析结果显示，在满足 AAC 筛选粒径为 200 nm 条件的气溶胶中，绝大多数颗粒物电迁移粒径约为 135 nm，并发现 D_a 为 200 nm、D_m 为 135 nm 的颗粒物中有一部分黑碳主导的颗粒物。而在 AAC 设定值在 350 nm 和 500 nm 的情况下观测到的黑碳气溶胶几乎都是老化的黑碳气溶胶，即除了黑碳以外还有许多其他物质存在于颗粒物上，以上现象在 2018 年冬季和 2019 年夏季采样期均被观测到。

无论是冬季还是夏季，黑碳主导颗粒物含 BC 颗粒物的比例均呈现出早晚高峰明显升高的趋势。这说明交通源是黑碳主导颗粒物的主要来源之一。黑碳主导颗粒物的形貌几乎是球形的，因为计算出的形状因子为 1.017，推测新鲜黑碳颗粒的老化速度很快，并且少量其他组分就足以将其从非球形包裹成球形。同时考虑到夏季采样期观测到的黑碳主导的粒子几乎是球形的，那么对于 D_a 为 350 nm 和 500 nm 的黑碳颗粒物，老化后的颗粒物的形状极有可能也是球形的。另外，在夏季采样期间，对于 D_a 分别为 200、350 和 500 nm 的黑碳颗粒物，绝大多数老化后的密度分别约为 1.75、1.62 和 1.77 g/cm^3，这说明大多数包裹在纯黑碳气溶胶表面的物质主要是一些无机成分。

2. 黑碳颗粒物的 SPMS 分类

EC 峰被认为是黑碳气溶胶的显著标记物。因此，以 $C_n(n=1,2,3\cdots)$为标记，共筛选了 230 105 个含 EC 的颗粒物，约占 SPMS 质谱检测颗粒物的 53.91%。然后，利用 ART-2a 算法，根据含黑碳颗粒物的质谱特征最终将其分为 5 类，即 EC、Na-K-EC、ECOC、KEC 和 Others。

EC 颗粒物在正负质谱中黑碳离子信号 C_n^+ 和 C_n^- 强烈，而二次物质（如硫酸盐或硝酸盐）的信号较弱，说明纯 EC 在大气中没有经历明显的老化，因此 EC 为新鲜排放的黑碳颗粒物。

NaKEC 颗粒物在正负质谱中 EC 信号较强，除此之外，在正谱图中含有钾（39 K^+）、钠（23 Na^+），负谱图中含有硝酸盐（$-46\ NO_2^-$、$-62\ NO_3^-$）和硫酸盐（$-97HSO_4^-$）信号。

ECOC 颗粒物质谱中含有许多 OC 信号，包括$+37C_3H^+$、$+43CH_3CO^+$、$+50C_4H_2^+$、$+51C_4H_3^+$、$+61CH_3C(OH)=OH^+$、$+62(CH_3)_2NHOH^+$，同时含有$+23Na^+$和 C_n^+。负谱图中有很强的硫酸和硝酸信号。表明 ECOC 颗粒物已经被老化。利用 SPMS 检测到的 BC 颗粒物中内混有不同浓度 OC、硝酸盐和硫酸盐，被归为老化的交通源排放的颗粒物。

KEC 颗粒物在正质谱中具有很强的 39 K^+ 信号，在负质谱中具有较强的 $-26\ CN^-$ 和 $-42\ CNO^-$ 信号。同时负谱图中也出现了左旋葡萄糖离子的碎片。负质谱中出现了明显的黑碳信号。与 ECOC 类型相似，存在很强的 $-46\ NO_2^-$、$-62\ NO_3^-$ 和 $-97\ HSO_4^-$ 信号，表明该类颗粒物在大气中经历了老化过程。该类颗粒物主要来源于生物质燃烧或煤燃烧。在之前的外场观测中也观察到类似质谱的颗粒物，都被归为生物质或煤的燃烧产生的颗粒物。

Others 不属于前四种类型中的任何一种，只占黑碳总颗粒数的 5.08%。

值得注意的是，SPMS 检测的颗粒物粒径范围在 200～2000 nm 之间，在 400 nm 以下和 1200 nm 以上仪器的检测效率急剧下降。环境中大多数黑碳颗粒物粒径小于 200 nm，因此 SPMS 对纯黑碳颗粒物的检测效率较低。

3. 黑碳颗粒物混合态的粒径分布

为了更好地揭示上海大气中黑碳颗粒物的混合态情况，本章将综合表征体系中的 SPMS-SP2 功能模块应用于对上海外场大气中黑碳颗粒物的化学与混合态研究。当上海大气清洁的时候,测到的黑碳质量浓度平均为1.02μg/m³,含黑碳颗粒物的数浓度占PM1的15%~45%,其粒径稳定集中在200~300 nm,同时含黑碳颗粒物呈现明显的日变化规律,其数量比例通常在7:00~9:00出现第一个高值,17:00~19:00呈现第二个高值,从而初步断定这段时间内含黑碳颗粒物主要源于交通源排放。

通过Lag-time方法可将SP2测得的含黑碳颗粒物分为碰并型、纯净型、薄包裹型和厚包裹型四大类。这四类含黑碳颗粒物同时在大气中存在,后三类各占30%,另外,碰并型这一类可能是汽车排放的新鲜黑碳颗粒物,大约占总含黑碳颗粒物的10%,说明新鲜的交通源排放无需经过老化过程就存在了内混态的含黑碳颗粒物。当上海大气经历一次重度污染期间,黑碳质量浓度平均为3.2 μg/m³,其中极值高达12.1 μg/m³。这期间含黑碳气溶胶按其化学组分可分成五大类:纯黑碳气溶胶;生物质燃烧产生的含黑碳气溶胶;富钾黑碳气溶胶;含有有机碳和硫酸盐的黑碳气溶胶;含有有机碳和硝酸盐的黑碳气溶胶。

对黑碳气溶胶的混合结构的分析显示内混态黑碳气溶胶的粒径呈现双模态分布——凝结模态(约230 nm)和液滴模态(约380 nm),如图13.10所示,两者分界线在约320 nm。这种两个模态的分布也被SPMS检测到,凝结模态分布在200~500 nm,液滴模态分布在550~1200 nm。

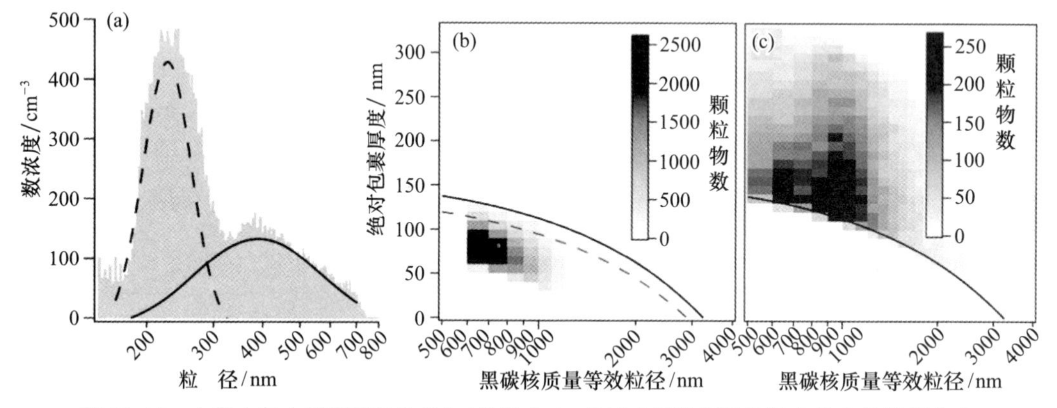

图13.10 上海大气中黑碳颗粒物的(a)粒径分布,(b)(c)黑碳颗粒物混合状态的粒径分布

在凝结模态和液滴模态中,内混态黑碳气溶胶的构成略有不同。生物质燃烧黑碳颗粒物(BBBC)在凝结模态比例很小,在液滴模态中的比例相对高很多。早期研究表明,SO_2更容易进入颗粒相,当硫酸盐饱和之后,NO_2还会继续进入颗粒相,因此硝酸根的含量可以表明颗粒物的老化程度。在本次实验中,K-Na-BC、BBBC、BC-OC-NO_x三种黑碳颗粒物的硝酸根含量都很高,因此这三类颗粒物老化程度很深。从图中可以看出,在凝结模态中,大部分黑碳气溶胶来自汽车排放;在液滴模态中,超过30%的黑碳气溶胶来自生物质燃烧,不到70%的来自汽车尾气。

进一步地,本章将黑碳气溶胶的核粒径、包裹层厚度、颗粒物数量三个变量组成一个二维图,来判定内混态黑碳气溶胶的来源、老化程度和混合状态,如图13.10(b)(c)所示。在凝结模态中,存在一个高峰,核粒径范围在60~80 nm之间,包裹厚度在50~130 nm之间。但是在液滴模态中,则存在两个峰值。第一个峰值的核在60~80 nm之间,包裹层厚度130~

300 nm 之间。第二个峰值和核在 80～130 nm 之间，包裹层厚度在 110～300 nm 之间。

通常，机动车排放的黑碳气溶胶的核粒径相较于生物质燃烧产生的黑碳气溶胶要更小。结合 SPMS 化学信息，我们认为凝结模态的黑碳气溶胶都来自汽车排放。在液滴模态中，粒径在 60～80 nm 之间的黑碳气溶胶大多数来自汽车排放，汽车排放的黑碳气溶胶有大于 150 nm 的包裹层厚度，这是前人文献从来没有报道过的。我们认为这可能是重度污染的天气条件加速了老化过程，在此老化过程中，颗粒物的生长速度达到 20 nm/h，并且空气中高浓度的 NO_2 以及它的气相—颗粒相转化可能也加速了这类颗粒物的增长。核粒径在 80～130 nm 之间的黑碳气溶胶来自生物质燃烧，也是有很厚的包裹层。同时 SPMS 的黑碳气溶胶在液滴模态中也由机动车排放源和生物质燃烧源共同组成，两种仪器的检测结果高度吻合。注意，SPMS 检测到的液滴模态中生物质燃烧黑碳颗粒物要少于机动车尾气排放的。但是在 SP2 的结果中，大核的黑碳气溶胶（来自生物质燃烧）数量更多。这是由于 SP2 对小核的黑碳气溶胶检测效率会降低。如果考虑到检测效率，两者的结果会一致。

除此双模态的混合态分布外，在 PM2.5 浓度小于 35 $\mu g/m^3$ 的清洁天，我们还检测到了一类含有大黑碳核（150～200 nm）和薄非黑碳包裹层（40～80 nm）的颗粒物。根据气团轨迹分析，雾霾期的气团主要来自本地源和华北平原的长距离输送，而检测到特殊的大核薄包裹颗粒物的洁净天的气团主要来自东海，且这类含黑碳颗粒物的 SPMS 质谱中含有明显的 V^+ 和 Ca^+ 信号，因此，这类含黑碳颗粒物可能来自附近沿海港口的船舶排放。

4. 黑碳颗粒物的混合态与吸湿性的时间分辨测量

在认识了黑碳颗粒物的不同的混合模态后，我们进一步地采用 HTDMA 技术，对上海夏季大气中含黑碳颗粒物进行混合态与吸湿性的时间分辨测量。具体地，我们首先通过 DMA 筛选了三种不同干粒径的颗粒物（D_0＝120、240 和 360 nm），然后在 RH＝85%的条件下加湿增长。第二个 DMA 在连续扫描模式下运行得到环境中大气颗粒物的吸湿分布图。

对于大气颗粒物，吸湿性颗粒物明显多于疏水性颗粒物。而黑碳颗粒物的吸湿增长因子（GF）分布只呈现一种模态，只在 GF＝1.0 时出现峰值。随着 GF 的增大，黑碳气溶胶的含量急剧下降。当 GF 大于 1.4 时，SP2 检测到的黑碳颗粒物非常少。基于黑碳颗粒物的 GF 分布，对每个 D_0，我们依次研究了的三个增长因子（GF＝1.0、1.2 和 1.4）。GF＝1.0、1.2、1.4 分别代表黑碳颗粒物为疏水、弱吸湿性和强吸湿性模态。当 GF＞1.4 时，黑碳颗粒物的含量非常低，因此没有选择更高的 GF（GF＞1.4）。每天的采样被划分为 8 个 3 h 的采样周期。每个采样周期内依次设置 GF 为 1.0、1.2、1.4，每个 GF 各维持 1 h。

黑碳颗粒物数浓度和数量占比的日变化规律分别如图 13.11 所示。BC 颗粒物疏水模态（GF＝1.0）的数量浓度在早上 6:00～9:00 达到第一个高峰，下午 12:00～17:00 较低，在傍晚达到第二个高峰，然后在晚上逐渐降低。疏水模态的黑碳气溶胶数浓度在清晨和傍晚的升高可以用当地人为活动的增加来解释，尤其是交通高峰期的汽车尾气排放，同时由于边界层较低进一步加剧了疏水模态黑碳颗粒物数浓度的增加。另外，在所有 D_0 中，疏水模态的黑碳颗粒物（GF＝1.0）在三个 GF 中所占比例最大。而疏水模态黑碳颗粒物的数量比例

随 D_0 的增加而减少。在 D_0＝120、240、360 nm 时，疏水模态黑碳颗粒物的最大占比分别为 80％、70％和 60％。一个可能的原因是：大部分新鲜黑碳气溶胶的粒径小于 200 nm，这与我们发现在大粒径段检测到的黑碳颗粒物比例相对较低相对应。此外，非黑碳颗粒物数量及其粒径分布也可能影响疏水模态黑碳（GF＝1.0）颗粒物的数量占比。

弱吸湿模态和强吸湿模态的黑碳颗粒物可能来自被老化的气溶胶。吸水性二次物质（如硫酸盐、硝酸盐和二次有机化合物）的吸附可以显著提高黑碳颗粒物的吸水能力。在 12：00～15：00 之间，弱吸湿模态和强吸湿模态黑碳颗粒物（如 D_0＝120、240 nm）的数量浓度呈现出明显的峰值。这一变化趋势可以用夏季午后极强的大气氧化性来解释。然而，弱吸湿性和强吸湿性黑碳颗粒物的数量浓度可能受到其他大气老化过程的影响。例如，夜间由于 N_2O_5 的水解作用，硝酸盐的形成显著增强，使夜间黑碳颗粒物的吸湿性显著增强。

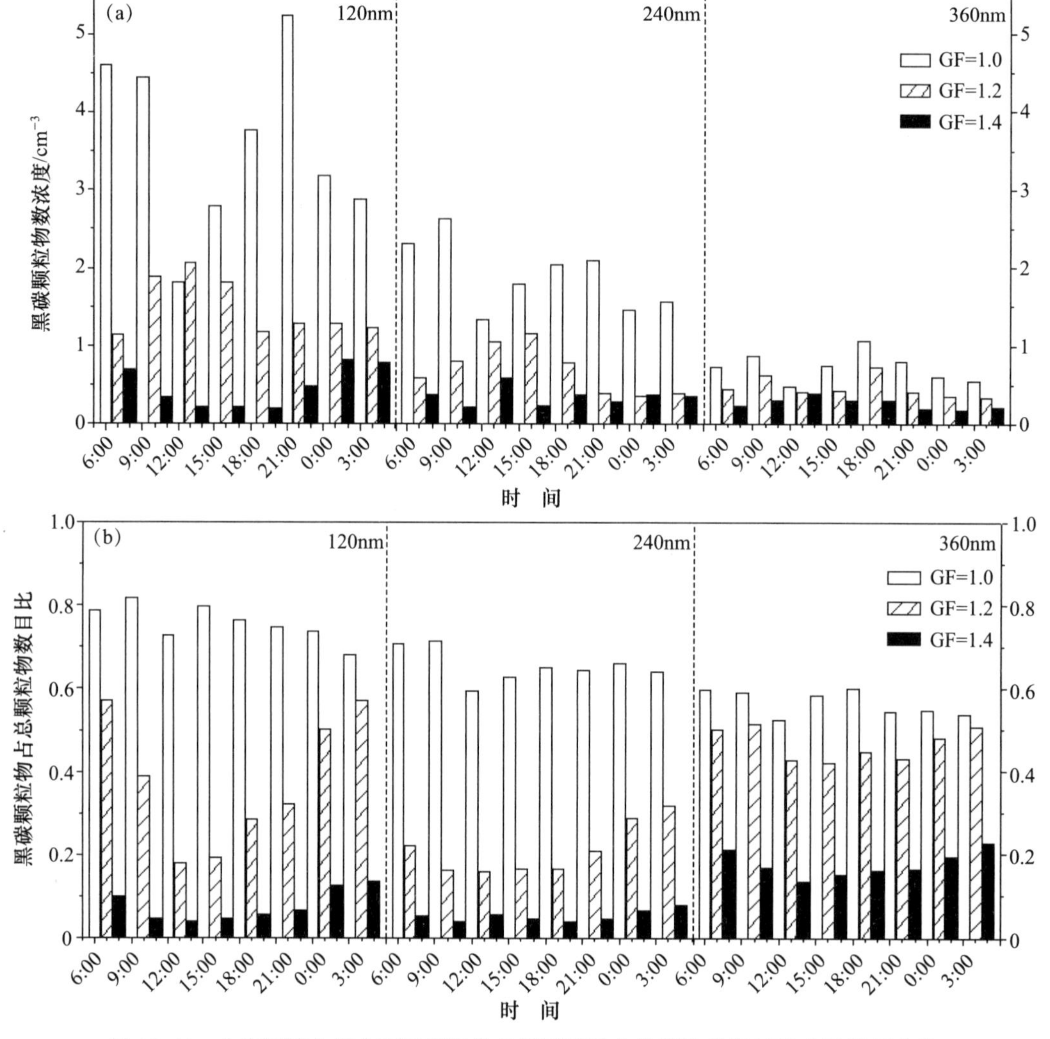

图 13.11 上海夏季大气中不同吸湿性的黑碳颗粒物的颗粒物数目浓度及数目占比

图 13.12 显示了黑碳颗粒物弱吸湿模态和强吸湿模态数量比例的日变化。与疏水模态的黑碳颗粒物不同，随着粒径的增大，其数量占比逐渐增加。这一趋势对强吸湿性模态（GF＝1.4）最明显。一个可能的原因是，新鲜排放的黑碳气溶胶的粒径可能很小，例如交通源产生的黑碳颗粒物的等效粒径通常小于 200 nm，它们必须通过老化、表面包裹等，增长为更大的粒径，同时也增强了其吸水性。另一个可能的原因是这些吸湿性黑碳颗粒物来自不同的源。最有可能的是生物质燃烧产生的黑碳气溶胶，其吸湿性明显高于交通排放的黑碳气溶胶。此外，黑碳颗粒物数量占比的日变化表明：夜间吸湿模态的黑碳颗粒物多于白天，说明夜间黑碳颗粒物的吸湿性强于白天。其深层次的大气化学原因在后文中详述。

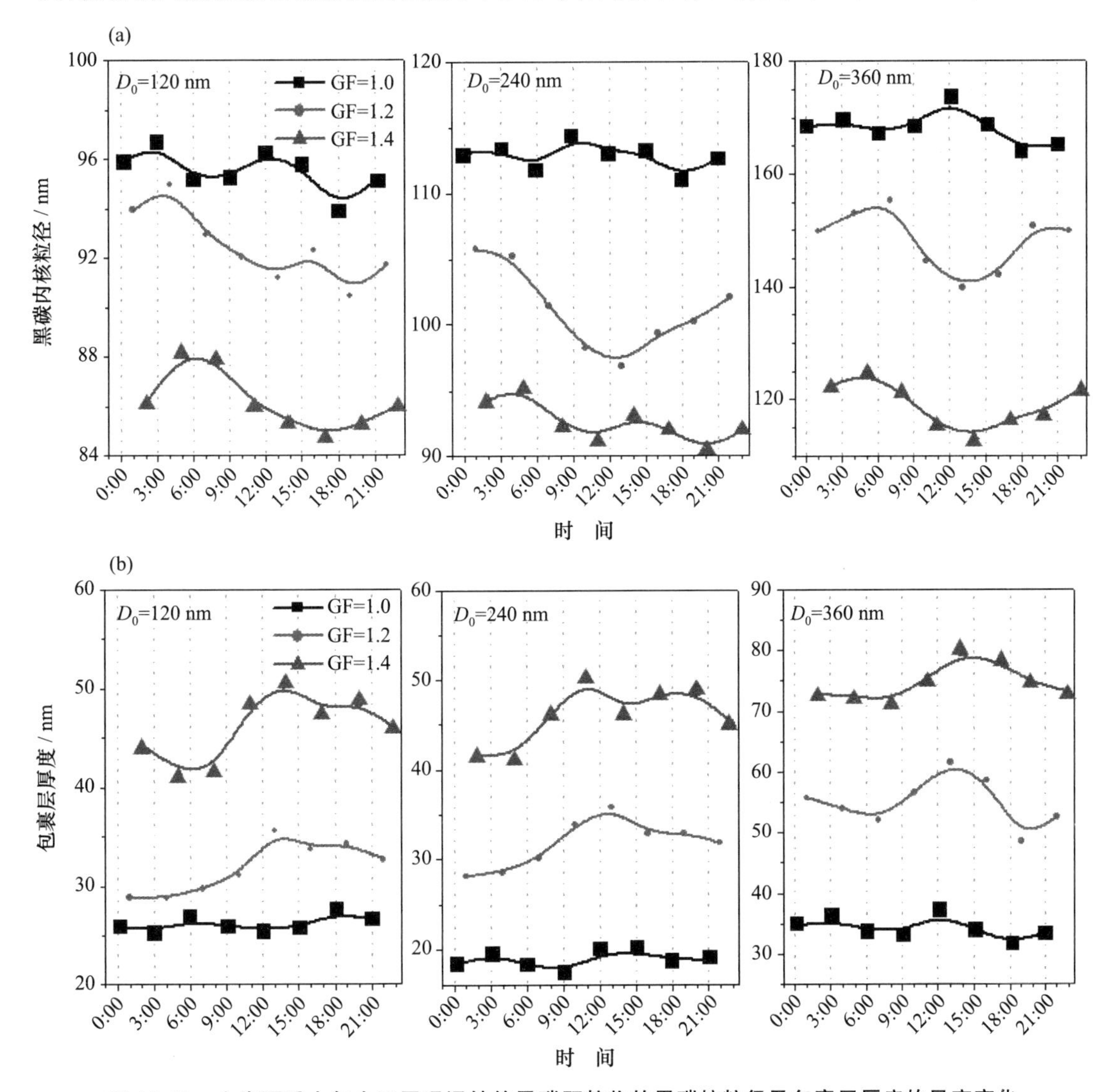

图 13.12　上海夏季大气中不同吸湿性的黑碳颗粒物的黑碳核粒径及包裹层厚度的昼夜变化

图 13.12 也给出了不同 GF 下黑碳颗粒物平均核粒径和包裹层厚度的日变化。对于一定的黑碳颗粒物总粒径，疏水模态（GF＝1.0）对应的黑碳颗粒物有较大的核粒径和较薄的

包裹层厚度。当黑碳颗粒物吸水性增强(即 GF 增加)时,包裹层厚度逐渐增加。有趣的是,强吸湿模态黑碳颗粒物的核粒径在夜间(21:00～次日 6:00)较大而包裹层厚度较薄。该实验现象表明:在白天和夜间,黑碳颗粒物包裹层组分可能不同。

进一步地,为了探究黑碳颗粒物的混合态与吸湿性之间的关系,将 EC/OC、MARGA 和 SPMS 测量的化学组分和混合态信息与吸湿性测量结果进行比较。本章中利用 MARGA 测定了二次离子的质量浓度。硫酸盐浓度在 4.8～6.1 $\mu g/m^3$ 之间波动,在白天略高于夜间。硝酸盐的质量浓度在 1.1～4.4 $\mu g/m^3$ 之间,其平均值为 2.3 $\mu g/m^3$。夜间硝酸盐浓度明显升高。SPMS 测量的黑碳颗粒物中硝酸盐的相对峰面积变化趋势也与 MARGA 的测量结果有一致的变化趋势。夏季夜间温度较低,相对湿度较高,NO_3 浓度较高,有利于颗粒相硝酸盐的形成。

而在白天,大气光化学反应是二次有机碳(SOC)的主要形成途径。O_x(O_x ═══ O_3+NO_2)常被用作大气光化学反应的氧化剂。每小时分辨的 SOC 和 O_x 质量浓度的日变化图显示 SOC 在 1.8～8.8 $\mu gC/m^3$ 之间,O_x 在 58～214 $\mu g/m^3$,SOC 与 O_x 的相关系数(R)为 0.772,说明本章中 SOC 的形成与光化学氧化剂浓度密切相关。

根据上述分析,本章认为上海夏季大气中小粒径黑碳颗粒物多来源于交通源排放,其老化过程呈明显的日变化规律。夜间温度较低,相对湿度较高,硝酸盐的形成或冷凝是含黑碳颗粒物吸湿性变化的主要原因。由于硝酸盐具有很强的吸湿性,只要很薄的硝酸盐包裹即可使新鲜的黑碳颗粒物的吸湿性增长因子达到 1.4。在白天,光化学氧化形成的 SOC 是导致含黑碳颗粒吸湿性变化的主要原因。由于 SOC 的弱吸湿性,需要很厚的 SOC 包裹,并在少量硫酸盐参与下,才能使含黑碳颗粒物的增长因子达到 1.4。因此,白天和夜间的两种不同二次组分的化学性质,导致了含黑碳颗粒物的吸湿性呈明显的昼夜差别。研究首次实现了对颗粒物混合状态和吸湿性可时间分辨的综合观测,从单颗粒层面证实颗粒物混合状态随大气环境变化进而影响其吸湿性。

5. 黑碳颗粒物的混合态与光学性质

除了吸湿性,黑碳颗粒物的光学性质也受到黑碳颗粒物混合态的影响。本章中,我们运用气溶胶光腔衰荡消光仪(CRDS)、气溶胶浊度仪(nephelometer)及 SPMS 的联用功能,对上海外场大气气溶胶的光学性质与化学性质进行实时测量,发现黑碳颗粒物的混合状态、老化程度、包裹层厚度是导致颗粒物光学性质不同的重要原因。

观测周期的 E_{abs} 的平均值为 1.95±0.15,中位数为 1.93±0.13,极干净天气下,仪器误差带来较大的数值波动。运用单颗粒质谱分析观测期间外场颗粒物的化学成分,将黑碳颗粒物做进一步分类,其中硫酸盐、硝酸盐、铵及二次有机峰较高的颗粒物归类为老化的含黑碳颗粒物(EC_{aged})。将老化的含黑碳颗粒物与总含黑碳颗粒物 EC_{total} 的占比(EC_{aged}/EC_{total})与光吸收增强(E_{abs})作相关性分析,如图 13.13 所示,发现 E_{abs} 随着 EC_{aged}/EC_{total} 增大而增强,即老化的黑碳颗粒物占比越多,颗粒物的 E_{abs} 越高。

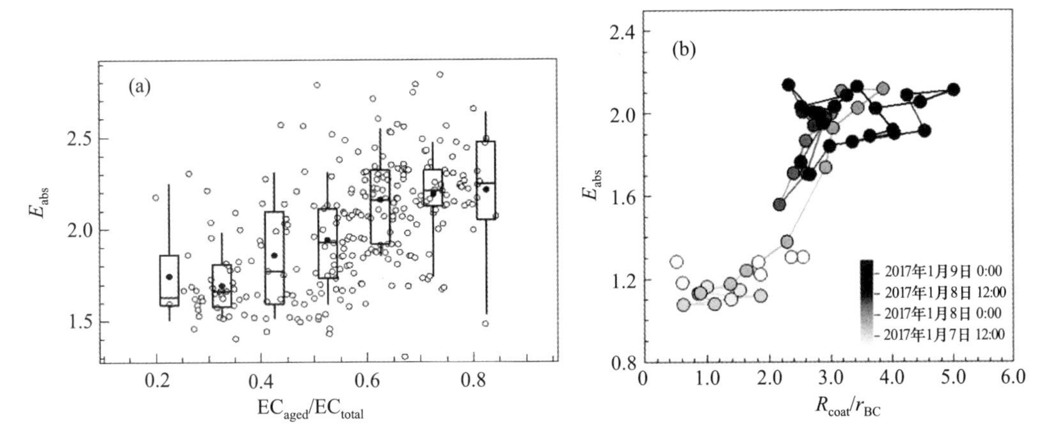

图 13.13　(a) 老化的含黑碳颗粒物占比(EC_{aged}/EC_{total})与 E_{abs} 的相关性；(b)一次典型的干净到污染天气过程中 R_{coat}/r_{BC} 与 E_{abs} 的关系

再采用 VTDMA 对颗粒物加热至 350℃，并测量颗粒物加热前后的粒径变化。假设颗粒物加热后的不易挥发的核主要为黑碳物质(r_{BC})，可以进一步推算出颗粒物挥发掉的包裹层质量与颗粒物核的比值(R_{coat}/r_{BC})。在一次典型的干净到污染天气连续过程中，发现 R_{coat}/r_{BC} 随着 E_{abs} 的变化有着明显的台阶升高。可能原因为，污染过程初期的颗粒物为半包裹态，包裹层产生的吸收增强效果较弱($E_{abs}<1.4$)，当颗粒物完全内混态包裹时，包裹层产生的吸收增强效果显著提高($E_{abs}>1.8$)。因此，在颗粒物老化过程中，混合态会影响颗粒物的 E_{abs}，单一的“核-壳”模型无法精确计算颗粒物光学性质。

13.4.5　大气颗粒物质谱特征反演气溶胶吸湿性

气溶胶颗粒物的微观理化性质与宏观环境效应(吸湿性、吸光性等)的关联性不仅仅体现在生物质燃烧颗粒物或者黑碳颗粒物等几种特殊的颗粒物种类，对于环境大气中复杂的气溶胶颗粒物，通过综合表征体系，同样也可以厘清气溶胶颗粒物微观物理化学性质与其吸湿性或吸光性之间的关系。以上海城市大气 PM2.5 颗粒物的吸湿性为例，通过多年来长期对真实大气颗粒物的综合表征分析，不仅可以根据单颗粒质谱的特征将大量的颗粒物分类，对于每一类别的颗粒物，除了具有其特征质谱外，它们的吸湿性分布也显现出各自的特征分布，如图 13.14 所示。

除了不同类型的颗粒物具有不同的吸湿性分布外，对于上海“大气气溶胶吸湿性—单颗粒质谱特征”数据库，还需要检验不同吸湿性的颗粒物是否具有显著不同的质谱特征，才能进一步实现质谱反演吸湿性。为此，我们以 GF 间隔 0.1 进行不同吸湿性颗粒物区分，比较不同 GF 的颗粒物的质谱之间的相似性，结果如图 13.15(a)(见书末彩图)所示，总的来说，相同 GF 的颗粒物质谱之间的相似性最高，而随着 GF 的差异性的增加，对应的颗粒物质谱之间的相似性逐渐降低。这一现象说明了通过单颗粒质谱反演吸湿性的可行性。

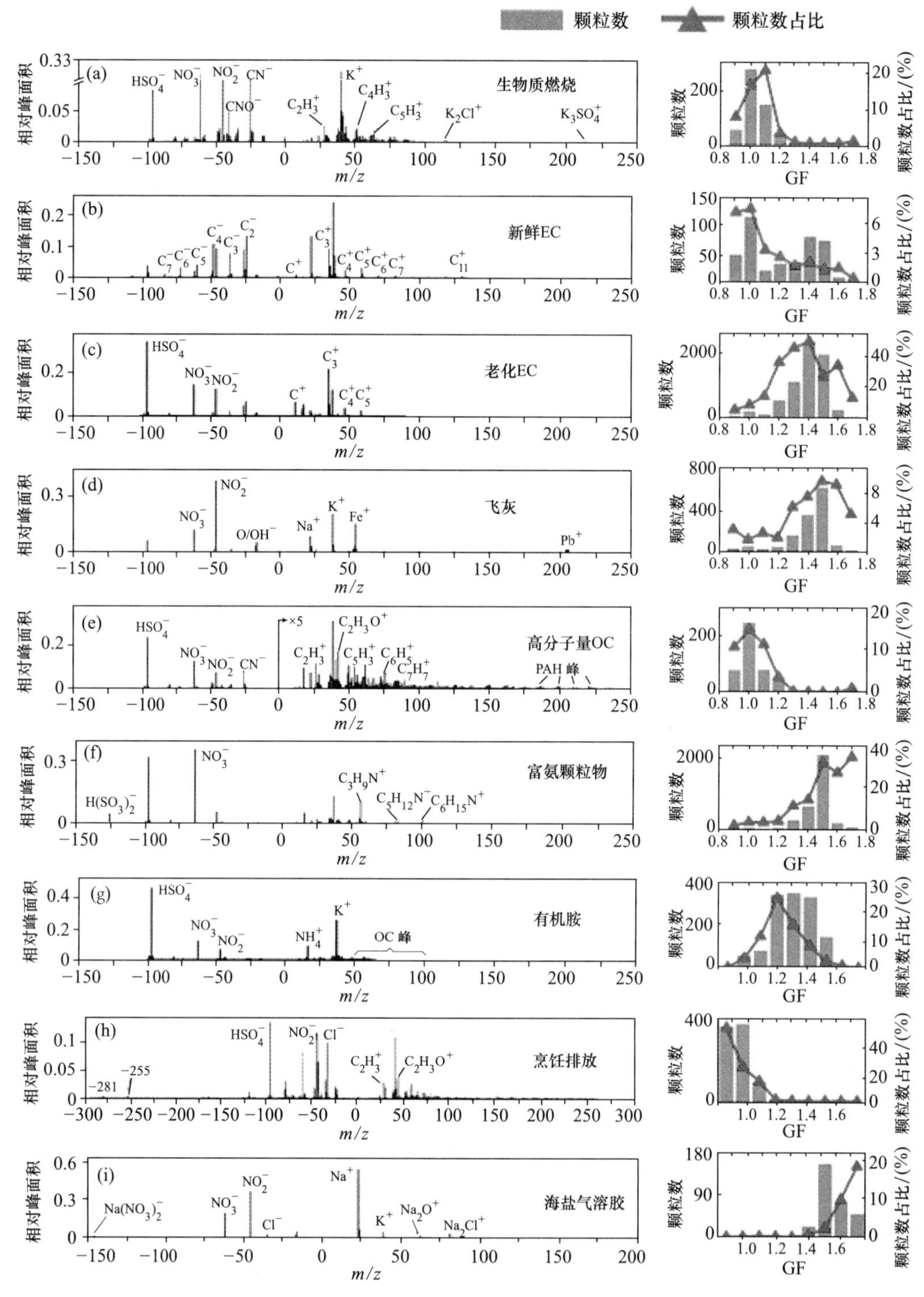

图 13.14 不同分类的气溶胶颗粒物的单颗粒质谱图及其吸湿性分布

因此，基于上海城市"大气气溶胶吸湿性—单颗粒质谱特征"数据库，我们发展了一种根据单颗粒质谱特征推断颗粒物吸湿性的方法。为了检验该推断的吸湿性的准确性，我们使用该方法对一个月的在线质谱数据进行对应单颗粒的吸湿性反演推算。大气颗粒物的反演吸湿性分布呈现三模态，主要峰在反演 GF＝1.05、1.42 和 1.6，这一分布与基于 HTDMA-CPC 获得的 GF 分布相符合。另外，图 13.15(b)（见书末彩图）是反演 GF 与真空动力学粒径及颗粒物数浓度的三维分布图，可见随着反演 GF 的增长，颗粒物粒径也呈现增长的趋势，这也与 HTDMA-CPC 相关研究获得的大气颗粒物的 GF-颗粒物粒径结果一致。上述分析都表明，在获得大数据量的吸湿性-单颗粒质谱库后，可以在不使用 HTDMA 等设备的前提下仅通过一台单颗粒质谱，便获得颗粒物的吸湿性。

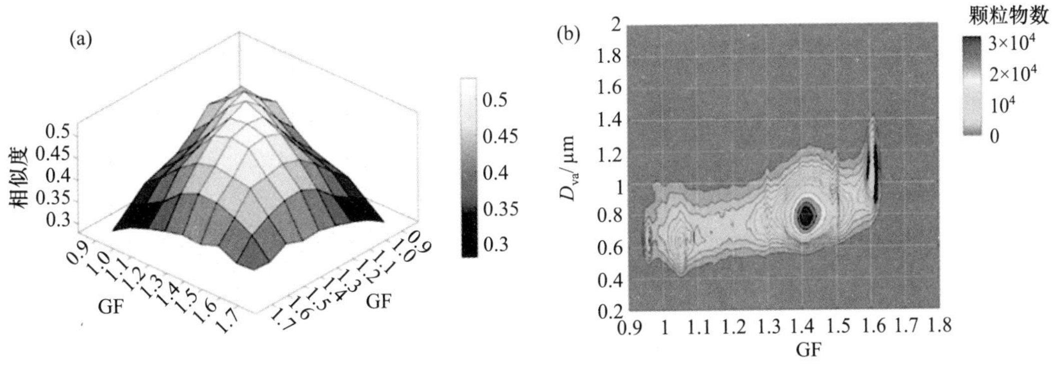

图 13.15　(a) 不同吸湿性颗粒物的对应单颗粒质谱相关性比较，(b) 大气颗粒物数浓度在真空动力学粒径(D_{va})-反演 GF 上的二元分布

13.4.6　研究进展与成果总结

本章完成了气溶胶物理化学性质综合表征体系的搭建与完善，并初步实现了通过单颗粒质谱直接反演颗粒物的吸湿性，为充分认识大气颗粒物的各理化性质及其来源转化提供了重要的分析技术手段。

本章应用综合表征体系对典型一次来源颗粒物——秸秆燃烧颗粒物及船舶排放颗粒物进行了组分与理化性质研究。秸秆燃烧是我国大气复合污染的重要来源之一，本章通过对秸秆燃烧颗粒物的分粒径综合表征研究，深入认识了秸秆燃烧颗粒物的理化特性，为此类污染物的控制提供了重要的理论基础。船舶排放对港口城市空气质量有着重要的影响，本章对上海城市大气中船舶排放颗粒物进行了综合表征分析，评估了 DECA 政策的影响，从而为该政策的进一步改良与完善提供了重要的科学依据。

本章又应用综合表征体系研究了城市大气黑碳颗粒物及二次组分的理化性质及变化过程，实现了对大气黑碳颗粒物的混合态、吸湿性及吸光性的时间分辨研究，发现了昼夜不同大气化学变化过程对黑碳颗粒物理化性质的影响，并动态追踪了黑碳颗粒物的快速老化过程及二次组分的影响，从而为城市大气复合污染的防治提供了支撑性的科学理论。

13.5　本项目资助发表论文

[1] WANG X, YE X, CHEN J, et al. Direct links between hygroscopicity and mixing

state of ambient aerosols: Estimating particle hygroscopicity from their single-particle mass spectra. Atmospheric Chemistry and Physics, 2020, 20(11): 6273-6290.

[2] ZHU S, LI L, WANG S, et al. Development of an automatic linear calibration method for high-resolution single-particle mass spectrometry: Improved chemical species identification for atmospheric aerosols. Atmospheric Measurement Techniques, 2020, 13(8): 4111-4121.

[3] ZHAO Q, HUO J, YANG X, et al. Chemical characterization and source identification of submicron aerosols from a year-long real-time observation at a rural site of shanghai using an aerosol chemical speciation monitor. Atmospheric Research, 2020, 246: 105154.

[4] ZHANG C, ZOU Z, CHANG Y, et al. Source assessment of atmospheric fine particulate matter in a chinese megacity: Insights from long-term, high-time resolution chemical composition measurements from Shanghai flagship monitoring supersite. Chemosphere, 2020, 251: 126598.

[5] LIU Y, ZHAO Q, HAO X, et al. Increasing surface ozone and enhanced secondary organic carbon formation at a city junction site: An epitome of the Yangtze River Delta, China (2014—2017). Environmental Pollution, 2020, 265: 114847.

[6] ZOU Z, ZHAO J, ZHANG C, et al. Effects of cleaner ship fuels on air quality and implications for future policy: A case study of Chongming Ecological Island in China. Journal of Cleaner Production, 2020, 267: 122088.

[7] ZHOU K, WANG S, LU X, et al. Production flux and chemical characteristics of spray aerosol generated from raindrop impact on seawater and soil. Journal of Geophysical Research: Atmospheres, 2020, 125: 03205213.

[8] LI Z, NIZKORODOV S A, CHEN H, et al. Nitrogen-containing secondary organic aerosol formation by acrolein reaction with ammonia/ammonium. Atmospheric Chemistry and Physics, 2019, 19(2): 1343-1356.

[9] PANG H, ZHANG Q, LU X, et al. Nitrite-mediated photooxidation of vanillin in the atmospheric aqueous phase. Environmental Science & Technology, 2019, 53(24): 14253-14263.

[10] PANG H, ZHANG Q, WANG H, et al. Photochemical aging of guaiacol by Fe(Ⅲ)-oxalate complexes in atmospheric aqueous phase. Environmental Science & Technology, 2019, 53(1): 127-136.

[11] ZHANG X, ZHANG Y, LIU Y, et al. Changes in the SO_2 level and PM2.5 components in shanghai driven by implementing the ship emission control policy. Environmental Science & Technology, 2019, 53(19): 11580-11587.

[12] LI K, YE X, PANG H, et al. Temporal variations in the hygroscopicity and mixing state of black carbon aerosols in a polluted megacity area. Atmospheric Chemistry

and Physics, 2018, 18(20): 15201-15218.

[13] WANG R, YE X, LIU Y, et al. Characteristics of atmospheric ammonia and its relationship with vehicle emissions in a megacity in China. Atmospheric Environment, 2018, 182: 97-104.

[14] GUO M, LYU Y, XU T, et al. Particle size distribution and respiratory deposition estimates of airborne perfluoroalkyl acids during the haze period in the megacity of shanghai. Environmental Pollution, 2018, 234: 9-19.

[15] ZHANG C, LU X, ZHAI J, et al. Insights into the formation of secondary organic carbon in the summertime in urban Shanghai. Journal of Environmental Sciences, 2018, 72: 118-132.

[16] JIANG S, YE X, WANG R, et al. Measurements of nonvolatile size distribution and its link to traffic soot in urban Shanghai. Science of the Total Environment, 2018, 615: 452-461.

[17] XU T, CHEN H, LU X, et al. Single-particle characterizations of ambient aerosols during a wintertime pollution episode in Nanning: Local emissions vs. regional transport. Aerosol and Air Quality Research, 2017, 17(1): 49-58.

[18] XIE Y, YE X, MA Z, et al. Insight into winter haze formation mechanisms based on aerosol hygroscopicity and effective density measurements. Atmospheric Chemistry and Physics, 2017, 17(11): 7277-7290.

[19] ZHAI J, LU X, LI L, et al. Size-resolved chemical composition, effective density, and optical properties of biomass burning particles. Atmospheric Chemistry and Physics, 2017, 17(12): 7481-7493.

[20] LI R, YANG X, FU H, et al. Characterization of typical metal particles during haze episodes in Shanghai, China. Chemosphere, 2017, 181: 259-269.

[21] LIU Z, LU X, FENG J, et al. Influence of ship emissions on urban air quality: A comprehensive study using highly time-resolved online measurements and numerical simulation in Shanghai. Environmental Science & Technology, 2017, 51(1): 202-211.

[22] LI J, XU T, LU X, et al. Online single particle measurement of fireworks pollution during Chinese New Year in Nanning. Journal of Environmental Sciences, 2017, 53: 184-195.

[23] DING X, KONG L, DU C, et al. Long-range and regional transported size-resolved atmospheric aerosols during summertime in urban Shanghai. Science of the Total Environment, 2017, 583: 334-343.

[24] ZHANG Y, YANG X, BROWN R, et al. Shipping emissions and their impacts on air quality in China. Science of the Total Environment, 2017, 581: 186-198.

[25] GONG X, ZHAGN C, CHEN H, et al. Size distribution and mixing state of black

carbon particles during a heavy air pollution episode in Shanghai. Atmospheric Chemistry and Physics, 2016, 16(8): 5399-5411.

[26] WANG D, ZHOU B, FU Q, et al. Intense secondary aerosol formation due to strong atmospheric photochemical reactions in summer: Observations at a rural site in Eastern Yangtze River Delta of China. Science of the Total Environment, 2016, 571: 1454-1466.

参考文献

[1] WHITBY K T. Physical characteristics of sulfur aerosols. Atmospheric Environment, 1978, 12(1-3): 135-159.

[2] MOLDANOVA J, FRIDELL E, POPOVICHEVA O, et al. Characterisation of particulate matter and gaseous emissions from a large ship diesel engine. Atmospheric Environment, 2009, 43 (16): 2632-2641.

[3] AULT A P, GASTON C J, WANG Y, et al. Characterization of the single particle mixing state of individual ship plume events measured at the Port of Los Angeles. Environmental Science & Technology, 2010, 44(6): 1954-1961.

[4] SILVA P J, LIU D Y, NOBLE C A, et al. Size and chemical characterization of individual particles resulting from biomass burning of local southern California species. Environmental Science & Technology, 1999, 33(18): 3068-3076.

[5] SIMONEIT B, SCHAUER J J, NOLTE C G, et al. Levoglucosan, a tracer for cellulose in biomass burning and atmospheric particles. Atmospheric Environment, 1999, 33(2): 173-182.

[6] AULT A P, GUASCO T L, RYDER O S, et al. Inside versus outside: Ion redistribution in nitric acid reacted sea spray aerosol particles as determined by single particle analysis. Journal of the American Chemical Society, 2013, 135(39): 14528-14531.

[7] LI M, CHEN H, YANG X, et al. Direct quantification of organic acids in aerosols by desorption electrospray ionization mass spectrometry. Atmospheric Environment, 2009, 43(17): 2717-2720.

[8] TAO S, LU X, LEVAC N, et al. Molecular characterization of organosulfates in organic aerosols from Shanghai and Los Angeles urban areas by nanospray-desorption electrospray ionization high-resolution mass spectrometry. Environmental Science & Technology, 2014, 48(18): 10993-11001.

[9] PARK K, KITTELSON D B, MCMURRY P H. Structural properties of diesel exhaust particles measured by transmission electron microscopy (TEM): Relationships to particle mass and mobility. Aerosol Science and Technology, 2004, 38(9): 881-889.

[10] FU H, ZHAGN M, LI W, et al. Morphology, composition and mixing state of individual carbonaceous aerosol in Urban Shanghai. Atmospheric Chemistry and Physics, 2012, 12(2): 693-707.

[11] SIOUTAS C, ABT E, WOLFSON J M, et al. Evaluation of the measurement performance of the scanning mobility particle sizer and aerodynamic particle sizer. Aerosol Science and Technology, 1999, 30(1): 84-92.

[12] PETERS T M, LEITH D. Concentration measurement and counting efficiency of the aerodynamic par-

ticle sizer 3321. Journal of Aerosol Science, 2003, 34(5): 627-634.

[13] GELLER M, BISWAS S, SIOUTAS C. Determination of particle effective density in urban environments with a differential mobility analyzer and aerosol particle mass analyzer. Aerosol Science and Technology, 2006, 40(9): 709-723.

[14] CANAGARATNA M R, JAYNE J T, JIMENEZ J L, et al. Chemical and microphysical characterization of ambient aerosols with the aerodyne aerosol mass spectrometer. Mass Spectrometry Reviews, 2007, 26(2): 185-222.

[15] GARD E, MAYER J E, MORRICAL B D, et al. Real-time analysis of individual atmospheric aerosol particles: Design and performance of a portable ATOFMS. Analytical Chemistry, 1997, 69(20): 4083-4091.

[16] LI L, HUANG Z, DONG J, et al. Real time bipolar time-of-flight mass spectrometer for analyzing single aerosol particles. International Journal of Mass Spectrometry, 2011, 303(2-3): 118-124.

[17] ULBRICH I M, CANAGARATNA M R, ZHANG Q, et al. Interpretation of organic components from positive matrix factorization of aerosol mass spectrometric data. Atmospheric Chemistry and Physics, 2009, 9(9): 2891-2918.

[18] GIORIO C, TAQQARO A, DALL OSTO M, et al. Local and regional components of aerosol in a heavily trafficked street canyon in central London derived from PMF and cluster analysis of single-particle atofms spectra. Environmental Science & Technology, 2015, 49(6): 3330-3340.

[19] KONDO Y, KOMAZAKI Y, MIYAZAKI Y, et al. Temporal variations of elemental carbon in Tokyo. Journal of Geophysical Research: Atmospheres, 2006, 111: D12205D12.

[20] LABORDE M, CRIPPA M, TRITSCHER T, et al. Black carbon physical properties and mixing state in the european megacity paris. Atmospheric Chemistry and Physics, 2013, 13(11): 5831-5856.

[21] LABORDE M, MERTES P, ZIEGER P, et al. Sensitivity of the single particle soot photometer to different black carbon types. Atmospheric Measurement Techniques, 2012, 5(5): 1031-1043.

[22] ONASCH T B, TRIMBORN A, FORTNER E C, et al. Soot particle aerosol mass spectrometer: Development, validation, and initial application. Aerosol Science and Technology, 2012, 46(7): 804-817.

[23] HELD A, RATHBONE G J, SMITH J N. A thermal desorption chemical ionization ion trap mass spectrometer for the chemical characterization of ultrafine aerosol particles. Aerosol Science and Technology, 2009, 43(3): 264-272.

[24] WILLIAMS B J, GOLDSTEIN A H, KREISBERG N M, et al. An in-situ instrument for speciated organic composition of atmospheric aerosols: Thermal desorption aerosol GC/MS-FID (TAG). Aerosol Science and Technology, 2006, 40(8): 627-638.

[25] VILLANI P, PICARD D, MICHAUD V, et al. Design and validation of a volatility hygroscopic tandem differential mobility analyzer (VH-TDMA) to characterize the relationships between the thermal and hygroscopic properties of atmospheric aerosol particles. Aerosol Science and Technology, 2008, 42(9): 729-741.

[26] VILLANI P, PICARD D, MARCHAND N, et al. Design and validation of a 6-volatility tandem differential mobility analyzer (VTDMA). Aerosol Science and Technology, 2007, 41(10): 898-906.

[27] RAMANATHAN V, CRUTZEN P J, KIEHL J T, et al. Atmosphere-aerosols, climate, and the

hydrological cycle. Science, 2001, 294(5549): 2119-2124.

[28] POSCHL U. Atmospheric aerosols: Composition, transformation, climate and health effects. Angewandte Chemie-International Edition, 2005, 44(46): 7520-7540.

[29] PETTERS M D, KREIDENWEIS S M. A Single parameter representation of hygroscopic growth and cloud condensation nucleus activity. Atmospheric Chemistry and Physics, 2007, 7(8): 1961-1971.

[30] JAATINEN A, ROMAKKANIEMI S, ANTTILA T, et al. The third pallas cloud experiment: Consistency between the aerosol hygroscopic growth and CCN activity. Boreal Environment Research, 2014, 19B(SI): 368-382.

[31] KAWANA K, KUBA N, MOCHIDA M. Assessment of cloud condensation nucleus activation of urban aerosol particles with different hygroscopicity and the application to the cloud parcel model. Journal of Geophysical Research-Atmospheres, 2014, 119(6): 3352-3371.

[32] ANDREAE M O, GELENCSER A. Black carbon or brown carbon? The nature of light-absorbing carbonaceous aerosols. Atmospheric Chemistry and Physics, 2006, 6: 3131-3148.

[33] LASKIN A, LASKIN J, NIZKORODOV S A. Chemistry of atmospheric brown carbon. Chemical Reviews, 2015, 115(10): 4335-4382.

[34] LACK D A, LANGRIDGE J M. On the attribution of black and brown carbon light absorption using the angstrom exponent. Atmospheric Chemistry and Physics, 2013, 13(20): 10535-10543.

[35] SALEH R, ROBINSON E S, TKACIK D S, et al. Brownness of organics in aerosols from biomass burning linked to their black carbon content. Nature Geoscience, 2014, 7(9): 647-650.

[36] LACK D A, CAPPA C D. Impact of brown and clear carbon on light absorption enhancement, single scatter albedo and absorption wavelength dependence of black carbon. Atmospheric Chemistry and Physics, 2010, 10(9): 4207-4220.

[37] SHIRAIWA M, KONDO Y, IWAMOTO T, et al. Amplification of light absorption of black carbon by organic coating. Aerosol Science and Technology, 2010, 44(1): 46-54.

[38] MCMEEKING G R, GOOD N, PETTERS M D, et al. Influences on the fraction of hydrophobic and hydrophilic black carbon in the atmosphere. Atmospheric Chemistry and Physics, 2011, 11(10): 5099-5112.

[39] ZHANG R, KHALIZOV A F, PAGELS J, et al. Variability in morphology, hygroscopicity, and optical properties of soot aerosols during atmospheric processing. Proceedings of the National Academy of Sciences of the United States of America, 2008, 105(30): 10291-10296.

[40] FLORES J M, BAR-OR R Z, BLUVSHTEIN N, et al. Absorbing aerosols at high relative humidity: Linking hygroscopic growth to optical properties. Atmospheric Chemistry and Physics, 2012, 12(12): 5511-5521.

[41] GALLIMORE P J, ACHAKULWISUT P, POPE F D, et al. Importance of relative humidity in the oxidative ageing of organic aerosols: Case study of the ozonolysis of maleic acid aerosol. Atmospheric Chemistry and Physics, 2011, 11(23): 12181-12195.

[42] CHENG Y F, WIEDENSOHLER A, EICHLER H, et al. Relative humidity dependence of aerosol optical properties and direct radiative forcing in the surface boundary layer at Xinken in Pearl River Delta of China: An observation based numerical study. Atmospheric Environment, 2008, 42(25): 6373-6397.

[43] MIKHAILOV E F，VLASENKO S S，PODGORNY I A，et al. Optical properties of soot-water drop agglomerates：An experimental study. Journal of Geophysical Research-Atmospheres，2006，111：D07209D7.

[44] LIU P F，ZHAO C S，GOEBEL T，et al. Hygroscopic properties of aerosol particles at high relative humidity and their diurnal variations in the North China Plain. Atmospheric Chemistry and Physics，2011，11(7)：3479-3494.

[45] MOORE R H，CERULLY K，BAHREINI R，et al. Hygroscopicity and composition of California CCN during summer 2010. Journal of Geophysical Research：Atmospheres，2012，117：D00V12.

[46] HERSEY S P，CRAVEN J S，METCALF A R，et al. Composition and hygroscopicity of the Los Angeles aerosol：Calnex. Journal of Geophysical Research：Atmospheres，2013，118(7)：3016-3036.

[47] MCMEEKING G R，MORGAN W T，FLYNN M，et al. Black carbon aerosol mixing state，organic aerosols and aerosol optical properties over the United Kingdom. Atmospheric Chemistry and Physics，2011，11(17)：9037-9052.

[48] MA N，ZHAO C S，MUELLER T，et al. A new method to determine the mixing state of light absorbing carbonaceous using the measured aerosol optical properties and number size distributions. Atmospheric Chemistry and Physics，2012，12(5)：2381-2397.

[49] YU F，LUO G，MA X. Regional and global modeling of aerosol optical properties with a size，composition，and mixing state resolved particle microphysics model. Atmospheric Chemistry and Physics，2012，12(13)：5719-5736.

[50] SWIETLICKI E，HANSSON H C，HAMERI K，et al. Hygroscopic properties of submicrometer atmospheric aerosol particles measured with H-TDMA instruments in various environments — a review. Tellus Series B-Chemical and Physical Meteorology，2008，60(3)：432-469.

[51] HERICH H，KAMMERMANN L，GYSEL M，et al. In situ determination of atmospheric aerosol composition as a function of hygroscopic growth. Journal of Geophysical Research：Atmospheres，2008，113：D16213D16.

[52] HU D，CHEN J，YE X，et al. Hygroscopicity and evaporation of ammonium chloride and ammonium nitrate：Relative humidity and size effects on the growth factor. Atmospheric Environment，2011，45(14)：2349-2355.

[53] YE X，CHEN T，HU D，et al. A multifunctional HTDMA system with a robust temperature control. Advances in Atmospheric Sciences，2009，26(6)：1235-1240.

[54] YE X，TANG C，YIN Z，et al. Hygroscopic growth of urban aerosol particles during the 2009 Mirage-Shanghai Campaign. Atmospheric Environment，2013，64：263-269.

[55] WANG X，YE X，CHEN H，et al. Online hygroscopicity and chemical measurement of urban aerosol in Shanghai，China. Atmospheric Environment，2014，95：318-326.

[56] ACHTERT P，BIRMILI W，NOWAK A，et al. Hygroscopic growth of tropospheric particle number size distributions over the north China Plain. Journal of Geophysical Research：Atmospheres，2009，114：D00G07.

[57] ZHAO Y，CHEN Z. Application of fourier transform infrared spectroscopy in the study of atmospheric heterogeneous processes. Applied Spectroscopy Reviews，2010，45(1)：63-91.

[58] DENJEAN C，FORMENTI P，PICQUET-VARRAULT B，et al. A new experimental approach to

study the hygroscopic and optical properties of aerosols: Application to ammonium sulfate particles. Atmospheric Measurement Techniques, 2014, 7(1): 183-197.

[59] LI L, CHEN J, CHEN H, et al. Monitoring optical properties of aerosols with cavity ring-down spectroscopy. Journal of Aerosol Science, 2011, 42(4): 277-284.

[60] HU D, LI L, IDIR M, et al. Size distribution and optical properties of ambient aerosols during autumn in Orleans, France. Aerosol and Air Quality Research, 2014, 14(3): 744-755.

[61] LI L, CHEN J, WANG L, et al. Aerosol single scattering albedo affected by chemical composition: An investigation using CRDS combined with MARGA. Atmospheric Research, 2013, 124: 149-157.

[62] TANG Y, HUANG Y, LI L, et al. Characterization of aerosol optical properties, chemical composition and mixing states in the winter season in Shanghai, China. Journal of Environmental Sciences, 2014, 26(12): 2412-2422.

[63] MASSOLI P, KEBABIAN P L, ONASCH T B, et al. Aerosol light extinction measurements by cavity attenuated phase shift (CAPS) spectroscopy: Laboratory validation and field deployment of a compact aerosol particle extinction monitor. Aerosol Science and Technology, 2010, 44(6): 428-435.

[64] ONASCH T B, MASSOLI P, KEBABIAN P L, et al. Single scattering albedo monitor for airborne particulates. Aerosol Science and Technology, 2015, 49(4): 267-279.

[65] ZHANG X Y, WANG Y Q, NIU T, et al. Atmospheric aerosol compositions in China: Spatial/Temporal variability, chemical signature, regional haze distribution and comparisons with global aerosols. Atmospheric Chemistry and Physics, 2012, 12(2): 779-799.

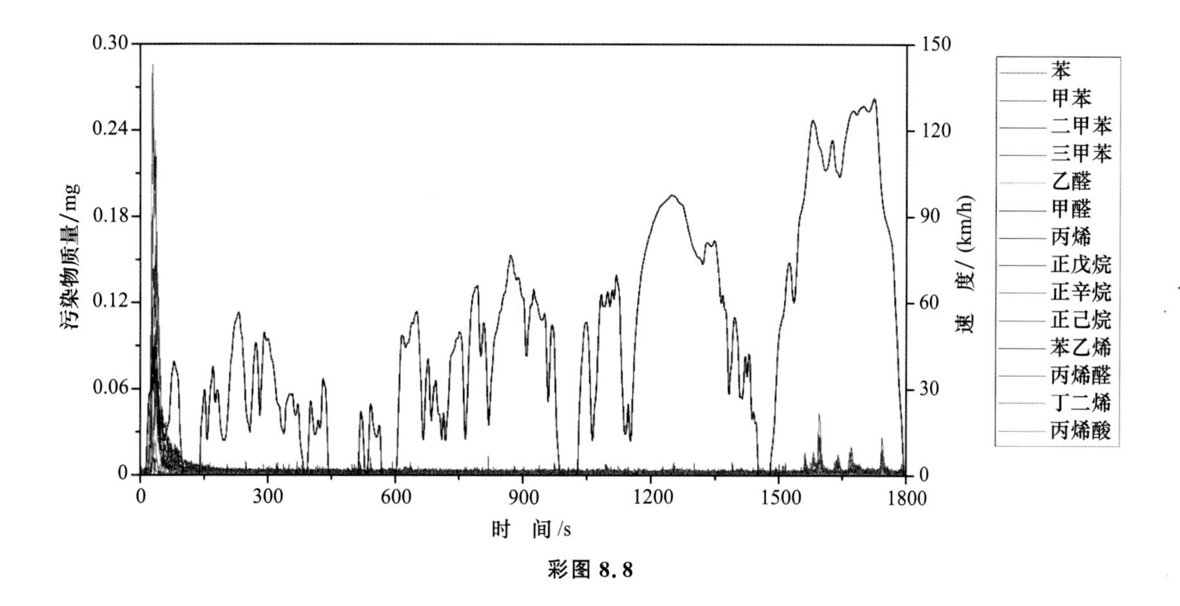
0.30
0.24
0.18
0.12
0.06
0
污染物质量/mg
150
120
90
60
30
0
速 度/(km/h)
0
300
600
900
1200
1500
1800
时 间/s
苯
甲苯
二甲苯
三甲苯
乙醛
甲醛
丙烯
正戊烷
正辛烷
正己烷
苯乙烯
丙烯醛
丁二烯
丙烯酸

彩图 8.8

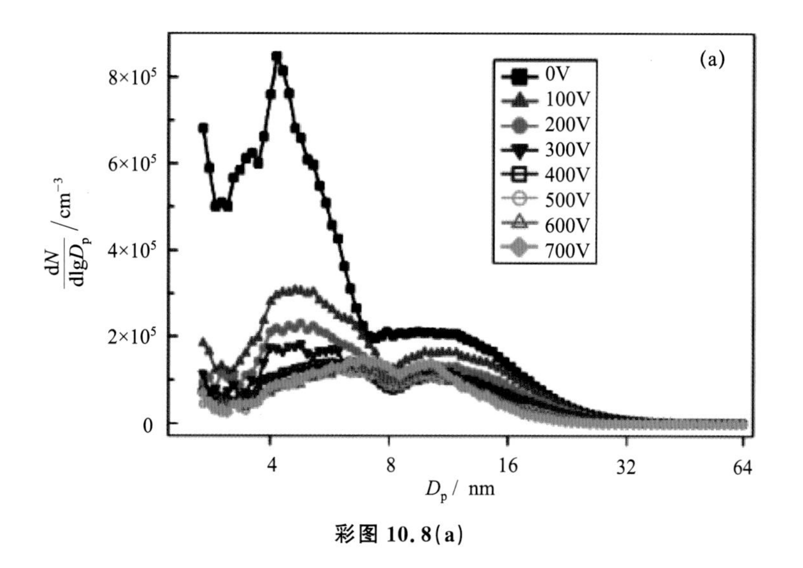
(a)
0V
100V
200V
300V
400V
500V
600V
700V
8×10⁵
6×10⁵
4×10⁵
2×10⁵
0
dN/dlgDp /cm⁻³
4
8
16
32
64
Dp / nm

彩图 10.8(a)

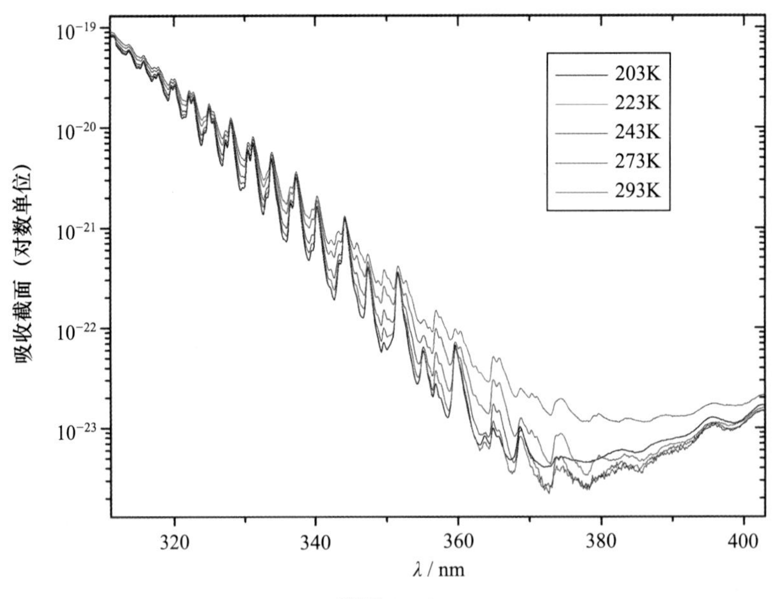

彩图 11.9

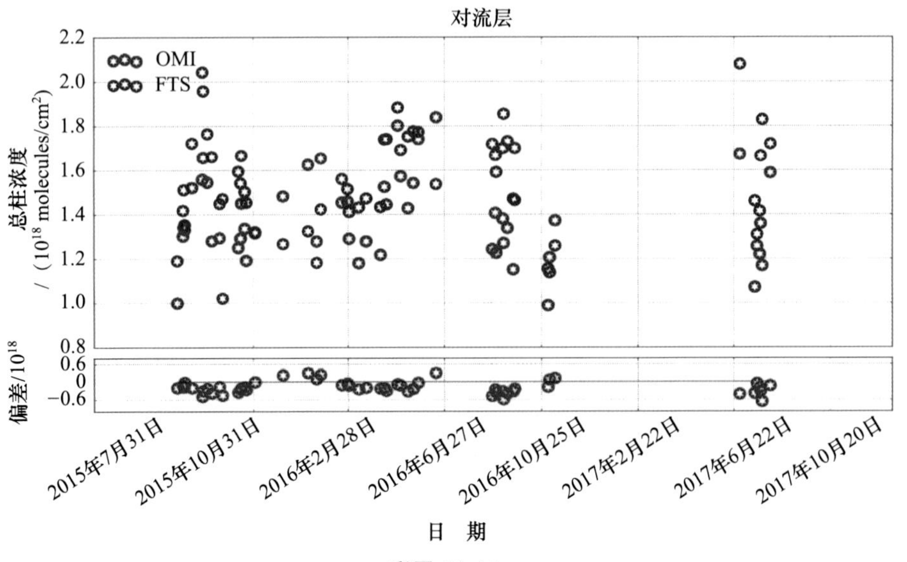

彩图 11.13

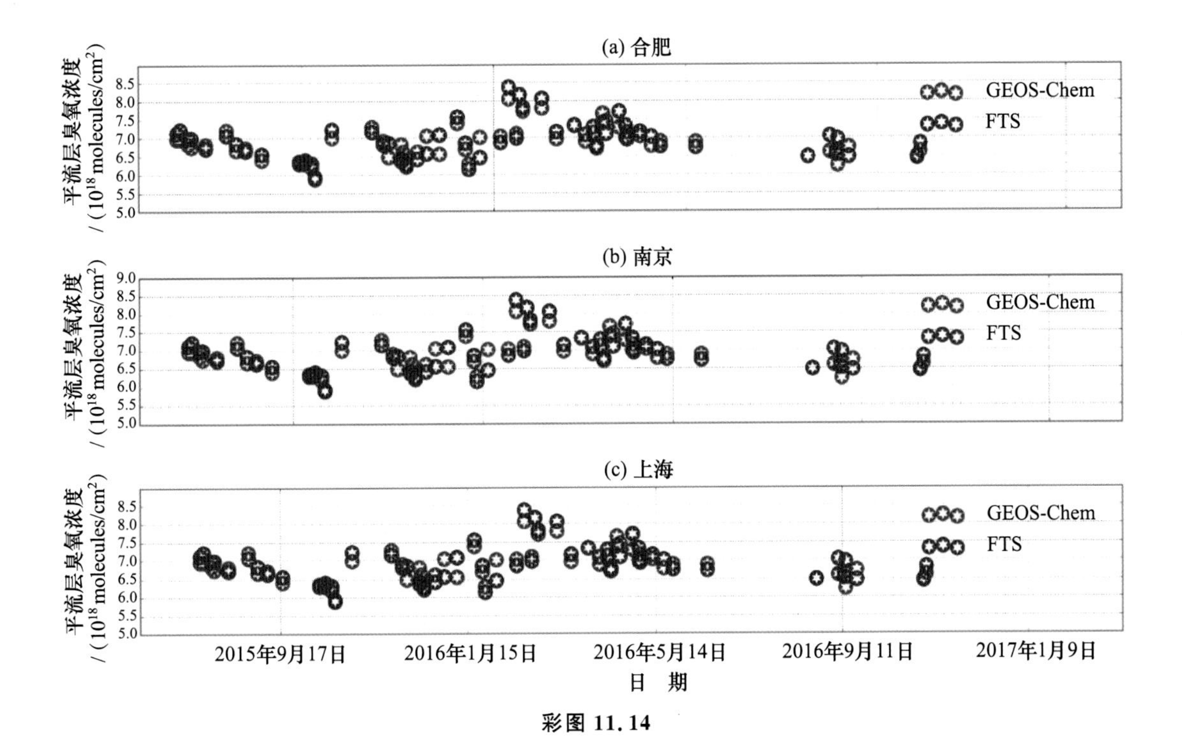

彩图 11.14

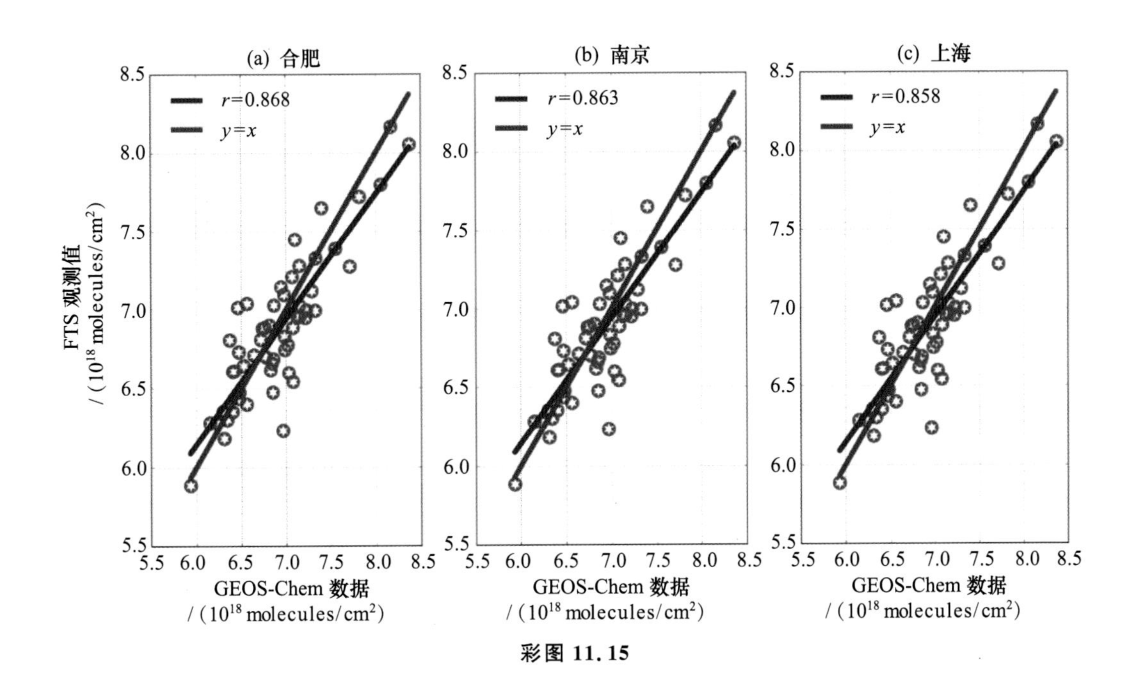

彩图 11.15

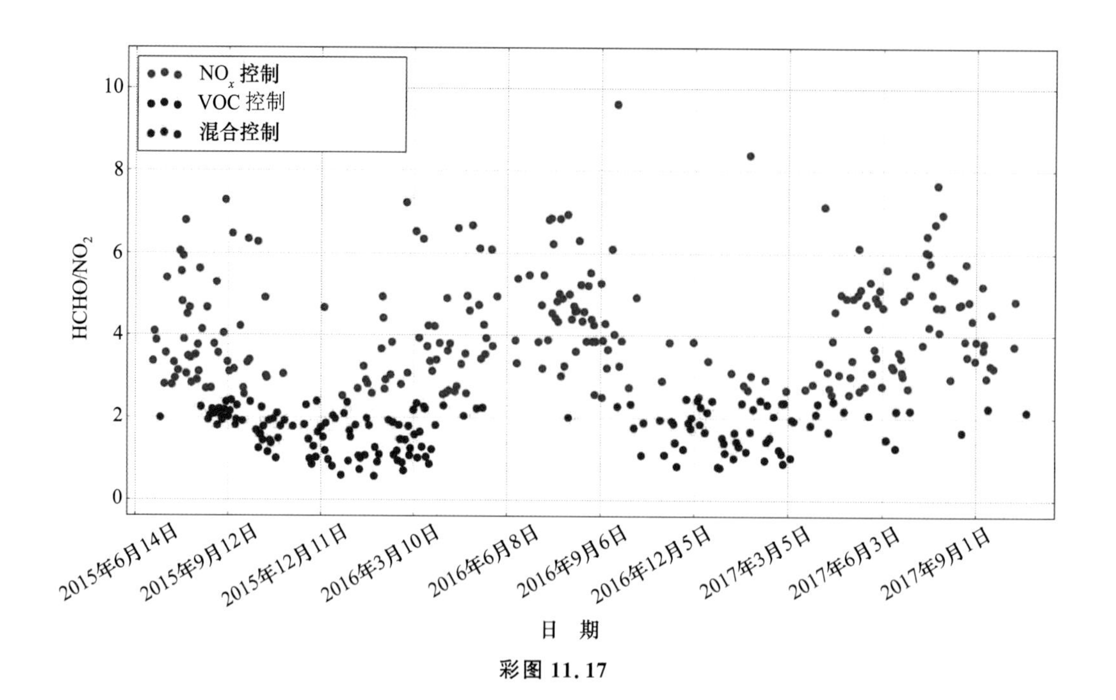

彩图 11.17

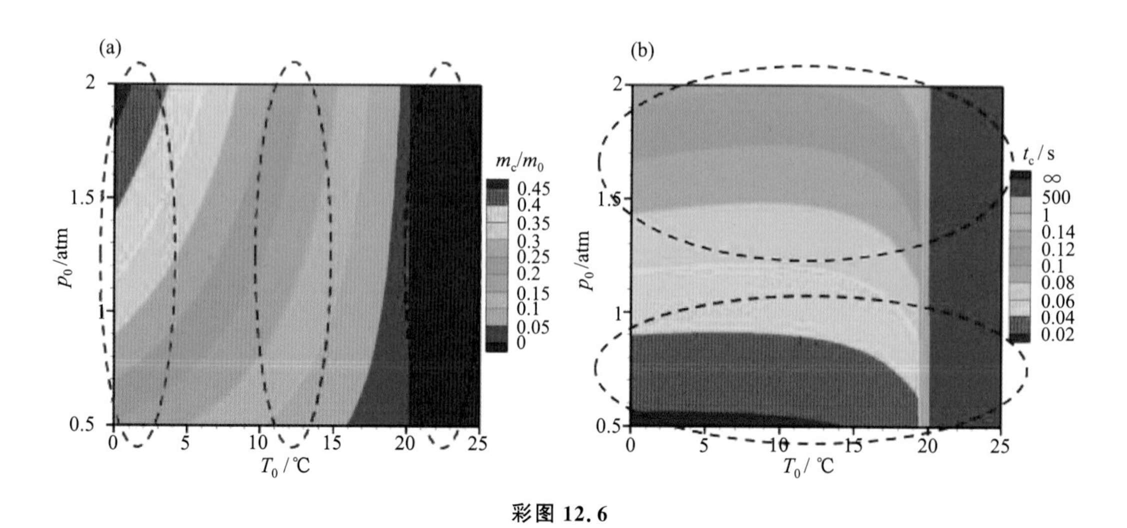

彩图 12.6

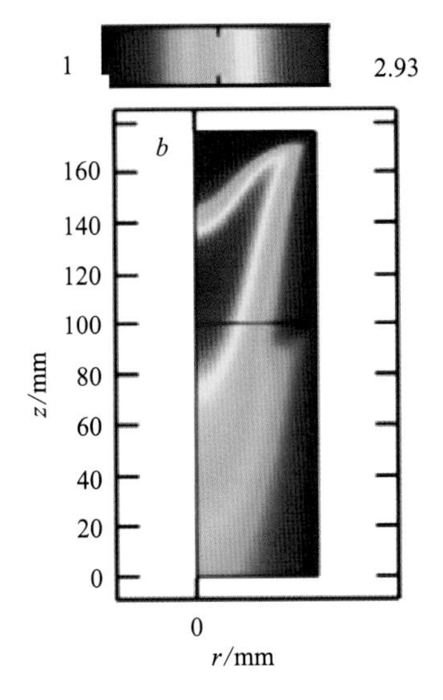

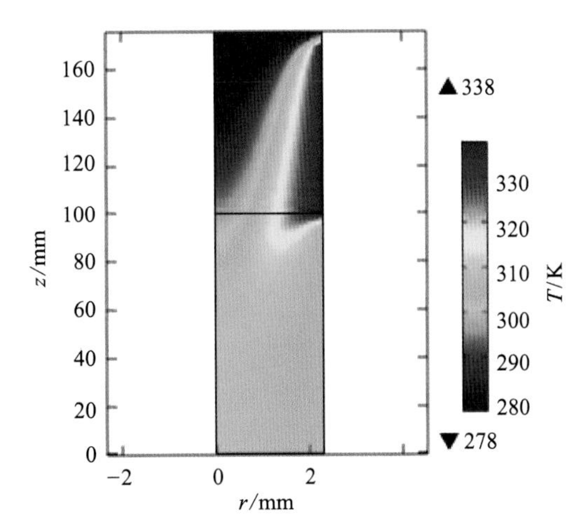

彩图 12.8

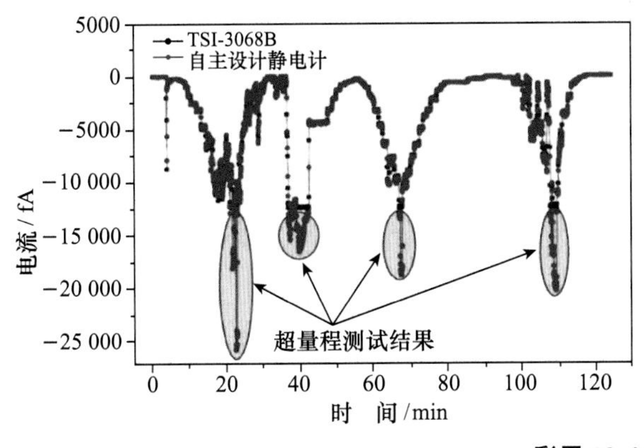

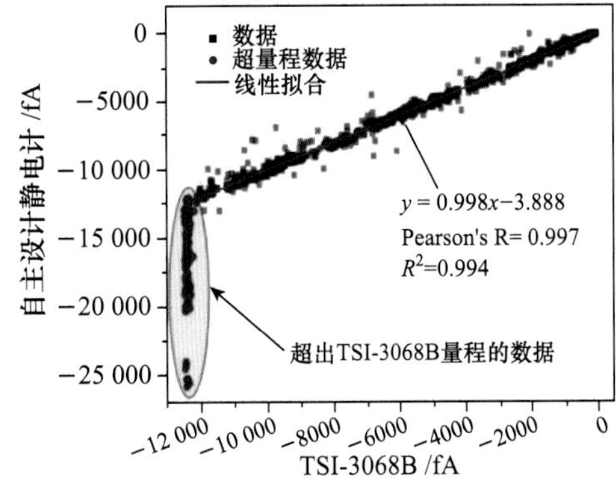

彩图 12.20

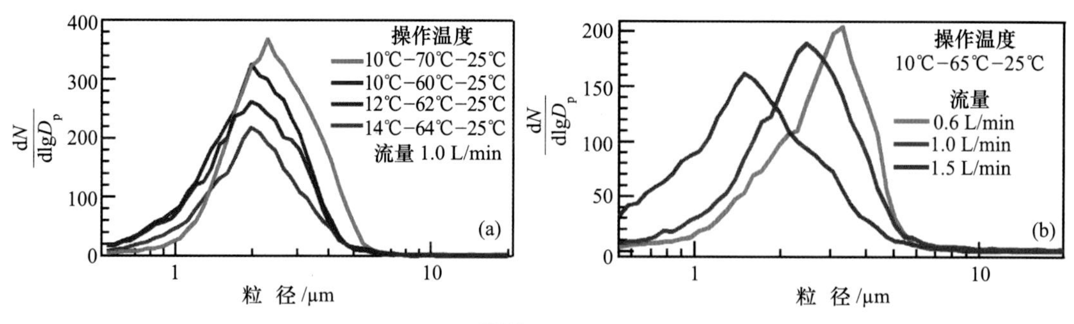

彩图 12.30

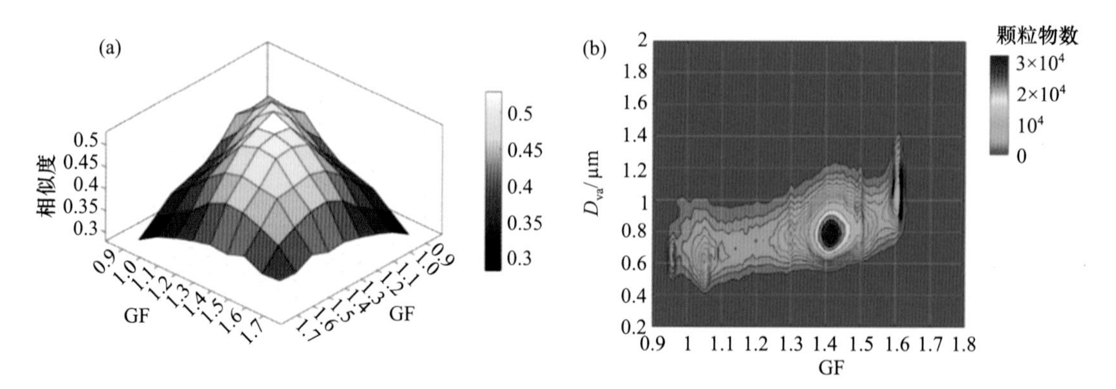

彩图 13.15